조경기능사
필기 기출문제집

Always with you...

사람이 길에서 우연하게 만나거나 함께 살아가는 것만이
인연은 아니라고 생각합니다.
책을 펴내는 출판사와 그 책을 읽는 독자의 만남도 소중한 인연입니다.
시대에듀는 항상 독자의 마음을 헤아리기 위해 노력하고 있습니다.
늘 독자와 함께하겠습니다.

시대에듀 끝까지 책임진다! 시대에듀!
QR코드를 통해 도서 출간 이후 발견된 오류나 개정법령, 변경된 시험 정보, 최신기출문제, 도서 업데이트 자료 등이 있는지 확인해 보세요! **시대에듀 합격 스마트 앱**을 통해서도 알려 드리고 있으니 구글 플레이나 앱 스토어에서 다운받아 사용하세요.
또한, 파본 도서인 경우에는 구입하신 곳에서 교환해 드립니다.

편집진행 윤진영 · 장윤경 **표지디자인** 권은경 · 길전홍선 **본문디자인** 정경일 · 이현진

PREFACE

최근 쾌적한 주거환경 조성에 대한 관심이 점점 증가하고 있고, 정부에서도 자연과 환경을 고려한 여러 가지 주거정책들을 내놓고 있으며, 시민들 또한 자연과 함께하는 삶을 선호하게 되었다. 이에 조경관리에 대한 전문 지식과 기술이 관리주체업무의 중요한 요소로 떠오르면서 조경과 관련된 자격증들의 인기 또한 점차 커지고 있는 추세이다.

조경 관련 자격증을 취득하게 되면 자연 · 인문환경에 대한 현장조사와 현황분석을 기초로 기본 구상 및 계획을 수립하고, 실시설계를 바탕으로 한 시공 및 감리를 통해 조경결과물을 도출하며, 이를 유지 · 관리하는 직무를 수행한다. 이러한 전문성을 갖추고 각종 건설 분야에 진출하거나 한국도로공사 같은 공기업에 취직하는 등 취업의 범위도 넓고, 점차 그 수요가 늘고 있어 전망 또한 밝다.

조경기능사는 관련 분야 취업 등에 필수적인 자격증으로 자리매김하였고 해마다 응시인원이 빠르게 늘어 연 만 명 이상이 응시하는 인기 자격증이기에, 시대에듀에서는 미래의 조경기능사가 되고자 하는 수험생들에게 조금이나마 도움이 되고자, 조경기능사 필기 한권으로 끝내기에 이어 필기 기출문제집을 출간하였다. 부디 모두가 좋은 결과를 얻어 조경 분야의 전문가로 거듭날 수 있기를 진심으로 기원한다.

편저자 씀

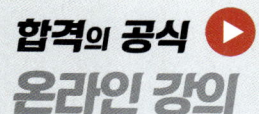

보다 깊이 있는 학습을 원하는 수험생들을 위한
시대에듀의 동영상 강의가 준비되어 있습니다.
www.sdedu.co.kr ➡ 회원가입(로그인) ➡ 강의 살펴보기

시험 안내

개요

급속한 산업화·도시화에 따른 환경의 파괴로 인하여 환경 복원과 주거환경 문제에 대한 관심과 그 중요성이 부각됨으로써 전문인력으로 하여금 생활공간을 아름답게 꾸미고 자연환경을 보호하고자 도입하였다.

수행직무

자연환경과 인문환경에 대한 현장조사를 수행하여 기본구상 및 기본계획, 부분적 실시설계를 이해하고 현장여건을 고려하여 시공을 통해 조경 결과물을 도출하며, 이를 관리하는 직무를 수행한다.

시험일정

구 분	필기원서접수 (인터넷)	필기시험	필기합격 (예정자)발표	실기원서접수	실기시험	최종 합격자 발표일
제1회	1월 초순	1월 하순	2월 초순	2월 초순	3월 중순	4월 중순
제2회	3월 중순	4월 초순	4월 중순	4월 하순	5월 하순	7월 초순
제3회	6월 초순	6월 하순	7월 중순	7월 하순	8월 하순	9월 하순
제4회	8월 하순	9월 중순	10월 중순	10월 중순	11월 하순	12월 하순

※ 상기 시험일정은 시행처의 사정에 따라 변경될 수 있으니, www.q-net.or.kr에서 확인하시기 바랍니다.

시험요강

❶ 시행처 : 한국산업인력공단
❷ 시험과목
  ㉠ 필기 : 조경설계, 조경시공, 조경관리
  ㉡ 실기 : 조경기초 실무
❸ 검정방법
  ㉠ 필기 : 객관식 4지 택일형, 60문항(1시간)
  ㉡ 실기 : 작업형(3시간)
❹ 합격기준(필기·실기) : 100점 만점에 60점 이상
❺ 응시자격 : 제한 없음

출제기준(필기)

필기과목명	주요항목	세부항목	
조경설계, 조경시공, 조경관리	조경양식의 이해	• 조경일반 • 동양조경 양식	• 서양조경 양식
	조경계획	• 자연, 인문, 사회 환경 조사분석 • 기능분석 • 기본구상	• 조경 관련 법 • 분석의 종합, 평가 • 기본계획
	조경기초설계	• 조경디자인요소 표현 • 적산	• 전산응용도면(CAD) 작성
	조경설계	• 대상지 조사 • 기본계획안 작성 • 조경식재 설계 • 조경설계도서 작성	• 관련 분야 설계 검토 • 조경기반 설계 • 조경시설 설계
	조경식물	• 조경식물 파악	
	기초식재공사	• 굴취 • 교목 식재 • 지피 · 초화류 식재	• 수목 운반 • 관목 식재
	잔디식재공사	• 잔디 시험시공 • 잔디 식재	• 잔디 기반 조성 • 잔디 파종
	실내조경공사	• 실내조경기반 조성 • 실내조경시설 · 점경물 설치	• 실내녹화기반 조성 • 실내식물 식재
	조경인공재료	• 조경인공재료 파악	
	조경시설공사	• 시설물 설치 전 작업 • 안내시설 설치 • 놀이시설 설치 • 경관조명시설 설치 • 데크시설 설치 • 수경시설 설치 • 옹벽 등 구조물 설치 • 생태조경(빗물처리시설, 생태못, 인공습지, 비탈면, 훼손지, 생태숲) 설치	• 측량 및 토공 • 옥외시설 설치 • 운동 및 체력단련시설 설치 • 환경조형물 설치 • 펜스 설치 • 조경석(인조암) 설치

시험 안내

필기과목명	주요항목	세부항목	
조경설계, 조경시공, 조경관리	조경포장공사	• 포장기반 조성 • 친환경 흙포장공사 • 조립블록포장공사 • 콘크리트포장공사	• 포장경계공사 • 탄성포장공사 • 투수포장공사
	조경공사 준공 전 관리	• 병해충 방제 • 토양 관리 • 제초 관리 • 수목보호조치	• 관·배수 관리 • 시비 관리 • 전정 관리 • 시설물 보수 관리
	일반 정지·전정 관리	• 연간 정지·전정 관리계획 수립 • 가지 길이 줄이기 • 생울타리 다듬기 • 상록교목 수관 다듬기 • 소나무류 순 자르기	• 굵은 가지치기 • 가지 솎기 • 가로수 가지치기 • 화목류 정지·전정
	관수 및 기타 조경관리	• 관수 관리 • 멀칭 관리 • 장비 유지 관리 • 실내식물 관리	• 지주목 관리 • 월동 관리 • 청결 유지 관리
	초화류 관리	• 계절별 초화류 조성 계획 • 초화류 시공 도면작성 • 식재기반 조성 • 초화류 관수 관리 • 초화류 병충해 관리	• 시장 조사 • 초화류 구매 • 초화류 식재 • 초화류 월동 관리
	조경시설 관리	• 급·배수시설 • 놀이시설 • 운동 및 체력단련시설 • 안내시설 • 생태조경(빗물처리시설, 생태못, 인공습지 비탈면, 훼손지, 생태숲)시설	• 포장시설 • 관리 및 편익시설 • 경관조명시설 • 수경시설

합격의 공식 Formula of pass | 시대에듀 www.sdedu.co.kr

조경기능사 실기는 어떻게 준비해야 할까요?

진정한 조경전문가가 되기 위해서는 이론뿐 아니라 실무에도 능숙해야 합니다. 한국산업인력공단에서는 조경기능사 필기시험에 합격한 이들을 대상으로 실기시험을 통해 다양한 실무능력을 평가하여 최종적인 기능사 자격을 부여하고 있습니다.

조경기능사 실기시험의 평가 과정

❶ 조경설계 - 도면작업

일반적으로 도로변 빈 공간을 설계하는 과정이 주로 출제됩니다. 주어진 시간 안에 요구 설계조건에 맞춘 수작업 제도과정으로 평면도와 단면도를 작성해야 합니다. 제도작업은 실기 준비과정 중 가장 오랜 시간을 필요로 합니다. 또한 혼자서 준비하기 어렵고 전문교육기관에서 선생님의 지도가 필요합니다. 하지만 조경설계의 기초가 되는 도면 이해와 제도에 대해서 완벽히 숙지하여야 조경관리 업무를 수행할 수 있습니다.

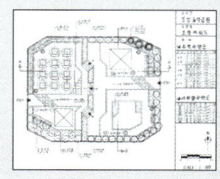

❷ 수목 감별

화면에 제시되는 자료사진(사진과 함께 개화시기, 꽃 크기, 잎 크기가 주어짐)을 보고 수종의 이름을 시험지에 작성하는 방식으로 진행됩니다. 큐넷 홈페이지(www.q-net.or.kr)에 나와 있는 해당 표준목록 범위와 명칭기준을 준수한 120수종의 범위에서 출제되고, 수험자 답안 작성 시 해당 수목명으로 작성하여야 정답으로 인정됩니다.

❸ 조경시공작업 - 작업형 실무

실제와 거의 비슷한 상황에서 식재, 지주목 세우기, 포장, 열식과 군식 등 다양한 시공작업을 수행하게 됩니다. 전문교육기관에서 미리 실습을 통해 각 시공작업의 중요공정을 확실히 익히고 반복연습하는 것이 중요합니다.

조경기능사 실기시험도 시대에듀와 함께!

| 조경실무 전문가 이우설 교수님의 합격 노하우 제공 | 도면 작성의 기초부터 설계도면 작성까지 상세한 설명 | 27개의 출제예상도면, 45개의 기출복원도면 수록 | 자주 출제되는 수목 이미지를 컬러로 수록 | 조경시공작업 순서 및 과년도 기출문제 수록 |

목 차

빨리보는 간단한 키워드

01 | 자주 나오는 단골문제

PART 01	조경설계	003
PART 02	조경시공	041
PART 03	조경관리	098

02 | 新경향문제

PART 01	조경설계	117
PART 02	조경시공	150
PART 03	조경관리	215

03 | 과년도 + 최근 기출복원문제

2015년 과년도 기출문제
제1회	필기 기출문제	235
제2회	필기 기출문제	252
제4회	필기 기출문제	268
제5회	필기 기출문제	286

2016년 과년도 기출문제
제1회	필기 기출문제	304
제2회	필기 기출문제	322
제4회	필기 기출문제	340

2017년 과년도 기출복원문제
| 제1회 | 필기 기출복원문제 | 357 |
| 제3회 | 필기 기출복원문제 | 375 |

2018년 과년도 기출복원문제
| 제1회 | 필기 기출복원문제 | 393 |
| 제3회 | 필기 기출복원문제 | 410 |

2019년 과년도 기출복원문제
| 제1회 | 필기 기출복원문제 | 427 |
| 제3회 | 필기 기출복원문제 | 444 |

2020년 과년도 기출복원문제
| 제1회 | 필기 기출복원문제 | 462 |
| 제3회 | 필기 기출복원문제 | 481 |

2021년 과년도 기출복원문제
| 제1회 | 필기 기출복원문제 | 499 |

2022년 과년도 기출복원문제
| 제1회 | 필기 기출복원문제 | 517 |
| 제3회 | 필기 기출복원문제 | 536 |

2023년 과년도 기출복원문제
| 제1회 | 필기 기출복원문제 | 554 |
| 제3회 | 필기 기출복원문제 | 571 |

2024년 최근 기출복원문제
| 제1회 | 필기 기출복원문제 | 589 |
| 제3회 | 필기 기출복원문제 | 605 |

04 | 최근 기출복원문제

2025년 최근 기출복원문제
| 제1회 | 필기 기출복원문제 | 625 |
| 제3회 | 필기 기출복원문제 | 641 |

빨리보는 간단한 키워드

빨간키

#합격비법 핵심 요약집   #최다 빈출키워드   #시험장 필수 아이템

PART 01 조경설계

- **조경의 의미**
  - 좁은 의미 : 집 주변의 정원을 만드는 일에 중점을 두는 것, 즉 식재 중심의 전통적인 조경기술
  - 넓은 의미 : 집 주변의 정원뿐만 아니라 모든 옥외공간을 포함하는 환경을 조성하고 보존하는 종합과학예술

- **조경의 필요성**
  - 우리나라에서는 1970년대 초 경제개발계획에 의해 국토 훼손이 심각해지면서 자연환경보호와 경관관리의 필요성을 느껴 조경이라는 용어를 사용하기 시작하였다.
  - 도시화가 진전되면서 환경오염이 증가하고, 기온 또한 상승하였으며, 하천의 범람횟수가 많아졌다.
  - 건물이나 인간활동의 집중으로 도시 중심부의 온도가 올라가는 열섬현상(Heat Island)이 일어나고 있는 지역 주변의 강우량이 증가하고 있다.

- **정원양식의 분류**
  - 정형식 정원 : 서아시아와 유럽지역에서 발달한 양식으로, 건물에서 뻗어 나가는 강한 축을 중심으로 좌우대칭형으로 구성되며, 수목의 전정은 기하학적 형태이다.
  - 자연식 정원 : 동아시아에서 주로 발달한 양식으로, 유럽에서는 18세기경부터 영국에서 발달하여 유럽대륙에 영향을 주었고, 자연을 모방하거나 축소하여 자연적 형태로 정원을 조성하였으며, 연못이나 호수 중심으로 정원을 조성하여 주변을 돌 수 있는 산책로를 만들어 다양한 경관을 즐길 수 있도록 하였다.
  - 절충식 정원 : 한 정원에 정형식과 자연식의 형태적 특징을 동시에 지니고 있는 양식으로, 실용성을 중시한 정형적인 구성 내에 자연적인 요소를 도입하여 실용성과 자연성을 절충하였다.

- **이집트의 주택정원**
  - 무덤, 벽화를 통해 당시의 정원을 추측 : 테베에 있는 아메노피스 3세의 한 신하의 분묘와 아메노피스 4세의 친구인 메리레의 정원
  - 정원은 네모 반듯하고 높은 울담, 담 안에 몇 겹의 수목 열식, 구형 또는 T자형 침상지, 물가의 키오스크 등으로 구성

- **바빌로니아의 공중정원(추장 알리의 언덕)**
  - 신바빌로니아의 네부카드네자르 2세가 왕비 아미티스를 위해 조성한 정원으로 세계 7대 불가사의 중 하나
  - 성벽의 높은 노단 위에 수목과 덩굴식물을 식재하여 만든 최초의 옥상정원
  - 지구라트형의 피라미드가 계단층을 이루고 각 노단의 외부를 회랑으로 두름
  - 각 테라스마다 수목을 식재하고, 강물을 끌어다 저수지에 저장·관수함

- **그리스의 아고라(Agora)**
  - 도시활동의 중심지로서, 시장이나 집회소로 이용
  - 도서관, 의회당, 신전, 야외음악당으로 둘러싸인 중앙공간의 광장
  - 히포데이무스 : 최초의 도시계획가로 아테네에 도시를 건설

- **로마의 주택정원**
  - 폼페이의 주택정원은 2개의 중정과 1개의 후원으로 구성된 내향적인 양식
  - 제1중정(아트리움, Atrium) : 손님 접대나 사무를 위한 공적 공간으로 무열주 중정이며, 돌포장과 화분장식을 함
  - 제2중정(페리스틸리움, Peristylium) : 주정의 역할을 하는 가족을 위한 사적 공간으로 주랑식 정원이고, 바닥은 포장하지 않은 채 탁자와 의자를 배치했으며, 화훼와 분수, 조각, 제단, 돌수반 등을 정형적으로 식재·배치
  - 후원(지스터스, Xystus) : 수로를 축으로 그 좌우에 산책로인 원로와 화단을 대칭적으로 배치

- **포럼(Forum)**
  - 지배계급을 위한 상징적 지역으로 왕의 행진, 집단이 모여 토론할 수 있는 광장의 성격을 지님
  - 둘러싸인 건물군에 의해 일반광장, 시장광장, 황제광장으로 구분

- **그라나다의 알람브라궁전**
  - 13세기 중반 무함마드 1세에 의해 창건되어 14세기 말에 완성되었으며, 무어양식의 극치를 나타냄
  - 알람브라는 아랍어로 '붉은 것'이라는 뜻이며, 주요 건물과 성채를 붉은색 벽돌로 지은 데서 유래
  - 이슬람이 멸망할 때까지 지켜진 최후의 유적지로 4개의 중정이 남아 있음
    - 알베르카(Alberca) 중정 : 궁전의 주정으로 공적 기능을 가지고 있으며, 정확한 비례와 화려함, 장엄미가 뛰어남
    - 사자(Lion)의 중정 : 주랑식 중정으로 가장 화려하고, 12마리의 사자가 수반과 분수를 받치고 있으며, 분수로부터 4개의 수로가 뻗어 중정을 사분

- 린다라하(Lindaraja) 중정 : 중정 가운데에 분수를 시설하여 여성적인 분위기를 연출하였고 가장자리에 회양목을 식재하여 여러 모양의 화단을 만듦
- 창격자(Reja) 중정 : 바닥은 둥근 색자갈로 무늬를 주고 중앙에는 분수를 세워 환상적이면서도 엄숙한 분위기를 연출하며, 중정 네 귀퉁이에 사이프러스를 식재하여 사이프러스 중정이라고도 함

■ **프랑스 정원의 특징**
- 17세기
  - 산림 내 소로(Allee)를 이용하여 장엄한 경관을 전개
  - 산림에 싸인 내부공간은 다양한 형태와 색채를 도입한 기하학적이고, 장식적인 정원으로 구성하였고, 넓은 평지에는 매크로한 옥외공간을 형성
  - 장식적인 평면상의 구성으로 소택지 등의 평지를 적극 활용
- 18세기
  - 영국의 자연풍경식 조경양식이 유행
  - 에름농빌(Ermenonville), 쁘띠 트리아농(Petit Trianon), 몽소공원(Monceau Park) 등

■ **미국의 센트럴파크(Central Park)**
- 영국 최초의 공공공원인 버컨헤드공원의 영향을 받은 최초의 공원
- 미국 도시공원의 효시가 되었고, 국립공원운동에 영향을 주어 1872년 옐로스톤공원(Yellowstone Park)이 최초의 국립공원으로 지정
- 부드러운 곡선의 수법과 폭넓은 원로, 넓은 잔디밭으로 구성

■ **중국 정원의 특징**
- 못을 파서 섬을 쌓아 선산으로 꾸미는 등 인위적으로 산수를 조성
- 축산기법의 발달로 더욱 압축된 산수경관을 조성
- 풍경식이면서도 경관의 대비에 중점을 두고 있는 것이 특색
- 하나의 정원 속에 부분적으로 여러 비율을 혼합하여 사용
- 기하학적 무늬의 전돌바닥 포장과 기괴한 모양의 괴석 사용으로 바닥면과 대조를 이룸
- 자연의 미와 인공의 미를 함께 사용
- 사실주의보다는 상징주의적 축조가 주를 이루는 사의주의(事意主義)에 입각

- **일본정원의 특징**
  - 무로마치시대(실정시대 : 1336~1573)
    - 조석이 중시되고 전란의 경제적인 제약으로 정원이 축소되어 가는 경향
    - 선(禪) 사상이 정원 축조에 영향을 주었음
    - 고산수식 정원이 발달
  - 에도[江戶]시대(1603~1867)
    - 전기에는 교토 중심이었고, 중기 이후에는 에도 중심
    - 후원은 건물과 독립된 정원으로 지천회유식
    - 서원정원은 건물에 종속되며 회화식으로 옥내에서 조망하도록 조성

- **백제시대 정원의 특징**
  - 대표적인 정원 : 궁남지
  - 임류각(동성왕 22년, 500)
    - 궁 동쪽에 세워 강의 수경과 산야의 조경을 즐김
    - 희귀한 새와 짐승을 길렀으며, 화려한 연못이 존재
  - 궁남지(무왕 35년, 634)
    - 우리나라 최초로 신선사상을 반영한 지원으로 현재는 부여읍 남쪽에 복원되어 있음
    - 궁 남쪽에 연못을 파서 방장선도를 축조하고, 방장지(方狀池)의 물가에 버드나무를 식재
  - 연못 한가운데에 봉래산을 상징하는 섬이 위치

- **월지(안압지)(문무왕 14년, 674) – 임해전 지원**
  - 안압지라는 명칭은 동국여지승람에서 비롯되었으며 궁중에 못을 파고 산을 만들어 진금기수를 길렀다는 기록이 존재
  - 연못의 면적은 약 16,800m² 정도이며, 그 안에는 삼신도(三神島)를 상징하는 대·중·소 3개 섬이 축조되어 있음
  - 못의 북안과 동안으로 무산 12봉을 상징하는 12개의 인공산이 있으며, 호안은 다듬은 돌로 마감(바른층쌓기)
  - 못의 관배수시설, 반석의 사용, 유속 감소를 위한 수로의 형태 등 조경기술이 매우 정교하고 우수하여 고구려나 백제보다 월등히 발달
  - 임해전은 정원을 바다로 표현하고자 직선과 함께 다양한 곡선으로 처리
  - 월지를 포함한 임해전 지원은 신선사상을 반영하여 조성되었으며, 주로 연회와 관상, 뱃놀이 등에 사용

- **고려시대 정원의 특징**
  - 8대 조경식물 : 소나무, 버드나무, 매화나무, 향나무, 은행나무, 자두나무, 배나무, 복사나무
  - 중국 송시대의 수법을 모방하여 화원과 석가산, 많은 누각 등을 배치한 관상 위주의 화려한 정원을 꾸밈

- **조선시대 정원의 특징**
  - 경복궁
    - 정궁으로 기하학적 형태의 정원이며, 남북으로 연결된 축을 중심으로 각종 시설물이 좌우대칭으로 연결
    - 경회루 : 태종 12년에 창건되었으며, 외국사신의 영접과 왕이 군신들에게 베풀었던 연회장소, 유생들의 시험장소, 무예와 활쏘기의 관람장소
  - 창덕궁
    - 창경궁과 함께 동궐(東闕)이라 불렀고 후원은 비원이라 했으며, 경복궁과 달리 자연지형을 이용하여 후원 조성
    - 낮은 곳에 못을 파고, 높은 곳에 정자를 세워 관상·휴식공간으로 사용
    - 창덕궁 후원의 명칭 변화 : 후원(後園), 후원(後苑), 북원(北園), 금원(禁園), 비원(秘苑)
  - ※ 별서정원 : 주로 농장 가까이에 별장처럼 따로 지은 개인정원의 형태

- **제도용구**
  - 제도용 자
    - T자 : T형으로 만들어진 자로, 크기는 모체 길이가 900mm의 것이 가장 널리 쓰이고 있으며 주로 평행선을 긋거나, 삼각자와 조합하여 수직선과 사선을 그을 때 사용
    - 삼각자 : 제도용 삼각자는 45°의 사선과 30°, 60°의 사선을 그을 수 있는 두 종류가 한 세트로 되어 있고 여러 가지 크기가 있는데, 제도에서는 보통 300mm 정도의 것을 많이 사용
  - 필기용구
    - 연필 : 제도용 연필은 경도(Hardness)와 흑도(Blackness)에 따라 여러 종류로 나뉘는데 H의 숫자가 클수록 단단하고 흐리며, B의 숫자가 클수록 무르고 진함
    - 제도용 만년필 : 연필로 그린 도면을 잉크로 제도해야 할 때 사용하며, 최근에는 로트링 펜으로 불리는 여러 가지 굵기의 제도용 만년필이 개발됨

- **도면표시기호**

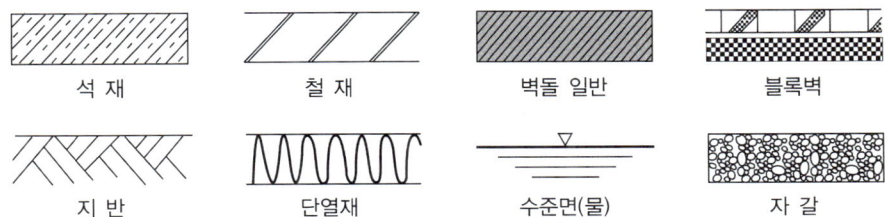

- **치수 표시**
  - 치수의 단위는 mm로 하며, 단위 표시는 하지 않음
  - 치수를 표시할 때는 치수선과 치수보조선을 사용
  - 치수선은 치수보조선에 직각이 되도록 그으며, 화살표나 점으로 경계를 명확히 표시
  - 치수의 기입은 치수선에 따라 평행하게 기입
  - 도면의 아래로부터 위로, 또는 왼쪽에서 오른쪽으로 읽을 수 있도록 치수선의 윗부분이나 치수선의 중앙에 기입

- **설계도의 종류**
  - 평면도 : 물체를 수직방향으로 내려다본 것을 가정하고 작도한 것으로, 모든 설계에 있어 가장 기본이 되는 도면이며 평면을 보고 입체감을 느낄 수 있어야 함
  - 입면도와 단면도
    - 입면도 : 평면도와 같은 축척을 이용하여 작성하며 정면도, 배면도, 측면도 등으로 세분
    - 단면도 : 구조물을 수직으로 자른 단면을 보여 주는 도면으로 구조물의 내부구조 및 공간구성을 표현하며, 평면도에 단면 부위를 반드시 표시
  - 상세도 : 일반 평면도나 단면도에서 잘 나타나지 않는 세부사항을 시공이 가능하도록 표현한 도면
  - 투시도 : 설계안이 완공되었을 경우를 가정하여 설계내용을 실제 눈에 보이는 대로 입체적인 그림으로 나타낸 것

- **기본설계**
  - 사업을 확정하여 그 안을 관계자들에게 이해시키고, 최종적인 시행에 필요한 준비작업을 하는 단계
  - 기본설계 과정 : 설계원칙의 추출 → 공간구성 다이어그램 → 입체적 공간의 창조(설계도 작성)
    - 설계원칙의 추출 : 설계의 방향, 요건, 부문별 장소의 현황, 인접시설 관계 등을 고려하여 3차원적 공간구성이 필요
    - 공간구성 다이어그램 : 시각적 표현과 설계의도를 정리하는 단계로, 3차원적 공간구성을 위한 전이단계
    - 입체적 공간의 창조 : 평면구성, 입면구성, 스케치

- **배식설계방법**
  - 정형식 배식
    - 단식 : 현관 앞의 중앙이나 시선을 유도하는 축의 종점 등 중요한 위치에, 생김새가 우수하고 중량감을 갖춘 정형수를 단독으로 식재하는 수법
    - 대식 : 시선축의 양쪽에 동형·동종의 나무를 대칭식재하는 방법으로, 정연한 질서감을 표현할 수 있음
    - 집단식재 : 수목을 집단적으로 식재하는 방법으로, 군식 또는 군상식재(무더기식재)라고 함
  - 자연식 배식
    - 부등변삼각형 식재 : 크고 작은 세 그루의 나무를 부등변삼각형의 각 꼭짓점에 해당하는 위치에 식재하는 방법
    - 임의식재 : 대규모의 식재구역에 배식할 경우, 부등변삼각형 식재를 기본단위로 하여 그 삼각망을 순차적으로 확대하면서 연결시켜 나가는 방법
    - 모아심기 : 자연상태의 식생구성을 모방하여 수종·크기·수형이 다른 두 가지 이상의 수목을 모아 무더기로 한 자리에 식재하는 방법

- **실시설계**
  - 개념 : 기본설계를 바탕으로 구체적인 도면 작성, 공사비 및 수량 산출, 공정계획을 수립하는 단계로, 시방서 및 공사비 내역서 작성을 포함
  - 평면도와 단면도
    - 평면도(평면상세도) : 사용된 축척을 알기 쉽게 표기한 것으로 도로, 시설물의 위치와 크기를 정확히 기록하고, 벤치, 휴지통 등의 시설물은 규격과 수량이 포함된 수량표를 작성하여 표제란에 기입
    - 단면도(단면상세도) : 종단면도와 횡단면도가 있으며, 입체적 공간을 가장 잘 설명해 줄 수 있는 장소를 2개소 이상 선정하여 그림
  - 표준시방서 : 조경공사를 적정하게 시행하기 위한 표준을 명시한 것으로 국토교통부에서 발행

- **경관구성의 요소**
  - 경관구성의 우세요소 : 선, 형태, 질감, 색채
  - 경관구성의 가변요소 : 광선, 기상조건, 계절, 시간, 기타(운동, 거리, 관찰위치, 규모 등)

- **단독주택의 정원**
  - 앞 뜰
    - 가족이나 손님이 출입하는 곳으로 대문에서 현관 사이의 공공공간을 말하며, 주 동선이 되는 원로를 설치
    - 실용적인 기능을 부여하기 위해 차고를 설치하기도 하고, 원로를 따라 조명과 좌우에 시선을 끌 수 있는 수목이나 초화류를 심기도 하며, 조각물이나 그 밖의 형상물을 배치하여 경관을 강조하기도 함
  - 안 뜰
    - 응접실이나 거실 쪽에 면한 뜰로 옥외 생활을 즐길 수 있음
    - 인상적인 공간을 조성하여 조망과 정적·동적 이용 및 기능, 식사 등 다목적으로 이용
    - 거실이나 침실로부터의 조망과 다목적 이용을 위해 건물에 면하여 잔디밭을 조성하고, 담장 주변을 따라 수목이나 시설물을 배치
    - 퍼걸러, 정자, 목재 데크, 벤치, 야외탁자, 바비큐장, 연못이나 벽천 등의 수경시설, 놀이 및 운동시설 등을 설치

- **공동주택정원의 공간구성**
  - 면적에 따라 소규모 정원, 중규모 정원, 대규모 정원으로 구분하여 조성
  - 건물의 배치유형은 평행 배치, 위요형 배치, 직교 배치, 방사상 배치 및 기타 유형으로 구분
  - 단지 내 공간은 동선, 녹지공간, 운동공간, 휴게공간, 건축공간 등으로 구성되며, 특히 녹지율은 15% 이상이 되도록 함
  - 특히, 어린이 놀이터는 단지 내의 간선도로를 횡단하지 않는 곳에 설치해야 함

- **도시공원의 종류**
  - 생활권공원 : 소공원, 어린이공원, 근린공원
  - 주제공원 : 역사공원, 문화공원, 수변공원, 묘지공원, 체육공원, 도시농업공원, 기타 공원

- **골프장의 설계**
  - 클럽하우스 중심으로 골프코스구역, 관리시설구역, 위락시설구역, 생산시설구역, 환경보존구역으로 나누고, 아웃(Out)의 9홀과 인(In)의 9홀로 구분
  - 표준코스는 18홀(Hole)로 4개의 짧은 홀, 10개의 중간 홀, 4개의 긴 홀을 지형에 맞추어 흥미있게 배치
  - 방위는 잔디에 좋은 남사면 또는 남동사면

■ 학교정원의 설계
- 부지의 형태, 건물의 위치, 부지의 면적 등에 따라 진입공간, 휴게공간, 운동장, 교사 주변 화단, 경계공간 등으로 구분
- 수목 선정 시 조경수목의 생태적, 경관적, 교육적, 경제적인 특성 등을 고려

■ 옥상정원의 시설물 설치
- 옥상정원의 시설물로는 분수, 벤치, 퍼걸러, 연못, 벽천, 어린이 놀이시설 등과 휴지통, 조명 등을 설치
- 바람막이벽과 옥상 가장자리에 안전을 위한 난간을 설치하며, 바닥은 슬래브 위에 방수막을 덮고 그 위에 보호층을 설치하여 마무리한다.

■ 적산 및 견적 시 주의사항
- 공사현장의 충분한 사전답사, 현장설명서, 도면, 시방서를 검토하여 주어진 조건대로 공사비를 산출
- 도면에서 제시된 재료의 수량, 면적 및 길이의 축척을 고려하여 산출하되 중복계산은 피함
- 계산 : 설계도상에 있어서 소계에는 원 단위를 쓰고, 최종단위는 천 단위를 사용하며, 나머지는 버림
- 조경 적산은 규격 및 표준화가 어렵고, 시공시기의 제한이나 지역성에 의존하는 특성이 있음

■ 공사비의 구성
- 순공사비와 총공사비

  - 순공사비 = 노무비 + 재료비 + 경비
  - 총공사비 = 도급액 + 관급자재비 + 이전비

- 노무비

  - 직접노무비 = 시공수량 × 품셈 × 노무단가
  - 간접노무비 = 직접노무비 × 간접노무비율(15% 내외)

- 재료비

  - 재료비 = 직접재료비 + 간접재료비 − 작업부산물

- 이 윤

  - 이윤 = (순공사원가 + 일반관리비 − 재료비) × 15% 또는 (노무비 + 경비 + 일반관리비) × 15%

- 경비 : 공사의 시공을 위하여 소요되는 공사원가 중 재료비와 노무비를 제외한 비용
  예) 전력비, 수도광열비, 운반비, 기계경비, 특허권사용료, 기술료, 연구개발비, 품질관리비, 보험료, 보관비, 외주가공비, 산업안전보건관리비, 폐기물처리비, 도서인쇄비, 안전관리비 등
- 부가가치세

$$부가가치세 = 총원가 \times 10\%$$

- 도급액(시공자가 받는 금액)

$$도급액 = 총원가 + 부가가치세$$

PART 02 조경시공

■ **조경수목의 분류**
- 식물의 형태로 본 분류
  - 나무 고유의 모양 : 교목, 관목, 덩굴성 수목
  - 잎의 모양 : 침엽수, 활엽수
  - 잎의 생태 : 상록수, 낙엽수
- 관상면으로 본 분류
  - 꽃을 관상하는 나무 : 봄꽃, 여름꽃, 가을꽃, 겨울꽃
  - 열매를 관상하는 나무 : 피라칸타, 낙상홍, 석류나무, 팥배나무, 탱자나무, 모과나무, 살구나무, 자두나무, 마가목, 산수유, 대추나무, 오미자, 감나무, 생강나무, 감탕나무, 사철나무, 화살나무 등
  - 잎을 관상하는 나무 : 주목, 식나무, 벽오동, 단풍나무류, 계수나무, 은행나무, 측백나무, 대나무, 호랑가시나무, 낙우송, 소나무류, 위성류, 회양목, 화백, 느티나무 등
  - 단풍을 관상하는 나무 : 단풍나무류, 붉나무, 화살나무, 마가목, 산딸나무, 낙상홍, 매자나무, 은행나무, 백합나무, 배롱나무, 계수나무, 일본잎갈나무, 담쟁이덩굴 등
- 이용목적으로 본 분류
  - 경관장식용 : 소나무, 은행나무, 단풍나무, 주목, 동백나무 등의 교목류와 철쭉류, 수국, 명자나무, 장미, 조팝나무 등의 관목류
  - 녹음용 : 수관이 크고, 큰 잎이 치밀하고 무성하며, 지하고가 높은 교목으로, 느티나무, 칠엽수, 회화나무, 일본목련, 백합나무, 은행나무 등
  - 가로수용 : 시선유도, 방음, 방화, 도시수식의 목적으로 심는 나무로, 벚나무, 은행나무, 느티나무, 가죽나무, 회화나무 등

■ **조경재료의 분류**

식물재료	무생물재료
• 자연성 : 생물로서 호흡하고 성장하는 생명활동을 한다. • 연속성 : 생장과 번식을 통해 계속해서 개체를 유지한다. • 조화성 : 계절에 따라 변화하여 주변과 조화를 이룬다. • 비규격성(개성미) : 생물로서의 소재 특이성을 지닌다.	• 균일성 • 불변성 • 가공성

■ 조경수목의 특성
  • 수 형
    – 수관 : 가지와 잎이 뭉쳐서 이루어진 부분으로, 가지의 생김새에 따라 수관의 모양이 달라짐
    – 수간 : 줄기와 뿌리솟음의 2가지 요소로 이루어지며, 줄기의 생김새나 갈라진 수에 따라 수형이 달라짐
    – 나무가 자란 그대로의 수형인 자연수형과 인위적으로 만든 인공수형이 있음
  • 환경 : 기온, 광선, 바람, 토양, 수분, 공해, 염해 등
  • 조경수목의 규격표시

교목성	관목성
• 수고(H) × 수관폭(W) • 수고(H) × 가슴높이지름(B) • 수고(H) × 근원지름(R)	• 수고(H) × 수관폭(W) • 수고(H) × 근원지름(R) • 수고(H) × 수관폭(W) × 수관길이(L) • 수고(H) × 가지 수 또는 줄기 수 • 수고(H) × 생장연수

■ 지피식물의 특성
  • 지피식물의 조건
    – 지표면을 치밀하게 피복하고, 부드러워야 한다.
    – 식물체의 키가 낮고, 다년생이어야 한다.
    – 번식력이 왕성하고, 생장이 비교적 빨라야 한다.
    – 성질이 강하고, 환경조건에 적응을 잘해야 한다.
    – 병해충에 대한 저항성과 내답압성을 갖추어야 한다.
    – 식물적 특성을 고루 갖추고, 관리가 용이해야 한다.
  • 지피식물의 기능 : 미적 효과, 운동 및 휴식공간 제공, 강우로 인한 진땅 방지, 토양유실 방지, 흙먼지 방지, 동결 방지

■ 초화류의 분류
  • 한해살이 초화류(1・2년생)
    – 봄뿌림 : 맨드라미, 샐비어, 매리골드, 나팔꽃, 코스모스, 과꽃, 봉선화, 채송화, 분꽃, 피튜니아, 백일홍 등
    – 가을뿌림 : 팬지, 금잔화, 금어초, 패랭이꽃, 안개초, 스위트피 등
  • 여러해살이 초화류(다년생) : 국화, 베고니아, 아스파라거스, 카네이션, 부용, 꽃창포, 제라늄, 플록스, 도라지, 샤스타데이지 등
  • 알뿌리 초화류(구근 초화류)
    – 봄심기 : 달리아, 칸나, 아마릴리스, 글라디올러스, 상사화, 투베로즈, 진저 등
    – 가을심기 : 히아신스, 아네모네, 튤립, 수선화, 크로커스, 백합, 아이리스 등

■ 목재의 장단점

장 점	단 점
• 색깔 및 무늬 등 외관이 아름다우며, 재질이 부드럽고 촉감이 좋음 • 가벼워서 운반하거나 다루기가 쉽고, 중량에 비하여 강도가 큼 • 열, 소리, 전기 등의 전도성이 낮음 • 생산량이 많고, 가격이 비교적 저렴하며, 입수가 용이	• 자연소재이므로 내화성이 없고, 부패하기 쉬움 • 함수량의 증감에 따라 팽창·수축하여 변형되기 쉬움 • 부위에 따라 재질이 고르지 못하며, 구부러지고 옹이가 있음 • 강도가 균일하지 못하고, 크기에 제한을 받음

■ 석질재료의 장단점

장 점	단 점
• 외관이 매우 아름다우며, 내구성과 강도가 큼 • 변형되지 않으며, 가공성이 있고, 가공 정도에 따라 다양한 외양을 가질 수 있음 • 산지에 따라 다양한 색조와 질감을 가지며, 압축강도와 내화학성이 크고, 마모성은 작음	• 무거워서 다루기 불편하고, 타 재료에 비해 가공하기가 어려움 • 경제적 부담이 크고, 압축강도에 비해 휨강도나 인장강도가 작음 • 화열을 받을 경우 균열 또는 파괴되기가 쉬움

■ 점토질재료의 특성
- 여러 가지 암석이 풍화되어 분해된 물질로 만든 것으로, 가소성이어서 물로 반죽하면 원하는 모양으로 성형할 수 있음
- 건조시키면 굳고, 불에 구우면 더욱 경화되는 성질이 있음
- 벽돌, 도관, 타일, 도자기, 기와 등

■ 벽돌과 타일
- 벽돌 : 담장, 화단의 경계석, 원로의 포장, 테라스 바닥 및 퍼걸러와 같은 시설물의 축조용으로 사용되는 벽돌은 정교하면서도 따뜻한 느낌을 줌
- 벽돌의 종류
  - 표준형 벽돌 : 190×90×57mm의 표준규격 벽돌
  - 보통벽돌(붉은벽돌) : 바닥 포장, 장식벽, 벤치, 퍼걸러 기둥, 계단, 담장 축조, 어린이 유희시설 등에 사용
  - 다공질벽돌 : 점토에 30~50%의 분탄, 톱밥 등을 혼합하여 소성한 것으로 비중은 1.2~1.7 정도
  - 과소품벽돌 : 벽돌을 지나치게 구워 흡수율이 매우 적고, 압축강도는 매우 크지만, 모양이 바르지 않아서 주로 기초쌓기나 특수장식용으로 이용

- 타 일
  - 양질의 점토에 장석, 규석, 석회석 등의 가루를 배합하여 성형한 후 유약을 입혀 건조시킨 다음 1,100 ~ 1,400°C 정도로 소성한 것
  - 외관에 결함이 없고, 흡수성이 적으며, 휨과 충격에 강함
  - 방화성, 내마멸성이 우수
  - 모양과 크기에 따라 모자이크타일, 외장타일, 내장타일, 바닥타일 등으로 구분

■ **시멘트의 종류**

- 포틀랜드 시멘트(Portland Cement)
  - 보통 포틀랜드 시멘트 : 주성분은 실리카(SiO_2), 알루미나(Al_2O_3), 석회(CaO)이며, 건축구조물이나 콘크리트제품 등 여러 방면에 이용되고 있고, 시멘트 세계 총생산량의 90% 이상을 점유
  - 조강(早强) 포틀랜드 시멘트 : 단기에 높은 강도를 내고, 수밀성이 좋으며 저온에서도 강도발현이 우수해 겨울철, 수중, 해중 공사 등에 적합
  - 중용(中庸)열 포틀랜드 시멘트 : 보통 포틀랜드 시멘트와 조강 포틀랜드 시멘트의 중간 성질을 가진 시멘트로 댐, 터널 공사 등 큰 덩어리 콘크리트에 적합
  - 백색 포틀랜드 시멘트 : 산화철(Fe_2O_3)의 함량(0.3%)이 보통 시멘트(3.0%)보다 적어 건축물의 도장, 인조대리석 가공품, 채광용, 표식 등에 사용
- 혼합 시멘트(Blended Cement)
  - 고로(高爐)슬래그 시멘트(Slag Cement) : 보통 포틀랜드 시멘트에 비하여 분말도가 높고 응결 및 강도발현이 약간 느리지만, 화학적 저항성이 크고 발열량이 적어 해수나 기름의 작용을 받는 구조물이나 공장폐수·오수의 배수로 구축 등에 쓰임
  - 실리카 시멘트(Silica Cement) : 동결융해작용에 대한 저항성은 작지만 화학적 저항성은 커서 해수나 공장폐수, 하수 등을 취급하는 구조물이나 광산과 같은 특수목적 구조물에 사용
  - 플라이애시 시멘트(Fly Ash Cement) : 후기강도가 높고, 건조수축이 적으며, 화학적 저항성이 강함
- 알루미나 시멘트(Alumina Cement) : 비중은 보통 포틀랜드 시멘트보다 가볍고 석고를 가하지 않는데, 조강성이 대단하며, 화학적 저항성이 크고, 내화성도 우수하여 내화용 콘크리트에 적합하다.

■ **시멘트벽돌과 포장용 벽돌의 규격**

시멘트벽돌 규격(단위 : mm)	포장용 벽돌 규격(단위 : mm)
• A형(기존형) : 210×100×60 • B형(표준형) : 190×90×57	• 가로×세로(300×300) • 보도용(두께 60), 차도용(두께 80), 보차도용(두께 70~80) • S자형, U자형, W자형으로 구분한다.

■ 콘크리트의 장단점

장 점	단 점
• 모양을 임의로 만들 수 있으며, 재료의 채취와 운반이 용이 • 유지관리비가 적게 듦 • 철근을 피복하여 녹을 방지하고, 철근과의 부착력을 높임	• 균열이 생기기 쉽고, 개조 및 파괴가 어려움 • 무게가 무겁고 인장강도 및 휨강도가 작으며, 품질 유지 및 시공 관리가 어려움

■ 혼화재료
- 콘크리트의 성질을 개선하고 공사비 절약을 목적으로 사용
- AE제 : 워커빌리티를 개선하고 동결융해에 대한 저항성이 증가하는 장점이 있지만, 압축강도와 철근과의 부착강도가 감소하는 단점이 있음
- 감수제 : 소정의 컨시스턴시를 얻기 위해 필요한 단위중량을 감소시켜 워커빌리티를 증대
- 급결제 : 겨울철이나 물속 공사, 콘크리트 뿜어붙이기 등에 필요한 조기강도의 발생 촉진을 위하여 첨가하는 것으로, 주로 염화칼슘(시멘트량의 1% 정도)이나 규산나트륨(시멘트량의 3% 정도)을 사용하고 이외에 탄산나트륨, 염화나트륨, 염화마그네슘 등이 있음
- 플라이애시(Fly Ash) : 화력발전소의 미분탄 연소 시 발생하는 미립분으로, 대표적인 인공포졸란이며 포졸란 반응을 통해 콘크리트의 성질을 개량함

■ 미장재료의 장단점

장 점	단 점
• 이음매 없이 바탕을 처리할 수 있으며, 다양한 형태로 성형할 수 있고, 가소성이 큼 • 마무리 방법이 다양하며, 여러 형태로 디자인할 수 있음 • 타 재료와 혼합하여 방수, 차음, 내화, 단열의 효과를 얻을 수 있음	• 물을 사용하므로 재료의 혼합에 있어 경화시간이 길고, 배합 시 시간 경과에 따른 강도 저하의 판단이 어려움 • 배합시간이 있으므로 균일하지 못해 바탕마감 표면의 강도가 일정하지 않음

■ 미장재료의 종류
- 모르타르 : 일반적으로 시멘트와 모래를 섞어서 물로 반죽한 것을 의미하지만, 첨가한 고착제에 따라 다양한 종류로 구분
- 회반죽 : 소석회에 모래, 여물이나 해초풀을 넣어 반죽한 풀 형태의 미장재로 벽이나 천장 등을 미장하는 데 사용
- 벽토(壁土) : 진흙에 고운 모래, 짚여물, 착색안료와 물을 혼합하여 반죽한 것

■ 금속재료의 장단점

장 점	단 점
• 다양한 형상의 제품을 만들 수 있고, 대규모의 공업생산품을 공급할 수 있음 • 각기 고유한 광택이 있고, 하중에 대한 강도가 크며, 재질이 균일하고, 불에 타지 않는 등 물리적 성질이 우수	• 비중이 크고, 가열하면 역학적 성질이 저하 • 녹이 슬고 부식이 되는 등 화학적 결함이 있음 • 색채와 질감이 차가운 느낌을 줌

■ 금속재료의 종류
- 철금속 : 순철, 선철, 강철(탄소강), 특수강 등이 있으며 식수대, 미끄럼대, 그네, 시소, 사다리, 철봉, 복합놀이시설, 잔디보호책 등의 시설물에 사용함
- 비철금속 : 알루미늄, 구리, 납, 동, 아연과 각각의 합금 등이 있고 환경조형물, 유희시설, 수경시설, 가로장치물 등의 시설공사재료로 사용함

■ 금속제품
- 철금속 : 철근, 형강, 강봉, 강판 그 외에 철선, 와이어로프, 긴결철물 등
- 비철금속 : 알루미늄, 구리, 납, 동, 아연 등

■ 플라스틱재료의 특성
- 가벼우면서도 강도와 탄력성이 큼
- 소성·가공성이 좋아 복잡한 모양으로 성형이 가능
- 내산성·내알칼리성이 크고, 녹슬지 않음
- 착색이 자유롭고, 광택이 좋으며, 접착력이 큼
- 절연성이 있어 전기가 통하지 않고, 열에 매우 취약
- 내열성·내후성·내광성이 부족하며, 변색하는 등의 결점이 있음

■ 도장재료의 종류
- 수성페인트
  - 안료를 결합제와 혼합하고 물로 희석하여 사용하는 페인트
  - 에멀젼 페인트 : 대표적인 수성페인트로 물에 아스팔트, 유성페인트, 수지성 페인트 등을 현탁시킨 유화액상 페인트이며, 주로 건축물의 내외벽에 도장을 한 후 마감하는 데 사용
- 유성페인트
  - 안료를 건성유와 혼합하고 전용 희석제로 희석하여 사용하는 페인트
  - 에나멜 페인트와 래커 페인트가 많이 쓰임

- 바니시(니스) : 천연수지나 합성수지를 건성유로 용해한 유성 바니시와 휘발성 용제로 용해한 휘발성 바니시로 구분
- 퍼티(Putty) : 석고를 건성유로 반죽한 접합제의 일종

■ **섬유질재료의 종류**
- 볏짚 : 줄기를 감싸 해충의 잠복소를 만드는 데 씀
- 새끼줄 : 주로 조경수목을 보호하는 데 사용하며, 10타래를 1속이라 함
- 밧줄 : 마섬유로 만든 섬유로프를 많이 씀

■ **유리재료의 종류**
- 강화유리 : 서랭유리를 연화점 이상으로 재가열한 후 급랭하여 만들며, 서랭유리나 반강화유리에 비해 잘게 깨지므로 재가공이 불가능하고, 일반 서랭유리에 비하여 강도가 5배 이상
- 단열유리 : 2장 이상의 판유리를 일정한 간격으로 나란히 두고 외기압에 가까운 건조공기를 채워 주위를 봉착한 것으로 복층유리라고도 하며, 일반적으로 단열효과와 함께 소음 차단효과도 가지고 있음
- 박공유리·스팬드럴유리 : 일반 유리 뒷면에 유색의 세라믹 코팅을 하여 열강화한 플로트유리로 색상이 다양하고, 서랭유리에 비하여 강도가 2배 이상이며, 일종의 열강화유리이므로 열충격에 대한 저항성도 강함

■ **조경시공의 개념**
- 정원이나 공원을 만드는 것에서부터 국토 전체를 대상으로 대규모 경관을 조성하는 것까지, 우리들의 일상생활을 보다 편리하고 쾌적하게 만들어 주는 것
- 설계도면과 시방서 그리고 해당 법규와 계약조건을 바탕으로, 각종 자원과 시공기술 및 관리기술을 활용하여 계약한 금액과 기간 안에 조경공사를 완성시키는 것
- 인간의 이용에 적합한 기능과 구조뿐만 아니라 아름다움의 구현이라는 조경 본래의 목적을 성취해야 함

■ **시공계획의 과정**
- 시공계획의 순서 : 계약조건 검토 → 설계도서 검토(내역 검토, 현장사전조사) → 가설공사(가설사무소, 숙소, 도로 등) → 작업계획(인원, 자재조달 등) → 자금수주계획 → 안전관리계획 → 공사착수
- 시공계획의 과정 : 사전조사 → 기본계획 → 일정계획 → 가설 및 조달계획

- **시공관리의 기능**
  - 품질관리 : 품질과 재료의 관리, 인원의 수요·공급 등에 대처
  - 원가관리 : 계약된 기간 내에 주어진 예산으로 공사를 완료하기 위해 실행예산과 실제가격을 비교하여 차액의 원인을 분석·검토하고, 원가발생을 통제하며, 원가자료를 작성
  - 공정관리 : 공정관리를 위해 공정표를 사용하며, 공정표에는 횡선식 공정표, 공정곡선 공정표, 네트워크 공정표 등이 있음

- **공정표의 종류**
  - 막대 공정표
    - 전체공사를 구성하는 모든 부분공사를 세로로 열거하고, 이용할 수 있는 공사기간을 가로축에 나열
    - 공사기간 내에 전체공사를 끝낼 수 있도록 부분공사 시공에 필요한 시간을 계획하고, 각 부분공사의 소요기간을 도표 위의 일수에 맞추어 가로막대로 표시한다.
  - 곡선식 공정표
    - 계획과 실적을 한눈에 비교할 수 있어 공사의 전체적인 진척상황을 파악하는 데 가장 유리한 공정표로, 바나나곡선이라고도 한다.
    - 현 공정이 허용한계선 아래에 있을 때는 공정의 촉진이 필요하며, 실시공정곡선이 허용한계선 내에 있도록 유도
  - 네트워크 공정표
    - 공사의 상호관계가 명료하여 복잡한 공사나 대형공사의 전체적인 파악이 쉽고, 컴퓨터의 이용이 용이
    - 작업을 선행작업, 후속작업, 병행작업으로 구분하여 순서를 정하고 도식화하는 방법으로, 작성 및 검사에 특별한 기능이 요구됨
    - 작업리스트 → 흐름도 → 애로우도 → 타임 스케일도 순서로 작성
    - 애로우도(Arrow Diagram), 이벤트도(Event Diagram), 흐름도(Flow Diagram) 등이 있으며 방향, 작업명, 일수 등을 동그라미와 화살표로 표시
    - 네트워크 공정표의 구성요소에는 크리티컬 패스(Critical Path), 더미(Dummy), 여유시간(Float), 결합점(Event) 등이 있음

- **뿌리돌림**
  - 목적 : 이식력이 약한 나무를 대상으로 굴취 전에 미리 잔뿌리를 발달시켜 이식력을 높이거나, 노목이나 쇠약목의 세력 회복을 위한 목적으로도 사용
  - 시 기
    - 뿌리돌림을 하는 시기는 봄의 해토 직후부터 생장이 가장 활발한 시기에 하는 것이 적합하며, 혹서기와 혹한기는 피하는 것이 좋음
    - 일반적으로 뿌리돌림 후 1년 뒤에 이식하는데, 수세가 약하거나 대형목·노목 등 이식이 어려운 나무는 뿌리둘레의 1/2 또는 1/3씩 2~3년에 걸쳐 뿌리돌림을 실시한 후 이식하는 것이 좋음
    - 봄에 뿌리돌림을 한 낙엽수는 당해 가을이나 이듬해 봄에, 상록수는 이듬해 봄이나 장마기에 이식할 수 있음
  - 작업방법
    - 뿌리분의 크기는 굴취 시와 마찬가지로 근원직경의 4~6배로 하는데, 보통 4배 정도를 기준으로 함
    - 큰 나무의 경우 수목을 지탱하기 위해 3~4방향으로 굵은 뿌리를 하나씩 남겨 두고 15cm 정도의 폭으로 환상박피함
    - 작업 시 뿌리분이 깨질 위험이 있으면 새끼로 감아 뿌리분이 깨지는 것을 막음
    - 뿌리돌림을 하면 많은 뿌리가 절단되어 영양과 수분의 수급균형이 깨지므로, 가지와 잎을 적당히 솎아 지상부와 지하부의 균형을 맞추어 줌

- **조경수의 가식방법**
  - 기간이나 시기, 수종 등에 따라 일반적인 이식법에 따라 행하며, 수개월의 짧은 기간인 경우는 뿌리분 주위에 흙을 두텁게 덮어 습도를 유지하는 정도로 관리할 수 있음
  - 세근성(細根性)의 활착이 용이한 수종이나 가끔 이식을 하여 뿌리분이 고정되어 있는 것은 상관없지만, 뿌리가 섬세하지 못한 수종이나 처음으로 이식하는 수목의 가식은 위험할 수 있음

- **지주 세우기의 종류 및 방법**
  - 단각지주 : 수고 1.2m 이하의 관목에 사용하며 카이즈카향나무, 수양버들, 위성류, 수양벚나무 등의 어린 수종 등에 사용
  - 이각지주 : 수고 1.2~2.0m의 소형 가로수에 사용하며 좁은 장소에 깊게 넣음
  - 삼발이지주 : 소형은 높이 4.5~5.0m의 수목에 사용(지주목 규격 : 길이 1.8m)하고, 대형은 높이 5.0m 이상의 수목에 사용(지주목 규격 : 길이 2.7m)
  - 삼각지주 : 일반적으로 가장 많이 사용하며, 가로수와 같이 보행량이 많은 곳에 주로 설치
  - 사각지주 : 설치방법은 삼각지주와 같지만 지주목이 하나 더 들어가 있어 미관상 가장 아름답고 삼각지주보다 견고
  - 연결형지주 : 교목의 군식이나 열식에 사용(대나무 이용)

- **떼심기 방법**
  - 전면떼 붙이기(평떼 붙이기) : 조기에 잔디경관을 조성해야 할 곳에 쓰이지만 뗏장이 많이 소요되며, 뗏장 사이를 1~3cm 정도로 어긋나게 배열하여 전체 면에 심음
  - 어긋나게 붙이기 : 뗏장을 20~30cm 간격으로 어긋나게 놓거나 서로 맞물려 어긋나게 배열하여 심음
  - 줄떼 붙이기 : 줄 사이를 뗏장 너비 또는 그 반 너비로 떼어서 10~30cm의 간격을 두고 줄 모양으로 이어 심음

- **화단의 조성방법**
  - 초화류 식재는 종자를 파종하는 방법과 꽃 모종을 심는 방법이 있으나, 대부분은 개화 직전의 꽃 모종을 갈아 심는 방법을 이용
  - 꽃 모종으로는 밭에서 재배한 것과 포트에서 재배한 것을 이용하는데, 밭에서 재배한 꽃 모종은 심기 1~2시간 전에 관수하면 캐낼 때 흙이 많이 붙어 분뜨기에 좋음
  - 꽃 모종을 심을 때에는 초종별 특성에 맞추어 식재 간격을 조정해야 뿌리 활착과 줄기 퍼짐이 좋음
  - 꽃묘는 줄이 바뀔 때마다 어긋나게 심는 것이 좋고, 비교적 큰 면적의 화단은 심부에서 바깥쪽으로 심어 나감
  - 식재할 곳에 $1m^2$당 퇴비 1~2kg, 복합비료 80~120g을 밑거름으로 뿌리고, 20~30cm 깊이로 갈아 줌

- **조경시공의 순서**

  터닦기 → 급배수 및 호안공 → 콘크리트 공사 → 정원시설물 설치 → 식재공사

- **토공사**
  - 부지 정지공사
    - 시공도면에 의거하여 계획된 등고선과 표고대로 부지를 골라 시공기준면(FL ; Formation Level)을 만드는 일
    - 공사부지 전체를 일정한 모양으로 만들거나, 수목 식재에 필요한 식재기반을 조성하는 경우, 또는 구조물이나 시설물을 설치하기 위하여 가장 먼저 시행하는 공사
    - 일반적으로 흙깎기와 흙쌓기 공사를 동반
  - 흙깎기(절토)
    - 용도에 따라, 전체 부지 조성을 위한 부지 정지의 일환으로서의 흙깎기, 연못 등을 조성하기 위한 흙깎기, 각종 시설물의 기초를 다지기 위한 흙깎기 등으로 구분

- 흙깎기를 할 때는 안식각보다 약간 작게 하여 비탈면의 안정을 유지해야 하는데, 보통 토질에서는 흙깎기 비탈면 경사를 1:1 정도로 함
- 식재공사가 포함된 경우의 흙깎기에서는 반드시 지표면 30~50cm 정도 깊이의 표토를 보존하여 식물의 생육에 유용하도록 함
• 흙쌓기(성토)
- 흙쌓기에 사용하는 흙은 입도가 좋아 잘 다져져서 쌓인 흙이 안정될 수 있어야 함
- 흙쌓기를 할 때는 보통 30~40cm마다 다짐을 해야 하며, 그렇지 못할 경우에는 설계도면에 표시된 계획고를 유지하기 위해서 더돋기를 실시해야 함
- 일반적인 흙쌓기의 경사는 1:1.5
• 마운딩
- 경관에 변화를 주거나, 방음·방풍·방설 등을 위한 목적으로 작은 동산을 만드는 작업
- 흙쌓기의 일종으로서, 흙쌓기에 따라 실시하는 것이 원칙
- 식재기반의 조성이 주된 목적이므로, 식재에 필요한 윗부분이 너무 다져져서 식물뿌리의 활착에 지장을 주는 일이 없도록 유의
• 비탈면의 보호 : 비탈면을 안정시켜 붕괴 예방과 함께 경관적으로 가치가 있도록 하기 위한 공사, 식물 식재에 의한 방법과 콘크리트블록과 같은 인공재료에 의한 방법 등이 있음

■ 관수공사
• 지표 관수법
- 수동식 방법으로, 식물의 주변에 지형과 경사를 고려해 물도랑 등의 수로나 웅덩이를 이용하여 관수
- 균일한 관수가 어려우며, 물의 낭비가 많아 용수의 이용에 비효율적
• 살수식 관수법
- 자동식 방법으로, 고정된 스프링클러를 통해 일정 수량의 압력수를 대기 중에 살수함으로써 자연 강우와 같은 효과를 내는 방법
• 점적식 관수법
- 자동식 방법으로, 수목의 뿌리 부분의 지표나 지하에 설치한 특수한 구조의 점적기에 연결된 호스를 통해 한 방울씩 서서히 관수하는 방법
- 용수효율이 가장 높으며 교목과 관목의 관수에 주로 쓰임

- **배수공사**
  - 표면배수
    - 지표수를 배수하는 것으로, 배수를 위해서는 물이 흐를 수 있는 경사면을 부지 외곽에 조성해야 함
    - 경사는 최소한 1:20~1:30 정도가 되도록 하여 지표수를 배수구 또는 측구로 유입시켜 배출되게 함
    - 배수구는 겉도랑(명거)으로 설치하는데, 도랑에 잔디, 자갈, 호박돌, 화강석, U형 측구 또는 L형 측구를 사용해 토양침식을 방지
  - 지하층배수
    - 토양 내 과잉수를 제거하는 것으로 심토층배수라고도 하는데, 속도랑(암거)을 설치하여 배수
    - 벙어리 암거 : 지하에 도랑을 파고 모래, 자갈, 호박돌 등으로 큰 공극을 만들어 주변의 물이 스며들도록 하는 방법
    - 유공관 암거 : 자갈층에 구멍이 뚫린 관을 설치하는 것으로, 유공관의 설치깊이는 수목에 따라 달리하는 것이 좋은데, 일반적으로 심근성 수목의 경우 1.3~1.8m, 천근성 수목의 경우 0.8~1.1m 정도가 되게 함

- **워커빌리티(Workability)**
  - 콘크리트를 혼합한 후 운반, 타설, 다지기 및 마무리할 때까지 굳지 않은 콘크리트의 성질로, 콘크리트 시공 시 작업 난이도 및 재료분리에 저항하는 정도를 나타냄
  - 일반적으로 단위시멘트량이 많고, 입자가 미세하며, 비빔시간이 길수록 워커빌리티는 개선되지만, 비빔시간이 과도할 경우에는 시멘트의 수화를 촉진시켜 오히려 워커빌리티는 나빠짐
  - 워커빌리티에 영향을 미치는 요인 : 시멘트의 성질(종류·분말도·풍화도), 단위시멘트량, 단위수량, 물-시멘트비, 골재의 입형·입도, 잔골재율, 공기량, 혼화재료, 비빔시간, 온도 등

- **양생(보양, Curing)**
  - 콘크리트를 친 후 응결(Setting)과 경화(Hardening)가 완전히 이루어지도록 보호하는 것
  - 좋은 양생을 위해서는 적당한 수분 공급과 함께 일정한 온도와 절대안정상태를 유지해야하고, 양생이 좋을수록 콘크리트의 변형, 파괴, 오손 등을 방지할 수 있음
  - 수분을 공급하기 위해서 살수하거나 침수시키는데, 콘크리트를 친 후 수분을 공급하면 수분을 보유하는 한 강도 증진은 계속되고, 건조되면 강도 증진이 중지
  - 대체로 양생온도가 높을수록 수화작용이 빠르게 진행되지만, 적당한 양생온도는 15~30℃임
  - 35℃ 이상이 되면 수화작용이 급속도로 빨라져 조기강도는 좋으나, 시간이 지날수록 강도 증진이 지연되고 균열이 생길 우려가 있음
  - 4℃ 이하에서는 양생기간이 길어지고 강도가 떨어지며, 0℃ 이하에서는 콘크리트가 동결되어 강도는 더욱 떨어지게 됨

- **자연석놓기**
  - 경관석이란 시각의 초점이 되거나 중요하게 강조하고 싶은 장소에, 보기 좋은 자연석을 한 개 또는 여러 개 배치하여 감상효과를 높이는 데 쓰는 돌을 말함
    - 경관석을 단독으로 놓을 때에는 위치, 높이, 길이, 기울기 등을 고려하여 그 경관석의 아름다움이 감상자에게 충분히 느껴지도록 하는 것이 중요
    - 경관석을 여러 개 짝지어 놓을 때에는 중심이 되는 큰 주석과 보조역할을 하는 작은 부석을 잘 조화시켜야 하는데, 수량은 일반적으로 홀수로 하고, 돌 사이의 거리나 크기 등을 조정하여 힘이 분산되지 않고 짜임새가 있도록 함
  - 디딤돌놓기
    - 디딤돌이란 동선을 아름답게 표현하고, 지피식물을 보호하며, 무엇보다 보행자의 편의를 돕기 위해 놓는 돌을 말함
    - 디딤돌은 보통 한 면이 넓적하고 평평한 자연석을 많이 쓰나, 가공한 화강암 판석이나 점판암 판석 또는 통나무 등을 쓰는 경우도 있음
    - 디딤돌의 긴지름은 보행자의 진행방향과 수직을 이루도록 하고, 방향성을 주는 것이 좋으며, 지표보다 3~5cm 정도 높게 함

- **켜쌓기와 골쌓기**
  - 켜쌓기
    - 각 층을 직선으로 쌓는 방법으로, 골쌓기보다 약하기 때문에 높이 쌓기에는 곤란하며 돌의 크기도 균일해야 함
    - 켜쌓기는 시각적으로 좋아 조경공간에 주로 쓰임
  - 골쌓기
    - 줄눈을 파상으로 골을 지어 가며 쌓는 방법
    - 하천공사 등에 견치석을 쌓을 때 많이 이용하고 있으며, 견고하기 때문에 일부분이 무너져도 전체에 파급되지 않는 장점이 있음

- **벽돌쌓기의 종류**

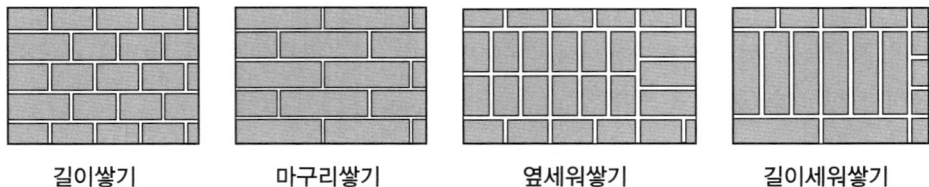

　　길이쌓기　　　　마구리쌓기　　　　옆세워쌓기　　　　길이세워쌓기

- **기초공사와 포장공사**
  - 기초공사
    - 기초 : 상부 구조물의 무게를 받아 지반에 안전하게 전달하기 위하여 땅속에 만드는 구조물
    - 지정 : 기초를 보강하거나 지반의 지지력을 증가시키는 일
  - 포장공사
    - 보도나 차도에 포장공사를 할 때에는 우선 지반 조건이나 예상 하중 등을 고려하여 포장 보조기층을 만들고, 포장재료를 시공할 때는 배수에 특히 유의하여 물이 고이는 부분이 없도록 해야 함
    - 포장재료가 바뀌는 부분이나 가장자리의 연석 처리에 주의하여 포장면이 침하하거나 변형되는 것을 방지해야 함

- **놀이시설 공사**
  - 모래밭
    - 모래밭은 휴게시설 가까이에 배치하고, 작은 규모의 놀이시설이나 놀이벽·놀이조각을 배치하며, 큰 규모의 놀이시설은 배치하지 않는 것이 좋음
    - 모래밭의 바닥은 빗물의 배수를 위하여 맹암거나 잡석깔기 등 적절한 배수시설을 설계하고, 모래밭의 깊이는 안전을 고려하여 30cm 이상으로 함
  - 미끄럼대
    - 미끄럼대는 되도록 북향 또는 동향으로 배치
    - 미끄럼판의 기울기는 30~35°로 재질을 고려하여 설계하고, 1인용 미끄럼판의 폭은 40~50cm를 기준으로 함
  - 그 네
    - 그네는 햇빛을 마주하지 않도록 북향 또는 동향으로 배치
    - 놀이터의 규모나 성격에 어울리는 유형을 배치하고, 그네의 요동운동을 고려하여 주변 시설과 적정거리를 이격시킴

- **휴게시설**
  - 의자(벤치)
    - 긴 휴식이 필요한 곳에는 등의자를, 짧은 휴식이 필요한 곳에는 평의자를 설치하고, 공공공간에는 되도록 고정식을, 정원 등 관리가 쉬운 곳에는 이동식을 배치
    - 앉음판의 높이는 34~46cm, 폭은 38~45cm를 기준으로 물이 고이지 않도록 설계하그, 어린이를 위한 의자는 낮게 하는 것이 좋음
    ※ 이용자가 사계절 가장 편하게 사용할 수 있는 벤치의 재료는 목재

- 퍼걸러(Pergola, 그늘시렁)
  - 여름에는 그늘을 제공하고 겨울에는 햇빛이 잘 들도록 대지의 조건, 방위, 태양의 고도를 고려하여 배치
  - 조형성이 뛰어난 퍼걸러는 시각적으로 넓게 조망할 수 있는 곳이나 통경선(vista)이 끝나는 곳에 초점요소로서 배치할 수 있음

■ 편의시설
- 공중화장실
  - 화장실 건물은 다른 건물과 식별할 수 있도록 하고, 이용자의 눈에 직접 띄지 않도록 수목 등으로 적절히 차폐시킴
  - 설계 대상공간의 종류, 성격, 규모, 이용자 수 등을 고려하여 화장실의 규격을 결정하되, 한 동의 크기는 30~40m^2의 규모에 여자용 변기 3개, 남자용 대변기 1개, 휠체어용 변기 1개, 소변기 3개 정도를 설치
- 음수대
  - 가급적 습한 곳은 피하고, 양지 바른 곳에 설치하며, 녹지에 접한 포장부위에 배치
  - 설계 시 배수구는 청소가 용이한 구조와 형태로 하고, 지수전과 제수밸브 등 필요시설을 적정위치에 제 기능을 충족하도록 함

■ 수경시설
- 못(연못)
  - 콘크리트 등의 인공적인 못의 경우에는 바닥에 배수시설을 설계하고, 수위 조절을 위한 월류(Over Flow)를 반영
  - 겨울철 설비의 동파를 막기 위한 퇴수밸브 등을 반영
- 분 수
  - 분수의 수조너비는 분수높이의 2배, 바람의 영향을 크게 받는 지역은 분수높이의 4배를 기준으로 함
  - 빗물이나 오염수가 유입되지 않도록 수조에 턱을 주거나 경사를 조절
- 폭포 및 벽천
  - 설치장소에 따라 동결수경 연출이 가능하므로 검토하여 반영하되, 시설물의 파괴 예방 등 유지관리가 쉬운 곳에 배치
  - 상부수조의 넓이와 연출높이에 비례하여 하부수조의 크기와 깊이를 산정

- **시방서의 종류**
    - 표준시방서 : 시설물의 안전 및 공사시행의 적정성과 품질 확보 등을 위하여 시설물별로 정한 표준적인 시공기준으로, 발주청 또는 건설기술용역업자가 공사시방서를 작성할 때 활용하기 위한 시공기준
    - 전문시방서 : 시설물별 표준시방서를 기본으로 모든 공정을 대상으로 하여 특정한 공사의 시공 또는 공사시방서의 작성에 활용하기 위한 종합적인 시공기준
    - 공사시방서 : 건설공사의 계약도서에 포함된 시공기준으로, 표준시방서 및 전문시방서를 기본으로 하여 작성하되, 공사의 특수성·지역여건·공사방법 등을 고려하여 기본설계 및 실시설계도면에 구체적으로 표시할 수 없는 내용과 공사수행을 위한 시공방법, 자재의 성능·규격 및 공법, 품질시험 및 검사 등 품질관리, 안전관리, 환경관리 등에 관한 사항을 기술함

PART 03 조경관리

- **전정의 종류**
  - 생장을 돕기 위한 전정
  - 생장을 억제하기 위한 전정
  - 개화·결실을 돕기 위한 전정
  - 생리를 조절하기 위한 전정
  - 세력을 갱신하기 위한 전정

- **전정의 시기**
  - 겨울전정 : 12~3월 사이 휴면기에 실시하는 전정으로, 내한성이 강한 낙엽수가 주 대상
  - 봄전정 : 3~5월에 실시하는 전정으로, 나무 높이를 높이거나 상록수의 모양을 정리하고 싶을 때 실시
  - 여름전정 : 6~8월에 실시하는 전정으로, 제1신장기를 마치고 가지와 잎이 무성하게 자라면 수광이나 통풍이 나쁘게 되기 때문에, 웃자란 가지나 너무 혼잡하게 자란 가지를 잘라 주어 수광 및 통풍을 좋게 해 줌
  - 가을전정 : 9~11월에 하는 전정으로, 여름철에 자라난 웃자란 가지나 너무 혼잡한 가지를 가볍게 전정함

- **전정의 순서와 횟수**
  - 전정의 순서
    - 나무 전체를 충분히 관찰하고 만들고자 하는 수형을 결정한 다음, 수형이나 목적에 맞지 않는 큰 가지부터 전정
    - 가지를 자를 때에는 수관의 위에서부터 아래로, 수관의 밖에서부터 안으로 자르고, 굵은 가지를 먼저 자른 후에 가는 가지를 다듬음
  - 전정의 횟수
    - 침엽수 : 1회
    - 상록수 중 맹아력이 큰 나무 : 3회
    - 상록수 중 맹아력이 보통인 나무 : 2회
    - 낙엽수 : 2회

■ **줄기감기(수피감기, 줄기싸기)**
- 줄기를 감는 목적은 줄기로부터의 수분 증산을 억제하고, 해충의 침입을 방지하며, 강한 햇빛과 추위로부터 수피를 보호하기 위함
- 줄기감기에는 주로 새끼와 녹화마대가 쓰이지만, 겨울철에는 동해를 방지하기 위해 거적 등으로 감싸 줌
- 감은 줄기나 녹화마대 위에 진흙을 발라 주기도 하는데, 이는 일시적인 나무의 외상 방지, 수분 증산의 억제뿐만 아니라 수피 속에 서식하는 해충의 산란과 번식을 예방하여 구제하기 위함
※ 발라 준 진흙이 건조하고 갈라지면 그 틈을 다시 채워 줌

■ **주요 비료의 역할**
- 질소(N) : 광합성작용의 촉진으로 잎이나 줄기 등 수목의 생장에 도움을 주며, 부족하면 생장이 위축되고 성숙이 빨라지나, 많으면 도장(徒長)하고 약해지며 성숙이 늦어짐
- 인(P) : 세포분열 촉진, 꽃·열매·뿌리 발육에 관여하고, 부족하면 꽃과 열매가 나빠지고, 많으면 성숙이 촉진되어 수확량이 감소함
- 칼륨(K) : 꽃·열매의 향기, 색깔을 조절하고, 부족하면 황화현상이 일어남
- 칼슘(Ca) : 단백질 합성, 식물체 유기산 중화의 역할을 하고, 부족하면 생장점이 파괴되어 갈색으로 변함
- 황(S) : 호흡작용, 콩과 식물의 근류 형성에 관여하며, 부족하면 단백질 합성이 늦어지고 침엽수는 잎의 끝부분이 황색이나 적색으로 변함
- 철(Fe) : 산소 운반, 엽록소 생성 촉매작용 등의 역할을 하는데, 부족하면 잎조직에 황화현상이 일어남
- 붕소(B) : 개화 및 과실 형성에 관여하며, 부족하면 잎의 변색, 착화 곤란, 뿌리생장 저하가 나타남

■ **거름주기 방법**
- 전면 거름주기 : 수목을 식재하기 전에 토양 표면에 밑거름을 깔고 경운하거나, 수목이 밀식되어 한 그루마다 거름을 줄 수 없는 경우 토양 전면에 거름을 주는 방법
- 윤상 거름주기 : 수관 폭을 형성하는 가지 끝 아래의 수관선을 기준으로 한 환상 모양으로 깊이 20~25cm, 너비 20~30cm 정도로 둥글게 파고 알맞은 양의 거름을 주는 방법
- 격윤상 거름주기 : 윤상 거름주기의 형태이기는 하나 거름 구덩이가 연결되어 있지 않고, 일정한 간격을 두고 해마다 구덩이 위치를 바꾸어 거름을 주는 방법
- 천공 거름주기 : 수관선상에 깊이 20cm 정도의 구멍을 군데군데 뚫고 거름을 주는 방법으로, 물거름을 비탈면에 줄 때 적용
- 선상 거름주기 : 산울타리처럼 수목이 띠 모양으로 군식되었을 때, 식재된 수목을 따라 밑동으로부터 일정한 간격을 두고 도랑처럼 길게 구덩이를 파서 거름을 주는 방법

- **병원체의 침입경로**
    - 각피를 통한 침입 : 잎·줄기 등의 표면에 있는 각피나 뿌리의 표피를 병원체가 자기 힘으로 뚫고 침입하는 것
    - 자연개구부를 통한 침입 : 기공, 수공, 피목, 밀선(꿀샘) 등과 같은 식물체에 존재하는 미세한 구멍을 통해 침입하는 것
    - 상처를 통한 침입 : 여러 가지 원인에 의해서 만들어진 상처의 괴사조직을 통해 병원체가 침입하는 것

- **녹병균의 중간기주**
    - 배나무 붉은별무늬병(적성병) : 향나무
    - 사과나무 붉은별무늬병 : 향나무
    - 소나무 혹병 : 졸참나무, 신갈나무
    - 잣나무 털녹병 : 송이풀, 까치밥나무
    - 포플러잎 녹병 : 일본잎갈나무(낙엽송)

- **잔디의 효용성**

    지표면을 피복하여 바닥 보호, 공간에 푸르름과 아름다움 제공, 먼지 제거 및 공기 정화, 비탈면의 토양침식 방지, 레크리에이션 장소 제공, 기온 조절, 시각적인 해방감 조성

- **잔디깎기의 장단점**

장 점	단 점
• 균일한 잔디면을 제공하고, 분열을 촉진하여 밀도를 높임 • 잡초의 발생을 줄일 수 있으며, 잔디면을 고르게 하여 경관을 아름답게 함 • 통풍이 잘 되어 병해충을 줄일 수 있음	• 잔디를 깎으면 잎이 절단되므로 탄수화물의 보유가 줄어듦 • 병원균이 침입하기 쉬우며, 물의 흡수능력이 저하됨

- **조경관리의 구분**
    - 운영관리 : 예산, 조직, 재산, 재무제도 등의 관리
    - 유지관리 : 잔디, 초화류, 식재수목, 각종 시설물 및 건축물 등의 관리
    - 이용관리 : 주민참여 유도, 안전관리, 홍보, 이용지도, 행사프로그램 주도 등의 관리

■ 조경시설의 관리
- 목재 시설 관리
  - 목재 시설은 감촉이 좋고 외관이 아름다워 사용률이 높지만, 철재보다 부패하기 쉽고 잘 갈라지며, 거스러미가 일어나 정기적으로 보수하고 도료를 칠해 주어야 함
  - 쬠 부분이나 땅에 묻힌 부분과 2년이 경과한 것은 부식되기 쉬우므로 정기적인 보수를 하고, 방부 처리하거나 모르타르를 칠해 줌
- 철재 시설 관리
  - 도장이 벗겨진 곳은 녹막이 칠(광명단, 도료 등)을 두 번 한 다음 유성 페인트를 칠해 주고, 파손이 심한 부분은 교체해 줌
  - 볼트나 너트가 풀어졌을 때에는 충분히 죄어 주고, 심하게 훼손되었을 때에는 용접 또는 교환해 줌
  - 회전 부분의 축에는 정기적으로 그리스를 주입하며 베어링의 마멸 여부를 점검한 후 조치함
- 콘크리트 시설 관리
  - 자체가 무겁기 때문에 가라앉거나 기울어지고, 균열이 발생할 때에는 위험한 상태가 되기 전에 보수를 하여야 함
  - 도장은 일정 시간이 지나면 벗겨지므로 3년에 1회 정도 다시 해 주어야 함
  - 콘크리트의 균열이 생긴 곳은 실(Seal)재를 주입하여 봉합
- 수경시설 관리
  - 연못 : 급수구와 배수구의 막힘 여부 수시점검, 겨울 전에 물을 빼 이물질 제거 및 청소
  - 분수 : 고정식 분수의 겨울전 물 빼기, 이동식 분수는 이물질 제거 후 보관

교육은 우리 자신의 무지를 점차 발견해 가는 과정이다.

– 윌 듀란트 –

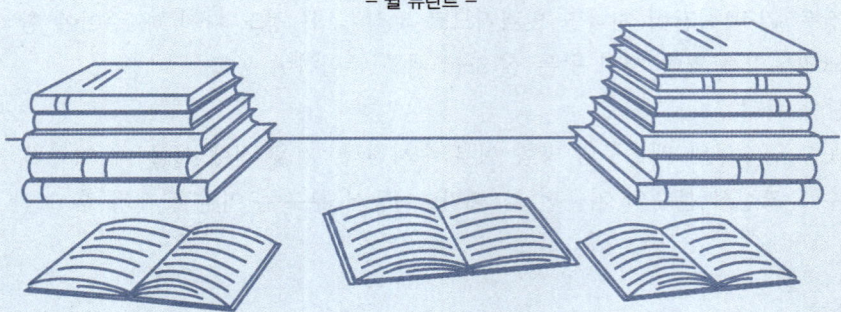

01 자주 나오는 단골문제

PART 01　조경설계

PART 02　조경시공

PART 03　조경관리

조경기능사 필기 기출문제해설

PART 01 조경설계

01 조경계획을 실시할 때 조사해야 할 자연환경 요소에 해당하지 않는 것은? [09년 2, 5회]

① 기 상 ② 식 생
③ 교 통 ④ 경 관

해설 자연환경분석은 지형, 토양, 수문, 식생, 야생 동물, 기후, 경관 등을 파악해야 한다.

> **Advice**
> 환경의 구성요소
> • 자연적 환경요소 : 생명이 없는 흙, 공기, 물 등과 이들로 이루어진 지형, 기호, 하천과 해양 등 생명이 있는 동물과 식물
> • 인공적 환경요소 : 집, 공장, 도로, 철도, 댐 등과 같은 시설들과 눈에 보이지는 않지만 인구의 경제활동, 법 제도, 사회적 규범, 문화 등

02 다음 조경의 대상 중 자연적 환경요소가 가장 빈약한 곳은? [02년 2회, 10년 5회]

① 도시조경 ② 명승지, 천연기념물
③ 도립공원 ④ 국립공원

해설 도시조경은 인공적 환경요소가 많다.

03 조경을 프로젝트의 대상지별로 구분할 때 문화재 주변공간에 해당되지 않는 곳은? [04년 1회, 10년 2, 4회]

① 궁 궐 ② 사 찰
③ 유원지 ④ 왕 릉

해설 조경의 기능별 구분
• 정원 : 주택정원, 아파트 등 공동주거단지정원, 학교정원, 옥상정원, 실내정원 등
• 공원 : 도시공원과 녹지, 자연공원
• 문화재 : 목조와 석조 건축물, 궁궐 터, 전통민가, 사찰, 성터, 왕릉, 고분 등의 사적지
• 위락·관광시설 : 골프장, 경마장, 해수욕장, 관광농원, 유원지, 휴양지 등
• 기타 시설조경 : 도로, 광장, 사무실, 학교, 공장, 자전거 도로, 고속도로 등

정답 1 ③ 2 ① 3 ③

04 위락·관광시설 분야의 조경에 해당되지 않는 대상은? [04년 2, 5회, 06년 1회, 11년 2회]

① 휴양지　　　　　　② 사 찰
③ 유원지　　　　　　④ 골프장

해설
- 위락·관광시설 : 휴양지, 유원지, 골프장, 경마장, 해수욕장, 관광농원 등
- 문화재 주변 : 궁궐, 왕릉, 전통민가, 사찰

---

05 미국협회에서 조경은 실용성과 즐거움, 자원의 보전과 효율적 관리, 문화적 지식의 응용을 통하여 설계·계획하고 토지를 관리하여, 자연 및 인공 요소를 구성하는 기술이라고 새롭게 정의를 내린 연도는? [05년 5회, 08년 5회]

① 1909년　　　　　　② 1975년
③ 1945년　　　　　　④ 1858년

해설 1975년 미국협회의 조경에 대한 정의
- 조경은 실용성과 즐거움을 줄 수 있는 환경의 조성에 목표를 둔다.
- 조경은 자원의 보전과 효율적 관리를 도모한다.
- 조경은 문화 및 과학적 지식의 응용을 통하여 설계·계획하고, 토지를 관리하며 자연 및 인공요소를 구성하는 기술이다.

> **Advice**
> 1909년도의 미국협회의 조경에 대한 정의 : 조경은 인간의 이용과 즐거움을 위하여 토지를 다루는 기술이다.

---

06 조경가에 대한 설명으로 틀린 것은? [06년 2회, 09년 2회, 10년 5회, 12년 5회]

① 예술성을 지닌 실용적이고 기능적인 생활환경을 만든다.
② 정원사(Landscape Gardener)라는 개념과 동일하다.
③ 미국의 옴스테드(Olmsted, Frederick Law)가 1858년 처음 용어를 사용하였다.
④ 건축가의 작업과 많은 유사성을 지니고 있으며 경관 건축가라고도 한다.

해설 옴스테드는 뉴욕시의 센트럴 파크를 설계할 당시 정원사는 정원만을 대상으로 하는 좁은 뜻을 지니고 있어서 다양한 전문성을 대변하는 데 한계가 있다고 생각하여 경관 건축가 즉, 조경가라고 부르게 되었다.

> **알아두기**
> **조경가와 정원사**
> - 조경가 : 경관을 조성하는 전문가(경관 건축가)
> - 정원사 : 정원을 조성하거나 관리하는 전문가
> - 조경 : 경관을 조성하는 전문분야, 즉 실용적이고 기능적인 생활환경을 만드는 건설 분야

> **Advice**
> 옴스테드는 미국의 조경가로, 1857년 뉴욕시 센트럴파크 조성 때 감독이었다. 그가 관계한 공원은 미국 각지에 80개가 넘으며, 나이아가라폭포의 자연경관보호의 기본설계도 하였다.

07 조경 실시 설계기술자의 주요 직무 내용으로 가장 적합한 것은? [08년 2회, 09년 1회]
① 물량 산출 및 시방서 작성 ② 조경 시설물 및 자재의 생산
③ 식재 공사 시공 ④ 전정 및 시비

해설 조경 실시 관련 기술자
- 직무 설계기술자 : 고객과 설계요구사항을 협의하여 비용 및 설계 방향을 결정하고, 부지 및 지형 등 여러 측면을 고려해 나무 및 화초 등의 종류와 심는 위치, 조명, 벤치, 울타리, 산책로, 분수 등의 조경 시설물을 배치한 후 세부적인 설계를 한다.
- 시공기술자 : 견적 및 명세서가 완성되면 필요한 수목 및 시설물 등의 자재 구입과 공사 기간, 인력 및 공사비용 등의 계획을 세워 전체적인 조경 건설작업을 관리 및 감독하며, 설계에 따른 공사를 한다.
- 조경기술자
  - 정원, 가로수, 공원 등을 지형과 용도에 맞게 조경계획 및 설계하며, 조경공사를 관리·감독하고 조경시설을 유지·관리한다.
  - 고객과의 협의를 통해 조경 설계계획을 수립하고, 지역별 최적의 조경 설계기준을 설정한다.
  - 나무, 관목, 정원, 안뜰, 바닥 등과 같은 특성을 반영하여 상세한 제도 작성을 준비하며, 비용 견적을 낸다.
  - 지형적 위치선정, 토양 식물의 성장도 등과 같은 대기 조건에 관한 자료를 수집하고 분석한다.
  - 시공계획에 의한 공정관리, 자재품질, 규격검수, 안전, 환경관리 등 공사관련 업무를 수행한다.

08 정원양식의 발생 요인 중 자연환경 요인이 아닌 것은? [03년 2회, 04년 1회, 08년 2회, 10년 4회, 11년 2회]
① 기 후 ② 지 형
③ 식 물 ④ 종 교

해설 정원양식의 발생 요인
- 자연환경적 요인 : 기후(비, 바람, 눈, 기온), 지형(산악지형, 평탄지형), 기타(식물, 토질, 암석)
- 사회환경적 요인 : 종교, 민족성, 역사성, 기타(정치, 경제, 건축, 예술 등)

09 현대조경에서 큰 나무 이식이 가능하도록 가장 큰 영향을 미친 요인은? [04년 2회, 07년 1회]
① 민주적인 사고방식 ② 건축재료의 발달
③ 급·배수시설의 발달 ④ 토목기계의 발달

정답 7 ① 8 ④ 9 ④

10 서아시아의 수렵원(Hunting Garden)의 계획 기법으로 옳은 것은? [06년 2, 5회]
① 포도나무를 심어 그늘지게 하였다.
② 노단 위에 수목과 덩굴식물로 식재하였다.
③ 인공으로 언덕을 쌓고 인공호수를 조성하였다.
④ 성림을 조성하여 떡갈나무와 올리브를 심었다.

해설 수렵원
• 어원은 '짐승을 기르기 위해 울타리를 두른 숲'이며 오늘날 공원의 시초가 된다.
• 인공 언덕과 정상에 신전과 산을 만들 때 생기는 저지대에 인공호수를 만들고 언덕에 떡갈나무, 올리브, 월계수, 사이프러스, 종려나무, 각종 향나무 등을 규칙적으로 식재하였다.

11 고대 그리스에 만들어졌던 광장의 이름은? [02년 2회, 04년 5회, 12년 1회]
① 아트리움   ② 길 드
③ 무데시우스   ④ 아고라

해설 '아고라'는 고대 그리스 폴리스의 중심에 있던 광장으로, 정치와 사상의 토론장이자 사람들이 물건을 사고파는 시장이었다. 로마시대에는 포럼(Forum)이었다.

알아두기

아고라(Agora)
• 고대 그리스의 도시국가(폴리스)의 중심지에 있는 광장
• 시민들의 일상생활이 이루어지던 공공의 광장
• 아크로폴리스가 종교와 정치의 중심지였다면, 이곳은 시민의 경제생활과 예술 활동이 이루어졌던 장소이다.

Advice
히포다무스에 의해 도시계획에서 격자형이 채택되었고, 짐나지움(Gymnasium)과 같은 공공적인 정원(체육 훈련)이 발달하였다.

12 고대 로마의 정원 배치는 3개의 중정으로 구성되어 있었다. 그중 사적인 기능을 가진 제2중정에 속하는 곳은? [04년 2회, 10년 2회]
① 아트리움   ② 지스터스
③ 페리스틸리움 ④ 아고라

해설 로마의 정원은 3개의 공지(空地)로 구성된 중정(中庭, Patio)식 정원이다. 대문을 들어서면 곧 첫 번째 공지인 아트리움(Atrium)에 이르고, 중문(中門)을 지나면 아름다운 정원인 페리스틸리움(Peristylium)이 나타나며, 뒤뜰에는 과수와 채소를 가꾸는 지스터스(Xystus)가 있다.

10 ③ 11 ④ 12 ③ 정답

13 다음 정원요소 중 인도 정원에 가장 큰 영향을 미친 것은? [07년 2회, 09년 5회]
① 노 단
② 토피어리
③ 돌수반
④ 물

해설 인도의 정원구성은 정원을 바탕으로 물, 그늘, 꽃이 중점이 되었다. 특히 물은 장식·관개·목욕의 목적으로 종교적 행사에 이용되었다.

14 16세기 무굴제국의 인도 정원과 가장 관련이 있는 것은? [06년 2회, 10년 5회]
① 타지마할
② 지구라트
③ 지스터스
④ 알함브라 궁원

해설 무굴제국의 5대 황제 샤 자한은 건축광이었다. 델리의 붉은 성, 자마 마스지드 등을 건축하였고, 아그라성을 궁전으로 시작, 22년만에 완공한 것이 타지마할이다. 타지마할은 무덤, 사원, 정원, 출입문, 연못 등을 포함한 종합 건축물이다.

15 중세 수도원의 전형적인 정원으로 예배실을 비롯한 교단의 공공건물에 의해 둘러싸인 네모난 공지를 가리키는 것은? [07년 2회, 09년 4회]
① 아트리움(Atrium)
② 페리스틸리움(Peristylium)
③ 클라우스트룸(Claustrum)
④ 파티오(Patio)

해설 고대 로마시대의 주택정원
- 아트리움(Atrium) : 제1중정(中庭, Patio), 손님이나 상담을 위한 공적 공간
- 페리스틸리움(Peristylium) : 제2중정, 가족용 사적 공간
- 지스터스(Xystus) : 후원

Advice
파티오(Patio) : 스페인 정원에서 중정(中庭)에 놓인 장방형 또는 정방형의 못으로 좁고 긴 수로들은 건물을 연결하는 수단이었고 사람들의 동선을 따라 적절히 놓여졌다.

16 회교문화의 영향을 입어 독특한 정원양식을 보이는 곳은? [04년 1회, 05년 2회, 11년 2회]
① 이탈리아 정원
② 프랑스 정원
③ 영국 정원
④ 스페인 정원

해설 정형식 조경 중에서 이슬람 양식의 스페인 정원은 중정식에 속한다.

정답 13 ④ 14 ① 15 ③ 16 ④

17 이슬람 양식의 스페인 정원이 속하는 조경양식은? [09년 4회, 10년 2회]

① 평면기하학식　　② 노단식
③ 중정식　　　　　④ 전원풍경식

해설 정형식 정원
- 평면기하학식 : 평면상에 대칭적 구성, 프랑스 정원이 대표적
- 노단식 : 경사지에 계단식 처리, 바빌로니아의 공중정원, 이탈리아 정원이 대표적
- 중정식 : 소규모 분수나 연못 중심, 중세 수도원 정원, 스페인 정원 등
- 전원 풍경식은 영국의 조경양식이다.

18 다음 중 중정(Patio)식 정원에 가장 많이 쓰이는 것은? [05년 1회, 08년 1회]

① 폭 포　　　　　② 색채타일
③ 울창한 수목　　④ 가산(마운딩)

해설 중정식(中庭式) 조경양식
연못이나 분수를 중심으로 사방에는 좁고 작은 수로나 내가 연결되며, 가에는 아케이드가 있어 길이나 Pool이 있으며 그 주변은 정교하고 원시적인 색채의 타일이나 벽돌, 블록 등을 서로 강한 색채의 대비로서 포장하여 그 주위에 화목류를 화분에 식재하거나 직접 식재하여 장식하기도 하였다.

19 스페인에 현존하는 이슬람 정원 형태로 유명한 곳은? [02년 1회, 09년 1회]

① 베르사이유 궁전　② 보르비콩트
③ 알함브라성　　　④ 에스테장

해설 무어 양식의 극치라고 일컬어지는 알함브라(Alharmbra)궁은 4개의 중정(Patio)이 있다.

Advice
중세 스페인의 조경으로는 대모스크, 알카자르, 알함브라, 제네랄리페 등이 있다.

20 테라스(Terrace)를 쌓아 만들어진 정원은? [04년 1회, 05년 2회]

① 일본 정원　　　② 프랑스 정원
③ 이탈리아 정원　④ 영국 정원

해설 이탈리아는 테라스(Terrace)와 노단, 화단(Parterre), 계단폭포(Cascade), 벽화가 그려진 정자, 청동이나 대리석으로 만들어진 분천, 고대의 조각상 등이 정원의 구성요소이다.

17 ③　18 ②　19 ③　20 ③

21 계단폭포, 물무대, 분수, 정원극장, 동굴 등이 가장 많이 나타나는 정원은? [02년 5회, 07년 1회]

① 영국 정원　　　　　　　　② 프랑스 정원
③ 스페인 정원　　　　　　　④ 이탈리아 정원

해설 이탈리아 정원에서는 물을 풍부하고 다양하게 사용하며, 100개의 분수로 물풍금, 용의 분수 등을 조성하였고, 빌라 마다마(Madama)의 조영과정에서는 비알레(Viale : 가로수길), 조각과 수목이 함께 처음 정원요소로서 사용되었으며, 토피어리아(Topiaria), 오라 인 무라(Ora in muro : 담), 발라우스투라(Balaustra : 난간), 라비린토(Labirinto : 미로), 카스카테(Cascate : 벽천) 등이 처음 정원요소로 도입되었다.
① 영국 정원 : 17C까지는 정형식, 18C 이후 자연풍경식 정원
② 프랑스 정원 : 소로(Allee)와 삼림의 적극적 이용, 장식적인 평면상의 구성
③ 스페인 정원 : 중정, 물과 분수의 풍부한 이용, 대리석과 벽돌의 이용, 다채로운 색채 도입

22 이탈리아의 노단건축식 정원양식이 생긴 원인으로 가장 적합한 것은? [05년 1회, 06년 5회]

① 식 물　　　　　　　　　　② 암 석
③ 지 형　　　　　　　　　　④ 역 사

해설 이탈리아는 구릉과 경사지가 많은 지형적 제약 때문에 경사지를 계단형으로 만드는 노단건축식 정원양식이 발생하였다. 메디치장(Villa Medici di Careggi), 에스테장(Villa d'Este), 랑테장(Villa Lante) 등이 대표적인 예이다.
※ 이탈리아의 노단건축식 최초의 빌라는 미켈로지에 의해 설계된 피렌체에 있는 메디치가문의 메디치장이다.

23 서양에서 정원이 건축의 일부로 종속되던 시대에서 벗어나 건축물을 정원양식의 일부로 다루려는 경향이 나타난 시대는? [02년 2회, 04년 5회, 10년 4회]

① 중 세　　　　　　　　　　② 르네상스
③ 고 대　　　　　　　　　　④ 현 대

해설 르네상스시대에는 봉건제도와 교회에 반항하여 인간 개성을 발휘, 자연을 객관적으로 바라보고 자연의 아름다움을 향유하였다. 이 시대에 이르러서 비로소 정원이 예술의 한 범주에 속하게 되었다.

> **알아두기**
>
> **르네상스시대 이탈리아 정원의 특징**
> • 높이가 다른 여러 개의 노단을 잘 조화시켜 좋은 전망을 살린다.
> • 강한 축을 중심으로 정형적 대칭을 이루도록 꾸며진다.
> • 원로의 교차점이나 종점에는 조각, 분천, 연못, 벽천, 장식화분 등이 배치된다.
> • 인간성 본위의 문화와 예술이 부흥된 르네상스시대의 이탈리아에서는 근대 유럽 정원의 효시인 노단건축식 정원이 만들어졌다.

24 미국에서 재정적으로 성공하였으며 도시공원의 효시로 국립공원 운동의 계기를 마련한 공원은? [05년 1회, 10년 5회, 14년 2회]

① 센트럴파크 ② 세인트제임스파크
③ 뷔테쇼몽 공원 ④ 프랭크린파크

해설 미국 뉴욕시 중심부의 센트럴파크는 프레드릭 로 옴스테드가 도시 한복판에 근대공원의 면모를 갖추어 만든 최초의 공원이며, 그 후 도시 공원의 조성에 조경기술자들이 참여하게 되었다.

25 18세기 후반 낭만주의 사조와 함께 영국에서 성행하였던 정원양식은? [02년 2, 5회]

① 중정식 정원 ② 정형식 정원
③ 풍경식 정원 ④ 후원식 정원

해설 계몽주의와 낭만주의, 그리고 자연회귀사상 등이 꽃피었던 18세기 영국에서는 자연의 풍경을 닮은 목가적 정원이 유행하였다.

> **알아두기**
> 영국의 18세기 낭만주의 사상 : 자연풍경식 정원의 전성기에 선도적 역할을 한 '근대 조경의 아버지' W. 켄트는 완만한 곡선과 그림같은 전원풍경을 회화적으로 재창조한 작품들을 남겼다. 이러한 양식은 L. 브라운, H. 렙턴 등에 이르러 완성되었다. 대표작으로는 치즈윅 하우스(Chiswick House), 스토우 가든(Stowe Garden), 스투어헤드(Stourhead) 등을 손꼽을 수 있다.

26 다음 중 대칭(Symmetry)의 미를 사용하지 않은 것은? [03년 5회, 06년 5회]

① 영국의 자연풍경식 ② 프랑스의 평면기하학식
③ 이탈리아의 노단건축식 ④ 스페인의 중정식

해설 영국의 자연풍경식 : 넓은 잔디밭을 이용한 전원적이며 목가적인 자연풍경의 미

27 다음 중 정원에 사용되었던 하하(Ha-ha) 기법을 가장 잘 설명한 것은?

[06년 2회, 09년 4회, 10년 4회]

① 정원과 외부 사이를 수로를 파서 경계하는 기법
② 정원과 외부 사이를 생울타리로 경계하는 기법
③ 정원과 외부 사이를 언덕으로 경계하는 기법
④ 정원과 외부 사이를 담벽으로 경계하는 기법

[해설] **하하 기법** : 17세기 프랑스 정원에서 시작된 것이나, 영국 정원에 도입되어 일대 유행하였다. '하하'는 조망을 확보하기 위하여 정원의 경계부가 시각적으로 드러나지 않도록 감춘 장치를 말한다. 즉, 정원의 경계부에 도랑을 파고 경계부 안쪽에 옹벽을 설치함으로써 정원내부에서 시각적 장애물 없이 외부를 조망할 수 있도록 한 것이다.
※ 브리지맨(Charles Bridgeman)은 영국의 풍경식 정원가로 스토우원에 하하기법을 최초로 도입하였다. 작품으로는 치즈윅 하우스, 루스햄, 스투어헤드를 설계하였다.

28 "자연은 직선을 싫어한다."라는 신조에 따라 직선적인 원로와 수로, 산울타리 등을 배척하고 불규칙적인 생김새의 정원을 꾸민 사람은?

[05년 2회, 08년 2회, 09년 1회]

① 런던(London)
② 브릿지맨(Bridgeman)
③ 윌리엄 켄트(William Kent)
④ 험프리 랩턴(Humphrey Repton)

[해설] **윌리엄 켄트(William Kent)** : 전원시인 포프의 사상에 영향을 받아 자연스런 정원을 발전시킨 켄트는 "자연은 직선을 싫어한다."는 것이 입버릇이었다.

> **Advice**
> 험프리 렙턴(Humphrey Repton)은 풍경식 정원을 완성한 사람으로 정원의 개조 전후의 모습을 스케치한 '레드북'을 의뢰인에게 보여주었다.

29 축선(軸線, Axis)이 중심이 되어 조성되었던 정원은?

[03년 2회, 05년 2회]

① 영국 정원
② 스페인 정원
③ 프랑스 정원
④ 일본 정원

[해설] **프랑스 정원(평면기하학식 정원)**
주위와 자연환경의 경관을 일반적인 특징으로부터 되도록 상이하게 대조적이고 이질적인 감이 나게 하고, 부분 상호 간에는 강한 대조적인 표현으로 뚜렷이 다르게 나타나도록 하는 데 있다. 구체적으로 보면 습지를 이용한 호수나 분수, 해자(垓字), 대운하, 침강원(Sunken Garden), 평면기하학식의 자수화단, 주축선(Axis)을 이용한 교차점의 분수나 조각물의 배치, 대리석 조각물, 통경선(Vista) 수법 등이 있다.

[정답] 27 ① 28 ③ 29 ③

30 정형식 조경 중에서 르네상스시대의 프랑스 정원이 속하는 형식은 무엇인가? [04년 1, 2, 5회]

① 평면기하학식 ② 노단식
③ 중정식 ④ 전원풍경식

31 다음 중 Nicholas Fouguet가 소유하였고, 앙드레 르 노트르의 출세작으로 알려진 정원은?

[08년 2회, 09년 2회, 13년 2회]

① 베르사이유 정원 ② 보르비콩트 정원
③ 버컨헤드파크 ④ 센트럴파크

[해설] 보르비콩트 정원은 앙드레 르 노트르가 이탈리아에서 수학한 뒤 귀국하여 만든 최초의 평면기하학식 정원이다. 노트르는 또 세계 최대 규모의 정형식 정원인 베르사이유 궁원을 꾸몄다.

32 다음 중국식 정원의 설명으로 틀린 것은? [04년 1회, 05년 5회, 06년 1회, 10년 1회]

① 차경수법을 도입하였다.
② 사실주의보다는 상징적 축조가 주를 이루는 사의주의에 입각하였다.
③ 유럽의 정원과 같은 건축식 조경수법으로 발달하였다.
④ 대비에 중점을 두고 있으며, 이것이 중국 정원의 특색을 이루고 있다.

[해설] ③ 중국 정원은 풍경식 조경수법으로 발달하였다.

알아두기

중국 정원의 특징
- 지역마다 재료를 달리한 정원양식이 생겼다.
- 건물과 정원이 한 덩어리가 되는 형태로 발달했다.
- 기하학적인 무늬가 그려져 있는 원로가 있다.
- 대비에 중점을 둔 조경수법이다.
- 묘석들이 공통적으로 사용된다.
- 정원 주변에는 화려한 꽃나무들을 많이 심는 것이 특징이다.

30 ① 31 ② 32 ③

33 중국 정원 중 가장 오래된 수렵원은? [02년 1회, 03년 2회]

① 상림원(上林苑)　　② 북해공원(北海公園)
③ 원유(苑有)　　④ 승덕이궁(承德離宮)

해설 상림원은 중국 정원 중 가장 오래된 수렵원이다.

> **알아두기**
>
> 상림원
> • 한의 무제가 장안 서쪽에 위수를 만들었다.
> • 70여 채의 이궁과 화목 3,000여 종을 심고 짐승을 사육하며 황제의 사냥터로 사용하였다.
> • 곤명호, 곤영지, 서파지를 비롯한 6개의 대호수를 원 내에 만들었다.
> • 곤명호 동쪽 안쪽 물가에는 견우·직녀의 석상을 앉혀 은하수로 비유하였고, 길이 7m의 돌고래를 호수 속에 앉혀 놓았다고 한다.

34 괴석이라고도 불리는 태호석이 특징적인 정원 요소로 사용된 나라는? [09년 2회, 10년 2회]

① 한 국　　② 일 본
③ 중 국　　④ 인 도

해설 중국 북송시대 궁궐조경은 태호석을 사용한 석가산수법이 유행했고, 사대부의 정원은 아취를 중요하게 여겼다.

35 일본 정원 문화의 시초와 관련된 설명으로 옳지 않은 것은? [09년 2회, 09년 4회]

① 오 교　　② 노자공
③ 아미산　　④ 일본서기

해설 조선시대 대표적 전통정원의 축조기법인 아미산원(哦嵋山園)은 임금과 왕비만이 즐길 수 있는 사적정원인 경복궁 교태전 후정에 꾸며져 있다.

36 일본 정원의 효시라고 할 수 있는 수미산과 홍교를 만든 사람은? [02년 5회, 05년 1회, 06년 5회]

① 몽창국사　　② 소굴원주
③ 노자공　　④ 풍신수길

해설 612년 백제 유민 노자공이 궁궐 뜰에 수미산과 오교를 설치한 것이 일본 정원의 효시로 전해진다(일본서기).

> **Advice**
>
> 노자공(路子工)은 한국 조원의 효시를 이룬 사람으로, 특히 궁궐 및 연못의 조영수법이 뛰어났으며, 일본에 건너가 백제의 뛰어난 솜씨를 전파하였다.

정답 33 ①　34 ③　35 ③　36 ③

37 일본 정원의 특색은 일반적으로 다음 중 어디에 치중하는가? [03년 1, 5회, 08년 5회]

① 실용적
② 기교와 관상적
③ 생활과 오락적
④ 사의적

해설 일본의 정원은 극도의 기교와 관상적인 가치에 치중한 나머지 실용적인 기능을 무시한 경향이 있다.

> **Advice**
>
> **일본 정원의 특색** : 정신세계의 상징화, 인공적인 기교, 관상적인 가치, 축소 지향적, 추상적 구성에 가장 치중한 정원이다.

38 자연식 조경 중 물을 전혀 사용하지 않고 나무, 바위와 왕모래 등으로 상징적인 정원을 만드는 양식은? [09년 5회, 10년 5회, 12년 1회]

① 전원 풍경식
② 회유임천식
③ 고산수식
④ 중정식

해설 일본의 고산수정원은 잦은 전란으로 재정적 여유가 없어져 축소 지향적인 일본의 민족성과 극도의 상징성으로 조성된 정원양식이다.

39 다음 중 일본의 축산고산수 수법이 아닌 것은? [03년 2회, 05년 5회, 11년 1회]

① 왕모래를 깔아 냇물을 상징하였다.
② 낮게 솟아 잔잔히 흐르는 분수를 만들었다.
③ 바위를 세워 폭포를 상징하였다.
④ 나무를 다듬어 산봉우리를 상징하였다.

해설 **축산고산수 수법** : 나무를 다듬어 산봉우리의 생김새를 나타나게 하고 바위를 세워 폭포를 상징시키며, 왕모래를 깔아 냇물이 흐르는 느낌을 얻을 수 있도록 하는 것으로서 물을 쓰지 않으면서도 유수의 운치를 느낄 수 있도록 하는 수법이다.

37 ② 38 ③ 39 ②

40 일본의 모모야마(桃山)시대에 새롭게 만들어져 발달한 정원양식은? [06년 2회, 11년 2회]

① 회유임천식　　　　② 축산고산수식
③ 홍교수법　　　　　④ 다 정

해설 일본 조경양식의 발달
- 8~11세기 : 헤이안시대, 임천식 정원
- 12~14세기 : 가마쿠라시대, 회유임천식 정원(침전건물 중심)
- 14세기 : 무로마치시대, 축산고산수식 정원(선사상과 화묵의 영향)
- 15세기 후반 : 무로마치시대, 평정고산수식 정원(바다의 경치 표현)
- 16세기 : 안도·모모야마시대, 다정양식 정원(노지식, 곡선이 많이 사용)
- 17세기 : 에도초기, 지천임천식 또는 회유식 정원(임천식과 다정양식의 결합)
- 에도후기 : 축경식(縮景式, 풍경을 축소시켜 좁은 공간 내에 표현)

알아두기

일본 정원양식의 변천과정
임천식(헤이안시대) → 회유임천식(가마쿠라시대) → 축산고산수식(14세기) → 평정고산수식(15세기 후반) → 다정식(모모야마시대) → 지천임천식(에도시대 초기) → 축경식(에도시대 후기)

41 백제 무왕 35년(634년경)에 만들어진 조경 유적은? [04년 2회, 10년 5회]

① 안압지　　　　② 포석정
③ 궁남지　　　　④ 안학궁

해설 궁남지(宮南池)
634년에 무왕이 부여의 남쪽에 궁을 짓고 오늘날 궁남지라고 하는 큰 연못을 팠다. 백제의 궁남지, 진주지, 통일신라시대의 안압지 등이 연못 안에 섬을 만들었으며 연못 안의 섬은 신선사상에서 연유한 삼신산, 즉 영주(瀛州), 봉래(蓬萊), 방장(方丈)의 섬으로 불로장생을 기원했던 것에서 영향을 받았다.

42 동양정원에서 연못을 파고 그 가운데 섬을 만드는 수법에 가장 큰 영향을 준 것은?

[03년 5회, 04년 2회, 05년 1회, 11년 2회]

① 자연지형　　　　② 기상요인
③ 신선사상　　　　④ 생활양식

해설 신선사상의 배경 : 지중(池中)이나 섬에 괴석배치, 정원과 담, 굴뚝에 십장생

정답 40 ④　41 ③　42 ③

43 다음 중 신선사상의 영향을 받은 정원은 어느 것인가? [03년 1회, 09년 4회]

① 일본의 고산수 정원
② 신라의 안압지
③ 조선의 경복궁
④ 조선의 경회루

해설 신선사상의 영향을 받은 정원 : 백제의 정림사, 궁남지, 미륵사지, 신라의 안압지

44 통일신라시대의 안압지에 관한 설명으로 틀린 것은? [08년 2회, 10년 1, 2회, 11년 1회]

① 연못의 남쪽과 서쪽은 직선이고 동안은 돌출하는 반도로 되어 있으며, 북쪽은 굴곡 있는 해안형으로 되어 있다.
② 신선사상을 배경으로 한 해안풍경을 묘사하였다.
③ 연못 속에는 3개의 섬이 있는데 임해전의 동쪽에 가장 큰 섬과 가장 작은 섬이 위치한다.
④ 물이 유입되고 나가는 입구와 출구가 한 군데 모여 있다.

해설 안압지는 연못이지만 물이 유입되는 입수부와 물이 빠지는 배수부가 따로 있다.

> **알아두기**
>
> 안압지의 특징
> • 안압지(雁鴨池)는 신라 문무왕 14년(674)에 큰 연못을 파고 못 가운데 3개의 섬과 북쪽과 동쪽으로 12봉우리를 만들었는데 이것은 동양의 신선사상을 배경으로 삼신산과 무산 12봉을 상징한 신라원지의 대표적인 것이다.
> • 물가에 세워진 임해전(臨海殿), 봉래산을 본 따서 축소한 연못, 삼신산을 암시하는 3개의 섬 등과 관련 있다.
> • 안압지는 당나라 장안성의 금원을 모방하였으며, 삼신산을 축조하였다. 즉, 연못의 모양(호안)이 다양하고 못 속에 대(남쪽), 중(북쪽), 소(중앙) 3개 섬이 타원형을 이루고 있다.

45 고려시대에 궁궐 내의 조경을 담당하던 관청은? [05년 5회, 06년 1회, 12년 1회]

① 장원서
② 내원서
③ 상림원
④ 화림원

해설 고려시대 정원을 맡아보던 관서는 내원서(內園署)이며 고려 25대 충렬왕 34년(1308)에 모든 궁궐의 원화(園花)를 맡아보던 관서로서 사원서 관할하에 만들어졌다.

> **알아두기**
>
> 장원서 : 조선시대 때 궁중 정원의 꽃과 과일 나무 등에 관한 일을 맡아보던 관청이다. 태조 1(1392)년에 동산색(東山色)을 두고, 1394년에 상림원(上林園)으로 하였으며, 7대 세조(世祖) 12(1466)년에 다시 이 이름으로 고쳤다. 10대 연산군(燕山君) 때 일시 없었다가 11대 중종(中宗) 때 다시 두었으며, 그 뒤 26대 고종(高宗) 19(1882)년에 없앴다. 고려(高麗) 때는 내원서(內園署)라 하였다.

정답 43 ② 44 ④ 45 ②

46 옛날 처사도(處士道)를 근간으로 한 은일사상(隱逸思想)이 가장 성행하였던 시대는?
[04년 5회, 05년 1회, 08년 5회]

① 고구려시대　　　② 백제시대
③ 신라시대　　　　④ 조선시대

해설　조선시대는 한국적인 색채가 가장 짙은 정원양식이 발생한 시대로 도가적 은일사상은 은일적 자연관으로 발전되어 전통사회, 특히 조선시대의 시조 등의 문학에서부터 조경문화에까지 깊은 영향을 미쳤다. 또 조선 중엽 이후에는 풍수지리설에 따라 택지를 정하는 풍습이 생겨 지형적인 제약을 받아 안채의 뒤쪽, 즉 후원이 주가 되는 정원수법이 생겼다.

47 우리나라 전통 조경의 설명으로 옳지 않은 것은?
[03년 5회, 06년 1회]

① 신선사상에 근거를 두고 여기에 음양오행설이 가미되었다.
② 연못의 모양은 조롱박형, 목숨수자형, 마음심자형 등 여러 가지가 있다.
③ 네모진 연못은 땅, 즉 음을 상징하고 있다.
④ 둥근 섬은 하늘, 즉 양을 상징하고 있다.

해설　중국이나 일본 등의 연못 형태가 자연스러운 곡선을 띠고 있는 데 비해 우리나라의 경우 직선 형태를 띤 것은 이러한 음양오행사상의 영향이 크다. 즉, 우리나라의 연못 조경형태는 "천원지방(天圓地方, 하늘은 둥글고 땅은 네모짐)"의 사상을 담아 사각형태의 못 가운데에 둥근 섬을 만든 연못을 지역 곳곳에 볼 수 있다.

48 조선시대 후원의 장식용이 아닌 것은?
[02년 2회, 04년 1회, 07년 2회]

① 괴 석　　　　② 세심석
③ 굴 뚝　　　　④ 석가산

해설　후원이 주가 되는 정원수법은 건물 뒤에 자리잡은 언덕을 계단모양으로 다듬어 장대석을 앉혀 평지를 만들고, 그곳에 키가 작은 꽃 나무를 심어 놓는 한편, 그 사이사이에는 괴석이나 세심석 또는 장식을 겸한 굴뚝을 세워 아름답게 꾸며 놓았다.

49 경복궁의 경회루 원지의 형태는?
[04년 5회, 09년 2회]

① 방지형　　　　② 원지형
③ 반달형　　　　④ 노단형

해설　경회루의 연못은 가운데 섬이 있는 방지형태이다.

정답　46 ④　47 ②　48 ④　49 ①

50 다음 중 사대부나 양반 계급에 속했던 사람이 자연 속에 묻혀 야인으로서의 생활을 즐기던 별서정원이 아닌 것은?

[02년 2회, 03년 1회, 07년 1회, 12년 1회]

① 소쇄원
② 방화수류정
③ 부용동정원
④ 다산정원

해설 방화수류정 : 1794년(정조 18) 수원성곽을 축조할 때 세운 누각 중에 하나인데 특히 경관이 뛰어나 방화수류정이라는 당호(堂號)가 붙여졌다.

Advice

소쇄원은 양산보(梁山甫, 1503~1557)가 은사인 정암 조광조(趙光祖, 1482~1519)가 기묘사화로 능주로 유배되어 세상을 떠나게 되자 출세의 뜻을 버리고 자연 속에서 숨어 살기 위하여 꾸민 별서정원(別墅庭園)이다.

51 조선시대 사대부나 양반계급에 속했던 사람들이 시골 별서에 꾸민 정원의 유적이 아닌 것은?

[08년 1회, 10년 5회]

① 양산보의 소쇄원
② 윤선도의 부용동원림
③ 정약용의 다산정원
④ 퇴계 이황의 도산서원

해설 안동의 도산서원은 조선의 대학자 퇴계 이황선생이 말년을 보내며 학문에 전념하던 곳이다.

52 우리나라에서 최초의 유럽식 정원이 도입된 곳은?

[02년 1회, 10년 4회]

① 덕수궁 석조전 앞 정원
② 파고다 공원
③ 장충단 공원
④ 구 중앙정부청사 주위 정원

해설 석조전 앞 정원(침상원)은 덕수궁에 있는 우리나라 최초의 유럽(프랑스)식 정원으로 엄격한 비례와 좌우대칭, 기하학적인 형태로 조경되어 있다. 석조전(石造殿), 정관헌(靜觀軒)과 함께 덕수궁의 서양식 건축물을 대표하는 곳이다.

50 ② 51 ④ 52 ①

53 우리나라에서 대중을 위해 만들어진 최초의 공원은? [02년 5회, 04년 2회]

① 장충 공원 ② 파고다 공원
③ 사직 공원 ④ 남산 공원

해설 공공을 위한 정원으로는 1897년에 영국인 브라운이 설계하고 서울 종로의 구 원각사지에 조성한 탑골(파고다) 공원이 그 시초이다.

54 조경분야의 프로젝트를 수행하는 단계별로 구분할 때 자료의 수집, 분석, 종합의 내용과 가장 밀접하게 관련이 있는 것은? [05년 5회, 08년 2회, 09년 2회]

① 계 획 ② 설 계
③ 내역서 산출 ④ 시방서 작성

해설 조경분야 프로젝트 수행단계의 순서
- 계획 : 자료의 수집, 분석, 종합
- 설계 : 자료를 활용하여 기능적, 미적인 3차원 공간을 창조
- 시공 : 공학적 지식과 생물을 다룬다는 점에서 특수한 기술 요구
- 관리 : 식생과 시설물의 이용관리

55 조경분야 프로젝트 수행단계의 순서가 올바른 것은? [06년 5회, 07년 2회]

① 계획 – 시공 – 설계 – 관리
② 계획 – 관리 – 시공 – 설계
③ 계획 – 관리 – 설계 – 시공
④ 계획 – 설계 – 시공 – 관리

해설 조경분야 프로젝트 수행단계의 순서 : 계획 – 설계 – 시공 – 관리

56 조경계획의 과정을 기술한 것 중 가장 잘 표현한 것은? [04년 1회, 06년 5회]

① 자료분석 및 종합 – 목표설정 – 기본계획 – 실시설계 – 기본설계
② 목표설정 – 기본설계 – 자료분석 및 종합 – 기본계획 – 실시설계
③ 기본계획 – 목표설정 – 자료분석 및 종합 – 기본설계 – 실시설계
④ 목표설정 – 자료분석 및 종합 – 기본계획 – 기본설계 – 실시설계

해설 조경계획 및 설계 과정
목표설정 – 자료분석(자연환경분석/인문환경분석) 및 종합 – 기본구상 – 기본계획(토지이용계획, 교통동선계획, 시설물배치계획, 식재계획, 하부구조계획, 집행계획) – 기본설계 – 실시설계 – 시공 및 감리 – 유지관리

정답 53 ② 54 ① 55 ④ 56 ④

57 다음은 조경계획 과정을 나열한 것이다. 가장 바른 순서로 된 것은? [02년 2회, 05년 1회]

① 기초조사 – 식재계획 – 동선계획 – 터가르기
② 기초조사 – 터가르기 – 동선계획 – 식재계획
③ 기초조사 – 동선계획 – 식재계획 – 터가르기
④ 기초조사 – 동선계획 – 터가르기 – 식재계획

해설 조경계획 과정 : 기초조사 – 터가르기 – 동선계획 – 식재계획

58 다음 조경계획 과정 가운데 가장 먼저 해야 하는 것은? [03년 1회, 06년 1회]

① 기본설계
② 기본계획
③ 실시설계
④ 자연환경분석

해설 자료분석 및 종합
목표를 설정한 후 주어진 목표를 달성하기 위한 관련된 현황 자료를 수집하고 분석하는 과정으로, 크게 자연환경분석과 인문환경분석으로 나눈다.

59 각종 기구(T자, 삼각자, 스케일 등)를 사용하여 설계자의 의사를 선, 기호, 문장 등으로 용지에 표시하여 전달하는 것은? [02년 2회, 10년 4회]

① 모델링
② 계 획
③ 제 도
④ 제 작

해설 설계와 제도
• 설계 : 설계는 제작 또는 시공을 목표로 아이디어를 도출해내고, 이를 구체적으로 발전시켜 도면 또는 스케치 등의 형태로 표현하는 일을 말한다.
• 제도 : 설계도를 그려서 표현하는 작업을 말한다. 제도용구에는 제도용 자(T자, 삼각자, 템플릿 등), 필기용구, 제도판 등과 그 밖의 여러 용구들이 있다.

정답 57 ② 58 ④ 59 ③

60 다음 중 조경에서 제도를 하는 순서가 올바른 것은? [03년 2회, 05년 5회]

㉠ 축척을 정한다.	㉡ 도면의 윤곽을 정한다.
㉢ 도면의 위치를 정한다.	㉣ 제도를 한다.

① ㉠ - ㉡ - ㉢ - ㉣
② ㉡ - ㉢ - ㉠ - ㉣
③ ㉡ - ㉠ - ㉢ - ㉣
④ ㉢ - ㉡ - ㉠ - ㉣

해설 제도의 순서
- 축척과 도면 크기의 결정
- 도면의 윤곽선과 표제란 설정
- 도면 내용의 배치
- 제 도

61 시공 후 전체적인 모습을 알아보기 쉽도록 그린 그림과 같은 형태의 도면은? [05년 5회, 07년 2회]

① 평면도
② 입면도
③ 조감도
④ 상세도

해설 조감도 : 설계 대상지의 완성 후의 모습을 공중에서 내려다 본 그림

62 물체를 위에서 내려다 본 것으로 가정하고 수평면상에 투영하여 작도한 것은? [06년 5회, 11년 1회]

① 평면도
② 상세도
③ 입면도
④ 단면도

해설 평면도는 기본 설계도 중 위에서 수직 투영된 모양을 일정 축척으로 나타내는 도면으로 2차원적이며, 입체감이 없는 도면이다.

63 설계도의 종류 중에서 3차원의 느낌이 가장 실제의 모습과 가깝게 나타나는 것은?
[05년 1회, 06년 1회, 11년 2회]

① 입면도
② 평면도
③ 투시도
④ 상세도

해설 투시도는 설계안이 완공되었을 경우를 가정하여 설계 내용을 실제 눈에 보이는 대로 절단한 면에서 먼 곳에 있는 것은 작게, 가까이 있는 것은 크고 깊이가 있게 하나의 화면에 그리는 것이다.

정답 60 ① 61 ③ 62 ① 63 ③

64 다음 중 단면도, 입면도, 투시도 등의 설계도면에서 물체의 상대적인 크기(기준)를 느끼기 위해서 그리는 대상이 아닌 것은? [03년 5회, 06년 1회]

① 수 목 ② 자동차
③ 사 람 ④ 연 못

해설 첨경(添景, Garden Ornament) : 평면도, 입면도, 투시도 등에 덧그리는 사람, 나무, 차량 등. 첨경은 건물의 스케일이나 용도를 나타내고 현실성을 주는 것이므로 치수도 정확하게 그릴 필요가 있다.

65 치수선 및 치수에 대한 기본적인 설명으로 부적합한 것은? [08년 2회, 10년 1, 5회]

① 단위는 mm로 하고, 단위표시를 반드시 기입한다.
② 치수를 표시할 때에는 치수선과 치수보조선을 사용한다.
③ 치수선은 치수보조선에 직각이 되도록 긋는다.
④ 치수의 기입은 치수선에 따라 도변에 평행하게 기입한다.

해설 치수표시 치수는 mm 단위로 하되 치수선에는 숫자만 기입한다.

66 선의 분류 중 모양에 따른 분류가 아닌 것은? [08년 1회, 10년 4회]

① 실 선 ② 파 선
③ 1점쇄선 ④ 치수선

해설 ④ 치수선이란 제도에서 물품의 치수 숫자를 적기 위해 긋는 선을 말한다.

> **알아두기**
> 선의 분류
> • 모양에 따른 분류 : 실선, 파선, 1점쇄선, 2점쇄선의 4가지로 구분된다.
> • 굵기에 따른 분류 : 가는선, 굵은선, 아주 굵은선으로 구분되며 굵기의 비율은 1 : 2 : 4로 한다.

67 조경제도에서 단면도를 그리기 위해 평면도에 절단 위치를 표시하고자 한다. 사용할 선의 종류는?(단, KS F 1501을 기준으로 한다) [09년 5회, 10년 2회]

① 실 선
② 파 선
③ 2점쇄선
④ 1점쇄선

해설
④ 1점쇄선 : 제도에서 사용되는 물체의 중심선, 절단선, 경계선 등을 표시하는 선
① 실선 : 물체의 보이는 부분을 나타내는 선
② 파선 : 물체의 보이지 않는 부분을 나타내는 선
③ 2점쇄선 : 이동하는 부분의 이동 후의 위치를 가상하여 나타내는 선

68 다음 중 설계도면을 작성할 때 치수선, 치수보조선에 이용되는 선의 종류는? [08년 1회, 11년 2회]

① 1점쇄선
② 2점쇄선
③ 파 선
④ 실 선

해설 선의 용도에 의한 분류

명 칭	용도에 의한 명칭	굵기(mm)
실 선	외형선 : 물체의 보이는 부분을 나타내는 선, 단면선 : 절단면의 윤곽	선전선 0.3~0.8
	치수선, 치수보조선, 지시선, 해칭선 : 설명, 보조, 지시 및 단면의 표시	가는 선 0.2 이하
파 선	숨은선 : 물체의 보이지 않는 모양의 표시	반선전선의 1/2
1점쇄선	중심선 : 물체의 중심축, 대칭축 표시	가는 선 0.2 이하
	경계선, 절단선 : 물체의 절단한 위치 및 경계 표시	반선전선의 1/2
2점쇄선	가상선, 경계선 : 물체가 있을 것으로 가상되는 부분 표시	반선전선의 1/2

69 평판측량에서 제도용지의 도상점과 땅 위의 측점을 동일하게 맞추는 것은? [09년 2회, 10년 1회]

① 정 준
② 자 침
③ 표 정
④ 구 심

해설 평판측량의 3요소(조건)
• 정준 : 수준기를 이용해 평판을 수평으로 하는 것
• 구심 : 도판상의 측점과 지상의 측점을 일치시키는 것
• 표정 : 도판상의 측선 방향과 지상의 측선 방향을 일치시키는 것

평판측량 방법
• 전진법 : 단전진법, 복전진법
• 교회법 : 전방 교회법, 측방 교회법, 후방 교회법, 방사법

정답 67 ④ 68 ④ 69 ④

70 조경에서 제도 시 가장 많이 사용되는 제도용구로 가장 부적당한 것은? [05년 2, 5회, 07년 2회]

① 원형 템플릿 ② 삼각 축척자
③ 컴퍼스 ④ 나침반

해설 제도용구
- 제도용 자 : T자, 삼각자, 삼각 축척자, 템플릿, 운형자, 자유곡선자
  - 운형자 : 여러 가지 곡선 모양을 본떠 만든 것으로 컴퍼스로 그리기 어려운 곡선을 그리는 데 사용한다.
  - T자 : 주로 평행선을 긋거나, 삼각자와 조합하여 수직선과 사선을 그을 때 사용
  - 삼각자 : 45°의 사선과 30°, 60°의 사선을 그을 수 있는 두 종류가 한 세트로 되어 있다.
  - 삼각축척자 : 실물의 크기를 도면 내에 축소하여 그릴 때 사용
  - 템플릿 : 셀룰로이드나 아크릴 등 얇은 판에 크기가 다른 원, 사각, 타원 또는 각종 기호 등을 뚫어 놓은 것으로 수목을 표현할 때에는 원형 템플릿 사용빈도가 가장 높다.
- 필기용구 : 연필, 제도용 만년필, 컴퍼스, 지우개, 제도용 비, 제도 용지
- 제도판 등

71 다음 중 플래니미터를 바르게 설명한 것은? [03년 1회, 10년 5회]

① 설계도상 부정형 지역의 면적 측정시 주로 사용되는 기구이다.
② 수목 흉고직경 측정시 사용되는 기구이다.
③ 수목의 높이를 관측하는 기구이다.
④ 설계도상의 곡선 길이를 측정하는 기구이다.

해설 플래니미터는 지도나 도면 위에서 토지면적을 기계적으로 측정하는 기구이다.

72 토양 단면에 있어 낙엽과 그 분해 물질 등 대부분 유기물로 되어 있는 토양 고유의 층으로 L층, F층, H층으로 구성되어 있는 것은? [02년 1회, 09년 4회, 14년 1회]

① 용탈층(A층)
② 유기물층(Ao층)
③ 집적층(B층)
④ 모재층(C층)

해설 토양의 단면
- A_0층(유기물층)
  - L층 : 낙엽이 분해되지 않고 원형 그대로 쌓여 있음
  - F층 : 낙엽이 소동물 혹은 미생물에 의해 분해되지만 다소 원형유지, 식물의 조직을 육안식별 가능
  - H층 : 육안으로 낙엽의 기원을 전혀 알 수 없는 유기물, 흑갈색, 토양상태
- A층(표층) : 식물에 필요한 양분이 풍부하고 기후, 식생, 생물 등의 영향을 가장 강하게 받는 층
- B층(집적층) : 표층에 비해 부식 함량이 적고 모래의 풍화가 충분히 진행된 갈색의 토양
- C층(모재층)
- D층(기암층)

73 다음 미기후(Microclimate)에 관한 설명 중 적합하지 않은 것은?

[02년 1, 5회, 04년 5회, 02년 5회, 05년 2회, 08년 2회]

① 지형은 미기후의 주요 결정 요소가 있다.
② 그 지역 주민에 의해 지난 수년 동안의 자료를 얻을 수 있다.
③ 일반적으로 지역적인 기후 자료보다 미기후 자료를 얻기가 쉽다.
④ 미기후는 세부적인 토지이용에 커다란 영향을 미치게 된다.

해설 **미기후**
- 개념 : 지형이나 풍향 등에 따른 부분적 장소의 독특한 기상 상태
- 조사항목 : 태양 복사열의 정도, 공기유통의 정도, 안개 및 서리해 유무, 지형적 여건에 따른 일조 시간, 대기오염 자료 등

74 우리나라의 겨울철, 좋은 생활 환경과 수목의 생육을 위해 최소 얼마 정도의 광선이 필요한가?

[05년 1회, 08년 2회]

① 2시간 정도
② 4시간 정도
③ 6시간 정도
④ 10시간 정도

해설 일반적인 조경 수목은 겨울철에도 표준 6시간 정도 일광을 받는 것이 좋다.

75 다음 중 계획단계에서 자연환경 조사사항과 가장 관계가 없는 것은?

[03년 5회, 04년 2회, 08년 1회]

① 식 생
② 주변 교통량
③ 기상조건
④ 토양조사

해설 **조경계획을 수행하는 데 기본적인 조사항목**
- 자연환경조사 항목 : 식생, 토양, 지질, 지형, 기후, 수문, 리모트 센싱에 의한 환경조사
- 경관분석 항목 : 시각분석, 사진분석 등
- 인문·사회환경조사 항목 : 인구, 토지이용, 교통조사, 시설물조사, 역사유물조사, 인간행태유형조사, 공간수요량 산정 등

정답 73 ③ 74 ③ 75 ②

76 조경설계에서 보행인의 흐름을 고려하여 최단거리의 직선동선(動線)으로 설계하지 않아도 되는 곳은? [04년 2회, 09년 5회]

① 대학 캠퍼스 내
② 축구경기장 입구
③ 주차장, 버스정류장 부근
④ 공원이나 식물원 내

해설 공원이나 식물원의 동선 고려
병목현상이 일어나지 않으며 줄서기를 고려하고 보행자들이 원활히 다닐 수 있도록 동선을 설계해야 한다.

77 공원설계 시 보행자 2인이 나란히 통행 가능한 최소 원로 폭은? [06년 5회, 10년 4회]

① 4~5m
② 3~4m
③ 1.5~2m
④ 0.3~1.0m

해설 공원 설계시 적용하는 원로 폭
- 보행자와 트럭 1대가 함께 통행 가능 : 6m 이상
- 관리용 트럭 통행 가능 : 3m
- 보행자 2인이 나란히 통행 가능 : 1.5~2m
- 보행자 1인이 통행 가능 : 0.8~1m

78 다음 중 원로를 계단으로 공사하여야 하는 지형상의 기울기는? [04년 1회, 07년 2회, 08년 5회]

① 2°
② 5°
③ 10°
④ 15°

해설 원로의 기울기가 15° 이상일 때 일반적으로 계단을 설치한다.

79 계단의 축상(蹴上)높이가 12cm일 때 답면(踏面)의 너비는 다음 중 어느 것이 가장 적합한가? [03년 5회, 04년 2회, 09년 1회]

① 20~25cm
② 26~31cm
③ 31~36cm
④ 36~41cm

해설 계단설계 시 축상(h)과 답면(b)의 관계는 $2h + b = 60~65cm$이다.
$(2 \times 12) + x = 60~65cm$
$x = (60 - 24) \sim (65 - 24) = 36~41cm$

80 1/100 축척의 설계도면에서 1cm는 실제 공사현장에서는 얼마를 의미하는가?

[03년 1회, 09년 4회, 10년 4회]

① 1cm
② 1mm
③ 1m
④ 10m

해설
$x \times \dfrac{1}{100} = 1\text{cm}$, $x = 100\text{cm} = 1\text{m}$

축척이 1/100이라면 실제 1m 크기를 100분의 1로 표시한다는 뜻이다. 따라서 1/100 축척의 설계도면에서 1cm는 실제 공사현장에서의 1m를 의미한다.

81 등고선 간격이 20m인 축척 1/10,000 지도가 있다. 인접한 등고선에 직각인 평면거리가 2.5cm일 때 경사도는?

[08년 5회, 11년 2회]

① 6%
② 8%
③ 10%
④ 12%

해설 축척 1/10,000에서 2.5cm는 $2.5 \times 10,000 = 25,000\text{cm} \rightarrow 250\text{m}$

$$경사도(\%) = \dfrac{표고차(단차)}{거리} \times 100$$
$$= \dfrac{20}{250} \times 100 = 8\%$$

82 지형도에서 U자(字) 모양으로 그 바닥이 낮은 높이의 등고선을 향하면 이것은 무엇을 의미하는가?

[02년 2회, 08년 1회, 12년 2회]

① 계 곡
② 능 선
③ 현 애
④ 동 굴

해설 등고선의 형태(계곡에서 볼 때)
- U자형 : 능선을 횡(橫)으로 그어진 등고선 형태로 U자가 종(縱)으로 나열된 형태가 능선이다. 이 능선들은 밑으로 갈수록 여러 갈래로 나누어지다가 산기슭에 가서는 대등한 위치에 나열된다(정상이나 봉우리에서 볼 때 ∩형).
- V자형 : 계곡(하천)의 형태로 능선(U자형)과 반대 방향으로 나열된 형태이다. 중첩된 V자의 뾰족한 부분을 따라가면 산정(山頂)이 나온다(정상이나 봉우리에서 볼 때 V자형).
- M자형 : 계곡과 계곡이 합류되는 지역 즉, 계곡의 교차점을 횡단하는 등고선이다(정상이나 봉우리에서 볼 때 W형).

정답 80 ③ 81 ② 82 ②

83 차경에 대한 설명 중 적당하지 않은 것은? [03년 2회, 06년 2회, 10년 1회]

① 멀리 바라보이는 자연풍경을 경관 구성재료 일부분으로 이용하는 수법이다.
② 전망이 좋은 곳에서 쉽게 적용시킬 수 있는 수법이다.
③ 축을 강조하는 정원 양식에서 특히 많이 사용된다.
④ 차경을 이용할 때 정원은 깊이가 있게 된다.

해설 차경(借景)이란 경치를 빌려 오는 수법이다.

> **알아두기**
> 차경(借景)
> • 원차(遠借) : 주변 멀리 있는 경물을 정원 안으로 끌어들이는 것
> • 인차(隣借) : 가까운 곳의 자연 풍광을 빌려 쓰는 것
> • 부차(俯借) : 낮은 곳에 전개되는 경치를 정원화하는 것
> • 앙차(仰借) : 높은 산악의 경치를 정원에 포함시키는 것
> • 응시이차(應時而借) : 시절풍경에 따라 경물을 차용하는 것

84 차폐를 할 필요가 있을 때는? [02년 1회, 04년 5회]

① 아름다운 곳을 돋보이게 하기 위해
② 경관상의 가치가 없거나 너무 노출된 것을 막기 위해
③ 차경(借景)을 하기 위해
④ 통경선을 조성하기 위해

해설 차폐가 필요한 경우는 경관의 한 부분이 노출되어서 미적인 가치가 없을 때 그곳을 가려야 하는 경우이다.

> **Advice**
> 차폐는 매력적이지 못한 경관이나 대상을 시각적으로 가리는 것이다.

85 경관구성은 우세요소와 가변요소로 구분할 수 있는데, 다음 중 우세요소에 해당하지 않는 것은?
[06년 1회, 08년 5회, 11년 1회]

① 형 태
② 위 치
③ 질 감
④ 시 간

해설 경관구성요소
• 경관의 우세요소 : 선 > 형태 > 질감(Texture) > 색채
• 경관의 가변요소 : 운동, 광선, 기후조건, 계절, 거리, 관찰위치, 규모, 시간 등

86 경관의 유형 중 일시적 경관에 해당하지 않는 것은?

[03년 2회, 04년 5회, 05년 1회, 08년 1, 2회, 09년 4회, 10년 5회]

① 기상변화에 따른 변화
② 물 위에 투영된 영상(影像)
③ 동물의 출현
④ 산 중 호수

해설 산림경관의 유형
- 전 경관(Panoramic Landscape) : 넓은 초원과 같이 시야가 가리지 않고 멀리 퍼져 보임
- 지형 경관(Feature Landscape) : 지형의 특징이 나타나고 있어 관찰자가 강한 인상을 받게 되는 경관
- 위요 경관(Enclosed Landscape) : 평탄한 중심공간이 있고 그 주위는 숲이나 산들로 둘러싸여 있는 경관, 숲속의 호수 등
- 초점 경관(Focal Landscape) : 시설이 한곳으로 집중되는 경관
- 관개 경관(Canopied Landscape) : 노폭 좁은 지역의 가로수, 터널경관, 밀림 속의 도로, 나뭇잎 사이의 햇빛과 그늘의 대비로 인한 신비 등
- 세부 경관(Detail Landscape) : 관찰자가 가까이 접근하여 감상하는 경관
- 일시적 경관(Ephemeral Landscape) : 대기권의 상황변화에 따라 모습이 달라지는 경관(눈으로 덮여 있는 설경, 동물의 일시적 출현, 안개, 수면에 투영된 영상 등)

87 독도는 광활한 바다에 우뚝 솟은 바위섬이다. 독도의 전망대에서 바라보는 경관의 유형으로 가장 적합한 것은?

[07년 2회, 09년 5회]

① 파노라마 경관
② 지형경관
③ 위요경관
④ 초점경관

해설 파노라마 경관 : 시야를 제한받지 않고 멀리까지 트인 경관으로 전 경관이라고도 한다.

88 다음 경관의 유형 중 초점경관에 대한 설명으로 옳은 것은?

[06년 1회, 07년 1회]

① 지형 지물이 경관에서 지배적인 위치를 가지는 경관
② 주위 경관 요소들에 의하여 울타리처럼 둘러싸인 경관
③ 좌우로의 시선이 제한되고 중앙의 한 점으로 모이는 경관
④ 외부로의 시선이 차단되고 세부적인 특성이 지각되는 경관

해설 초점경관 : 관찰자의 시선이 경관 내의 어느 한 점으로 유도되도록 구성된 경관 즉, 강물이나 계곡 또는 길게 뻗은 도로 같은 것이다.
① 지형경관, ② 위요경관, ④ 세부경관

정답 86 ④ 87 ① 88 ③

89 풍경식 조경양식의 특성과 가장 관계가 깊은 것은? [03년 2회, 10년 2회]

① 기하학적인 선
② 전정한 형상수(Topiary) 사용
③ 정형적인 터가르기
④ 자유로운 선

해설 풍경식 : 자유로운 선이나 재료를 써서 자연 그대로의 경관 또는 그것에 가까운 것이 생기도록 조성하는 정원 양식

90 다음 중 풍경식 정원에서 요구하는 계단의 재료로 가장 적당한 것은? [02년 1, 2회, 06년 1회]

① 콘크리트 계단
② 벽돌 계단
③ 통나무 계단
④ 인조목 계단

해설 계단구축 재료로서는 정형식 정원에서는 곱게 다듬은 절석(切石)으로 계단을 구축하고 자연풍경식 정원에서는 자연석과 통나무가 많이 쓰인다.

91 다음 중 배식설계에 있어서 정형식 배식설계로 가장 적당한 것은? [04년 1회, 06년 2회]

① 부등변삼각형 식재
② 대 식
③ 임의(랜덤)식재
④ 배경식재

해설 배식기법
- 정형식(整形式) : 단식, 대식, 열식, 교호식재(지그재그식재), 집단식재
- 자연식(自然式) : 부등변삼각형 식재, 임의식재, 무리심기, 배경식재
- 절충식

92 경관구성의 미적 원리는 통일성과 다양성으로 구분할 수 있다. 다음 중 통일성과 관련이 가장 적은 것은? [04년 2회, 05년 5회, 09년 2회, 11년 1회]

① 균형과 대칭
② 강 조
③ 조 화
④ 율 동

해설 경관구성의 미적 원리
- 통일성 : 조화, 균형과 대칭, 강조 등
- 다양성 : 비례, 율동, 대비

89 ④ 90 ③ 91 ② 92 ④

93 피아노의 리듬에 맞추어 분수를 계획할 때 강조해서 적용해야 할 경관 구성원리는?

[06년 5회, 09년 1회]

① 율 동
② 조 화
③ 균 형
④ 비 례

해설
① 율동 : 각 요소들이 강약, 장단의 주기성이나 규칙성을 가지면서 전체적으로 연속적인 운동감을 가지는 것으로 다른 원리에 비해 명감이 강하며 활기 있는 표정과 경쾌한 느낌을 준다.
② 조화 : 색채나 형태가 유사한 시각적 요소들이 서로 잘 어울리는 것을 말한다.
③ 균형 : 한쪽으로 치우침이 없이 전체적으로 균등하게 분배된 구성을 말한다.
④ 비례 : 길이, 면적 등 물리적 크기의 비례에 규칙적인 변화를 주게 되면 부분과 전체의 관계를 보다 풍부하게 할 수 있다.

94 정원수의 60%까지를 소나무로 배치하거나 향나무를 심어 전체를 하나의 힘찬 형태나 색채 또는 선으로 통일시켰을 때 나타나는 아름다움을 무엇이라 하는가?

[02년 1회, 05년 1회]

① 단순미
② 통일미
③ 점층미
④ 균형미

해설
통일미 : 형, 색, 양, 재료 및 기술상에서 미적 단계의 결합이나 질서를 말하며, 통일에 지나치게 치중하면 단조롭고 무미건조해지기 쉽다.

Advice
통일미란 전체의 구성이 잘 통일되어 이루어진 예술적인 아름다움이다.

95 대비가 아닌 것은?

[03년 1회, 04년 1회, 06년 2회, 09년 1회, 14년 2회]

① 푸른 잎과 붉은 잎
② 직선과 곡선
③ 완만한 시내와 포플러나무
④ 벚꽃을 배경으로 한 살구꽃

해설 ④ 벚꽃을 배경으로 한 살구꽃은 대비가 아닌 조화이다.

알아두기
대비미 : 조경공간을 구성하는 재료를 질적, 양적으로 전혀 다른 것으로 배열함으로써 서로의 특성이 강조될 때, 보는 사람에게 강한 자극을 주는 조경미 즉, 색채나 형태 질감면에서 서로 달리하는 요소가 배열될 때의 아름다움 (소나무의 푸른 수관을 배경으로 한 분홍색의 벚꽃 등)

정답 93 ① 94 ② 95 ④

96 다음은 조경미에 대한 설명이다. 틀린 것은?
[02년 2회, 05년 2회]

① 질감이란 물체의 표면을 보거나 만짐으로써 느껴지는 감각을 말한다.
② 통일미란 개체가 특징있는 것으로 단순한 자태를 균형과 조화 속에 나타내는 미이다.
③ 운율미란 연속적으로 변화되는 색채, 형태, 선, 소리 등에서 찾아볼 수 있는 미이다.
④ 균형미란 가정한 중심선을 기준으로 양쪽의 크기나 무게가 보는 사람에게 안정감을 줄 때를 말한다.

해설 ②는 조화미에 대한 설명이다.

Advice
조화미 : 조화란 두 가지 극단의 중간위치와 같은 것, 유사한 단위들의 배합, 다양 속의 통일, 쉽게 말해 잘 어울리는 것이라 할 수 있다.

97 먼셀의 색상환에서 BG는 무슨 색인가?
[09년 1, 5회, 12년 2회, 14년 2회]

① 연 두
② 남 색
③ 청 록
④ 보 라

해설 먼셀의 10색
- 기본색 : 빨강(R), 노랑(Y), 초록(G), 파랑(B), 보라(P)
- 중간색 : 주황(YR), 연두(GY), 청록(BG), 남색(PB), 붉은보라(RP)

98 주택 정원을 설계할 때 일반적으로 고려할 사항이 아닌 것은?
[04년 1회, 07년 1회]

① 무엇보다도 안전 위주로 설계해야 한다.
② 시공과 관리하기가 쉽도록 설계해야 한다.
③ 특수하고 귀중한 재료만을 선정하여 설계해야 한다.
④ 재료는 구하기 쉬운 재료를 넣어 설계한다.

정답 96 ② 97 ③ 98 ③

99 주택정원의 대문에서 현관에 이르는 공간으로 명쾌하고 가장 밝은 공간이 되도록 조성해야 하는 곳은? [03년 2회, 09년 1회]

① 앞 뜰 ② 안 뜰
③ 뒤 뜰 ④ 가운데 뜰

해설 앞 뜰
- 대문에서 현관 사이의 공간으로 차고, 조명, 울타리, 조각품 등을 설치하여 경관을 강조한다.
- 이곳은 가족이나 손님이 출입하는 곳으로, 주동선이 되는 원로를 설치한다.
- 실용적인 기능을 부여하기 위해 차고를 설치하기도 하고, 원로를 따라 조명과 좌우에 시선을 끌 수 있는 수목이나 초화류를 심기도 하며, 조각물이나 그 밖의 형상물을 배치하여 경관을 강조하기도 한다.

100 주택의 정원 내에서 가장 중요한 공간으로서 휴식과 단란이 이루어지는 공간과 가장 관련이 깊은 것은? [03년 1, 5회, 07년 1회, 12년 2회, 14년 2회]

① 앞뜰(前庭) ② 안뜰(主庭)
③ 뒤뜰(後庭) ④ 작업뜰(作業庭)

해설 안뜰 : 응접실이나 거실 전면에 위치한 뜰로서 정원의 중심이 되는 곳으로 가족 구성원을 위한 은밀한 사적 공간으로서 개인 생활이 보호되어야 한다.

101 임해공업단지의 조경용 수종으로 적합한 것은? [03년 1회, 08년 2회, 11년 1회]

① 소나무 ② 목 련
③ 사철나무 ④ 왕벚나무

해설 내염성이 큰 수종 : 해송, 노간주나무, 눈향나무, 광나무, 비자나무, 사철나무, 동백나무, 해당화, 찔레나무, 회양목, 유카 등

102 옥상정원의 환경조건에 대한 설명으로 적합하지 않은 것은? [03년 2회, 06년 1회, 09년 4회]

① 토양 수분의 용량이 적다. ② 토양 온도의 변동 폭이 크다.
③ 양분의 유실속도가 늦다. ④ 바람의 피해를 받기 쉽다.

해설 옥상은 계절에 따라 햇빛이 강할 때에는 복사열에 의하여 온도가 쉽게 올라가고 겨울에는 토양을 단단히 얼게 하므로 수분의 부족을 가져오며, 양분의 유실속도가 빠르다.

정답 99 ① 100 ② 101 ③ 102 ③

103 일반적으로 옥상정원 설계시 고려할 사항으로 가장 관계가 적은 것은?

[04년 1회, 07년 1회, 14년 1회]

① 토양층 깊이
② 방수 문제
③ 잘 자라는 수목 선정
④ 하중 문제

해설 옥상 조경을 시공시 유의할 점
- 하중, 옥상바닥 보호와 배수 문제
- 바람, 한발, 강우, 햇볕 등 자연 재해로의 안전성 고려
- 토양층의 깊이와 구성 성분, 시비 및 식생의 유지
- 수종의 적절한 선택

104 옥상정원 인공지반 상단의 식재 토양층 조성 시 경량재로 사용하기 가장 부적당한 것은?

[04년 2회, 09년 1회, 11년 2회, 14년 1회]

① 버미큘라이트
② 펄라이트
③ 피트모스
④ 석 회

해설 경량재로는 버미큘라이트, 펄라이트, 피트모스, 화산재 등이 있다.

105 S. Gold(1980)의 레크리에이션 계획에 있어 과거의 일반 대중이 여가시간에 언제, 어디에서, 무엇을 하는가를 상세하게 파악하여 그들의 행동패턴에 맞추어 계획하는 방법은?

[02년 2회, 03년 1회, 08년 2회, 10년 2회]

① 자원접근방법
② 활동접근방법
③ 경제접근방법
④ 행태접근방법

해설 S. Gold(1980)의 레크리에이션 계획 접근방법
- 자원접근방법 : 물리적 자원 혹은 자연자원이 레크리에이션의 유형과 양을 결정하는 방법
- 활동접근방법 : 과거의 참가 사례를 토대로 미래의 참여 기회를 유추하여 계획하는 접근 방법
- 경제접근방법 : 지역사회의 경제적 기반이나 예산 규모가 레크리에이션의 총량, 유형, 입지 결정
- 행태접근방법 : 일반 대중이 여가시간에 언제, 어디에서, 무엇을 하는가를 상세하게 파악하여 그들의 행동패턴에 맞추어 계획하는 방법
- 종합접근방법 : 앞에서의 네 가지 접근방법의 결합으로 긍정적인 측면만 취하는 접근방법

106 도시공원 및 녹지 등에 관한 법률 시행규칙상 도시공원 중 설치규모가 가장 큰 곳은?

[03년 1회, 07년 2회, 10년 2회]

① 광역권 근린공원
② 체육공원
③ 묘지공원
④ 도시지역권 근린공원

해설 ① 광역권 근린공원 : 1,000,000m² 이상
② 체육공원 : 10,000m² 이상
③ 묘지공원 : 100,000m² 이상
④ 도시지역권 근린공원 : 100,000m² 이상

107 도시공원 및 녹지 등에 관한 법률상 도시공원 설치 및 규모의 기준에서 어린이공원의 최소규모는 얼마인가?

[10년 1회, 04년 5회, 12년 1회]

① 500m²
② 1,000m²
③ 1,500m²
④ 2,000m²

해설 어린이공원은 최소 1,500m² 이상이다.

108 오픈스페이스에 해당되지 않는 것은?

[05년 2회, 09년 1회]

① 건폐지
② 공원묘지
③ 광 장
④ 학교운동장

해설 오픈스페이스는 공원, 녹지를 포함한 녹지공간의 개념의 의미로 사용되고 있다. 따라서 공원, 녹지 및 운동장, 유원지, 공동묘지 등 공지가 많은 도시계획시설에서 농지·산림·하천·지소(池沼) 등에 이르기까지 건축물로 건폐되어 있지 않은 비건폐지를 의미한 광의의 녹지라고 할 수 있다.

Advice
오픈스페이스(Open Space)란 도시계획에서 사람들에게 레크리에이션 활동 목적이나 마음의 편안함을 줄 목적으로 설치한 공터나 녹지 등의 공간이다.

정답 106 ① 107 ③ 108 ①

109 운동시설 배치계획 시 시설의 설치 방향에 대한 고려를 가장 신경 쓰지 않아도 되는 것은?
[09년 4회, 05년 1회]

① 골프장의 각 코스 ② 실외야구장
③ 축구장 ④ 스쿼시장

해설 골프장, 실외야구장, 축구장 등은 햇빛에 따른 방향을 고려해야 한다.

110 골프장 코스 중 출발지점을 말하는 것은?
[02년 1, 2회, 05년 2회, 10년 2회]

① 티(Tee) ② 그린(Green)
③ 페어웨이(Fair Way) ④ 헤저드(Hazard)

해설 홀의 구성
- 티(Tee) : 출발 지역
- 그린(Green) : 종점 지역
- 페어웨이(Fair Way) : 티와 그린 사이에 짧게 깎은 잔디 지역
- 러프(Rough) : 페어웨이 주변의 깎지 않은 초지로 이루어진 지역
- 헤저드(Hazard) : 장애 지역
- 벙커(Bunker) : 그린주변 또는 페어웨이 옆에 땅을 판 뒤 모래 웅덩이를 조성해 놓은 곳

111 발주자와 설계용역 계약을 체결하고 충분한 계획과 자료를 수집하여 넓은 지식과 경험을 바탕으로 시방서와 공사내역서를 작성하는 자를 가리키는 용어는?
[02년 2회, 09년 4회]

① 설계자 ② 감리원
③ 수급인 ④ 현장대리인

해설 설계자는 발주자와 설계용역 계약을 체결하고 시공에 필요한 설계도서를 만든다.

112 설계도면에 표시하기 어려운 재료의 종류나 품질, 시공방법, 재료 검사방법 등에 대해 충분히 알 수 있도록 글로 작성하여 설계상의 부족한 부분을 규정 보충한 문서는? [08년 1회, 10년 2회]

① 일위대가표
② 설계설명서
③ 시방서
④ 내역서

해설 시방서는 설계도면에 표시하기 어려운 사항을 설명하는 시공지침이다.

정답 109 ④ 110 ① 111 ① 112 ③

113 흙을 굴착하는 데 사용하는 것으로 기계가 서 있는 위치보다 높은 곳의 굴삭을 하는 데 효과적인 토공기계는? [06년 1, 2회]

① 모터그레이더 ② 파워셔블
③ 드래그라인 ④ 클램셸

해설
② 파워셔블(Power Shovel) : 기체의 위치보다 위쪽의 흙을 퍼 올려 선회하여 덤프트럭 등에 싣는 굴착용 기계로 동력삽이라고도 하는데, 하부 구동체와 360°회전이 가능한 상부 회전체로 이루어진 본체에 작업장치가 연결되어 있다. 흙・모래・자갈 등을 파서 싣는 굴착기로 파기와 싣기가 모두 가능하다.
① 모터그레이더(Motor Grader) : 정지작업에 주로 사용되는 장비로 정지장치를 가진 자주식의 것을 말하며 작업범위는 땅 고르기, 배수파기, 파이프 묻기, 경사면 절삭, 제설작업 등 여러 작업에 사용된다.
③ 클램셸(Clam Shell) : 조개껍질처럼 양쪽으로 열리는 버킷을 흙을 집는 것처럼 굴착하는 기계
④ 드래그라인(Drag Line) : 기계가 서 있는 위치보다 낮은 곳의 굴착에 좋다.

114 다음 중 건설기계의 용도 분류상 굴착용으로 사용하기에 부적합한 것은? [06년 5회, 11년 2회]

① 클램셸 ② 파워셔블
③ 드래그라인 ④ 스크레이퍼

해설 스크레이퍼는 굴삭, 적재, 운반, 사토 때로는 다짐, 정지 등의 작업을 한다.

115 다음 중 정원석 쌓기에 쓰이는 기구나 기계는? [04년 2회, 07년 2회]

① 불도저 ② 탠덤롤러
③ 체인블록 ④ 덤프트럭

해설 체인블록(Chain Block)의 주용도
• 무거운 돌을 지면에 자리 잡아 놓을 때
• 무거운 수목을 싣거나 내릴 때
• 무거운 돌을 높이 쌓을 때

116 조경공사에 사용되는 장비 중 운반용 기계에 해당하지 않는 것은? [05년 1회, 09년 4회]

① 덤프트럭(Dump Truck)
② 크레인(Crane)
③ 백호(Back Hoe)
④ 지게차(Forklift)

해설 백호는 굴착용 기계에 해당한다.

정답 113 ② 114 ④ 115 ③ 116 ③

117 대형수목을 굴취 또는 운반할 때 사용되는 장비가 아닌 것은? [02년 5회, 08년 5회]

① 체인블록
② 크레인
③ 백 호
④ 드래그라인

[해설] 드래그라인 : 굴착할 장소가 기계를 장치한 지반보다 낮을 때, 굴착해야 할 흙이 고결되어 있지 않을 때나 수중 굴착 시 적당하다.

118 다음 중 흉고직경을 측정할 때 지상으로부터 얼마 높이의 부분을 측정하는 것이 이상적인가? [02년 2회, 06년 5회]

① 60cm
② 90cm
③ 120cm
④ 200cm

[해설] 흉고직경
입목의 직경은 지면으로부터 가슴높이 되는 곳을 측정하게 되는데 우리나라에서는 흉고를 120cm로 하고 있다.

119 수목의 식재품 적용 시 흉고직경에 의한 식재품을 적용하는 것이 가장 적합한 수종은 어느 것인가? [05년 1회, 10년 2회]

① 산수유
② 은행나무
③ 꽃사과
④ 백목련

[해설] 흉고직경에 의한 식재품 : 교목류인 가중나무, 계수나무, 낙우송, 메타세쿼이아, 벽오동, 수양버들, 벚나무, 은단풍, 은행나무, 자작나무, 칠엽수, 백합나무, 플라타너스(버즘나무), 현사시나무(은수원사시) 등 기타 이와 유사한 수종에 적용한다.

120 수목의 규격을 수고와 근원직경으로 표시하는 수종은 어느 것인가? [03년 5회, 06년 2회, 08년 1회, 12년 1회, 13년 4회]

① 목 련
② 은행나무
③ 잣나무
④ 전나무

[해설] 수고와 근원직경에 의한 품 : 흉고직경 측정이 곤란한 수종, 소나무, 감나무, 꽃사과나무, 낙우송, 느티나무, 대추나무, 모과나무, 배롱나무, 목련나무, 산수유, 자귀나무, 단풍나무 등 대부분의 교목
②는 수고와 흉고직경으로, ③·④는 수고와 수관 폭으로 표시한다.

정답 117 ④ 118 ③ 119 ② 120 ①

121 잔디 1매(30cm×30cm)에 1본의 꼬치가 필요하다. 경사면적이 45m²인 곳에 잔디를 전면붙이기로 식재하려 한다면 이 경사지에 필요한 꼬치는 약 몇 개인가? [02년 2회, 05년 2회, 10년 4회]

① 46본
② 333본
③ 450본
④ 495본

해설 1m²당 필요한 잔디량은 11매이다. 45×11 = 495매이고 잔디 1매에 1본의 꼬치가 필요하므로 495본의 꼬치가 필요하다.

122 50m² 면적에 전면붙이기로 잔디식재를 하려 할 때 필요한 잔디 소요 매수는?(단, 잔디 1매의 규격은 20cm×20cm×3cm이다) [03년 5회, 07년 1회]

① 200매
② 555매
③ 1,250매
④ 1,500매

해설 1m²당 필요한 잔디량은 25장이다. 따라서 50m²는 1,250매이다.

123 다음 중 40m²의 면적에 팬지를 20cm×20cm 간격으로 심고자 한다. 팬지 묘의 필요 본수로 가장 적당한 것은? [03년 2회, 06년 5회]

① 100
② 250
③ 500
④ 1,000

해설 팬지를 1m²에 심을 개수는 $\frac{100}{20}$ = 5이므로 1m²에는 25본, 25본×40m² = 1,000본이 적당하다.

124 1m³ 토량에 대한 운반품셈을 1일당 0.2인으로 할 때 2인의 인부가 100m³ 흙을 운반하려면 얼마가 필요한가? [02년 1회, 08년 1회]

① 5일
② 10일
③ 40일
④ 50일

해설 $\frac{(100 \times 0.2)}{2}$ = 10일

정답 121 ④ 122 ③ 123 ④ 124 ②

125 벽돌쌓기의 내용이 옳지 않은 것은? [03년 5회, 06년 5회]

① 가능한한 막힌 줄눈으로 쌓는다.
② 하루에 쌓는 높이는 2.0m 이하로 한다.
③ 벽돌은 어느 부분이든 균일한 높이로 쌓아 올라간다.
④ 치장줄눈은 되도록 빠르게 한다.

[해설] ② 하루에 1.5m 이하로 쌓는 데 보통 1.2m 정도가 좋다.

126 사람, 동물 또는 기계가 어떠한 일을 하는 데 있어서 단위당 필요한 노력과 물질이 얼마가 되는지를 수량으로 작성해 놓은 것을 무엇이라 하는가? [05년 5회, 10년 1회]

① 투 자
② 적 산
③ 품 셈
④ 견 적

[해설] 품셈 : 단위물량당 소요인력 및 장비의 소요량을 수량으로 표시한 것

127 조경용 수목의 할증률은 얼마로 하는가? [03년 1회, 04년 5회, 10년 4회, 14년 2회]

① 3%
② 5%
③ 10%
④ 20%

[해설] 조경수목·조경용 잔디의 할증률은 10%, 테라코타 3%, 도료 2%, 타일 3%이다.

정답 125 ② 126 ③ 127 ③

PART 02 조경시공

01 생물재료의 특성으로 맞는 것은?   [05년 1회, 07년 1회, 08년 1회, 12년 4회]

① 균일성   ② 불변성
③ 자연성   ④ 가공성

해설 조경재료의 특성
- 생물재료 : 자연성, 연속성, 조화성, 비규격성
  - 연속성 : 생장과 번식으로 계속되는 변화가 이루어진다.
  - 조화성 : 형태, 색채, 종류 등이 다양하게 변화하며 조화를 이룬다.
  - 다양성 : 개체마다 각기 다른 개성미와 다양성을 가지고 있다.
  - 자연성 : 새싹, 개화, 결실, 단풍, 낙엽 등의 계절적 변화를 알 수 있다.
- 무생물재료 : 균일성, 불변성, 가공성

02 조경재료는 크게 식물재료와 인공재료로 구분되는데 다음 중 인공재료의 특성으로 옳은 것은?   [02년 5회, 06년 5회]

① 자연성   ② 연속성
③ 불변성   ④ 조화성

해설 인공(무생물)재료의 특성
재질의 균질성, 불변성, 가공성, 단일재료의 사용량이 비교적 적은 것

03 뚜렷하고 곧은 원줄기가 있고, 줄기와 가지의 구별이 명확하며 줄기의 길이가 현저히 큰 나무를 가리키는 것은?   [04년 1회, 08년 5회, 09년 5회]

① 덩굴식물   ② 교 목
③ 관 목   ④ 지피식물

해설 ② 교목(Tree) : 곧은 줄기가 있고, 줄기와 가지의 구별이 명확하며, 키가 큰 나무(보통 3~4m 정도)
① 덩굴식물 : 줄기가 하늘을 향해 곧게 서 있지 않고, 지면을 기어가거나 다른 물체에 붙어서 자라는 식물
③ 관목(Shrub) : 뿌리근처에서 가지가 갈라져 어느 것이 주된 가지인지 구분이 어려운, 키가 작은 목본식물
④ 지피식물 : 상록이고 높이 50cm 이하로 자라면서 잎들이 치밀하며 빨리 지면을 덮으면서 자란다.

정답 1 ③   2 ③   3 ②

04 다음 중 방풍용 수종에 관한 설명으로 가장 거리가 먼 것은? [06년 2회, 07년 2회]

① 심근성이면서 줄기나 가지가 강인한 것
② 녹나무, 삼나무, 편백, 후박나무 등이 주로 사용된다.
③ 실생보다는 삽목으로 번식한 수종일 것
④ 바람을 막기 위해 식재되는 수목은 잎이 치밀할 것

해설 종자파종(실생)으로 가꾸어낸 나무는 일반적으로 수명이 길고 뿌리가 제대로 자라기 때문에 바람에 견디는 힘이 강하므로 방풍을 위해 심어지는 나무나 가로수는 종자파종(씨뿌림, 실생)으로 가꾸어낸 나무를 심도록 하는 것이 좋다.

> **알아두기**
> 방풍림
> • 방화수는 상록활엽수이고, 잎이 두꺼워야 한다.
> • 방풍수는 심근성이면서 줄기나 가지가 강인한 상록수가 좋다.
> • 방풍림 수종 : 가시나무류, 구실잣밤나무, 녹나무, 후박나무, 곰솔, 편백, 화백, 삼나무, 느티나무, 오리나무, 떡갈나무, 소나무, 버즘 나무, 일본잎갈나무 등
> • 방풍림 수림대의 배치는 주풍과 직각이 되는 방향으로 높이도록 하며 수림대의 길이는 수고의 12배 이상이 필요하다.

05 상록활엽수이며, 교목인 수종으로 가장 적당한 것은? [05년 1회, 10년 1회, 11년 2회]

① 눈주목　　　　　　　　② 녹나무
③ 히말라야시다　　　　　④ 치자나무

해설 **상록활엽교목** : 소귀나무, 붉가시나무, 졸가시나무, 가시나무, 참가시나무, 녹나무, 후박나무, 조록나무, 굴거리나무, 감탕나무, 먼나무, 담팔수, 동백나무, 비쭈기나무, 아왜나무 등
① 눈주목(상록침엽관목), ③ 히말라야시다(상록침엽교목), ④ 치자나무(상록활엽관목)

> **알아두기**
>
> 녹나무
> • 장뇌목(樟腦木), 장수(樟樹)라고도 한다.
> • 깊고 기름진 토양이나 그늘진 곳에서 잘 자란다.
> • 공해와 추위에 약하기 때문에 내륙지방에서는 잘 자라지 못한다.
> • 재목・가지・잎・뿌리를 수증기로 증류하여 얻은 기름이 장뇌인데, 향료・방충제・강심제를 만드는 원료로 쓴다.

06 수목은 뿌리를 뻗는 상태에 따라 천근성과 심근성으로 분류한다. 천근성(淺根性) 수종으로만 짝지어진 것은? [02년 2회, 05년 2회, 09년 2회]

① 자작나무, 미루나무
② 전나무, 백합나무
③ 느티나무, 은행나무
④ 백목련, 가시나무

해설 천근성 나무는 독일가문비, 편백, 미루나무, 자작나무, 버드나무, 현사시나무, 매화나무 등이다.

07 다음 중 음수이며 또한 천근성 수종에 해당하는 것은? [04년 2회, 10년 4회]

① 전나무
② 모과나무
③ 자작나무
④ 독일가문비나무

해설
① 전나무 : 음수이며 심근성 수종
② 모과나무 : 양수이며 심근성 수종
③ 자작나무 : 양수이며 천근성 수종

08 심근성 나무라 볼 수 없는 것은? [02년 1회, 06년 5회, 12년 4회]

① 전나무
② 백합나무
③ 은행나무
④ 현사시나무

해설
• 천근성 나무 : 독일가문비, 편백, 미루나무, 자작나무, 버드나무, 현사시나무, 매화나무
• 심근성 나무 : 소나무, 전나무, 느티나무, 은행나무, 모과나무, 백합나무

09 다음 중 상록수로만 짝지어진 것은? [09년 2회, 11년 2회]

① 섬잣나무, 리기다소나무, 동백나무, 낙엽송
② 소나무, 배롱나무, 은행나무, 사철나무
③ 철쭉, 주목, 모과나무, 장미
④ 사철나무, 아왜나무, 회양목, 독일가문비나무

해설 상록수 : 섬잣나무, 리기다소나무, 동백나무, 소나무, 사철나무, 주목, 아왜나무, 회양목, 독일가문비나무

Advice

상록수의 기능
• 시각적으로 불필요한 곳을 가려준다.
• 겨울철에는 바람막이로 유용하다.
• 변화되지 않는 생김새를 유지한다.

10 다음 수종 중 관목에 해당하는 것은?
[02년 2회, 05년 2회, 06년 1, 5회]

① 백목련　　② 위성류
③ 층층나무　④ 매자나무

해설 관목 : 뿌리에서 여러 줄기가 나와서 뚜렷한 원줄기를 찾을 수 없다. 주로 키가 작고 줄기 지름이 얇다.
예) 진달래, 개나리, 철쭉, 회양목, 꽝꽝나무, 사철나무, 명자나무, 매자나무, 화살나무 등

11 다음 중 상록침엽관목에 속하는 나무는?
[02년 5회, 04년 5회, 06년 5회]

① 영산홍　　② 섬잣나무
③ 회양목　　④ 눈향나무

해설 상록침엽관목 : 개비자나무, 눈향나무, 둥근측백 등

◀ 눈향나무

① 영산홍(낙엽활엽관목), ② 섬잣나무(상록침엽교목), ③ 회양목(상록활엽관목)

Advice
눈향나무는 포복성으로 기울거나, 바위에서 밑으로 처지며 자라거나, 땅에 붙어 기어가듯 자라며 퍼진다.
상록관목 : 반송, 눈향, 옥향, 눈주목, 철나무, 회양목, 영산홍, 돈나무, 꽝꽝나무, 남천, 피라칸타, 다정큼나무, 호랑가시나무 등

12 활엽수지만 잎의 형태가 침엽수와 같아서 조경적으로 침엽수로 이용하는 것은?
[03년 1회, 08년 5회]

① 은행나무　② 철 쭉
③ 위성류　　④ 배롱나무

해설 위성류는 활엽수이지만 침엽수 잎처럼 잎이 좁으므로 조경 설계시 침엽수처럼 이용한다.

13 1년 내내 푸른잎을 달고 있으며 잎이 바늘처럼 뾰족한 나무를 무엇이라 하는가?
[03년 1회, 09년 2회, 12년 5회]

① 상록활엽수　② 상록침엽수
③ 낙엽활엽수　④ 낙엽침엽수

해설 침엽수는 일반적으로 잎이 좁고 활엽수는 일반적으로 잎이 넓다.

14 다음 중 상록침엽수에 해당하는 수종은? [03년 2회, 09년 4회, 10년 2회]

① 은행나무　　　　　　　　② 전나무
③ 메타세쿼이아　　　　　　④ 일본잎갈나무

해설 상록침엽수 : 삼나무, 히말라야시다, 전나무, 소나무, 측백나무, 반송 등

> **알아두기**
>
> 상록활엽수 : 녹나무, 월계수, 굴거리나무, 감탕나무, 먼나무, 후피향나무, 동백나무, 비쭈기나무, 태산목, 소귀나무, 금목서, 붉가시나무, 가시나무, 종가시나무, 돈나무, 회양목, 꽝꽝나무, 사철나무, 사스레피나무, 서향, 식나무, 광나무, 왕쥐똥나무, 치자나무, 다정큼나무, 피라칸타, 팔손이 등

15 다음 중 1속에서 잎이 5개 나오는 수종은? [11년 1회, 05년 5회, 07년 1회]

① 백 송　　　　　　　　　② 방크스소나무
③ 리기다소나무　　　　　　④ 스트로브잣나무

해설 소나무류 분류(잎의 개수에 따라)
• 2엽 속생 : 소나무, 해송(곰솔, 흑송), 방크스소나무
• 3엽 속생 : 백송, 리기다소나무, 대왕송, 테다소나무
• 5엽 속생 : 잣나무, 눈잣나무, 섬잣나무, 스트로브잣나무

16 다음 중 덩굴성 식물(Vine)로 가장 바른 것은?

[02년 1회, 03년 1회, 04년 5회, 05년 5회, 07년 1, 2회, 08년 2회, 10년 1회]

① 서 향　　　　　　　　　② 송 악
③ 병아리꽃나무　　　　　　④ 피라칸타

해설 덩굴성 수목 : 등나무, 으름덩굴, 담쟁이덩굴, 인동덩굴, 능소화, 포도나무, 송악, 머루, 오미자, 멀꿀, 개노박덩굴, 칡 등

> **알아두기**
>
>
>
> **송 악**
> • 담장나무라고도 한다.
> • 해안과 도서지방의 숲 속에서 자란다.
> • 길이 10m 이상 자라고 가지와 원줄기에서 기근이 자라면서 다른 물체에 붙어 올라간다.
> • 잎과 열매가 아름답고 다양한 모양을 만들 수 있어 지피식물로 심는다.

정답 14 ②　15 ④　16 ②

17 조경수목의 구비조건이 아닌 것은? [02년 5회, 05년 5회]

① 관상 가치와 실용적 가치가 높아야 한다.
② 이식이 어렵고, 한 곳에서 오래도록 잘 자라야 한다.
③ 불리한 환경에서도 견딜 수 있는 적응성이 커야 한다.
④ 병충해에 대한 저항성이 강해야 한다.

해설 조경수목의 구비조건
- 관상 가치와 실용적 가치가 높아야 한다.
- 이식이 용이하며, 이식 후에도 잘 자라야 한다.
- 불리한 환경에서도 견딜 수 있는 힘이 커야 한다.
- 번식이 잘 되고, 손쉽게 다량으로 구입할 수 있어야 한다.
- 병충해에 대한 저항성이 강해야 한다.
- 다듬기 작업 등 유지 관리가 용이해야 한다.
- 주변 경관과 조화를 잘 이루며, 사용 목적에 적합해야 한다.

18 조경의 목적을 달성하기 위해 식재되는 조경수목은 식재지의 위치나 환경 조건 등에 따라 적절히 선택되는데 다음 중 조경수목이 갖추어야 할 조건이 아닌 것은? [02년 1회, 09년 5회, 10년 5회]

① 쉽게 옮겨 심을 수 있을 것
② 착근이 잘 되고 생장이 잘 되는 것
③ 그 땅의 토질에 잘 적응 할 수 있는 것
④ 희귀하여 가치가 있는 것

해설 조경수목의 구비조건
- 외형미가 아름다운 것으로서 나무 특유의 개성을 지니고 있는 것
- 자연목 그대로 수관과 잎의 밀도·가지퍼짐·뿌리퍼짐 등 나무 본연의 수형과 품위를 인정할 수 있는 것
- 이식력이 강하고 활착이 잘 되는 것
- 기상장해·병충해 등에 대한 저항력이 강한 것
- 번식재배가 잘 되고, 시장품으로서 높게 평가되며, 수요가 많은 것
- 특히 이식과 번식이 곤란한 것, 병충해가 발생하기 쉬운 것, 손질과 관리가 곤란한 것 등은 피하는 것이 좋음
- 조경수목은 쉽게 다량으로 구입할 수 있어야 함

17 ② 18 ④

19 화단 식재용 초화류의 조건으로 틀린 것은? [04년 5회, 07년 2회]

① 꽃이 많이 달릴 것
② 개화기간이 길 것
③ 키가 되도록 클 것
④ 병해충에 강할 것

해설 초화류의 조건
- 모양이 아름답고 키가 가급적 작아야 한다.
- 가지가 많이 갈라져서 꽃이 많이 달려야 한다.
- 꽃의 색깔이 선명하고 개화기간이 길어야 한다.
- 바람, 건조, 병해충에 견디는 힘이 강해야 한다.
- 성질이 강건하여 나쁜 환경에서도 잘 자라야 한다.

Advice
초화류란 풀종류의 화초 또는 그 꽃을 가리킨다.

20 침상화단(Sunken Garden)은 무엇을 뜻하는가? [03년 5회, 04년 5회, 12년 4회, 13년 4회]

① 관상하기 편리하도록 땅을 1~2m 파내려가 꾸미는 것
② 중앙 부위를 낮게 하기 위하여 키 작은 꽃을 중앙에 심어 꾸미는 것
③ 양탄자를 내려다보듯이 꾸민 화단
④ 경계부분을 1열로 꾸미는 것

해설 침상화단(Sunken Garden)
보도나 지면보다 낮게 위치하도록 하고 기하학적 무늬의 화단을 설치하여 한눈에 볼 수 있도록 조성한 화단으로서 시각적 중심부에는 분수나 조각물 등을 배치한다.

21 산울타리용 수종의 조건이라고 할 수 없는 것은? [03년 5회, 08년 2회, 09년 5회]

① 성질이 강하고 아름다울 것
② 적당한 높이의 아랫가지가 쉽게 마를 것
③ 가급적 상록수로서 잎과 가지가 치밀할 것
④ 맹아력이 커서 다듬기 작업에 잘 견딜 것

해설 산울타리용 수종의 조건
- 주로 상록수로서 지엽이 치밀한 수종
- 적당한 높이로 아랫가지가 오래 가는 수종
- 맹아력이 크고 불량한 환경 조건에도 잘 견디는 수종
- 외관이 아름답고 번식이 용이한 수종

정답 19 ③ 20 ① 21 ②

22 다음 중 가시 산울타리용으로 쓰이는 수종이 아닌 것은?   [06년 1회, 07년 2회]

① 탱자나무 ② 쥐똥나무
③ 호랑가시나무 ④ 찔레나무

해설 가시 산울타리 수종 : 탱자나무, 가시나무, 찔레나무

23 산울타리용으로 사용하기 부적합한 수종은?   [03년 2회, 04년 2, 5회, 08년 5회, 10년 5회]

① 꽝꽝나무 ② 탱자나무
③ 후박나무 ④ 측백나무

해설 ③ 후박나무는 상록활엽교목이다.
산울타리 수종 : 측백나무, 화백, 사철나무, 개나리, 명자나무, 피라칸타, 무궁화, 회양목, 탱자나무, 꽝꽝나무, 호랑가시나무, 가이즈까향나무 등이 있다.

24 다음 중 녹음수로 적당하지 않은 나무는?   [02년 1회, 03년 5회, 04년 5회, 09년 1회]

① 플라타너스 ② 느티나무
③ 은행나무 ④ 반 송

해설 녹음용 수목 : 녹나무, 버즘나무, 굴거리나무, 은행나무, 회화나무, 느티나무, 칠엽수, 층층나무, 일본목련, 백합나무, 플라타너스 등

25 도로 식재 중 사고방지 기능 식재에 속하지 않는 것은?   [02년 5회, 05년 5회]

① 명암순응식재 ② 차광식재
③ 녹음식재 ④ 침입방지식재

해설 고속도로 식재의 기능과 분류

기 능	식재의 종류
주 행	시선유도식재, 지표식재
사고방지	차광식재, 명암순응식재, 진입방지식재, 완충식재
방 재	비탈면식재, 방풍식재, 방설식재, 비사방지식재
휴 식	녹음식재, 지피식재
경 관	차폐식재, 수경식재, 조화식재
환경보존	방음식재, 임연보호식재

26 도시 내 도로주변에 녹지에 수목을 식재하고자 할 때 적당하지 않은 수종은? [02년 2회, 06년 5회]

① 쥐똥나무 ② 벽오동나무
③ 향나무 ④ 전나무

해설 전나무는 공해에 약하다.

27 다음 수종 중 가로수로 적당하지 않은 나무는? [04년 5회, 10년 5회]

① 은행나무 ② 무궁화
③ 느티나무 ④ 벚나무

해설 가로수 수목 : 벚나무, 은행나무, 느티나무, 가중나무, 회화나무, 은단풍, 칠엽수, 메타세쿼이아, 플라타너스 등

28 질감이 거칠어 큰 건물이나 서양식 건물에 가장 잘 어울리는 수종은? [10년 5회, 07년 1회]

① 철쭉류 ② 소나무
③ 버즘나무 ④ 편 백

해설 질감이 거친 나무 : 벽오동, 칠엽수, 태산목, 팔손이나무, 버즘나무

29 질감(Texture)이 가장 부드럽게 느껴지는 수목은? [04년 2회, 10년 1회]

① 태산목 ② 칠엽수
③ 회양목 ④ 팔손이나무

해설 질감이 고운 나무로는 철쭉류, 소나무, 편백, 회양목, 쥐똥나무, 꽝꽝나무 등이 있다.

정답 26 ④ 27 ② 28 ③ 29 ③

30 다음 중 이식에 대한 적응성이 강하여 이식이 가장 쉬운 수종으로만 짝지어진 것은?

[06년 2회, 10년 5회]

① 소나무, 태산목
② 주목, 섬잣나무
③ 사철나무, 쥐똥나무
④ 백합나무, 감나무

해설 이식이 쉬운 수종
편백, 측백나무, 낙우송, 메타세쿼이아, 향나무, 사철나무, 쥐똥나무, 철쭉류, 벽오동, 은행나무, 버즘나무, 수양버들, 무궁화, 명자나무 등

Advice
플라타너스의 우리말 이름은 버즘나무이다.

---

31 다음 중 이식하기 가장 어려운 수종은?

[04년 1회, 06년 1, 5회, 11년 1회]

① 가이즈까향나무
② 쥐똥나무
③ 목 련
④ 명자나무

해설 이식이 어려운 수종 : 소나무, 전나무, 목련, 오동나무, 오엽송, 녹, 왜금송, 태산목, 탱자, 생강, 서향, 칠엽수, 진달래, 목부용, 주목, 가시나무, 굴거리나무, 느티나무, 백합나무, 감나무, 자작나무, 맹종죽 등

---

32 공해 중 아황산가스(SO_2)에 의한 수목의 피해를 설명한 것으로 가장 알맞은 것은?

[03년 2회, 05년 1회]

① 한 낮이나 생육이 왕성한 봄, 여름에 피해를 입기 쉽다.
② 밤이나 가을에 피해가 심하다.
③ 공기 중의 습도가 낮을 때 피해가 심하다.
④ 겨울에 피해가 심하다.

해설 아황산가스 : 아황산가스는 식물의 기공으로 침입하며, 엽맥의 끝으로 들어가 한계농도를 초과하면 식물세포를 파괴한다.
- 피해를 입기 쉬운 부분 : 동화작용이 왕성한 잎으로서, 어린 잎이나 묵은 잎보다 잘 익어서 동화작용을 활발히 하는 잎이 저항력이 약하며 피해가 많다.
- 피해가 많은 시기 : 생육이 왕성한 생육기, 즉 봄에서 여름에 피해가 많으며 가을이나 겨울에는 그다지 없다. 또 침입구인 기공이 열려 있는 낮이 피해가 심하며 밤에는 기공이 닫혀 있어 피해가 덜하다. 또 동일한 아황산가스의 침해를 당한다 할지라도 습기가 많을 때가 적을 때보다 해가 많다. 이것도 기공의 개폐와 관련이 있다.

30 ③ 31 ③ 32 ①

33 다음 중 일반적으로 자동차 매연에 대한 저항성이 강한 수종은? [02년 5회, 07년 1회, 11년 2회]

① 은행나무
② 소나무
③ 목 련
④ 단풍나무

해설 자동차 배기가스에 강한 수종 : 비자나무, 가이즈까향나무, 녹나무, 감탕나무, 미루나무, 벽오동, 은행나무, 아왜나무 등

34 다음 중 일반적으로 대기오염물질인 아황산가스에 대한 저항성이 강한 수종은?
[02년 1, 5회, 04년 5회, 06년 2회, 07년 2회, 10년 1회]

① 전나무
② 산벚나무
③ 편 백
④ 소나무

해설 아황산가스(이산화황)에 강한 수종 : 편백, 화백, 가이즈까향나무, 가시나무, 굴거리나무, 사철나무, 벽오동, 능수버들, 플라타너스, 은행나무, 쥐똥나무 등

35 다음 중 개화기가 가장 빠른 것끼리 짝지어진 것은? [04년 1, 5회, 08년 5회, 09년 4회]

① 목련, 아까시나무
② 목련, 수수꽃다리
③ 배롱나무, 쥐똥나무
④ 풍년화, 생강나무

해설 꽃의 개화시기
- 2월 : 풍년화, 오리나무
- 3월 : 매화나무, 생강나무, 올벚나무, 개나리, 산수유, 동백나무
- 4월 : 자목련, 개나리, 겹벚나무, 꽃산딸나무, 꽃아그배나무, 목련, 백목련, 산벚나무, 아그배나무, 왕벚나무, 이팝나무, 갯버들, 명자 나무, 미선나무, 박태기나무, 산수유, 산철쭉, 수수꽃다리, 조팝나무, 진달래, 철쭉, 황철쭉, 동백나무, 소귀나무, 월계수, 만병초, 호랑가시나무, 남천, 등나무, 으름덩굴
- 5월 : 귀룽나무, 때죽나무, 백합나무, 산딸나무, 오동나무, 일본목련, 쪽동백나무, 채진목, 가막살나무, 모란, 병꽃나무, 장미, 쥐똥나무, 다정큼나무, 돈나무, 아까시나무
- 6월 : 모감주나무, 층층나무, 개쉬땅나무, 수국, 아왜나무, 태산목, 클레마티스
- 7월 : 노각나무, 배롱나무, 자귀나무, 무궁화, 부용, 협죽도, 능소화
- 8월 : 배롱나무, 자귀나무, 무궁화, 부용, 싸리나무
- 9월 : 배롱나무, 부용, 싸리나무
- 10월 : 장미, 호랑가시나무
- 11월 : 호랑가시나무, 팔손이

정답 33 ① 34 ③ 35 ④

36 다음 중 봄에 개화하는 나무가 아닌 것은? [02년 1회, 07년 1회]

① 백목련
② 매화나무
③ 백합나무
④ 수수꽃다리

해설 백합나무는 5월에 꽃핀다.

> **알아두기**
> 봄에 개화하는 나무 : 진달래, 백목련, 철쭉, 동백나무, 매화나무, 산수유, 수수꽃다리, 등나무 등

37 겨울 화단에 심을 수 있는 식물은? [03년 2회, 04년 5회, 05년 5회, 13년 1회]

① 팬 지
② 매리골드
③ 달리아
④ 꽃양배추

해설  꽃양배추 : 유럽 원산의 십자화과 초화로서 겨울의 화단과 화분에 심기에 적당하다.

38 다음 중 그 해 자란 1년생 신초지(新梢枝)에서 꽃눈이 분화하여 그 해에 개화하는 화목류는? [05년 5회, 07년 1회]

① 무궁화
② 개나리
③ 목 련
④ 수 국

해설 당년생지에 꽃눈이 생기고 당년에 개화하는 나무는 배롱나무, 무궁화(여름에 개화하는 수종) 등이다.

> **알아두기**
> 그 해에 자란 가지에 꽃눈이 분화하여 월동 후 봄에 개화하는 형태의 수종 : 개나리, 기리시마철쭉, 단풍철쭉, 동백, 수수꽃다리, 왕벚, 목련, 철쭉 등이다.

정답 36 ③ 37 ④ 38 ①

39 다음 중 백색 계통 꽃이 피는 수종들로 짝지어진 것은? [05년 5회, 09년 1, 5회]

① 박태기나무, 개나리, 생강나무
② 쥐똥나무, 이팝나무, 층층나무
③ 목련, 조팝나무, 산수유
④ 무궁화, 매화나무, 진달래

해설
① 박태기나무(담홍색), 개나리(황색), 생강나무(황색)
③ 목련(백색), 조팝나무(백색), 산수유(황색)
④ 무궁화(백색, 담자색), 매화나무(담홍색, 백색), 진달래(분홍색)

> **알아두기**
> 꽃의 개화기 및 색깔 분류
> • 3월 : 동백나무(적색), 풍년화(황색), 생강나무(황색), 산수유(황색), 개나리(황색), 매화나무(담홍색, 백색)
> • 4월 : 살구나무(담홍색), 벚나무(담홍색, 백색), 명자나무(담홍색), 박태기나무(담홍색), 목련(백색, 자주색), 산철쪽(홍자색), 조팝나무(백색), 황매화(황색), 히어리(황색)
> • 5월 : 등나무(연자색), 산사나무(백색), 백합나무(녹황색), 산딸나무(백색), 쥐똥나무(백색), 칠엽수(홍백색), 영산홍(담홍자색), 이팝나무(백색), 매자나무(황색)
> • 6월 : 인동(백색, 황색), 해당화(자홍색), 수국(자주색), 치자나무(백색), 피라칸타(백색), 개쉬땅나무(백색)
> • 7월 : 자귀나무(담홍색), 불두화(백색), 무궁화(백색, 담자색), 회화나무(황색), 배롱나무(홍색), 능소화(주황색)

40 다음 중 일반적으로 봄에 가장 먼저 황색 계통의 꽃이 피는 수종은? [04년 2회, 06년 2회, 10년 4회, 11년 1회]

① 등나무
② 산수유
③ 박태기나무
④ 벚나무

해설 봄에 황색 계통의 꽃이 피는 수종 : 개나리, 생강나무, 산수유, 금목서, 황매, 풍년화, 모감주나무 등

41 전통정원에서 흔히 볼 수 있고 줄기가 아름다우며 여름에 꽃이 개화하여 100여일 간다고 해서 목백일홍이라 불리는 수종은? [03년 2회, 09년 2회]

① 백합나무
② 불두화
③ 배롱나무
④ 이팝나무

해설 배롱나무 : 꽃이 오랫동안 피어 있어서 목백일홍이라고 하며, 나무껍질을 손으로 긁으면 잎이 움직인다고 하여 간지럼나무라고도 한다.

정답 39 ② 40 ② 41 ③

42 조경수목의 선정 시 꽃의 향기가 주가 되는 나무가 아닌 것은? [04년 1회, 06년 1회]

① 함박꽃나무
② 서 향
③ 태산목
④ 목서류

해설 태산목은 목련과에 속하는 상록수로 봄부터 여름까지 꽃을 피우고 꽃이 진 자리에 잎이 난다.

43 정원 내 식재하였을 때 10월경에 향기가 가장 많이 느껴지는 수종은? [05년 2회, 09년 1, 4회]

① 담쟁이덩굴
② 피라칸타
③ 식나무
④ 금목서

해설 목서류는 모두 향기가 좋으며 특히 금목서의 향기는 너무 강해 현기증이 날 정도이다.

44 맹아력이 강한 나무로 짝지어진 것은? [02년 1회, 04년 2회, 09년 5회]

① 향나무, 목련
② 쥐똥나무, 가시나무
③ 느티나무, 해송
④ 미루나무, 소나무

해설 맹아력이 강한 나무 : 사철나무, 느티나무, 탱자나무, 회양목, 능수버들, 미루나무, 플라타너스, 무궁화, 쥐똥나무, 개나리, 가시나무

▲ 쥐똥나무

45 다음 중 맹아력이 가장 약한 수종은? [02년 2회, 04년 5회, 05년 5회, 10년 4회, 11년 2회]

① 가시나무
② 쥐똥나무
③ 벚나무
④ 사철나무

해설 맹아성은 줄기나 가지가 꺾이거나 다치면 그 부분에 있던 숨은 눈이 자라 싹이 나오는 것을 말한다.

> **알아두기**
> 맹아력이 약한 나무 : 해송, 소나무, 잣나무, 자작나무, 살구나무, 감나무, 칠엽수, 벚나무 등

정답 42 ③ 43 ④ 44 ② 45 ③

46 수목의 생태 특성과 수종들의 연결이 옳지 않은 것은? [05년 1회, 06년 2회, 14년 2회]

① 습한 땅에 잘 견디는 수종으로는 메타세쿼이아, 낙우송, 왕버들 등이 있다.
② 메마른 땅에 잘 견디는 수종으로는 소나무, 향나무, 아까시나무 등이 있다.
③ 산성토양에 잘 견디는 수종으로는 느릅나무, 서어나무, 보리수나무 등이 있다.
④ 식재토양의 토심이 깊은 것(심근성)은 호두나무, 후박나무, 가시나무 등이 있다.

[해설] 산성 토양에 강한 수종 : 진달래, 소나무류, 밤나무, 잣나무, 가문비나무, 전나무, 아까시나무

47 토양의 비옥도에 따라 수종이 영향을 받는데, 척박지에 잘 견디는 수종으로 가장 적합한 것은?
[04년 1회, 09년 5회, 08년 1회]

① 삼나무 ② 자귀나무
③ 배롱나무 ④ 이팝나무

[해설] 척박지에 견디는 수종에는 소나무, 오리나무, 버드나무, 자작나무, 등나무, 아까시나무, 자귀나무, 보리수나무, 다릅나무 등이 있다.

48 수분 요구도가 낮아 건조지에 가장 잘 견디는 수목은? [02년 5회, 07년 2회, 09년 1, 2, 5회]

① 낙우송 ② 물푸레나무
③ 대추나무 ④ 가중나무

[해설] 가중나무는 내한성과 내조성, 내건성이 강하여 해변가에서도 생장이 양호하며 대기오염에도 강하지만 미국흰불나방의 피해가 심하다.

알아두기

토질에 따른 수목
- 습한 땅에 견디는 수종 : 메타세쿼이아, 낙우송, 사철나무, 버드나무, 미루나무, 왕벚나무
- 건조한 땅에 견디는 수종 : 가중나무, 붉나무, 소나무, 배자나무, 해당화, 싸리나무, 향나무
- 메마른 땅에 견디는 수종 : 노간주나무, 아까시나무, 오리나무, 자작나무, 보리수나무, 자귀나무, 족제비나무, 향나무, 소나무
- 기름진 땅에 견디는 수종 : 주목, 잣나무, 가시나무, 철쭉, 느티나무, 배롱나무, 석류, 장미, 모란
- 강산성 토양에 견디는 수종 : 전나무, 철쭉류, 편백, 소나무, 가문비나무, 싸리나무, 치자나무
- 염기성 토양에 견디는 수종 : 회양목, 조팝나무, 단풍나무, 남천, 낙우송, 고광, 개나리 등

정답 46 ③ 47 ② 48 ④

49 다음 중 습지를 좋아하는 수종은? [04년 2회, 05년 1회, 06년 5회, 09년 4회, 13년 2회]

① 낙우송 ② 소나무
③ 자작나무 ④ 느티나무

해설 습지를 좋아하는 수종 : 낙우송, 계수나무, 주엽나무, 수양버들, 위성류, 오동나무, 수국 등

▲ 낙우송

50 건조한 땅이나 습지에 모두 잘 견디는 수종은? [03년 2회, 06년 5회]

① 향나무 ② 계수나무
③ 소나무 ④ 꽝꽝나무

해설 ④ 꽝꽝나무는 중용수로서 기후와 토질에 따라 음수도 되고 양수도 된다. 토질은 별로 가리지 않고 잘 자란다.
습지 · 건조지에 모두 잘 견디는 수종 : 사철나무, 꽝꽝나무, 플라타너스, 보리수나무, 자귀나무, 명자나무, 박태기나무, 산당화 등

51 염분에 강한 수종으로 짝지어진 것은? [03년 2회, 09년 1회, 11년 2회]

① 해송, 왕벚나무
② 단풍나무, 가시나무
③ 비자나무, 사철나무
④ 광나무, 목련

해설 내염성
• 내염성이 큰 수종 : 해송, 눈향나무, 해당화, 비자나무, 사철나무, 동백나무, 유카, 찔레나무, 회양목 등
• 내염성이 작은 수종 : 독일가문비, 낙엽송, 소나무, 목련, 단풍나무, 오리나무, 개나리, 왕벚나무, 양버들, 피나무 등

정답 49 ① 50 ④ 51 ③

52 양수 수종만으로 짝지어진 것은? [03년 5회, 05년 5회, 06년 2회, 07년 1회, 08년 1회, 10년 5회, 11년 1회]

① 향나무, 가중나무
② 가시나무, 아왜나무
③ 회양목, 주목
④ 사철나무, 독일가문비나무

해설 양수 : 무궁화나무, 가중나무, 모과나무, 매화나무, 향나무, 석류나무, 산수유나무, 미루나무, 소나무, 플라타너스, 메타세쿼이아, 자작나무

▲ 가중나무

53 음지에서 견디는 힘이 강한 수목으로만 짝지어진 것은?

[03년 1회, 05년 2회, 08년 2회, 09년 1, 2회, 10년 1회]

① 소나무, 향나무
② 회양목, 눈주목
③ 태산목, 가중나무
④ 자작나무, 느티나무

해설 음지와 건조에 강한 수종 : 회양목, 눈주목, 줄사철 등

▲ 눈주목

54 다음 중 단풍나무류에 속하는 수종은? [07년 2회, 10년 2회]

① 신나무
② 낙상홍
③ 계수나무
④ 화살나무

해설 단풍나무류
- 단엽(잎이 한 개) : 신나무, 중국단풍, 신겨릅나무, 시닥나무, 은단풍, 고로쇠나무, 단풍나무, 당단풍
- 복엽(잎이 여러 개) : 복자기나무, 네군도단풍

정답 52 ① 53 ② 54 ①

55 일반적으로 수목의 단풍은 적색과 황색계열로 구분하는데, 황색단풍이 아름다운 수종으로만 짝지어진 것은? [04년 2회, 05년 2회, 08년 5회, 10년 2회]

① 은행나무, 붉나무
② 백합나무, 고로쇠나무
③ 담쟁이덩굴, 감나무
④ 검양옻나무, 매자나무

해설 ② 노란색 단풍이 드는 수종은 갈참나무, 고로쇠, 낙우송, 느티나무, 메타, 백합, 은행, 일본잎갈, 칠엽수 등이다.

56 다음 중 붉은색(홍색)의 단풍이 드는 수목들로 구성된 것은? [04년 1회, 05년 1회, 06년 1, 2회, 08년 2회, 09년 1회, 12년 1회]

① 낙우송, 느티나무, 백합나무
② 칠엽수, 참느릅나무, 졸참나무
③ 감나무, 화살나무, 붉나무
④ 잎갈나무, 메타세쿼이아, 은행나무

해설
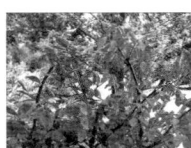
▲ 화살나무

단 풍
• 붉은색(안토시안 색소) : 감나무, 옻나무, 단풍나무류, 담쟁이덩굴, 붉나무, 화살나무, 산딸나무, 산벚나무 등
• 노랑색(카로티노이드, 플라본계의 색소) : 갈참나무, 고로쇠, 낙우송, 느티나무, 메타, 백합, 은행, 일본잎갈, 칠엽수 등

57 화단에 알맞은 알뿌리 화초는? [02년 5회, 03년 1회, 04년 1회, 06년 5회, 08년 5회, 10년 5회, 11년 2회]

① 리아트리스   ② 수선화
③ 샐비어   ④ 데이지

해설 수선화는 가을에 심고, 이른 봄에 피는 꽃을 즐긴다.
구근 초화류(알뿌리 초화류)
• 봄심기 : 달리아, 칸나, 아마릴리스, 글라디올러스, 상사화, 투베로즈, 진저 등
• 가을심기 : 히아신스, 아네모네, 튤립, 수선화, 크로커스, 백합, 아이리스 등

58 가을에 씨뿌림해야 하는 1년 초화류로 가장 적당한 것은? [05년 5회, 10년 4회]

① 팬 지
② 매리골드
③ 샐비어
④ 채송화

해설

▲ 팬 지

1년생 초화류
- 봄에 파종하는 1년초 : 봄에 씨를 뿌리고 여름~가을에 걸쳐 꽃피는 초화로 맨드라미, 매리골드, 피튜니아, 금잔화 등
- 가을에 파종하는 1년초 : 가을에 파종하고 월동시키면 이듬해 봄~여름에 걸쳐 꽃피는 초화로 팬지, 스위트피 등

59 다음 중 다년생 초화류는? [02년 2회, 10년 2회]

① 국 화
② 맨드라미
③ 나팔꽃
④ 코스모스

해설 다년생 초화류 : 국화, 베고니아, 부용, 꽃창포, 도라지꽃, 넝쿨장미, 튤립, 초롱꽃, 수선화, 아네모네, 제라늄, 히아신스 등

60 상록성 지피용으로 사용할 수 있는 초본 식물은? [02년 1회, 03년 1회, 2회, 04년 2회, 09년 5회]

① 잔 디
② 누운향
③ 클로버
④ 맥문동

해설 맥문동은 여름에는 연보라 꽃과 초록의 잎을, 가을에는 검은 열매를 감상하기 위한 백합과 지피식물로 뿌리가 보리(麥)와 닮았고 겨울에도 얼어죽지 않는다고 하여 '맥문동(麥門冬)'이란 이름이 붙었다.

61 다음 중 열매를 감상하기 위하여 식재하는 수종이 아닌 것은? [06년 1회, 07년 2회]

① 피라칸타
② 석류나무
③ 조팝나무
④ 팥배나무

해설 열매를 주로 감상하는 수종 : 피라칸타, 모과, 홍자단, 낙상홍, 자금우, 산사나무, 애기사과, 배나무, 팥배나무, 감나무, 석류나무, 포도나무 등

정답 58 ① 59 ① 60 ④ 61 ③

62 다음 조경수 중 '주목'에 관한 설명으로 틀린 것은? [06년 2회, 08년 5회, 10년 4회]

① 9~10월 붉은 색의 열매가 열린다.
② 수피가 적갈색으로 관상가치가 높다.
③ 맹아력이 강하며, 음수이나 양지에서 생육이 가능하다.
④ 생장속도가 매우 빠르다.

해설 주목은 생장속도가 매우 느려 10년 동안 1m 남짓 자란다. 또 형상수로 많이 이용되고, 내음성이 강하며, 비옥지에서 잘 자란다.

63 다음 중 수종의 특징상 관상 부위가 주로 줄기인 것은? [03년 2회, 11년 2회]

① 자작나무
② 자귀나무
③ 수양버들
④ 위성류

해설
① 자작나무는 눈처럼 하얀 껍질과 시원스럽게 뻗은 키가 인상적이며 서양에서는 '숲속의 여왕'으로 부를 만큼 아름다운 나무이다.
수피를 관상하는 나무 : 백송, 자작나무, 배롱나무, 곰솔, 독일가문비, 벽오동, 소나무, 모과나무 등

▲ 자작나무 수피

64 정원에 흰색의 줄기를 가진 나무를 심으려 한다. 어느 나무를 심어야 하는가? [02년 5회, 05년 5회, 12년 4회]

① 벽오동
② 죽도화
③ 잣나무
④ 자작나무

해설 흰색 계통의 줄기를 갖는 나무 : 자작나무, 백송, 버즘나무(플라타너스)

65 흰말채나무의 특징을 설명한 것으로 틀린 것은? [08년 2회, 09년 4회, 11년 1회, 12년 4회]

① 노란색의 열매가 특징적이다.
② 층층나무과로 낙엽활엽관목이다.
③ 수피가 여름에는 녹색이나 가을, 겨울철의 붉은 줄기가 아름답다.
④ 잎은 대생하며 타원형 또는 난상타원형이고, 표면에 작은 털이 있으며 뒷면은 흰색의 특징을 갖는다.

해설 ① 열매가 하얗게 익어서 흰말채나무라고 한다. 특히 겨울철에 줄기의 붉은색을 감상하기 위한 수종이다.

정답 62 ④ 63 ① 64 ④ 65 ①

66 목재의 강도에 대한 설명으로 옳은 것은?(단, 가력방향은 섬유에 평행하다) [03년 1회, 10년 5회]

① 압축강도가 인장강도보다 크다.
② 인장강도가 압축강도보다 크다.
③ 인장강도와 압축강도가 동일하다.
④ 휨강도와 전단강도가 동일하다.

해설 목재의 강도순서 : 인장강도 > 휨강도 > 압축강도 > 전단강도

67 목재의 구조에는 춘재와 추재가 있는데 추재를 바르게 설명한 것은? [03년 2회, 09년 1회]

① 세포는 막이 얇고 크다.
② 빛깔이 옅고 재질이 연하다.
③ 빛깔이 짙고 재질이 치밀하다.
④ 춘재보다 자람의 폭이 넓다.

해설 춘재와 추재

춘재(春材)	추재(秋材)
• 봄~여름에 자란 부분으로 성장속도가 빠르다. • 세포의 막이 얇고 크기가 크다. • 빛깔이 옅고 재질이 연하다. • 유연한 목질부이다.	• 가을~겨울에 자란 부분으로 성장속도가 느리다. • 세포의 막이 두껍고 크기가 작다. • 빛깔이 짙고 재질이 치밀하다. • 단단한 곡질부이다.

※ 춘재와 추재의 두 부분을 합친 것을 나이테라 한다.

68 목재의 성질을 설명한 것이다. 틀린 것은? [02년 2, 5회, 09년 1회]

① 함수율이 낮을수록 강도가 높아진다.
② 비중이 높을수록 강도가 높다.
③ 열전도율은 콘크리트, 석재 등에 비하여 높다.
④ 연소가 쉽고, 해충의 피해가 높다.

해설 목재의 열전도율은 콘크리트, 석재 등에 비하여 낮다.

정답 66 ② 67 ③ 68 ③

69 일반적인 목재의 특성 중 장점으로 옳은 것은?

[03년 2회, 04년 2회, 05년 5회, 08년 5회, 09년 2, 4회, 10년 1회, 11년 2회, 12년 5회]

① 충격, 진동에 대한 저항성이 작다.
② 열전도율이 낮다.
③ 충격의 흡수성이 크고, 건조에 의한 변형이 크다.
④ 가연성이며, 인화점이 낮다.

해설 목재의 장점
- 가볍고, 가공이 쉬우며, 감촉이 좋다.
- 비중에 비하여 강도가 크다.
- 열전도율과 열팽창률이 낮다.
- 종류가 많고, 각각 외관이 다르며, 우아하다.
- 산성 약품 및 염분에 강하다.
- 색깔 및 무늬 등 외관이 아름답다.
- 재질이 부드럽고 촉감이 좋다.

70 일반적으로 제재된 목재의 기건상태는 함수율이 몇 %일 때인가? [05년 1회, 09년 5회, 12년 2회]

① 약 5%   ② 약 15%
③ 약 30%   ④ 약 50%

해설 대기 중에서의 목재의 평균 함수율은 약 15%이다.

71 목재를 건조하는 목적에 관한 설명으로 가장 거리가 먼 것은? [08년 1회, 10년 4회]

① 변색, 부패를 방지하기 위하여
② 탄성과 강도를 낮추기 위하여
③ 가공하기 쉽게 하기 위하여
④ 접착이나 칠이 잘 되게 하기 위하여

해설 목재의 건조 목적 및 효과
- 균에 의한 부식과 충해를 방지
- 변형, 수축 및 균열 방지
- 강도 및 내구성의 향상
- 중량경감과 그로 인한 취급 및 운반비의 절감
- 도장 및 약재처리를 용이하게 함
- 탄성·강도 높임 및 가공·접착·칠이 잘 됨
- 단열과 전기절연효과가 높아짐

69 ② 70 ② 71 ② **정답**

72 다음 중 목재의 건조에 관한 설명으로 틀린 것은? [06년 1회, 08년 2회]

① 건조기간은 자연건조 시는 인공건조에 비해 길고, 수종에 따라 차이가 있다.
② 인공건조 방법에는 증기건조, 공기가열건조, 고주파건조법 등이 있다.
③ 자연건조 시 두께 3cm의 침엽수는 약 2~6개월 정도 걸리고 활엽수는 그보다 짧게 걸린다.
④ 목재의 두꺼운 판을 급속히 건조할 경우에는 고주파건조법이 효과적이다.

해설 자연건조 시 두께 3cm의 침엽수는 약 1~3개월 이상, 활엽수에서는 약 그의 2배 정도가 필요하나 건조에 필요한 시간은 두께, 지름이 클수록 위의 값 이상으로 길게 할 필요가 있다.

73 목재의 두께가 7.5cm 미만에 폭이 두께의 4배 이상인 제재목은? [05년 5회, 09년 2회]

① 판 재
② 각 재
③ 원 목
④ 합 판

해설 목재의 분류기준(제재목)

재종구분			
판재류 (두께가 7.5cm 미만이고, 폭이 두께의 4배 이상)	후판재	두께가 3cm 이상	
	판 재	두께가 3cm 미만으로 폭이 12cm 이상	
	소폭판재	두께가 3cm 미만으로 폭이 12cm 미만	
각재류 (두께가 7.5cm 미만이고 폭이 두께의 4배 미만인 것 또는 두께·폭이 7.5cm 이상)	각재 (두께 및 폭이 7.5cm 이상)	정각재(횡단면이 정방형)	
		평각재(횡단면이 장방형)	
	소각재(두께가 7.5cm 미만이고 폭이 두께의 4배 미만)	정소각재(횡단면이 정방형)	
		평소각재(횡단면이 장방형)	

74 합판의 특징이 아닌 것은? [02년 1회, 04년 5회, 09년 5회]

① 수축·팽창의 변형이 적다.
② 균일한 크기로 제작 가능하다.
③ 균일한 강도를 얻을 수 있다.
④ 내화성을 높일 수 있다.

해설 합판은 구조적인 특징 때문에 습도의 변화에 안정되며, 수축이나 팽창에 대한 저항성도 다른 판상 재료에 비하여 크다.

알아두기

합판의 장점
- 원목 판재에 비하여 강도가 크고, 재질이 균일하여 방향에 따른 강도의 차가 적다.
- 단판을 직교시켜 붙인 것이므로 잘 갈라지지 않으며, 팽창·수축을 방지할 수 있다.
- 아름다운 무늬를 가진 단판을 합판의 양표면에 붙이면 무늬가 좋은 판을 얻을 수 있다.
- 너비가 큰 판면을 얻을 수 있으며, 곡면으로 가공하기 쉽다.
- 목재의 흠을 제거할 수 있어 좋은 재료를 얻을 수 있다.

정답 72 ③ 73 ① 74 ④

75 목재의 방부제로 쓰이는 CCA 방부제는 어떤 성분을 주로 배합하여 만든 것인가?

[03년 5회, 05년 1, 2회, 06년 2회, 07년 2회]

① 크롬, 칼슘, 비소
② 구리, 비소, 크롬
③ 칼륨, 구리, 크롬
④ 칼슘, 칼륨, 구리

해설 방부제 이름인 CCA는 크롬(Chrome)과 구리(Copper), 비소(Arsenic)의 머리글자를 딴 것이다.

76 석질 재료의 장점이 아닌 것은? [05년 5회, 11년 1회]

① 외관이 매우 아름답다.
② 내구성과 강도가 크다.
③ 가격이 저렴하고 시공이 용이하다.
④ 변형되지 않으며 가공성이 있다.

해설 석질 재료의 장단점
• 장점 : 외관이 매우 아름답다, 내구성과 강도가 크다, 가공성이 있으며, 변형되지 않는다.
• 단점 : 무거워서 다루기 불편하다, 가공하기가 어렵다, 가격이 비싸다.

77 돌을 뜰 때 앞면, 길이, 뒷면, 접촉부 등의 치수를 지정해서 깨낸 돌로 앞면은 정사각형이며, 흙막이용으로 사용되는 재료는?

[05년 1회, 06년 2회, 08년 5회, 09년 5회, 10년 1회, 13년 4회]

① 각 석   ② 판 석
③ 마름석   ④ 견치석

해설 견치석 : 형상은 절두각추체에 가깝고, 전면은 거의 평면을 이루며 대략 정사각형으로서 뒷길이 접촉면의 폭, 뒷면 등이 규격화된 돌로서 4방락 또는 2방락의 것이 있다. 접촉면의 폭은 전면 1변의 길이의 1/10 이상이라야 하고, 접촉면의 길이는 1변의 평균 길이의 1/2 이상이다.

78 석회암이 변화되어 결정화한 것으로 석질이 치밀하고 견고할 뿐 아니라 외관이 미려하여 실내장식재 또는 조각재로 사용되는 것은?

[02년 1회, 11년 2회]

① 응회암   ② 사문암
③ 대리석   ④ 점판암

해설 ① 응회암은 화산재가 쌓여 생성된 암석이다.
② 사문암은 감람석이 변질된 것이다.
④ 점판암은 셰일이 변성되어 생성된 암석이다.

정답 75 ② 76 ③ 77 ④ 78 ③

79 퇴적암의 종류에 속하지 않는 것은? [02년 2회, 07년 2회, 10년 1회, 14년 2회]

① 안산암   ② 응회암
③ 역 암   ④ 사 암

해설 암석의 분류
- 화성암 : 화강암, 안산암, 현무암, 섬록암
- 퇴적암 : 응회암, 사암, 점판암, 혈암, 석회암, 역암
- 변성암 : 편마암, 대리석, 사문암, 결절편암

80 다음 중 변성암(變成岩) 계통의 석재(石材)인 것은? [08년 2회, 09년 4회]

① 대리석   ② 화강암
③ 화산암   ④ 이판암

해설 변성암 : 편마암, 대리석, 사문암, 결절편암

81 다음 중 화성암이 아닌 것은? [05년 1회, 08년 5회]

① 대리석   ② 화강암
③ 안산암   ④ 섬록암

해설 화성암 : 화강암, 안산암, 현무암, 섬록암

82 화성암의 일종으로 돌 색깔은 흰색 또는 담회색으로 내구성이 있어 단단하고 주로 경관석, 바닥포장용, 석탑, 석등, 묘석 등에 사용되는 것은? [02년 5회, 03년 1회, 05년 2회, 10년 2회]

① 석회암   ② 점판암
③ 응회암   ④ 화강암

해설 화강암은 석질이 치밀하고 경질이어서 내구성이 좋으므로 조경공사 시 가장 보편적으로 많이 사용하는 석재이다.

정답 79 ① 80 ① 81 ① 82 ④

83 조경용으로 사용되는 다음 석재 중 압축강도가 가장 큰 것은? [04년 2회, 08년 2회]

① 화강암
② 응회암
③ 안산암
④ 사문암

해설 압축강도 : 화강암 > 안산암 > 사문암 > 응회암

84 석재의 비중에 대한 설명으로 틀린 것은? [03년 5회, 07년 2회]

① 비중이 클수록 조직이 치밀하다.
② 비중이 클수록 흡수율이 크다.
③ 비중이 클수록 압축 강도가 크다.
④ 석재의 비중은 2.0~2.7이다.

해설 비중이 클수록 석질의 조직이 치밀하므로 흡수율이 작고 압축강도가 크다. 석재의 강도는 휨강도나 인장강도보다는 주로 압축강도를 위주로 이용된다.

85 석재 가공 순서별로 바르게 나열한 것은? [03년 2회, 07년 1회]

① 혹두기, 정다듬, 도드락다듬, 잔다듬
② 정다듬, 혹두기, 잔다듬, 도드락다듬
③ 혹두기, 도드락다듬, 정다듬, 잔다듬
④ 정다듬, 잔다듬, 혹두기, 도드락다듬

해설 석재 가공 순서
혹두기 → 정다듬 → 도드락다듬 → 잔다듬(가장 미세, 마지막 단계) → 물갈기

86 다음 석재의 가공방법 중 표면을 가장 매끈하게 가공할 수 있는 방법은? [05년 5회, 06년 1회, 11년 1회, 13년 2회]

① 혹두기
② 정다듬
③ 잔다듬
④ 도드락다듬

해설 석재의 가공방법
• 혹두기 : 표면의 큰 돌출부분만 떼어 내는 정도의 다듬기
• 정다듬 : 정으로 비교적 고르고 곱게 다듬는 정도의 다듬기
• 잔다듬 : 도드락다듬면을 일정 방향이나 평행선으로 나란히 찍어 다듬어 평탄하게 마무리하는 다듬기
• 도드락다듬 : 정다듬한 표면을 도드락 망치를 이용하여 1~3회 정도로 곱게 다듬는 작업

83 ① 84 ② 85 ① 86 ③

87 석재를 조성하고 있는 광물의 조직에 따라 생기는 눈의 모양을 말하며, 돌결이라는 의미로 사용되기도 하고, 조암광물 중에서 가장 많이 함유된 광물의 결정벽면과 일치함으로 화강암에서는 장석의 분리면에 해당하는 것은? [09년 1, 4회]

① 층 리 ② 편 리
③ 석 목 ④ 석 리

해설 **석재의 특징**
- 절리 : 암석 특유의 천연적으로 갈라진 금을 말하며 규칙적인 것과 불규칙인 것이 있다.
- 층리 : 퇴적암 및 변성암에 나타나는 평행의 절리를 특히 층리라 한다.
- 석리 : 암석을 구성하고 있는 조암광물의 집합상태에 따라 생기는 눈 모양으로 암석조직상의 갈라진 금이다.
- 편리 : 변성암에 생기는 절리로서 그 방향이 불규칙하고 엽편상의 암석이 얇은 판자 또는 편도 모양으로 갈라지는 성질이 있다.
- 석목 : 암석의 가장 쪼개지기 쉬운 면을 말하는데 절리보다 불분명하지만 절리와 비슷하며 방향이 대체로 일치되어 있다.

88 다음 조경소재 중 판석의 쓰임새로 가장 적합한 것은? [04년 2회, 06년 5회]

① 주춧돌
② 콘크리트의 골재
③ 원로 포장
④ 석 축

해설 판석 : 두께 15cm 미만이며, 폭이 두께의 3배 이상인 판 모양의 석재를 말한다. 주로 디딤돌, 원로 포장용, 계단 설치용 등으로 사용한다.

89 지름이 2~3cm 되는 것으로 콘크리트의 골재, 작은 면적의 포장용, 미장용으로 사용되는 것은? [04년 2회, 06년 5회, 09년 5회]

① 왕모래 ② 자 갈
③ 호박돌 ④ 산 석

해설 **골재(입자의 크기에 따라)**
- 모래 : 지름 3~9mm 정도의 것을 석가산 밑에 깔아 냇물을 상징시키는 데 쓰기도 하고, 원로에 깔기도 한다.
- 자갈 : 지름 2~3cm 정도의 것으로 콘크리트의 골재, 석축의 메움 돌 등으로 쓰인다.

정답 87 ④ 88 ③ 89 ②

90 석가산을 만들고자 한다. 적당한 돌은? [04년 1, 5회, 10년 4회]

① 잡 석
② 산 석
③ 호박돌
④ 자 갈

해설 ② 산석, 하천석, 괴석 : 50~100cm 정도의 돌로 주로 경관석, 석가산용으로 사용된다.
① 잡석 : 지름 20~30cm의 돌로 큰 돌을 깨어 만드는 일이 많다. 주로 기초용 또는 뒤채움용으로 많이 사용한다.
③ 호박돌 : 지름 8cm 이상의 둥근 자연석으로 수로의 사면보호, 연못바닥, 원로의 포장 때로는 기초용으로 사용된다.
④ 자갈 : 지름 2~3cm의 것으로 콘크리트의 골재, 석축의 메움돌 등으로 사용된다.

Advice
산석은 산지나 땅속에서 산출한 돌로 일명 '산돌'이라고도 한다.

91 자연석 공사 시 돌과 돌 사이에 붙여 심는 것으로 적합하지 않은 것은? [04년 1회, 07년 1회]

① 회양목
② 철 쭉
③ 맥문동
④ 향나무

해설 돌틈식재 식물로 소관목류, 야생초, 화훼류(꽃피는 초본류) 등을 식재하면 돌틈이 메워지며 토사유출도 막고 석정의 느낌을 부드럽게 완화시켜준다.

92 흡수성과 투수성이 거의 없으므로 배수관, 상·하수도관, 전선 및 케이블관 등에 쓰이는 점토 제품은? [05년 5회, 10년 2회]

① 벽 돌
② 도 관
③ 플라스틱
④ 타 일

해설 도관은 점토 또는 내화점토를 주 원료로 하여 내외면에 유약을 칠하여 구운 것으로 흡수성과 투수성이 거의 없다.

93 다음 중 점토 제품이 아닌 것은? [06년 2회, 09년 5회]

① 타 일
② 기 와
③ 도 관
④ 벽 토

해설 점토 제품 : 벽돌, 도관, 타일, 도자기, 기와 등 종류가 다양하다.
점토재료의 특성
• 점토는 여러 가지 암석이 풍화되어 분해된 물질로 생성된 것이다.
• 점토는 가소성이어서 물로 반죽하면 임의의 모양을 만들 수 있다.
• 건조시키면 굳어지고 불에 구우면 더욱 경화되는 성질이 있다.
• 점토 제품에는 벽돌, 도관, 타일, 도자기, 기와 등이 있다.

정답 90 ② 91 ④ 92 ② 93 ④

94 점토 제품 중 돌을 빻아 빚은 것을 1,300℃ 정도의 온도로 구웠기 때문에 거의 물을 빨아들이지 않으며, 마찰이나 충격에 견디는 힘이 강한 것은? [04년 1회, 05년 5회]
① 벽돌 제품
② 토관 제품
③ 타일 제품
④ 도자기 제품

해설 ② 토관 제품 : 논밭의 하층토와 같은 저급 점토를 원료로 모양을 만든 후 유약을 처리하지 않고 그대로 구운 제품
③ 타일 제품 : 양질의 점토에 장석, 규석, 석회석 등의 가루를 바합하여 성형한 후 유약을 입혀 건조시킨 다음 1,100~1,400℃ 정도로 소성한 제품

95 다음 흙의 성질 중 점토와 사질토의 비교 설명으로 틀린 것은? [10년 5회, 11년 1회]
① 투수계수는 사질토가 점토보다 크다.
② 압밀속도는 사질토가 점토보다 빠르다.
③ 내부마찰각은 점토가 사질토보다 크다.
④ 동결피해는 점토가 사질토보다 크다.

해설 ③ 내부마찰각은 점토층보다 사질층 면이 크다. 또 점토질은 사질층 지반에 비해서 침하시간이 길 뿐 아니라 침하량도 크다.

96 우리나라에서 사용하고 있는 표준형 벽돌규격은? [02년 2회, 03년 1, 2회, 06년 2회, 09년 1회, 11년 1회]
① 200mm×100mm×50mm
② 150mm×100mm×50mm
③ 210mm×90mm×50mm
④ 190mm×90mm×57mm

해설 벽돌의 규격(단위 : mm)

벽 돌	길 이	마구리	높 이
기존형	210	100	60
표준형	190	90	57
내화 벽돌	230	14	65

정답 94 ④ 95 ③ 96 ④

97 벽돌쌓기에서 방수를 겸한 치장줄눈용으로 쓰이는 시멘트와 모래의 배합 비율은?

[02년 5회, 10년 1회]

① 1 : 1
② 1 : 2
③ 1 : 3
④ 1 : 4

해설 시멘트와 모래의 배합
- 1 : 1 배합 : 치장줄눈, 방수에 사용
- 1 : 2 배합 : 중요한 미장용 마감
- 1 : 3 배합 : 주로 가장 많이 사용되는 미장용 마감바르기 배합, 조적조의 쌓기용 모르타르의 배합

98 시멘트 중 간단한 구조물에 가장 많이 사용되는 것은?

[03년 1, 5회, 08년 1, 2회, 12년 1회]

① 보통 포틀랜드 시멘트
② 중용열 포틀랜드 시멘트
③ 조강 포틀랜드 시멘트
④ 고로 시멘트

해설 보통 포틀랜드 시멘트 : 주성분은 실리카(SiO_2), 알루미나(Al_2O_3), 석회(CaO)로 구성되며 건축구조물, 콘크리트 제품 등 여러 방면에 이용되고 있다. 우리나라에서 생산하는 시멘트의 90%는 보통 포틀랜드 시멘트이며, 가격이 저렴하여 일반적으로 가장 널리 사용된다.

99 시멘트 공장에서 포틀랜드 시멘트를 제조할 때 석고를 첨가하는 주요 이유는?

[10년 2회, 11년 2회]

① 시멘트의 강도 및 내구성 증진을 위하여
② 시멘트의 장기강도 발현성을 높이기 위하여
③ 시멘트의 급격한 응결을 조정하기 위하여
④ 시멘트의 건조수축을 작게 하기 위하여

해설 포틀랜드 시멘트에 석고가 존재하지 않으면 칼슘알루미네이트상과 물의 빠른 반응으로 급결을 일으키므로 적당량의 석고를 가하여 물과의 반응을 조절한다.

100 다음과 같은 특징을 갖는 시멘트는?
[10년 2회, 11년 1회]

- 조기강도가 크다(재령 1일에 보통 포틀랜드 시멘트의 재령 28일 강도와 비슷함).
- 산, 염류, 해수 등의 화학적 작용에 대한 저항성이 크다.
- 내화성이 우수하다.
- 한중콘크리트에 적합하다.

① 알루미나 시멘트　　　② 실리카 시멘트
③ 포졸란 시멘트　　　　④ 플라이애시 시멘트

해설
① 알루미나 시멘트 : 조기(早期)강도가 큰 시멘트로 24시간에 보통시멘트 28일 강도를 발휘, 동절기 공사에 적당하다.
② 실리카 시멘트 : 동결이나 융해작용에 대한 저항성이 적으나 화학적 저항성은 커서 해수나 광산 및 공장폐수, 하수 등에 대한 저항성이 크므로 특수목적에 사용된다.
③ 포졸란 시멘트 : 토목, 건축공사의 구조용 시멘트 또는 도장모르타르용 등으로 사용된다.
④ 플라이애시 시멘트 : 플라이애시란 화력발전소 등에서 미분탄을 연소했을 때 생기는 폐가스 속에 포함되어 있는 탄의 미립자를 집진기에 의하여 포집한 것으로서 포틀랜드 시멘트 크링커와 함께 분쇄하여 혼합한 것을 플라이애시 시멘트라 한다.

101 겨울철 또는 수중공사 등 빠른 시일에 마무리해야 할 공사에 사용하기 편리한 시멘트는?
[02년 1회, 04년 2회]

① 보통 포틀랜드 시멘트　　　② 중용열 프틀랜드 시멘트
③ 조강 포틀랜드 시멘트　　　④ 슬래그 시멘트

해설 조강 포틀랜드 시멘트
보통 포틀랜드 시멘트 원료와 거의 같으나 급경성(急硬性)을 갖게 한 고급 시멘트로서 단기에 높은 강도를 내고, 수밀성이 좋으며 저온에서도 강도발현이 좋으므로 겨울철, 수중, 바닷속 공사 등에 적합하다. 수화열의 축적으로 콘크리트에 균열이 생기기 쉬운 것이 단점이다.

102 용광로에서 나오는 광석 찌꺼기를 석고와 함께 시멘트에 섞은 것으로서 하수도 공사에 쓰이는 것은?
[04년 1회, 07년 2회]

① 실리카 시멘트　　　　　② 고로 시멘트
③ 중용열 포틀랜드 시멘트　④ 조강 포틀랜드 시멘트

해설 고로 시멘트
- 보통 포틀랜드 시멘트에 비하여 분말도가 높고 응결 및 강도 발생이 약간 느리지만 화학적 저항성이 크고 발열량이 적으므로 바닷물, 기름의 작용을 받은 구조물이나 공장폐수, 오수로의 구축 등에 쓰인다.
- 용광로에서 선철을 제조할 때 나온 광석 찌꺼기를 석고와 함께 시멘트에 섞은 것으로서 수화열이 낮고, 내구성이 높으며, 화학적 저항성이 큰 한편, 투수가 적은 특징을 가졌다.

정답 100 ① 101 ③ 102 ②

103 시멘트의 풍화를 방지하기 위해 가설창고에 저장 시 고려해야 할 사항 중 틀린 것은?

[06년 2회, 07년 1회]

① 출입구 채광창 이외의 환기창은 두지 않는다.
② 창고의 바닥높이는 지면에서 30cm 이상 떨어진 위치에 쌓는다.
③ 15포 이상 포개서 쌓지 않는다.
④ 3개월 이상 저장한 시멘트나 습기를 받았다고 판단되는 시멘트는 사용 전에 시험을 한다.

해설 시멘트 쌓기의 높이는 13포(1.5m) 이내로 한다.

104 시멘트의 저장법으로 가장 옳은 것은?

[04년 1회, 07년 2회]

① 방습 창고에 통풍이 잘 되도록 한다.
② 땅바닥에서 10cm 이상 떨어진 마루에서 쌓는다.
③ 13포대 이상 쌓지 않는다.
④ 5개월 이상 저장하지 않는다.

해설 시멘트 창고(가설)의 기준과 보관방법
- 창고의 바닥높이는 지면에서 30cm 이상으로 한다.
- 지붕은 비가 새지 않는 구조로 하고, 벽이나 천장은 기밀하게 한다.
- 창고주위는 배수도랑을 두고 우수의 침입을 방지한다.
- 출입구 채광창 이외의 환기창은 두지 않는다.
- 반입구와 반출구를 따로 두어 먼저 쌓는 것부터 사용하도록 한다.
- 시멘트 쌓기의 높이는 13포(1.5m) 이내로 한다. 장기간 쌓아두는 것은 7포 이내로 한다.
- 저장 중에 약간이라도 굳은 시멘트는 공사에 사용하지 않아야 한다. 3개월 이상 장기간 저장한 시멘트는 사용하기에 앞서 재시험을 실시하여 그 품질을 확인하여야 한다.
- 시멘트의 온도가 너무 높을 때는 그 온도를 낮추어서 사용하여야 한다. 일반적으로 50℃ 정도 이하의 온도를 갖는 시멘트를 사용하는 것이 좋다.

105 다음 중 콘크리트의 장점이 아닌 것은?

[05년 5회, 06년 2회, 08년 2회]

① 재료의 획득 및 운반이 용이하다.
② 인장강도와 휨강도가 크다.
③ 압축강도가 크다.
④ 내구성, 내화성, 내수성이 크다.

해설 콘크리트의 장단점

장 점	• 모양을 임의로 만들 수 있으며 재료의 채취와 운반이 용이하다. • 유지관리비가 적게 든다. • 철근을 피복하여 녹을 방지하며 철근과의 부착력을 높인다.
단 점	• 균열이 생기기 쉽고 개조 및 파괴가 어렵다. • 무게가 무겁고 인장강도 및 휨강도가 작다. • 품질 및 시공관리가 어렵다.

106 콘크리트의 용적배합 시 1 : 2 : 4에서 2는 어느 재료의 배합비를 표시한 것인가?

[02년 5회, 06년 2회]

① 물
② 모 래
③ 자 갈
④ 시멘트

해설 용적 배합
• 콘크리트 1m³ 제작에 필요한 재료를 부피로 표시한다.
• 시멘트 : 모래 : 자갈의 비는 1 : 2 : 4, 1 : 3 : 6 등이 있다.

Advice
콘크리트는 시멘트·모래·자갈 또는 부순 돌 등을 골고루 섞은 것을 물로 개어 굳힌 인조석을 말한다.

107 콘크리트 공사 중 콘크리트 표면에 곰보가 생기거나 콘크리트 내부에 공극이 생기지 않도록 하는 방법은?

[04년 1회, 07년 2회]

① 콘크리트 다지기
② 콘크리트 비비기
③ 콘크리트 붓기
④ 콘크리트 양생

해설 다지기
콘크리트 중의 공기와 물은 빠져나가고 콘크리트가 철근 사이와 거푸집의 구석구석 고르게 채워지도록 하는 작업이다.

정답 105 ② 106 ② 107 ①

108 콘크리트의 측압은 콘크리트 타설 전에 검토해야 할 매우 중요한 시공요인이다. 다음 중 콘크리트 측압에 영향을 미치는 요인에 대한 설명으로 틀린 것은? [10년 2회, 11년 1회, 12년 1회]

① 콘크리트의 타설 높이가 높으면 측압은 커지게 된다.
② 콘크리트의 타설 속도가 빠르면 측압은 커지게 된다.
③ 콘크리트의 슬럼프가 커질수록 측압은 커지게 된다.
④ 콘크리트의 온도가 높을수록 측압은 커지게 된다.

해설 ④ 콘크리트의 온도가 높을수록, 경화속도가 빠를수록 측압은 적게 된다.

알아두기

거푸집에 미치는 콘크리트의 측압
• 콘크리트의 타설 속도가 빠르면 측압은 커지게 된다.
• 콘크리트의 슬럼프가 커질수록 측압은 커지게 된다.
• 콘크리트의 비중이 클수록 크다.
• 부배합(시멘트의 함유량이 많다)일수록 크다.
• 경화속도가 빠를수록 측압이 작아진다.
• 표면이 평활할수록 크다.
• 콘크리트의 온도가 높을수록 측압은 작아진다.
• 투수성이 클수록 작다.
• 단면이 클수록 크다.
• 붓기 속도가 빠를수록 측압이 크다.
• 거푸집의 강성이 클수록 크다.
• 철근량이 많을수록 작다.
• 콘크리트의 타설 높이가 높으면 측압은 커지게 된다.
• 시공연도가 좋을수록 측압은 크다.
• 수평부재가 수직부재보다 측압이 작다.
• 진동다짐이 많을수록 크다.

109 콘크리트 타설 시 시공성을 측정하는 가장 일반적인 것은? [04년 5회, 09년 4회]

① 슬럼프시험   ② 압축강도시험
③ 휨강도시험   ④ 인장강도시험

해설 슬럼프시험(Slump Test)은 굳지 않은 콘크리트의 반죽질기를 시험하는 방법으로 콘크리트 타설 시 시공성을 측정하는 방법이다.

110 콘크리트 공사 시의 슬럼프시험은 무엇을 측정하기 위한 것인가? [02년 5회, 09년 4회]

① 반죽질기   ② 피니셔빌리티
③ 성형성   ④ 블리딩

해설 워커빌리티 측정방법 : 슬럼프시험, 다짐계수시험, 구관입시험, 흐름시험, 리몰딩시험, 비비시험 등

111 추운 지방에서나 엄동기에 콘크리트 작업을 할 때 시멘트에 무엇을 섞으면 굳어지는 속도가 촉진되는가?

[03년 1회, 04년 5회, 06년 1회]

① 염화칼슘
② 페 놀
③ 물
④ 석회석

해설 급결제(응결강화촉진제) : 시멘트의 응고를 빨리 하기 위하여 시멘트에 첨가하는 약제. 물속 공사, 겨울철 공사 시 염화칼슘(시멘트 중량의 1% 첨가), 기타의 염화물을 조합해서 만든다.

112 콘크리트의 양생을 돕기 위하여 추운 지방이나 겨울에 시멘트에 섞는 재료는 어느 것인가?

[02년 2회, 04년 2회]

① 염화칼슘
② 생석회
③ 요 소
④ 암모니아

해설 콘크리트 경화촉진제(硬化促進劑)의 주성분은 염화칼슘($CaCl_2$, 시멘트 중량의 1%)이며, 그 외에 염화마그네슘, 규산나트륨(3% 정도), 식염 등이 해당된다.

113 콘크리트의 혼화재료 중 혼화재에 해당하는 것은?

[04년 1회, 10년 1회]

① AE제(공기 연행제)
② 분산제(감수제)
③ 응결촉진제
④ 슬래그

해설 혼화제와 혼화재
- 혼화제(混和劑)
  - 표면활성제(AE제, 감수제, AE감수제, 고성능 감수제, 고성능 AE감수제)
  - 응결경화조절제(촉진제, 지연제, 급결제, 초지연제)
  - 방수제
  - 방청제
  - 발포제, 기포제
  - 수중 불분리성 혼화제
  - 유동화제(流動化劑)
  - 방동제
- 혼화재(混和材) : 포졸란, 고로슬래그, 플라이애시, 팽창재, 착색재(着色材)

정답 111 ① 112 ① 113 ④

114 운반 거리가 먼 레미콘이나 무더운 여름철 콘크리트의 시공에 사용하는 혼화제는 어느 것인가?

[05년 2회, 07년 2회, 10년 1회]

① 지연제
② 감수제
③ 방수제
④ 경화촉진제

해설 지연제
혼화제의 일종으로 시멘트의 응결시간을 늦추기 위하여 사용하는 재료이며, 지연형 감수제 및 무기질의 규불화물 등이 있다. 지연제를 사용하면 서중 콘크리트의 시공이나 레디믹스트 콘크리트의 장시간 운반이 용이하여 콜드조인트를 방지할 수 있다.

115 다음 중 콘크리트 제품은 어느 것인가?

[03년 1회, 04년 5회]

① 보도블록
② 타 일
③ 적벽돌
④ 오지토관

해설 콘크리트 제품 : 경계블록, 보도블록, 강력 압축 보도블록, 인조석 보도블록, 측구용 블록

116 해초풀 물이나 기타 전·접착제를 사용하는 미장재료는?

[06년 1회, 09년 2회]

① 벽 토
② 회반죽
③ 시멘트 모르타르
④ 아스팔트

해설 회반죽(Plaster) : 석고 또는 석회, 물, 모래 등의 성분으로 경화하는 성질을 응용하여 벽·천장 등을 도장하는 데 사용하는 풀 모양의 건축재

정답 114 ① 115 ① 116 ②

117 다음 금속재료의 특성 중 장점이 아닌 것은?
[02년 5회, 05년 2회, 06년 1회, 10년 4회]

① 다양한 형상의 제품을 만들 수 있고 대규모의 공업생산품을 공급할 수 있다.
② 각기 고유의 광택을 가지고 있다.
③ 재질이 균일하고, 불에 타지 않는 불연재이다.
④ 내산성과 내알칼리성이 크다.

해설 금속의 일반적인 특징
- 상온에서 고체이며, 일정한 결정구조를 지닌다. 수은은 상온에서 액체(녹는점 : -38.9℃)이다.
- 각각의 고유한 색깔 및 광택을 지닌다.
- 열과 전기를 잘 통한다.
- 연성 및 전성이 우수하다.
- 가열하면 역학적 성질이 저하되고 비중이 크다.
- 산, 알칼리에 큰 반응을 한다.

118 다음과 같은 특징을 가진 것은?
[03년 1회, 04년 5회, 08년 1회, 14년 2회]

- 성형, 가공이 용이하다.
- 가벼운 것에 비하여 강하다.
- 내화성이 없다.
- 온도의 변화에 약하다.

① 목질제품　　　　② 플라스틱제품
③ 금속제품　　　　④ 유리질제품

해설 플라스틱제품의 특성
- 가벼우며, 강도와 탄력성이 크다.
- 소성, 가공성이 좋아 복잡한 모양의 제품으로 성형이 가능하다.
- 내산성, 내알칼리성이 크고 녹슬지 않는다.
- 착색, 광택이 좋고, 접착력이 크다.
- 내화성, 내열성, 내후성, 내광성이 부족하다.
- 전기와 열의 절연성이 있다.

119 플라스틱제품의 일반적 특성으로 틀린 것은?
[04년 2회, 06년 5회, 09년 1회, 10년 1회]

① 내산성이 크다.
② 접착력이 작고 내열성이 크다.
③ 가벼우며, 경도와 탄력성이 크다.
④ 내알칼리성이 크다.

해설 ② 접착력이 크며 내열성이 작다.

정답 117 ④　118 ②　119 ②

120 일반적인 플라스틱제품에 대한 설명이다. 잘못된 것은? [03년 5회, 04년 5회]

① 가볍고 견고하다.
② 내화성이 크다.
③ 투광성, 접착성, 절연성이 있다.
④ 산과 알칼리에 견디는 힘이 크다.

해설 불에 타기 쉽고 내열성, 내후성, 내광성이 부족하다.

121 다음 [보기]가 설명하는 합성수지의 종류는? [09년 1회, 10년 4회, 12년 1회, 13년 4회]

┌보기─────────────────────────────┐
• 특히 내수성, 내열성이 우수하다.
• 내연성, 전기적 절연성이 있고 유리섬유판, 텍스, 피혁류 등 접착이 가능하다.
• 용도는 방수제, 도료, 접착제 등이다.
• 500℃ 이상 견디는 수지이다.
• 용도는 방수제, 도료, 접착제로 사용된다.
└─────────────────────────────┘

① 실리콘수지   ② 멜라민수지
③ 푸란수지   ④ 폴리에틸렌수지

해설
② 멜라민수지 : 경도가 크고 내수성이 약하다. 마감재, 가구재, 전기부품에 사용한다.
③ 푸란수지 : 내약품성, 접착성이 양호하다. 금속도료, 금속접착제로 쓰인다.
④ 폴리에틸렌수지 : 전기절연성·내열성·내약품성이 좋고 가압성형이 가능하다. 유리섬유를 보강재로 한 것은 대단히 강하다. 커튼 월, 창틀, 덕트, 파이프, 도료, 접착제, 욕조, 큰 성형품에 사용된다.

122 바탕재료의 부식을 방지하고 아름다움을 증대시키기 위한 목적으로 사용하는 도막형성 도료는? [06년 1회, 08년 5회]

① 바니시   ② 피 치
③ 벽 토   ④ 회반죽

해설 바니시(Varnish) : 수지류를 알코올이나 아마유, 기름 등의 용제에 녹인 연노란색의 도료로 흔히 니스라고 부른다. 목재·금속 등의 표면에 발라 건조시키면 투명하고 광택 있는 도막을 형성한다.

120 ② 121 ① 122 ① **정답**

123 다음 중 조경공사에 사용되는 섬유재에 관한 설명으로 틀린 것은? [03년 1회, 05년 2회, 08년 5회]

① 볏짚은 줄기를 감싸 해충의 잠복소를 만드는 데 쓰인다.
② 새끼줄은 뿌리분이 깨지지 않도록 감는 데 사용한다.
③ 밧줄은 마 섬유로 만든 섬유로프가 많이 쓰인다.
④ 새끼줄은 5타래를 1속이라 한다.

해설 ④ 새끼줄은 10타래를 1속이라 한다.

124 수목 이식 후에 수간보호용 자재로 부피가 가장 작고 운반이 용이하며 도시 미관 조성에 가장 적합한 재료는? [03년 1회, 05년 1회]

① 짚
② 새끼
③ 거적
④ 녹화마대

해설 녹화마대 : 나무에 붕대를 감은 듯한 마대로 수목 굴취 시 뿌리분을 감는 데 사용하며, 포트(Pot) 역할을 하여 잔뿌리 형성에 도움을 주는 환경친화적인 재료이다.

125 다음 중 인공폭포, 인공암 등을 만드는 데 사용되는 플라스틱제품은? [02년 5회, 08년 1회, 11년 1회, 12년 1회]

① ILP
② FRP
③ MDF
④ OSB

해설 FRP(Fiber Reinforced Plastic, 유리섬유 강화플라스틱)
인공폭포 및 인공바위의 소재로 많이 이용된다. 가볍고 녹슬지 않는다는 장점이 있으나, 가연성이라 실내설치가 불가능하고 질감 및 외형이 너무도 인공적이라는 단점이 있다.

126 벤치, 인공폭포, 인공암, 수목보호판 등으로 이용하기에 가장 적합한 것은? [06년 1회, 09년 5회]

① 경질염화비닐판
② 유리섬유 강화플라스틱
③ 폴리스티렌수지
④ 염화비닐수지

해설 인공폭포의 외장재료는 일반적으로 자연석, 유리섬유 강화플라스틱(FRP), 기와, 토관(土管), 인조목 등이 주로 사용되며, 물에 변색되지 않고 수압에 강한 재료로서 폭포가 설치될 장소의 주위경관과 조화될 수 있는 재료를 선택하여야 한다.

Advice
유리섬유 강화플라스틱은 플라스틱에 강화제인 유리섬유를 넣어 강도를 강화시킨 제품이다.

정답 123 ④ 124 ④ 125 ② 126 ②

127 폭포나 벽천 등의 마감재로 부적합한 것은? [03년 5회, 05년 2회]

① 자연석
② 화강암
③ 유리섬유 강화플라스틱
④ 목 재

해설 목재는 물을 다루는 장소에서 사용하기 부적합하다.

128 다음 중 조경시공의 특성이 아닌 것은? [03년 1회, 05년 2회]

① 생명력이 있는 식물재료를 많이 사용한다.
② 시설물은 미적이고 기능적이며 안전성과 편의성 등이 요구된다.
③ 조경수목은 정형화된 규격표시가 있기 때문에 모양이 다른 나무들은 현장 검수에서 문제의 소지가 있다.
④ 조경수목의 단가 적용은 정형화된 규격에 의해서 시행되고 있으며 수목의 조건에 따라 단가 및 품셈을 증감하여 사용하고 있다.

해설 ④ 조경수목의 단가 적용은 다양한 수종, 특수한 수종에 대한 일률적인 가격 책정이 곤란하므로 견적 가격에 의존하는 경우가 있다.

129 시공관리의 주요 계획목표라고 볼 수 없는 것은? [02년 5회, 10년 4회]

① 우수한 품질
② 공사기간의 단축
③ 우수한 시각미
④ 경제적 시공

해설 시공관리의 목표는 품질관리, 원가관리, 공정관리로 ①·②·④가 이에 해당한다. 시공계획에 따라 공사를 원활히 수행하도록 공사를 관리하는 모든 노력을 시공관리라 한다.

130 다음 중 시공관리 내용이 아닌 것은? [05년 1회, 07년 2회]

① 공정관리
② 품질관리
③ 원가관리
④ 하자관리

해설 시공관리의 기본은 공정관리, 품질관리, 원가관리 등 관리의 목표가 되는 업무를 충실히 수행하는 것이다.

127 ④ 128 ④ 129 ③ 130 ④

131 다음 중 조경공사의 일반적인 순서를 바르게 나타낸 것은? [03년 2회, 08년 2회]

① 부지지반조성 → 조경시설물설치 → 지하매설물설치 → 수목식재
② 부지지반조성 → 지하매설물설치 → 수목식재 → 즈경시설물설치
③ 부지지반조성 → 수목식재 → 지하매설물설치 → 조경시설물설치
④ 부지지반조성 → 지하매설물설치 → 조경시설물설치 → 수목식재

해설 조경공사 일반적인 순서
부지지반조성 → 지하매설물설치 → 조경시설물설치 → 수목식재

132 주택정원을 공사할 때 어느 공종을 가장 먼저 실시하여야 하는가? [04년 5회, 09년 4회]

① 돌쌓기
② 콘크리트 치기
③ 터닦기
④ 나무심기

해설 조경시공 과정
터닦기 → 급·배수 및 호안공 → 콘크리트공사 → 정원시설물 설치 → 식재공사

133 다음의 조경시공 공사 중 마지막으로 행하는 작업은? [04년 2회, 08년 1회]

① 식재공사
② 급·배수 및 호안공
③ 터닦기
④ 콘크리트공사

해설 조경공사 시공순서
가설공사 → 기초공사 → 목공공사 → 미장공사 → 식재공사

134 일반적으로 수목을 뿌리돌림할 때, 분의 크기는 근원지름의 몇 배 정도가 적당한가? [03년 1회, 10년 2회]

① 2배　　② 4배
③ 8배　　④ 12배

해설 일반적으로 뿌리분지름은 근원지름의 4배 정도를 기준으로 한다.

정답 131 ④　132 ③　133 ①　134 ②

135 수목의 이식 시 조개분으로 분뜨기했을 때 분의 깊이는 근원직경의 몇 배가 좋은가?

[03년 2회, 05년 2회, 09년 2회]

① 2배   ② 3배
③ 4배   ④ 6배

해설 뿌리분의 형태(근원지름의 4배인 경우)
- 접시분 : 분의 크기 = $4D$, 분의 깊이 = $2D$
- 보통분 : 분의 크기 = $4D$, 분의 깊이 = $3D$
- 조개분 : 분의 크기 = $4D$, 분의 깊이 = $4D$

136 뿌리분의 직경을 정할 때 그 계산식이 바른 것은?(단, A : 뿌리분의 직경, N : 근원직경, d : 상록수와 낙엽수의 상수)

[02년 1회, 06년 5회, 09년 5회]

① $A = 24 + (N-3) \times d$
② $A = 22 + (N+3) \times d$
③ $A = 26 + (N-3) \times d$
④ $A = 20 + (N+3) \times d$

해설 뿌리분의 직경 = $24 + (N-3) \times d$ (N : 줄기의 근원지름, d : 상수)

137 느티나무의 수고가 4m, 흉고지름이 6cm, 근원지름이 10cm인 뿌리분의 지름 크기(cm)는?(단, 상수는 상록수가 4, 낙엽수가 5이다)

[04년 1회, 08년 5회]

① 29   ② 39
③ 59   ④ 99

해설 뿌리분의 지름(A) = $24 + (N-3) \times d$
= $24 + (10-3) \times 5 = 59$

135 ③   136 ①   137 ③

138 수목을 굴취한 이후 옮겨심기 순서로 가장 적합한 것은?(단, 진행과정 중 일부 작업은 생략될 수 있음) [05년 1회, 09년 5회]

① 구덩이 파기 → 수목넣기 → 2/3 정도 흙 채우기 → 물 부어 막대기 다지기 → 나머지 흙 채우기
② 구덩이 파기 → 수목넣기 → 물 붓기 → 2/3 정도 흙 채우기 → 물 부어 막대기 다지기 → 나머지 흙 채우기
③ 구덩이 파기 → 2/3 정도 흙 채우기 → 수목넣기 → 물 부어 막대기 다지기 → 나머지 흙 채우기
④ 구덩이 파기 → 물 붓기 → 수목넣기 → 나머지 흙 채우기

[해설] 수목을 굴취한 이후에 옮겨심기 순서
구덩이 파기 → 수목넣기 → 2/3 정도 흙 채우기 → 물 부어 막대기 다지기 → 나머지 흙 채우기

139 침엽수류와 상록활엽수류의 가장 일반적인 이식 적기는? [03년 5회, 10년 5회]

① 이른 봄　　　　　　　　② 초여름
③ 늦은 여름　　　　　　　④ 겨울철 엄동기

[해설] 상록활엽수와 침엽수는 이른 봄, 낙엽활엽수는 가을이 이식시기로 좋다.

140 다음 중 모란의 이식 적기는? [04년 2회, 06년 5회]

① 2월 상순~3월 상순　　　② 3월 상순~4월 상순
③ 6월 상순~7월 중순　　　④ 9월 중순~10월 중순

[해설] 모란의 이식 적기는 9~10월이 좋고 봄철 이식은 생육과 개화에 좋지 않다.

141 소나무 이식 후 줄기에 새끼를 감고 진흙을 바르는 가장 주된 목적은? [03년 5회, 09년 1회]

① 건조로 말라 죽는 것을 막기 위하여
② 줄기가 햇빛에 타는 것을 막기 위하여
③ 추위에 얼어 죽는 것을 막기 위하여
④ 소나무 좀의 피해를 예방하기 위하여

[해설] 소나무 이식 후 줄기에 새끼를 감고 진흙을 바르는 가장 주된 목적은 소나무 좀의 피해를 방지하기 위함이다.

[정답] 138 ①　139 ①　140 ④　141 ④

142 이식한 나무가 활착이 잘 되도록 조치하는 방법 중 옳지 않은 것은? [04년 5회, 10년 1회]

① 현장조사를 충분히 하여 이식계획을 철저히 세운다.
② 나무의 식재방향과 깊이는 원래대로 한다.
③ 유기질, 무기질 거름을 충분히 넣고 식재한다.
④ 방풍막을 세우고 영양액을 살포해 준다.

해설 뿌리가 내린 후에 잘 숙성된 유기질 거름을 사용해야 한다.

143 큰 나무이거나 장거리에 운반할 나무를 운반 시 고려할 사항으로 바르지 못한 것은? [02년 5회, 08년 5회]

① 운반할 나무는 줄기에 새끼나 거적으로 감싸주어 운반 도중 물리적인 상처로부터 보호한다.
② 밖으로 넓게 퍼진 가지는 가지런히 여미어 새끼줄로 묶어 줌으로써 운반 도중의 손상을 막는다.
③ 장거리 운반이나 큰 나무인 경우에는 뿌리분을 거적으로 다시 감싸 주고 새끼줄 또는 고무줄로 묶어준다.
④ 나무를 싣는 방향은 반드시 뿌리분이 차의 뒤쪽으로 오게 하여 싣고, 내릴 때 편리하게 한다.

해설 수목의 지엽 부분은 뒤쪽으로 가도록 하고, 불필요한 가지는 제거하며 가마니로 수피를 보호, 수관부는 밧줄 등으로 묶어 운반 시 손상을 방지한다.

144 다음 중 수목의 식재 후 관리사항으로 필요 없는 것은? [03년 1회, 08년 1회]

① 전 정   ② 뿌리돌림
③ 가지치기   ④ 지주세우기

해설 뿌리돌림 작업의 목적 : 이식력이 약한 나무를 대상으로 굴취 전에 미리 잔뿌리를 발달시켜 이식력을 높이기 위한 것이다. 또 노목이나 쇠약목의 세력 회복을 위한 목적으로도 가능하다.

145 이식할 수목의 가식장소와 그 방법의 설명으로 틀린 것은? [02년 1회, 04년 2회, 08년 1회]

① 공사의 지장이 없는 곳에 감독관의 지시에 따라 가식장소를 정한다.
② 그늘지고 점토질 성분이 풍부한 토양을 선택한다.
③ 나무가 쓰러지지 않도록 세우고 뿌리분에 흙을 덮는다.
④ 필요한 경우 관수시설 및 수목 보양시설을 갖춘다.

해설 그늘지고 점토질 성분이 풍부한 토양은 배수가 잘되지 않아 뿌리의 부패를 유발할 수 있으며, 통기성이 부족해 수목의 생육에 부적합하다. 가식장소는 배수가 잘되고 통기성이 좋은 토양을 선택해야 하며, 햇빛이 적당히 드는 장소를 선택해야 한다.

146 비탈면 경사의 표시에서 1 : 2.5에서 2.5는 무엇을 뜻하는가? [03년 2회, 11년 2회]

① 수직고
② 수평거리
③ 경사면의 길이
④ 안식각

해설 비탈경사 = 수직 : 수평

147 다음 중 비탈면에 교목을 식재할 때 기울기는 어느 정도보다 완만하여야 하는가? [05년 5회, 08년 2, 5회, 12년 1회]

① 1 : 1 정도
② 1 : 1.5 정도
③ 1 : 2 정도
④ 1 : 3 정도

해설 비탈면에 교목을 식재하려면 1 : 3보다 완만해야 한다.

148 잔디에 관한 설명으로 틀린 것은? [03년 2회, 09년 4회]

① 잔디는 생육온도에 따라 난지형 잔디와 한지형 잔디로 구분된다.
② 잔디의 번식방법에는 종자파종과 영양번식 등이 있다.
③ 한국잔디는 일반적으로 종자번식이 잘 되기 때문에 건설현장에서 종자파종으로 잔디밭을 조성한다.
④ 종자파종은 뗏장심기에 비하여 균일하고 치밀한 잔디면을 만들 수 있다.

해설 한국잔디의 경우 종자로 번식되는 경우보다는 땅속줄기와 지표면을 덮듯이 신장하는 포복경으로 번식한다. 서양잔디는 종자파종에 의하여 쉽게 잔디밭이 조성되며 여름 고온기를 제외하고는 언제라도 파종할 수 있는 이점이 있다.

알아두기

한국잔디(Zoysia Grass)
- 우리나라에서 자생
- 종자 및 지상 포복경과 지하경에 의해 번식(한국잔디는 뗏장으로 조성)
- 내건조성, 내염성, 내서성, 내병충성이 뛰어남
- 잔디밭 조성에 시간이 많이 걸리고, 손상을 받은 후 회복속도가 느림
- 황변기간이 5~6개월로 비교적 김
- 그늘에 약함

정답 146 ② 147 ④ 148 ③

149 한국형 잔디의 특징을 잘못 설명한 것은? [03년 2회, 05년 2회]
① 포복성이어서 밟힘에 강하다.
② 그늘에서도 잘 자란다.
③ 손상을 받으면 회복속도가 느리다.
④ 병해충과 공해에 비교적 강하다.

해설 한국형 잔디는 그늘에서 잘 자라지 못하지만 지피성, 내답압성, 재생성이 강하다.

150 우리나라에서 가장 많이 이용되는 잔디는? [02년 1회, 05년 2회]
① 들잔디   ② 고려잔디
③ 비로드잔디   ④ 갯잔디

해설 들잔디 : 가장 많이 이용하고 우리나라 산야에 널리 분포되어 있다.

151 서양잔디의 설명으로 틀린 것은? [03년 1회, 07년 1회]
① 그늘에서도 견디는 성질이 있다.
② 주로 뗏장 붙이기에 의해 시공한다.
③ 일반적으로 겨울철에 상록이다.
④ 자주 깎아 주어야 한다.

해설 ② 서양잔디는 종자파종으로 시공한다.

152 한지형 잔디에 속하지 않는 것은? [09년 4회, 10년 2회]
① 버뮤다그래스   ② 이탈리안라이그래스
③ 크리핑벤트그래스   ④ 켄터키블루그래스

해설 버뮤다그래스는 난지형 잔디에 속한다.

정답 149 ② 150 ① 151 ② 152 ①

153 서양잔디 중 가장 양질의 잔디면을 만들 수 있어 그린용으로 폭넓게 이용되고, 초장을 4~7mm로 짧게 깎아 관리하는 잔디로 가장 적당한 것은? [04년 2회, 06년 5회]

① 한국잔디류 ② 버뮤다그래스류
③ 라이그래스류 ④ 벤트그래스류

해설 **벤트그래스류** : 잎폭이 1~2mm로 질감이 매우 고우며, 4~8mm 정도로 낮게 깎아 이용하는 것으로 잔디 중 가장 품질이 좋아서 골프장의 그린에 많이 이용되고 있다.

154 화단에 꽃을 갈아 심을 때의 요령이다. 잘못 설명된 것은? [02년 2회, 04년 2회]

① 화단의 변두리로부터 중앙부로 심어간다.
② 흙이 밟혀 굳어지지 않도록 널판지를 놓고 심는다.
③ 꽃이 피기 시작하는 것을 심는다.
④ 만개되었을 때를 생각하여 적당한 간격으로 심는다.

해설 화단의 중앙부로부터 변두리로 심어간다.

155 흙쌓기 작업 시 가라앉을 것을 예측하여 더돋기를 하는데, 이때 일반적으로 계획된 높이보다 어느 정도 더 높이 쌓아 올리는가? [02년 5회, 05년 5회, 07년 2회, 10년 2회]

① 1~5% ② 10~15%
③ 20~25% ④ 30~35%

해설 토질, 성토높이, 시공방법 등에 따라 다르나 대개는 높이 10~15% 미만이다.

156 토공사에서 흐트러진 상태의 토양변환율이 1.1일 때 터파기량이 10m³, 되메우기량이 7m³이라면 잔토처리량은? [03년 2회, 06년 1회, 10년 4회]

① $3m^3$ ② $3.3m^3$
③ $7m^3$ ④ $17m^3$

해설 되메우기 후 잔토처리량 = (터파기량 − 되메우기량) × L
$= (10 - 7) \times 1.1 = 3.3m^3$
여기서, L : 흐트러진 상태의 토량변화율, C : 다져진 상태의 토량변화율

정답 153 ④ 154 ① 155 ② 156 ②

157 자연상태의 토량 1,000m³을 굴착하면 그 토량은 얼마가 되는가?(단, 토량의 변화율은 L = 1.25, C = 0.9이다)   [04년 2회, 10년 2회]

① 900m³
② 1,000m³
③ 1,125m³
④ 1,250m³

해설
$$L = \frac{\text{흐트러진 상태의 토량}}{\text{자연상태의 토량}}$$

$1.25 = \dfrac{x}{1,000}$

$x = 1,000 \times 1.25 = 1,250$

158 흙쌓기 시에는 일정 높이마다 다짐을 실시하며 성토해 나가야 하는데, 그렇지 않을 경우에는 나중에 압축과 침하에 의해 계획 높이보다 줄어들게 된다. 그러한 것을 방지하고자 하는 행위를 무엇이라 하는가?   [04년 2회, 08년 5회]

① 정지(Grading)
② 취토(Borrow-pit)
③ 흙쌓기(Filling)
④ 더돋기(Extra Banking)

해설
④ 압축 및 침하에 의한 줄어듦을 방지하고 계획 높이를 유지하기 위하여 흙을 더돋기한다.
① 관개에 대비하여 흙을 이동시켜, 수평 또는 균일경사의 지표면을 조성하는 것이다.
② 필요한 흙을 채취하는 일을 말한다.
③ 일정한 장소에 흙을 쌓는 일을 말한다.

159 조경구조물에 줄기초라고 부르며, 담장의 기초와 같이 길게 띠 모양으로 받치는 기초를 가리키는 것은?   [09년 5회, 10년 1회]

① 독립기초
② 복합기초
③ 연속기초
④ 온통기초

해설
③ 연속기초 : 일련의 기둥 또는 벽체의 하중을 연속된 기초로 지지하는 형식
① 독립기초 : 하나의 기초판이 한 개의 기둥을 지탱하는 형태
② 복합기초 : 하나의 기초판이 두 개 이상의 기둥을 지지하고 있는 방식
④ 온통기초(전면기초) : 1개의 확대기초로 건물 내의 모든 기둥을 동시에 지지하는 기초

Advice
전면기초는 1개의 확대기초로 건물 내의 모든 기둥을 동시에 지지하는 기초를 말한다.

160 자연상태의 흙을 파내면 공극으로 인하여 그 부피가 늘어나게 되는데 가장 크게 부피가 늘어나는 것은? [04년 1회, 09년 1회]

① 모 래
② 진 흙
③ 보통흙
④ 암 석

161 일반적으로 상단이 좁고 하단이 넓은 형태의 옹벽으로 자중(自重)으로 토압에 저항하며, 높이 4m 내외의 낮은 옹벽에 많이 쓰이는 종류는? [02년 1회, 08년 2회]

① 중력식 옹벽
② 캔틸레버 옹벽
③ 부축벽 옹벽
④ 조립식 옹벽

해설 옹벽의 종류
- 일반적인 옹벽
  - 중력식 옹벽 : 옹벽 자체 중량으로 토압 등 외력을 지지함
  - 반중력식 옹벽 : 약간의 철근으로 옹벽 단면을 줄임
  - 캔틸레버식 옹벽 : 전면벽과 저판으로 구성
  - 부벽식 옹벽 : 부벽을 설치하여 전단력과 모멘트를 감소시킴
- 특수옹벽
  - 게비온 옹벽(Gabion Retaining Wall) : 철망으로 된 상자에 자갈이나 잡석을 채운 것
  - 조립식 옹벽(Crib Retaining Wall) : 목재, 강재, 철근콘크리트 등으로 틀을 만든 후 흙을 채운 것
  - 보강토 옹벽 : 보강재를 수평으로 설치하고 흙을 다진 것

162 암거배수란 어느 것을 말하는가? [02년 2회, 10년 2회]

① 강우 시 표면에 떨어진 물을 처리하기 위한 배수시설
② 땅 밑에 돌이나 관을 묻어 배수시키는 시설
③ 지하수를 이용하기 위한 시설
④ 돌이나 관을 땅에 수직으로 뚫어 설치하는 것

해설 암거배수 : 땅속이나 지표에 넘쳐 있는 물을 지하에 매설한 관로나 투수성의 수로를 이용하여 배수하는 시설

163 옹벽공사 시 뒷면에 물이 고이지 않도록 몇 m^2마다 배수구 1개씩을 설치하는 것이 좋은가? [03년 1회, 06년 1회]

① $1m^2$
② $3m^2$
③ $5m^2$
④ $7m^2$

해설 옹벽 배수구 : $3m^2$당 1개

164 물에 대한 설명이 틀린 것은? [03년 5회, 06년 5회]

① 호수, 연못, 풀 등은 정적으로 이용된다.
② 분수, 폭포, 벽천, 계단폭포 등은 동적으로 이용된다.
③ 조경에 물의 이용은 동·서양 모두 즐겨 했다.
④ 벽천은 다른 수경에 비해 대규모 지역에 어울리는 방법이다.

해설 ④ 벽천은 다른 수경에 비해 소규모의 지역에 어울리는 방법이다.

165 다음 중 물(水)을 정적으로 이용하는 것은? [05년 1회, 08년 5회, 13년 2회]

① 연 못
② 분 수
③ 폭 포
④ 캐스케이드

해설 물의 이용
- 물의 정적 이용 : 호수, 연못, 풀 등
- 물의 동적 이용 : 분수, 폭포, 벽천, 계단폭포 등

166 진흙 굳히기 공법은 주로 어느 조경공사에서 사용되는가? [05년 5회, 09년 4회]

① 원로공사
② 암거공사
③ 연못공사
④ 옹벽공사

해설 연못 내부는 진흙 굳히기 공법으로 시공하여 수생식물의 생육을 원활하게 하고 연못 외부에는 습생식물을 군식, 기본 골격을 완성한다.

167 연못의 급배수에 대한 설명으로 부적합한 것은? [02년 1회, 10년 4회]

① 배수공은 연못 바닥의 가장 깊은 곳에 설치한다.
② 항상 일정한 수위를 유지하기 위한 시설을 토수구라 한다.
③ 순환펌프시설이나 정수시설을 설치 시 차폐식재를 하여 가려 준다.
④ 급배수에 필요한 파이프의 굵기는 강우량과 급수량을 고려해야 한다.

해설 ② 토수구는 물이 흘러내리는 곳이다.

168 크고 작은 돌을 자연 그대로의 상태가 되도록 쌓아 올리는 방법을 무엇이라 하는가?

[04년 5회, 07년 1회, 12년 1회]

① 견치석 쌓기
② 호박돌 쌓기
③ 자연석 무너짐 쌓기
④ 평석 쌓기

해설 **자연석 무너짐 쌓기** : 자연풍경에서 암석이 무너져 내려 안정되게 쌓여있는 것을 그대로 묘사하는 방법

169 자연석 무너짐 쌓기 방법의 설명으로 가장 거리가 먼 것은? [03년 2회, 08년 1회, 11년 1회]

① 기초가 될 밑돌은 약간 큰 돌을 사용해서 땅속에 20~30cm 정도 깊이로 묻는다.
② 제일 윗부분에 놓는 돌은 돌의 윗부분이 모두 고저차가 크게 나도록 놓는다.
③ 돌과 돌이 맞물리는 곳에는 작은 돌을 끼워 넣지 않는다.
④ 돌을 쌓고 난 후 돌과 돌 사이의 틈에는 키가 작은 관목을 식재한다.

해설 맨 위의 상석은 비교적 작고, 윗면을 평평하게 하거나, 자연스럽게 높낮이가 있도록 처리한다.

170 모든 벽돌 쌓기 방법 중 가장 튼튼한 것으로, 길이쌓기켜와 마구리쌓기켜가 번갈아 나오는 방법은? [04년 2회, 07년 2회, 12년 4회, 13년 4회]

① 영국식 쌓기
② 프랑스식 쌓기
③ 영롱 쌓기
④ 무늬 쌓기

해설 ① 영국식 쌓기 : A켜(마구리쌓기)와 B켜(길이쌓기)를 번갈아 쌓아올린다.
② 프랑스식 쌓기 : 한 켜에서 마구리와 길이를 번갈아 놓아 쌓고, 다음 켜는 마구리가 길이의 중심부에 놓이게 쌓는 방법
③ 영롱 쌓기 : 벽돌벽 등에 장식적으로 구멍을 내어 쌓는 법
④ 무늬 쌓기 : 벽돌벽 면에서 벽돌을 1/4B 또는 1/8B를 도드라지게 무늬를 놓아 쌓기도 하고, 줄눈에 변화를 주어 부분적으로 통줄눈을 넣거나 변색벽돌을 끼워 쌓는 법

정답 168 ③ 169 ② 170 ①

171 디딤돌 놓기 방법의 설명으로 부적합한 것은? [02년 1회, 07년 2회]

① 돌의 머리는 경관의 중심을 향해서 놓는다.
② 돌 표면이 지표면보다 3~6cm 정도 높게 앉힌다.
③ 돌 밑의 빈 곳에 흙을 충분히 밀어 넣으면서 다진다.
④ 돌의 크기와 모양이 고른 것을 선택하여 사용한다.

해설 디딤돌은 크고 작은 것을 섞어 직선보다는 어긋나게 배치한다.

172 성인이 이용할 정원의 디딤돌 놓기 방법으로 틀린 것은? [02년 5회, 11년 2회]

① 납작하면서도 가운데가 약간 두둑하여 빗물이 고이지 않는 것이 좋다.
② 디딤돌의 간격은 느린 보행폭을 기준으로 하여 35~50cm 정도가 좋다.
③ 디딤돌은 가급적 사각형에 가까운 것이 자연미가 있어 좋다.
④ 디딤돌 및 징검돌의 장축은 진행방향에 직각이 되도록 배치한다.

해설 디딤돌은 보통 한 면이 넓적하고 평평한 자연석을 많이 쓰나, 가공한 화강석 판석이나 점판암 판석 또는 통나무 등을 쓰고 있다.

알아두기

디딤돌 놓기의 방법
- 납작하면서도 가운데가 약간 두둑하여 빗물이 고이지 않는 것이 좋다.
- 한발로 디디는 것의 지름은 25~30cm 정도가 좋다.
- 군데군데 잠시 멈추어 설 수 있도록 지름 50~60cm 되는 것을 놓는다.
- 디딤돌의 간격은 보폭을 고려하여야 한다.
- 디딤돌이 시작하는 곳, 끝나는 곳, 갈라지는 곳에는 다른 것에 비해 큰 디딤돌을 놓는다.
- 디딤돌의 긴지름은 보행자 진행방향과 수직을 이루어야 한다.
- 디딤돌은 직선보다는 어긋나게 배치한다.
- 공원에서 징검돌의 상단은 수면보다 15cm 정도 높게 배치하고, 한 면의 길이가 30~60cm 정도로 되게 한다.
- 디딤돌을 놓는 방향은 걸어가는 방향으로 디딤돌의 좁은 방향(좌우로 길게)이 되도록 하고 지면보다 3~6cm 높게 한다.

173 디딤돌로 이용할 돌의 두께로 가장 적당한 것은? [04년 1회, 09년 2회]

① 1~5cm ② 10~20cm
③ 25~35cm ④ 35~45cm

해설 디딤돌의 크기와 모양은 지름이 30~40cm 타원형으로 두께가 10~20cm 내외가 적당하다.

정답 171 ④ 172 ③ 173 ②

174 경관석 놓기 설명으로 가장 알맞은 것은? [03년 5회, 05년 1, 5회, 13년 4회]

① 경관석 주변에는 식재를 하지 않는다.
② 일반적으로 3, 5, 7 등 홀수로 배치한다.
③ 경관석은 항상 단독으로만 배치한다.
④ 경관석의 배치는 돌 사이의 거리나 크기 등을 조정 배치하여 힘이 분산되도록 한다.

해설 ① 경관석을 놓은 후에는 주변에 적당한 관목류, 초화류 등을 심어 경관석이 한층 돋보이도록 한다.
③ 시선이 집중되는 곳이나 중요한 자리에 한두 개 또는 몇 개를 짜임새 있게 놓고 감상한다.
④ 경관석의 배치는 돌 사이의 거리나 크기 등을 조정 배치하여 힘이 분산되지 않고 짜임새가 있도록 한다.

Advice
경관석이란 시각의 초점이 되거나 중요하게 강조하고 싶은 장소에 보기 좋은 자연석을 1개 또는 몇 개 배치하여 감상효과를 높이는 데 쓰는 돌을 말한다.

175 조경공사에서 바닥포장인 판석시공에 관한 설명으로 틀린 것은? [06년 2회, 10년 1회]

① 판석은 점판암이나 화강석을 잘라서 사용한다.
② Y형의 줄눈은 불규칙하므로 통일성 있게 +자형의 줄눈이 되도록 한다.
③ 기층은 잡석다짐 후 콘크리트로 조성한다.
④ 가장자리에 놓을 판석은 선에 맞춰 절단하여 사용한다.

해설 줄눈은 +자형보다 Y자형이 시각적으로 좋다.
판석 포장
• 점판암, 화강암을 쓰고, 두께가 얇고 작아 횡력에 약하므로 모르타르로 고정시킨다(모르타르 배합비 1 : 1~1 : 2).
• 줄눈은 +자형보다 Y자형이 시각적으로 좋다.
• 줄눈의 폭은 설계도면에 의하는데, 보통 10~20mm 정도로 하고, 깊이는 5~10mm 정도로 하거나 또는 깊이를 없애 기도 한다.
• 시멘트와 모래를 1 : 1~1 : 3 비율로 배합하여 판석 밑을 채운다.

176 벽돌포장에 관한 설명으로 옳지 않은 것은? [04년 1회, 07년 1회]

① 질감이 좋고 특유한 자연미가 있어 친근감을 준다.
② 마멸되기 쉽고 강도가 약하다.
③ 다양한 포장패턴을 연출할 수 있다.
④ 평깔기는 모로세워 깔기에 비해 더 많은 벽돌수량이 필요하다.

정답 174 ② 175 ② 176 ④

177 주보행도로로 이용되는 보행공간의 포장재료로 틀린 것은?
[04년 2회, 07년 1회, 12년 1회]

① 변화가 적은 재료
② 질감이 좋은 재료
③ 질감이 거친 재료
④ 밝은 색의 재료

해설 주보행도로의 보행공간은 변화가 적고 질감이 좋으며, 밝은 색의 포장재료를 이용해야 한다.

※ 질감에 따른 구분

구 분	소 재	특 징	장단점
부드러운 재료	잘개 쪼갠 돌, 흙, 잔디, 강자갈, 마사토	장애자 부적당, 보행속도 저하 → 공원, 레크리에이션 지구의 일반보행	시공비용은 적게 드나 유지관리비가 많이 듦
딱딱한 재료	아스팔트, 콘크리트, 콘크리트타일, 콘크리트벽돌	보행인, 자동차, 장애자 모두 유용	빠른 이동 보장, 시공비가 비싼 반면 유지관리비는 적게 듦
중간성격 재료	조약돌, 반석, 벽돌, 나무	형태 불규칙, 자연스러운 느낌	보행속도는 완화시키지만 겨울철 결빙 발생

178 보도 포장재료로서 적당하지 않은 것은?
[04년 5회, 08년 1회]

① 내구성이 있을 것
② 자연 배수가 용이할 것
③ 보행 시 마찰력이 전혀 없을 것
④ 외관 및 질감이 좋을 것

해설 보행공간의 포장재료
• 생산량이 많고 시공이 큼
• 내구성, 내마모성이 큼
• 자연 배수 용이
• 보행 시 미끄러짐 없을 것
• 외관 및 질감이 좋을 것

179 다음 포장재료 중 광장 등 넓은 지역에 포장하며, 바닥에 색채 및 자연스런 문양을 다양하게 할 수 있는 소재는?
[05년 2회, 08년 2회]

① 벽 돌
② 우레탄
③ 자기타일
④ 고압블록

해설 우레탄 포장은 무릎과 발목의 피로를 최소화한 것이 특징이다.

177 ③ 178 ③ 179 ②

180 어린이들을 위한 운동시설로서 모래터에 사용되는 모래의 깊이는 어느 정도가 가장 효과적인가?
(단, 놀이의 형태에 규제를 받지 않고 자유로이 놀 수 있는 공간이다) [05년 2회, 09년 4회]
① 약 3cm 정도
② 약 12cm 정도
③ 약 15cm 정도
④ 약 25cm 정도

해설 모래터 : 둘레는 지표보다 15~20cm가량 높이고, 모래 깊이는 25~35cm 정도로 유지한다.

181 다음 중 어린이놀이터 시설 설치 시 가장 먼저 고려되어야 할 것은? [04년 2회, 09년 5회]
① 안전성
② 쾌적함
③ 미적인 사항
④ 시설물 간의 조화

해설 안전성은 놀이시설을 설치할 때 가장 중요한 사항이다.

182 다음 중 콘크리트 소재의 미끄럼대를 시공할 경우 일반적으로 지표면과 미끄럼판의 활강 부분이 수평면과 이루는 각도로 가장 적합한 것은? [08년 5회, 11년 2회]
① 70°
② 55°
③ 36°
④ 15°

해설 미끄럼판
• 미끄럼판은 높이 1.2(유아용)~2.2(어린이용)m의 규격을 기준으로 한다.
• 미끄럼판의 기울기는 30~35°로 재질을 고려하여 설계한다.
• 1인용 미끄럼판의 폭은 40~50cm를 기준으로 한다.
• 미끄럼판과 상계판의 연결부는 틈이 생기지 않도록 밀착 또는 연속되어야 한다.
• 미끄럼판 출입구의 폭은 미끄럼판의 폭과 같은 크기로 한다.

정답 180 ④ 181 ① 182 ③

183 도시공원 및 녹지 등에 관한 법률 시행규칙에 의해 도시공원의 효용을 다하기 위하여 설치하는 공원시설 중 편익시설로 분류되는 것은? [07년 1회, 10년 4회]

① 야유회장 ② 자연체험장
③ 정글짐   ④ 전망대

해설 **공원시설 중 편익시설(시행규칙 [별표 1])**
- 우체통, 공중전화실, 휴게음식점, 일반음식점, 약국, 수화물 예치소, 전망대, 시계탑, 음수장, 제과점 및 사진관, 그 밖에 이와 유사한 시설로서 공원이용객에게 편리함을 제공하는 시설
- 유스호스텔
- 선수 전용 숙소, 운동시설 관련 사무실, 대형마트 및 쇼핑센터, 농산물직매장

184 열효율이 높고 물체의 투시성이 좋은 광질(光質)의 특성 때문에 안개지역 조명, 도로 조명, 터널 조명 등에 적합한 전등은? [03년 1회, 07년 2회]

① 할로겐등 ② 형광등
③ 수은등   ④ 나트륨등

해설 **나트륨등** : 안개 속에서도 빛을 잘 투과하여 장애물 발견에 유효하다는 점에서 교량, 고속도로, 일반도로, 터널 내의 조명 등에 사용된다.

185 다음 중 수명이 가장 긴 전등은? [03년 5회, 05년 5회]

① 백열전구 ② 할로겐등
③ 수은등   ④ 형광등

해설
② 수은등 : 약 24,000시간
① 형광등 : 6,000~15,000시간
③ 백열전구 : 약 750~2,000시간
④ 할로겐등 : 약 1,000~3,000시간

Advice
수은등은 진동과 충격에 강하므로 도로조명에 많이 사용되고, 연색성이 낮으나 수명이 긴 조명등이다.

정답 183 ④ 184 ④ 185 ③

186 덩굴식물이 시설물을 타고 올라가 정원적인 미를 살릴 수 있는 시설물이 아닌 것은?

[02년 2회, 10년 4회, 12년 1회]

① 퍼걸러
② 테라스
③ 아 치
④ 트렐리스

해설 ② 거실이나 응접실 또는 식당 앞에 건물과 잇대어서 만드는 시설물
① 테라스 지대 등의 윗부분에 부재를 종횡으로 짜 만든 것. 퍼걸러 위에는 등나무, 담쟁이, 덩굴장미 등의 나뭇가지를 얹어 여름에는 시원하고 분위기 있는 휴식공간을 연출
③ 곡선형 구조물
④ 격자 울타리란 뜻으로 격자 모양으로 뚫려 있거나 투명하게 만들어진 벽면, 주로 철재나 목재 사용

187 건물과 정원을 연결시키는 역할을 하는 시설은?

[02년 1회, 03년 1회, 12년 5회]

① 아 치
② 트렐리스
③ 퍼걸러
④ 테라스

해설 ① 곡선형 구조물이다.
② 격자 울타리란 뜻으로 격자 모양으로 뚫려 있거나 투명하게 만들어진 벽면이다. 주로 철재나 목재로 만들어진다.
③ 실내에서 직접 밖으로 나갈 수 있도록 방의 앞면으로 가로나 정원에 뻗쳐 나온 곳을 말한다.

188 다음 중 일반적으로 빗물받이 배수관 몇 m마다 1개씩 설치하는 것이 이상적인가?

[03년 2회, 05년 2회, 08년 1회, 10년 4회]

① 5m
② 20m
③ 40m
④ 100m

해설 표면 배수시 빗물받이 : 20~30m(최대) 이내

정답 186 ② 187 ④ 188 ②

PART 03 조경관리

01 수목에 약액의 수간주입방법 설명으로 틀린 것은? [03년 1회, 09년 4회, 12년 2회]

① 약액의 수간 주입은 수액 이동이 활발한 5월 초~9월 말에 실시한다.
② 흐린 날에 실시해야 약액의 주입이 빠르다.
③ 영양액이 들어있는 수간 주입기를 사람 키 높이 되는 곳에 끈으로 매단다.
④ 약통 속에 약액이 다 없어지면, 수간 주입기를 걷어내고 도포제를 바른 다음, 코르크 마개로 주입 구멍을 막아준다.

[해설] 농약 살포작업은 한낮 뜨거운 때를 피해서 아침저녁으로 서늘하고 바람이 적을 때를 택해야 하며 농약을 살포할 때는 바람을 등지고 살포해야 한다.

02 다음 그림 중 수목의 가지에서 마디 위 다듬기의 요령으로 가장 좋은 것은? [06년 5회, 11년 2회]

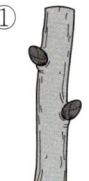 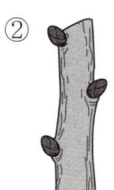 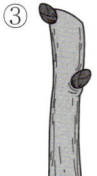 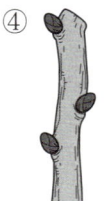
① ② ③ ④

[해설] 일반적으로 눈에서 7~10mm 위쪽에서 눈과 나란한 방향이 되도록 비스듬히 자른다.

> **알아두기**
>
> **마디 위 자르는 요령**
> 눈 위에서 자르면 그 눈에서 나온 새 가지는 안쪽으로 자라 통풍, 수광을 나쁘게 하고, 바깥쪽 위를 자르면 가지가 밖으로 자라 나무가 건실하게 자라게 된다. 따라서 반드시 바깥 눈 위에서 자르도록 한다. 눈 위를 자를 때에는 다음 그림과 같이 자른다.
>
>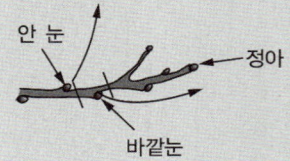

정답 1 ② 2 ④

03 소나무류는 생장조절 및 수형을 바로잡기 위하여 순따기를 실시하는데 대략 어느 시기에 실시하는가? [04년 2, 5회]

① 3~4월 ② 5~6월
③ 7~8월 ④ 9~10월

해설 5~6월에 2~3개의 순을 남기고 중심순을 포함한 나머지는 따버린다.

04 소나무류의 잎솎기는 어느 때 하는 것이 좋은가? [02년 1회, 05년 2회, 14년 1회]

① 3월경 ② 4월경
③ 6월경 ④ 8월경

05 소나무류의 순자르기는 어떤 목적을 위한 가지 다듬기인가? [02년 5회, 08년 5회]

① 생장조장을 돕는 가지 다듬기 ② 생장을 억제하는 가지 다듬기
③ 세력을 갱신하는 가지 다듬기 ④ 생리조정을 위한 가지 다듬기

해설 생장을 억제하기 위한 전정 : 회양목, 옥향, 산울타리 다듬기, 소나무의 새순치기, 상록활엽수의 잎사귀 따기, 녹음수와 가로수 전정 등의 작업이 있다.

06 정원수를 이식할 때 가지와 잎을 적당히 잘라 주는 이유는 다음 중 어떤 목적에 해당하는가? [04년 2회, 08년 2회]

① 생장조장을 돕는 가지 다듬기 ② 생장을 억제하는 가지 다듬기
③ 세력을 갱신하는 가지 다듬기 ④ 생리조정을 위한 가지 다듬기

해설 생리조절을 위한 전정 : 이식 시 지하부와 지상부의 생리적 균형 유지를 위해 실시하며 수목의 맹아력을 고려해야 한다.

> **알아두기**
>
> **전정의 목적**
> - 미관에 중점을 두는 경우
>   - 자연 수형 : 불필요한 줄기, 가지만 제거하고 원래 수형 유지
>   - 인공 수형 : 토피어리, 산울타리 등은 직선 또는 곡선을 살림
> - 실용적인 면에 중점을 두는 경우
>   - 산울타리, 방풍, 방진용 식재 : 가지와 잎이 밀생되도록 전정
>   - 가로수 : 태풍의 피해가 없도록 전정
>   - 송전선, 간판, 도로 표지판, 건물 : 그 공간에 맞게 크기 조절하여 전정
> - 생리적인 면에 중점을 두는 경우
>   - 개화 결실 촉진 : 수광, 통풍을 좋게 하여 개화 결실을 촉진하기 위해 전정, 과수나 화목류의 경우에 해당
>   - 대형목 이식 시 : 뿌리 절단 양만큼 줄기를 전정하여 수분량과 증산량과의 균형 유지
>   - 늙고 병든 나무의 수세 회복을 위한 새 가지로 갱신 유도할 때 실시하는 전정

정답 3 ② 4 ④ 5 ② 6 ④

07 다음 중 한 가지에 많은 봉우리가 생긴 경우 솎아 낸다든지, 열매를 따버리는 등의 작업 목적으로 가장 적당한 것은? [04년 1회, 06년 5회]

① 생장조장을 돕는 가지 다듬기
② 세력을 갱신하는 가지 다듬기
③ 착화 및 착과 촉진을 위한 가지 다듬기
④ 생장을 억제하는 가지 다듬기

해설 전정의 종류
- 생장을 돕기 위한 전정 : 묘목이 빨리 자라도록 곁가지를 자르거나 병충해 피해지, 고사지, 꺾어진 가지 등을 제거하여 생장을 돕는 전정법이다.
- 생장을 억제하기 위한 전정 : 회양목, 옥향, 산울타리 다듬기, 소나무의 새순치기, 상록활엽수의 잎사귀 따기, 녹음수와 가로수 전정 등의 작업이 있다.
- 개화 결실을 많게 하기 위한 전정 : 감나무와 각종 과수나무, 장미의 여름전정 등이 있다.
- 생리조절을 위한 전정 : 이식시 지하부와 지상부의 생리적 균형 유지를 위해 실시하며 수목의 맹아력을 고려해야 한다.
- 갱신을 위한 전정 : 늙은 과일나무, 장미, 배롱나무, 팔손이 등의 밑동을 자르면 새로운 줄기가 나와 새로운 형태의 나무를 만들 수 있다.

08 향나무, 주목 등을 일정한 모양으로 유지하기 위하여 전정을 하여 형태를 다듬었다. 이러한 작업은 어떤 목적을 위한 가지 다듬기인가? [05년 1회, 10년 1회]

① 생장조장을 돕는 가지 다듬기
② 생장을 억제하는 가지 다듬기
③ 세력을 갱신하는 가지 다듬기
④ 생리조정을 위한 가지 다듬기

09 좁은 정원에 식재된 나무가 필요 이상으로 커지지 않게 하기 위하여 녹음수를 전정하는 것은? [02년 1회, 10년 4회]

① 생장을 돕기 위한 전정
② 생장을 억제하는 전정
③ 생리조정을 위한 전정
④ 갱신을 위한 전정

해설 ② 녹음수를 좁은 정원에서 필요 이상으로 자라지 않도록 줄기나 가지를 자르거나, 향나무·회양목 등 산울타리처럼 나무를 일정한 모양으로 유지시키기 위해 전정이 필요하다.

Advice
소나무의 순지르기, 활엽수의 잎따기도 생장을 억제하는 전정의 한 방법이다.

10 정원수 전정의 목적으로 부적합한 것은? [04년 1회, 11년 1회]

① 지나치게 자라는 현상을 억제하여 나무의 자라는 힘을 고르게 한다.
② 움이 트는 것을 억제하여 나무를 속성으로 생김새를 만든다.
③ 강한 바람에 의해 나무가 쓰러지거나 가지가 손상되는 것을 막는다.
④ 채광, 통풍을 도움으로써 병해충의 피해를 미연에 방지한다.

해설 줄기나 가지를 자르거나, 순자르기, 잎따기로 생장을 억제하거나 일정한 모양을 유지하게 한다.

11 전정(剪定)을 함으로써 얻어지는 결과라고 볼 수 없는 것은? [02년 5회, 07년 2회]

① 수세의 조절
② 개화 결실의 조정
③ 일광, 통풍의 양호
④ 지상부의 약화

해설 정지 전정의 효과
• 생장 촉진 및 억제로 발육을 조절한다.
• 수관을 균형 있게 발육시킴으로써 수종 고유의 관상과 미적 가치를 높인다.
• 화목류에 있어 분화기 이전에 분화에 필요한 조건을 만들어 개화 결실을 촉진시켜 준다.
• 난잡한 수형을 정비하고 나무의 크기를 조절할 수 있다.
• 통풍·통광을 증대하여 병충해 발생의 원인을 제거할 수 있으며, 허약한 가지의 발육을 촉진시킨다.
• 나무의 내부까지 햇빛을 고루 들게 하여 꽃눈형성을 돕는다.
• 보호 관리를 편하게 한다.

12 개화결실을 목적으로 실시하는 정지, 전정방법 중 옳지 못한 것은? [02년 1회, 05년 2회]

① 약지(弱枝)는 길게, 강지(强枝)는 짧게 전정하여야 한다.
② 묵은 가지나 병충해 가지는 수액유동 전에 전정한다.
③ 작은 가지나 내측(內側)으로 뻗은 가지는 제거한다.
④ 개화 결실을 촉진하기 위하여 가지를 유인하거나 단근작업을 실시한다.

해설 약지는 짧게, 강지는 길게 전정하되 수세를 보아가면서 적당한 길이로 전정한다.

정답 10 ② 11 ④ 12 ①

13 수목의 일반적인 전정방법으로 옳지 않은 것은? [04년 2회, 07년 2회]

① 수형이나 목적에 맞지 않는 가지부터 자른다.
② 가지를 자를 때는 위쪽에서 아래쪽으로 자른다.
③ 가지를 자를 때 수관 밖에서부터 안쪽으로 자른다.
④ 가는 가지를 먼저 자르고, 그 다음 굵은 가지를 자른다.

해설 굵은 가지에서 가는 가지 순으로 전정한다.

14 다음 중 수목에서 잘라야 할 가지가 아닌 것은? [02년 5회, 03년 5회, 07년 1회]

① 수관 안으로 향한 가지
② 한 부위에서 평행하게 나오는 가지
③ 아래로 향한 가지
④ 수목의 주지

해설 전정 시 반드시 잘라 버려야 할 가지
- 웃자란 가지(도장지) : 수형, 통풍, 수광에 나쁜 영향을 준다.
- 안으로 향한 가지 : 통풍을 막고 모양을 나쁘게 한다.
- 아래로 향한 가지 : 나무 모양을 나쁘게 하고 가지를 혼잡하게 한다.
- 말라죽은 가지와 병충해를 입은 가지
- 줄기에 움돋은 가지
- 교차한 가지와 얽힌 가지 : 주가 되는 굵은 가지와 서로 교차되는 가지는 잘라 버린다.
- 평행한 가지 : 같은 장소에서 같은 방향으로 평행하게 나 있는 가지는 둘 중 하나를 잘라 버려야 생리활동에 경쟁이 안 된다.
- 밑에서 움돋은 가지
- 위로 자란 가지

15 자연상태에서 굵은 가지를 전정하지 않는 것이 가장 좋은 수종은? [08년 1회, 10년 1회, 12년 1회]

① 매화나무 ② 배롱나무
③ 벚나무   ④ 능소화

해설 벚나무와 느티나무 등은 소극적인 생장억제작업은 실시해도 무방하나 강전정은 절단부로 물이 침수하거나 병균이 들어가 가지를 썩게 할 우려가 많다.

16 굵은 가지를 전정하였을 때 전정부위에 반드시 도포제를 발라주어야 하는 수종은?

[04년 1회, 11년 2회]

① 잣나무
② 메타세쿼이아
③ 소나무
④ 벗나무

해설 벚나무, 자목련 등은 굵은 가지를 전정했을 때 그 부분이 썩어 들어가서 나무 전체가 죽는 특성이 있어 폭 2.5cm 이상의 굵은 가지를 전정할 경우 반드시 도포제(톱신페이스트 등)를 발라줘야 한다.

17 다음 중 뿌리뻗음이 가장 웅장한 느낌을 주고 광범위하게 뻗어가는 수종은?

[02년 2회, 06년 1회]

① 소나무
② 느티나무
③ 목 련
④ 수양버들

해설 느티나무는 하늘을 향해 펼쳐져 있는 잔가지의 섬세함, 대지를 움켜쥐고 있는 듯한 뿌리뻗음, 줄기의 웅대함이 잘 나타나는 나무이다.

18 인공적인 수형을 만드는 데 적합한 수목의 특징으로 틀린 것은?

[03년 1회, 06년 5회]

① 자주 다듬어도 자라는 힘이 쇠약해지지 않는 나무
② 병이나 벌레 등에 견디는 힘이 강한 나무
③ 되도록 잎이 작고 잎의 양이 많은 나무
④ 다듬어 줄 때마다 잔가지와 잎보다는 굵은 가지가 잘 자라는 나무

해설 인공적 수형에 적합한 나무는 다듬어 줄 때마다 굵은 가지보다 잔가지와 잎가지가 잘 자라는 나무이다.

19 다음 중 인공적 수형을 만드는 데 적당한 수종이 아닌 것은?

[02년 2회, 10년 2회]

① 쫑쫑나무
② 아왜나무
③ 주 목
④ 벗나무

해설 벚나무는 맹아력이 약해 형상수에 적당하지 않다. 또 굵은 가지를 전정하면 썩어 들어가는 성질이 있다.

정답 16 ④ 17 ② 18 ④ 19 ④

20. 다음 중 토피어리(Topiary)를 가장 잘 설명한 것은?
[03년 5회, 09년 5회, 10년 1회, 12년 1회]

① 어떤 물체(새, 배, 거북 등)의 형태로 다듬어진 나무
② 정지, 전정이 잘 된 나무
③ 정지, 전정으로 모양이 좋아질 나무
④ 노쇠지, 고사지 등을 완전 제거한 나무

해설 토피어리란 자연 그대로의 식물을 여러 가지 동물 모양 등으로 자르고 다듬어 보기 좋게 만드는 기술 또는 작품이다.

21. 다음 중 형상수(Topiary)를 만들기에 가장 적합한 나무는?
[02년 2회, 03년 1회, 12년 2, 5회]

① 주 목
② 단풍나무
③ 능수 벚나무
④ 전나무

해설 작은 잎을 가진 상록수가 토피어리에 가장 적당하며 잠아를 많이 가지고 있어서 전정 후에 옆가지가 많이 발생하는 수종에 어울리는 방법이다. 회양목이나 향나무, 주목, 호랑가시나무 같은 상록수와 쥐똥나무가 가장 적당하다.

22. 추위에 의하여 나무의 줄기 또는 수피가 수선 방향으로 갈라지는 현상을 무엇이라 하는가?
[05년 2회, 10년 4회]

① 고 사
② 피 소
③ 상 열
④ 괴 사

해설 상열(Frost Crack, 霜裂) : 서리에 의해 찢겨짐 또는 그로 인해 생겨난 균열, 수목 구조의 내부적 특성상 가로가 아닌 세로 방향으로 수피가 찢겨지는 현상
① 고사 : 말라 죽음
② 피소 : 더운 여름철 석양 볕에 줄기가 열을 받아 갈라지는 현상
④ 괴사 : 조직이나 세포가 부분적으로 죽는 현상

23. 다음 중 상열(霜裂)의 피해가 가장 적게 나타나는 수종은?
[06년 2회, 08년 5회]

① 소나무
② 단풍나무
③ 일본목련
④ 배롱나무

해설 상열(霜裂, Frost Crack)
• 추위로 인한 나무껍질이 수선 방향으로 갈라지는 현상
• 피해 부위 : 지상 0.5~1.0m의 수간
• 남서쪽 수피가 햇볕을 직접 받지 않도록 해주거나 수간의 짚싸기 또는 석회수 칠하기 등으로 예방한다.
• 상열이 생기는 나무 : 단풍나무, 벚나무, 배롱나무, 일본목련, 광나무, 참나무류, 포플러류, 수양버들, 매화류

정답 20 ① 21 ① 22 ③ 23 ①

24 추위로 줄기 밑 수피가 얼어터져 세로 방향의 금이 생겨 말라죽는 경우가 생기는 수종은?

[02년 1회, 06년 1회]

① 단풍나무 ② 은행나무
③ 버즘나무 ④ 소나무

해설 수분 증발 억제, 병해충의 침입 방지, 강한 일사와 건조로부터의 피해 방지를 위해 단풍나무, 느티나무, 벚나무 등의 활엽수에 수피 감기를 해 준다.

25 수목의 동해 발생에 관한 설명 중 틀린 것은?

[08년 1회, 09년 4회]

① 큰나무보다는 어린 나무에서 많이 발생한다.
② 건조한 토양에서보다 과습한 토양에서 많이 발생한다.
③ 늦은 가을과 이른 봄에 많이 발생한다.
④ 일교차가 심한 북쪽 경사면보다 일교차가 심한 남쪽 경사면에서 피해가 많이 발생한다.

해설 **동해의 원인**
- 오목한 지형에 있는 수목에서 동해가 더 많이 발생한다.
- 북쪽 경사면보다는 일교차가 심한 남쪽 경사면에서 더 많이 발생한다.
- 맑고 바람 없는 날 발생하기 쉽다.
- 성목보다는 나이 어린 유목에 많이 발생한다.
- 건조한 토양보다는 과습한 토양에서 더 많이 발생한다.
- 늦가을과 이른 봄, 몹시 추운 겨울에 많이 발생한다.
- 찬 바람의 해는 9부능선이나 들판 가운데 고립된 임야에서 발생된다.
- 북서쪽이 터진 곳이나 북서쪽이 경사면 높은 지역, 토양이 어는 응달지역으로 강우나 강설이 적고 북서계절풍이 심한 엄동기에 수형에 관계없이 발생한다.

26 다음 중 수목을 식재할 경우 수간감기를 하는 이유로 틀린 것은?

[03년 1회, 05년 2회, 06년 1회, 10년 5회]

① 수간으로부터 수분증산 억제
② 잡초 발생 방지
③ 병해충 방지
④ 상해방지

해설 **수간감기의 목적** : 동해나 병충해 방지(이식나무는 저항력이 없다), 강한 태양 광선으로부터 피해를 방지, 수분증발 방지, 소나무 좀의 피해 방지(수피감기의 이유 1순위)

정답 24 ① 25 ④ 26 ②

27 수피가 얇은 나무에서 햇빛에 의해 수피가 타는 것을 방지하기 위하여 실시해야 할 작업은?

[05년 1회, 09년 2회]

① 수관주사주입
② 낙엽깔기
③ 줄기싸기
④ 받침대 세우기

해설 줄기싸기는 나무껍질이 얇아 햇볕에 데는 것과 추위로 인해 나무 껍질이 얼어 터지는 것을 방지하기 위하여 실시한다.

28 모과, 감나무, 배롱나무 등의 수목에 사용하는 월동방법으로 가장 적당한 것은?

[03년 2, 5회, 10년 1회, 13년 4회]

① 흙묻기
② 짚싸기
③ 연기 씌우기
④ 시비 조절하기

해설 짚싸기 : 배롱나무, 장미 등과 같은 내한성이 약한 나무의 지상부를 보호하기 위하여 쓰이는 월동방법

Advice
내한성이 약한 배롱나무, 벽오동, 히말라야시다는 수목의 지제부와 수간을 볏짚이나 새끼끈으로 싸 주고, 상열을 막기 위해 유지나 녹화마대로 수간 전체를 감싸는 것이 바람직하다.

29 지주목 설치 요령 중 적합하지 않은 것은?

[04년 1회, 10년 2회]

① 지주목을 묶어야 할 나무줄기 부위는 타이어 튜브나 마대 혹은 새끼 등의 완충재를 감는다.
② 지주목의 아래는 뾰족하게 깎아서 땅속으로 30~50cm 정도의 깊이로 박는다.
③ 지상부의 지주는 페인트칠을 하는 것이 좋다.
④ 통행인이 많은 곳은 삼발이형, 적은 곳은 사각지주와 삼각지주가 많이 설치된다.

해설 통행인이 많은 곳은 삼각 및 사각지주, 적은 곳은 삼발이지주를 많이 설치된다.

지주설치방법
- 단각형 지주 : 1.2m의 소형수목에 적용된다.
- 이각형 지주 : 2.0m 이하의 수목 또는 소형의 가로수에 적용한다.
- 삼발이지주 : 중대형의 수목에 적용된다. 경관상 중요한 지역이 아닌 곳, 통행인이 없는 곳에서 적용된다.
- 삼각 및 사각지주 : 중대형 수목에 적용된다. 경관상 중요한 지역이나 통행인이 많은 곳에서 적용된다.
- 당김줄형 지주 : 거목에 적용된다. 경관적으로 가치가 요구되는 곳에 적용된다.
- 매몰형 지주 : 수목이 매우 중요한 위치에 있어 지주가 시각상 문제가 있다고 판단되는 경우와 통행인에게 불편을 초래한다고 판단되는 경우에 적용된다.
- 연결형 지주 : 산울타리의 열식 또는 가까운 거리에 여러 주의 나무를 모아 심었을 때 인접한 나무끼리 연결하는 방법이다.

30 지주세우기에서 일반적으로 대형의 나무에 적용하며, 경관적 가치가 요구되는 곳에 설치하는 지주 형태는? [03년 5회, 09년 4회]

① 이각형
② 삼발이형
③ 삼각 및 사각지주형
④ 당김줄형

해설 ① 이각형 : 수고 2m 이하의 교목, 삼각, 사각지주 사용이 곤란한 좁은 장소일 경우
② 삼발이형 : 2m 이상의 나무에 적용, 사람의 통행이 많지 않고 경관상 주요 지점이 아닌 곳
③ 삼각 및 사각지주 : 중대형 수목에 적용

31 거름을 주는 목적이 아닌 것은? [04년 2회, 08년 5회]

① 조경 수목을 아름답게 유지하도록 한다.
② 병해충에 대한 저항력을 증진시킨다.
③ 토양미생물의 번식을 억제시킨다.
④ 열매 성숙을 돕고, 꽃을 아름답게 한다.

해설 토양미생물의 번식을 돕고, 식물이 토양의 양분을 이용하기 쉽게 하 준다.

32 식물의 생육에 필요한 필수원소 중 다량원소가 아닌 것은? [10년 2, 5회]

① Mg
② H
③ Ca
④ Fe

해설 식물 생육에 필요한 원소
• 다량원소 : C, H, O, N, P, K Ca, Mg, S
• 미량원소 : Fe, Cl, Mn, Zn, B, Cu, Mo

33 속효성 비료로 계속 주면 흙이 산성으로 변하는 비료는? [03년 1회, 05년 2회]

① 황산암모늄
② 요 소
③ 황산칼륨
④ 중과석

해설 생리적 산성비료는 화학적 반응이 중성이나 식물이 비료성분을 흡수한 후에 산성의 부성분을 남겨 토양이 산성으로 되는 비료이고, 황산암모늄, 염화암모늄, 염화칼륨 등은 비료성분 중 암모니아, 칼륨 등은 식물에 흡수되고 황산기(基)와 염소 이온은 토양에 흡착되어 토양을 산성화 시킨다.

정답 30 ④ 31 ③ 32 ④ 33 ①

34 잔디의 거름주기 방법으로 적당하지 않은 것은?
[04년 2회, 09년 2회]

① 질소질 거름은 1회 주는 양이 1m²당 10g 정도이다.
② 난지형 잔디는 하절기에, 한지형 잔디는 봄과 가을에 집중해서 거름을 준다.
③ 한지형 잔디의 경우 고온에서의 시비는 피해를 촉발시킬 수 있으므로 가능하면 시비를 하지 않는 것이 원칙이다.
④ 가능하면 제초작업 후 비가 오기 직전에 실시하며 불가능 시비에는 시비 후 관수한다.

해설 ① 질소질 거름은 1회 주는 양이 1m²당 4g을 넘지 않도록 한다.

35 솔잎혹파리에는 먹좀벌을 방사시키면 방제효과가 있다. 이러한 방제법에 해당하는 것은?
[04년 1회, 10년 1회]

① 기계적 방제법
② 생물적 방제법
③ 물리적 방제법
④ 화학적 방제법

해설 병충해 방제법
- 피해지를 잘라 태우고, 낙엽, 잡초 제거
- 내병충성 품종의 이용 : 정원에 병에 강한 수종으로 선택
- 건전한 비배관리에 의한 방제 : 토양, 수분, 광선, 통풍
- 생물학적 방제법 : 천적의 이용
- 물리학적 방제법 : 전정 가지의 소각, 낙엽 태우기, 잠복소, 유살 등의 이용
- 화학적 방제법 : 농약을 이용하는 방법

36 병해충의 화학적 방제 내용으로 틀린 것은?
[03년 2회, 10년 4회]

① 병해충을 일찍 발견해야 방제효과가 크다.
② 될 수 있으면 발생 후에 약을 뿌려준다.
③ 병해충이 발생하는 과정이나 습성을 미리 알아두어야 한다.
④ 약해에 주의해야 한다.

해설 ② 될 수 있으면 발생 전에 약을 뿌려준다.

37 응애만을 죽이는 농약의 종류에 해당하는 것은? [03년 5회, 10년 4회]

① 살충제 ② 살균제
③ 살비제 ④ 살서제

해설
③ 응애만을 죽이는 농약
① 해충을 방제할 목적으로 쓰이는 약제
② 병원균을 죽이는 목적으로 쓰이는 농약
④ 농림업상 해를 주는 쥐·두더지 및 그 밖의 설치류를 방제할 목적으로 쓰이는 약제로 보통 쥐약이라고도 함

38 다음 중 소나무류를 가해하는 해충으로서 가장 관련이 적은 것은? [02년 2회, 07년 1회, 14년 1회]

① 솔나방 ② 미국흰불나방
③ 소나무좀 ④ 솔잎혹파리

해설
- 소나무류를 가해하는 해충 : 충영을 형성하는 솔잎혹파리, 흡수성 해충인 솔껍질깍지벌레, 식엽성 해충인 솔나방, 천공성 해충인 소나무좀 등
- 미국흰불나방의 피해수종 : 플라타너스와 벚나무, 밤나무, 감나무, 대추나무 등의 유실수를 비롯한 거의 모든 활엽수를 가해하며 먹이가 부족하면 옥수수, 배추, 화훼류 등 160여 종의 수종을 가해한다.

39 다음 중 흰불나방의 피해가 가장 많이 발생하는 수종은? [05년 5회, 06년 2회, 10년 1회]

① 감나무 ② 사철나무
③ 플라타너스 ④ 측백나무

해설 **미국흰불나방**
- 미국흰불나방이 피해를 주는 나무는 플라타너스(양버즘나무), 미루나무, 버드나무이며, 송충이가 피해를 주는 수종은 소나무(적송)이다.
- 8월 중순경에 양버즘나무의 피해 나무줄기에 잠복소를 설치하여 가장 효과적인 방제가 가능한 해충이다.
- 성충은 1화기(5월 중순~6월 중순), 2화기(7월 하순~8월 중순)로 연 2회 발생한다.

40 배나무 붉은별무늬병의 겨울포자 세대의 중간기주 식물은? [05년 1회, 09년 5회]

① 잣나무 ② 향나무
③ 배나무 ④ 느티나무

해설 붉은별무늬병은 향나무가 월동숙주이므로 과수원 근처에 있는 향나무를 없애야 한다.

41 다음 수종 중 빗자루병에 잘 걸리는 나무는? [02년 5회, 05년 1회, 12년 5회]

① 향나무　　　　　　　　② 소나무
③ 벚나무　　　　　　　　④ 목 련

해설 빗자루병에 잘 걸리는 나무 : 벚나무, 대추나무, 오동나무

> **Advice**
> 벚나무 빗자루병은 곰팡이에 감염이 되는 병으로 꽃이 피지 않으며 잎은 흑색으로 변하고 말라서 낙엽이 된다.

42 파이토플라스마에 의한 주요 수목병에 해당하지 않는 것은? [08년 5회, 10년 1회, 13년 1회]

① 오동나무 빗자루병　　　② 뽕나무 오갈병
③ 대추나무 빗자루병　　　④ 소나무 시들음병

해설 파이토플라스마(Phytoplasma) : 오동나무 빗자루병, 소나무 재선충병, 대추나무 빗자루병, 뽕나무 오갈병 등

43 다음 중 잎이나 가지에 붙어 즙액을 빨아먹어 잎이 황색으로 변하게 되고 2차적으로 그을음병을 유발시키며, 감나무, 동백나무, 호랑가시나무, 사철나무, 치자나무 등에 공통적으로 발생하기 쉬운 충해는? [02년 5회, 06년 1회]

① 흰불나방　　　　　　　② 측백나무 하늘소
③ 깍지벌레　　　　　　　④ 진딧물

해설 ① 미국흰불나방 : 집단 서식하며 잎이나 가지에 거미줄, 애벌레가 노숙해지면 분산해서 가해
② 측백나무 하늘소 : 애벌레가 줄기 속을 가해
④ 진딧물류 : 잎, 가지를 가해하여 황화현상, 그을음병 유발(소나무 등에 발생)

> **Advice**
> 깍지벌레와 진딧물은 그을음병을 유발하는 해충이다.

정답 41 ③　42 ④　43 ③

44 다음 수종 중 흰가루병에 가장 잘 걸리는 식물은? [02년 1회, 08년 1회, 09년 2회]

① 대추나무
② 향나무
③ 동백나무
④ 장 미

해설 흰가루병
- 수목에 치명적인 병은 아니지만 발생하면 생육이 위축되고 외관을 나쁘게 한다.
- 가을이 되면 병환부에 흰가루가 섞여서 미세한 흑색의 알갱이가 다수 형성된다.
- 장미, 단풍나무, 배롱나무, 벚나무 등에 많이 발생한다.
- 병든 낙엽을 모아 태우거나 땅속에 묻음으로써 전염원을 차단하는 것이 필수적이다.
- 통기불량, 일조부족, 질소과다 등이 발병 요인이다.
- 방제약에는 티오파네이트메틸수화제(지오판엠), 결정석회황합제(유황합제), 디비이디시(황산구리)유제(산요루) 등이 있다.

45 진딧물, 깍지벌레와 관계가 가장 깊은 병은? [07년 2회, 11년 2회]

① 흰가루병
② 빗자루병
③ 줄기마름병
④ 그을음병

해설 그을음병은 진딧물과 깍지벌레의 분비물에서 기생하는 곰팡이로 2차적 병이다.

46 병해충 방제를 목적으로 쓰이는 농약의 포장지 표기 형식 중 색깔이 분홍색을 나타내는 것은 어떤 종류의 농약을 가리키는가? [06년 2회, 10년 5회]

① 살충제
② 살균제
③ 제초제
④ 살비제

해설 농약 포장지 색깔
- 살균제 : 분홍색(머규롬 - 황분홍)
- 살충제 : 녹색(나무를 살린다)
- 제초제 : 황색(반만 죽인다)
- 비선택형 제초제 : 적색(싹 죽인다)
- 생장조절제 : 청색(푸른 신호등)

정답 44 ④ 45 ④ 46 ②

47 다음 중 루비깍지벌레의 구제에 가장 효과적인 농약은? [04년 5회, 05년 5회, 07년 2회]

① 메타유제(메타시스톡스)　② 티디폰수화제(바라톡)
③ 디프수화제(디프록스)　④ 메티온유제(수프라사이드)

해설 깍지벌레 방제약제로는 메티온유제(수프라사이드, 메티온), 이카롤유제(보배단), 디메토유제(로고, 록숀), 비오킬 등이 있다.

Advice
깍지벌레는 대부분의 수종에 피해를 주는 해충으로 수목의 잎, 가지에 붙어서 즙액을 빨아먹는다.

---

48 소나무에 많이 발생하는 솔나방 구제에 가장 효과적인 농약은? [02년 1회, 05년 2회]

① 만코지제(다이센)　② 캡탄수화제(오소싸이드)
③ 포리옥신수화제　④ 디프제(디프록스)

해설 디프제(디프록스)는 솔나방(소나무), 미국흰불나방(플라타너스), 잎말이나방(사과)을 구제하는 약제 중 가장 효과적이다.

---

49 다음 중 잔디밭의 넓이가 50평 이상으로 잔디의 품질이 아주 좋지 않아도 되는 골프장의 러프(Rough)지역, 공원의 수목지역 등에 많이 사용하는 잔디 깎는 기계는? [02년 5회, 06년 1회]

① 핸드모어(Hand Mower)　② 그린모어(Green Mower)
③ 로터리모어(Rotary Mower)　④ 갱모어(Gang Mower)

해설
③ 로터리모어 : 프로펠러 날이 수평으로 돌아서 잔디가 깎이며 깎이는 면이 거칠게 되므로 보통 50평 이상의 골프장의 러프(Rough), 공원의 수목지역 등 잔디의 품질이 거칠어도 되는 곳에 사용한다.
① 핸드모어 : 인력으로 바퀴가 돌아가면서 잔디깎는 날이 돌아서 깎도록 한 것으로 50평 미만의 잔디밭 관리에 사용한다.
② 그린모어 : 골프장의 그린, 테니스코트 등 잔디면이 섬세한 곳을 깎는다.
④ 갱모어 : 골프장, 운동장, 경기장 등 5,000평 이상의 대면적의 잔디를 깎는 기계로 트럭, 짚차나 기타 견인차에 달아 사용하며 경사지나 잔디면이 평탄치 않은 곳도 균일하게 잔디를 깎을 수 있고 잔디도 양호하게 깎여진다.

---

50 잔디 떼밥주기가 적당하지 않은 것은? [04년 2회, 07년 2회, 14년 2회]

① 흙은 5mm 체로 쳐서 사용한다.
② 난지형 잔디의 경우는 생육이 왕성한 6~8월에 준다.
③ 잔디 포지전면을 골고루 뿌리고 레이크로 긁어 준다.
④ 일시에 많이 주는 것이 효과적이다.

해설 떼밥주기는 일시에 다량 사용하는 것은 피한다.

51 난지형 잔디밭에 뗏밥을 넣어주는 적기는? [04년 1회, 05년 2회]

① 3~4월
② 6~8월
③ 9~10월
④ 11~1월

해설 난지형 잔디 뗏밥 주는 시기 : 생육이 왕성한 6~8월에 월 1회씩 연 3회

> **Advice**
> 생육적온에 따라서 난지형 잔디와 한지형 잔디로 나뉜다.

52 잔디의 식재지 표토의 최소토심(생육최소깊이)은? [05년 2회, 07년 1회, 08년 1, 2회]

① 10cm
② 20cm
③ 30cm
④ 45cm

해설 식물 생육에 필요한 최소토양깊이

분류	생존최소깊이(cm)	생육최소깊이(cm)
잔디 및 초본류	15	30
소관목	30	45
대관목	45	60
천근성 교목	60	90
심근성 교목	90	150

53 다음 중 잎에 등황색의 반점이 생기고 반점으로부터 붉은 가루가 발생하는 병으로 한국잔디의 대표적인 것은? [02년 5회, 04년 1, 2, 5회, 13년 4회]

① 붉은 녹병
② 푸사리움 패치(*Fusarium* Patch)
③ 황화현상
④ 달러 스폿(Dollar Spot)

해설 ① 붉은 녹병 : 잔디의 잎에 황갈색의 얼룩점이 생겨 큰 잔디밭에 퍼지는 병으로 잔디밭의 미관을 나쁘게 하지만 죽지는 않는다.
② 푸사리움 패치(*Fusarium* Patch) : 동양 잔디류에 흔히 발생하며, 이른 봄에 황화병과 유사한 형태로서 잔디가 완전히 고사한다.
③ 황화현상 : 동양 잔디 중에서 특히 금잔디에 많이 발생한다. 이른 봄 잔디 출아 시 지름 10~30cm 정도의 원형에 가까운 형태로 발생하여 잔디의 생육이 활발해지면 사라진다.
④ 달러 스폿(Dollar Spot) : 황갈반점병

정답 51 ② 52 ③ 53 ①

54 조경수목의 연간관리 작업계획표를 작성하려고 한다. 작업 내용의 분류상 성격이 다른 하나는?

[03년 2회, 08년 2회]

① 병해충 방제
② 시 비
③ 뗏밥주기
④ 수관 손질

해설 뗏밥주기는 잔디 연간관리 작업계획표에 속한다.

55 다음 중 시설물의 관리를 위한 방법으로 적합하지 못한 것은?

[03년 5회, 06년 5회]

① 콘크리트 포장의 갈라진 부분은 파손된 재료 및 이물질을 완전히 제거한 후 조치한다.
② 배수시설은 정기적인 점검을 실시하고, 배수구의 잡물을 제거한다.
③ 벽돌 및 자연석 등의 원로포장 파손 시 많은 부분을 철저히 조사한다.
④ 유희시설물 점검은 용접부분 및 움직임이 많은 부분을 철저히 조사한다.

해설 벽돌 및 자연석 등의 원로포장 파손 시 파손된 부분을 보수한다.

56 다음 중 정원관리를 하는 데 시간적, 계절적 제약을 가장 적게 받고 관리할 수 있는 것은?

[03년 5회, 08년 5회]

① 정원석 관리
② 잔디 관리
③ 정원수 관리
④ 초화 관리

해설 정원석은 시간적, 계절적 제약을 받지 않고 관리할 수 있다.

新경향문제

02

PART 01 　조경설계

PART 02 　조경시공

PART 03 　조경관리

조경기능사 필기 기출문제해설

PART 01 조경설계

01 다음 조경의 효과 중 틀린 것은?
① 공기의 정화
② 대기오염의 감소
③ 소음의 차단
④ 수질오염의 증가

해설 ④ 오히려 수질오염의 감소효과를 가져올 수 있다.

알아두기

식재의 기능			
건축적 기능	공학적 기능	기상학적 기능	미적 기능
• 사생활 보호 • 차 폐 • 공간의 분할 • 점진적 이해	• 토양침식의 조절 • 음향의 조절(차음) • 대기정화의 기능 • 섬광의 조절 • 반사의 조절 • 통행의 조절	• 태양복사열의 조절 • 바람의 조절 • 강수의 조절 • 온도의 조절	• 조각물로서의 이용, 반사, 영상 • 섬세한 선형미 • 장식적 수벽 • 조류 등 소동물 유인 • 배경용 구조물로서의 유화

02 조경의 설명으로 잘못된 것은?
① 도시에 자연을 도입하는 것이다.
② 급속한 공업화를 도모해서 인간생활을 편리하게 하는 것이다.
③ 도시를 건강하고 아름답게 하는 것이다.
④ 옥외에서의 운동, 산책, 휴양 등의 효과를 목적으로 한다.

해설 **조경의 개념**
• 조경은 외부 공간을 쾌적하고 아름답게 조성하는 전문 분야이다.
• 조경이란 아름답고 유용하며 건강한 환경을 조성하기 위해 인문적·과학적 지식을 응용해 토지를 계획·설계·관리하는 예술이다.
• 조경은 회화·조각·산업디자인·건축·토목·도시계획 등의 분야와 밀접한 관계를 갖는다.
• 조경은 예술이자 기술이고 사회적 수요의 산물이며, 심미성과 기능성, 공공성은 조경의 기본적 특성이자 조경이 지향해야 할 이념이라고 할 수 있다.

정답 1 ④ 2 ②

03 조경이 다른 건설 분야와 차별화될 수 있는 가장 독특한 구성요소는?

① 지 형
② 암 석
③ 식 물
④ 물

해설 조경이 다른 유사 전문 분야와 다른 점은 기본적으로 자연소재, 그중에서도 녹색자원인 식물소재를 다루는 미적·기술적 능력의 차별화에 있다.

04 전통민가 조경이 프로젝트의 대상이 되는 분야는?

① 기타 시설
② 주거지
③ 공 원
④ 문화재

해설 영역별로 구분한 조경의 대상지
- 주거지 : 개인 주택의 정원, 아파트 단지
- 공원 : 도시공원, 자연공원
- 위락·관광시설 : 휴양지, 유원지, 골프장
- 문화재 주변 : 궁궐, 왕릉, 전통민가, 사찰
- 기타 시설 : 도로, 광장, 사무실, 학교, 공장, 항만

05 조경의 내용 범위에 포함하기 어려운 것은?

① 공원의 조성
② 자연보호
③ 경관보존
④ 도시지역의 확대

해설 조경은 크게 나누어 인위적인 경관의 조성과 자연경관의 이용 및 관리로 구분할 수 있는데, 인위적인 조경은 어떤 일정한 목적을 가지고 유용성과 미(美)를 고려하여 인간의 힘으로 창조한 경관을 말하며, 정원이나 공원, 기타 인공시설물 등이 포함될 수 있다.

06 우리나라 최초의 국립공원은?

① 설악산
② 한라산
③ 지리산
④ 내장산

해설
- 한국 최초로 지정된 국립공원은 지리산이고, 세계 최초로 지정된 국립공원은 옐로스톤(Yellowstone)이다.
- 국립공원은 자연경치가 뛰어난 지역의 자연과 문화적 가치를 보호하기 위하여 국가에서 지정하여 관리하는 공원이다.

07 자연공원을 조성하려 할 때 가장 중요하게 고려해야 할 요소는?

① 자연경관 요소
② 인공경관 요소
③ 미적 요소
④ 기능적 요소

해설 자연공원이란 자연풍경지를 보호하고, 적정한 이용을 도모하여 국민의 보건휴양 및 정서생활의 향상에 기여함을 목적으로 지정해 이용·관리되는 공원이다.

> **Advice**
> **자연공원법상 자연공원** : 국립공원·도립공원·군립공원 및 지질공원을 말한다.

08 정원의 외형이 형성되는 데 가장 많은 영향을 미치는 요소는?

① 재료, 국민성, 시대사조
② 비례, 균형, 조화
③ 반복, 점층, 대비
④ 설계가의 마음대로

해설 정원양식의 발생요인
- 사회환경 요인 : 종교, 민족성, 역사성, 기타(정치·경제·건축·예술 등)
- 자연환경적 요인 : 기후(비·바람·눈·기온), 지형(산악·평탄), 기타(토질·암석)

09 서양의 각 시대별 조경양식에 관한 설명 중 옳은 것은?

① 서아시아의 조경은 수렵원 및 공중정원이 특징적이다.
② 이집트는 상업 및 집회를 위한 공공정원이 유행하였다.
③ 고대 그리스 포럼과 같은 옥외공간이 형성되었다.
④ 고대 로마의 주택정원에는 지스터스(Xystus)라는 가족을 위한 사적인 공간을 조성하였다.

해설
② 이집트 정원은 주택정원, 신전정원, 묘지정원으로 나눌 수 있다.
③ 포럼은 그리스의 아고라와 같은 개념의 대화 장소이다.
④ 고대 로마정원은 3개의 중정으로 구성되어 있었는데, 이 중 사적(私的) 기능을 가진 제2중정에는 페리스틸리움(Peristylium)이 있고, 지스터스는 후원이다.

10 이집트 델 엘 바하리 신전에 사용한 배식기법은?

① 열 식　　　　　　　② 점 식
③ 군 식　　　　　　　④ 혼 식

해설　델 엘 바하리(Del-el-Bhari) : 핫셉수트(Hatshepsut) 여왕이 태양신을 숭배했고, 센누트의 설계로 만들어진 것으로 현존하는 가장 오래된 조경유적으로 스핑크스를 배치하고, 아카시아 등 수목을 열식하였다.

11 고대 그리스에서 체육 훈련을 하는 자리로 만들어졌던 것은?

① 페리스틸리움　　　　② 지스터스
③ 짐나지움　　　　　　④ 보스코

해설　고대 그리스 조경
- 구릉이 많은 지형의 영향을 받았다.
- 히포다무스에 의해 도시계획에서 격자형이 채택되었다.
- 고대 그리스에서는 남자가 16세가 되면 짐나지움(Gymnasium)에서 체육을 연마하였다.

12 인도 정원에 해당하는 것은?

① 알함브라(Alhambra)　　　　② 보르비콩트(Vaux-le-Vicomte)
③ 베르사유(Versailles) 궁원　　④ 타지마할(Taj Mahal)

해설　16세기 무굴제국의 인도 정원
- 무굴제국의 5대 황제 샤 자한은 건축광이었다. 델리의 붉은성, 자마 마스지드 등을 건축하였고, 아그라성을 궁전으로 시작, 22년 만에 완공한 것이 타지마할이다.
- 타지마할은 인도 북부의 도시 아그라 부근 자무나강 남쪽 언덕에 있다.
- 타지마할은 무덤, 사원, 정원, 출입문, 연못 등을 포함한 종합건축물이다.

타지마할
- 인도의 대표적 이슬람 건축
- 인도 아그라(Agra)의 남쪽, 자무나(Jamuna) 강가에 자리 잡은 궁전 형식의 묘지로 무굴제국의 황제였던 샤 자한이 왕비 뭄타즈마할을 추모하여 건축한 것이다.
- 1983년 유네스코에 의해 세계문화유산으로 지정되었다.

13 스페인에 현존하는 이슬람 정원 형태로 유명한 곳은?

① 베르사이유 궁전　　　② 보르비콩트
③ 알람브라성　　　　　④ 에스테장

해설　무어 양식(Moorish)의 극치라고 평가받는 알람브라(Alharmbra)궁은 4개의 중정(Patio)이 있다.

14 르네상스 문화와 더불어 최초로 노단건축식 정원이 발달한 곳은?

① 로 마　　　　　　　② 피렌체
③ 아테네　　　　　　　④ 폼페이

해설 이탈리아의 노단건축식의 최초의 빌라(Villa)는 미켈로지에 의해 설계된 피렌체에 있는 메디치가문의 메디치장이다.

> **알아두기**
> 이탈리아 르네상스 시대의 조경 작품
> 빌라 란첼로티(Villa Lancelotti), 빌라 메디치(Villa de Medici), 빌라 란테(Villa Lante)

15 다음 중 여러 단을 만들어 그 곳에 물을 흘러내리게 하는 이탈리아 정원에서 많이 사용되었던 조경 기법은?

① 캐스케이드　　　　　② 토피어리
③ 록가든　　　　　　　④ 캐 널

해설 르네상스 시대 이탈리아 정원의 특징
- 높이가 다른 여러 개의 노단을 잘 조화시켜 좋은 전망을 살렸다.
- 강한 축을 중심으로 정형적 대칭을 이루도록 꾸몄다.
- 원로의 교차점이나 종점에는 조각, 분천, 연못, 캐스케이드 벽천, 장식화분 등이 배치되었다.

16 16세기 이탈리아의 대표적인 정원인 빌라 에스테(Villa d'Este)의 특징 설명으로 바르지 못한 것은?

① 사이프러스의 열식　　② 자수화단
③ 미 로　　　　　　　　④ 연 못

해설 빌라 에스테(Villa d'Este) : 티볼리 지역
- 16세기 대표적 정원이다.
- 평탄한 노단 중앙의 중심축선이 최상부 노단에 이르고, 이 축선상에 분수를 설치했다.
- 축선과 직교하여 정원이 전개되었다(기하학적·건축적 기법).
- 물의 연출이 다양하다(분수, 개울, Cascade, Water Organ, 100개의 분천, 저수지, 경악분천, 용의 분수, Aretusa 분수 등).
- 사이프러스 군식과 연못, 자수화단, 미로, 덩굴올린 터널, 짙은 그늘과 수림 속의 맑은 물, 조각품과 조화 등이 특징이다.

정답 14 ② 15 ① 16 ①

17 네덜란드 정원에 관한 설명으로 가장 거리가 먼 것은?

① 운하식이다.
② 튤립, 히아신스, 아네모네, 수선화 등의 구근류로 장식했다.
③ 프랑스와 이탈리아의 규모보다 보통 2배 이상 크다.
④ 테라스를 전개시킬 수 없었으므로 분수나 캐스케이드가 채택될 수 없었다.

해설 네덜란드 정원은 소규모 정원이 많다.

> **알아두기**
>
> 네덜란드 정원
> • 16세기 건축가인 드 브리스가 이탈리아 정원을 최초로 도입했다.
> • 정치적 요인 때문에 이탈리아의 영향을 받았지만, 지형상 테라스의 전개가 불가능하여 분수와 캐스케이드가 사용되지 않았다.
> • 운하식 정원으로 깨끗한 벽돌집에 소규모 정원이었고, 정원형태는 수로와 평행했으며, 수로는 배수와 커뮤니케이션, 부지 경계 목적으로 사용되었다.
> • 한정된 공간에서 조각품, 화분, 토피어리, 원정, 서머 하우스 등을 설치하여 다양한 변화를 추구했다.

18 19세기 정원의 실용적인 측면이 강조되어 독일에서 만들어진 정원의 형태는?

① 벨베데레원　　② 분구원
③ 지구라트　　　④ 약초원

해설 1950년대에는 주말농원 형태로 독일에서는 분구원(Kleingarten), 영국에서는 할당지(Allotment), 네덜란드에서는 원예농지(호루크스튜인), 일본은 시민농원이라고 부른다.

19 프레드릭 로 옴스테드가 도시 한복판에 근대공원의 면모를 갖추어 만든 최초의 공원은?

① 런던의 하이드 파크　　② 뉴욕의 센트럴 파크
③ 파리의 테일리 원　　　④ 런던의 세인트 제임스 파크

해설 옴스테드와 보우의 그린스워드 플랜(Greensward Plan)에 의해 센트럴 파크가 설계되었다.

> **Advice**
>
> 센트럴 파크는 미국에서 재정적으로 성공하였으며 도시공원의 효시로 국립 공원운동의 계기를 마련한 공원이다.

20 영국 튜더(Tudor) 왕조에서 유행했던 화단으로, 낮게 깎은 회양목 등으로 화단을 여러 가지 기하학적 문양으로 구획짓는 것은?

① 기식화단　　② 매듭화단
③ 카펫화단　　④ 경재화단

해설
① 기식화단 : 작은 면적의 잔디밭 가운데나 원로 주위의 공간에 만들어지는 화단으로서, 가운데에는 키가 큰 화초를 심고, 가장자리는 갈수록 키가 작은 화초를 심어 입체적으로 바라볼 수 있는 화단
③ 카펫화단(모던화단, 양탄자화단) : 키가 작은 초화류를 이용하여 양탄자 무늬처럼 기하학적으로 도안해서 만든 화단
④ 경재화단 : 건물, 담장, 울타리를 배경으로 그 앞쪽에 장방형으로 길게 만들어진 화단

21 영국의 스토우(Stowe)원을 설계했으며, 정원 내에 하하(Ha-ha)의 기교를 생각해 낸 조경가는?

① 브릿지맨　　② 윌리엄 켄트
③ 험프리 렙턴　　④ 이안 맥하그

해설 브릿지맨(Charles Bridgeman)
- 영국의 풍경식 정원가로 버킹검의 스토우 가든을 설계하고, 담장 대신 정원부지의 경계선에 도랑을 파서 외부로부터의 침입을 막은 Ha-ha 수법을 실현하게 하였다.
- 작품으로는 치즈윅 하우스, 루스햄, 스투어헤드를 설계하였다.

22 정원의 개조 전후의 모습을 보여주는 레드 북(Red Book)의 창안자는?

① 험프리 렙턴(Humphery Repton)　　② 윌리엄 켄트(William Kent)
③ 란셀로트 브라운(Lancelot Brown)　　④ 브릿지맨(Charles Bridgeman)

해설 험프리 렙턴은 풍경식 정원을 완성한 사람으로, 정원의 개조 전후의 모습을 스케치한 레드 북을 의뢰인에게 보여주었다.

23 르 노트르가 이탈리아에서 수학한 뒤 귀국하여 만든 최초 평면기하학식 정원은?

① 보르비콩트　　② 베르사이유
③ 루브르궁　　④ 몽소공원

해설 보르비콩트 정원은 르 노트르가 설계하여 명성을 얻은 것으로, 그는 프랑스 정원양식을 확립하였고 베르사이유 궁원을 꾸민 사람이다.

정답 20 ②　21 ①　22 ①　23 ①

24 다음 중 19세기 유럽에서 정형식 정원의 의장을 탈피하고 자연 그대로의 경관을 표현하고자 한 조경 수법은?

① 노단식 ② 자연풍경식
③ 실용주의식 ④ 회교식

해설 17세기의 정형식 정원의 기하학적인 형태에 대한 반동으로 영국의 자연조건에 부합하는 풍경식 정원양식이 발생하여 유럽대륙으로 전파되었다.

25 맥하그(Ian McHarg)가 주장한 생태적 결정론(Ecological Determinism)의 설명으로 옳은 것은?

① 자연계는 생태계의 원리에 의해 구성되어 있으며, 따라서 생태적 질서가 인간환경의 물리적 형태를 지배한다는 이론이다.
② 생태계의 원리는 조경설계의 대안결정을 지배해야 한다는 이론이다.
③ 인간환경은 생태계의 원리로 구성되어 있으며, 따라서 인간사회는 생태적 진화를 이루어 왔다는 이론이다.
④ 인간행태는 생태적 질서의 지배를 받는다는 이론이다.

해설 생태적 결정론(McHarg) : 생태적 여러 현상들이 우리들이 지각하는 물리적 형태로 표현되며 이 제현상들이 형태를 지배한다.

26 하나의 정원 속에 여러 비율로 꾸며 놓은 국부를 함께 가지고 있으며, 조화보다 대비를 한층 더 중요시 한 나라는?

① 중 국 ② 영 국
③ 독 일 ④ 한 국

해설 중국 정원의 특징
• 지역마다 재료를 달리한 정원양식이 생겼다.
• 건물과 정원이 한덩어리가 되는 형태로 발달했다.
• 기하학적인 무늬가 그려져 있는 원로가 있다.
• 조경수법이 대비에 중점을 두고 있다.
• 경수법을 도입하였다.
• 사실주의보다는 상징적 축조가 주를 이루는 사의주의(寫意主義)에 입각하였다.

27 다음 중 청(靑)나라 대의 대표적인 정원은?
① 원명원 이궁 ② 온천궁
③ 상림원 ④ 사자림

해설 ② 당나라, ③ 진나라, ④ 원나라

> **알아두기**
> 중국의 정원
> • 4대 명원 : 졸정원(명), 사자림(당), 유원, 창랑정(북송)
> • 청대의 이궁 : 원명원, 만수산이화원, 열하피서산장 등
> • 중국 정원 중 가장 오래된 수렵원 : 상림원은 중국 최초의 정원으로 동양에서 가장 오래되었다.

28 정신세계의 상징화, 인공적인 기교, 관상적인 가치에 가장 치중한 정원이라 볼 수 있는 것은?
① 중국 정원 ② 인도 정원
③ 한국 정원 ④ 일본 정원

해설 일반적으로 일본의 정원의 특징은 자연을 축소한 인공적인 기교에 있다. 즉, 돌, 나무 등으로 섬세하게 자연을 축소하거나, 정신세계의 상징화라는 특색을 나타내고 있다.

29 다음 자연식 조경 중 물을 전혀 사용하지 않고 나무, 바위와 왕모래 등으로 상징적인 정원을 만드는 양식은?
① 전원풍경식 ② 회유임천식
③ 고산수식 ④ 중정식

해설 일본의 고산수식(枯山水式) 정원
• 일본의 고산수식 정원은 잦은 전란으로 재정적 여유가 없어져 축소 지향적인 일본의 민족성과 극도의 상징성이 반영된 정원양식이다.
• 대선원은 초기의 고산수식 정원이며 그 표현 내용은 정토세계, 신선사상이었다.
• 선(禪)사상이 정원축조의 의도에 강한 영향을 미쳐 경관의 상징화 내지는 추상화의 경향이 나타났다.

정답 27 ① 28 ④ 29 ③

30 일본에서 고산수(枯山水) 수법이 가장 크게 발달했던 시기는?

① 가마쿠라(鎌倉)시대 ② 무로마치(室町)시대
③ 모모야마(桃山)시대 ④ 에도(江戶)시대

해설 일본 조경양식의 발달
- 8~11세기 : 헤이안 시대, 임천식 정원
- 12~14세기 : 가마쿠라 시대, 회유임천식 정원(침전건물 중심)
- 14세기 : 무로마치 시대, 축산고산수식 정원(선사상과 화목의 영향)
- 15세기 후반 : 무로마치 시대, 평정고산수식 정원(바다의 경치 표현)
- 16세기 : 안도・모모야마 시대, 다정양식 정원(노지식, 곡선이 많이 사용)
- 17세기 : 에도 초기, 지천임천식 또는 회유식 정원(임천식과 다정양식의 결합)
- 에도 후기 : 축경식(縮景式, 풍경을 축소시켜 좁은 공간 내에 표현)

31 4세기경 일본에서 나무를 다듬어 산봉우리를 나타내고 바위를 세워 폭포를 상징하여 왕모래를 깔아 냇물처럼 보이게 한 수법은?

① 침전식 ② 임천식
③ 축산고산수식 ④ 평정고산수식

해설 일본 축산고산수식
- 왕모래를 깔아 냇물을 상징하였다.
- 바위를 세워 폭포를 상징하였다.
- 나무를 다듬어 산봉우리를 상징하였다.
- 물을 쓰지 않으면서도 유수의 운치를 느낄 수 있도록 하였다.

32 한국 조경사 중 백제시대의 조경에 해당하지 않는 것은?

① 임류각 ② 궁남지
③ 석연지 ④ 안학궁

해설 안학궁은 고구려의 장수왕이 재위 15년(427)에 세운 궁궐로서 평상시 왕이 거처하며 정사를 펴던 곳이며, 평양 대성산 남쪽 지역에 궁궐터가 남아 있다. 또한 5세기 당시 고구려의 건축술을 엿볼 수 있는 귀한 자료이다.

> **알아두기**
> 백제시대의 조경에 관한 기록
> - 동사강목, 대동사강, 삼국사기 등에 기록되어 있다.
> - 궁남지는 무왕의 탄생 설화와 관계가 있는 연못이다.
> - 동성왕때 공산성 동쪽에 임류각을 지었다.
> - 백제의 유민 노자공이 궁궐의 뜰에 수미산과 홍교를 만들었다는 기록은 일본서기에 나와 이것이 일본에 있어서의 신선사상에 바탕을 둔 수미산과 오교를 만든 정원의 시초가 된다.
> - 정원의 시대별 순서 : 임류각(백제 진사왕 7년, 391) → 궁남지(백제 무왕 35년, 634) → 석연지(백제 의자왕)

33 통일신라시대의 안압지에 관한 설명으로 틀린 것은?

① 연못의 남쪽과 서쪽은 직선이고 동안은 돌출하는 반도로 되어 있으며, 북쪽은 굴곡 있는 해안형으로 되어 있다.
② 신선사상을 배경으로 한 해안풍경을 묘사하였다.
③ 연못 속에는 3개의 섬이 있는데, 임해전의 동쪽에 가장 큰 섬과 가장 작은 섬이 위치한다.
④ 물이 유입되고 나가는 입구와 출구가 한군데 모여 있다.

해설 안압지는 연못이지만 물이 유입되는 입수부와 물이 빠지는 배수부가 따로 있다.

> **알아두기**
> **통일신라시대의 동궁과 월지**
> • 신라 문무왕 14년(674)에 큰 연못을 파고 못 가운데 3개의 섬과 북쪽과 동쪽으로 12봉우리를 만들었는데 이것은 동양의 신선사상을 배경으로 삼신산과 무산 12봉을 상징한 신라원지의 대표적인 것이다.
> • 봉래산을 본떠서 축소한 연못의 모양(호안)이 다양하고 못 속에 삼신산을 암시하는 대(남쪽), 중(북쪽), 소(중앙) 3개 섬이 타원형을 이루고 있는 정원이다.

34 중국 송시대의 수법을 모방한 화원과 석가산 및 누각 등이 많이 나타난 시기는?

① 백제시대
② 신라시대
③ 고려시대
④ 조선시대

해설 고려 시대는 중국의 송나라와 원나라의 영향을 크게 받았던 시대이다.

35 옛날 처사도(處士道)를 근간으로 한 은일사상(隱逸思想)이 가장 성행하였던 시대는?

① 고구려시대
② 백제시대
③ 신라시대
④ 조선시대

해설 도가적 은일사상은 은일적 자연관으로 발전되어 전통사회, 특히 조선시대의 시조 등의 문학에서부터 조경문화에까지 깊은 영향을 미쳤다.

> **알아두기**
> **조선시대 조경의 특징**
> • 조선 중엽 이후에는 풍수지리설에 따라 택지를 정하는 풍습이 생겨 지형적인 제약을 받아 안채의 뒤쪽 즉 후원이 주가 되는 정원 수법이 생겼다.
> • 조선시대는 우리나라의 정원양식이 크게 발달한 시기로, 삼국시대에 받아들였던 중국식 정원양식이 한국적 색채가 짙은 형태로 변모한 시기이다.
> • 전통정원에서의 물은 공간구성이나 경관상의 기본요소로서, 계류(溪流)와 지당(池塘)이 가장 보편적인 형태이고 그 외 석연지(石蓮池), 석간수(石澗水), 천정(泉井) 등이 도입되었다.
> • 조선시대 후원양식의 정원에 설치되는 정원시설물은 장대석, 괴석이나 세심석, 장식을 겸한 굴뚝, 사각형태의 연못 등이 있다.

정답 33 ④ 34 ③ 35 ④

36 다음 중 사군자(四君子)에 해당되지 않는 것은?

① 매화
② 난초
③ 국화
④ 소나무

해설 매화(봄), 난초(여름), 국화(가을), 대나무(겨울)를 소재로 하여 수묵 위주로 그려진 묵매(墨梅), 묵란(墨蘭), 묵국(墨菊), 묵죽(墨竹)을 통틀어 사군자라 한다.

> **Advice**
> 조선시대 선비들이 즐겨 심고 가꾸었던 사절우(四節友)에는 국화, 매화, 대나무, 소나무가 있다.

37 아미산 후원 교태전의 굴뚝에 장식된 문양이 아닌 것은?

① 반송
② 매화
③ 호랑이
④ 해태

해설 아미산 후원 교태전의 굴뚝에 장식된 문양에는 반송(반원의 형태로 가지가 여러 개 있는 형태)의 형태가 아닌 우리나라 전통 고유 수종인 적송(줄기가 휘어진 형태)의 그림이 있다.

38 부귀나 영화를 등지고 자연과 벗하며 농사를 경영하고 살기 위해 세운 주거를 별서(別墅)정원이라 한다. 우리나라에 현존하는 대표적인 것은?

① 윤선도의 부용동 원림
② 강릉의 선교장
③ 이덕유의 평천산장
④ 구례의 운조루

해설
① 보길도 부용동 정원은 논에 물을 대듯 개울물을 막아 세연지(洗然池)라는 연못을 만들고, 그 연못 가운데에 섬을 또 만들어 지은 정원이다.
② 조선시대 사대부의 살림집, ③ 당나라의 민간정원, ④ 조선 중기의 양반 가옥

39 조선 시대의 정원 중 연결이 올바른 것은?

① 양산보 – 다산초당
② 윤선도 – 부용동 정원
③ 정약용 – 운조루 정원
④ 유이주 – 소쇄원

해설 조선 시대의 대표적 정원
- 소쇄원 : 중종 25년(1530)에 양산보가 전남 담양군에 건립하였다.
- 운조루 : 영조 52년(1776)에 유이주가 전남 구례군에 건립하였다.
- 부용동 정원 : 전남 완도군 보길도에 있는 정원으로서, 윤선도(1587~1671)가 머물며 〈어부사시사〉 등의 작품을 지은 곳이다.
- 다산초당 : 정약용이 유배 생활을 하던 곳으로, 그는 이곳에서 제자들을 가르치고 여러 권의 책을 저술했다.

40 프로젝트의 수행단계 중 주로 자료의 수집, 분석 종합에 초점을 맞추는 단계는?

① 조경설계
② 조경시공
③ 조경계획
④ 조경관리

해설 조경분야 프로젝트 수행단계의 순서
- 계획 : 자료의 수집, 분석, 종합
- 설계 : 자료를 활용하여 기능적·미적인 3차원 공간을 창조
- 시공 : 공학적 지식과 생물을 다룬다는 점에서 특수한 기술 요구
- 관리 : 식생과 시설물의 이용관리

41 식재, 포장, 계단, 분수 등과 같은 한정된 문제를 해결하기 위해 구성요소, 재료, 수목들을 선정하여 기능적이고 미적인 3차원적 공간을 구체적으로 창조하는 것에 초점을 두어 발전시키는 것은?

① 조경설계
② 평 가
③ 단지계획
④ 조경계획

해설 주요 설계 및 계획
- 조경설계 : 식재, 포장, 계단, 분수 등을 시공하기 위한 세부적인 설계로 발전시키는 일로서, 조경계획에 있어서는 논리적이고 객관성 있게, 조경설계에 있어서는 창조적 구상과 합리적 사고가 필요
- 단지계획 : 자연요소나 시설물을 대지의 특성과 기능에 맞게 배치하는 것
- 좁은 의미의 조경계획 : 목표설정 → 자료분석 → 기본계획
- 시공단계 : 생물을 직접 다루며 전체적으로 공학적인 지식이 가장 많이 필요로 하는 수행단계
- 실시설계 : 실제 시공을 위한 시공 도면을 만드는 과정으로 평면도와 단면도, 배식설계, 시설물 상세, 시방서, 공사비 내역서를 포함한 설계

정답 39 ② 40 ③ 41 ①

42 제도 후 도면의 표제란에 기재하지 않아도 되는 것은?

① 도면명 ② 도면번호
③ 제도장소 ④ 축척

해설 표제란에는 공사명, 도면명, 범례, 축척, 설계자명, 도면번호, 설계일시 등의 사항을 기록한다.

> **Advice**
> 제도의 순서
> 제도용지 붙이기 → 윤곽선 긋기 → 기준선 긋기 → 물체의 윤곽 나타내기 → 선의 종류를 구분하여 물체 나타내기 → 치수 및 표제란 적기

43 완공되었을 경우를 가정하여 설계 내용을 실제 눈에 보이는 대로 절단한 면에서 먼 곳에 있는 것은 작게, 가까이 있는 것은 크고 깊이가 있게 하나의 화면에 설계안을 그리는 것은?

① 평면도 ② 조감도
③ 투시도 ④ 상세도

해설 주요 도면의 종류
- 평면도 : 기본 설계도 중 위에서 수직 투영된 모양을 일정한 축척으로 나타내는 도면으로 2차원적이며, 입체감이 없는 도면
- 조감도 : 높은 곳에서 지상을 내려다 본 것처럼 지표를 공중에서 비스듬히 내려다보았을 때의 모양을 그린 것
- 상세도 : 일반 평면도나 단면도에서 잘 나타나지 않는 세부 사항을 시공이 가능하도록 표현한 도면
- 투시도 : 완공되었을 경우를 가정하여 설계 내용을 실제 눈에 보이는 대로 절단한 면을 그린 도면으로 설계도의 종류 중에서 3차원의 느낌이 가장 실제의 모습과 가깝게 나타남
- 다이어그램 : 설계자의 의도를 개략적인 형태로 나타낸 일종의 시각 언어로서 도면을 단순화시켜 상징적으로 표현한 그림
- 현황도 : 조경시 기본계획을 수립하는 데 가장 기초로 이용되는 도면
- 입면도 : 어느 한 방향으로부터 수평 투영한 도면

44 제도용구로 사용되는 삼각자 한 쌍(직각이등변삼각형과 직각삼각형)으로 작도할 수 있는 각도는?

① 65° ② 95°
③ 105° ④ 125°

해설 한 쌍의 삼각자를 이용하여 그을 수 있는 각도는 30°, 45°, 60°, 75°, 90°, 105°, 120°, 135°, 150°이다.

45 제도에서 사용되는 물체의 중심선, 절단선, 경계선 등을 표시하는 데 가장 적합한 선은?

① 실 선 ② 파 선
③ 1점쇄선 ④ 2점쇄선

해설 제도에 사용되는 선
- 실선 : 물체의 보이는 부분을 나타내는 선
- 파선 : 물체의 보이지 않는 부분을 나타내는 선
- 2점쇄선 : 이동하는 부분의 이동 후의 위치를 가상하여 나타내는 선
- 1점쇄선 : 중심선과 절단선, 경계선, 기준선
- 가는 실선의 용도 : 치수선, 치수 보조선, 지시선, 회전 단면선, 중심선, 수준면선

46 식재설계 시 인출선에 포함되어야 할 내용이 아닌 것은?

① 수 량 ② 수목명
③ 규 격 ④ 수목 성상

해설 인출선
- 수목명, 본수, 규격 등을 기입하기 위하여 주로 이용되는 선이다.
- 도면의 내용물 자체에 설명을 기입할 수 없을 때 사용하는 선이다.
- 가는 실선을 사용하며, 한 도면 내에서는 그 굵기와 질은 동일하게 유지한다.
- 한 도면 내에서는 인출선을 긋는 방향과 기울기를 가능하면 통일한다.

47 항공사진 측량 시 낙엽수와 침엽수, 토양의 습윤도 등의 판독에 쓰이는 요소는?

① 질 감 ② 음 영
③ 색 조 ④ 모 양

해설 항공사진 판독의 요소에는 크기와 형태, 색조, 모양, 질감, 음영, 과고감 등이 있다.

> **알아두기**
> 측량 목적에 따라 삼각측량, 트래버스측량, 수준측량, 지형측량, 노선측량, 항만측량, 해양측량, 광산측량, 지적측량 등으로 구분한다. GPS측량은 수치지형자료를 획득할 수 있도록 고안된 인공위성 기반의 측량시스템이다.

48 평판측량의 3요소에 해당하지 않는 것은?

① 정 준 ② 구 심
③ 수 준 ④ 표 정

해설 평판측량의 3조건(요소)
- 정준 : 수준기를 이용해 평판을 수평으로 하는 것
- 구심 : 도판상의 측점과 지상의 측점을 일치시키는 것, 즉 제도용지의 도상점과 땅 위의 측점을 동일하게 맞추는 것
- 표정 : 도판상의 측선 방향과 지상의 측선 방향을 일치시키는 것

정답 45 ③ 46 ④ 47 ③ 48 ③

49 식물의 생육에 가장 알맞은 토양의 용적 비율(%)은?(단, 광물질 : 수분 : 공기 : 유기질의 순서로 나타낸다)

① 50 : 20 : 20 : 10
② 45 : 30 : 20 : 5
③ 40 : 30 : 15 : 15
④ 40 : 30 : 20 : 10

해설
- 식물생육에 이상적인 흙의 용적 비율은 광물질 45%, 수분 30%, 공기 20%, 유기질 5%이다.
- 영구위조점은 포화습도 공기 중에서 회복되지 않는 수분량(15bar)으로 토성에 따라 다르다(사토 2~4%, 식질토 20%, 이탄토 100%).

50 자연환경조사 단계 중 미기후와 관련된 조사항목으로 가장 영향이 적은 것은?

① 지하수 유입 및 유동의 정도
② 태양복사열을 받는 정도
③ 공기 유통의 정도
④ 안개 및 서리 피해 유무

해설 미기후
- 조사항목 : 태양복사열의 정도, 공기 유통의 정도, 안개 및 서리해 유무, 지형적 여건에 따른 일조시간, 대기오염 자료 등
- 호수에서 바람이 불어오는 곳은 겨울에는 따뜻하고 여름에는 서늘하다.
- 야간에는 언덕보다 골짜기의 온도가 낮고, 습도는 높다.
- 야간에 바람은 산 위에서 계곡을 향해 분다.
- 계곡의 맨 아래쪽은 주택지로서 비교적 미흡한 편이다.

51 일반적으로 높이 10m의 방풍림에 있어서 방풍효과가 미치는 범위를 바람 위쪽과 바람 아래쪽으로 구분할 수 있는데, 바람 아래쪽은 약 얼마까지 방풍효과를 얻을 수 있는가?

① 100m
② 300m
③ 500m
④ 1,000m

해설 방풍림에 있어서 방풍효과가 미치는 범위는 바람의 위쪽에 대해서는 수고의 6~10배, 바람 아래쪽에 대해서는 25~30배 거리이다.

정답 49 ② 50 ① 51 ②

52 조경의 기본계획에서 일반적으로 토지이용분류, 적지분석, 종합배분의 순서로 이루어지는 계획은?

① 동선계획
② 시설물 배치계획
③ 토지이용계획
④ 식재계획

해설 기본계획
- 토지이용계획 : 토지이용계획 과정, 적지분석, 종합배분
  ※ 토지이용계획시 일반적인 진행순서 : 토지이용분류 → 적지분석 → 종합배분
- 교통동선계획 : 교통동선계획 과정, 교통동선 체계
- 시설물 배치계획 : 시설물 평면계획, 시설물의 형태, 재료, 색채, 시설물의 배치
- 식재계획 : 수종 선택, 배식, 녹지 체계
- 하부구조계획 : 가능한한 지하로 매설하여 경관을 살린다. 안전성을 높이고 보수가 용이하도록 함
- 집행계획 : 투자계획·법규의 검토, 유지·관리계획

53 다음 중 수문(水門)계획에서 고려하여야 할 것은?

① 집수구역
② 식생분포
③ 야생동물
④ 식생구조

해설 수문계획 시 고려사항에는 집수구역, 홍수범람지역, 지하수 유입지역 등이 있다.

54 일반적인 동선의 성격과 기능을 설명한 것으로 부적합한 것은?

① 동선의 다양한 공간 내에서 사람 또는 사람의 이동경로를 연결하게 해주는 기능을 갖는다.
② 동선은 가급적 단순하고 명쾌해야 한다.
③ 성격이 다른 동선은 혼합하여도 무방하다.
④ 이용도가 높은 동선의 길이는 짧게 해야 한다.

해설 성격이 다른 동선은 반드시 분리해야 한다. 또한 가급적 동선의 교차를 피하도록 한다.

Advice
도시계획 중 교통 동선의 분류체계에는 격자형, 우회형, 대로형, 우회전진형 등이 있다.

정답 52 ③ 53 ① 54 ③

55 일반적으로 원로에 설치되는 계단의 답면(踏面)의 너비를 b, 축상(蹴上)의 높이를 h라고 할 때 $2h + b$가 갖는 적당한 수치 범위는?

① 30~40cm
② 60~65cm
③ 90~100cm
④ 115~125cm

해설 계단설계 시 축상(h)과 답면(b)의 관계는 $2h + b$ = 60~65cm이다.

56 지면보다 1.5m 높은 현관까지 계단을 설계하려 한다. 답면을 30cm로 적용할 때 필요한 계단수는?(단, $2a + b$ = 60cm로 지정한다)

① 10단 정도
② 20단 정도
③ 30단 정도
④ 40단 정도

해설 $2a + b$ = 60cm → $(2x) + 30 = 60$
x = 15cm ∴ 150 ÷ 15 = 10단

57 축척 1/1,000의 도면의 단위면적이 16m²인 것을 이용하여 축척 1/2,000의 도면의 단위면적으로 환산하면 얼마인가?

① 32m²
② 64m²
③ 128m²
④ 256m²

해설 4 × 4 = 16m², 8 × 8 = 64m² 면적이 네 배로 늘어난다.
축척은 일반적으로 배치도와 평면도는 1/100~1/600, 상세도는 1/10~1/50을 사용하며 정원 설계도의 축척은 1/50~1/100을 사용한다.

58 축척 1/50 도면에서 도상(圖上)에 가로 6cm, 세로 8cm 길이로 표시된 연못의 실제 면적(m²)은?

① 12m²
② 24m²
③ 36m²
④ 48m²

해설 (50 × 6) × (50 × 8) = 300cm × 400cm = 120,000cm² = 12m²

59 등고선 간격이 20m인 1/25,000 지도의 지도상 인접한 등고선에 직각인 평면 거리가 2cm인 두 지점의 경사도는?

① 2%   ② 4%
③ 5%   ④ 10%

해설 경사도(%) = $\dfrac{표고차(단차)}{거리} \times 100$, $\dfrac{1}{25,000}$의 축척이므로, 평면거리 2cm = 20mm × 25,000 = 500,000mm

등고선 간격은 20m이므로 20,000mm = $\dfrac{20,000}{500,000} \times 100 = 4\%$

60 지형도에서 두 지점 사이의 고저차는 20m이고, 동일한 지형도에서 두 지점 사이의 수평거리는 100m일 때 경사도(%)는?

① 10%   ② 20%
③ 50%   ④ 80%

해설 경사도 = $\dfrac{수직거리}{수평거리} \times 100 = \dfrac{20}{100} \times 100 = 20\%$

61 관상자로 하여금 실제의 면적보다 넓고 길게 보이게 하는 수법은?

① 눈가림
② 통경선(通景線)
③ 차경(借景)
④ 명암(明暗)

해설 통경선(Vista)은 부지 내의 가장 중요한 시점(視點)인 중심점으로부터 부지의 길이 방향으로 일정한 너비를 가진 대상 지대를 설치하여 분수, 해시계, 조각물 등의 점경물(點景物) 이외는 일체 식재하지 않고 부지를 끝부분까지 내다볼 수 있도록 하는 수법이다.

Advice
눈가림 수법
정원의 넓이를 한층 더 크고 변화 있게 하려는 조경기술

62 눈으로 덮혀 있는 설경과 동물의 일시적 출현은 다음 경관의 어떤 유형에 해당되는가?

① 전경관(Panoramic Landscape)
② 지형경관(Feature Landscape)
③ 관개경관(Canopied Landscape)
④ 일시경관(Ephemeral Landscape)

해설 **산림경관의 유형**
- 전경관(Panoramic Landscape) : 넓은 초원과 같이 시야가 가리지 않고 멀리 퍼져 보임
- 지형경관(Feature Landscape) : 지형의 특징이 나타나고 있어 관찰자가 강한 인상을 받게 되는 경관
- 위요경관(Enclosed Landscape) : 평탄한 중심공간이 있고 그 주위는 숲이나 산들로 둘러싸여 있는 경관, 숲속의 호수 등
- 초점경관(Focal Landscape) : 시설이 한곳으로 집중되는 경관
- 관개경관(Canopied Landscape) : 노폭이 좁은 지역의 가로수 등
- 세부경관(Detail Landscape) : 관찰자가 가까이 접근하여 감상하는 경관
- 일시경관(Ephemeral Landscape) : 대기권의 상황변화에 따라 경관의 모습이 달라지는 경관

63 경관의 유형 중 일시적 경관에 해당하지 않는 것은?

① 기상의 변화에 따른 변화
② 물 위에 투영된 영상(影像)
③ 동물의 출현
④ 산 중 호수

해설 **일시적 경관** : 대기권의 상황변화에 따라 모습이 달라지는 경관이다. 수면에 투영된 영상, 동물의 일시적 출현, 안개 등이 있다.

64 다음 중 인간적 척도(Human Scale)와 밀접한 관계를 갖기가 가장 어려운 경관은?

① 관개경관 ② 지형경관
③ 세부경관 ④ 위요경관

해설 **인간적 척도**
- 손으로 만지고, 걷고, 앉고 하는 등의 인간활동에 관련된 적절한 규모 또는 크기를 말함
- 기념성 강조 : 의도적 큰 규모의 비인간적 척도 도입
- 높은 건물, 구조물 : 교목으로 완화식재하여 상부로의 시선을 차단하고 인간적 척도의 공간을 조성
- 위요공간, 관개경관, 세부경관 : 인간적 척도를 지닌 경관이 될 가능성이 높음(편안함과 친근감)

정답 62 ④ 63 ④ 64 ②

65 정원의 구성요소 중 점적인 요소로 구별되는 것은?

① 원 로
② 생울타리
③ 냇 물
④ 음수대

해설 정원의 구성요소
- 점적인 요소(첨경물) : 벤치, 휴지통, 공중전화, 안내판, 음수대, 조각품, 시계탑 등
- 면적인 요소 : 풀, 분수, 수로와 같은 수경요소, 플렌티, 데크 등

66 다음 중 서울 시내의 남산에 위치한 남산타워는 도시를 구성하는 요소 중 어디에 속하는가?

① 도로(Paths)
② 랜드마크(Landmark)
③ 지역(District)
④ 가장자리(Edge)

해설 랜드마크
- 좌우로 시선이 제한되어 전방의 일정 지점으로 시선이 모이도록 구성된 경관
- 한 도시나 지역의 이미지를 떠오르게 하는 대표적인 건축물이나 조형물로서, 남산타워, 파리의 에펠탑, 런던의 타워 브릿지, 뉴욕의 자유의 여신상 등이 이에 속한다고 할 수 있다.

Advice

스카이라인(Skyline)
어떤 대상 물체가 하늘 배경으로 이루어지는 윤곽선, 즉 하늘과 맞닿은 것처럼 보이는, 산이나 건물 따위의 윤곽선

67 다음 그림과 같이 구릉지의 맨 위쪽에 세워진 건물은 토지의 이용방법 중 어떠한 것에 속하는가?

① 강 조
② 통 일
③ 대 비
④ 보 존

해설 강조(Accent)
- 비슷한 형태나 색감들 사이에 이와 상반되는 것을 넣어 강조함으로써 시각적으로 산만함을 막고 통일감을 조성할 수 있다.
- 강조를 위해서는 대상의 외관(外觀)을 단순화시켜야 한다.
- 자연경관에서는 구조물이 강조의 수단으로 사용되는 경우가 많다.
- 강조하는 것이 수적으로 많고 흩어져 있게 되면 오히려 통일감을 잃게 된다.

68 회화에 있어서의 농담법과 같은 수법으로 화단의 풀꽃을 엷은 빛깔에서 점점 짙은 빛깔로 맞추어 나갈 때 생기는 아름다움은?

① 단순미
② 통일미
③ 반복미
④ 점증미

해설 점증(Gradation)은 점이 또는 점진이라고도 하며, 질서있는 순서에 따라 변화하는 단계를 말한다.

> **알아두기**
>
> **주요 기법**
> - 율동 : 다른 원리에 비해 생명감이 강하며 활기 있는 표정과 경쾌한 느낌을 주는 것이다.
> - 균형미 : 관찰자 시선의 중심선을 기준으로 형태감이나 색채감에서 양쪽의 크기나 무게가 안정감을 줄 때 나타나는 아름다움
> - 반복미 : 정연한 가로수, 뜀돌의 배열, 벽천이나 분수에서 끊임없이 물을 내뿜는 것 등은 반복미를 응용한 예이다.
> - 통일미 : 형, 색, 양, 재료 및 기술상에서 미적 단계의 결합이나 질서를 말한다(정원수의 60%까지를 소나무로 배치하거나 향나무를 심어 전체를 하나의 힘찬 형태나 색채 또는 선으로 통일시켰을 때 나타나는 아름다움).
> - 단순미 : 잔디밭, 일제림, 독립수 등의 경관에 나타나는 아름다움을 말한다.
> - 대비(Contrast) : 색채나 형태 질감면에서 서로 달리하는 요소가 배열될 때의 아름다움을 뜻한다.
> - 정원수의 아름다움의 3가지 요소(삼재미) : 색채미, 형태미, 내용미 등이 있다.

69 명암순응(明暗順應)에 대한 설명으로 틀린 것은?

① 눈이 빛의 밝기에 순응해서 물체를 본다는 것을 명암순응이라 한다.
② 맑은 날 색을 본 것과 흐린 날 색을 본 것이 같이 느껴지는 것이 명순응이다.
③ 터널에 들어갈 때와 나갈 때의 밝기가 급격히 변하지 않도록 명암순응 식재를 한다.
④ 명순응에 비해 암순응은 장시간을 필요로 한다.

해설 명순응은 어두운 곳에서 밝은 곳으로 옮기면 처음에는 눈이 부시나 차차 적응하여 정상상태로 돌아가는 현상을 말한다.

70 선의 방향에 따른 분류 중 수평선이 주는 느낌은?

① 권위감
② 평화감
③ 남성감
④ 운동감

해설 수평적 형태는 평화적이고 안정감을 준다.

> **알아두기**
>
> **색의 느낌**
> - 차가운 색 : 후퇴해 보이고, 지적이며, 냉정하고 상쾌한 느낌을 준다.
> - 따뜻한 색 : 가깝게 보이고, 정열적이며, 온화하고 친근한 느낌을 준다.
> - 명도가 높은 색(파랑 → 초록 → 연두 → 노랑)은 가벼워 보이고, 팽창·진출하게 보이므로 확장되어 보인다.

71 도형의 색이 바탕색의 잔상으로 나타나는 심리보색의 방향으로 변화되어 지각되는 대비효과를 무엇이라고 하는가?

① 색상대비
② 명도대비
③ 채도대비
④ 동시대비

해설
② 명도대비 : 명도가 다른 두 색이 서로의 영향에 의해서 명도 차가 더 크게 일어나는 현상을 말한다. 명시도가 가장 높은 배색으로는 검정과 노랑의 배색을 들 수 있다.
③ 채도대비 : 같은 채도의 색이 주위 색 때문에 채도가 달라져 보이는 현상이다.
④ 동시대비 : 서로 접근시켜서 놓여진 두 개의 색을 동시에 볼 때에 생기는 색 대비를 말한다.

72 동일 면적에서 가장 많은 주차 대수를 설계할 수 있는 주차방식은?

① 직각주차방식
② 30°주차방식
③ 45°주차방식
④ 60°주차방식

해설 주차방법 중 대당 소요면적이 가장 작은 것부터 큰 순서는 직각주차 – 60°주차 – 45°주차 – 평행주차 순서이다.

73 일상생활에 필요한 모든 시설을 도보권 내에 두고, 차량동선을 구역 내에 끌어들이지 않았으며, 간선도로에 의해 경계가 형성되는 도시계획의 구상은?

① 하워드의 전원도시론
② 테일러의 위성도시론
③ 르코르뷔지에의 찬란한 도시론
④ 페리의 근린주구론

해설 근린주구(Neighbourhood Unit)란 1924년 미국의 페리(C. A. Perry)가 제안한 주거단지계획 개념으로서 어린이들이 위험한 도로를 건너지 않고 걸어서 통학할 수 있는 단지규모에서 생활의 편리성과 쾌적성, 주민들간의 사회적 교류 등을 도모할 수 있도록 조성된 물리적 환경을 말한다.

정답 71 ① 72 ① 73 ④

74 도시기본구상도의 표시기준 중 공업용지는 무슨 색으로 표현되는가?

① 노란색
② 파란색
③ 빨간색
④ 보라색

해설 도시계획 지역의 구분과 지역표현색
- 주거지역 : 노란색
- 녹지지역 : 초록색
- 상업지역 : 빨간색
- 공업지역 : 보라색
- 미지정 : 무색

75 염분 피해가 많은 임해공업지대에 가장 생육이 양호한 수종은?

① 노간주나무
② 단풍나무
③ 목 련
④ 개나리

해설 도시공해에 대한 저항성이 강한 수종으로는 노간주나무, 향나무, 은행나무, 광나무 등이 있다.

76 다음 중 옥상조경 토양경량재가 아닌 것은?

① 펄라이트
② 버미큘라이트
③ 피트모스
④ 마사토

해설 ④ 마사토는 화강암이 풍화되어 생성된 모래흙으로 배수성, 통기성이 좋아서 야생초, 분재 등에 많이 쓰인다. 토양경량제에는 피트모스, 부엽토, 펄라이트, 버미큘라이트 등이 있다.

Advice

토목섬유
옥상정원 같은 인공지반 조성 시 토양유실 및 배수기능이 저하되지 않도록 배수층과 토양층 사이에 여과와 분리를 위해 설치하는 것

정답 74 ④ 75 ① 76 ④

77 도시공원 및 녹지 등에 관한 법률상 유치거리가 500m 이하의 근린생활권 근린공원 1개소의 유치 규모기준은?

① 1,500m² 이상
② 5,000m² 이상
③ 10,000m² 이상
④ 30,000m² 이상

해설

알아두기

도시공원의 설치 및 규모의 기준(도시공원 및 녹지 등에 관한 법률 시행규칙 [별표 3])

공원구분		설치기준	유치거리	규 모
1. 생활권 공원				
	가. 소공원	제한 없음	제한 없음	제한 없음
	나. 어린이공원	제한 없음	250m 이하	1,500m² 이상
	다. 근린공원			
	(1) 근린생활권 근린공원(주로 인근에 거주하는 자의 이용에 제공할 것을 목적으로 하는 근린공원)	제한 없음	500m 이하	10,000m² 이상
	(2) 도보권 근린공원(주로 도보권 안에 거주하는 자의 이용에 제공할 것을 목적으로 하는 근린공원)	제한 없음	1,000m 이하	30,000m² 이상
	(3) 도시지역권 근린공원(도시지역 안에 거주하는 전체 주민의 종합적인 이용에 제공할 것을 목적으로 하는 근린공원)	해당 도시공원의 기능을 충분히 발휘할 수 있는 장소에 설치	제한 없음	100,000m² 이상
	(4) 광역권 근린공원(하나의 도시지역을 초과하는 광역적인 이용에 제공할 것을 목적으로 하는 근린공원)	해당 도시공원의 기능을 충분히 발휘할 수 있는 장소에 설치	제한 없음	1,000,000m² 이상
2. 주제공원				
	가. 역사공원	제한 없음	제한 없음	제한 없음
	나. 문화공원	제한 없음	제한 없음	제한 없음
	다. 수변공원	하천·호수 등의 수변과 접하고 있어 친수공간을 조성할 수 있는 곳에 설치	제한 없음	제한 없음
	라. 묘지공원	정숙한 장소로 장래 시가화가 예상되지 아니하는 자연녹지지역에 설치	제한 없음	100,000m² 이상
	마. 체육공원	해당도시공원의 기능을 충분히 발휘할 수 있는 장소에 설치	제한 없음	10,000m² 이상
	바. 도시농업공원	제한 없음	제한 없음	10,000m² 이상
	사. 특별시·광역시·특별자치시·도·특별자치도 또는 서울특별시·광역시 및 특별자치시를 제외한 인구 50만 이상 대도시의 조례로 정하는 공원	제한 없음	제한 없음	제한 없음

정답 77 ③

78 주거지역에 인접한 공장부지 주변에 공장경관을 아름답게 하고, 가스·분진 등의 대기오염과 소음 등을 차단하기 위해 조성되는 녹지의 형태는?

① 차폐녹지　　② 차단녹지
③ 완충녹지　　④ 자연녹지

해설　녹지의 세분(도시공원 및 녹지 등에 관한 법률 제35조)
- 완충녹지 : 대기오염·소음·진동·악취, 그 밖에 이에 준하는 공해와 각종 사고나 자연재해, 그 밖에 이에 준하는 재해 등의 방지를 위하여 설치하는 녹지
- 경관녹지 : 도시의 자연적 환경을 보전하거나 이를 개선하고 이미 자연이 훼손된 지역을 복원·개선함으로써 도시경관을 향상시키기 위하여 설치하는 녹지
- 연결녹지 : 도시 안의 공원·하천·산지 등을 유기적으로 연결하고 도시민에게 산책공간의 역할을 하는 등 여가·휴식을 제공하는 선형(線型)의 녹지

79 녹지계통의 형태가 아닌 것은?

① 분산형(산재형)　　② 환상형
③ 입체분리형　　④ 방사형

해설　도시 내 공원녹지체계(9가지)에는 집중형, 분산형, 대상형, 격자형, 원호형, 환상형, 방사형, 쐐기형, 거미줄형 등이 있다.

80 일반도시에서 가장 많이 사용되고 있는 이상적인 녹지계통은?

① 분산식　　② 방사식
③ 환상식　　④ 방사환상식

해설　그린벨트 녹지계통의 형식
- 분산식 : 녹지대가 여기저기 여러 형태로 배치된 상태이다.
- 환상식 : 도시를 중심으로 5~10km의 폭으로 둥그런 띠 모양으로 되어 있어 도시가 확대되는 것을 방지하는 데 효과적이다.
- 방사식 : 도시 중심에서 외부로 방사상의 녹지대이다.
- 방사환상식 : 방사식에다 환상식을 결합한 녹지형태로 이상적인 도시녹지형태이다.
- 위성식 : 녹지대 안에 시가지가 있는 형태로 대도시에만 적용된다.
- 방사분산식 : 분산식녹지대를 방사형태로 질서있게 배치한 것이다.
- 평행식 : 도시형태가 띠모양일 때 녹지대도 도시형태를 따라서 평행하게 배치한다.

81 골프장의 각 코스를 설계할 때 어느 방향으로 길게 배치하는 것이 가장 이상적인가?

① 동서방향 ② 남북방향
③ 동남방향 ④ 북서방향

해설 골프장 용지 조건
- 경관과 공기 좋은 곳으로 산악지보다는 구릉지, 호수, 유수, 하천이 있을 것
- 방위는 잔디의 생육을 위해 남사면 또는 남동사면일 것
- 코스 조성 및 법면 유지를 위해 토질이 양호할 것
- 관개용 용수가 풍부하고 쉽게 구할 수 있을 것
- 코스는 남북방향일 것

82 골프장 코스를 구성하는 요소 중 페어웨이와 그린 주변에 모래 웅덩이를 조성해 놓은 곳은?

① 티
② 벙커
③ 헤저드
④ 러프

해설 ② 벙커(Bunker) : 모래를 깔아 놓은 요지(凹地)로서 골프장 코스 내에 있는 장애물의 일종으로, 그린 근처에 있는 그린 벙커(Green Bunker)와 페어웨이 중간에 있는 크로스 벙커(Cross Bunker)로 구분함
① 티(Tee) : 출발점 지역
③ 헤저드(Hazard) : 코스 내에 설치된 개천이나 연못이나 벙커 등의 장애물
④ 러프(Rough) : 그린이나 페어웨이 등의 주변의 잔디풀이 길게 자라고 있는 곳

83 골프 코스 설계 시 골프장의 표준 코스는 몇 개의 홀로 구성하는가?

① 9홀
② 18홀
③ 32홀
④ 36홀

해설 골프장의 표준 코스는 18홀(Hole)은 4개의 짧은 홀(119~228m), 10개의 중간 홀(274~430m), 4개의 긴 홀(430m 이상)로 구성된다.

정답 81 ② 82 ② 83 ②

84 사적지 조경 시 민가 뒤뜰에 식재하는 수종으로 잘 어울리지 않는 것은?

① 버즘나무
② 감나무
③ 앵두나무
④ 대추나무

해설 민가의 뒤뜰에는 주로 채소나 과수를 심는다.
사적지 조경계획 및 설계
• 건축물 가까이에는 교목류를 식재하지 않는다.
• 민가의 안마당에는 수목을 식재하지 않는다.
• 성곽 가까이에는 교목을 심지 않는다.
• 묘역 안에는 큰 나무를 심지 않는다.
• 사찰 회랑 경내에는 나무를 심지 않는다.
• 궁이나 절의 건물터는 잔디를 식재한다.
• 계단은 화강암이나 넓적한 자연석을 이용한다.
• 모든 시설물에는 시멘트를 노출시키지 않는다.
• 휴게소나 벤치는 사적지와 조화를 이루도록 한다.
• 안내판은 문화재관리국이 지정하는 규격에 따라 설치한다(유적의 규모에 따라 다름).

85 다음 중 시방서의 기재사항이 아닌 것은?

① 재료의 종류 및 품질
② 건물인도의 시기
③ 재료의 검사에 관한 방법
④ 시공방법의 정도 및 완성에 관한 사항

해설 시방서
• 공사의 개요, 도면에 기재할 수 없는 공사내용을 기재한 것이며 시공상의 일반적인 주의사항을 쓴 것으로, 공사시행의 기초가 되며 내역서 작성의 기초 자료가 된다.
• 설계도면에 표시하기 어려운 재료의 종류나 품질, 시공방법, 재료 검사방법 등에 대해 충분히 알 수 있도록 글로 작성하여 설계상의 부족한 부분을 규정하여 보충한 문서이다.

86 토공사용 기계에 대한 설명으로 부적당한 것은?

① 불도저는 일반적으로 60m 이하의 배토작업에 사용한다.
② 드래그라인은 기계 위치보다 낮은 연질 지반의 굴착에 유리하다.
③ 클램셸은 좁은 곳의 수직터파기에 쓰인다.
④ 파워셔블은 기계가 위치한 면보다 낮은 곳의 흙파기에 쓰인다.

해설 파워셔블은 기계가 서 있는 위치보다 높은 곳의 굴착에 적당하다.

> **알아두기**
> 조경용 주요기계
> - 드래그라인 : 기계가 서 있는 위치보다 낮은 곳의 굴착에 좋고, 넓은 면적을 팔 수 있으나 파는 힘은 강력하지 못하며, 연질지반 굴착, 모래채취, 수중의 흙 파올리기에 이용된다.
> - 스크레이퍼 : 굴삭, 적재, 운반, 사토 때로는 다짐, 정지 등의 작업에 쓰인다.
> - 체인블록 : 큰 돌을 운반하거나 앉힐 때 주로 쓰이는 기구(정원석쌓기 등)이다.
> - 예불기 : 풀을 베는 기계이다.
> - 롤러 : 흙다지기를 하는 기계이다.
> - 불도저 : 굴삭, 운반 및 다짐을 할 수 있는 건설 기계이다.
> - 백호 : 본체의 작업위치보다 낮은 굴착에 쓰이고, 공사장 지하 및 도랑파기 등에 적합하다.

87 설계도서 중 일위대가표를 작성할 때 일위대가표의 금액란의 금액 단위 표준은?

① 0.01원   ② 0.1원
③ 1원   ④ 10원

해설 금액의 단위
- 설계서의 총계 : 단위(원), 지위(1,000), 이하 버림(단, 만원 이하일 때 100원까지)
- 설계서의 금액 : 단위(원), 지위(1), 미만 버림
- 일위대가표의 총계 : 단위(원), 지위(1), 미만 버림
- 일위대가표의 금액 : 단위(원), 지위(0.1), 미만 버림

> **Advice**
> 적산
> 도면과 시방서에 의하여 공사에 소요되는 자재의 수량, 시공면적, 체적 등의 공사량을 산출하는 과정

정답 86 ④ 87 ②

88 다음 기구 중 수목의 흉고직경을 측정할 때 사용하는 것은?
① 경 척
② 덴드로미터
③ 와이제측고기
④ 윤 척

해설 나무의 직경을 측정하는 기구는 윤척(Caliper)·직경테이프 등이 있으며, 사용이 간편하면서 정확성이 있는 직경테이프를 주로 사용한다.

> **알아두기**
> 수고의 측정
> • 측고봉을 이용한 직접측정법
> • 측고기를 이용한 방법 : 하가측고기, 부르메라이스측고기, 덴드로미터, 순토측고기, 와이제측고기, 아브네이핸드레벨, 미국임야청측고기
> • 목측법 : 기계를 사용하지 않고 육안으로 입목의 재적을 측정하는 방법

89 식재 설계도면상에서 특정 수목의 규격 표시를 "H3.0×R10"으로 표기하고 있을 때, 그중 "R"이 의미하는 것은?
① 흉고직경
② 근원직경
③ 반지름
④ 수관폭

해설 근원직경(R, 단위 cm)
• 지상부와 지하부가 마주치는 줄기의 지름
• 소교목, 화목류, 만경목 등에 적용

90 다음 중 식재 시 수목의 규격 표기방법이 다른 것은?
① 은행나무
② 메타세쿼이아
③ 잣나무
④ 벚나무

해설 교목성 수목의 규격 표기방법
• H×B : 은행나무, 버즘나무, 왕벚나무, 은단풍 등
• H×R : 단풍나무, 감나무, 느티나무, 모과나무, 만경류 등
• H×W : 잣나무, 전나무, 오엽송, 독일가문비, 금송 등
• H×W×R : 소나무, 누운향 등

88 ④ 89 ② 90 ③ **정답**

91 다음 중 수목의 굴취 시에 근원직경을 측정하는 수종으로만 짝지어진 것은?

① 산수유, 산딸나무
② 잣나무, 측백나무
③ 버즘나무, 은단풍
④ 은행나무, 소나무

해설 **근원직경**
흉고직경을 측정할 수 없는 관목이나 흉고 이하에서 분지하는 성질을 가진 교목성 수종, 만경목, 어린 묘목 등에 적용함을 원칙으로 한다.

92 수목 규격의 표시는 수고, 수관폭, 흉고직경, 근원직경, 수관길이를 조합하여 표시할 수 있다. 표시법 중 "H×W×R"로 표시할 수 있는 가장 적합한 수종은?

① 은행나무
② 사철나무
③ 주 목
④ 소나무

해설 **수목의 표시방법**

교목성	• H×B : 은행나무, 버즘나무, 왕벚나무, 은단풍 등 • H×R : 단풍나무, 감나무, 느티나무, 모과나무, 만경류 등 • H×W : 잣나무, 전나무, 오엽송, 독일가문비, 금송 등 • H×W×R : 소나무, 눈향 등
관목성	• H×W : 회양목, 수수꽃다리, 철쭉 등 대다수 관목류 • H×지 : 개나리, 쥐똥나무 등 • H×W×지 : 해당화, 덩굴장미 등

93 아왜나무의 식재 시 품의 산정은 어느 것을 기준으로 하는가?

① 나무높이에 의한 식재
② 흉고직경에 의한 식재
③ 근원직경에 의한 식재
④ 수관폭에 의한 식재

해설 나무높이에 의한 식재본 품은 곰솔, 독일가문비나무, 동백나무, 리기다소나무, 섬잣나무, 실편백, 아왜나무, 잣나무, 전나무, 주목, 측백나무, 편백, 선향나무 등과 이와 유사한 수종에 적용한다.

정답 91 ① 92 ④ 93 ①

94 일반적으로 관목성 수목의 규격의 표시 방법으로 가장 적합한 것은?

① 수고×흉고직경
② 수고×수관폭
③ 간장×근원직경
④ 근장×근원직경

해설 조경수목의 규격 표시

구 분	내 용	주요 수목
교목성	수고(H)×수관폭(W)	대부분의 침엽수
	수고(H)×가슴높이지름(B)	대부분의 단간·쌍간활엽수
	수고(H)×근원지름(R)	대부분의 다간활엽수
관목성	수고(H)×수관폭(W)	대부분의 관목류
	수고(H)×근원지름(R)	오래되어 줄기가 굵은 관목
	수고(H)×수관폭(W)×수관길이(L)	눈향처럼 수관 길이가 있는 것
	수고(H)×가지 수 또는 줄기 수	개나리, 쥐똥나무 등
	수고(H)×생장연수	장미, 모란 등

95 잔디밭 1평(3.3㎡)에 규격 30cm×30cm의 잔디를 전면붙이기로 심고자 한다. 약 몇 장의 잔디가 필요한가?

① 약 11장
② 약 24장
③ 약 30장
④ 약 37장

해설 3.3÷(0.3×0.3)≒37장

96 1/1,000 축척의 도면에서 가로 20m, 세로 50m의 공간에 잔디를 전면붙이기를 할 경우 몇 장의 잔디가 필요한가?(단, 잔디는 25×25cm 규격을 사용한다)

① 5,500장
② 11,000장
③ 16,000장
④ 22,000장

해설 (20×50)÷(0.25×0.25) = 16,000장

97 표준형 벽돌을 사용하여 줄눈 10mm로 시공할 때 2.0B벽돌 벽의 두께는?(단, 공간쌓기는 아니다)

① 210mm
② 390mm
③ 320mm
④ 430mm

해설 벽돌의 크기는 기존형이 210×100×60mm, 표준형은 190×90×57mm이다.
총 벽두께 = 190+10+190 = 390mm

98 벽돌쌓기 시공에서 벽돌 벽을 하루에 쌓을 수 있는 최대높이는 몇 m 이하인가?

① 1.0m ② 1.2m
③ 1.5m ④ 2.0m

해설 벽돌의 하루 쌓기 높이는 1.2m를 표준으로 하고, 최대 1.5m 이내로 한다.

99 건설표준품셈에서 시멘트 벽돌의 할증률은 얼마까지 적용할 수 있는가?

① 3%   ② 5%
③ 10% ④ 15%

해설 시멘트 벽돌의 할증률은 5%이고, 붉은 벽돌의 할증률은 3%이다.

100 다음 공사의 순공사원가를 구하면 얼마인가?(단, 재료비 4,000원, 노무비 5,000원, 총경비 1,000원, 일반관리 600원이다)

① 9,000원   ② 10,000원
③ 10,600원   ④ 6,000원

해설 순공사비 = 재료비 + 노무비 + 경비
= 4,000 + 5,000 + 1,000 = 10,000원

101 자연석 쌓기를 할 면적이 100m², 자연석의 평균 뒷길이가 20cm, 단위중량이 2.5ton/m³, 자연석을 쌓을 때의 공극률이 30%라고 할 때 조경공의 노무비는?(단, 정원석쌓기에 필요한 조경공은 1ton당 2.5명, 조경공의 노임단가는 43,800원이다)

① 3,550,000원 ② 2,190,000원
③ 2,380,000원 ④ 3,832,500원

해설 공극률이 30%이므로 실적률은 70%이다.
- 자연석 쌓기 면적 1m²당 평균중량 = 100m² × 0.2m × 2.5ton/m³ × 0.7 = 35ton
- 조경공의 노무비 : 35ton × 2.5명 × 43,800 = 3,832,500원

정답 98 ③ 99 ② 100 ② 101 ④

PART 02 조경시공

01 다음 중 조경재료를 분류할 때 생물재료에 속하지 않는 것은?
① 수 목
② 지피식물
③ 초화류
④ 목질재료

해설 조경재료
- 생물재료 : 수목, 지피식물, 초화류
- 무생물재료 : 석질재료, 목질재료, 물, 시멘트, 콘크리트제품, 점토제품, 플라스틱제품, 금속제품, 미장재료, 역청재료, 도장재료

Advice
식생매트
얇은 망의 앞뒤를 흙으로 덮은 뒤 씨를 뿌려 꽃이나 풀이 자라게 한 인공 풀밭이다.

02 다음 중 수목의 용도에 따르는 설명이 틀린 것은?
① 가로수는 병충해 및 공해에 강해야한다.
② 녹음수는 낙엽활엽수가 좋으며, 가지 다듬기를 할 수 있어야 한다.
③ 방풍수는 심근성이고, 가급적 낙엽수이어야 한다.
④ 방화수는 상록활엽수이고, 잎이 두꺼워야 한다.

해설 방풍수는 심근성이면서 줄기나 가지가 강인한 상록수가 좋다.

03 다음 중 수목의 분류상 교목으로 분류할 수 없는 것은?
① 일본목련
② 느티나무
③ 목 련
④ 병꽃나무

해설 병꽃나무는 관목으로서, 높이가 2~3m 정도 자란다.

04 다음 중 교목에 해당하는 수종은?
① 꼬리조팝나무
② 꽝꽝나무
③ 녹나무
④ 명자나무

해설 교목(Arbor)은 줄기가 곧고 굵으며 높이 자라는(8m 이상) 목본성 다년생 나무를 뜻한다.

1 ④ 2 ③ 3 ④ 4 ③

05 상록활엽수이며, 교목인 수종으로 가장 적당한 것은?

① 눈주목
② 녹나무
③ 히말라야시다
④ 치자나무

해설 상록활엽교목에는 소귀나무, 붉가시나무, 졸가시나무, 가시나무, 참가시나무, 녹나무, 후박나무, 조록나무, 굴거리나무, 감탕나무, 먼나무, 담팔수, 동백나무, 비쭈기나무, 아왜나무 등이 있다.
① 눈주목(상록침엽관목), ③ 히말라야시다(상록침엽교목), ④ 치자나무(상록활엽관목)

06 다음 중 목련과(科)의 나무가 아닌 것은?

① 태산목
② 튤립나무
③ 후박나무
④ 함박꽃나무

해설 후박나무는 녹나무과이며, 수고 20m, 흉고직경 1m 이상 자란다.

07 다음 중 수형은 무엇에 의해 이루어지는가?

① 줄기 + 뿌리
② 잎 + 가지
③ 수관 + 줄기
④ 흉고직경

해설 자연상태에서 자란 조경수목의 수형을 수간의 모양과 수관, 수지의 모양에 따라 구별할 수 있다.

08 나무줄기가 옆으로 비스듬히 기울어진 수형을 무엇이라고 하는가?

① 사 간
② 곡 간
③ 직 간
④ 다 간

해설
① 사간 : 나무의 기본 줄기, 즉 주간 옆으로 누워 있는 형태
② 곡간 : 주간이 휘어 있는 형태
③ 직간 : 주간이 곧바로 선 형태
④ 다간 : 주간이 여러 개로 나와 성장하는 다행송(多行松)의 경우

정답 5 ② 6 ③ 7 ③ 8 ①

09 조경수는 수관 본위(本位)의 수형(樹形)에 따라 크게 정형과 부정형으로 구분하고, 거기서 정형은 직선형과 곡선형으로 구분된다. 다음 곡선형 중 타원형(楕圓形) 'G'의 형태를 갖는 수종은?

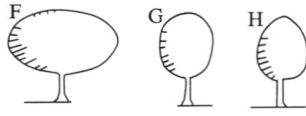

① 미루나무
② 층층나무
③ 박태기나무
④ 히말라야시다

해설
① 미루나무 : 가지가 곧게 서서 빗자루 같은 수형
② 층층나무 : 원개형
④ 히말라야시다 : 원추형

10 상록수의 주요한 기능으로 부적합한 것은?
① 시각적으로 불필요한 곳을 가려준다.
② 겨울철에는 바람막이로 유용하다.
③ 신록과 단풍으로 계절감을 준다.
④ 변화되지 않는 생김새를 유지한다.

해설 상록수란 계절에 관계없이 잎의 색이 항상 푸른 나무를 말한다.

11 다음 중 상록수로만 짝지어진 것은?
① 섬잣나무, 리기다소나무, 동백나무, 낙엽송
② 소나무, 배롱나무, 은행나무, 사철나무
③ 철쭉, 주목, 모과나무, 장미
④ 사철나무, 아왜나무, 회양목, 독일가문비나무

해설 상록수에는 섬잣나무, 리기다소나무, 동백나무, 소나무, 사철나무, 주목, 아왜나무, 회양목, 독일가문비나무 등이 있다.

알아두기
상록관목에는 반송, 눈향, 옥향, 눈주목, 사철나무, 회양목, 영산홍, 돈나무, 꽝꽝나무, 남천, 피라칸타, 다정큼나무, 호랑가시나무 등이 있다.

12 다음 중 낙엽활엽관목으로만 짝지어진 것은?

① 동백나무, 섬잣나무
② 회양목, 아왜나무
③ 생강나무, 화살나무
④ 느티나무, 은행나무

해설
① 동백나무(상록활엽교목), 섬잣나무(상록침엽교목)
② 회양목(상록활엽관목), 아왜나무(상록활엽교목)
④ 느티나무(낙엽활엽교목), 은행나무(낙엽활엽교목)

13 다음 중 내풍성이 약하여 바람에 잘 쓰러지는 수종은?

① 느티나무
② 갈참나무
③ 가시나무
④ 미루나무

해설
• 내풍력이 큰 수종 : 갈참나무, 떡갈나무, 느티나무, 상수리나무, 밤나무, 가시나무 등
• 내풍력이 작은 수종 : 미루나무, 버드나무, 아까시나무, 양버들 등

14 다음 수종 중 상록활엽수가 아닌 것은?

① 사철나무
② 꽝꽝나무
③ 동백나무
④ 플라타너스

해설 **상록활엽수** : 녹나무, 월계수, 굴거리나무, 감탕나무, 먼나무, 후피향나무, 동백나무, 비쭈기나무, 태산목, 소귀나무, 목서, 종가시나무, 붉가시나무, 가시나무, 돈나무, 회양목, 꽝꽝나무, 사철나무, 사스레피나무, 서향, 식나무, 광나무, 왕쥐똥나무, 치자나무, 다정큼나무, 피라칸타, 팔손이 등이 있다.

15 낙엽침엽수에 해당하는 나무가 아닌 것은?

① 낙우송
② 낙엽송
③ 위성류
④ 은행나무

해설 위성류는 활엽수이지만 침엽수 잎처럼 잎이 좁으므로 조경설계 시 침엽수처럼 이용한다.

위성류
• 높이 약 5~7m로, 가지가 많이 갈라져서 밑으로 처진다.
• 잎은 어긋나고 바늘같이 가늘며 길이 1~3mm로서 작다.
• 끝이 뾰족하고 가지를 둘러싸며 잿빛을 띤 녹색이다.
• 가을에는 작은 가지와 함께 진다.

16 침엽수로만 짝지어진 것이 아닌 것은?

① 향나무, 주목
② 낙우송, 잣나무
③ 가시나무, 구실잣밤나무
④ 편백, 낙엽송

해설
- 가시나무는 상록침엽교목이며, 높이 15m, 수고직경 50cm 정도 자란다.
- 구실잣밤나무는 상록활엽교목이며, 높이 15m, 수고직경 1m 정도 자란다.

17 다음 중 1회 신장형 수목은?

① 철쭉
② 화백
③ 삼나무
④ 소나무

해설
- 1회 신장형 수목 : 소나무, 곰솔, 너도밤나무, 과수
- 2회 신장형 수목 : 철쭉류, 사철나무, 쥐똥나무, 편백, 화백, 삼나무 등

18 습지식물 재료 중 서식환경 분류상 물속에서 자라며, 미나리아재비목으로 여러해살이 식물인 것은?

① 붕어마름
② 부들
③ 속새
④ 솔잎사초

해설
① 붕어마름 : 쌍떡잎식물, 미나리아재비목 붕어마름과의 여러해살이풀
② 부들 : 외떡잎식물, 부들목 부들과의 여러해살이풀
③ 속새 : 양치식물, 관다발식물, 속새목, 속새과의 여러해살이풀
④ 솔잎사초 : 사초목 사초과의 여러해살이풀

19 지피식물로 지표면을 덮을 때 유의할 조건으로 부적합한 것은?

① 지표면을 치밀하게 피복해야 한다.
② 식물체의 키가 높고, 일년생이어야 한다.
③ 번식력이 왕성하고, 생장이 비교적 빨라야 한다.
④ 관리가 용이하고, 병충해에 잘 견뎌야 한다.

해설 식물체의 키가 낮고, 다년생이어야 한다.

정답 16 ③ 17 ④ 18 ① 19 ②

20 지피식물에 해당하지 않는 것은?

① 인동덩굴 ② 송 악
③ 금목서 ④ 맥문동

해설 금목서는 상록활엽수에 속한다.

목 서
목서에는 금목서와 은목서가 있는데, 금목서는 오렌지색, 은목서는 흰꽃이 피지만 잎으로 구별하기는 어렵다. 목서류는 모두 향기가 좋으며 특히 금목서의 향기는 너무 강해 현기증이 날 정도이다.

21 다음 중 좋은 상태의 수목을 고르는 요령으로 가장 거리가 먼 것은?

① 가지의 수가 지나치게 많지 않고, 여러 방향으로 고르게 배치된 것
② 뿌리의 발육이 좋고, 곧은 뿌리보다 곁뿌리가 훨씬 많은 것
③ 병해충의 피해를 입은 흔적이 없고, 잔가지가 충실한 것
④ 뿌리에 비해 가지가 훨씬 많은 것

해설 나무를 고를 때는 다음과 같은 사항이 고려되어야 한다.
• 나무의 줄기와 가지 사이의 배치가 잘 되어 있고, 눈으로 보았을 때 나무가 싱싱해야 한다.
• 나무에 상처가 없고, 가지의 눈이 충실하고 고르게 배치되어야 한다.
• 잔뿌리가 잘 발달되어 있어야 한다.
• 나무의 잎이나 가지에 병충해 흔적이 있는지 확인해야 한다.

22 다음 화단의 형식 중 평면화단으로 가장 적당한 것은?

① 기식화단 ② 경재화단
③ 화문화단 ④ 노단화단

해설 주요화단
• 기식화단 : 광장의 중심부나 동선의 교차점에 위치하도록 하고 중심부 부분은 흙을 높게 쌓고 가장자리를 낮게 하여 입체적으로 보이도록 조성하는 화단을 말하며 모둠화단이라고도 함
• 경재화단 : 진입로나 산책로에 면한 부분이나 담과 건물을 배경으로 하여 전면에 조성하는 화단
• 노단화단 : 경사지에 장대석이나 자연석으로 계단 모양의 단을 만들어 화초를 심거나 꽃상자를 계단형식으로 진열한 화단
• 침상화단 : 감상하기 편리하도록 땅을 1~2m 파내려가 그 바닥에 구민 화단
• 살피화단(경계화단) : 담장 앞 원로에 따라 길게 만들어진 화단
• 모둠화단 : 광장의 중심부나 동선의 교차점에 위치하도록 하고 중심브 부분은 흙을 높게 쌓고 가장자리를 낮게 하여 입체적으로 보이도록 조성한 화단
• 양탄자화단(화문화단, 자수화단) : 키가 작고 꽃이 오래 피는 화초류를 이용하여 양탄자 무늬처럼 기하학적으로 도안하여 수를 놓은 화단
  ※ 양탄자 화단 이용식물 : 데이지, 팬지, 임파티엔스, 맨드라미, 피튜니아, 메리골드, 앵초, 히아신스, 튤립, 무스카리, 회양목

23 정원수의 이용상 분류 중 다음의 설명에 해당되는 것은?

- 가지 다듬기를 할 수 있을 것
- 아래가지가 말라 죽지 않을 것
- 잎이 아름답고 가지가 치밀할 것

① 가로수　　　　　　　② 녹음수
③ 방풍수　　　　　　　④ 생울타리

해설　생울타리에 알맞은 수종
- 다듬기 작업에 견딜 것
- 맹아력이 양호하여 전정에도 잘 견딜 것
- 아래가지가 오래 사는 것
- 수관 안쪽을 향해 가지가 자랄 것
- 잔가지와 잔잎이 많이 있는 나무

알아두기
생울타리용 수종에는 측백나무, 화백, 사철나무, 개나리, 명자나무, 피라칸타, 무궁화, 회양목, 탱자나무, 꽝꽝나무, 호랑가시나무, 가이즈까향나무 등이 있다.

24 일반적으로 수종 요구특성은 그 기능에 따라 구분되는데, 녹음식재용 수종에서 요구되는 특징으로 가장 적합한 것은?

① 생장이 빠르고, 유지 관리가 용이한 관목류
② 지하고가 높고, 병충해가 적은 낙엽활엽수
③ 아래 가지가 쉽게 말라 죽지 않는 상록수
④ 수형이 단정하고 아름다운 상록침엽수

해설　녹음용 수종이 갖추어야 할 조건
- 지하고가 높은 수목
- 수관이 큰 수목
- 큰 잎이 무성하고 치밀한 수목
- 잎이 크고 치밀하며 겨울에는 낙엽이 지는 나무

알아두기
녹음용 수종에는 녹나무, 굴거리나무, 은행나무, 회화나무, 느티나무, 칠엽수, 층층나무, 일본목련, 백합나무, 플라타너스 등이 있다.

25 다음 중 방화식재로 사용하기 적당한 수종으로 짝지어진 것은?

① 광나무, 식나무
② 피나무, 느릅나무
③ 태산목, 낙우송
④ 아까시나무, 보리수

해설 방화식재로는 잎이 두껍고 함수량이 많은 수종이나 잎이 넓으며 밀생하는 수종이 좋다.
예 가시나무, 아왜나무, 동백나무, 후박나무, 식나무, 사철, 광나무 등

26 일반적인 가로수 식재 수종의 설명으로 부적합한 것은?

① 도시 중심가의 경우 직간의 높이는 2~2.3m 이상의 지하고를 가진 것을 택한다.
② 가지가 고르게 자리잡아 어느 방향으로 보아도 정형적인 수형을 가진 것이 좋다.
③ 둥근 형태로 다듬어진 작은 수종이 적합하다.
④ 대기오염에 저항력이 강하고 생장이 빠른 것이 적합하다.

해설 나무별 특유의 모양을 갖추고 어느 방향으로든지 균형이 잡혀있어야 하고, 생김새에 있어 줄기가 곧고 가지가 고루 발달되어야 한다.

> **알아두기**
>
> **가로수 식재**
> - 일반적으로 가로수 식재는 도로변에 교목을 줄지어 심는 것을 말한다.
> - 가로수 식재 형식은 일정 간격으로 같은 크기의 같은 나무를 일렬 또는 이열로 식재한다.
> - 가로수는 보도의 너비가 2.5m 이상 되어야 식재할 수 있으며, 건물로부터는 5.0m 이상 떨어져야 그 나무의 고유한 수형을 나타낼 수 있다.
> - 신호등, 가로등, 분리대의 길이 등을 고려하여 가로수의 간격을 8m 이상으로 할 수 있다.
> - 차도 곁으로부터 0.65m 이상 떨어진 곳에 수간거리 6~10m 식재한다.
> - 가로수 수목 : 벚나무, 은행나무, 느티나무, 가중나무, 회화나무, 은단풍, 칠엽수, 메타세쿼이아, 플라타너스 등
>
> **가로수가 갖추어야 할 조건**
> - 수형이나 잎의 모양 및 색깔이 아름다운 낙엽교목이여야 한다.
> - 다듬기 작업이 용이해야 한다.
> - 병충해 및 공해에 강해야 한다.
> - 불량 토양에서도 잘 자라고, 밟혀도 잘 견디는 수종이 알맞다.

27 차폐용 수목의 구비조건이 아닌 것은?

① 맹아력이 커야 한다.
② 가지와 잎이 치밀해야 한다.
③ 수관이 크고, 지하고가 높아야 한다.
④ 아래가지가 오랫동안 말라죽지 않아야 한다.

해설 차폐용 수목은 전정에 강하고, 비엽이 밀실하며, 수관이 크고 지하고가 낮아야 시설의 차폐가 용이하다.

정답 25 ① 26 ③ 27 ③

28 다음 수종 중 질감이 가장 거친 것은?

① 칠엽수　　　　　　② 소나무
③ 회양목　　　　　　④ 영산홍

해설 조경에서 질감이 거칠다고 하는 것은 잎이 크고 굵은 가지가 많은 것을 의미한다.
- 질감이 거친 나무 : 벽오동, 칠엽수, 태산목, 팔손이나무, 버즘나무
- 질감이 고운 나무 : 철쭉류, 소나무, 편백, 회양목, 쥐똥나무, 꽝꽝나무

29 다음 [보기]와 같은 기능을 가진 가장 적합한 수종으로만 구성된 것은?

┤보기├
차량의 왕래가 빈번하여 많은 소음이 발생되는 곳에서 소음을 차단하거나 감소시키기 위하여 나무를 심어 녹지 공간을 만든다. 방음용 수목으로는 잎이 치밀한 상록교목이 바람직하며, 지하고가 낮고, 자동차의 배기가스에 견디는 힘이 강한 것이 좋다.

① 은행나무, 느티나무
② 녹나무, 아왜나무
③ 산벚나무, 수국
④ 꽃사과나무, 단풍나무

해설 배기가스에 강한 수종으로는 비자나무, 편백, 가이즈까향나무, 은행나무, 화백, 히말라야시다, 측백나무, 녹나무, 태산목, 아왜나무, 식나무, 감탕나무, 꽝꽝나무, 돈나무, 호랑가시나무, 서향, 버드나무, 물푸레나무, 자작나무, 양버즘나무, 개나리, 쥐똥나무, 무궁화, 겹벚나무, 층층나무 등이 있다.

30 봄에 가장 일찍 꽃을 볼 수 있는 초화는?

① 팬 지　　　　　　② 백일홍
③ 칸 나　　　　　　④ 메리골드

해설 백일홍, 칸나, 메리골드는 여름에 개화한다.

31 봄 화단용에 쓰이는 식물이 아닌 것은?

① 팬지
② 데이지
③ 금잔화
④ 샐비어

해설 샐비어
- 남아메리카 원산의 꿀풀과 식물로서, 가을이 되면 붉은색의 꽃이 아름답다.
- 네모난 줄기에 잎이 마주 난다.
- 꽃씨는 봄에 뿌린다.
- 여러 번 이식할수록 뿌리가 좋아진다.
- 산성 땅을 싫어하고 유기질이 있는 부드러운 흙을 좋아한다.

32 흰색 계열의 작은 꽃은 5~6월에 피고, 가을에 붉은 계통의 단풍잎 또는 관상가치가 있으며 음지사면에 식재하면 좋은 수종은?

① 왕벚나무
② 모과나무
③ 국수나무
④ 족제비싸리

해설
① 왕벚나무 : 4월에 하얀색 또는 연한 분홍색 꽃이 핀다.
② 모과나무 : 5월에 연한 분홍색 꽃이 핀다.
④ 족제비싸리 : 초여름에 자색 꽃이 핀다.

33 황색 계열의 꽃이 피는 수종이 아닌 것은?

① 풍년화
② 생강나무
③ 금목서
④ 등나무

해설
- 등나무는 연보라, 흰색의 꽃이 핀다.
- 봄에 황색 계통의 꽃이 피는 수종으로는 개나리, 생강나무, 산수유, 황매, 풍년화 등이 있다.

알아두기

꽃의 개화기 및 색깔 분류
- 3월 : 동백나무(적색), 풍년화(황색), 생강나무(황색), 산수유(황색), 개나리(황색), 매화나무(담홍색, 백색)
- 4월 : 살구나무(담홍색), 벚나무(담홍색, 백색), 명자나무(담홍색), 박태기나무(담홍색), 목련(백색, 자주색), 산철쭉(홍자색), 조팝나무(백색), 황매화(황색), 히어리(황색)
- 5월 : 등나무(연자색), 산사나무(백색), 백합나무(녹황색), 산딸나무(백색), 쥐똥나무(백색), 칠엽수(홍백색), 영산홍(담홍자색), 이팝나무(백색), 매자나무(황색)
- 6월 : 인동(백색, 황색), 해당화(자홍색), 수국(자주색), 치자나무(백색), 피라칸타(백색), 개쉬땅나무(백색)
- 7월 : 자귀나무(담홍색), 불두화(백색), 무궁화(백색, 담자색), 회화나무(황색), 배롱나무(홍색), 능소화(주황색)

정답 31 ④ 32 ③ 33 ④

34 흰색 계열의 꽃이 피는 수종은?

① 배롱나무 ② 산수유
③ 일본목련 ④ 백합나무

해설 ① 홍색, ② 황색, ④ 녹황색

35 다음 중 개화기가 길며, 줄기의 수피 껍질이 매끈하고, 적갈색 바탕에 백반이 있어 시각적으로 아름다우며, 한 여름에 꽃이 드문 때 개화하는 부처꽃과(科)의 수종은?

① 배롱나무 ② 벚나무
③ 산딸나무 ④ 회화나무

해설 배롱나무
- 쌍떡잎식물 도금양목 부처꽃과의 낙엽소교목
- 꽃이 오랫동안 피어 있어서 백일홍나무라고 하며, 나무껍질을 손으로 긁으면 잎이 움직인다고 하여 간즈름나무 또는 간지럼나무라고도 한다.
- 꽃은 양성화로서 7~9월에 붉은색으로 핀다.

36 다음 중 정원수 전정 시 맹아력이 가장 강한 것은?

① 쥐똥나무 ② 비자나무
③ 칠엽수   ④ 백 송

해설 맹아력이 강한 수종으로는 히말라야시다, 가시나무, 느티나무, 미루나무, 매화나무, 개나리, 싸리나무, 쥐똥나무, 진달래, 철쭉, 연산홍 등이 있다.

37 다음 중 수목의 맹아성이 가장 약한 것은?

① 비자나무 ② 능수버들
③ 회양목   ④ 쥐똥나무

해설 맹아성(새싹의 새눈이 나오는 힘)
- 맹아력이 강한 나무 : 낙우송, 사철나무, 탱자나무, 회양목, 미루나무, 능수버들, 플라타너스, 무궁화, 개나리, 쥐똥나무
- 맹아력이 약한 나무 : 소나무, 해송, 잣나무, 자작나무, 능수벚나무, 살구나무, 비자나무, 칠엽수

34 ③ 35 ① 36 ① 37 ①

38 공해에 대한 저항성은 강하나 맹아력이 약한 수종은?

① 이팝나무　　② 메타세쿼이아
③ 쥐똥나무　　④ 느티나무

해설 이팝나무는 세계적인 희귀종으로 큰 나무는 대부분 천연기념물로 지정보호되고 있다.

39 다음 중 연못가나 습지 등에서 가장 잘 견디는 수목은?

① 오리나무　　② 향나무
③ 신갈나무　　④ 자작나무

해설 오리나무는 메마른 땅에도 잘 견디나, 습한 땅을 좋아하는 나무이다.

40 염분의 해에 가장 강한 수종은?

① 곰솔　　② 소나무
③ 목련　　④ 단풍나무

해설
- 내염성이 강한 수종 : 리기다소나무, 비자나무, 주목, 곰솔, 측백, 사철나무, 동백나무, 태산목, 해송, 눈향나무, 해당화, 유카, 찔레나무, 회양목 등
- 내염성이 약한 수종 : 독일가문비, 낙엽송, 소나무, 목련, 단풍나무, 오리나무, 개나리, 왕벚나무, 양버들, 피나무, 전나무 등

41 다음 중 양수(陽樹)로만 짝지어진 것은?

① 느티나무, 가죽나무　　② 주목, 버즘나무
③ 아왜나무, 소나무　　　④ 식나무, 팔손이나무

해설 양수와 음수
- 양수 : 무궁화나무, 가죽나무(가중나무), 모과나무, 매화나무, 향나무, 석류나무, 산수유나무, 미루나무, 소나무, 플라타너스, 메타세쿼이아, 자작나무, 측백나무, 은행나무, 느티나무 등
- 음수 : 독일가문비나무, 사철나무, 서향, 아왜나무, 주목, 팔손이나무, 회양목, 송악, 전나무, 비자나무, 가시나무, 식나무, 후박나무, 동백나무 등

정답 38 ①　39 ①　40 ①　41 ①

42 다음 중 단풍나무과 수종이 아닌 것은?

① 고로쇠나무 ② 이나무
③ 신나무 ④ 복자기

해설 이나무는 이나무과이며, 수고가 10m 정도인 낙엽활엽교목이다.

> **알아두기**
>
> **단풍나무류**
> • 단엽(잎이 한 개) : 신나무, 중국단풍, 신겨릅나무, 시닥나무, 은단풍, 고로쇠나무, 단풍나무, 당단풍
> • 복엽(잎이 여러 개) : 복자기나무, 네군도단풍

43 다음 중 붉은색 계통의 단풍이 드는 나무가 아닌 것은?

① 백합나무 ② 벚나무
③ 화살나무 ④ 검양옻나무

해설 단 풍
• 붉은색(안토시안 색소) : 감나무, 옻나무, 단풍나무류, 담쟁이덩굴, 붉나무, 화살나무, 산딸나무, 산벚나무 등
• 노란색(카로티노이드, 플라본계의 색소) : 계수나무, 자작나무, 층층나무, 갈참나무, 고로쇠, 낙우송, 느티나무, 백합나무, 은행나무, 일본잎갈, 칠엽수 등

44 다음 중 수목의 이용상 단풍의 아름다움을 관상하려 할 때 식재할 수 없는 수종은?

① 단풍나무 ② 화살나무
③ 칠엽수 ④ 아왜나무

해설 아왜나무의 관상 포인트
크고 가죽질이며 사철 푸른 녹색의 잎이 아름답다. 또한 5월에 피는 흰색의 꽃과 가을에 붉게 익는 열매도 아름답다. 여러 가지 아름다운 요소를 갖추고 있지만, 깔끔하고 고급스럽다기보다는 대중적인 느낌의 나무이다.

45 봄에 씨뿌림하는 1년초에 해당하지 않는 것은?

① 메리골드 ② 팬 지
③ 채송화 ④ 샐비어

해설 1년생 초화류
• 봄에 파종하는 1년초 : 봄에 씨를 뿌리고 여름~가을에 걸쳐 꽃피는 초화로 열대, 아열대가 원산지인 것이 많다. 내한성이 약하고, 얼면 말라 죽으므로 서리의 걱정이 없는 봄에 씨를 뿌리고 가꾼다(맨드라미, 샐비어, 메리골드, 나팔꽃, 코스모스, 채송화 등).
• 가을에 파종하는 1년초 : 가을에 파종하고 월동시키면 이듬해 봄~여름에 걸쳐 꽃피는 초화로 구미, 중국 등 온대지역이 원산지인 것이 많다. 내한성이 있고 겨울 추위를 경험함으로써 꽃봉오리를 맺게 되는 성질을 지니고 있다(팬지, 스위트피, 금잔화, 안개초 등).

정답 42 ② 43 ① 44 ④ 45 ②

46 여러해살이 화초에 해당되는 것은?

① 베고니아
② 금어초
③ 맨드라미
④ 금잔화

해설 여러해살이 화초 : 넝쿨장미, 튤립, 초롱꽃, 베고니아, 수선화, 아네모네, 제라늄, 히아신스, 국화, 부용, 꽃창포, 도라지꽃 등

47 다음이 설명하고 있는 수종으로 가장 적합한 것은?

- 꽃은 지난해에 형성되었다가 3월에 잎보다 먼저 총상꽃차례로 달린다.
- 물푸레나무과로 원산지는 한국이며, 세계적으로 1속 1종뿐이다.
- 열매의 모양이 둥근 부채를 닮았다.

① 미선나무
② 조록나무
③ 비파나무
④ 명자나무

해설 열매 모양이 둥근 부채와 닮아서 '미선나무'라는 이름이 붙었다.

48 수목과 열매의 색채가 맞게 연결된 것은?

① 사철나무 - 적색계통
② 산딸나무 - 황색계통
③ 붉나무 - 검정색계통
④ 화살나무 - 청색계통

해설
② 진분홍색
③ 백색계통
④ 적색계통

49 10월경에 붉은 계열의 열매가 관상 대상이 되는 수종이 아닌 것은?

① 남천
② 산수유
③ 왕벚나무
④ 화살나무

해설 왕벚나무의 열매는 6~7월경 검은색의 둥근 장과로 익는다.

정답 46 ① 47 ① 48 ① 49 ③

50 다음 [보기]와 같은 특성을 지닌 정원수는?

> **보기**
> • 형상수로 많이 이용되고, 가을에 열매가 붉게 된다.
> • 내음성이 강하며, 비옥지에서 잘 자란다.

① 주 목
② 쥐똥나무
③ 화살나무
④ 산수유

해설 주 목
• 9~10월 붉은색의 열매가 열린다.
• 수피가 적갈색으로 관상가치가 높다.
• 맹아력이 강하며, 음수이나 양지에서 생육이 가능하다.

51 주목(*Taxus Cuspidata* S. et Z.)에 관한 설명으로 부적합한 것은?

① 9월경 붉은 색의 열매가 열린다.
② 큰 줄기가 적갈색으로 관상가치가 높다.
③ 맹아력이 강하며, 음수이나 양지에서도 생육이 가능하다.
④ 생장속도가 매우 빠르다.

해설 주목은 생장속도가 매우 느려 10년 동안 1m 남짓 자란다.

52 겨울철 흰눈을 배경으로 줄기를 감상하려고 한다. 다음 중 어느 나무가 가장 적당한가?

① 백 송
② 자작나무
③ 플라타너스
④ 흰말채나무

해설 흰말채나무의 줄기는 여름에는 수피가 청색이나, 가을부터 붉은 빛이 돌고 어린 가지에 털이 없다.
수피가 아름다운 수종
• 흰색 : 자작나무, 백송, 분비나무
• 청색 : 식나무, 대나무, 황매화, 벽오동, 산겨릅나무
• 갈색 : 배롱나무, 산당화, 철쭉류
• 적색 : 주목, 소나무, 노각나무, 모과나무, 흰말채나무
• 흑색 : 해송, 오죽, 황피느릅나무

53 7~8월에 붉은색의 꽃을 가지 끝에 피우는 관목으로서 관상용 나무는?

① 나무수국
② 모과나무
③ 신나무
④ 서어나무

해설 나무수국은 범의귀과의 낙엽활엽관목으로서, 높이는 2~3m 정도이다.

54 다음 [보기]에서 설명하는 수종은?

> **보기**
> - 원산지는 중국이다.
> - 줄기 색채가 녹색이고, 6월경에 개화하며 꽃색은 황색이다.
> - 성상이 낙엽활엽교목으로 열매는 5개의 분과로 익기 전에 벌어져서 완두콩 같은 종자가 보이고 10월에 익는다.

① 태산목 ② 황매화
③ 벽오동 ④ 노각나무

해설 벽오동은 수고가 15~20m에 달하고, 수피가 푸른색을 나타낸다.

55 다음 중 속명(屬名)이 *Trachelospernum*이고, 영명이 Chineses Jasmine이며, 한자명이 백화등(白花藤)인 것은?

① 으아리 ② 인동덩굴
③ 줄사철 ④ 마삭줄

해설 마삭줄(백화등)은 가지가 적갈색이고, 상록만경식물로서 길이는 5m 정도이다.

56 다음 중 옻나무와 관련된 설명 중 사실과 가장 거리가 먼 것은?

① 열매는 핵과로 편원형이며 연한 황색으로 10월에 익는다.
② 주로 숫나무가 암나무보다 옻액이 많이 생산된다.
③ 독립생장한 나무가 밀집생장한 나무보다 옻액이 많이 생산된다.
④ 표피가 울퉁불퉁한 나무가 부드러운 나무보다 옻액이 많이 생산된다.

해설 옻액이 많은 옻나무의 구별법

옻액이 많이 생산되는 나무	옻액이 적게 생산되는 나무
• 표피가 부드러운 나무(검은 표피)	• 표피가 울퉁불퉁한 나무(백색표피)
• 수나무	• 암나무
• 잎이 크고 두꺼운 나무	• 잎이 작고 얇은 나무
• 독립생장한 나무	• 밀집생장한 나무
• 양지에서 자란 나무	• 음지에서 자란 나무
• 활엽수와 같이 자란 나무	• 침엽수와 같이 자란 나무
• 가지가 둔각을 이루고 지간이 짧고 굵은 나무	• 가지가 예각을 이루고 지간이 길고 가느다란 나무
• 수형이 좋은 나무	• 수형이 나쁜 나무
• 맹아목	• 종자목

정답 54 ③ 55 ④ 56 ④

57 죽(竹)은 대나무류, 조릿대류, 밤부류로 분류할 수 있다. 그 중 조릿대류로 길게 자라며, 생장 후에도 껍질이 떨어지지 않으며 붙어 있는 종류는?

① 죽순대　　　　　　　　② 오 죽
③ 신이대　　　　　　　　④ 마디대

해설　죽(竹)의 종류와 품종
- 대나무류 : 죽순대, 왕대, 오죽, 사각죽, 업평죽
  ※ 오죽 : 땅속줄기가 옆으로 뻗으면서 죽순이 나와서 높이 2~20m, 지름 2~5cm 정도로 자라며 속이 비어 있다. 줄기가 첫해에는 녹색이고, 2년째부터 검은 자색으로 짙어져 간다. 잎은 바소 모양이고 잔톱니가 있으며 어깨털은 5개 내외로 곧 떨어지는 "반죽"이라 한다.
- 조릿대류 : 이대, 조릿대, 신이대, 섬대, 제주조릿대, 금대죽, 적단죽, 외죽, 한죽, 한산죽, 어여도죽
- 밤부류 : 봉래죽, 태산죽, 봉황죽

58 목재의 구조에 대한 설명으로 틀린 것은?

① 춘재는 빛깔이 엷고 재질이 연하다.
② 춘재와 추재의 두 부분을 합친 것을 나이테라 한다.
③ 목재의 수심 가까이에 위치하고 있는 진한색 부분을 변재라 한다.
④ 생장이 느린 수목이나 추운 지방에서 자란 수목은 나이테가 좁고 치밀하다.

해설　③ 심재는 수심에 가까운 옅은 목질 부분이고, 변재는 껍질에 가까운 짙은 목질 부분이다.

목재의 구조

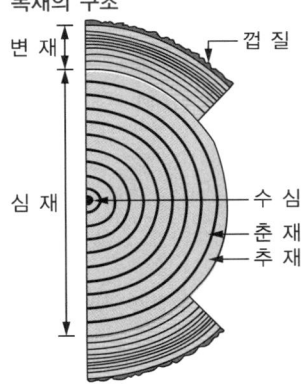

59 목재의 심재와 비교한 변재의 일반적인 특징 설명으로 틀린 것은?

① 재질이 단단하다.
② 흡수성이 크다.
③ 수축변형이 크다.
④ 내구성이 작다.

해설 일반적으로 심재는 변재에 비해 강도가 강하다.

> **Advice**
> 심재의 재질은 변재보다 단단하고 변형이 적으며 내구성이 있어 이용상의 가치가 크고, 변재보다 신축이 작다.

60 목재의 일반적인 성질에 대한 설명으로 틀린 것은?

① 섬유포화점 이하에서는 함수율이 낮을수록 강도가 크다.
② 비중이 높을수록 강도가 크다.
③ 열전도율은 콘크리트, 석재 등에 비하여 낮다.
④ 목재의 강도 크기 순서는 섬유방향에 평행한 강도가 그 직각 방향보다 작다.

해설 결의 수직 방향으로 가해지는 힘에 강하고, 결의 방향에는 약하다.

61 목재의 옹이와 관련된 설명 중 틀린 것은?

① 옹이는 목재강도를 감소시키는 가장 흔한 결점이다.
② 죽은 옹이는 산 옹이보다 일반적으로 기계적 성질에 미치는 영향은 작다.
③ 옹이가 있으면 인장강도는 증가한다.
④ 같은 크기의 옹이가 한 곳에 많이 모인 집중옹이가 고루 분포된 경우보다 강도감소에 끼치는 영향은 더욱 크다.

해설 나무줄기에 남은 가지 부분인 옹이는 목재강도를 감소시키는 가장 흔한 결점이다.

62 일반적인 목재에 대한 특징 설명으로 부적합한 것은?

① 열전도율이 빠르다.
② 촉감이 좋다.
③ 친근감을 준다.
④ 내화성이 약하다.

해설 목질재료의 장점
• 색깔 및 무늬 등 외관이 아름답다.
• 재질이 부드럽고 촉감이 좋다.
• 무게가 가벼워서 다루기 쉽다.
• 무게에 비하여 강도가 크다.
• 열전도율과 열팽창률, 내화성이 낮다.
• 종류가 많고, 각각 외관이 다르며 우아하다.
• 산성 약품 및 염분에 강하다.

정답 59 ① 60 ④ 61 ③ 62 ①

63 목재의 특징 중 단점에 대한 설명으로 옳은 것은?

① 무거워 운반이 쉽지 않다.
② 무게에 비해 강도가 낮다.
③ 가공성과 시공성이 불량하다.
④ 가연성이므로 불에 타기 쉽다.

해설 목재의 장단점

장점	• 색깔 및 무늬 등 외관이 아름답다. • 재질이 부드럽고 촉감이 좋다. • 무게가 가벼워서 운반과 다루기가 쉽다. • 무게에 비하여 강도가 크다. • 중량에 비하여 강도가 크고, 열, 소리, 전기 등의 전도성이 낮다. • 생산량이 많고 가격이 비교적 저렴하며, 입수가 용이하다.
단점	• 자연 소재이므로 내화성이 없고, 부패하기 쉽다. • 함수량의 증감에 따라 팽창 수축하여 변형되기 쉽다. • 부위에 따라 재질이 고르지 못하고 불에 타기 쉽다. • 구부러지고 옹이가 있다. • 재질, 강도의 균질성이 작고, 크기에 제한을 받는다.

64 일반적으로 건설재료로 사용하는 목재의 비중이란 다음 중 어떤 상태의 것을 말하는가?(단, 함수율이 약 15% 정도일 때를 의미한다)

① 포수비중
② 절대비중
③ 진비중
④ 기건비중

해설 기건비중은 공기 중에서 건조한 상태의 비중이다. 또한 대기 중에서의 목재의 평균 함수율은 약 15%이다.

> **Advice**
> 기건비중은 갈참나무(0.84), 낙엽송(0.61), 소나무(0.47), 가문비나무(0.45) 등 침엽수보다 활엽수가 크다.

65 건조 전 질량이 113kg인 목재를 건조시켜서 100kg이 되었다면 함수율은?

① 0.13%
② 0.30%
③ 3.00%
④ 13.00%

해설 목재의 함수율 = $\dfrac{\text{건조 전 중량} - \text{건조중량}}{\text{건조중량}} \times 100(\%)$

$\dfrac{113 - 100}{100} \times 100 = 13\%$

66 다음 중 목재의 건조에 관한 설명으로 틀린 것은?

① 건조기간은 자연건조 시는 인공건조에 비해 길고, 수종에 따라 차이가 있다.
② 인공건조방법에는 열기법, 자비법, 증기법, 전기법, 진공법, 건조제법 등이 있다.
③ 동일한 자연건조 시 두께 3cm의 침엽수는 약 2~6개월 정도 걸리고, 활엽수는 그보다 짧게 걸린다.
④ 구조용재는 기건상태, 즉 함수율 15% 이하로 하는 것이 좋다.

해설 동일한 자연건조 시 두께 3cm의 침엽수는 약 2~6개월 정도 걸리그, 활엽수는 그보다 오래 걸린다.

67 목재의 건조방법 중 인공건조법이 아닌 것은?

① 침수법
② 증기법
③ 훈연건조법
④ 공기가열건조법

해설 목재의 건조방법
- 자연건조법 : 침수법, 공기건조법
- 인공건조법 : 증기법, 열기법, 훈연법, 진공법, 고주파건조법

Advice
찌는 법
목재 건조 시 건조시간은 단축되나 목재의 크기에 제한을 받고, 강도가 다소 약해지며 광택도 줄어드는 건조방법

68 원목의 4면을 따낸 목재를 무엇이라 부르는가?

① 통나무
② 가공재
③ 조각재
④ 판 재

해설 ③ 조각재 : 제재 전에 사면을 따내고 그 최소단면에 있어서 결면을 보완, 사면의 합계에 대하여 경변의 합계가 80% 미만인 사각의 원목
① 통나무 : 제재하지 않은 나무
② 가공재 : 특수한 목적으로 가공한 목재
④ 판재 : 두께가 7.5cm 미만에 폭이 두께의 4배 이상인 제재목

69 통나무로 계단을 만들 때의 재료로 가장 적합하지 않은 것은?

① 소나무
② 편 백
③ 수양버들
④ 떡갈나무

정답 66 ③ 67 ① 68 ③ 69 ③

70 조경시설 재료로 사용되는 목재는 용도에 따라 구조용 재료와 장식용 재료로 구분된다. 다음 중 강도 및 내구성이 커서 구조용 재료에 가장 적합한 수종은?

① 단풍나무　　　　　　　② 은행나무
③ 오동나무　　　　　　　④ 소나무

해설 목재의 종류
- 침엽수(소나무, 잣나무, 밤나무, 낙엽송 등) : 재질이 연하고 탄력적이다(건축·토목시설의 구조용 재료).
- 활엽수(오동나무, 느티나무, 참나무, 단풍나무 등) : 무늬가 아름답고 단단하다(가구나 실내장식용 재료).

71 다음 중 대나무에 대한 설명으로 틀린 것은?

① 외관이 아름답다.　　　② 탄력이 있다.
③ 잘 썩지 않는다.　　　　④ 벌레의 피해를 쉽게 받는다.

해설 대나무의 특징
- 외관이 아름답고 탄력이 있다.
- 잘 쪼개지고 썩기 쉬우며 병충해에 약하다.

72 기름을 뺀 대나무로 등나무를 올리기 위한 시렁을 만들면 윤기가 나고 색이 변하지 않는다. 대나무의 기름을 빼는 방법의 설명이 옳은 것은?

① 불에 쬐어 수세미로 닦아 준다.
② 알코올 등으로 닦아 준다.
③ 물에 오래 담가 놓았다가 닦아 준다.
④ 석유, 휘발유 등에 담근 후 닦아 준다.

해설 대나무 그릇은 사용하기 전에 기름으로 튀긴다. 푸른 빛의 대나무 그릇과 바구니는 그 빛깔이 아름답지만, 사용하다 보면 그 빛이 변색되어 착색이 되고, 흠집이 난다. 사용하기 전에 기름으로 살짝 튀겨 놓으면 변색도 되지 않고 언제까지나 푸른 빛의 깨끗한 색상을 유지할 수 있다. 또한 푸른색 대나무 특유의 냄새도 남지 않으므로 요리에 냄새가 전달되지 않는다.

73 다음 중 목재공사에서 구멍뚫기, 홈파기, 자르기, 기타 다듬질하는 일을 가리키는 것은?

① 마름질　　　　　　　　② 먹매김
③ 모접기　　　　　　　　④ 바심질

해설
④ 바심질 : 먹매김이 끝난 부재를 자르고 깎아버리거나 파내는 일
① 마름질 : 필요한 길이로 잘라내는 일
② 먹매김 : 먹통과 먹칼을 써서 치수금을 긋는 일
③ 모접기 : 석재, 목재 등의 모서리를 깎아 좁은 면을 내거나 둥글게 하는 일

74 다음 중 합판의 특징 설명으로 틀린 것은?

① 동일한 원재로부터 많은 정목판과 나무결 무늬판이 제조된다.
② 내구성과 내습성이 작다.
③ 폭이 넓은 판을 얻을 수 있다.
④ 팽창, 수축 등으로 생기는 변형이 거의 없다.

해설 **합판의 특징**
- 나뭇결이 아름답고 균일한 크기로 제작 가능하다.
- 수축·팽창의 변형이 거의 없다.
- 고른 강도를 유지하며 넓은 판을 이용할 수 있다.
- 내구성과 내습성이 크다.
- 홀수의 판(3, 5장 등)을 압축하여 만든다.

75 합판(合板)에 관한 설명으로 틀린 것은?

① 보통합판은 얇은 판을 2, 4, 6매 등의 짝수로 교차하도록 접착제로 접합한 것이다.
② 특수합판은 사용목적에 따라 여러 종류가 있으나, 형식적으로는 보통합판과 다르지 않다.
③ 합판은 함수율 변화에 의한 신축변형이 적고, 방향성이 없다.
④ 합판의 단판 제법에는 로터리 베니어, 소드 베니어, 슬라이스드 베니어 등이 있다.

해설 합판은 단판(Veneer)으로 만들고 접착제를 이용하여 단판의 섬유 방향이 서로 직교하도록 홀수로 적층한 판을 말한다. 단판의 적층은 보통 3, 5, 7매로 구성하고 특수 용도로는 15부 합판, 24부 합판 등 단판의 적층에 따라 합판의 두께를 조절할 수 있다.

76 일반적인 합판의 특징이 아닌 것은?

① 함수율 변화에 의한 수축, 팽창의 변형이 작다.
② 균일한 크기로 제작이 가능하다.
③ 균일한 강도를 얻을 수 있다.
④ 내화성을 크게 높일 수 있다.

해설 합판은 구조적인 특징 때문에 습도의 변화에 안정되며, 수축이나 팽창에 대한 저항성도 다른 판상 재료에 비하여 크다. 그러나 내화성은 약하다.

알아두기

합판의 장점
- 원목 판재에 비하여 강도가 크고, 재질이 균일하여 방향에 따른 강도의 차가 적다.
- 단판을 직교시켜 붙인 것이므로 잘 갈라지지 않으며, 팽창·수축을 방지할 수 있다.
- 아름다운 무늬를 가진 단판을 합판의 양표면에 붙이면 무늬가 좋은 판을 얻을 수 있다.
- 너비가 큰 판면을 얻을 수 있으며, 곡면으로 가공하기 쉽다.
- 목재의 흠을 제거할 수 있어 좋은 재료를 얻을 수 있다.

정답 74 ② 75 ① 76 ④

77 크레오소트유를 사용하여 내용연수가 장기간 요구되는 철도 침목에 많이 이용되는 방부법은?

① 가압주입법 ② 표면탄화법
③ 약제도포법 ④ 상압주입법

해설 목재 방부제의 처리법
- 도포법 : 가장 간단한 방법으로 방부 전에 목재를 충분히 건조시킨 다음 균열이나 이음부 등에 주의하여 솔 등으로 도포하는 것(5~6mm 침투)
- 생리적 주입법 : 수목을 벌채하기 전에 뿌리 부근에 방부제 용액을 뿌려서 수목이 이를 흡수하도록 하는 방법
- 침지법 : 상온에서 방부제 용액 속에 목재를 수일간 침지시켜 주입하는 방법
- 상압주입법 : 침지법과 유사하며 침지 후 다시 냉액 중에 5~6시간 침지시키는 방법
- 가압주입법 : 압력실 내에 목재를 넣고 고압으로 크레오소트, 염화아연 등을 스며들게 하는 방법
- 표면탄화법 : 목재의 표면을 탄화시키는 방법
- 약제도포법 : 크레오소트, 콜타르, 아스팔트, 페인트 등을 칠하는 방법

78 목재 방부를 위한 약액주입법 중 가압주입법에 속하지 않는 것은?

① 로리법 ② 리그린법
③ 베델법 ④ 루핑법

해설 가압주입법에는 베델법, 버닛법, 루핑법, 로리법 등이 있다.

79 다음 중 수용성 목재 방부제이지만 성분상의 맹독성 때문에 사용을 금지하고 있는 것은?

① CCA계 방부제 ② 크레오소트유
③ 콜타르 ④ 오일스테인

해설 방부제 CCA
- CCA는 크롬(Chrome)과 구리(Copper), 비소(Arsenic)의 머리글자를 딴 것이다.
- CCA는 크롬과 비소가 인체에 매우 유해한 화학물질로, 비가 내릴 경우 우수에 녹아 내려서 지하수 및 토양에 오염을 가져오거나 소각을 했을 때 사람의 호흡계를 자극해 신경계에 상당히 좋지 않은 영향을 미치는 단점으로 인하여 최근에는 거의 모든 국가에서 사용을 금하고 있다.

77 ① 78 ② 79 ①

80 분쇄목인 우드 칩(Wood Chip)을 멀칭재료로 사용할 때의 효과가 아닌 것은?

① 미관효과 우수 ② 잡초억제 기능
③ 배수억제 효과 ④ 토양개량 효과

해설 우드 칩의 멀칭효과
• 잡초의 발생을 방지한다.
• 수목에 양분을 공급한다.
• 토양에 수분 및 적정온도를 유지한다.
• 토사유실, 분진·비산먼지 및 흙튀김을 방지한다.

81 암석재료의 특징에 관한 설명 중 틀린 것은?

① 외관이 매우 아름답다.
② 내구성과 강도가 크다.
③ 변형되지 않으며, 가공성이 있다.
④ 가격이 싸다.

해설 암석재료의 장단점

장 점	• 외관이 매우 아름답다. • 내구성과 강도가 크다. • 변형되지 않으며, 가공성이 있다.
단 점	• 무거워서 다루기가 불편하다. • 가공하기가 어렵다. • 가격이 비싸다.

82 석재의 특성 중 장점에 해당되지 않는 것은?

① 불연성이며, 압축강도가 크고 내구성·내화학성이 풍부하며 마모성이 적다.
② 종류가 다양하고 같은 종류의 석재라도 산지나 조직에 따라 여러 외관과 색조가 나타난다.
③ 외관이 장중하고 치밀하며 가공시 아름다운 광택을 낸다.
④ 화강암은 화염에 매우 강하며 견고해서 균열이 생기지 않는다.

해설 ④ 화염에 닿으면 화감암 등은 균열이 생기고, 석회암이나 대리석과 같이 분해가 일어나기도 한다.

알아두기

석질 재료의 장단점
• 장점 : 외관이 매우 아름답고, 내구성과 강도가 크며, 가공성이 있고, 변형되지 않는다.
• 단점 : 무거워서 다루기 불편하고, 가공하기가 어려우며, 가격이 비싸다

83
형상은 절두각추체에 가깝고, 전면은 거의 평면을 이루며 대략 정사각형으로서 뒷길이 접촉면의 폭, 뒷면 등이 규격화된 돌로서 4방락 또는 2방락의 것이 있다. 접촉면의 폭은 전면 1변의 길이의 1/10 이상이라야 하고, 접촉면의 길이는 1변의 평균 길이의 1/2 이상인 돌은?

① 호박돌
② 다듬돌
③ 견치돌
④ 각 석

해설 견치돌
- 앞면은 정사각형 또는 직사각형으로 1개의 무게는 보통 70~100kg이고, 주로 옹벽 등의 쌓기용으로 메쌓기나 찰쌓기 등에 사용되는 돌이다.
- 돌을 뜰 때 앞면, 길이, 뒷면, 접촉부 등의 치수를 지정해서 깨낸 돌로 앞면은 정사각형이며, 흙막이용 돌공사에 사용되는 가공석이다.
- 정사각뿔 모양으로 전면은 정사각형에 가깝고, 뒷길이, 접촉면, 뒷면 등이 규격화된 치수를 지정하여 깨낸 돌이다.

알아두기

가공석의 종류와 용도
- 모암(母岩) : 자연바위
- 원석 : 모암에서 1차 파쇄한 암석
- 각석 : 너비가 두께 3배 미만(쌓기용, 기초석, 경계석 등)
- 판석 : 두께 15cm 미만, 너비가 두께 3배 이상인 판 모양의 석재(디딤돌, 원로 포장용, 계단 설치용)
- 견치석 : 면은 대략 정사각형, 면에 직각 방향으로 잰 길이가 면 최소변 길이의 1.5배 이상(흙막이용 돌쌓기)
- 사고석 : 면은 정방형에 가깝고 면에 직각 방향으로 잰 길이가 면의 최소 길이의 1.2배
- 마름돌(Cut Stone 또는 Ashlar) : 일정한 규격으로 다듬어진 것으로 미관을 요하는 돌쌓기 공사에 이용

84
다음 그림과 같은 돌쌓기에 가장 적합한 재료는?

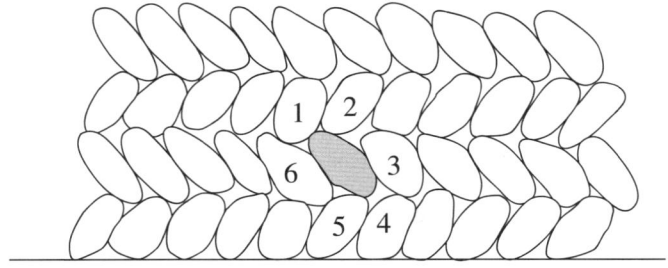

① 견치석
② 마름돌
③ 잡 석
④ 호박돌

해설 호박돌은 자연석이고, ①·②·③은 규격재이다.

85 다음 석재 중 흡수율이 가장 큰 것은?

① 화강암 ② 안산암
③ 응회암 ④ 대리석

해설 석재의 물리적 성질 비교

종 류	압축강도	인장강도	휨강도	비 중	흡수율
화강암	500~1,940	37~50	104~132	2.61~2.72	0.10~0.40
안산암	1,035~1,680	36~82	78~177	2.36~2.88	0.50~0.70
응회암	86~372	8~35	23~60	2.00~2.50	1.30~2.00
대리석	1,180~2,140	39~87	34~90	2.68~2.75	0.02~0.25
사문암	740~1,200	28~74	–	2.75~2.90	0.18~0.40
점판암	1,410~1,640	–	–	2.71	0.18

86 화강석의 크기가 20cm×20cm×100cm일 때 중량은?(단, 화강석의 비중은 평균 2.60이다)

① 약 50kg ② 약 100kg
③ 약 150kg ④ 약 200kg

해설 $\dfrac{20cm \times 20cm \times 100cm \times 2.6}{1,000} = 104kg$

87 바닥포장용 석재로 가장 우수한 것은?

① 화강암 ② 안산암
③ 대리석 ④ 석회암

해설 화강암의 용도
- 자연석 : 경관석, 디딤돌
- 가공석 : 건축재, 바닥 포장, 계단, 조각물, 경계석, 석탑, 석등

> **알아두기**
>
> **주요 석재**
> - 대리석 : 석회암이 변화되어 결정화한 것으로, 석질이 치밀하고 견고할 뿐 아니라 외관이 미려하여 실내장식재 또는 조각재로 사용
> - 화강암 : 화성암의 일종으로, 돌 색깔은 흰색 또는 담회색으로 단단하고 내구성이 있어, 주로 경관석·바닥포장·석탑·석등·묘석 등에 사용
> - 점판암 : 퇴적암의 일종으로, 돌 색깔은 회갈색·청회색 또는 암색색으로 불에 강하며, 쉽게 떨어지는 성질이 있으므로 판 모양으로 떼어 내어 디딤돌, 바닥 포장용, 계단 설치용, 지붕재, 장식재, 비석 등으로 사용
> - 안산암 : 화강암과 비교하여 내화력이 우수하나 광택이 나지 않아서 구조용에 많이 사용
> - 현무암 : 단단하고 열에 강한 성질을 이용(맷돌, 주춧돌, 축대 등)
> - 압축강도 : 화강암 > 안산암 > 사문암 > 응회암

정답 85 ③ 86 ② 87 ①

88 화강암 중 회백색 계열을 띠고 있는 돌은?

① 진안석　　　　　　② 포천석
③ 문경석　　　　　　④ 철원석

해설　화강암의 색채
　• 회백색 계열 : 포천석, 신북석, 일동석, 거창석 등
　• 담홍색 계열 : 진안석, 운천석, 문경석, 철원석 등

89 마그마가 지하 10km 정도의 깊이에서 서서히 굳은 화강암의 주요 구성광물이 아닌 것은?

① 석 회　　　　　　② 석 영
③ 장 석　　　　　　④ 운 모

해설　화강암은 석영·장석·운모를 주요 구성광물로 하며 통기성·보수성이 양호하다.

90 다음 여러 가지 규격재 모양 중 마름돌에 해당하는 것은?

① 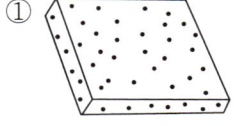　　②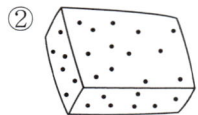

③ 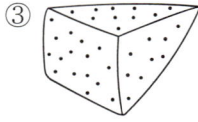　　④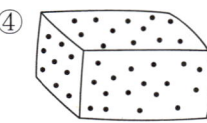

해설　④ 마름돌 : 채석장에서 채취한 돌을 지정된 규격에 따라 직육면체가 되도록 각 면을 다듬은 석재로, 석재 중에서 가장 고급품이어서 미관과 내구성이 요구되는 구조물이나 쌓기용으로 쓰인다.
　① 판석, ② 각석, ③ 잡석(깬돌)

91 석재 중 경석의 겉보기 비중으로 가장 적당한 것은?

① 약 1.0~1.5
② 약 1.6~2.4
③ 약 2.5~2.7
④ 약 3.0~4.6

해설　경석은 압축강도 500kg/cm² 이상, 흡수율 5% 미만, 겉보기 비중 2.5~2.7이다.

정답　88 ②　89 ①　90 ④　91 ③

92 다음 중 석재의 비중을 구하는 식은?

> • A : 공시체의 건조무게(g)
> • B : 공시체의 침수 후 표면 건조포화 상태의 공시체의 무게(g)
> • C : 공시체의 수중무게(g)

① $\dfrac{A}{B+C}$ ② $\dfrac{A}{B-C}$

③ $\dfrac{C}{A-B}$ ④ $\dfrac{B}{A+C}$

해설 표면 건조포화 상태의 비중 = $\dfrac{A}{B-C}$

93 석재의 가공 공정상 날망치를 사용하는 표면 마무리 작업은?

① 혹떼기   ② 잔다듬
③ 정다듬   ④ 도드락다듬

해설
② 잔다듬 : 도드락 다듬면 위에서 날망치로 곱게 쪼아 표면을 다듬음
① 혹떼기 : 마름돌의 거친면을 쇠메로 다듬음
③ 정다듬 : 혹두기한 면을 연마기나 숫돌로 매끈하게 갈아내는 다듬기
④ 도드락다듬 : 정다듬한 것을 더욱 평탄하게 다듬음

94 돌이 풍화·침식되어 표면이 자연적으로 거칠어진 상태를 뜻하는 것은?

① 돌의 뜰녹   ② 돌의 절리
③ 돌의 조면   ④ 돌의 이끼바탕

해설
③ 돌의 조면 : 일명 아면이라고도 하며, 돌이 비·바람·돌 등에 의하여 풍화·침식되어 그 표면이 삭아서 거칠어진 상태
① 돌의 뜰녹 : 돌이 장구한 세월을 거쳐 풍화작용을 받으면 조면에 고색을 띤 뜰녹이 생기는데, 뜰녹이 훌륭한 경관석은 관상가치가 매우 높다.
② 돌의 절리 : 돌을 구성하고 있는 여러 가지 광물의 배열상태를 의미한다. 이로 인하여 돌에는 선이나 무늬가 생기므로 방향감을 주며, 예술적 가치가 생긴다. 절리는 섬세하면서도 조잡스럽지 않은 것이 좋다.
④ 돌의 이끼바탕 : 이끼가 낀 돌은 자연미를 한층 더해 준다. 경관석을 놓는 곳이 음지라면 음지에서 이끼 낀 돌을 고르고, 양지에 놓을 것이라면 양지에서 이끼 낀 돌을 고를 필요가 있다.

정답 92 ② 93 ② 94 ③

95 콘크리트의 골재, 석축의 메움(채움)돌 등으로 주로 사용되는 것은?

① 잡 석 ② 호박돌
③ 자 갈 ④ 견치석

해설 　자갈은 지름 2~3cm 정도이며, 콘크리트의 골재, 석축의 메움돌 등으로 주로 쓰인다.

96 자연석 중 전후·좌우 사방 어디에서나 볼 수 있으며, 키가 높아야 효과적인 돌의 형태는?

① 입석(立石) ② 횡석(橫石)
③ 평석(平石) ④ 와석(臥石)

해설 　배치에 의한 조경석의 분류
- 입석 : 세워서 쓰는 돌을 말하며, 전후·좌우의 사방에서 관상할 수 있다.
- 횡석 : 가로로 눕혀서 쓰는 돌을 말하며, 입석 등에 의한 불안감을 주는 돌을 받쳐서 안정감을 갖게 한다.
- 평석 : 윗부분이 편평한 돌을 말하며, 안정감이 필요한 부분에 배치하도록 하여 주로 앞부분에 배치한다.
- 환석 : 둥근 돌을 말하며, 무리로 배석할 때 많이 이용한다.
- 각석 : 각진 돌을 말하며, 삼각·사각 등으로 다양하게 이용된다.
- 사석 : 비스듬히 세워서 이용되는 돌을 말한다.
- 와석 : 소가 누워 있는 것과 같은 돌이다.
- 괴석 : 흔히 볼 수 없는 괴상한 모양의 돌을 말한다.

97 다음 중 자연석에 해당되는 것은?

① 태호석 ② 장대석
③ 견치돌 ④ 마름돌

해설 　태호석은 호수 속에 있는 석회암의 일종으로, 오랜 시간 물의 흐름 속에 방치되어 주름과 구멍이 많은 기묘한 모습을 한 것이 특징이라고 할 수 있다.

> **알아두기**
>
> 자연석
> - 산석 및 강석은 50~100cm 정도의 돌로 주로, 경관석·석가산용으로 쓰인다.
> - 호박돌은 수로의 사면보호, 연못바닥, 원로의 포장 등에 주로 쓰인다.
> - 자연잡석은 지름 20~30cm 정도의 돌로서, 큰 돌을 깨어 만드는 일이 많다. 주로 기초용 및 뒤채움용으로 많이 사용한다.
> - 자갈은 지름 2~3cm 정도이며, 콘크리트의 골재, 석축의 메움돌 등으로 주로 쓰인다.
> - 자연석 공사시 돌과 돌 사이에 붙여 심는 돌틈식재 식물은 소관목류, 야생초, 화훼류(꽃피는 초본류) 등으로 돌틈이 메워지며 토사 유출도 막고 석정의 느낌을 부드럽게 완화시켜준다.

정답　95 ③　96 ①　97 ①

98 데발시험기(Deval Abrasion Tester)란?

① 석재의 휨강도 시험기
② 석재의 인장강도 시험기
③ 석재의 압축강도 시험기
④ 석재의 마모에 대한 저항성 측정 시험기

해설 데발시험기는 골재의 마모율(%)을 측정하기 위한 장치로서, 한 번에 여러 종류의 시험을 동시에 할 수 있으며 자동정지 장치가 부착되어 있다.

99 조경용으로 벽돌, 도관, 타일, 기와 등을 만드는 재료로 가장 적당한 것은?

① 금 속
② 플라스틱
③ 점 토
④ 시멘트

해설 점토 재료의 특성
• 점토는 여러 가지 암석이 풍화되어 분해된 물질로 생성된 것이다.
• 점토는 가소성이어서 물로 반죽하면 임의의 모양을 만들 수 있다.
• 건조시키면 굳어지고, 불에 구우면 더욱 경화되는 성질이 있다.
• 점토제품에는 벽돌, 도관, 타일, 도자기, 기와 등이 있다.

100 조경재료 중 점토제품이 아닌 것은?

① 소형 고압블록
② 타 일
③ 적벽돌
④ 오지토관

해설 소형 고압블록은 콘크리트 재질의 중보행용 보도블록이다.
※ 점토제품 : 벽돌, 도관, 타일, 도자기, 기와 등 종류가 다양하다.

101 조경의 소재 중 벽돌의 사용에 있어 가장 부적합한 것은?

① 원로의 포장
② 담장의 기초
③ 테라스의 바닥
④ 경계벽

해설 담장의 기초는 콘크리트로 하며, 부등침하가 없도록 충분히 다져야 하고 최소 6m 간격, 동결심도 이하로 기초를 보강하여야 한다.

정답 98 ④ 99 ③ 100 ① 101 ②

102 우리나라에서 사용되고 있는 점토벽돌은 기존형과 표준형으로 분류되는데, 그 중 기존형 벽돌의 규격은?

① 20cm × 9cm × 5cm
② 21cm × 10cm × 6cm
③ 22cm × 12cm × 6.5cm
④ 19cm × 9cm × 5.7cm

해설 벽돌의 규격(단위 : mm)

벽 돌	길 이	마구리	높 이
기존형	210	100	60
표준형	190	90	57
내화 벽돌	230	114	65

103 다음 중 치장줄눈용 모르타르의 배합비는?

① 1 : 1   ② 1 : 2
③ 1 : 3   ④ 1 : 5

해설 모르타르의 배합비(시멘트 : 모래)
• 조적용 모르타르 배합비 1 : 3
• 아치쌓기용 모르타르 배합비 1 : 2
• 치장줄눈용 모르타르 배합비 1 : 1

104 다음 중 벽돌의 마름질에 따른 분류 명칭이 아닌 것은?

① 반절벽돌   ② 칠오토막벽돌
③ 온장벽돌   ④ 인방벽돌

해설 벽돌의 마름질 : 벽돌을 필요에 따라 자르는 것
• 반절벽돌 : 길이방향을 반으로 나눈 것
• 반토막 : 벽돌의 반토막
• 이오토막 : 반토막을 다시 반으로 나눈 것(1/4), 즉 25%
• 칠오토막 : 길이에서 이오토막의 반대(3/4), 즉 75%

정답 102 ② 103 ① 104 ④

105 다음 중 소형 고압블록포장의 시공방법이 아닌 것은?

① 보도의 가장자리는 보통 경계석을 설치하여 형태를 규정짓는다.
② 기존 지반을 잘 다진 후 모래를 3~5cm 정도 깔고 보도블록을 포장한다.
③ 일반적으로 원로의 종단 기울기가 5% 이상인 구간의 포장은 미끄럼방지를 위하여 거친면으로 마감한다.
④ 보도블록의 최종 높이는 경계석의 높이보다 약간 높게 설치한다.

해설 보도블록의 최종 높이는 경계석의 높이와 일치되도록 하여야 한다.

> **알아두기**
>
> 소형 고압블록(인터로킹 블록)
> • 부분보수, 굴착복구시 포장이 쉽고 재료를 재사용할 수 있어 보수비가 저렴한 장점이 있고, 투수성이 강해 동해로 인한 동파에 매우 강하다.
> • 보도·차도용 콘크리트 제품 중 일정한 크기의 골재와 시멘트를 배합하여 높은 압력과 열로 처리한 보도블록이다.
> • 소형 고압블록 시공 시 하중, 강도 등을 고려하여 보도용으로 설치되는 블록의 두께는 6cm가 가장 적합하다.

106 콘크리트 블록 제품의 특징으로 적합하지 않은 것은?

① 모양을 임의로 만들 수 있다.
② 유지관리비가 적게 든다.
③ 인장강도 및 휨강도가 큰 편이다.
④ 만드는 방법이 비교적 간단하다.

해설 콘크리트의 인장강도는 압축강도에 비해 아주 작으므로 철근 콘크리트 설계에서는 보통 무시되지만, 건조수축·온도변화에 의한 균열의 방지를 위하여 알아둘 필요가 있다.

107 콘크리트 소재의 벽돌 검사방법(KS) 중 항목에 해당되지 않는 것은?

① 치 수
② 흡수율
③ 압축강도
④ 인장강도

해설 콘크리트 벽돌(KS F 4004)의 검사항목은 제작 후 소정의 양생이 끝난 콘크리트 벽돌의 치수, 흡수율, 압축강도 등을 측정하는 것이다.

정답 105 ④ 106 ③ 107 ④

108 일반적인 시멘트의 설명으로 옳은 것은?

① 일반적으로 시멘트라고 불리는 것은 보통 포틀랜드 시멘트를 말한다.
② 포틀랜드 시멘트의 비중은 4.05 이상이다.
③ 28일 강도를 조기강도라 한다.
④ 시멘트의 수화반응 또는 발열반응에서의 발생열을 응고열이라 한다.

해설 ② 포틀랜드 시멘트의 비중은 3.05 이상이다.
③ 28일 강도를 후기강도라 한다.
④ 시멘트의 수화반응 또는 발열반응에서의 발생열을 수화열이라 한다.

109 가격이 싸므로 가장 일반적으로 널리 사용되는 시멘트는?

① 보통 포틀랜드 시멘트
② 중용열 포틀랜드 시멘트
③ 조강 포틀랜드 시멘트
④ 플라이애시 시멘트

해설 ② 중용열 포틀랜드 시멘트 : 수화열이 낮아 균열발생이 적고 수축률이 작기 때문에 댐이나 교량공사에 적합
③ 조강 포틀랜드 시멘트 : 경화시간과 수화작용(水和作用)이 빨라 조기강도가 크고 발열량이 많아 한지(寒地), 긴급한 공사에 가장 적합한 시멘트
④ 플라이애시 시멘트 : 포틀랜드 시멘트 클링커에 플라이애시를 섞은 시멘트로, 시공연도가 좋아지고 장기강도가 강해지는 시멘트

110 시멘트를 만드는 과정에서 일정량의 석고를 첨가하는 목적은?

① 응결시간 조절
② 수밀성 증대
③ 경화 촉진
④ 조기강도 증진

해설 • 시멘트에는 응결조절을 위해 적량의 석고가 첨가된다.
• 시멘트의 응결시간 : 1시간 이후부터 굳기 시작하여 10시간 이내에 끝난다.

111 다음 [보기]의 설명에 적합한 시멘트는?

---보기---
• 장기강도는 보통 시멘트를 능가한다.
• 건조수축은 보통 포틀랜드 시멘트에 비해 적다.
• 수화열이 보통 포틀랜드보다 적어 매스 콘크리트용에 적합하다.
• 모르타르 및 콘크리트 등의 화학 저항성이 강하고 수밀성이 우수하다.

① 플라이애시 시멘트
② 조강 포틀랜드 시멘트
③ 내황산염 포틀랜드 시멘트
④ 알루미나 시멘트

112 시멘트에 관한 다음 설명 중 틀린 것은?

① 포틀랜드 시멘트에는 보통, 조강, 중용열, 백색 등이 있다.
② 시멘트의 제조방법에는 건식법, 습식법, 반습식법이 있다.
③ 실리카 성분이 많아서 수화열이 작고 내구성이 좋아 댐과 같은 매시브(Massive)한 콘크리트에 사용하는 것이 내황산염 포틀랜드 시멘트이다.
④ 철분, 마그네시아가 적은 백색 점토와 석회석을 원료로 하고 소성연료는 중유를 사용하여 만들어 지는 시멘트가 백색포틀랜드 시멘트이다.

해설 내황산염 포틀랜드 시멘트는 바닷물이나 황산염이 들어 있는 토양에 접하는 구조물을 만들 때 사용하는 시멘트이다.

113 조기강도가 매우 크고 해수 및 기타 화학적 저항성이 크며 열분해 온도가 높아 내화용 콘크리트에 적합한 시멘트는?

① 조강 포틀랜드 시멘트
② 알루미나 시멘트
③ 고로슬래그 시멘트
④ 플라이아시 시멘트

해설 **알루미나 시멘트**
• 조기강도가 크다(재령 1일에 보통 포틀랜드 시멘트의 재령 28일 강도와 비슷함).
• 산, 염류, 해수 등의 화학적 작용에 대한 저항성이 크다.
• 내화성이 우수하다.
• 한중 콘크리트에 적합하다.

114 가설공사 중 시멘트 창고 필요면적 산출 시에 최대로 쌓을 수 있는 시멘트 포대 기준은?

① 9포대
② 11포대
③ 13포대
④ 15포대

해설 쌓기 단수는 최고 13포대이다.

115 시멘트 500포대를 저장할 수 있는 가설창고의 최소 필요 면적은?(단, 쌓기 단수는 최대 13단으로 한다)

① $15.4m^2$
② $16.5m^2$
③ $18.5m^2$
④ $20.4m^2$

해설 $500 \div 13 \times 0.4 ≒ 15.4m^2$

정답 112 ③ 113 ② 114 ③ 115 ①

116 시멘트의 저장방법 중 주의사항에 해당하지 않는 것은?

① 시멘트 창고 설치 시 주위에 배수도랑을 두고 누수를 방지한다.
② 저장 중 굳은 시멘트부터 가급적 빠른 시간 내에 공사에 사용한다.
③ 포대 시멘트는 땅바닥에서 30cm 이상 띄우고 방습처리한다.
④ 시멘트의 온도가 너무 높을 때는 그 온도를 낮추어서 사용해야 한다.

해설 ② 저장 중에 약간이라도 굳은 시멘트는 공사에 사용하지 않아야 한다.

> **알아두기**
> **시멘트 창고(가설)의 기준과 보관방법**
> • 창고의 바닥높이는 지면에서 30cm 이상으로 한다.
> • 지붕은 비가 새지 않는 구조로 하고, 벽이나 천장은 기밀하게 한다.
> • 창고 주위는 배수도랑을 두고 우수의 침입을 방지한다.
> • 출입구 채광창 이외의 환기창은 두지 않는다.
> • 반입구와 반출구를 따로 두어 먼저 쌓는 것부터 사용하도록 한다.
> • 시멘트 쌓기의 높이는 13포(1.5m) 이내로 한다. 장기간 쌓아두는 것은 7포 이내로 한다.
> • 시멘트의 온도가 너무 높을 때는 그 온도를 낮추어서 사용하여야 한다. 일반적으로 50℃ 정도 이하의 시멘트를 사용하는 것이 좋다.

117 시멘트가 경화하는 힘의 크기를 나타내며, 시멘트의 분말도, 화합물 조성 및 온도 등에 따라 결정되는 것은?

① 전 성
② 소 성
③ 인 성
④ 강 도

해설 시멘트 강도는 분말도와 수화도가 높을수록 증가하고, 양생온도 30℃까지는 온도가 높을수록 강도가 커지며, 재령(28일)이 경과함에 따라 강도가 증가한다. 제조 직후 강도가 가장 크며 점차 저하된다. 또한 표준밀도가 높으면 강도가 저하된다.

> **Advice**
> 시멘트와 물이 혼합된 것을 시멘트 페이스트라 하고, 시멘트와 모래 그리고 물이 혼합된 것을 모르타르라 한다.

118 다음 중 일반적인 콘크리트의 특징이 아닌 것은?

① 모양을 임의로 만들 수 있다.
② 임의대로 강도를 얻을 수 있다.
③ 내화·내구성이 강한 구조물을 만들 수 있다.
④ 경화 시 수축균열이 발생하지 않는다.

해설 콘크리트의 장단점

장 점	• 모양을 임의로 만들 수 있으며, 재료의 채취와 운반이 용이하다. • 유지관리비가 적게 든다. • 철근을 피복하여 녹을 방지하며, 철근과의 부착력을 높이는 장점이 있다.
단 점	• 균열이 생기기 쉽고 개조 및 파괴가 어렵다. • 무게가 무겁고, 인장강도 및 휨강도가 작다. • 품질의 유지 및 시공관리가 어렵다.

119 콘크리트의 구성재료 중 품질이 우수한 골재의 설명으로 틀린 것은?

① 단단하고 둥근 모양을 가지는 골재가 좋다.
② 소요의 내화성과 내구성을 가진 것이 좋다.
③ 골재에는 흙, 기름, 푸석돌 등이 없어야 좋다.
④ 납작하고 길쭉한 모양을 가지는 골재가 강도를 높이는 데 좋다.

해설 골재의 필요 조건
• 굳은 시멘트풀보다 강해야 한다.
• 납작하거나 길지 않고, 구형에 가까워야 한다.
• 밀도가 크고 견고해야 한다.
• 비중이 커야 한다(표준 비중 2.60).

120 일반 콘크리트는 타설 뒤 몇 주일 정도 지나야 콘크리트가 지니게 될 강도의 80% 정도에 해당되는가?

① 1주일   ② 2주일
③ 3주일   ④ 4주일

해설 사주 압축 강도(Four Week Age Compressive Strength)는 시멘트·콘크리트의 재령(材齡) 4주일 때의 강도로, 설계상의 기준 강도로 되어 있다.

> **Advice**
> 조경시공에서 콘크리트 포장을 할 때, 와이어 메시(Wire Mesh)는 콘크리트 하면에서 콘크리트 두께의 1/3 위치에 설치한다.

정답 118 ④ 119 ④ 120 ④

121 다음 [보기]가 설명하고 있는 콘크리트의 종류는?

┌ 보기 ┐
- 슬럼프 저하 등 워커빌리티의 변화가 생기기 쉽다.
- 동일 슬럼프를 얻기 위한 단위수량이 많아진다.
- 콜드 조인트가 발생하기 쉽다.
- 조기강도 발현은 빠른 반면에 장기강도가 저하될 수 있다.

① 한중 콘크리트 ② 경량 콘크리트
③ 서중 콘크리트 ④ 매스 콘크리트

해설 기온이 높아지면 콘크리트의 수화반응이 빨라져 이상 응결이 발생하고 워커빌리티가 감소한다. 또한 슬럼프가 저하되며 콜드 조인트가 발생하는 등의 현상이 나타나므로 1일 평균기온이 25℃ 또는 1일 최고온도가 30℃를 초과하는 경우에는 서중 콘크리트를 사용하도록 한다.

122 반죽질기의 정도에 따라 작업의 쉽고 어려운 정도, 재료의 분리에 저항하는 정도를 나타내는 콘크리트 성질에 관련된 용어는?

① 성형성(Plasticity) ② 마감성(Finishability)
③ 시공성(Workability) ④ 레이턴스(Laitance)

해설 콘크리트의 성질
- Workability(시공연도) : 재료분리를 일으키는 일 없이 운반, 타설, 다지기, 마무리 등의 작업이 용이하게 될 수 있는 정도를 나타내는 굳지 않은 콘크리트의 성질
- Plasticity(성형성) : 굳지 않은 콘크리트의 성질을 표시하는 용어 중 거푸집 등의 형상에 순응하여 채우기 쉽고, 분리가 일어나지 않는 성질, 즉 거푸집에 쉽게 다져 넣을 수 있고, 거푸집을 제거하면 천천히 형상이 변하기는 하지만 허물어지거나 재료가 분리되지 않는 성질
- Finishability(마감성) : 굵은 골재의 최대치수, 잔골재율, 잔골재의 입도, 반죽질기 등에 따르는 마무리하기 쉬운 정도를 말하는 굳지 않은 콘크리트의 성질
- Consistency(반죽질기) : 주로 물의 양이 많고 적음에 따라 반죽이 되고 진 정도를 나타내는 굳지 않은 콘크리트의 성질
- Bleeding(블리딩) : 굳지 않은 모르타르나 콘크리트에서 물이 분리되어 위로 올라오는 현상으로, 블리딩이 크면 부착력을 저하하고 수밀성이 나빠짐
- Laitance(레이턴스) : 콘크리트를 친 후 양생(물이 상승하는 현상)에 따라 내부의 미세한 물질이 부상하여 콘크리트가 경화한 후, 표면에 형성되는 흰빛의 얇은 막
- Rich Mix(부배합) : 시멘트 함유량이 많은 콘크리트 배합

123 비파괴검사에 의하여 검사할 수 없는 것은?

① 콘크리트의 강도
② 콘크리트의 배합비
③ 철근부식의 유무
④ 콘크리트 부재의 크기

해설 콘크리트 구조물 비파괴검사의 정의
콘크리트 구조체를 파괴하지 않고 압축강도, 내구성 진단, 균열 위치, 철근 위치 등을 파악하여 사용수명을 예측하기 위한 시험이다.

124 콘크리트공사에서 워커빌리티의 측정법으로 부적합한 것은?

① 표준관입시험
② 구관입시험
③ 다짐계수시험
④ 비비(Vee-bee)시험

해설 표준관입시험은 지반의 지지력, 지층의 분포상태 및 지질을 파악하기 위하여 사용하는 시험이다.

> **알아두기**
> 워커빌리티(시공연도) 측정방법에는 슬럼프시험, 다짐계수시험, 구관입시험, 흐름시험, 리몰딩시험, 비비시험 등이 있다.

125 콘크리트 제작방법에 의해서 행하는 시험비빔(Trial Mixing) 시 검토해야 할 항목이 아닌 것은?

① 인장강도
② 비빔온도
③ 공기량
④ 워커빌리티

해설 콘크리트 제작방법에 의해서 행하는 시험비빔 시 검토해야 할 항목(KS F 4009 규정)은 레미콘규격, 슬럼프시험, 공기량시험, 비빔온도, 압축강도 등이 있다.

126 콘크리트의 배합방법 중에서 1 : 2 : 4, 1 : 3 : 6과 같은 형태의 배합방법으로 가장 적합한 것은?

① 용적배합
② 중량배합
③ 복식배합
④ 표준계량배합

해설 콘크리트의 배합은 계량방법에 따라 절대용적배합, 표준용적계량에 의한 용적배합 및 현장계량에 의한 용적배합과 중량배합 등을 규정하고 있다.

정답 123 ② 124 ① 125 ① 126 ①

127 다음 중 거푸집을 빨리 제거하고 단시일에 소요강도를 내기 위하여 고온, 증기로 보양하는 것으로 한중 콘크리트에도 유리한 보양법은?

① 습윤보양　　② 증기보양
③ 전기보양　　④ 피막보양

해설 양생방법의 종류
습윤양생(살수, 수중보양), 피막보양(면에 피막보양제를 도포, 방수막형성), 전기보양(전기저항에 의해 생기는 열을 이용, 전열선사용), 증기보양(거푸집 조기해체), 가열, 보온, Pre-cooling, Pipe Cooling

128 콘크리트 공사의 시공과정 중 휴식시간 등으로 응결하기 시작한 콘크리트에 새로운 콘크리트를 이어 칠 때 일체화가 저해되어 발생하는 줄눈의 형태는?

① 콜드 조인트(Cold Joint)
② 컨트롤 조인트(Control Joint)
③ 익스팬션 조인트(Expansion Joint)
④ 컨트럭션 조인트(Contraction Joint)

해설
① 콜드 조인트 : 시작한 콘크리트에 이어치기를 할 때 생기는 이음면이다.
② 컨트롤 조인트 : 수축 조인트로 수축으로 인한 균열을 방지하는 데 그 목적이 있다.
③ 익스팬션 조인트 : 분리 조인트로서 구조체의 경미한 변동을 허용한다.
④ 컨트럭션 조인트 : 시공 조인트로서 콘크리트의 타설을 무한정으로 할 수 없기 때문에 다시 이어지는 방법과 위치 등에 대한 이음을 말한다.

129 콘크리트가 굳은 후 거푸집 판을 콘크리트 면에서 잘 떨어지게 하기 위해 거푸집 판에 칠하는 것은?

① 박리제　　② 동바리
③ 프라이머　　④ 쉘락

해설
① 박리제 : 콘크리트의 해체를 용이하게 하기 위하여 거푸집 표면에 박리제를 도포하고 시공을 한다.
② 동바리(받침기둥) : 거푸집의 일부로서, 콘크리트가 소정의 형상 치수가 되도록 거푸집을 고정 또는 지지하기 위한 지주이다. 간주, 사주, 이음재 등으로 되어 있다.
③ 프라이머 : 칠하고자 하는 소재와 페인트 층간 밀착을 높여주는 것을 목적으로 사용하는 도료이다.
④ 쉘락 : 기타의 표면도장을 최대한 얇게 할 수 있는 도료이다.

130 혼화제 중 계면활성작용(Surface Active Reaction)에 의해 콘크리트의 워커빌리티, 동결 융해에 대한 저항성 등을 개선시키는 것이 아닌 것은?

① 팽창제
② 고성능감수제
③ AE제
④ 감수제

해설 혼화제(混和劑)
• 표면활성제 : AE제, 감수제, AE감수제, 고성능 감수제, 고성능 AE감수제
• 응결경화조절제 : 촉진제, 지연제, 급결제, 초지연제
• 기타 : 방수제, 방청제, 발포제, 기포제, 수중 불분리성 혼화제, 우동화제, 방동제

131 감수제를 사용하였을 때 얻는 효과로서 적당하지 않은 것은?

① 내약품성이 커진다.
② 수밀성이 향상되고 투수성이 감소된다.
③ 소요의 워커빌리티를 얻기 위하여 필요한 단위수량을 약 30% 정도 증가시킬 수 있다.
④ 동일 워커빌리티 및 강도의 콘크리트를 얻기 위하여 필요한 단위 시멘트량을 감소시킨다.

해설 감수제는 단위수량을 감소시킨다(약 20~30%).

알아두기
감수제는 시멘트 입자를 분산시킴으로써 콘크리트의 소요의 워커빌리티를 얻는 데 필요한 단위수량을 감소시킬 목적으로 사용된다.

132 콘크리트 거푸집공사에서 격리재(Separator)를 사용하는 목적으로 적합한 것은?

① 거푸집이 벌어지지 않게 하기 위하여
② 거푸집 상호간의 간격을 정확하게 유지하기 위하여
③ 철근의 간격을 정확하게 유지하기 위하여
④ 거푸집 조립을 쉽게 하기 위하여

해설 격리재는 거푸집 상호간의 간격이나 측벽 두께를 유지하기 위한 것이다.

133 콘크리트의 균열방지를 위한 일반적인 방법으로 틀린 것은?

① 발열량이 적은 시멘트를 사용한다.
② 슬럼프(Slump)값을 작게 한다.
③ 타설시 내·외부 온도차를 줄인다.
④ 시멘트의 사용량을 줄이고 단위수량을 증가시킨다.

해설 단위수량을 될 수 있는 한 적게 하고, 슬럼프가 작은 콘크리트를 잘 다짐해서 시공한다.

정답 130 ① 131 ③ 132 ② 133 ④

134 외벽을 아름답게 나타내는 데 사용하는 미장재료는?

① 타 르 ② 벽 토
③ 니 스 ④ 래 커

해설 벽토는 진흙에 고운 모래, 짚여물, 착색안료와 물을 혼합하여 반죽한 것으로 목조 외벽에 바름으로써 자연스러운 분위기를 살릴 수 있다. 전통성을 강조하는 고유 토담집 흙벽, 울타리, 담에 사용한다.

135 다음 중 미장재료에 속하는 것은?

① 페인트 ② 니 스
③ 회반죽 ④ 래 커

해설 ③ 회반죽은 소석회에 모래, 해초풀, 여물 등을 혼합하여 목조바탕, 콘크리트 블록 및 벽돌 바탕 등에 사용한다.
①·②·④는 도장재료이다.

136 일반적인 금속재료의 장점이라고 볼 수 없는 것은?

① 여러 가지 하중에 대한 강도가 크다.
② 재질이 균일하고 불연재이다.
③ 각기 고유의 광택이 있다.
④ 가열에 강하고 질감이 따뜻하다.

해설 **금속재료의 장단점**

장 점	• 다양한 형상의 제품을 만들 수 있고, 대규모의 공업 생산품을 공급할 수 있다. • 각기 고유한 광택이 있고, 하중에 대한 강도가 크며 재질이 균일하고 불에 타지 않는 등 물리적 성질이 우수하다.
단 점	• 가열하면 역학적 성질이 저하된다. • 녹이 슬고 부식이 되는 등 화학적 결함이 있다. • 색채와 질감이 차가운 느낌을 주며 비중이 크다.

정답 134 ② 135 ③ 136 ④

137 "이 금속"은 복잡한 형상의 제작 시 품질도 좋고 작업이 용이하며, 내식성이 뛰어나다. 탄소 함유량이 약 1.7~6.6%, 용융점은 1,100~1,200℃로서 선철에 고철을 섞어서 용광로에서 재용해하여 탄소 성분을 조절하여 제조하는 "이 금속"은 무엇인가?

① 동합금
② 주 철
③ 중 철
④ 강 철

해설
- 주철 : 탄소를 함유한 주철은 질이 물러서 주조하기가 용이하므로 파이프와 솥의 주조나 강철의 원료가 된다.
- 강철 : 소량의 탄소와 철을 배합한 현대의 대표적인 합금으로 주로 구조적인 곳에 사용되며 도구나 기구를 만들 때에도 이용된다.

138 재료의 기계적 성질 중 작은 변형에도 파괴되는 성질을 무엇이라 하는가?

① 취 성
② 소 성
③ 강 성
④ 탄 성

해설 재료의 기계적 성질
- 소성 : 재료에 외력이 작용하면 변형이 생기며 외력 제거시에도 변형된 상태로 남는 성질
- 강성 : 재료가 외력을 받아도 잘 변형되지 않는 성질
- 탄성 : 재료가 외력을 받아서 변형을 일으킨 뒤 외력을 제거하면 다시 원형으로 돌아가는 성질
- 인성 : 철재의 일반 성질 중 재료가 파괴되기까지 높은 응력에 잘 견딜 수 있고, 동시에 큰 변형이 되는 성질
- 경도 : 재료의 긁기, 절단, 마모 등에 대한 저항성
- 전성 : 재료를 얇게 펼 수 있는 성질
- 취성 : 약간의 변형에도 파괴되기 쉬운 재료의 성질
- 내구성 : 재료가 외부의 작용이나 재해에 의해 변질되지 않고 오래 유지하는 성질
- 연성 : 탄성한계 이상의 외력을 받아도 파괴되지 않고 가늘고 길게 늘어나는 성질

139 다음 중 내식성이 가장 높은 재료는?

① 티 탄
② 동
③ 아 연
④ 스테인리스강

해설 티탄은 내식성이 스테인리스강보다도 뛰어나며, 극히 특수한 예를 제외하고는 산이나 알칼리에 거의 침식되지 않는다.

140 다음 조경시설물 중 비철금속을 주로 사용해야 하는 것은?

① 철 봉
② 그 네
③ 잔디 보호책
④ 수경장치물

해설 비철금속이란 알루미늄·구리 등으로 수경장치물 등에 사용한다.

정답 137 ② 138 ① 139 ① 140 ④

141 원광석인 보크사이트에서 추출한 물질을 전기분해해서 만드는 금속은?
① 니 켈
② 비 소
③ 구 리
④ 알루미늄

해설 보크사이트(Bauxite)는 알루미늄의 주요 광물이다.

142 일반적인 플라스틱 제품의 특성으로 옳은 것은?
① 마모가 적고 탄력성이 크므로 바닥재료 등에 적합하다.
② 내열성이 크고 내후성, 내광성이 좋다.
③ 불에 타지 않으며 부식이 된다.
④ 흡수성이 크고 투수성이 부족하여 방수제로는 부적합하다.

해설 플라스틱 제품의 특성
- 가벼우며, 강도와 탄력성이 크다.
- 소성, 가공성이 좋아 복잡한 모양의 제품으로 성형이 가능하다.
- 내산성, 내알칼리성이 크고 녹슬지 않는다.
- 착색·광택이 좋고, 접착력이 크다.
- 내열성, 내후성, 내광성이 부족하다.
- 전기와 열의 절연성이 있다.

143 열가소성 수지의 일반적인 설명으로 부적합한 것은?
① 축합반응을 하여 고분자로 된 것이다.
② 열에 의해 연화된다.
③ 수장재로 이용된다.
④ 냉각하면 그 형태가 붕괴되지 않고 고체로 된다.

해설 열가소성 수지는 가열하면 연화하여 가소성을 나타내고, 냉각해서 고화되는 플라스틱을 총칭해서 말한다.

알아두기

열가소성 수지의 용도
- 폴리프로필렌 : 포장 재료, 화장품 용기, 1회용 주사기 등
- 폴리염화비닐 : 전선 피복, 상·하수도관, 비닐 장판 등
- 폴리에틸렌 : 전기 전열 재료, 장난감 등
- 폴리스티렌 : 단열재, 광학 제품 등
- 아크릴 : 콘택트렌즈, 광고 표지판 등
- 나일론 : 섬유, 플라스틱 베어링 등

144 다음 중 열경화성(축합형) 수지인 것은?

① 폴리에틸렌수지
② 폴리염화비닐수지
③ 아크릴수지
④ 멜라민수지

해설 합성수지의 종류
- 주요 열가소성 수지 : 염화비닐수지, 아크릴, 폴리에틸렌, 폴리스티렌 등이 있으며, 열을 가하면 연화 또는 용융하여 가소성 또는 점성이 발생한다.
- 주요 열경화성 수지 : 요소수지, 멜라민수지, 폴리에스테르수지, 실리콘, 우레탄, 푸란 등 3차원적인 축합반응에 의해 생성되는 수지류를 말한다. 열을 가해도 유동성이 없다는 특성이 있다.

알아두기

열경화성 합성수지 종류 및 특성

구 분	특 징
실리콘수지	내열성 우수하고, 전기절연성, 내수성이 좋으며, 내알칼리성·내후성이 있다.
멜라민수지	요소 수지와 같으나, 경도가 크고 내수성은 약하다.
푸란수지	내약품성, 내열성이 뛰어나다.
에폭시수지	금속의 접착성이 크고, 내약품성이 양호하며 내열성이 우수하다.

145 접착제로 사용되는 다음 수지 중 접착력이 제일 우수한 것은?

① 요소수지
② 에폭시수지
③ 멜라민수지
④ 페놀수지

해설 에폭시수지는 금속의 접착성이 크고, 내약품성이 양호하며 내열성이 우수하다.

146 액체상태나 용융상태의 수지에 경화제를 넣어 사용하며, 내산·내알칼리성 등이 우수하여 콘크리트·항공기·기계부품 등의 접착에 사용되는 것은?

① 멜라민계 접착제
② 에폭시계 접착제
③ 페놀계 접착제
④ 실리콘계 접착제

해설 에폭시계 접착제
- 일반적으로 비스페놀과 에피클로로하이드린의 반응에 의해 얻을 수 있다.
- 액체상태나 용융상태의 수지에 경화제를 넣어 사용한다.
- 내산성, 내알칼리성, 내한성 등이 우수하다.
- 콘크리트, 항공기, 기계부품 등의 접착에 사용된다.

정답 144 ④ 145 ② 146 ②

147 플라스틱 제품 제작 시 첨가하는 재료가 아닌 것은?
① 가소제
② 안정제
③ 충진제
④ AE제

해설 플라스틱이란 합성수지에 가소제, 충진제(채움제), 착색제, 안정제 등을 넣어서 성형한 고분자 물질이다.

148 수성페인트칠의 공정에 관한 순서가 바르게 된 것은?

㉠ 바탕만들기	㉡ 퍼티먹임
㉢ 초벌칠하기	㉣ 재벌칠하기
㉤ 정벌칠하기	㉥ 연마작업

① ㉠ - ㉢ - ㉡ - ㉤ - ㉥ - ㉣
② ㉠ - ㉢ - ㉡ - ㉥ - ㉣ - ㉤
③ ㉠ - ㉡ - ㉢ - ㉥ - ㉣ - ㉤
④ ㉠ - ㉡ - ㉢ - ㉤ - ㉥ - ㉣

해설 **수성페인트칠의 공정 순서**
바탕만들기 → 초벌칠하기 → 퍼티먹임 → 연마작업 → 재벌칠하기 → 정벌칠하기

149 도료의 성분에 의한 분류로 틀린 것은?
① 수성페인트 : 합성수지 + 용제 + 안료
② 유성바니시 : 수지 + 건성유 + 희석제
③ 합성수지도료(용제형) : 합성수지 + 용제 + 안료
④ 생칠 : 옻나무에서 채취한 그대로의 것

해설 수성페인트는 안료를 물과 아라비아고무에 녹여 용제와 건조제 등을 고루 섞은 도료이다.

150 유성도료에 관한 설명 중 옳지 않은 것은?
① 유성페인트는 내후성이 좋다.
② 유성페인트는 내알칼리성이 양호하다.
③ 보일드유와 안료를 혼합한 것이 유성페인트이다.
④ 건성유 자체로도 도막을 형성할 수 있으나, 건성유를 가열 처리하여 점도·건조성·색채 등을 개량한 것이 보일드유이다.

해설
- 유성페인트 = 안료 + 건성유 + 희석재 + 건조재
- 유성페인트는 내후성·내수성·내구성·내마모성 양호하나 알칼리에 약하다.

정답 147 ④ 148 ② 149 ① 150 ②

151 크롬산 아연을 안료로 하고, 알키드 수지를 전색료로 한 것으로서 알루미늄 녹막이 초벌칠에 적당한 도료는?

① 광명단
② 파커라이징(Parkerizing)
③ 그라파이트(Graphite)
④ 징크로메이트(Zincromate)

해설 녹막이 페인트(방청용 페인트)
- 철재 녹막이 : 광명단
- 알루미늄 녹막이 : 징크로메이트(Zincromate)
- 목재 방부제 : 크레오소트액

Advice
분체도장은 분말 도료를 스프레이로 뿜어서 칠하는 도장 방법으로, 도막 형성 때 주름현상, 흐름현상 등이 없어 점도 조절이 필요 없으며, 도정작업이 간편한 무정전 스프레이법이 대표적인 도장이다.

152 조경재료 중 인조재료로 분류하기 어려운 것은?

① 우드칩(Wood Chip)
② 태호석
③ 인조석
④ 슬레이트(Slate)

해설 태호석은 호수 속에 있는 석회암의 일종으로, 오랜 시간 물의 흐름 속에 방치되어 주름과 구멍이 많은 기묘한 모습을 한 것이 특징이라고 할 수 있다.

153 시공계획의 4대 목표를 구성하는 요소가 아닌 것은?

① 원 가
② 안 전
③ 관 리
④ 공 정

해설 공사관리의 기본에는 공정관리, 품질관리, 원가관리, 안전관리 등이 있다.

알아두기

주요 조경시공 용어정리
- 시공계획 : 공사 목적물을 설계도서에 의거하여 최소한의 비용으로 안전하게 일정한 공기 내에 시공하기 위해 세우는 것이다.
- 공정계획 : 계약된 기간 내에 모든 공사를 가장 합리적이고 경제적으로 마칠 수 있도록 공사의 순서를 정하고 단위공사에 대한 일정을 계획하는 것이다.
- 시공 : 설계에 의해서 정해진 방침에 따라 경제적·능률적으로 목적을 달성하는 것에 목적이 있다.
- 데밍이 주장한 관리 Cycle PDCA : 계획(Plan) – 추진(Do) – 검토(Check) – 조치(Action)의 머리글자를 딴 것으로 곧 순환의 과정을 말하는 것이다.

정답 151 ④ 152 ② 153 ③

154 다음 단계 중 시방서 및 공사비 내역서 등을 주로 포함하고 있는 것은?

① 기본구상
② 기본계획
③ 기본설계
④ 실시설계

해설 실시설계는 공사시행을 위한 구체적이고 상세한 도면을 작성하는 단계로, 모든 종류의 설계도·시방서·공정표·수량산출서 등을 작성한다.

155 조경시공의 일정계획을 수립할 때 사용되는 1일 평균 시공량 산정식으로 옳은 것은?

① $\dfrac{공사량}{작업가능일수}$
② $\dfrac{공사량}{계약시간}$
③ $\dfrac{공사량}{소요작업일수 \times \frac{1}{4}}$
④ $\dfrac{공사량}{작업가능일수 \times \frac{1}{4}}$

156 도급공사는 공사 실시방식에 따른 분류와, 공사비 지불방식에 따른 분류로 구분할 수 있다. 다음 중 공사 실시방식에 따른 분류에 해당하는 것은?

① 분할도급
② 정액도급
③ 단가도급
④ 실비정산 보수가산도급

해설 **도급공사**
- 공사 실시방식에 따른 분류 : 일식도급, 분할도급, 공동도급
- 공사비 지불방식에 따른 분류 : 정액도급, 단가도급, 실비정산 보수가산도급

157 다음 중 유자격자는 모두 입찰에 참여할 수 있으며, 균등한 기회를 제공하고, 공사비 등을 절감할 수 있으나 부적격자에게 낙찰될 우려가 있는 입찰방식은?

① 특명입찰
② 일반경쟁입찰
③ 지명경쟁입찰
④ 수의계약

해설
① 특명입찰 : 건축주가 해당 공사에 가장 적격한 단일 도급업자를 지명하여 입찰시키는 방식
③ 지명경쟁입찰 : 건축주가 공사에 적격하다고 인정되는 3~7곳의 시공회사를 선정하여 입찰시키는 방식
④ 수의계약 : 경쟁이나 입찰에 따르지 아니하고, 일방적으로 상대편을 골라서 맺는 계약
※ 일괄입찰 : 설계와 시공을 함께 하는 입찰방식

158 관리업무의 수행 중 직영방식의 장점이 아닌 것은?

① 관리책임의 소재가 명확하다.
② 긴급한 대응이 가능하다.
③ 이용자에게 양질의 서비스를 제공할 수 있다.
④ 전문가를 합리적으로 이용할 수 있다.

해설 ④는 도급방식의 장점이다.

알아두기

직영방식의 장단점

장 점	단 점
• 책임소재 명확 • 긴급한 대응 가능 • 관리 실태의 정확한 파악 • 양질의 서비스 제공 • 임기응변적 조처 가능	• 필요 이상의 인건비 소요 • 인사 정체 • 업무의 타성화

159 단독도급과 비교하여 공동도급방식(Joint Venture)의 특징으로 거리가 먼 것은?

① 대규모 공사를 단독으로 도급하는 것보다 적자 등의 위험 부담이 분담된다.
② 공동도급에 구성된 상호간의 이해충돌이 없고, 현장관리가 용이하다.
③ 2 이상의 업자가 공동으로 도급함으로서 자금 부담이 경감된다.
④ 각 구성원이 공사에 대하여 연대책임을 지므로 단독도급에 비해 발주자는 더 큰 안정성을 기대할 수 있다.

해설 공동도급(Joint Venture)의 장단점

장 점	• 공사이행의 확실성이 보장된다. • 여러 회사의 참여로 위험이 분산된다. • 자본력과 신용도가 증대된다. • 공사도급경쟁의 완화수단이 된다. • 기술향상, 경험의 확충을 기대할 수 있다.
단 점	• 단독도급보다 경비가 증대된다. • 이해충돌, 책임회피의 우려가 있다. • 경영방식 차이에서 오는 능률저하가 생길 수 있다. • 사무관리·현장관리 혼란의 우려가 있다. • 하자책임이 불분명하다.

정답 158 ④ 159 ②

160 횡선식 공정표와 비교한 네트워크(Network) 공정표의 설명으로 사실과 가장 거리가 먼 것은?

① 일정의 변화에 탄력적으로 대처할 수 있다.
② 문제점의 사전 예측이 용이하다.
③ 공사 통제 기능이 양호하다.
④ 간단한 공사 및 시급한 공사, 개략적인 공정에 사용된다.

해설 네트워크법은 복잡한 공사나 대형 공사 등 공사 전체의 파악이 쉬운 공정관리 기법이고, 횡선식 공정표는 작업수가 적은 간단한 공사인 경우에 적합하며 복잡한 공사에서는 작성·변경·읽기가 어렵다.

> **알아두기**
> **네트워크 공정표의 특성**
> • 개개의 작업이 도시되어 있어 프로젝트 전체 및 부분의 파악이 용이하다.
> • 작업순서 관계가 명확하여 공사 담당자 간의 정보교환이 원활하다.
> • 네트워크 기법의 표시상의 제약으로 작업의 세분화 정도에는 한계가 있다.
> • 네트워크 공정표를 능숙하게 작성하기 위해서는 시간과 경험이 요구된다.

161 작성이 간단하며 공사 진행 결과나 전체 공정 중 현재 작업의 상황을 명확히 알 수 있어 공사의 규모가 작은 경우에 많이 사용되고, 시급한 공사에도 적용할 수 있는 공정표의 표시방법은?

① 막대그래프
② 곡선그래프
③ 네트워크 방식
④ 대수도표

해설 횡선식 공정표는 막대그래프(Bar Chart) 또는 간트 차트(Gantt Chart)라 불리며, 세로축에 가설공사·토공사·철근콘크리트공사 등의 공사종목을 잡고 가로축에 공기를 잡아서 각 부분 공사의 공사기간을 횡선으로 표시하며, 이에 기성고 공사진척 상황을 기입하고 예정과 실시를 비교하면서 공정을 관리하는 가장 일반적이고 간단한 공정표이다.

162 도급업자 입장에서 지급받을 수 있는 공사비 중 통상적으로 90%까지 지불받을 수 있는 공사비의 명칭은?

① 착공금(전도금)
② 준공불(완공불)
③ 하자보증금
④ 중간불(기성불)

해설 **공사비 지급금**
• 착공금(전도금) : 시행자와 도급자간의 계약에 의해서 공사 착수 전에 도급금액의 1/3~1/5 정도를 지불하는 것
• 중간불(기성불) : 계약과 동시에 지불시기와 지불횟수를 정하는 방법과 공사의 진척에 따라 지불하는 방법 등이 있음
• 준공불(완공불) : 공사완료 후 준공검사를 필하고 공사비 전액을 지불받는 것
• 하자보증금 : 도급계약을 할 때, 그 공사와 하자의 보수를 보증하기 위해 수급인이 내는 돈

163 다음 중 조경시공의 순서로 가장 알맞은 것은?

① 터닦기 → 급·배수 및 호안공사 → 콘크리트공사 → 정원시설물 설치 → 식재공사
② 식재공사 → 터닦기 → 정원시설물 설치 → 콘크리트공사 → 급·배수 및 호안공사
③ 급·배수 및 호안공사 → 정원시설물 설치 → 콘크리트공사 → 식재공사 → 터닦기
④ 정원시설물 설치 → 급·배수 및 호안공사 → 식재공사 → 터닦기 → 콘크리트공사

해설 조경시공의 순서
터닦기 → 급·배수 및 호안공사 → 콘크리트공사 → 정원시설물 설치 → 식재공사

164 수목을 이식하려고 굴취할 경우에 뿌리분(盆)의 크기는 어느 정도가 가장 적당한가?

① 근원직경의 4배
② 흉고직경의 4배
③ 근원직경의 1/4배
④ 수고의 1/10배

해설 뿌리분의 크기는 근원직경의 4배가 가장 적당하다.

> **알아두기**
>
> **수목의 굴취 방법**
> • 옮겨 심을 나무는 그 나무의 뿌리가 퍼져 있는 위치의 흙을 붙여 뿌리분을 만드는 방법과 뿌리만을 캐내는 방법이 있다.
> • 일반적으로 크기가 큰 수종, 상록수, 이식이 어려운 수종, 희귀한 수종 등은 뿌리분을 크게 만들어 옮긴다.
> • 일반적으로 뿌리분의 크기는 근원직경의 4~6배를 기준으로 한다.
> • 뿌리분의 모양은 심근성 수종은 조개분 모양, 천근성인 수종은 접시분 모양, 일반적인 수종은 보통분으로 한다.

165 다음 중 뿌리분의 형태를 조개분으로 굴취하는 수종으로만 나열된 것은?

① 소나무, 느티나무
② 버드나무, 가문비나무
③ 눈주목, 편백
④ 사철나무, 사시나무

해설 뿌리분의 형태(근원직경의 4배인 경우)
• 접시분 : 향나무 등의 천근성 수종
• 보통분 : 일반적 수종
• 조개분 : 느티나무, 가시나무, 소나무 등의 심근성 수종

166 느티나무의 수고가 4m, 흉고직경이 6cm, 근원직경이 10cm인 뿌리분의 지름 크기는?(단, 상수는 상록수가 4, 낙엽수가 5이다)

① 29cm ② 39cm
③ 59cm ④ 99cm

해설 뿌리분의 지름 = $24 + [(N-3) \times d]$
= $24 + [(10-3) \times 5] = 59$

167 일반적으로 식재할 구덩이 파기를 할 때 뿌리분 크기의 몇 배 이상으로 구덩이를 파고 해로운 물질을 제거해야 하는가?

① 1.5배 ② 2.5배
③ 3.5배 ④ 4.5배

해설 수목을 식재할 경우 식재 구덩이의 최소크기 기준은 뿌리분 지름의 1.5배 이상이다.

168 조경공사에서 이식 적기가 아닌 때 식재공사를 하는 방법으로 틀린 것은?

① 가지의 일부를 쳐내서 증산량을 줄인다.
② 뿌리분을 작게 만들어 수분조절을 해준다.
③ 증산억제제를 나무에 살포한다.
④ 봄철의 이식 적기보다 늦어질 경우 이른 봄에 미리 굴취하여 가식한다.

해설 보통 이식이 어려운 나무, 크기가 큰 나무, 희귀한 나무, 상록수 등은 뿌리분을 크게 만들어 이식한다.

169 조경수목 중 일반적인 상록활엽수의 이식 적기는?

① 이른 봄과 장마철
② 여름과 휴면기인 겨울
③ 초겨울과 생장기인 늦은 봄
④ 늦은 봄과 꽃이 진 시기

해설 상록활엽수는 3월 하순~4월 중순(발아 전) 또는 6~7월이 적기이다.

> **알아두기**
>
> **수목의 이식 시기**
> • 뿌리의 활동이 시작하기 직전이 좋으며, 활착이 어려운 하절기(7~8월), 동절기(12월~2월)는 피한다.
> • 낙엽활엽수는 가을에 낙엽이 진 후 봄에 생장을 개시하기 전 휴면기간 중에 옮겨 심는 것이 가장 좋다.
> • 모란의 이식 적기는 9~10월이 좋고 봄철 이식은 생육과 개화에 좋지 않다.

정답 166 ③ 167 ① 168 ② 169 ①

170 옮겨 심은 후 줄기에 새끼줄을 감고 진흙을 반드시 이겨 발라야 되는 수종은?

① 배롱나무 ② 은행나무
③ 향나무   ④ 소나무

[해설] 소나무 이식 후 줄기에 새끼를 감고 진흙을 바르는 가장 주된 목적은 소나무좀의 피해를 막기 위해서이다.

171 새끼줄로 뿌리분을 감는 방법 중 석줄두번걸기를 표현한 것은?

①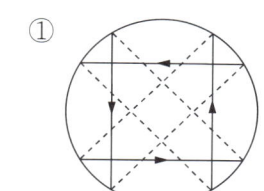
②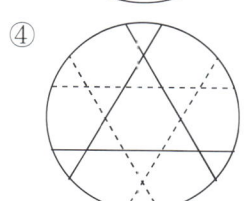
③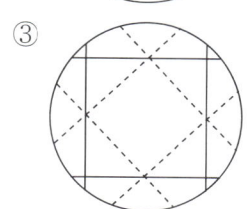
④

[해설] 새끼줄로 분을 감는 요령

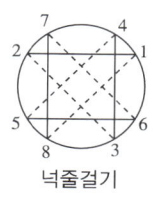 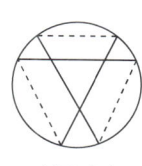 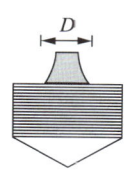 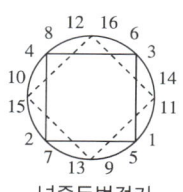
넉줄걸기　　석줄걸기　　허리감기　　넉줄두번걸기

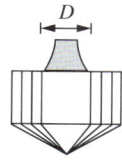  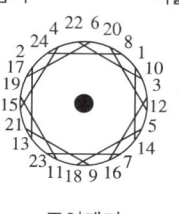 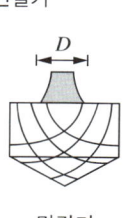
석줄두번걸기　막감기　　올바른걸기　조여매기　　막감기

정답 170 ④　171 ④

172 뿌리돌림은 현재의 생장지에서 적당한 범위로 뿌리를 절단하는 것을 말한다. 뿌리돌림에 관한 설명으로 틀린 것은?

① 한 장소에서 오랫동안 자랄 때 뿌리는 줄기로부터 상당히 떨어진 곳까지 뻗어나가며, 잔뿌리는 그 곳에 분포되어 있다.
② 제한된 뿌리분으로 캐서 이식할 경우 잔뿌리는 대부분 끊겨 나가고 굵은 뿌리만 남아 이식 활착이 어렵다.
③ 뿌리돌림을 하는 시기는 1년 내내 가능하고, 봄철보다 여름철이 끝나는 시기가 가장 좋으며, 낙엽수는 가을철이 적당하다.
④ 봄에 뿌리돌림을 한 낙엽수는 당년 가을이나 이듬해 봄에, 상록수는 이듬해 봄이나 장마기에 이식 할 수 있다.

해설 ③ 뿌리돌림은 한더위와 추운 겨울은 피하고 수목의 생육 개시 직전인 이른 봄이나 늦가을에 실시한다.

> **알아두기**
>
> **뿌리돌림**
> - 뿌리돌림은 이식이 어려운 나무, 노목이나 큰 나무, 부적당한 시기에 이식할 경우에 미리 잔뿌리를 발달시키기 위한 사전 작업이다.
> - 뿌리돌림을 하는 시기는 봄과 가을(9월)의 두 시기에 걸쳐서 할 수 있으나, 봄의 해토 직후부터 4월 상순 사이에 하는 것이 가장 적합하다.
> - 수종의 특성에 따라 가지치기, 잎 따주기 등을 하고, 필요하면 임시 지주를 설치한다.
> - 수목을 지탱하기 위해 3~4 방향으로 한 개씩, 곧은 뿌리는 자르지 않고 15cm 정도의 폭으로 환상박피한 다음 흙을 되묻은 후 관수를 실시하고 지주목을 설치한다.
> - 굵은 뿌리를 3~4개 정도 남겨둔다.
> - 굵은 뿌리 절단시는 톱으로 깨끗이 절단한다.
> - 뿌리돌림을 한 후에 새끼로 뿌리분을 감아두면 옮겨 심은 경우보다 강한 발근력을 가지고 있다.

173 다음 중 뿌리돌림의 방법으로 옳은 것은?

① 노목은 피해를 줄이기 위해 한 번에 뿌리돌림 작업을 끝내는 것이 좋다.
② 뿌리돌림을 하는 분은 이식할 당시의 뿌리분 보다 약간 크게 한다.
③ 낙엽수의 경우 생장이 끝난 가을에 뿌리돌림을 하는 것이 좋다.
④ 뿌리돌림을 할 때 남겨 둘 곧은 뿌리는 15~20cm의 폭으로 환상박피한다.

해설 ① 노목은 피해를 줄이기 위해 단번에 뿌리돌림 작업을 끝내지 않고, 2~4회 나누어 연차적으로 행한다.
② 뿌리돌림을 하는 분은 이식할 당시의 뿌리분보다 약간 작게 한다.
③ 낙엽활엽수는 수맥이 발동하기 시작한 때부터 신록이 우거지기 직전까지가 뿌리돌림하기 가장 적절한 적기이다.

174 굴취해 온 나무를 가식할 장소로 적합하지 않은 곳은?

① 식재지에서 가까운 곳
② 배수가 잘 되는 곳
③ 햇빛이 드는 양지바른 곳
④ 그늘이 많이 지는 곳

해설 가식할 장소는 식재지 부근으로 물이 잘 빠지고 습기가 적당히 있는 곳을 선정하되, 햇빛이 드는 양지바른 곳이나 바람 맞이는 피한다. 장기간 가식할 때는 짚이나 낙엽으로 덮어주는 것이 좋고, 가식지에 물이 고이지 않도록 배수로를 만들어 준다.

> **Advice**
> 식재작업순서는 식혈 → 기비 → 수목앉히기 → 흙덮기 → 증산억제제 살포 및 줄기싸주기 → 지주설치의 순서로 진행한다.

175 수목종자의 저장방법에 대한 설명으로 틀린 것은?

① 건조저장 – 종자를 30% 이내의 함수량이 되도록 건조시킨다.
② 보호저장 – 은행, 밤, 도토리 등을 모래와 혼합하여 실내나 창고에서 5℃로 유지한다.
③ 밀봉저장 – 가문비나무, 삼나무, 편백 등의 종자를 유리병이나 데시케이터 등에 방습제와 함께 넣는다.
④ 노천매장 – 잣나무, 단풍나무, 느티나무 등의 종자를 모래와 1 : 2의 비율로 섞어 양지쪽에 묻는다.

해설 건조저장은 종자의 함수량이 5~10%가 되도록 말려서 저장하는 방법이다.

176 나무가 쇠약해지거나 말라 죽는 원인이라 할 수 없는 것은?

① 생리적 노쇠현상
② 양분의 결핍
③ 기상의 현상
④ 토양 미생물의 왕성한 활동

해설 토양 미생물 등의 왕성한 활동은 식물이 건강하게 생장하기 위하여 필요한 모든 영양분이 골고루 공급되는 데 필요한 조건이다.

177 다음 중 경사도 가장 큰 것은?

① 100% 경사
② 45° 경사
③ 1할 경사
④ 1 : 0.7

해설 경사도는 수직단위당 토지의 높고 낮음을 의미한다.
④ 1 : 0.7의 경사율 : (1/0.7 × 100) ≒ 143%로 A(경사각) = tan − 1G(경사율)로 89.6°가 된다. 비탈면에 관목을 식재하려면 1 : 2보다 완만해야 한다.
①·② 100% 경사 : 수직 100m, 수평 100m인 경사비율 1 : 1이고 경사각은 45°가 된다.
③ 1할 경사 : 수직거리 10m에 대한 100m의 수평거리로 경사각은 5°이다.

정답 174 ③ 175 ① 176 ④ 177 ④

178 한국잔디의 특징을 설명한 것 중 옳은 것은?

① 약산성의 토양을 좋아한다.
② 그늘을 좋아한다.
③ 잔디를 깎으면 깎을수록 약해진다.
④ 습윤지를 좋아한다.

해설 한국잔디
- 난지형 잔디로, 기는줄기와 땅속줄기에 의해 옆으로 퍼진다.
- 5~9월 사이에 잎이 푸른 상태로 있어 녹색 기간이 짧고 그늘에서 잘 자라지 못한다.
- 잔디밭 조성에 많은 시간이 소요되고 손상을 받은 후 회복속도가 느린 단점이 있으나, 포복성으로 밟힘에 강하고 병해충과 공해에도 강한 장점이 있다.
- 잔디의 종류에 따라 차이가 있으나 대체적으로 알맞은 토양은 참흙이며, 토양 산도는 pH 5.5~7.0이 알맞다.

179 다음 중 골프 코스 중 티와 그린 사이에 짧게 깎은 페어웨이 및 러프 등에서 가장 이용이 많은 잔디로 적합한 것은?

① 들잔디
② 벤트그래스
③ 버뮤다그래스
④ 라이그래스

해설 들잔디는 현재 한국에서 사용하고 있는 잔디로서 내한성은 갯잔디보다 강하다. 각종 환경에 적응력이 강하고 토양 응집능력이 강하므로 묘소, 공원, 경기장, 경사면 녹화 및 조경 잔디, 초지 등의 이용에 적합한 잔디이다.

Advice
골프장 그린(Green) 지역에 사용하기 가장 좋은 잔디는 벤트그래스이다.

180 대표적인 난지형 잔디로 내답압성이 크며 관리하기가 가장 용이한 것은?

① 버뮤다그래스
② 금잔디
③ 톨 페스큐
④ 라이그래스

해설 버뮤다그래스는 난지형 잔디로, 내답압성이 크며 회복속도가 빨라 경기장용 식재에 사용된다.

알아두기

톨 페스큐
- 한지형 잔디로, 잎 표면에 도드라진 줄이 있다.
- 질감이 거칠기는 하지만 고온과 건조에 가장 강하다.
- 척박한 토양에서도 잘 견디기 때문에 비탈면의 녹화에 적합하다.
- 주형으로 분얼로만 퍼져 자주 깎아 주지 않으면 잔디밭으로서의 기능을 상실한다.

정답 178 ① 179 ① 180 ①

181 우리나라 골프장 그린에 가장 많이 이용되는 잔디는?

① 블루그래스　　　② 벤트그래스
③ 라이그래스　　　④ 버뮤다그래스

해설 벤트그래스는 잔디의 종류 중에서 가장 품질이 좋아 골프장의 그린에 많이 사용한다. 특히 그늘에서 잘 자라지 못하고 건조에도 약하여 관수를 자주 해주어야 한다. 잔디의 종류 중에서 병해충에 가장 약하며, 여름철 방제에 힘써야 한다.

> **알아두기**
> 잔디 종자의 파종작업 순서
> 경운 → 기비 살포 → 정지작업 → 파종 → 복토 → 전압 → 멀칭

182 잔디밭을 만들 때 잔디 종자가 사용되는데, 다음 중 우량종자의 구비조건으로 부적합한 것은?

① 여러 번 교잡한 잡종종자일 것
② 본질적으로 우량한 인자를 가진 것
③ 완숙종자일 것
④ 신선한 햇종자일 것

해설 ① 용도에 맞는 순수한 우량품종이어야 한다.

183 잔디밭 조성 시 뗏장심기와 비교한 종자 파종의 이점이 아닌 것은?

① 비용이 적게 든다.
② 작업이 비교적 쉽다.
③ 균일하고 치밀한 잔디를 얻을 수 있다.
④ 잔디밭 조성에 짧은 시일이 걸린다.

해설 종자 파종은 뗏장심기보다 피복 비용이 저렴하고, 잔디밭 면을 고르게 조성할 수 있다. 그러나 적기 파종(한지형 잔디는 초봄/초가을, 한국잔디는 봄)이 필수적이며 조성기간이 길다는 단점이 있다. 따라서 성공적인 종자 파종을 위해서는 전문 기술자의 도움을 받는 것이 좋다.

184 터닦기를 할 때 성토 시(흙쌓기) 침하에 대비하여 계획된 높이보다 몇 % 정도 더돋기를 하는가?

① 3~5%　　　② 10~15%
③ 20~25%　　④ 30~35%

정답 181 ② 182 ① 183 ④ 184 ②

185 성토 4,500m³를 축조하려 한다. 토취장의 토질은 점성토로 토량변화율은 $L = 1.20$, $C = 0.90$ 이다. 자연상태의 토량을 어느 정도 굴착하여야 하는가?

① 5,000m³
② 5,400m³
③ 6,000m³
④ 4,860m³

해설

$C = \dfrac{\text{다져진 상태의 토량}}{\text{자연상태의 토량}}$

$0.9 = \dfrac{4,500}{x}$

$x = \dfrac{4,500}{0.9} = 5,000$

186 자연상태에서 점질토(보통의 것)의 m³당 중량으로 가장 적합한 것은?

① 900~1,100kg
② 1,200~1,400kg
③ 1,500~1,700kg
④ 1,800~2,000kg

해설 자연상태에서 점질토의 m³당 중량

형 상	중 량
보통의 것	1,500~1,700kg
자갈(礫)이 섞인 것	1,600~1,800kg
자갈(礫)이 섞이고 습한 것	1,900~2,100kg

187 조경공사에서 작은 언덕을 조성하는 흙쌓기 용어는?

① 사 토
② 절 토
③ 마운딩
④ 정 지

해설 조경공사 용어정리
- 마운딩 : 조경에서 경관의 변화, 방음, 방풍, 방설을 목적으로 작은 동산을 만드는 것
- 사토 : 버리는 흙
- 절토 : 흙깎기
- 정지 : 작물을 재배하는 데 있어서 토양조건을 개량·정비하는 작업
- 성토 : 토공사(정지) 작업 시 일정한 장소에 흙을 쌓는 일

알아두기

마운딩의 기능
- 흙쌓기에 의하여 지면 형상을 변화시켜 수목의 생장에 필요한 유효 토심을 확보하는 기능
- 배수의 방향을 조절하고 자연스러운 경관을 조성하며, 토지 이용상 공간을 분할하는 기능

188 다음 중 더돋기의 정의로 가장 알맞은 것은?

① 가라앉을 것을 예측하여 흙을 계획 높이보다 더 쌓는 것이다.
② 중앙분리대에서 흙을 볼록하게 쌓아 올리는 것이다.
③ 옹벽 앞에 계단처럼 콘크리트를 쳐서 옹벽을 보강하는 것이다.
④ 계단의 맨 윗부분에 설치하는 시설물이다.

해설 흙쌓기 후에는 압축과 침하에 의해 가라앉게 되므로 일정한 높이마다 다짐을 하며 성토하거나 계획 높이보다 더 쌓아 주는 더돋기(Extra Banking)를 실시한다.

189 다음 중 기준점 및 규준틀에 관한 설명으로 틀린 것은?

① 규준틀은 공사가 완료된 후에 설치한다.
② 규준틀은 토공의 높이, 너비 등의 기준을 표시한 것이다.
③ 기준점은 이동의 염려가 없는 곳에 설치한다.
④ 기준점은 최소 2개소 이상의 여러 곳에 설치한다.

해설 규준틀은 공사 착수에 있어서 대지에 건축물의 위치를 결정하기 위해 설치한다.

190 파낸 흙을 쌓아올렸을 때 중요한 "안식각"에 관한 설명으로 부적합한 것은?

① 흙을 높게 쌓아올렸을 때 잠시 동안은 모아 둔 그대로 형태가 유지되는 것은 흙의 점착력 때문이다.
② 높이 쌓아놓은 뒤 시간이 지나면서 허물어져 내리고 안정된 비탈면을 형성했을 때 수평면에 대하여 비탈면이 이루는 각을 안식각이라 한다.
③ 흙깎기 또는 흙쌓기의 안정된 비탈을 위해서는 그 토질의 안식각보다 작은 경사를 가지게 하는 것이 중요하다.
④ 토질이 건조했을 때 안식각이 큰 것부터의 순서는 점토 > 보통흙 > 모래 > 자갈의 순이다.

해설 토질이 건조했을 때 안식각이 큰 것부터의 순서는 점토 < 보통흙 < 모래 < 자갈의 순이다.

Advice
보통 흙의 안식각은 자연경사각인 30~35°이다.

정답 188 ① 189 ① 190 ④

191 중앙에 큰 맹암거를 중심으로 하여 작은 맹암거를 좌우에 어긋나게 설치하는 방법으로, 평탄한 지역에 가장 적합한 형태로 설치되고 있는 맹암거 배치형태는?

① 어골형
② 빗살형
③ 부채살형
④ 자유형

해설 암거배수의 배치형태는 어골형, 평행형, 빗살형, 부채살형, 차단법, 자유형 등이 있다.
- 어골형 : 주관을 중앙에 비스듬히 설치, 경기장과 같은 평탄한 지역, 균일하게 배수가 요구되는 곳
- 즐치형(평행형) : 지역경계 근처에 주관을 설치하고 한쪽 측면에 지관 설치
- 선형 : 주관, 지관 구분없이 1개 지점으로 집중
- 차단법 : 경사면 위나 경사면 자체의 유수방지를 위해 사용, 도로 법면에 많이 사용
- 자연형 : 지형의 등고선을 따라 주관과 지관을 설치하는 방법으로, 대규모 공원같이 완전한 배수가 요구되지 않는 곳에 사용

192 옥외조경공사 지역의 배수관 설치에 관한 설명으로 잘못된 것은?

① 경사는 관의 지름이 작은 것일수록 급하게 한다.
② 배수관의 깊이는 동결심도 바로 위쪽에 설치한다.
③ 관에 소켓이 있을 때는 소켓이 관의 상류쪽으로 향하도록 한다.
④ 관의 이음부는 관 종류에 따른 적합한 방법으로 시공하며, 이음부의 관 내부는 매끄럽게 마감한다.

해설 옥외배관은 동결심도(Freezing Depth) 이하의 깊이로 한다. 설계도면에서 특별히 정한 바가 없는 경우에는 옹벽 찰쌓기를 할 때 배수구는 PVC관(경질염화 비닐관)을 $3m^3$당 1개가 적당하다.

193 벽천을 구성하고 있는 요소의 명칭이라고 할 수 없는 것은?

① 벽 체
② 토수구
③ 수 반
④ 낙수받이

해설 벽천 : 벽체 속을 따라 토수구로 유도되어 그 밑의 수반에 떨어졌다가 다시 넘쳐흐른다.

194 자연식 연못의 설계와 관련된 설명 중 괄호 안에 적합한 수치는?

> 일반적으로 연못의 설계시 연못의 면적을 정원 전체의 면적의 ·/9 이하로 하는 것이 힘의 균형을 이룰 수 있는 적정한 규모이며, 최소 (   )m² 이상의 넓이가 바람직하다.

① 1.5
② 5
③ 10
④ 15

195 자연석 무너짐쌓기에 대한 설명으로 부적합한 것은?

① 크고 작은 돌이 서로 삼재미가 있도록 좌우로 놓아 나간다.
② 돌을 쌓은 단면의 중간이 볼록하게 나오는 것이 좋다.
③ 제일 윗부분에 놓이는 돌은 돌의 윗부분이 수평이 되도록 놓는다.
④ 돌과 돌이 맞물리는 곳에는 작은 돌을 끼워 넣지 않도록 한다.

해설 **자연석 무너짐쌓기** : 기초가 될 밑돌을 약간 큰 돌 중에서 골라 땅속에 반가량 묻히도록 앉히고 말뚝으로 잘 다져 움직이는 일이 없도록 고정시킨 다음, 크고 작은 돌이 서로 삼재미를 이루도록 이것들을 전후좌우로 높여가며 돌을 쌓는 단면의 중간이 오목하게 들어가 보이도록 쌓는다. 돌과 돌이 맞물리는 곳에는 작은 돌을 끼워 넣지 않도록 하며, 돌을 다 쌓은 다음 돌과 돌 사이에 키가 작은 관목 및 초화류를 심는다.

알아두기

자연석을 쌓아 올리는 수법
- 돌의 단면은 중앙부가 요(凹)형이 되도록 한다.
- 천단부(天壇部)를 수평이 되게 한다.
- 돌과 돌이 맞물리는 곳은 공적(空摘)이 되게 한다.
- 높게 쌓아 올릴 수 없으므로 1.5m를 한계로 한다.

196 일반적으로 돌쌓기 시공상 유의할 점으로 틀린 것은?

① 밑돌은 가장 큰 돌을 쌓고, 아래 부위에 쌓을수록 비교적 큰 돌을 쌓아 안전도를 높인다.
② 돌끼리 접촉이 좋도록 하고, 굄돌을 사용하여 안정되게 놓는다.
③ 줄눈 두께는 9~12mm로 통줄눈이 되도록 한다.
④ 모르타르 배합비는 보통 1 : 2~1 : 3으로 한다.

해설 돌쌓기의 세로줄눈이 일직선이 되는 통줄눈을 피하고, 막힘줄눈이 되도록 쌓는다.

197 다음 그림과 같이 쌓는 벽돌쌓기의 방법은?

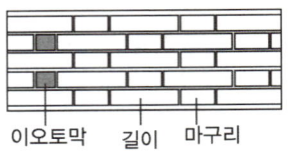

① 영국식 쌓기 ② 프랑스식 쌓기
③ 영롱 쌓기 ④ 미국식 쌓기

해설 **벽돌쌓기법**
- 영국식 : 길이쌓기 켜와 마구리쌓기 켜를 반복하여 쌓는 방법. 가장 견고한 쌓기
- 프랑스식 : 켜마다 길이와 마구리가 번갈아 나오는 방법. 아름다우나 견고성은 떨어짐
- 네덜란드식 : 시공이 편리하고 쌓을 때 모서리 끝에 칠오토막을 써서 안정감을 줌. 우리나라에서는 대부분 이 방식을 사용
- 미국식 : 5켜까지 길이쌓기로 하고, 그 위 1켜는 마구리쌓기
  ※ 영롱 쌓기 : 벽돌담에 구멍을 내어 장식성을 높인 것

198 다음 중 호박돌 쌓기의 방법에 대한 설명으로 부적합한 것은?

① 표면이 깨끗한 돌을 사용한다.
② 크기가 비슷한 것이 좋다.
③ 불규칙하게 쌓는 것이 좋다.
④ 기초공사 후 찰쌓기로 시공한다.

해설 호박돌 쌓기는 규칙적인 모양으로 하는 것이 보기에 자연스럽다.

> **알아두기**
>
> **호박돌 쌓기의 방법**
> - 불규칙하게 쌓는 것보다 규칙적인 모양을 갖도록 쌓는 것이 보기에 좋고 안전성도 있다.
> - 돌을 서로 어긋나게 놓아 십(+)자 줄눈이 생기지 않도록 한다.
> - 쌓기 중에 모르타르가 돌의 표면에 묻지 않도록 주의하고, 돌 틈 사이로 흘러나온 모르타르나 튀어나온 모르타르는 굳기 전에 깨끗이 제거한다.

197 ② 198 ③

199 석축공사의 설명으로 부적합한 것은?

① 견치석 쌓기에서는 터파기를 하고 잡석과 콘크리트를 사용하여 연속기초를 만든다.
② 호박돌 쌓기는 규칙적인 모양으로 쌓는 것이 보기에 자연스럽다.
③ 자연석 쌓기의 이음매는 돌과 돌 사이에 모르타르로 굳혀 가면서 쌓는다.
④ 석축의 높이가 높을 때에는 군데 군데 물빠짐 구멍을 뚫어 놓는다.

해설 자연석 쌓기는 설계도서 및 특별시방서에 정한바가 없을 때에는 메쌓기로 하되 뒷부분에는 굄돌 및 사춤돌을 써서 튼튼하게 쌓아야 하며, 필요에 따라 석축 중간에 뒷길이 60~90cm 정도의 돌을 물려쌓아 석축의 붕괴를 방지한다. 모르타르로 굳히면서 쌓는 것은 호박돌 쌓기이다.

알아두기

돌쌓기의 종류
- 찰쌓기 : 뒤채움에 콘크리트를 사용하고, 줄눈에 모르타르를 사용하여 쌓음
- 메쌓기 : 콘크리트를 사용하지 않고 순수한 돌만을 맞대어 쌓고 뒤채움은 잡석, 자갈 등으로 하는 방식
- 켜쌓기 : 돌의 높이를 같게 하여 가로줄눈이 일직선이 되도록 쌓는 방법으로서, 한줄 전체의 가로줄눈이 수평으로 일자(-)를 이루도록 쌓는 것
- 골쌓기 : 줄눈의 형태가 일정하지 않고 V, W와 같이 골을 이루도록 돌을 쌓는 것
- 견치석 쌓기
  - 지반이 약한 곳에 석축을 쌓아 올려야 할 때는 잡석이나 콘크리트로 튼튼한 기초를 만들어 놓은 후 하나씩 주의깊게 쌓아 올린다.
  - 경사도가 1 : 1보다 완만한 경우를 돌붙임이라 하고, 경사도가 1 : 1보다 급한 경우를 돌쌓기라고 한다.
  - 쌓아 올리고자 하는 높이가 높을 때는 군데군데 물 빠짐 구멍을 뚫어 놓는다.

200 다음 중 도로 비탈면 녹화복원공법에 사용되는 재료가 아닌 것은?

① 식생자루
② 식생매트
③ 잔디블록
④ 우드칩(Wood-Chip)

해설 우드칩은 건축용 목재로 사용하지 못하는 뿌리와 가지, 기타 임목 폐기물을 분리해낸 뒤 연소하기 쉬운 칩 형태로 잘게 만들어 무공해 청정 자연연료로 사용한다.

정답 199 ③ 200 ④

201 다음 중 서양식 정원에서 많이 쓰이는 디딤돌 놓기 수법은 어느 것인가?

① 직선타(直線打)
② 삼연타(三連打)
③ 사삼타(四三打)
④ 천조타(千鳥打)

해설 디딤돌의 배석
- 직선타(直線打) : 일정한 간격으로 직선을 그리며 발걸음 폭으로 배석하는 수법으로, 단조롭고 이용면에서 불안한 균형을 갖게 한다. 반면에 다른 디딤돌 배석에 비해 돌이 적게 드는 것이 이점이다.
- 천조타(千鳥打) : 일명 새발뜀돌이라고도 한다. 새가 걸어간 발자국 모양으로 어긋나게 배석하는 수법으로, 걸음걷기에 편리하며 많이 사용하고 있다. 그러나 경관미는 단조롭다.
- 이연타(二連打) : 두 개씩 두 개씩 이어서 배석하는 수법으로, 걸음을 걷기에는 부자연스러운 감이 있으나 직선타나 천조타에 비해 자연미가 있으며 경관미는 단조롭다.
- 삼연타(三連打) : 세 개씩 세 개씩 이어서 붙여 배석하는 수법으로, 단조롭고 걸음을 걷기에는 불편하다. 배석하는 각도에 따라 돌이 많이 들기도 하고 적게 들기도 한다. 동양식 정원 조경에서 잘 활용하면 그 효과는 대단히 크고 아름답다.
- 이·삼연타 : 두 개씩 배석하고 다시 두 개의 배석에 연이어서 세 개씩 반복해서 배석하는 수법으로 이연타와 삼연타의 복식배석이라 할 수 있다.
- 사·삼연타 : 세 개씩 배석하고 다시 세 개의 배석에 연이어서 네 개씩 되게 반복해서 배석하는 수법으로, 약간 복잡한 감이 있으나 넓은 조경부지에서 이용하면 큰 효과를 얻을 수 있다.
- 방사타 : 조경부지 내에 필요한 통로쪽의 갈림부분이 되는 지점을 중심으로 하여 여러 방향으로 나가는 통로를 배석하는 수법이다.

202 다음 중 경관석 놓기에 대한 설명으로 틀린 것은?

① 경관석 놓기는 시각적으로 중요한 곳이나 추상적인 경관을 연출하기 위하여 이용된다.
② 경관석 놓기는 2, 4, 6, 8과 같이 짝수로 무리지어 놓는 것이 자연스럽다.
③ 가장 중심이 되는 자리에 가장 크고 기품이 있는 경관석을 중심석으로 배치한다.
④ 전체적으로 볼 때 힘의 방향이 분산되지 않아야 한다.

해설 ② 경관석 놓기는 대체적으로 3, 5, 7 … 등 홀수로 조합하며 부등변삼각형으로 구성된다.

203 다음 중 공원의 산책로 등 자연의 질감을 그대로 유지하면서도 표토층을 보존할 필요가 있는 지역의 포장으로 알맞은 것은?

① 인터로킹 블록포장
② 판석 포장
③ 타일 포장
④ 마사토 포장

해설 마사토 포장 : 마사토는 일반적으로 화강암이 풍화되면서 흙으로 되어가는 과정의 풍화토로서, 조경분야에서는 운동공간 또는 산책로 등 표면배수가 양호하고 자연적 질감을 지니며 시공이 용이하고 비용이 저렴하다.

정답 201 ① 202 ② 203 ④

204 다음 중 아스팔트의 양부를 판단하는 데 적합한 것은?

① 연화도
② 침입도
③ 시공연도
④ 마모도

해설 침입도는 아스팔트의 양부를 판단하는 데 중요한 기준으로, 아스팔트의 경도를 나타낸다.

> **알아두기**
>
> 아스팔트 포장
> 돌가루와 아스팔트를 섞어 가열한 것을 식기 전에 다져 놓은 자갈층 위에 고르게 깔아 롤러로 다져 끝맺음한 포장 방법

205 어린이공원에 심을 경우 어린이에게 해를 가할 수 있기 때문에 식재하지 말아야 할 수종은?

① 느티나무
② 음나무
③ 일본목련
④ 모 란

해설 음나무(엄나무)는 뾰족한 가시가 줄기에 빈틈없이 나 있는 나무로 어린이에게 해를 가할 수 있기 때문에 어린이공원에 식재하지 말아야 한다.

206 조경공간에서의 휴지통에 대한 설명 중 틀린 것은?

① 통풍이 좋고 건조하기 쉬운 구조로 한다.
② 내화성이 있는 구조로 한다.
③ 쓰레기를 수거하기 쉽도록 한다.
④ 지저분하므로 눈에 잘 띄지 않는 장소에 설치한다.

해설 휴지통은 각 단위공간의 의자 등 휴게실에 근접시키되, 보행에 방해가 되지 않도록 단위공간마다 1개소 이상 배치한다.

> **Advice**
>
> 야외용 의자의 길이
> 1인용은 450~470mm, 2인용은 1,200mm, 3인용은 2,500mm이다.

정답 204 ② 205 ② 206 ④

207 가로 조명등의 종류별 특징에 관한 설명으로 틀린 것은?

① 강철 조명등은 내구성이 강하지만, 부식이 잘된다.
② 알루미늄 조명등은 부식에 약하지만, 비용이 저렴한 편이다.
③ 콘크리트 조명등은 유지가 용이하고, 내구성이 강하지만, 설치 시 무게로 인해 장비가 요구된다.
④ 나무로 만든 조명등은 미관적으로 좋고, 초기의 유지가 용이하다.

[해설] 알루미늄 조명등은 부식에 강하지만 비용이 많이 든다.

> **알아두기**
> 저압나트륨등은 설치비용이 비싸지만 열효율이 높고 투시성이 좋으며 관리비도 싸서 안개지역, 터널 등에 설치하기 적합하다.

208 다음과 같은 특징 설명에 가장 적합한 시설물은?

- 간단한 눈가림 구실을 한다.
- 서양식으로 꾸며진 중문으로 볼 수 있다.
- 보통 가는 철제파이프 또는 각목으로 만든다.
- 장미 등 덩굴식물을 올려 장식한다.

① 퍼걸러
② 아 치
③ 트렐리스
④ 펜 스

[해설] 주요 조경시설물
- 아치 : 곡선형 구조물
- 퍼걸러(그늘시렁) : 기둥과 들보와 보로 구성되며, 햇빛을 막아 그늘을 제공하는 구조물
- 트렐리스 : 좁고 얇은 목재를 엮어 1.5m 정도의 높이가 되도록 만들어 놓은 격자형의 시설물로서 덩굴식물을 지탱하기 위한 것
- 펜스 : 건물이나 주차장 등의 경계를 구분하는 수단으로 많이 이용됨
- 볼라드 : 보행인과 차량교통의 분리를 목적으로 설치하는 시설물

PART 03 조경관리

01 수목 줄기의 썩은 부분을 도려내고 구멍에 충진수술을 하고자 할 때 가장 효과적인 시기는?
① 1~3월
② 4~6월
③ 10~12월
④ 시기는 상관없다.

해설 외과수술은 나무의 생장이 왕성하여 유합조직의 형성이 좋은 4월부터 시행하여 나무의 생장이 정지되기 이전인 9월 사이에 시행하는 것이 좋다.

> **Advice**
> 외과수술의 순서
> 부패부 제거 → 살균 · 살충처리 → 방부 · 방수처리 → 동공충전 → 매트처리 → 인공나무 껍질처리 → 수지처리

02 한여름에 뿌리분을 크게 하고 잎을 모조리 따낸 후 이식하면 쉽게 활착할 수 있는 나무는?
① 소나무
② 목 련
③ 단풍나무
④ 섬잣나무

해설 단풍나무는 잎따기 후 이식하면 쉽게 활착할 수 있는 나무로, 반드시 건강한 나무에만 해주어야 하며, 잎따기를 할 나무에는 한 달 전에 꼭 거름을 충분하게 주어야 한다.

03 다음 중 전정의 효과로 올바르지 않은 것은?
① 수목의 생장을 촉진시킨다.
② 수관 내부의 일조 부족에 의한 허약한 가지와 발생의 원인을 제거한다.
③ 도장지의 처리로 생육을 고르게 한다.
④ 화목류의 적절한 전정은 개화, 결실을 촉진시킨다.

해설 정지와 전정의 효과에는 생장속도 조절, 꽃눈형성 조절, 품질 향상, 수량 조절, 병충해 방지 등이 있다.

> **Advice**
> 전정은 수목을 목적에 알맞은 수형으로 만들기 위해 나무의 일부분을 잘라주는 것이다.

정답 1 ② 2 ③ 3 ①

04 다음 중 수목을 이식할 때 '잎이나 가지를 적당히 제거하는 가지 다듬기'를 실시하는 목적으로 가장 적당한 것은?

① 생장 억제
② 세력 갱신
③ 착화 촉진
④ 생리 조절

해설 전정의 목적
- 미관에 중점을 두는 경우
  - 자연 수형 : 불필요한 줄기, 가지만 제거하고 원래의 수형 유지
  - 인공 수형 : 토피어리, 산울타리 등은 직선 또는 곡선을 살림
- 실용적인 면에 중점을 두는 경우
  - 산울타리, 방풍, 방진용 식재 : 가지와 잎이 밀생되도록 전정
  - 가로수 : 태풍의 피해가 없도록 전정
  - 송전선, 간판, 도로 표지판, 건물 : 그 공간에 맞게 크기를 조절하여 전정
- 생리적인 면에 중점을 두는 경우
  - 개화·결실 촉진 : 수광, 통풍을 좋게 하여 개화 결실을 촉진하기 위해 전정(과수나 화목류의 경우에 해당)
  - 대형목 이식 시 : 뿌리를 절단한 양만큼 줄기를 전정하여 수분량과 증산량과의 균형 유지
  - 늙고 병든 나무의 수세 회복을 위해 새 가지로 갱신을 유도할 때 실시하는 전정

05 일반적인 전정시기와 횟수에 관한 설명으로 틀린 것은?

① 침엽수는 10~11월경이나 2~3월에 한 번 실시한다.
② 상록활엽수는 5~6월과 9~10월경 두 번 실시한다.
③ 낙엽수는 일반적으로 11~3월 및 7~8월경에 각각 한 번씩 두 번 전정한다.
④ 관목류는 일반적으로 계절이 변할 때마다 전정하는 것이 좋다.

해설 관목류의 전정을 할 때는 수목 특성에 따라 다듬기, 솎아내기 등을 실시한다.

06 다음 중 봄에 꽃이 피는 진달래 등의 꽃나무류를 전정하는 시기로 가장 적당한 것은?

① 꽃이 진 직후
② 여름에 도장지가 무성할 때
③ 늦가을
④ 장마 이후

해설 꽃나무류는 꽃이 진 후 바로 하되, 화아분화 시기와 분화한 후 꽃피는 습성에 따라 전정시기가 다르게 된다.

07 낙엽수의 휴면기 겨울전정(12~3월)의 장점으로 틀린 것은?

① 병충해의 피해를 입은 가지의 발견이 쉽다.
② 가지의 배치나 수형이 잘 드러나므로 진정하기가 쉽다.
③ 굵은 가지를 잘라내도 전정의 영향을 거의 받지 않는다.
④ 막눈 발생을 유도하며 새 가지가 나오기 전까지 수종 고유의 아름다운 수형을 감상할 수 있다.

[해설] **겨울전정의 장점**
- 휴면기간 중이므로 막눈이 발생하지 않고, 새 가지가 나오기 전까지는 전정한 아름다운 수형을 오래도록 감상할 수 있다.
- 낙엽이 진 후이기 때문에 가지의 배치나 수형이 잘 드러나므로 전정하기가 쉽다.
- 휴면 중이기 때문에 굵은 가지를 잘라내도 전정의 영향을 거의 받지 않는다.
- 병해충 피해를 입은 가지의 발견이 쉽다.

08 다음 중 산울타리의 다듬기 방법으로 옳은 것은?

① 전정하는 횟수는 생장이 완만한 수종의 경우 1년에 5~6회이다.
② 생장이 빠르고 맹아력이 강한 수종은 1년에 8~10회 실시한다.
③ 일반 수종은 장마 때와 가을 등 2회 정도 전정한다.
④ 화목류는 꽃이 피기 바로 전에 실시하고, 덩굴식물의 경우는 여름에 전정한다.

[해설] 산울타리 등 관목류는 5~6월과 9월에 전정하는 것이 좋다.

09 다음 중 바람의 피해로부터 보호하기 위해 굵은 가지치기를 실시하지 않아도 되는 수종으로 가장 적합한 것은?

① 독일가문비나무 ② 수양버들
③ 자작나무   ④ 느티나무

[해설] 느티나무는 바람의 피해로부터 보호하기 위해 굵은 가지치기를 하지 않아도 된다.

10 다음 중 굵은 가지를 잘라도 새로운 가지가 잘 발생하는 수종들로만 짝지어진 것은?

① 소나무, 향나무   ② 벚나무, 백합나무
③ 느티나무, 플라타너스 ④ 해송, 단풍나무

[해설] 팽나무, 느티나무, 배롱나무, 모과나무, 플라타너스, 수양버들 등의 수종은 맹아력이 강하므로 굵은 가지를 잘라내도 손쉽게 가지가 자란다.

[정답] 7 ④ 8 ③ 9 ④ 10 ③

11 가는 가지 자르기 방법에 대한 설명으로 옳은 것은?

① 자를 가지의 바깥쪽 눈 바로 위를 비스듬히 자른다.
② 자를 가지의 바깥쪽 눈과 평행하게 멀리서 자른다.
③ 자를 가지의 안쪽 눈 바로 위를 비스듬히 자른다.
④ 자를 가지의 안쪽 눈과 평행한 방향으로 자른다.

[해설] 안쪽 눈 위에서 자르면 그 눈에서 나온 새 가지는 안쪽으로 자라 통풍·수광을 나쁘게 하고, 바깥쪽 위를 자르면 가지가 밖으로 자라 나무가 건실하게 자라게 된다. 따라서 반드시 바깥 눈 위에서 자르도록 한다. 눈 위를 자를 때에는 바깥 눈 7~10mm 위쪽 눈과 평행한 방향으로 비스듬하게 자른다.

12 다음 중 높이떼기의 번식방법을 사용하기에 가장 적합한 수종은?

① 개나리
② 덩굴장미
③ 등나무
④ 배롱나무

[해설] **취목방법**

단순취목(선취법)	장미, 개나리, 철쭉, 목련(대부분의 화목류)
맹아지취목(성토법, 묻어떼기)	철쭉, 명자나무(대부분의 화목류)
공중취목(고취법, 높이떼기)	고무나무, 목련, 석류, 배롱나무, 드라세나, 크로톤(관엽식물)
단부취목(끝묻이)	나무딸기
매간취목(망치묻이, 수평복법)	포도, 담쟁이
피상취목	개나리, 덩굴장미, 능소화

13 토피어리(형상수)를 만드는 방법 및 순서에 관한 설명으로 틀린 것은?

① 상처에 유합조직이 생기기 쉬운 따뜻한 계절을 택하여 실시한다.
② 불필요하다고 판단되는 가지를 쳐버린 다음, 남은 가지를 적당한 방향으로 유인한다.
③ 강전정으로 형태를 단번에 만들지 말고, 연차적으로 원하는 수형을 만들어 간다.
④ 토피어리를 만드는 방법은 어떤 수종이든 규준틀을 만들어 가지를 유인하는 것이 가장 효과적이다.

[해설] 토피어리란 자연 그대로의 식물을 여러 가지 동물 모양으로 자르고 다듬어 보기 좋게 만드는 기술 또는 작품이다.

14 나무를 옮길 때 잘려진 뿌리의 절단면으로부터 새로운 뿌리가 돋아나는 것에 가장 중요한 영향을 미치는 것은?

① C/N율
② 식물호르몬
③ 토양의 보비력
④ 잎으로부터의 증산 정도

해설 뿌리의 절단면으로부터 새로운 뿌리가 돋아나는 데 가장 중요한 영향을 미치는 것은 T/R률, 즉 뿌리와 상부의 비율이다. 뿌리를 잘라 주었으면 상부가지도 그만큼 정리해 주어야 한다. 그래야 뿌리에서 흡수하는 수분과 잎과 줄기에서 증산작용으로 날아가는 수분의 비율이 맞아 활착이 원활하게 된다.

15 동해(凍害) 발생에 관한 설명 중 틀린 것은?

① 난지산(暖地産) 수종, 생육지에서 멀리 떨어져 이식된 수종일수록 동해에 약하다.
② 건조한 토양보다 과습한 토양에서 더 많이 발생한다.
③ 바람이 없고 맑게 갠 밤의 새벽에는 서리가 적어 피해가 드물다.
④ 침엽수류와 낙엽활엽수류는 상록활엽수류보다 내동성이 크다.

해설 동해의 원인
- 오목한 지형에 있는 수목에서 동해가 더 많이 발생한다.
- 북쪽 경사면보다는 일교차가 심한 남쪽 경사면에서 더 많이 발생한다.
- 맑고 바람이 없는 날 발생하기 쉽다.
- 성목보다는 나이 어린 나무에 많이 발생한다.
- 건조한 토양보다는 과습한 토양에서 더 많이 발생한다.
- 늦가을과 이른 봄, 몹시 추운 겨울에 많이 발생한다.
- 찬 바람의 해는 9부능선이나 들판 가운데 고립된 임야에서 발생한다.
- 북서쪽이 터진 곳이나 북서쪽이 경사면 높은 지역, 토양이 어는 응달지역으로 강우나 강설이 적고 북서계절풍이 심한 엄동기에 수형에 관계없이 발생한다.

Advice

별데기
어린 나무에서는 피해가 거의 생기지 않고 흉고직경 15~20cm 이상인 나무에서 피해가 많다. 피해 방향은 남쪽과 남서쪽에 위치하는 줄기 부위이다. 특히 남서 방향의 1/2 부위가 가장 심하며 북측은 피해가 없다. 피해 범위는 지제부에서 지상 2m 높이 내외이다.

16 다음 중 줄기감기를 하는 목적이 아닌 것은?

① 수분의 증발을 활성화시키고자
② 병해충의 침입을 막고자
③ 강한 태양 광선으로부터 피해를 방지하고자
④ 물리적 힘으로부터 수피의 손상을 방지하고자

해설 줄기감기
이식한 나무의 줄기로부터 수분의 증산을 억제하거나, 해충의 침입을 방지하기 위하여 새끼나 마대로 줄기를 감아주며, 또한 그 위에 진흙을 발라주기도 한다.

17 다음 중 볏짚의 쓰임 용도로 가장 부적합한 것은?

① 줄기를 싸주거나 줄기를 덮어준다.
② 줄기를 감싸 해충의 잠복소를 만들어준다.
③ 내한력이 약한 나무를 보호하기 위해 사용한다.
④ 이식작업이나 운반 등 무거운 물체를 목도할 때 사용된다.

해설 무거운 물체를 목도할 때 볏짚은 강도가 약해 부적당하다.

18 일반적으로 대형의 나무 및 경관적으로 중요한 곳에 설치하며, 나무줄기의 적당한 높이에서 고정한 와이어 로프를 세 방향으로 벌려서 지하에 고정하는 지주설치방법은?

① 삼발이형　　② 당김줄형
③ 매몰형　　④ 연결형

해설 수고 4.5m 이상의 수목은 버팀형이나 당김줄을 설치한다.

19 일반적으로 수목에 거름을 주는 요령으로 맞는 것은?

① 밑거름은 늦가을부터 이른 봄 사이에 준다.
② 효력이 빠른 거름은 3월경 싹이 틀 때, 꽃이 졌을 때, 그리고 열매를 따기 전 여름에 준다.
③ 산울타리는 수관선 바깥쪽으로 방사상으로 땅을 파고 거름을 준다.
④ 유기질 비료는 속효성이므로 덧거름을 준다.

해설 ② 효력이 빠른 거름은 3월경 싹이 틀 때, 꽃이 졌을 때, 그리고 열매를 땄을 때 준다.
③ 산울타리는 식재된 수목 밑동으로부터 일정한 간격을 두고 도랑처럼 길게 구덩이를 파서 거름을 준다.
④ 지효성의 유기질 비료는 밑거름으로, 황산암모늄과 같은 속효성 비료는 덧거름으로 준다.

정답 16 ① 17 ④ 18 ② 19 ①

20 비료는 화학적 반응을 통해 산성 비료, 중성 비료, 염기성 비료로 분류되는데, 다음 중 산성 비료에 해당하는 것은?

① 황산암모늄
② 과인산석회
③ 요소
④ 용성인비

해설 주요 비료의 종류별 구분
- 화학적 반응
  - 산성 비료 : 중과인산석회, 황산암모늄 등
  - 중성 비료 : 염화암모늄, 요소, 질산암모늄, 황산칼륨, 염화칼륨, 콩깻묵, 어박 등
  - 염기성 비료 : 석회질소, 용성인비, 토머스인비, 나뭇재 등
- 생리적 반응
  - 산성 비료 : 황산암모늄, 질산암모늄, 염화암모늄, 황산칼륨, 염화칼륨 등
  - 중성 비료 : 요소, 과인산석회, 중과인산석회, 석회질소 등
  - 염기성 비료 : 칠레초석, 용성인비, 토머스인비, 퇴구비, 나뭇저 등

21 식물의 생장에 꼭 필요한 원소 중 질소가 결핍되었을 때 생기는 현상은?

① 신장의 생장이 불량하여 줄기나 가지가 가늘어지고, 묵은 잎부터 황변하여 떨어진다.
② 잎이 비틀어지며 변색하고, 결실이 좋지 못하며 뿌리의 생장이 저하된다.
③ 옥신의 부족으로 절간생장이 억제되고, 잎이 작아진다.
④ 뿌리나 눈의 생장점이 붉게 변하여 죽고, 건조나 추위의 해를 받기 쉽다.

해설 질소 비료성분은 탄소동화작용·질소동화작용·호흡작용 등 생리기능에 중요하며, 뿌리·가지·잎 등의 생장점에 많이 분포되어 있다. 결핍 시 신장의 생장이 불량하여 줄기나 가지가 가늘고 작아지며, 묵은 잎부터 황변하여 떨어지게 된다.

22 다음 중 질소와 칼륨 비료의 효과로 부적합한 것은?

① N : 수목 생장 촉진
② K : 뿌리·가지의 생육 촉진
③ N : 개화 촉진
④ K : 각종 저항성 촉진

해설 비료의 4대 원소
- 질소(N) : 광합성작용 촉진으로 잎이나 줄기 등 수목의 생장에 도움을 준다.
- 인(P) : 세포분열을 촉진하여 식물체의 각 기관들의 수를 증가, 특히 꽃과 열매를 많이 달리게 하고, 뿌리의 발육, 녹말 생산, 엽록소의 기능을 높이는 데 관여한다.
- 칼륨(K) : 식물의 광합성작용에 영향을 미치며 뿌리를 튼튼하게 하고, 병해·서리·한발에 대한 저항성 향상, 꽃과 열매의 향기 색깔조절 등에 영향을 준다.
- 칼슘(Ca) : 식물체 유기산 중화, 단백질 합성, 뿌리혹박테리아의 질소고정 등을 돕는다.

정답 20 ① 21 ① 22 ③

23 다음 중 조경수목에 거름을 줄 때의 방법에 대한 설명으로 틀린 것은?

① 윤상거름주기 : 수관폭을 형성하는 가지 끝 아래의 수관선을 기준으로 환상으로 깊이 20~25cm, 너비 20~30cm로 둥글게 판다.
② 방사상거름주기 : 파는 도랑의 깊이는 바깥쪽일수록 깊고 넓게 파야 하며, 선을 중심으로 하여 길이는 수관폭의 1/3 정도로 한다.
③ 선상거름주기 : 수관선상에 깊이 20cm 정도의 구멍을 군데군데 뚫고 거름을 주는 방법으로, 액비를 비탈면에 줄 때 적용한다.
④ 전면거름주기 : 한 그루씩 거름을 줄 경우, 뿌리가 확장되어 있는 부분을 뿌리가 나오는 곳까지 전면으로 땅을 파고 거름을 주는 방법이다.

해설 ③은 천공거름주기이다.

Advice
선상거름주기는 산울타리처럼 수목이 대상 군식되었을 때, 식재된 수목을 따라 수목 밑동고로부터 일정한 간격을 두고 도랑처럼 길게 거름 구덩이를 파서 거름을 주는 방법이다.

24 수목의 밑동으로부터 밖으로 방사상 모양으로, 땅을 파고 거름을 주는 방법은?

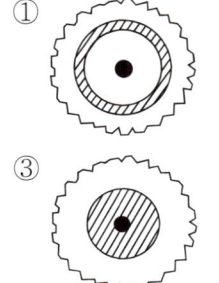

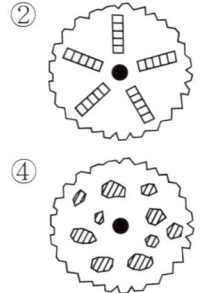

해설 **시비방법**
- 전면시비 : 수목이 밀식된 곳의 전면적에 살포하는 방법이다.
- 윤상시비 : 수관폭에서 수직선상으로 동그랗게 파고 시비하는 방법이다.
- 방사상시비 : 뿌리 뻗은 방향으로 파고 시비하는 방법이다.
- 선상시비 : 산울타리 같이 군식된 것은 수목을 따라 도랑을 길게 파고 시비하는 방법이다.
- 천공시비 : 뿌리 주위에 몇 군데 구멍을 파고 시비하는 방법이다.
- 대상시비 : 윤상거름주기의 형태이기는 하나, 윤상의 거름 구덩이가 연결되어 있지 않고 일정한 간격을 두고 거름을 주는 방법으로, 다음 해에 위치를 바꾸어 거름을 주는 방법이다.

25 수종에 따라 차이가 있지만, 다음 중 일반적으로 수목에 덧거름을 주기에 가장 적합한 시기는?

① 10월 하순~11월 하순
② 12월 하순~1월 하순
③ 2월 하순~3월 하순
④ 4월 하순~6월 하순

해설 추비(덧거름)는 화학비료를 수목생장기인 4월 하순~6월 하순에 1회 사용하거나 2회로 분시한다.

26 잔디의 거름주기 방법으로 적당하지 않은 것은?

① 질소질 거름을 1회 주는 양은 $1m^2$당 10g 정도가 적당하다.
② 난지형 잔디는 하절기에, 한지형 잔디는 봄과 가을에 집중해서 거름을 준다.
③ 한지형 잔디의 경우 고온에서의 시비는 피해를 촉발시킬 수 있으므로 가능하면 시비를 하지 않는 것이 원칙이다.
④ 가능하면 제초작업 후 비가 오기 직전에 실시하며, 불가능할 때에는 시비 후 관수한다.

해설 질소질 거름은 1회 주는 양이 $1m^2$당 4g을 넘지 않도록 한다.

27 다음 중 응애(Mite)의 구제법으로 틀린 것은?

① 살비제를 살포하여 구제한다.
② 같은 농약의 연용을 피하는 것이 좋다.
③ 발생지역에 4월 중순부터 1주일 간격으로 2~3회 정도 살포한다.
④ 침엽수에는 피해를 주지 않으므로 약제를 살포하지 않는다.

해설 응애의 피해가 심한 나무는 주로 상록침엽수로, 소나무·가이즈까향나무·섬잣나무·주목 등이 피해가 심하다. 응애는 일반 살충제로는 방제가 되지 않으므로 응애 전문약을 사용하여야 방제된다.

28 수목에 피해를 주는 병해 가운데 나무 전체에 발생하는 것은?

① 흰비단병, 근두암종병 등
② 암종병, 가지마름병 등
③ 시듦병, 세균성 연부병 등
④ 붉은별무늬병, 갈색무늬병 등

해설 **발병 부위에 따른 분류**
- 잎, 꽃 과일에 발생하는 병 : 흰가루병, 붉은별무늬병, 녹병, 균핵병, 갈색무늬병, 탄저병, 회색곰팡이병 등
- 줄기에 발생하는 병 : 줄기마름병, 가지마름병, 암종병 등
- 나무 전체에 발생하는 병 : 시듦병, 세균성 연부병, 바이러스 모자이크병, 흰비단병 등
- 뿌리에 발생하는 병 : 흰빛날개무늬병, 자주빛날개무늬병, 뿌리썩음병, 근두암종병 등

정답 25 ④ 26 ① 27 ④ 28 ③

29 다음 중 소나무재선충의 전반에 중요한 역할을 하는 곤충은?

① 북방수염하늘소 ② 노린재
③ 혹파리류 ④ 진딧물

[해설] 소나무재선충은 솔수염하늘소, 북방수염하늘소 등의 매개충에 의해 재선충병이 소나무류에 침입해 단기간 급속하게 증식하여 나무를 고사시키는 산림병이다.

30 해충 중에서 잎에 주사바늘과 같은 침으로 식물체 내에 있는 즙액을 빨아먹는 종류가 아닌 것은?

① 응애 ② 깍지벌레
③ 측백하늘소 ④ 매미

[해설] 측백하늘소는 천공성 해충이다.

> **알아두기**
> 임목해충
> • 식엽성 해충 : 솔나방, 매미나방, 풍뎅이, 흰불나방, 독나방, 밤나무산누에나방, 미루재주나방, 텐트나방 등
> • 흡수성 해충 : 소나무왕진딧물, 밤나무왕진딧물, 뽕나무깍지벌레 등
> • 천공성 해충 : 소나무좀, 측백하늘소, 박쥐나방, 버들바구미 등
> • 충영성 해충 : 솔잎혹파리, 밤나무혹벌 등
> • 종실 해충 : 밤바구미, 측백씨나방 등

31 측백나무하늘소를 방제하기에 가장 알맞은 시기는?

① 봄 ② 여름
③ 가을 ④ 겨울

[해설] 측백나무하늘소의 산란시기와 부화유충 침입시기인 3월 중순부터 4월 중순 사이에 방제하여야 한다.

32 8월 중순경에 피해를 당한 양버즘나무의 줄기에 잠복소를 설치해야 가장 효과적인 방제가 가능한 해충은?

① 진딧물류 ② 미국흰불나방
③ 하늘소류 ④ 버들재주나방

[해설] 미국흰불나방이 피해를 주는 나무는 플라타너스(양버즘나무)·미루나무·버드나무이며, 송충이가 피해를 주는 수종은 소나무(적송)이다.

정답 29 ① 30 ③ 31 ① 32 ②

33 다음 중 소나무혹병의 중간기주는?

① 송이풀
② 배나무
③ 참나무류
④ 향나무

해설 중간기주
- 소나무혹병 : 졸참나무
- 잣나무털녹병 : 송이풀과 까치밥나무
- 포플러잎녹병 : 낙엽송
- 배나무적성병 : 향나무

34 다음 중 파이토플라스마(Phytoplasma)에 의한 나무병이 아닌 것은?

① 뽕나무 오갈병
② 대추나무 빗자루병
③ 벚나무 빗자루병
④ 오동나무 빗자루병

해설 파이토플라스마(Phytoplasma) : 오동나무 빗자루병, 소나무 재선충병, 대추나무 빗자루병, 뽕나무 오갈병 등

35 다음 중 수확한 목재를 주로 가해하는 대표적 해충은?

① 흰개미
② 매 미
③ 풍뎅이
④ 흰불나방

해설 흰개미는 습하고 어두운 곳을 선호하여 주로 목재 내부만을 가해하므로 피해 확인이 어렵다.

36 다음 설명과 같은 특징이 있는 해충은?

- 감나무, 벚나무, 사철나무 등에 잘 발생한다.
- 콩 꼬투리 모양의 보호깍지로 싸여 있고, 왁스 물질을 분비하기도 한다.
- 기계유 유제, 메티다티온 유제를 살포한다.

① 바구미
② 진딧물
③ 깍지벌레
④ 응 애

해설 그을음병은 동화작용의 부족으로 수세가 쇠약해지며 관상가치를 떨어뜨린다. 방제방법으로 휴면기에 기계유 유제를 살포하고, 발생기에는 메티다티온 유제를 살포하여 깍지벌레를 구제한다.

정답 33 ③ 34 ③ 35 ① 36 ③

37 다음 조경식물의 주요 해충 중 흡즙성 해충은?

① 깍지벌레　　　　　② 독나방
③ 오리나무잎벌　　　④ 미끈이하늘소

해설 가해방법에 따른 해충의 분류
- 흡즙성 해충 : 진딧물, 응애, 깍지벌레, 방패벌레 등
- 갉아먹는 해충 : 나방류, 황금충
- 구멍을 뚫는 해충 : 하늘소류

38 약제를 식물체의 뿌리, 줄기, 잎 등에 흡수시켜 깍지벌레와 같은 흡즙성 해충을 죽게 하는 살충제의 형태는?

① 기피제　　　　　② 유인제
③ 소화중독제　　　④ 침투성 살충제

해설 침투성 살충제는 살포된 약제가 식물의 뿌리, 줄기, 잎 등으로부터 식물체 내에 침투 이행되어 흡즙성 해충의 섭식작용에 의해 체내로 들어가 살충작용을 하는 약제이다.

39 농약의 사용 시 확인할 농약 방제 대상별 포장지의 색깔과 구분이 올바른 것은?

① 살균제 - 청색　　　　② 제초제 - 분홍색
③ 살충제 - 초록색　　　④ 생장조절제 - 노란색

해설 농약의 종류별 포장지 색깔
- 살균제 : 분홍색
- 살충제 : 초록색
- 제초제 : 노란색
- 생장조절제 : 파란색

40 다음 중 수목의 생장을 촉진하기 위하여 살포하는 생장조절제는?

① 뷰타클로르·에톡시설퓨론 입제(풀제로)
② 리뉴론 수화제(아파론)
③ 아토닉 액제(상공아토닉)
④ 글리포세이트 액제(근사미)

해설 ③ 식물생장조절제 : 아토닉 액제(상공아토닉), 비에이 액제(영일비에이), 토마토톤 액제(정미도마도톤), 인돌비 액제(도래미) 등
①·②·④는 제초제이다.

41 정원수 전반을 가해하며, 메타 유제(메타시스톡스)의 살포로 방제되는 병해충은?

① 빗자루병
② 흰가루병
③ 조명나방
④ 진딧물

해설 진딧물 방제용 살충제에는 메타시스톡스, DDVP, 다이메크론, 마라톤제 등이 있다.

> **Advice**
> 검은점무늬병의 방제 : 만코지 수화제(500배), 디치 수화제(1,000배), 프로피 수화제(750배) 등

42 소나무에 많이 발생하는 솔나방의 구제에 가장 효과적인 농약은?(단, 월동유충 활동기(4~5월) 및 부화유충 발생기(8월 하순~9월 중순)가 사용 적기이다)

① 만코제브 수화제(다이센엠-45)
② 캡탄 수화제(경농캡탄)
③ 폴리옥신디 · 티오파네이트메틸 수화제(보람)
④ 트리클로르폰 수화제(디프록스)

해설 트리클로르폰 수화제의 대상은 흰불나방, 솔나방, 복숭아명나방 등이다.

43 다수진 25% 유제 100cc를 0.05%로 희석하려 할 때 필요한 물의 양은?

① 약 5L
② 약 25L
③ 약 50L
④ 약 100L

해설 $100 \times \left(\dfrac{25}{0.05} - 1 \right) \times 1 = 49{,}900\text{cc} =$ 약 50L

44 농약 취급 시 주의할 사항으로 부적합한 것은?

① 농약을 살포할 때는 방독면과 방호용 옷을 착용하여야 한다.
② 쓰고 남은 농약은 변질될 수 있으므로 즉시 주변에 버리거나, 다른 용기에 담아둔다.
③ 피로하거나 건강이 나쁠 때는 작업하지 않는다.
④ 작업 중에 식사 또는 흡연을 금한다.

해설 사용하고 남은 희석한 농약은 미련 없이 버린다. 음료수병에 보관하는 것은 절대금지이며, 사용 후 남은 원액은 그대로 밀봉하여 어린이의 손이 닿지 않는 장소에 보관한다.

정답 41 ④ 42 ④ 43 ③ 44 ②

45 다음 중 잔디깎기의 목적으로 옳지 않은 것은?

① 잡초 방제　　　② 이용상의 편리 도모
③ 병충해 방지　　④ 잔디의 분얼 억제

해설 잔디깎기 목적에는 이용 편리, 잡초 방제, 잔디분얼 촉진, 통풍 양호, 병충해 예방 등이 있다.

46 다음 중 잔디깎기의 설명이 잘못된 것은?

① 잘려진 잎은 한곳에 모아서 버린다.
② 가뭄이 계속될 때는 짧게 깎아준다.
③ 일정한 주기로 깎아준다.
④ 일반적으로 난지형 잔디는 고온기에 잘 자라므로 여름에 자주 깎아야 한다.

해설 잔디깎기 작업
- 지나치게 길게 자라도록 방치하지 않는다.
- 잘려진 잎은 작업이 끝나는 대로 갈퀴로 긁어모아 걷어낸다. 다만, 가뭄이 심할 때에는 그대로 방치하여 건조방지에 도움이 되게 한 후 걷어낸다.
- 깎은 뒤에는 거름을 준다.
- 잔디깎는 높이와 빈도는 규칙적이어야 하며, 불규칙한 잔디깎기는 오히려 해롭다.
- 잔디깎는 기계의 방향이 계획적이고 규칙적이어야 하며, 날이 잘 안들어 잎이 찢어지는 일이 없도록 해야 한다.

47 잔디밭 관리에 대한 설명으로 옳은 것은?

① 1년에 1~3회만 깎아준다.
② 겨울철에 뗏밥을 준다.
③ 여름철 물주기는 한낮에 한다.
④ 질소질 비료의 과용은 붉은녹병을 유발한다.

해설 ④ 질소질 비료의 과용 시 라지패치(Large Patch)를 유발한다.

48 골프장의 잔디밭에 뗏밥넣기의 두께로 가장 적당한 것은?

① 0.1~0.2cm   ② 0.3~0.7cm
③ 1.0~1.5cm   ④ 1.6~2.5cm

해설 뗏밥의 두께는 가정(일반으로 사용)은 0.5~1.0cm, 골프장은 0.3~0.7cm가 적당하다.

49 잔디밭에 물을 공급하는 관수에 대한 설명으로 틀린 것은?

① 식물에 물을 공급하는 방법은 지표관개법과 살수관개법으로 나눌 수 있다.
② 살수관개법은 설치비가 많이 들지만 관수효과가 높다.
③ 수압에 의해 작동하는 회전식은 360°까지 임의 조절이 가능하다.
④ 회전장치가 수압에 의해 지면보다 10cm 상승 또는 하강하는 팝업(Pop-up) 살수기는 평소 시각적으로 불량하다.

해설 ④ 팝업 형태는 평소에는 시각적으로 보이지 않으며, 잔디깎기에도 방해를 주지 않는 장점이 있다.

50 우리나라 들잔디에 가장 많이 발생하는 병으로 엽맥에 불규칙한 적갈색의 반점이 보이기 시작할 때, 즉 5~6월, 9월 중순~10월 하순에 발견할 수 있는 것은?

① 붉은녹병   ② 푸사리움 패치
③ 브라운 패치   ④ 스노우 몰드

해설 붉은녹병
- 한국의 잔디류에서 잘 발생하며, 중부 지방에서는 5~6월경에 17~22℃ 정도의 기온에서 습윤 시 잘 발생한다.
- Zoysia류의 엽맥에 불규칙한 적갈색의 반점이 보이기 시작할 때 발견되는 병이다.
- 배수불량 및 과다한 밟기가 원인으로 잎에 황색의 반점과 황색 가루가 발생하며, 잔디에 가장 많이 발생한다.
- 17~22℃ 정도의 기온에서 습윤 시 또는 질소질 비료 성분이 부족한 지역에서 발생하기 쉽다.
- 담자균류에 속하는 곰팡이로서 연 2회 발생한다.
- 디니코나졸 수화제, 헥사코나졸 수화제(5%)를 살포하여 방제한다.

정답 48 ② 49 ④ 50 ①

51 다음 중 잔디에 가장 많이 발생하는 병과 그에 따른 방제법이 맞는 것은?

① 녹병 : 헥사코나졸 수화제(5%) 살포
② 엽진병 : 다이아지논 유제 살포
③ 흰가루병 : 디코폴 수화제(5%) 살포
④ 근부병 : 다이아지논 분제 살포

해설
② 엽진병 : 벤레이트 수화제(1,000배), 톱신 수화제(1,000배), 다이센 수화제(500배), 다코닐 수화제(500~800배) 등
③ 흰가루병 : 디노 수화제(800배), 누리만 수화제(600배), 헥시코나졸액상 수화제(2,000배) 등
④ 근부병 : 스트렙토마이신, 아그리마이신 등의 농업용 마이신류로 방제

52 잔디의 잡초 방제를 위한 방법으로 부적합한 것은?

① 파종 전 갈아엎기
② 잔디깎기
③ 손으로 뽑기
④ 비선택형 제초제의 사용

해설 잔디밭에 비선택성 제초제를 사용하게 되면 식물종과 상관없이 모든 식물을 고사시키므로 다른 제초제에 비해 더 많은 주의가 요구된다.

53 화단을 조성하는 장소의 환경 조건과 구성하는 재료 등에 따라 구분할 때 "경재화단"에 대한 설명으로 바른 것은?

① 화단의 어느 방향에서나 관상이 가능하도록 중앙 부위는 높게, 가장자리는 낮게 조성한다.
② 양쪽 방향에서 관상할 수 있으며, 키가 작고 잎이나 꽃이 화려하고 아름다운 것을 심어준다.
③ 전면에서만 감상하기 때문에 화단 앞쪽은 키가 작은 것을, 뒤쪽으로 갈수록 큰 초화류를 심는다.
④ 가장 규모가 크고 아름다운 화단으로 광장이나 잔디밭 등에 조성되며, 화려하고 복잡한 문양 등으로 펼쳐진다.

해설 ③ 경재(境栽)화단은 생울타리·벽·건물 등을 배경으로, 뒤에는 키가 큰 종류를, 앞에는 키가 작은 아게라툼·채송화·메리골드 등을 심어 앞에서 관상할 수 있도록 만든 화단으로 색채에 따라 조화를 이룰 수 있도록 군식(群植)한다.

54 조경수목의 관리계획에는 정기 관리작업, 부정기 관리작업, 임시 관리작업으로 분류할 수 있다. 그 중 정기 관리작업에 속하는 것은?

① 고사목 제거
② 토양 개량
③ 세 척
④ 거름주기

해설 조경수목의 관리계획
- 정기 관리작업 : 청소, 점검, 식물의 손질(수목의 전정, 병충해 방제), 거름주기, 페인트칠 등
- 부정기 관리작업 : 고사목 제거, 보식, 시설물 보수 등
- 임시 관리작업 : 태풍에 휩쓸려 오거나 사람들이 버린 오물을 제거하는 청소작업

55 조경시설물 관리를 위한 연간 작업계획표를 작성하려 할 때 작업 내용에 포함되지 않는 것은?

① 하자공사
② 안전점검
③ 전면도장
④ 수관손질

해설 시설물 연간 작업계획표

정기적 관리작업	비정기적 관리작업
• 점검 : 순회점검, 안전점검 • 계획, 수선 : 전면도장, 도로의 보수 • 청 소	• 일반수선 : 부분적인 수선·교체 • 개량 : 가량, 신설 • 재해대책 : 방제공사, 재해복구공사 • 하자대책 : 하자조사, 하자공사

56 시설물 관리를 위한 페인트 칠하기의 방법으로 적당하지 못한 것은?

① 목재에 바탕칠을 할 때는 먼저 표면상태 및 건조상태를 확인해야 한다.
② 철재에 바탕칠을 할 때에는 불순물을 제거한 후 바로 페인트를 칠하면 된다.
③ 목재의 갈라진 구멍·홈·틈은 퍼티로 땜질하며, 24시간 후 초벌칠을 한다.
④ 콘크리트·모르타르면의 틈은 석고로 땜질하고, 유성 또는 수성페인트를 칠한다.

해설 ② 철재에 바탕칠을 할 때에는 먼저 용제를 사용하여 표면의 기름때를 제거한 후에 초벌칠(방청페인트)을 하고 그 위에 다시 페인트를 칠한다.

Advice
녹슨 철재(鐵材)시설의 페인트칠 작업 순서
녹닦기(샌드페이퍼 등) → 연단(광명단) 칠하기 → 에나멜 페인트 칠하기

정답 54 ④ 55 ④ 56 ②

57 다음 중 각종 재료의 관리에 대한 설명으로 틀린 것은?

① 목재가 갈라진 경우에는 내부를 퍼티로 채우고 샌드페이퍼로 문질러 준 후 페인트로 마무리 칠을 한다.
② 철재에 녹이 슨 부분은 녹을 제거한 후 2회에 걸쳐 광명단 도료를 칠한다.
③ 콘크리트의 균열이 생긴 곳은 유성페인트를 칠한다.
④ 철재시설의 회전 부분에 마찰음이 나지 않도록 그리스를 주입한다.

[해설] 줄눈이나 균열이 생긴 부분은 더 이상 수축·팽창하지 않도록 충전재를 채워 넣는다.

58 다음 중 정원의 관리 요령이 잘못된 것은?

① 분수나 폭포에 대한 급수관이 노출되어 있을 때는 짚이나 거적으로 싸준다.
② 다듬기 작업은 적어도 늦봄과 초가을에 두 번 실시하되, 겨울에도 한 번은 해야 좋다.
③ 지나치게 우거지지 않도록 1년에 두 번은 가지솎기를 해준다.
④ 디딤돌의 보수는 앞뒤에 놓인 디딤돌의 높이를 최대한 고려한다.

[해설] 다듬기 작업은 겨울에는 하지 않는다.

03 과년도 + 최근 기출복원문제

2015년	1, 2, 4, 5회
2016년	1, 2, 4회
2017년	1, 3회
2018년	1, 3회
2019년	1, 3회
2020년	1, 3회
2021년	1회
2022년	1, 3회
2023년	1, 3회
2024년	1, 3회

조경기능사 필기 기출문제해설

2015년 제1회 | 과년도 기출문제

01 다음 중 19세기 서양의 조경에 대한 설명으로 틀린 것은?

① 1899년 미국 조경가협회(ASLA)가 창립되었다.
② 19세기 말 조경은 토목공학기술에 영향을 받았다.
③ 19세기 말 조경은 전위적인 예술에 영향을 받았다.
④ 19세기 초에 도시문제와 환경문제에 관한 법률이 제정되었다.

해설 ④ 1851년 뉴욕시에서 최초로 공원법이 통과되었다.

02 다음 이슬람정원 중 「알람브라궁전」에 없는 것은?

① 알베르카 중정
② 사자 중정
③ 사이프러스 중정
④ 헤네랄리페 중정

해설 헤네랄리페(Generalife) 이궁
- 그라나다 왕의 피소를 위한 은둔처로서 경사지의 계단식 처리와 기하학적인 구성으로 되어 있다.
- 수로가 있는 중정으로, 연꽃 모양의 수반과 회양목으로 구성하여 3면은 건물이고, 한쪽은 아케이드로 둘러싸여 있다.
- 건물 입구까지 길 양쪽의 분수가 아치 모양을 이루고, 좌우에 꽃과 수목이 식재되었다.

03 브라운파의 정원을 비판하였으며 큐가든에 중국식 건물, 탑을 도입한 사람은?

① Richard Steele
② Joseph Addison
③ Alexander Pope
④ William Chambers

해설 ④ 윌리엄 챔버는 최초로 영국의 자연풍경식 정원에 중국식 탑을 도입한 조경가이다.

04 고대 그리스에서 청년들이 체육훈련을 하는 자리로 만들어졌던 것은?

① 페리스틸리움
② 지스터스
③ 짐나지움
④ 보스코

해설 ③ 고대 그리스에서는 남자가 16세가 되면 짐나지움에서 체육을 연마하였다. 초기의 짐나지움은 경기자들이 운동을 하고 난 후 목욕을 할 수 있도록 물에 가까운 곳에 위치했으며, 점차 체육훈련뿐만 아니라 지적 활동을 목적으로 하는 장소로 변모하였다.
※ 아트리움, 페리스틸리움, 지스터스는 로마시대 주택정원의 구성요소이다.

정답 1 ④ 2 ④ 3 ④ 4 ③

05 조경계획과정에서 자연환경분석의 요인이 아닌 것은?

① 기 후 ② 지 형
③ 식 물 ④ 역사성

해설 환경분석대상
- 자연환경분석 : 지형, 토양, 수문, 식생, 야생동물, 기후, 경관 등
- 인문환경분석 : 인구, 토지이용, 교통, 시설물, 역사적 유물, 인간행태, 공간의 수요량 등

06 제도에서 사용되는 물체의 중심선, 절단선, 경계선 등을 표시하는 데 가장 적합한 선은?

① 실 선 ② 파 선
③ 1점쇄선 ④ 2점쇄선

해설 선의 용도에 의한 분류

명 칭	용도에 의한 명칭	굵기(mm)
실 선	• 외형선 : 물체의 보이는 부분을 나타내는 선 • 단면선 : 절단면의 윤곽선	전선 0.3~0.8
	치수선, 치수보조선, 지시선, 해칭선 : 설명, 보조, 지시 및 단면의 표시	가는 선 0.2 이하
파 선	숨은선 : 물체의 보이지 않는 부분의 모양 표시	반선 전선의 1/2
1점쇄선	중심선 : 물체의 중심축, 대칭축 표시	가는 선 0.2 이하
	경계선, 절단선 : 물체의 절단한 위치 및 경계 표시	반선 전선의 1/2
2점쇄선	가상선, 경계선 : 물체가 있을 것으로 생각되는 부분 표시	반선 전선의 1/2

07 조선시대 중엽 이후 풍수설에 따라 주택조경에서 새로이 중요한 부분으로 강조된 것은?

① 앞뜰(前庭) ② 가운데뜰(中庭)
③ 뒤뜰(後庭) ④ 안뜰(主庭)

해설 ③ 조선시대 중엽 이후 풍수지리설에 따른 지형적인 제약으로 인해 안채의 뒤쪽에 정원을 조성하는 후원이 발달하였다.

08 다음 중 정신집중을 요구하는 사무공간에 어울리는 색은?
① 빨강
② 노랑
③ 난색
④ 한색

해설 온도감에 따른 색의 분류
- 한색 : 차가운 느낌을 주는 파란색 계통의 색으로 수축성과 후퇴성을 가지며 심리적으로 긴장감을 느끼게 한다.
- 난색 : 따뜻한 느낌을 주는 주황색 계통의 색으로 팽창성과 진출성을 가지며, 심리적으로 느슨함을 느끼게 한다.
- 중성색 : 녹색이나 보라색 계통의 색으로, 한색과 난색의 중간적인 성격을 가진다.

09 조경계획 및 설계에 있어서 몇 가지의 대안을 만들어 각 대안의 장단점을 비교한 후에 최종안으로 결정하는 단계는?
① 기본구상
② 기본계획
③ 기본설계
④ 실시설계

해설 조경계획의 설계과정
- 기본구상 : 종합한 자료들을 바탕으로 조경계획에 필요한 기본적인 아이디어를 도출하는 단계로, 최종 대안을 선택할 때는 각 대안의 장단점을 비교분석하여 가장 적절한 안을 선택한다.
- 기본계획 : 계획설계라고도 하며, 계획의 기술적이고 총괄적인 판단에 도움을 주기 위한 것으로, 기본구상, 조건정리, 토지이용 및 공공시설 기본계획, 사업비 약산 등이 포함된다.
- 기본설계 : 사업계획 및 기본방침, 대략의 공정, 시공법, 공사비 등 기본적인 내용을 작성하는 것으로, 기초설계를 토대로 공사 시행 시 발생할 수 있는 문제점과 타 공사와의 연관성, 예산 확보 등을 검토하고 확인할 수 있다.
- 실시설계 : 기본설계를 바탕으로 구체적인 도면 작성, 공사비 및 수량 산출, 공정계획을 수립하며, 실시설계 때 작성한 도면과 공사비 내역은 공사입찰의 기준이 되고, 이 도면대로 공사를 시행하게 되므로 도면 작성 시 명료하고 기계적인 표현력이 요구된다.

10 다음 중 스페인의 파티오(Patio)에서 가장 중요한 구성요소는?
① 물
② 원색의 꽃
③ 색채타일
④ 짙은 녹음

해설 ① 파티오에는 거울과 같은 반영미(反映美)를 꾀하거나 청각적인 효과를 도모하기 위해 물을 사용하였고, 소량의 물로 최대의 효과를 노렸다.

11 보르비콩트(Vaux-le-Vicomte)정원과 가장 관련 있는 양식은?
① 노단식
② 평면기하학식
③ 절충식
④ 자연풍경식

해설 ② 보르비콩트정원은 앙드레 르 노트르가 이탈리아에서 수학한 뒤 귀국하여 만든 최초의 평면기하학식 정원이다.

정답 8 ④ 9 ① 10 ① 11 ②

12 다음 중 「면적대비」의 특징 설명으로 틀린 것은?

① 면적의 크기에 따라 명도와 채도가 다르게 보인다.
② 면적의 크고 작음에 따라 색이 다르게 보이는 현상이다.
③ 면적이 작은 색은 실제보다 명도와 채도가 낮아져 보인다.
④ 동일한 색이라도 면적이 커지면 어둡고 칙칙해 보인다.

해설 ④ 면적이 커지면 명도와 채도가 높아진 것처럼 느껴져 색은 밝고 선명해 보이지만, 반대로 면적이 작아지면 색은 어둡고 탁해 보인다.

13 정토사상과 신선사상을 바탕으로 불교 선사상의 직접적 영향을 받아 극도의 상징성(자연석이나 모래 등으로 산수자연을 상징)으로 조성된 14~15세기 일본의 정원양식은?

① 중정식 정원
② 고산수식 정원
③ 전원풍경식 정원
④ 다정식 정원

해설 ② 일본 무로마치시대에 등장한 고산수식 정원은 물을 전혀 사용하지 않고 바위, 왕모래, 나무만을 사용한 축산고산수식에서 나무조차 사용하지 않는 평정고산수식으로 발달하였다.

14 다음 중 추위에 견디는 힘과 짧은 예취에 견디는 힘이 강하며, 골프장의 그린을 조성하기에 가장 적합한 잔디의 종류는?

① 들잔디
② 벤트그래스
③ 버뮤다그래스
④ 라이그래스

해설 ② 골프장 그린에는 주로 벤트그래스를 식재한다.

15 조경설계기준상의 조경시설로서 음수대의 배치, 구조 및 규격에 대한 설명이 틀린 것은?

① 설치위치는 가능하면 포장지역보다는 녹지에 배치하여 자연스럽게 지반면보다 낮게 설치한다.
② 관광지·공원 등에는 설계 대상공간의 성격과 이용특성 등을 고려하여 필요한 곳에 음수대를 배치한다.
③ 지수전과 제수밸브 등 필요시설을 적정 위치에 제 기능을 충족시키도록 설계한다.
④ 겨울철의 동파를 막기 위한 보온용 설비와 퇴수용 설비를 반영한다.

해설 ① 녹지에 접한 포장 부위에 배치한다.

정답 12 ④ 13 ② 14 ② 15 ①

16 다음 중 아스팔트의 일반적인 특성 설명으로 옳지 않은 것은?

① 비교적 경제적이다.
② 점성과 감온성을 가지고 있다.
③ 물에 용해되고 투수성이 좋아 포장재로 적합하지 않다.
④ 점착성이 크고 부착성이 좋기 때문에 결합재료, 접착재료로 사용한다.

해설 ③ 아스팔트의 가장 중요한 성질 중 하나는 투수성과 흡수성이 낮다는 것이다. 아스팔트는 현재 가장 이상적인 도로 포장재로서 대부분의 유기용제에 녹고, 물에 용해되지 않으며, 자동차 타이어와의 마찰계수가 적당하다.

17 타일의 동해를 방지하기 위한 방법으로 옳지 않은 것은?

① 붙임용 모르타르의 배합비를 좋게 한다.
② 타일은 소성온도가 높은 것을 사용한다.
③ 줄눈 누름을 충분히 하여 빗물의 침투를 방지한다.
④ 타일은 흡수성이 높은 것일수록 잘 밀착되므로 방지효과가 있다.

해설 ④ 자기질과 같은 흡수율이 낮은 타일은 안심하고 사용할 수 있으나, 도기질과 같은 흡수율이 높은 타일은 동해를 입기 쉬우므로 물과의 접촉이 많은 곳이나 외부에서의 사용은 피한다.

18 회양목의 설명으로 틀린 것은?

① 낙엽활엽관목이다.
② 잎은 두껍고 타원형이다.
③ 3~4월경에 꽃이 연한 황색으로 핀다.
④ 열매는 삭과로 달걀형이며, 털이 없으며 갈색으로 9~10월경에 성숙한다.

해설 ① 상록활엽관목이다.

19 다음 중 아황산가스에 견디는 힘이 가장 약한 수종은?

① 삼나무
② 편 백
③ 플라타너스
④ 사철나무

해설 대기오염(아황산가스)에 약한 수종 : 독일가문비나무, 삼나무, 소나무, 전나무, 히말라야시다, 느티나무, 감나무, 벚나무, 단풍나무, 매화나무, 오엽송, 반송, 낙엽송, 고로쇠나무 등

정답 16 ③ 17 ④ 18 ① 19 ①

20 다음 중 조경수목의 생장속도가 느린 것은?

① 모과나무　　　② 메타세쿼이아
③ 백합나무　　　④ 개나리

해설 ① 모과나무는 생장속도가 매우 느리지만, 목질이 매우 단단한 나무이다.

21 목재가공 작업과정 중 소지조정, 눈막이(눈메꿈), 샌딩실러 등은 무엇을 하기 위한 것인가?

① 도 장　　　② 연 마
③ 접 착　　　④ 오버레이

해설 목재도장의 공정과정 : 소지공정 → 표백 → 착색 → 눈메꿈도장 → 하도도장 → 중도도장 → 상도도장

22 다음 중 미선나무에 대한 설명으로 옳은 것은?

① 열매는 부채 모양이다.
② 꽃색은 노란색으로 향기가 있다.
③ 상록활엽교목으로 산야에서 흔히 볼 수 있다.
④ 원산지는 중국이며 세계적으로 여러 종이 존재한다.

해설　② 꽃색은 백색 또는 분홍색으로 향기가 있다.
　　　③ 낙엽활엽관목이며, 우리나라 특산으로 충북 진천군과 괴산군에 자생한다.
　　　④ 물푸레나뭇과로, 원산지는 한국이며 세계적으로 1속 1종뿐이다.

23 조경재료는 식물재료와 인공재료로 구분된다. 다음 중 식물재료의 특징으로 옳지 않은 것은?

① 생장과 번식을 계속하는 연속성이 있다.
② 생물로서 생명활동을 하는 자연성을 지니고 있다.
③ 계절적으로 다양하게 변화함으로써 주변과의 조화성을 가진다.
④ 기후 변화와 더불어 생태계에 영향을 주지 못한다.

해설　**생물재료의 특성**
• 자연성 : 생물로서 호흡하고 성장하는 생명활동을 한다.
• 연속성 : 생장과 번식을 통해 계속해서 개체를 유지한다.
• 조화성 : 계절에 따라 변화하여 주변과 조화를 이룬다.
• 비규격성(개성미) : 생물로서의 소재 특이성을 지닌다.
※ 무생물재료의 특성 : 균일성, 불변성, 가공성

24 친환경적 생태하천에 호안을 복구하고자 할 때 생물의 종다양성과 자연성 향상을 위해 이용되는 소재로 가장 부적합한 것은?

① 섶 단
② 소형 고압블록
③ 돌망태
④ 야자롤

해설 ② 소형 고압블록은 보·차도용 콘크리트제품으로, 일정한 크기의 골재와 시멘트를 배합하여 높은 열과 압력으로 처리한 블록제품이다.

25 토피어리(Topiary)란?

① 분수의 일종
② 형상수(形狀樹)
③ 조각된 정원석
④ 휴게용 그늘막

해설 토피어리(Topiary, 형상수) : 자연 그대로의 식물을 여러 가지 모양으로 자르고 다듬어 보기 좋게 만드는 기술 또는 작품

26 시멘트의 성질 및 특성에 대한 설명으로 틀린 것은?

① 분말도는 일반적으로 비표면적으로 표시한다.
② 강도시험은 시멘트 페이스트 강도시험으로 측정한다.
③ 응결이란 시멘트 풀이 유동성과 점성을 상실하고 고화하는 현상을 말한다.
④ 풍화란 시멘트가 공기 중의 수분 및 이산화탄소와 반응하여 가벼운 수화반응을 일으키는 것을 말한다.

해설 ② 강도시험은 휨시험과 압축시험으로 측정하며, 주로 재령 28일 압축강도를 기준으로 3일, 7일, 28일 시험을 행한다.

27 100cm×100cm×5cm 크기의 화강석 판석의 중량은?(단, 화강석의 비중 기준은 2.56ton/m³ 이다)

① 128kg
② 12.8kg
③ 195kg
④ 19.5kg

해설 (1m×1m×0.05m)×2.56ton/m³ = 0.128ton
∴ 128kg
※ 1ton = 1,000kg

정답 24 ② 25 ② 26 ② 27 ①

28 가죽나무(가중나무)와 물푸레나무에 대한 설명으로 옳은 것은?

① 가중나무와 물푸레나무 모두 물푸레나무과(科)이다.
② 잎 특성은 가중나무는 복엽이고, 물푸레나무는 단엽이다.
③ 열매 특성은 가중나무와 물푸레나무 모두 날개 모양의 시과이다.
④ 꽃 특성은 가중나무와 물푸레나무 모두 한 꽃에 암술과 수술이 함께 있는 양성화이다.

해설 가죽나무와 물푸레나무

구 분	가죽나무	물푸레나무
과(科)	소태나무과	물푸레나무과
잎 특성	호생, 기수1회 우상복엽	대생, 기수1회 우상복엽
꽃 특성	자웅이가화	자웅이주, 양성화

29 암석은 그 성인(成因)에 따라 대별되는데 편마암, 대리석 등은 어느 암으로 분류되는가?

① 수성암　　　　　　② 화성암
③ 변성암　　　　　　④ 석회질암

해설 암석의 분류
- 화성암 : 화강암, 안산암, 현무암, 섬록암 등
- 퇴적암 : 응회암, 사암, 점판암, 혈암, 석회암 등
- 변성암 : 편마암, 대리암, 사문암, 결절편암 등

30 소철과 은행나무의 공통점으로 옳은 것은?

① 속씨식물　　　　　② 자웅이주
③ 낙엽침엽교목　　　④ 우리나라 자생식물

해설 소철과 은행나무

구 분	소 철	은행나무
번식방법	겉씨식물	겉씨식물
성 상	상록침엽관목·소교목	낙엽침엽교목
원산지	동아시아, 일본, 중국, 대만	중국 동부

31 가연성 도료의 보관 및 장소에 대한 설명 중 틀린 것은?

① 직사광선을 피하고 환기를 억제한다.
② 소방 및 위험물 취급 관련 규정에 따른다.
③ 건물 내 일부에 수용할 때는 방화구조적인 방을 선택한다.
④ 주위 건물에서 격리된 독립된 건물에 보관하는 것이 좋다.

해설 ① 직사광선을 피하고 환기가 잘되어야 한다.

32 화성암은 산성암, 중성암, 염기성암으로 분류가 되는데, 이때 분류기준이 되는 것은?

① 규산의 함유량
② 석영의 함유량
③ 장석의 함유량
④ 각섬석의 함유량

해설 ① 화성암은 결정의 유무와 크기를 기준으로 비현정질 또는 유리질 암석, 분출암, 관입암 등 세 가지로 구분하고, 암석을 이루는 성분 중 이산화규소의 비율과 밀도를 기준으로 초염기성암, 염기성암, 중성암, 산성암 등 네 가지로 구분한다.

33 다음 수목들은 어떤 산림대에 해당되는가?

> 잣나무, 전나무, 주목, 가문비나무, 분비나무, 잎갈나무, 종비나무

① 난대림
② 온대 중부림
③ 온대 북부림
④ 한대림

해설 우리나라 산림대별 특징 수종

산림대		특징 수종
난 대		녹나무, 동백나무, 사철나무, 가시나무류, 멀구슬나무, 아왜나무 등
온 대	남 부	대나무류, 해송, 서어나무, 팽나무, 굴피나무, 사철나무, 단풍나무 등
	중 부	신갈나무, 졸참나무, 전나무, 향나무, 밤나무, 때죽나무, 소나무 등
	북 부	박달나무, 자작나무, 사시나무, 전나무, 떡갈나무, 잣나무, 거제수나무 등
한 대		잣나무, 전나무, 주목, 분비나무, 가문비나무, 잎갈나무, 종비나무 등

34 백색 계통의 꽃을 감상할 수 있는 수종은?

① 개나리
② 이팝나무
③ 산수유
④ 맥문동

해설 백색 계통 꽃이 피는 수종 : 쥐똥나무, 이팝나무, 층층나무, 조팝나무 등

정답 31 ① 32 ① 33 ④ 34 ②

35 목재 방부제로서의 크레오소트유(Creosote油)에 관한 설명으로 틀린 것은?

① 휘발성이다.
② 살균력이 강하다.
③ 페인트 도장이 곤란하다.
④ 물에 용해되지 않는다.

해설 **크레오소트유**
- 비중 1.02~1.05, 비점 194~400℃, 인화점 74℃, 발화점 336℃
- 황색 또는 암녹색의 액체로, 독특한 냄새가 난다.
- 물에 녹지 않고 알코올, 벤젠, 에테르, 톨루엔 등에 녹는다.
- 타르산이 함유되어 있어 금속에 대한 부식성이 있으며, 살균성이 있다.
- 주성분은 나프탈렌과 안트라센이며 목재 방부제, 살충제, 방수용 도료, 농약, 의약품 등에 사용된다.

36 다음 중 순공사원가에 속하지 않는 것은?

① 재료비
② 경 비
③ 노무비
④ 일반관리비

해설 순공사원가 = 노무비 + 재료비 + 경비

37 시공관리의 3대 목적이 아닌 것은?

① 원가관리
② 노무관리
③ 공정관리
④ 품질관리

해설 **시공관리** : 시공계획에 따라 공사가 원활히 진행되도록 공사를 관리하는 모든 노력을 말하며, 이를 위해서는 시공관리의 목표가 되는 품질관리, 원가관리, 공정관리뿐만 아니라 안전관리 및 자원관리 역시 계획성을 가지고 효율적으로 수행하여야 한다.

38 다음 중 굵은 가지 절단 시 제거하지 말아야 하는 부위는?

① 목질부
② 지피융기선
③ 지 륭
④ 피 목

해설 ③ 지륭은 가지의 하중을 지탱하기 위해 줄기와 접한 가지의 기부를 둘러싸면서 부풀어 오른 부분으로, 목질부를 보호하기 위해 화학적 보호층을 가지고 있기 때문에 굵은 가지치기를 할 때 제거하지 않도록 주의해야 한다.

정답 35 ① 36 ④ 37 ② 38 ③

39 다음 중 L형 측구의 팽창줄눈 설치 시 지수판의 간격은?

① 20m 이내
② 25m 이내
③ 30m 이내
④ 35m 이내

해설 ① L형 측구 팽창줄눈에는 지수판을 설치하고 간격은 20m 이내로 한다.

40 농약은 라벨과 뚜껑의 색으로 구분하여 표기하고 있는데, 다음 중 연결이 바른 것은?

① 제초제 – 노란색
② 살균제 – 녹색
③ 살충제 – 파란색
④ 생장조절제 – 흰색

해설 농약제의 포장지 색깔
- 살균제 : 분홍색
- 살충제 : 초록색
- 살균·살충제 : 위쪽 – 분홍색, 아래쪽 – 초록색
- 제초제 : 노란색
- 비선택성 제초제 : 빨간색
- 생장조절제 : 파란색

41 다음 중 토사붕괴의 예방대책으로 틀린 것은?

① 지하수위를 높인다.
② 적절한 경사면의 기울기를 계획한다.
③ 활동할 가능성이 있는 토석은 제거하여야 한다.
④ 말뚝(강관, H형강, 철근콘크리트)을 타입하여 지반을 강화시킨다.

해설 토사붕괴의 예방대책
- 지반 굴착면의 기울기 준수
- 굴착 전 철저한 사전 지반조사
- 빗물 등의 침투 방지조치

※ 지하수위가 상승하게 되면 토양입자의 전단저항이 감소하고 수압까지 작용하게 되며, 토압이 크게 증가하면 흙막이 벽의 변형붕괴가 발생된다.

42 근원직경이 18cm인 나무의 뿌리분을 만들려고 한다. 다음 식을 이용하여 소나무 뿌리분의 지름을 계산하면 얼마인가?(단, 공식 $24+(N-3)\times d$, d는 상록수 4, 활엽수 5이다)

① 80cm
② 82cm
③ 84cm
④ 86cm

해설 소나무 뿌리분의 지름 $= 24+(N-3)\times d$
$= 24+(18-3)\times 4$
$= 84$cm

정답 39 ① 40 ① 41 ① 42 ③

43 다음 그림과 같이 수준측량을 하여 각 측점의 높이를 측정하였다. 절토량 및 성토량이 균형을 이루는 계획고는?

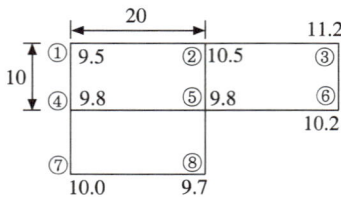

① 9.59m
② 9.95m
③ 10.05m
④ 10.50m

해설 점고법 $V = \dfrac{A}{4}\{\Sigma h_1 + 2\Sigma h_2 + 3\Sigma h_3 + 4\Sigma h_4\}$

여기서, A : 수평단면적
h_1, h_2, h_3, h_4 : 각 점의 수직고

$A = 20m \times 10m = 200m^2$
$\Sigma h_1 = 9.5 + 11.2 + 10.2 + 9.7 + 10.0 = 50.6$
$\Sigma h_2 = 10.5 + 9.8 = 20.3$
$\Sigma h_3 = 9.8$
$V = \dfrac{200}{4}(50.6 + 2 \times 20.3 + 3 \times 9.8) = 6,030m^3$
$\therefore h = \dfrac{6,030m^3}{200m^3 \times 3} = 10.05m$

44 일반적인 공사의 수량 산출방법으로 가장 적합한 것은?

① 중복이 되지 않게 세분화한다.
② 수직방향에서 수평방향으로 한다.
③ 외부에서 내부로 한다.
④ 작은 곳에서 큰 곳으로 한다.

해설 **수량 산출방법**
• 중복이 되지 않게 세분화
• 수평방향에서 수직방향으로
• 시공순서대로
• 내부에서 외부로
• 단위에서 전체로
• 큰 곳에서 작은 곳으로

45 목재 시설물에 대한 특징 및 관리 등의 설명으로 틀린 것은?
① 감촉이 좋고 외관이 아름답다.
② 철재보다 부패하기 쉽고 잘 갈라진다.
③ 정기적인 보수와 칠을 해주어야 한다.
④ 저온 때 충격에 의한 파손이 우려된다.

해설 ④ 석재, 콘크리트재, 플라스틱재 등은 온도에 민감하나, 목재는 온도에 의한 변화가 크지 않다.

46 병의 발생에 필요한 3가지 요인을 정량화하여 삼각형의 각 변으로 표시하고, 이들 상호관계에 의한 삼각형의 면적을 발병량으로 나타내는 것을 병삼각형이라 한다. 여기에 포함되지 않는 것은?
① 병원체
② 환 경
③ 기 주
④ 저항성

해설 식물병의 발병에 관여하는 3대 요인 : 병원체(주인), 환경(유인), 기주(소인)

47 살비제(Acaricide)란 어떤 약제를 말하는가?
① 선충을 방제하기 위하여 사용하는 약제
② 나방류를 방제하기 위하여 사용하는 약제
③ 응애류를 방제하기 위하여 사용하는 약제
④ 병균이 식물체에 침투하는 것을 방지하는 약제

해설 ① 살선충제, ② 살충제, ④ 보호살균제

48 식물의 주요한 표징 중 병원체의 영양기관에 의한 것이 아닌 것은?
① 균 사
② 균 핵
③ 포 자
④ 자 좌

해설 표징(Sign)
• 병원체 영양기관 : 균사체, 균사속, 균사막, 근사균사속, 균핵, 자좌, 흡기 등
• 병원체 생식기관 : 분생포자, 분생자경, 포자층, 분생자경속, 포자낭, 병자각, 자낭각, 자낭반, 포자 누출 등

정답 45 ④ 46 ④ 47 ③ 48 ③

49 다음 중 한국잔디류에 가장 많이 발생하는 병은?

① 녹 병 ② 탄저병
③ 설부병 ④ 브라운 패치

해설 ① 녹병은 한국잔디에 가장 많이 발병하고, 잎에 적갈색 반점과 가루가 나타나며, 5~6월 또는 9~10월 정도의 기온에서 습윤 시 다발하고 영양불량, 시비의 불균형, 과도한 답압 및 배수불량 등의 원인으로도 발생하기 쉽다.

50 20L 들이 분무기 한통에 1,000배액의 농약 용액을 만들고자 할 때 필요한 농약의 약량은?

① 10mL ② 20mL
③ 30mL ④ 50mL

해설 ha당 원액 소요량 = $\dfrac{\text{총소요량}}{\text{희석배수}} = \dfrac{20}{1,000} = 0.02L = 20mL$

51 일반적인 식물 간 양료 요구도(비옥도)가 높은 것부터 차례로 나열된 것은?

① 활엽수 > 유실수 > 소나무류 > 침엽수
② 유실수 > 침엽수 > 활엽수 > 소나무류
③ 유실수 > 활엽수 > 침엽수 > 소나무류
④ 소나무류 > 침엽수 > 유실수 > 활엽수

해설 ③ 식물 간 양료 요구도는 농작물 > 유실수 > 활엽수 > 침엽수 > 소나무류 순이다.

52 석재판(板石) 붙이기 시공법이 아닌 것은?

① 습식공법 ② 건식공법
③ FRP공법 ④ GPC공법

해설 석재의 외벽 붙임공법 : 습식공법, 건식공법, 선부착 PC공법(GPC)

53 수목의 필수원소 중 다량원소에 해당하지 않는 것은?

① H   ② K
③ Cl   ④ C

해설 식물 생육에 필요한 원소
- 다량원소 : C, H, O, N, P, K, Ca, Mg, S
- 미량원소 : Fe, B, Mn, Cu, Zn, Mo, Cl

54 우리나라에서 발생하는 수목의 녹병 중 기주교대를 하지 않는 것은?

① 소나무 잎녹병   ② 후박나무 녹병
③ 버드나무 잎녹병   ④ 오리나무 잎녹병

해설 ② 후박나무 녹병은 'Monosporodium machili'이라고 하는 담자균류에 속하는 곰팡이의 일종에 의해 발생한다. 이 녹병균은 중간기주 없이 후박나무에서 정자(精子)와 겨울포자만을 형성해서 생활환(生活環)을 이어가는 동종기생균으로, 병환부에 형성된 겨울포자에 의해 후박나무에서 후박나무로 전염이 반복된다.
※ 이종기생균 : 기주교대, 즉 생활환을 이어가기 위해 전혀 다른 두 종류의 기주식물을 옮겨 가며 생활하는 병원체

55 축척 $\frac{1}{1,200}$ 의 도면을 $\frac{1}{600}$ 로 변경하고자 할 때 도면의 증가면적은?

① 2배   ② 3배
③ 4배   ④ 6배

해설 (축척비)^{2}은 면적비이므로 $\left(\frac{1,200}{600}\right)^2$ = 4배이다.
※ 축척이 감소하면 길이는 두 배로, 면적은 네 배로 증가하며, 축척이 증가하면 그 반대이다.

56 다음 중 생울타리 수종으로 가장 적합한 것은?

① 쥐똥나무   ② 이팝나무
③ 은행나무   ④ 굴거리나무

해설 ① 쥐똥나무는 맹아력이 강해 생울타리용으로 적합하다.

정답 53 ③   54 ②   55 ③   56 ①

57 다음 중 시비시기와 관련된 설명 중 틀린 것은?

① 온대지방에서는 수종에 관계없이 가장 왕성한 생장을 하는 시기가 봄이며, 이 시기에 맞게 비료를 주는 것이 가장 바람직하다.
② 시비효과가 봄에 나타나게 하려면 겨울눈이 트기 4~6주 전인 늦은 겨울이나 이른 봄에 토양에 시비한다.
③ 질소비료를 제외한 다른 대량원소는 연중 필요할 때 시비하면 되고, 미량원소를 토양에 시비할 때는 가을에 실시한다.
④ 우리나라의 경우 고정생장을 하는 소나무, 전나무, 가문비나무 등은 9~10월보다는 2월에 시비가 적절하다.

해설 ④ 소나무나 전나무, 가문비나무, 참나무 등의 경우 고정생장을 하므로 2월보다는 9~10월에 시비하는 것이 적절하다.

58 조경관리 방식 중 직영방식의 장점에 해당하지 않는 것은?

① 긴급한 대응이 가능하다.
② 관리 실태를 정확히 파악할 수 있다.
③ 애착심을 가지므로 관리효율의 향상을 꾀한다.
④ 규모가 큰 시설 등의 관리를 효율적으로 할 수 있다.

해설 직영방식과 도급방식의 대상업무

직영방식	도급방식
• 재빠른 대응이 필요한 업무	• 장기에 걸쳐 단순작업을 행하는 업무
• 연속해서 행할 수 없는 업무	• 전문지식, 기능, 자격을 요하는 업무
• 진척상황이 명확치 않고 검사가 어려운 업무	• 규모가 크고, 노력·재료 등을 포함하는 업무
• 금액이 적고 간편한 업무	• 관리주체가 보유한 설비로는 불가능한 업무
• 일상적으로 행하는 유지관리업무	• 직업의 관리인원으로는 부족한 업무

정답 57 ④ 58 ④

59 소나무좀의 생활사를 기술한 것 중 옳은 것은?

① 유충은 2회 탈피하며, 유충기간은 약 20일이다.
② 1년에 1~3회 발생하며, 암컷은 불완전변태를 한다.
③ 부화약충은 잎, 줄기에 붙어 즙액을 빨아먹는다.
④ 부화한 애벌레가 쇠약목에 침입하여 갱도를 만든다.

해설 소나무좀의 생활사
- 연 1회 발생하지만 봄과 여름 두 번 가해한다.
- 소나무좀의 성충은 지제부의 수피 틈에서 월동을 하다가 3~4월경에 월동처에서 나와 쇠약목이나 벌채목의 수피 밑에 침입하여 갱도를 뚫고, 갱도 양측에 약 60여개의 알을 낳는다.
- 알기간은 12~20이고, 부화한 유충은 갱도와 직각방향으로 파먹어 들어간다.
- 유충기간은 약 20일이고 2회 탈피하며, 유충은 5월 하순경에 갱도 끝에 용실을 만들어 번데기가 되는데, 번데기기간은 16~20일이다.
- 성충은 6월 초 수피에 구멍을 뚫고 나와 기주식물로 이동하여 새순을 가해하다가 늦가을에 기주식물 지제부의 수피 틈에서 월동한다.

60 소나무류의 순지르기에 대한 설명으로 옳은 것은?

① 10~12월에 실시한다.
② 남길 순도 1/3~1/2 정도로 자른다.
③ 새순이 15cm 이상 길이로 자랐을 때에 실시한다.
④ 나무의 세력이 약하거나 크게 기르고자 할 때는 순지르기를 강하게 실시한다.

해설 소나무의 순지르기
- 소나무류는 가지 끝에 여러 개의 눈이 있어, 봄에 그대로 두면 중심의 눈이 길게 자라고 나머지 눈은 사방으로 뻗어 마치 바퀴살과 같은 모양을 이루어 운치가 사라진다.
- 원하는 모양을 만들기 위해서는 5~6월에 새순이 5~10cm 길이로 자랐을 때 1~2개의 순을 남기고 중심순을 포함한 나머지는 다 따 버리는 것이 좋다.
- 남긴 순의 자라는 힘이 지나치다고 생각될 때는 1/3~1/2 정도만 남겨 두고 끝부분을 따 준다.

정답 59 ① 60 ②

2015년 제2회 과년도 기출문제

01 다음 그림의 가로 장치물 중 볼라드로 가장 적합한 것은?

① 　　②

③ 　　④

해설) 볼라드(Bollard) : 차량과 보행인들의 통행을 조절하거나 차량공간과 보행공간을 분리시키기 위하여 설치하는 시설로, 30~70cm 정도 높이의 기둥 모양 가로장치물이다.

02 다음 중 괄호 안에 해당하지 않는 것은?

> 우리나라 전통조경 공간인 연못에는 (　), (　), (　)의 삼신산을 상징하는 세 섬을 꾸며 신선사상을 표현했다.

① 영 주　　② 방 지
③ 봉 래　　④ 방 장

해설) 삼신산이란 봉래산, 방장산, 영주산을 말한다.

03 다음 중 괄호 안에 들어갈 각각의 내용으로 옳은 것은?

> 인간이 볼 수 있는 (　)의 파장은 약 (　~　)nm이다.

① 적외선, 560~960
② 가시광선, 560~960
③ 가시광선, 380~780
④ 적외선, 380~780

해설) 인간이 볼 수 있는 가시광선의 파장은 약 380~780nm이다.

정답　1 ③　2 ②　3 ③

04 물체를 투상면에 대하여 한쪽으로 경사지게 투상하여 입체적으로 나타낸 것으로, 다음 그림과 같은 것은?

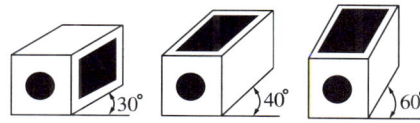

① 사투상도 ② 투시투상도
③ 등각투상도 ④ 부등각투상도

해설 ① 사투상도 : 경사투상도라고도 하며, 기준선 위에 물체의 정면을 실물로 그리고 각 꼭지점에서 기준선과 일정한 각도를 이루는 사선을 나란히 그어 물체의 안쪽 길이를 나타내 물체를 표현하는 방법
② 투시투상도 : 물체의 각 모서리에서 연장된 선이 하나의 소점에 모이도록 그려 원근감을 통해 물체를 사실적으로 표현하는 방법
③ 등각투상도 : 각이 서로 120°를 이루는 3개의 축을 기본으로 하여 물체의 높이, 너비, 안쪽 길이를 나타내 물체를 표현하는 방법
④ 부등각투상도 : 상하좌우의 각도가 각기 다른 축측투상도로, 세 개의 모서리 중 두 모서리는 같은 척도로 그리고 나머지 모서리는 현척으로 그리거나 축소하여 그려 물체를 표현하는 방법

05 다음은 어떤 색에 대한 설명인가?

신비로움, 환상, 성스러움 등을 상징하며 여성스러움을 강조하는 역할을 하기도 하지만, 반면 비애감과 고독감을 느끼게 하기도 한다.

① 빨강 ② 주황
③ 파랑 ④ 보라

06 상점의 간판에 세 가지의 조명을 동시에 비추어 백색광을 만들려고 한다. 이때 필요한 3가지 기본 색광은?

① 노랑(Y), 초록(G), 파랑(B) ② 빨강(R), 노랑(Y), 파랑(B)
③ 빨강(R), 노랑(Y), 초록(G) ④ 빨강(R), 초록(G), 파랑(B)

해설 빛의 3원색 : 빛을 가하여 색을 혼합하면 원래의 색보다 명도가 증가하는 현상을 가산혼합 또는 가법혼색이라고 하는데 빨강, 초록, 파랑은 모두 혼합하면 흰색이 되고, 각기 혼합하면 많은 색을 얻을 수 있어 이 세 가지 색을 빛의 3원색이라고 한다.

정답 4 ① 5 ④ 6 ④

07 사적지 유형 중 '제사, 신앙에 관한 유적'에 해당되는 것은?

① 도요지　　　　　　　　② 성곽
③ 고궁　　　　　　　　　④ 사당

해설 ① 토목에 관한 유적, ②・③ 정치・국방에 관한 유적

08 회색의 시멘트 블록들 가운데에 놓인 붉은 벽돌은 실제의 색보다 더 선명해 보인다. 이러한 현상을 무엇이라고 하는가?

① 색상대비　　　　　　　② 명도대비
③ 채도대비　　　　　　　④ 보색대비

해설 **채도대비** : 색상, 명도와 함께 색의 주요 속성이며, 색이 선명할수록 채도가 높고, 무채색(흰색, 회색, 검정색)일수록 채도가 낮다. 채도 차가 큰 두 색을 인접하여 배치하면 채도가 높은 색은 더욱 선명하게 보이고, 채도가 낮은 색은 더욱 탁해 보이는데, 이를 채도대비라고 한다.

09 도시공원 및 녹지 등에 관한 법률 시행규칙에 의한 도시공원의 구분에 해당되지 않는 것은?

① 역사공원　　　　　　　② 체육공원
③ 도시농업공원　　　　　④ 국립공원

해설 **도시공원의 세분 및 규모(도시공원 및 녹지 등에 관한 법률 제15조)**
1. 국가도시공원
2. 생활권공원 : 소공원, 어린이공원, 근린공원
3. 주제공원 : 역사공원, 문화공원, 수변공원, 묘지공원, 체육공원, 도시농업공원, 방재공원, 그 밖에 특별시・광역시・특별자치시・도・특별자치도 또는 지방자치법에 따른 서울특별시・광역시 및 특별자치시를 제외한 인구 50만 이상 대도시의 조례로 정하는 공원
※ 문제에는 시행규칙이라고 표현되어 있지만 실제 해당 조항은 법률에 포함되어 있음

10 다음 중 주택정원의 작업뜰에 위치할 수 있는 시설물로 가장 부적합한 것은?

① 장독대　　　　　　　　② 빨래 건조장
③ 퍼걸러　　　　　　　　④ 채소밭

해설 ③ 퍼걸러는 지붕 없이 골조만 갖추고 있는 시설물로, 덩굴류의 식물 등을 이용해 여름에는 그늘을 조성하고, 겨울에는 채광이 가능하도록 설치한다.

11 다음 중 통경선(Vistas)의 설명으로 가장 적합한 것은?
① 주로 자연식 정원에서 많이 쓰인다.
② 정원에 변화를 많이 주기 위한 수법이다.
③ 정원에서 바라볼 수 있는 정원 밖의 풍경이 중요한 구실을 한다.
④ 시점(視點)으로부터 부지의 끝부분까지 시선을 집중하도록 한 것이다.

해설 통경선 : 비스타라고도 하며, 좌우로의 시선을 제한하여 전방의 일정 지점으로 시선을 집중시키는 경관이다.

12 우리나라 조경의 특징으로 가장 적합한 설명은?
① 경관의 조화를 중요시하면서도 경관의 대비에 중점
② 급격한 지형변화를 이용하여 돌, 나무 등의 섬세한 사용을 통한 정신세계의 상징화
③ 풍수지리설에 영향을 받으며, 계절의 변화를 느낄 수 있음
④ 바닥포장과 괴석을 주로 사용하여 계속적인 변화와 시각적 흥미를 제공

해설 ①·②·④는 중국정원에 대한 특징이다.

13 정원의 구성요소 중 점적인 요소로 구별되는 것은?
① 원 로   ② 생울타리
③ 냇 물   ④ 휴지통

해설 정원의 구성요소
• 점적 요소 : 벤치, 휴지통, 음수대, 조각품, 독립수, 분수 등
• 선적 요소 : 원로, 계단, 캐스케이드, 생울타리, 냇물 등
• 면적 요소 : 잔디밭, 화단, 연못, 테라스, 플랜터, 데크 등

14 다음 중 교통표지판의 색상을 결정할 때 가장 중요하게 고려하여야 할 것은?
① 심미성   ② 명시성
③ 경제성   ④ 양질성

해설 명시성 : 두 가지 이상의 색·선·모양을 대비시켰을 때 금방 눈에 뜨이는 성질을 말하며, 명도나 채도의 차이가 클수록 명시성은 강해진다. 특히, 노랑과 검정은 명시성이 강해 교통표지판 등에 주로 쓰인다.

정답 11 ④ 12 ③ 13 ④ 14 ②

15 중세 클로이스터 가든에 나타나는 사분원(四分園)의 기원이 된 회교 정원양식은?

① 차하르 바그　　② 페리스타일 가든
③ 아라베스크　　④ 행잉 가든

해설 ① 이슬람의 차하르 바그(Chahar-Bagh)는 4개의 정원이라는 뜻으로, 수로를 이용하여 정원을 같은 면적으로 4등분한 정원양식을 말한다.

16 다음 중 가로수로 식재하며, 주로 봄에 꽃을 감상할 목적으로 식재하는 수종은?

① 팽나무　　② 마가목
③ 협죽도　　④ 벚나무

해설
- 가로수용 수목 : 벚나무, 은행나무, 느티나무, 가죽나무, 회화나무, 은단풍, 칠엽수, 메타세쿼이아, 플라타너스 등
- 봄꽃을 관상하는 나무 : 진달래, 벚나무, 철쭉, 동백나무, 목련, 조팝나무, 산사나무, 매화나무, 개나리, 산수유, 등나무, 수수꽃다리, 모란, 박태기나무 등

17 어떤 목재의 함수율이 50%일 때 목재중량이 3,000g이라면 전건중량은 얼마인가?

① 1,000g　　② 2,000g
③ 4,000g　　④ 5,000g

해설 목재의 함수율 = $\dfrac{목재중량 - 전건중량}{전건중량} \times 100$

$50\% = \dfrac{(3,000-x)}{x} \times 100$

∴ $x = 2,000g$

18 압력탱크 속에서 고압으로 방부제를 주입시키는 방법으로 목재의 방부 처리방법 중 가장 효과적인 것은?

① 표면탄화법　　② 침지법
③ 가압주입법　　④ 도포법

해설 **가압주입법** : 밀폐된 공간에서 건조된 목재에 방부제를 가압하여 주입시키는 방법으로, 목재의 방부 처리법 중 가장 침투깊이가 깊어 방부효과가 크고 내구성도 양호하다.

19 피라칸타와 해당화의 공통점으로 옳지 않은 것은?

① 과명은 장미과이다.
② 열매는 붉은 색으로 성숙한다.
③ 성상은 상록활엽관목이다.
④ 줄기나 가지에 가시가 있다.

해설 ③ 피라칸타는 상록활엽관목이고, 해당화는 낙엽활엽관목이다.

20 다음 석재의 역학적 성질 설명 중 옳지 않은 것은?

① 공극률이 가장 큰 것은 대리석이다.
② 현무암의 탄성계수는 후크(Hooke)의 법칙을 따른다.
③ 석재의 강도는 압축강도가 특히 크며, 인장강도는 매우 작다.
④ 석재 중 풍화에 가장 큰 저항성을 가지는 것은 화강암이다.

해설 ① 대리암은 높은 압력에 의해 형성되었기 때문에 공극률이 작은 편이다.

21 금속을 활용한 제품으로서 철금속제품에 해당하지 않는 것은?

① 철근, 강판
② 형강, 강관
③ 볼트, 너트
④ 도관, 가도관

해설 ④ 점토제품에는 벽돌, 도관, 타일, 도자기, 기와 등이 있다.

22 석재의 분류는 화성암, 퇴적암, 변성암으로 분류할 수 있다. 다음 중 퇴적암에 해당되지 않는 것은?

① 사 암
② 혈 암
③ 석회암
④ 안산암

해설 암석의 분류
• 화성암 : 화강암, 안산암, 현무암, 섬록암 등
• 퇴적암 : 응회암, 사암, 점판암, 혈암, 석회암 등
• 변성암 : 편마암, 대리암, 사문암, 결절편암 등

정답 19 ③ 20 ① 21 ④ 22 ④

23 소나무꽃의 특성에 대한 설명으로 옳은 것은?

① 단성화, 자웅동주
② 단성화, 자웅이주
③ 양성화, 자웅동주
④ 양성화, 자웅이주

해설 **소나무꽃의 특성** : 암꽃과 수꽃이 따로 존재하는 단성화(斷性花)이며, 한 나무에서 암꽃과 수꽃이 같이 피어나는 일가화(一家花), 즉 자웅동주이다. 소나무꽃은 암수 모두 새로 나온 가지 끝에서 개화하고, 암꽃은 자라서 솔방울이 된다.
※ 단성화 식물 : 소나무, 잣나무, 옥수수, 오이, 호박 등

24 콘크리트의 연행공기량과 관련된 설명으로 틀린 것은?

① 사용 시멘트의 비표면적이 작으면 연행공기량은 증가한다.
② 콘크리트의 온도가 높으면 공기량은 감소한다.
③ 단위잔골재량이 많으면, 연행공기량은 감소한다.
④ 플라이애시를 혼화재로 사용할 경우 미연소 탄소 함유량이 많으면 연행공기량이 감소한다.

해설 단위잔골재량이 많으면 공극이 증가되어 공기량이 증가한다. 또한 잔골재의 입도도 공기량에 영향을 미치는데, 일반적으로 0.15~0.3mm 정도 크기의 잔골재가 많을수록 공기량은 증가한다.

25 낙엽활엽소교목으로 양수이며, 잎이 나오기 전 3월경 노란색으로 개화하고, 빨간 열매를 맺어 아름다운 수종은?

① 개나리
② 생강나무
③ 산수유
④ 풍년화

해설
① 개나리 : 낙엽활엽관목, 노란색 꽃, 갈색 열매
② 생강나무 : 낙엽활엽관목, 노란색 꽃, 검은색 열매
④ 풍년화 : 낙엽활엽관목·소교목, 노란색~붉은색 꽃, 갈색 열매

26 다음 지피식물의 기능과 효과에 관한 설명 중 옳지 않은 것은?

① 토양 유실 방지
② 녹음 및 그늘 제공
③ 운동 및 휴식공간 제공
④ 경관의 분위기를 자연스럽게 유도

해설 ② 지피식물이란 지면을 낮게 덮으면서 자라는 키가 작은 식물이기 때문에 그늘을 제공할 수 없다.

27 암석에서 떼어 낸 석재를 가공할 때 잔다듬질용으로 사용하는 도드락망치는?

① 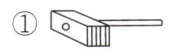　　②
③ 　　④

해설　① 도드락망치, ② 쇠메, ③ 외날망치, ④ 양날망치

28 다음 중 강음수에 해당되는 식물종은?
① 팔손이　　② 두릅나무
③ 회나무　　④ 노간주나무

해설　**조경수목의 음양성**
- 음수 : 주목, 전나무, 비자나무, 독일가문비나무, 가시나무, 녹나무, 후박나무, 동백나무, 호랑가시나무, 팔손이나무, 회양목, 목란 등
- 양수 : 소나무, 곰솔, 측백나무, 낙엽송, 향나무, 은행나무, 철쭉류, 삼나무, 느티나무, 포플러류, 가죽나무, 무궁화, 백목련, 모과나무, 두릅나무, 산수유 등
- 중성수 : 잣나무, 섬잣나무, 화백, 목서, 회화나무, 칠엽수, 벚나무류, 단풍나무, 쪽동백나무, 수국, 담쟁이덩굴, 목련류, 진달래, 개나리 등

29 다음 중 비료목(肥料木)에 해당되는 식물이 아닌 것은?
① 다릅나무　　② 곰 솔
③ 싸리나무　　④ 보리수나무

해설　비료목 : 질소고정능력을 갖춘 뿌리혹박테리아나 방선균류와 공생하는 식물로, 식재 시 토양환경을 개선하고 미생물의 활동을 증진시켜 다른 식물의 생장에 도움을 준다고 하여 비료목이라는 이름이 붙었다.
- 콩과 : 아까시나무, 자귀, 다릅, 싸리, 박태기나무, 등나무, 칡 등
- 자작나무과 : 사방오리나무, 산오리나무, 오리나무 등
- 보리수나무과 : 보리수나무, 보리장나무 등
- 소철과 : 소철

30 통기성, 흡수성, 보온성, 부식성이 우수하여 줄기감기용, 수목 굴취 시 뿌리감기용, 겨울철 수목 보호를 위해 사용되는 마(麻)소재의 친환경적 조경자재는?
① 녹화마대　　② 볏 짚
③ 새끼줄　　④ 우드칩

31 다음 중 수목의 형태상 분류가 다른 것은?

① 떡갈나무   ② 박태기나무
③ 회화나무   ④ 느티나무

해설 ② 낙엽활엽관목, ①·②·③ 낙엽활엽교목

32 다음 시멘트의 성분 중 화합물상에서 발열량이 가장 많은 성분은?

① C_3A ② C_3S
③ C_4AF ④ C_2S

해설 시멘트의 성분 및 함유량에 따른 발열량(수화열)

화학명	화학식	약 어	함유량(%) / 수화열(cal/g)
Tricalcium Silicate	$3CaOSiO_2$	C_3S	50~60 / 136
Dicalcium Silicate	$2CaOSiO_2$	C_2S	15~25 / 62
Tricalcium Aluminate	$3CaOAl_2O_3$	C_3A	5~15 / 200
Tetracalcium	$4CaOAl_2O_3, Fe_2O_3$	C_4AF	5~15 / 30

33 다음 중 목재의 함수율이 크고 작음에 가장 영향이 큰 강도는?

① 인장강도   ② 휨강도
③ 전단강도   ④ 압축강도

해설 ④ 함수율 1% 증감에 따른 강도의 변화율은 압축강도 6%, 휨강도 4%, 전단강도 3%이다.

34 목련과(Magnoliaceae) 중 상록성 수종에 해당하는 것은?

① 태산목   ② 함박꽃나무
③ 자목련   ④ 일본목련

해설 ① 태산목의 원산지는 미국이며, 녹음수나 독립수로 활용되는 상록성 수종이다.

35 다음 중 환경적 문제를 해결하기 위하여 친환경적 재료로 개발한 것은?
① 시멘트 ② 절연재
③ 잔디블록 ④ 유리블록

36 수준측량의 용어 설명 중 높이를 알고 있는 기지점에 세운 표척눈금의 읽은 값을 무엇이라 하는가?
① 후 시 ② 전 시
③ 전환점 ④ 중간점

해설 ① 후시 : 표고를 이미 알고 있는 점, 즉 기지점에 세운 표척의 읽음 값
② 전시 : 표고를 구하려는 점, 즉 미지점에 세운 표척의 읽음 값

37 다음 [보기]의 뿌리돌림 설명 중 괄호 안에 가장 적합한 숫자는?

| 보기 |
- 뿌리돌림은 이식하기 (㉠)년 전에 실시하되 최소 (㉡)개월 전 초봄이나 늦가을에 실시한다.
- 노목이나 보호수와 같이 중요한 나무는 (㉢)회 나누어 연차적으로 실시한다.

① ㉠ 1~2, ㉡ 12, ㉢ 2~4
② ㉠ 1~2, ㉡ 6, ㉢ 2~4
③ ㉠ 3~4, ㉡ 12, ㉢ 1~2
④ ㉠ 3~4, ㉡ 24, ㉢ 1~2

38 조경공사용 기계의 종류와 용도(굴삭, 배토정지, 상차, 운반, 다짐)의 연결이 옳지 않은 것은?
① 굴삭용 - 무한궤도식 로더
② 운반용 - 덤프트럭
③ 다짐용 - 탬퍼
④ 배토정지용 - 모터 그레이더

해설 ① 무한궤도식 로더는 상차용 기계이다.

정답 35 ③ 36 ① 37 ② 38 ①

39 다음 중 유충과 성충이 동시에 나무 잎에 피해를 주는 해충이 아닌 것은?

① 느티나무벼룩바구미
② 버들꼬마잎벌레
③ 주둥무늬차색풍뎅이
④ 큰이십팔점박이무당벌레

해설 ③ 주둥무늬차색풍뎅이의 성충은 주로 활엽수류의 잎을, 유충은 식물의 뿌리를 갉아먹어 피해를 준다.

40 자연석(경관석)놓기에 대한 설명으로 틀린 것은?

① 경관석의 크기와 외형을 고려한다.
② 경관석 배치의 기본형은 부등변삼각형이다.
③ 경관석의 구성은 2, 4, 8 등 짝수로 조합한다.
④ 돌 사이의 거리나 크기를 조정하여 배치한다.

해설 ③ 경관석을 여러 개 짝지어 놓을 때는 중심이 되는 큰 주석과 보조역할을 하는 작은 부석을 잘 조화시켜야 하는데, 수량은 일반적으로 홀수로 하고, 돌 사이의 거리나 크기 등을 조정하여 힘이 분산되지 않고 짜임새가 있도록 한다.

41 동일한 규격의 수목을 연속적으로 모아 심었거나 줄지어 심었을 때 적합한 지주 설치법은?

① 단각지주 ② 이각지주
③ 삼각지주 ④ 연결형지주

해설 ① 단각지주 : 수고 1.2m 이하의 관목과 카이즈카향나무, 수양버들, 위성류, 수양벚나무 등의 어린 수종 등에 사용한다.
② 이각지주 : 수고 1.2~2.0m의 소형 가로수에 사용하며 좁은 장소에 깊게 넣는다.
③ 삼각지주 : 일반적으로 가장 많이 사용하며, 가로수와 같이 보행량이 많은 곳에 주로 설치한다.

42 다음 중 조경석 가로쌓기 작업 시 설계도면 및 공사시방서에 명시가 없을 경우 메쌓기의 높이가 몇 m 이하로 하여야 하는가?

① 1.5 ② 1.8
③ 2.0 ④ 2.5

해설 ① 설계도면 및 공사시방서에 명시가 되어 있지 않은 경우에 메쌓기의 높이는 1.5m 이하로 한다.

43 측량 시에 사용하는 측정기구와 그 설명이 틀린 것은?

① 야장 : 측량한 결과를 기입하는 수첩
② 측량 핀 : 테이프의 길이마다 그 측점을 땅 위에 표시하기 위하여 사용되는 핀
③ 폴(Pole) : 일정한 지점이 멀리서도 잘 보이도록 곧은 장대에 빨간색과 흰색을 교대로 칠하여 만든 기구
④ 보수계(Pedometer) : 어느 지점이나 범위를 표시하기 위하여 땅에 꽂아 두는 나무 표지

[해설] 보수계(步數計, Pedometer) : 사람의 운동을 감지하여 걸음 수를 측정하는 장치로, 사람마다 다른 보폭을 일정한 길이 단위로 환산하여 표시한다. 측량 시에는 측량기구를 설치할 수 없는 장소나 먼 거리를 측정할 때 사용된다.

44 농약의 물리적 성질 중 살포하여 부착한 약제가 이슬이나 빗물에 씻겨 내리지 않고 식물체 표면에 묻어 있는 성질을 무엇이라 하는가?

① 고착성(Tenacity)
② 부착성(Adhesiveness)
③ 침투성(Penetrating)
④ 현수성(Suspensibility)

[해설]
② 부착성 : 약제가 식물체나 충체에 붙는 성질
③ 침투성 : 약제가 식물체나 충체에 스며드는 성질
④ 현수성 : 수화제 현탁액의 고체 미립자가 균일하게 분산하여 부유하는 성질

45 공원의 주민참가 3단계 발전과정이 옳은 것은?

① 비참가 → 시민권력의 단계 → 형식적 참가
② 형식적 참가 → 비참가 → 시민권력의 단계
③ 비참가 → 형식적 참가 → 시민권력의 단계
④ 시민권력의 단계 → 비참가 → 형식적 참가

[해설] 안시타인이 제시한 주민참가의 단계
• 비참가의 단계 : 조작, 치료
• 형식적 참가의 단계 : 정보 제공, 상담, 회유
• 시민권력의 단계 : 협력관계, 권한위양, 자치관리

정답 43 ④ 44 ① 45 ③

46 관리업무의 수행 중 도급방식의 대상으로 옳은 것은?

① 긴급한 대응이 필요한 업무
② 금액이 적고 간편한 업무
③ 연속해서 행할 수 없는 업무
④ 규모가 크고, 노력, 재료 등을 포함하는 업무

해설 직영방식과 도급방식의 대상업무

직영방식	도급방식
• 재빠른 대응이 필요한 업무 • 연속해서 행할 수 없는 업무 • 진척상황이 명확치 않고 검사가 어려운 업무 • 금액이 적고 간편한 업무 • 일상적으로 행하는 유지관리업무	• 장기에 걸쳐 단순작업을 행하는 업무 • 전문지식, 기능, 자격을 요하는 업무 • 규모가 크고, 노력·재료 등을 포함하는 업무 • 관리주체가 보유한 설비로는 불가능한 업무 • 직업의 관리인원으로는 부족한 업무

47 다음 [보기]의 식물들이 모두 사용되는 정원식재 작업에서 가장 먼저 식재를 진행해야 할 수종은?

보기
소나무, 수수꽃다리, 영산홍, 잔디

① 잔 디
② 영산홍
③ 수수꽃다리
④ 소나무

해설 ④ 지형에 따라 다르지만 일반적으로 관목인 소나무를 먼저 식재한다.

48 물 200L를 가지고 제초제 1,000배액을 만들 경우 필요한 약량은 몇 mL인가?

① 10
② 100
③ 200
④ 500

해설 살포액의 희석
필요 약량 = 물의 양 ÷ 희석배수
　　　　 = 200L ÷ 1,000 = 0.2L = 200mL
※ 1L = 1,000mL

49 골프코스에서 홀(Hole)의 출발지점을 무엇이라 하는가?
① 그 린
② 티
③ 러 프
④ 페어웨이

해설
① 그린(Green) : 도착점
③ 러프(Rough) : 페어웨이 주변의 깎지 않은 초지로 이루어진 구역
④ 페어웨이(Fair Way) : 티와 그린 사이에 짧게 깎은 잔디로 이루어진 구역

50 목적에 알맞은 수형으로 만들기 위해 나무의 일부분을 잘라 주는 관리방법을 무엇이라 하는가?
① 관 수
② 멀 칭
③ 시 비
④ 전 정

해설 전정의 종류
• 생장을 돕기 위한 전정
• 생장을 억제하기 위한 전정
• 개화·결실을 돕기 위한 전정
• 생리를 조절하기 위한 전정
• 세력을 갱신하기 위한 전정

51 경관에 변화를 주거나 방음, 방풍 등을 위한 목적으로 작은 동산을 만드는 공사의 종류는?
① 부지정지 공사
② 흙깎기 공사
③ 멀칭 공사
④ 마운딩 공사

52 40%(비중 = 1)의 어떤 유제가 있다. 이 유제를 1,000배로 희석하여 10a당 9L를 살포하고자 할 때, 유제의 소요량은 몇 mL인가?
① 7
② 8
③ 9
④ 10

해설 살포액의 희석
• 사용 농도 = 원액 농도 ÷ 희석배수
　　　　 = 40% ÷ 1,000 = 0.04%
• ha당 필요 약량 = 사용 농도 × $\left(\dfrac{살포량}{원액\ 농도}\right)$
　　　　 = $0.04\% \times \left(\dfrac{9L}{40\%}\right) = 0.009L$
∴ 유제의 소요량 = 9mL
※ 1L = 1,000mL

정답 49 ② 50 ④ 51 ④ 52 ③

53 다음 중 생리적 산성비료는?
① 요 소　　　　　　　② 용성인비
③ 석회질소　　　　　　④ 황산암모늄

해설　비료의 생리적 반응
- 생리적 산성비료 : 황산암모늄, 황산칼륨, 염화칼륨 등
- 생리적 중성비료 : 질산암모늄, 요소, 과인산석회, 중과인산석회, 석회질소 등
- 생리적 염기성비료 : 퇴구비, 용성인비, 재, 칠레초석 등

54 잣나무 털녹병의 중간기주에 해당하는 것은?
① 등골나무　　　　　　② 향나무
③ 오리나무　　　　　　④ 까치밥나무

해설　녹병균의 중간기주
- 배나무 붉은별무늬병 : 향나무
- 사과나무 붉은별무늬병 : 향나무
- 소나무 혹병 : 졸참나무, 신갈나무
- 잣나무 털녹병 : 송이풀, 까치밥나무
- 포플러 잎녹병 : 낙엽송

55 서중 콘크리트는 1일 평균기온이 얼마를 초과하는 것이 예상되는 경우 시공하여야 하는가?
① 25℃　　　　　　　② 20℃
③ 15℃　　　　　　　④ 10℃

해설　1일 평균기온이 25℃이거나 최고기온이 30℃를 초과하는 경우에는 서중 콘크리트를 사용하고, 반대로 1일 평균기온이 4℃ 이하인 경우에는 한중 콘크리트를 사용한다.

56 농약 혼용 시 주의하여야 할 사항으로 틀린 것은?
① 혼용 시 침전물이 생기면 사용하지 않아야 한다.
② 가능한 한 고농도로 살포하여 인건비를 절약한다.
③ 농약의 혼용은 반드시 농약 혼용가부표를 참고한다.
④ 농약을 혼용하여 조제한 약제는 될 수 있으면 즉시 살포하여야 한다.

해설　② 농약 혼용 시에는 표준희석배수를 반드시 지켜 고농도로 살포하지 않도록 한다.

정답　53 ④　54 ④　55 ①　56 ②

57 건설공사의 감리 구분에 해당하지 않는 것은?
① 설계감리 ② 시공감리
③ 입찰감리 ④ 책임감리

해설 건설공사의 감리 : 설계감리, 검측감리, 시공감리, 책임감리

58 흡즙성 해충으로 버즘나무, 철쭉류, 배나무 등에서 많은 피해를 주는 해충은?
① 오리나무잎벌레 ② 솔노랑잎벌
③ 방패벌레 ④ 도토리거위벌레

해설 가해 습성에 따른 해충의 분류
- 식엽성 해충 : 회양목명나방, 풍뎅이, 잎벌, 집시나방, 느티나무벼룩바구미 등
- 흡즙성 해충 : 응애, 진딧물, 깍지벌레, 방패벌레 등
- 천공성 해충 : 소나무좀, 노랑무늬솔바구미, 하늘소, 박쥐나방 등
- 충영형성 해충 : 솔잎혹파리, 밤나무혹벌, 혹응애, 혹진딧물 등
- 종실 해충 : 밤바구미, 복숭아명나방 등

59 석재 가공방법 중 화강암 표면의 기계로 켠 자국을 없애 주고 자연스러운 느낌을 주므로 가장 널리 쓰이는 마감방법은?
① 버너마감 ② 잔다듬
③ 정다듬 ④ 도드락다듬

해설
② 잔다듬 : 외날망치나 양날망치로 정다듬 면 또는 도드락다듬 면을 일정 방향, 주로 평행하게 나란히 찍어 평탄하게 마무리하는 작업이며, 다듬횟수는 1~5회 정도이다.
③ 정다듬 : 혹두기한 면을 정으로 비교적 고르고 곱게 다듬는 작업으로 거친다듬, 중다듬, 고운다듬으로 구분된다.
④ 도드락다듬 : 정다듬한 표면을 도드락망치를 이용하여 1~3회 정도 두드려 곱게 다듬는 작업이다.

60 다음 중 지형을 표시하는 데 가장 기본이 되는 등고선은?
① 간곡선 ② 주곡선
③ 조곡선 ④ 계곡선

해설 등고선의 종류
- 계곡선 : 고도 0m에서부터 다섯 번째 선마다 굵게 표시한 등고선
- 주곡선 : 계곡선과 계곡선 사이의 4개의 선으로 가장 기본이 되는 등고선
- 간곡선 : 주곡선 간격으로는 나타낼 수 없는 경사가 완만한 지형을 표현하기 위해 주곡선 간격의 1/2지점에 긋는 긴 점선
- 조곡선 : 간곡선 간격으로도 나타낼 수 없는 선상지나 평탄지를 표현하기 위해 주곡선과 간곡선 간격의 1/2지점에 긋는 짧은 점선

정답 57 ③ 58 ③ 59 ① 60 ②

2015년 제 4 회 | 과년도 기출문제

01 다음 중 색의 3속성이 아닌 것은?
① 색 상
② 명 도
③ 채 도
④ 대 비

해설 색의 3속성 : 색상(Hue), 명도(Value), 채도(Chroma)

02 다음 중 기본계획에 해당되지 않는 것은?
① 땅가름
② 주요시설배치
③ 식재계획
④ 실시설계

해설 조경계획의 과정 : 목표 설정 → 현황자료 분석(자연환경분석, 인문환경분석) 및 종합 → 기본구상 → 기본계획(토지이용계획, 교통동선계획, 시설물 배치계획, 식재계획, 하부구조계획, 집행계획) → 기본설계 → 실시설계 → 시공 및 감리 → 유지관리

03 다음 중 서원조경에 대한 설명으로 틀린 것은?
① 도산서당의 정우당, 남계서원의 지당에 연꽃이 식재된 것은 주렴계의 애련설의 영향이다.
② 서원의 진입공간에는 홍살문이 세워지고, 하마비와 하마석이 놓여진다.
③ 서원에 식재되는 수목들은 관상을 목적으로 식재되었다.
④ 서원에 식재되는 대표적인 수목은 은행나무로 행단과 관련이 있다.

해설 ③ 서원이라는 공간적 성격에 적합한 일부 수목만을 식재하였는데, 예를 들어 공자가 제자를 가르쳤다는 행단과 관련된 은행나무는 대표적인 서원조경의 식재수목이며, 느티나무나 향나무 등도 즐겨 심었다.

1 ④ 2 ④ 3 ③ **정답**

04 일본의 정원양식 중 다음 설명에 해당하는 것은?

- 15세기 후반에 바다의 경치를 나타내기 위해 사용하였다.
- 정원의 소재로 왕모래와 몇 개의 바위만으로 정원을 꾸미고, 식물은 일체 쓰지 않았다.

① 다정양식
② 축산고산수양식
③ 평정고산수양식
④ 침전조양식

해설 ③ 고산수식 정원은 물을 전혀 사용하지 않고 바위, 왕모래, 나무만을 사용한 축산고산수식에서 나무조차 사용하지 않는 평정고산수식으로 발달하였다.

고산수식 정원
- 축산고산수식 정원 : 바위(섬·반도·폭포)를 중심으로 왕모래(물)와 다듬은 수목(산)을 사용해 꾸민 추상적인 정원
- 평정고산수식 정원 : 수목도 사용하지 않고 바위와 왕모래만으로 꾸민 정원

05 다음 중 쌍탑형 가람배치를 가지고 있는 사찰은?

① 경주 분황사
② 부여 정림사
③ 경주 감은사
④ 익산 미륵사

해설
- 경주 분황사 : 1탑3금당식 가람배치
- 부여 정림사 : 1탑1금당식 가람배치
- 익산 미륵사 : 3탑3금당식 가람배치

06 다음 중 프랑스 베르사유궁원의 수경시설과 관련이 없는 것은?

① 아폴로 분수
② 물극장
③ 라토나 분수
④ 양어장

07 다음 설계도면의 종류 중 2차원의 평면을 나타내지 않는 것은?

① 평면도
② 단면도
③ 상세도
④ 투시도

해설 투시도 : 설계안이 완성되었을 경우를 가정하여 설계내용을 실제 눈에 보이는 대로 입체적인 그림으로 나타낸 것

정답 4 ③ 5 ③ 6 ④ 7 ④

08 중국 옹정제가 제위 전 하사받은 별장으로 영국에 중국식 정원을 조성하게 된 계기가 된 곳은?

① 원명원 ② 기창원
③ 이화원 ④ 외팔묘

해설 원명원 : 1709년 강희제(康熙帝)가 네 번째 아들 윤진에게 하사한 별장이었으나, 윤진이 옹정제(雍正帝)로 즉위하자 1725년 황궁의 정원으로 조성하였다.

09 자유, 우아, 섬세, 간접적, 여성적인 느낌을 갖는 선은?

① 직 선 ② 절 선
③ 곡 선 ④ 점 선

해설 곡선 : 구릉지, 하천, 소로를 따라 굽이굽이 뻗어 가는 곡선은 부드럽고 여성적이며 우아한 느낌을 준다.

10 다음 중 휴게시설물로 분류할 수 없는 것은?

① 퍼걸러(그늘시렁) ② 평 상
③ 도섭지(발물놀이터) ④ 야외탁자

해설 ③ 발물놀이터인 도섭지는 수경시설물에 속한다.

11 파란색 조명에 빨간색 조명과 초록색 조명을 동시에 켰더니 하얀색으로 보였다. 이처럼 빛에 의한 색채의 혼합원리는?

① 가법혼색 ② 병치혼색
③ 회전혼색 ④ 감법혼색

해설 빛의 3원색 : 빛을 가하여 색을 혼합하면 원래의 색보다 명도가 증가하는 현상을 가산혼합 또는 가법혼색이라고 하는데 빨강, 초록, 파랑은 모두 혼합하면 흰색이 되고, 각기 혼합하면 많은 색을 얻을 수 있어 이 세 가지 색을 빛의 3원색이라고 한다.

정답 8 ① 9 ③ 10 ③ 11 ①

12 이집트 하(下)대의 상징식물로 여겨졌으며, 연못에 식재되었고, 식물의 꽃은 즐거움과 승리를 의미하며 신과 사자에게 바쳐졌었다. 이집트 건축의 주두(柱頭) 장식에도 사용되었던 이 식물은?

① 자스민
② 무화과
③ 파피루스
④ 아네모네

해설 파피루스 : 이집트 하(下)대의 상징식물로 주로 연못에 식재되었고, 식물의 꽃은 즐거움과 승리를 의미하여 신과 사자에게 바쳐졌으며, 이집트 건축의 주두(柱頭) 장식에도 사용되었다.
※ 이집트 상(上)대의 상징식물은 연꽃이다.

13 조경 분야의 기능별 대상 구분 중 위락 · 관광시설로 가장 적합한 것은?

① 오피스빌딩정원
② 어린이공원
③ 골프장
④ 군립공원

해설 ③ 위락 · 관광시설, ① 정원, ② · ④ 공원
※ 위락 · 관광시설 : 골프장, 야영장, 경마장, 스키장, 해수욕장, 낚시터, 관광농원, 유원지, 휴양지, 삼림욕장 등

14 벽돌로 만들어진 건축물에 태양광선이 비추어지는 부분과 그늘진 부분에서 나타나는 배색은?

① 톤 인 톤(Tone in tone) 배색
② 톤 온 톤(Tone on tone) 배색
③ 까마이외(camaïeu) 배색
④ 트리콜로르(Tricolore) 배색

해설 ② 톤 온 톤 : 동일한 색상의 톤을 조절하여 배치하는 방법으로, 그러데이션 배색이라고도 한다.
① 톤 인 톤 : 서로 다른 색상들을 동일한 톤으로 배치하는 방법을 말한다.
③ 까마이외 : 동일한 색상에 아주 미세한 톤의 차이를 주어 배치하는 방법을 말한다.
④ 트리콜로르 : 색상이나 톤이 명확하게 대조되는 3가지 색상을 바치는 방법으로, 프랑스 국기가 대표적이다.

15 골프장에서 티와 그린 사이의 공간으로 잔디를 짧게 깎는 지역은?

① 해저드
② 페어웨이
③ 홀 커터
④ 벙 커

해설 ② 페어웨이 : 티와 그린 사이에 짧게 깎은 잔디로 이루어진 구역
① 해저드 : 장애구역
③ 홀 커터 : 홀컵을 뚫는 기구
④ 벙커 : 해저드 중에 하나로, 모래가 가득 찬 요지(凹地)

16 골재의 함수상태에 관한 설명 중 틀린 것은?

① 골재를 110℃ 정도의 온도에서 24시간 이상 건조시킨 상태를 절대건조상태 또는 노건조상태(Oven Dry Condition)라 한다.
② 골재를 실내에 방치할 경우, 골재입자의 표면과 내부의 일부가 건조된 상태를 공기 중 건조상태라 한다.
③ 골재입자의 표면에 물은 없으나 내부의 공극에는 물이 꽉 차있는 상태를 표면건조포화상태라 한다.
④ 절대건조상태에서 표면건조상태가 될 때까지 흡수되는 수량을 표면수량(Surface Moisture)이라 한다.

해설 ④ 절대건조상태에서 표면건조상태가 될 때까지 흡수되는 수량은 흡수량이다.

골재의 함수상태
- 절건상태(Oven-dry Condition) : 105±5℃ 정도의 온도에서 24시간 이상 골재를 건조시켜 표면 및 골재 내부에 포함되어 있는 수분이 완전히 제거된 상태
- 기건상태(Air-dry Condition) : 골재를 공기 중에 오래 건조하여 골재 내 온습도와 대기의 온습도가 평형을 이룬 상태
- 표건상태(Saturated Surface-dry Condition) : 골재 내부는 포화상태이고, 골재 표면은 건조한 상태
- 습윤상태(Damp or Wet Condition) : 골재 내부는 이미 포화상태이고, 표면에도 수분이 드러난 상태

17 다음 중 가로수용으로 가장 적합한 수종은?

① 회화나무
② 돈나무
③ 호랑가시나무
④ 풀명자

해설 **가로수용 수목** : 벚나무, 은행나무, 느티나무, 가죽나무, 회화나무, 은단풍, 칠엽수, 메타세쿼이아, 플라타너스 등

18 진비중이 1.5, 전건비중이 0.54인 목재의 공극율은?

① 66%
② 64%
③ 62%
④ 60%

해설 공극률 = [1 - (전건비중/진비중)] × 100 = [1 - (0.54/1.5)] × 100 = 64%

19 나무의 높이나 나무 고유의 모양에 따른 분류가 아닌 것은?
① 교 목
② 활엽수
③ 상록수
④ 덩굴성 수목(만경목)

해설   식물의 형태로 본 분류
- 나무 고유의 모양 : 교목, 관목, 덩굴성 수목(만경목)
- 잎의 모양 : 침엽수, 활엽수
- 잎의 생태 : 상록수, 낙엽수

20 다음 중 산울타리 수종으로 적합하지 않은 것은?
① 편 백
② 무궁화
③ 단풍나무
④ 쥐똥나무

해설   ③ 단풍나무는 주로 경관장식용으로 쓰인다.
산울타리용 수목 : 측백나무, 화백, 편백, 사철나무, 개나리, 명자나무, 피라칸타, 무궁화, 회양목, 탱자나무, 꽝꽝나무, 향나무, 호랑가시나무, 쥐똥나무 등

21 다음 중 모감주나무(*Koelreuteria paniculata* Laxmann)에 대한 설명으로 맞는 것은?
① 뿌리는 천근성으로 내공해성이 약하다.
② 열매는 삭과로 3개의 황색 종자가 들어 있다.
③ 잎은 호생하고 기수1회 우상복엽이다.
④ 남부지역에서만 식재 가능하고 성상은 상록활엽교목이다.

해설   ① 모감주나무는 내한성과 내공해성이 강하고, 특히 내염성이 대단히 강해 바닷가의 방풍식재나 공원의 군락식재에 적합하다.
② 열매는 삭과로 3개의 흑색 종자가 들어 있다.
④ 모감주나무는 낙엽활엽소교목이다.

22 복수초(*Adonis amurensis* Regel & Radde)에 대한 설명으로 틀린 것은?
① 여러해살이풀이다.
② 꽃색은 황색이다.
③ 실생개체의 경우 1년 후 개화한다.
④ 우리나라에는 1속 1종이 난다.

해설   ③ 복수초 실생개체의 경우 파종하여 발아한 후 3년 이상 경과해야 개화할 수 있다.

정답   19 ③   20 ③   21 ③   22 ③

23 다음 중 지피(地被)용으로 사용하기 가장 적합한 식물은?

① 맥문동　　　　　　　② 등나무
③ 으름덩굴　　　　　　④ 멀 꿀

해설 **초본류 지피식물** : 맥문동, 비비추, 꽃잔디, 원추리, 클로버, 질경이 등

24 다음 중 열가소성 수지에 해당되는 것은?

① 페놀수지
② 멜라민수지
③ 폴리에틸렌수지
④ 요소수지

해설 **합성수지의 분류**
- 열가소성 수지 : 성형 후 열이나 용제를 가하면 소성변형하고, 냉각하면 고결하는 고체상의 고분자 물질로 구성된 수지
  〔예〕 폴리에틸렌수지, 폴리프로필렌수지, 폴리스타이렌수지, 폴리염화비닐수지, 아크릴수지, 불소수지, 폴리아미드수지(나일론, 아라미드), 폴리에스테르수지, 아세탈수지 등
- 열경화성 수지 : 성형 후 열이나 용제를 가해도 형태가 변하지 않는, 비교적 저분자 물질로 구성된 수지
  〔예〕 페놀수지, 멜라민수지, 불포화폴리에스테르수지, 에폭시수지, 우레아(요소)수지, 실리콘수지, 푸란수지 등

25 다음 중 약한 나무를 보호하기 위하여 줄기를 싸주거나 지표면을 덮어주는 데 사용되기에 가장 적합한 것은?

① 볏 짚　　　　　　　② 새끼줄
③ 밧 줄　　　　　　　④ 바크(Bark)

해설 **멀칭** : 식재면의 식물 건조를 막고, 밟히지 않게 하며, 지표면의 침식 방지나 잡초의 번식 억제를 위해 짚·수피조각·톱밥·마른 풀·주트(Jute)·플라스틱 필름 등을 까는 것

26 목질재료의 단점에 해당되는 것은?

① 함수율에 따라 변형이 잘 된다.
② 무게가 가벼워서 다루기 쉽다.
③ 재질이 부드럽고 촉감이 좋다.
④ 비중이 적은데 비해 압축, 인장강도가 높다.

해설 목질재료의 장단점

장 점	단 점
• 색깔 및 무늬 등 외관이 아름답다. • 재질이 부드럽고, 촉감이 좋다. • 무게가 가벼워서 운반하거나 다루기가 쉽다. • 중량에 비하여 강도가 크다. • 열, 소리, 전기 등의 전도성이 낮다. • 생산량이 많고, 가격이 비교적 저렴하며, 입수가 용이하다.	• 자연소재이므로 내화성이 없고, 부패하기 쉽다. • 함수량의 증감에 따라 팽창·수축하여 변형되기 쉽다. • 부위에 따라 재질이 고르지 못하다. • 구부러지고, 옹이가 있다. • 강도가 균일하지 못하고, 크기에 제한을 받는다.

27 다음 중 열매가 붉은색으로만 짝지어진 것은?

① 쥐똥나무, 팥배나무
② 주목, 칠엽수
③ 피라칸타, 낙상홍
④ 매실나무, 무화과나무

해설
① 쥐똥나무 열매 : 흑색
② 칠엽수 열매 : 황색
④ 매실나무 열매 : 녹색

28 다음 중 지피식물의 특성에 해당되지 않는 것은?

① 지표면을 치밀하게 피복해야 함
② 키가 높고, 일년생이며 거칠어야 함
③ 환경조건에 대한 적응성이 넓어야 함
④ 번식력이 왕성하고 생장이 비교적 빨라야 함

해설 지피식물의 조건
• 지표면을 치밀하게 피복하고, 부드러워야 한다.
• 식물체의 키가 낮고, 다년생이어야 한다.
• 번식력이 왕성하고, 생장이 비교적 빨라야 한다.
• 성질이 강하고, 환경조건에 적응을 잘해야 한다.
• 병해충에 대한 저항성과 내답압성을 갖추어야 한다.
• 식물적 특성을 고루 갖추고, 관리가 용이해야 한다.

정답 26 ① 27 ③ 28 ②

29 다음 [보기]의 설명에 해당하는 수종은?

> **보기**
> - "설송(雪松)"이라 불리기도 한다.
> - 천근성 수종으로 바람에 약하며, 수관폭이 넓고 속성수로 크게 자라기 때문에 적지 선정이 중요하다.
> - 줄기는 아래로 처지며, 수피는 회갈색으로 얇게 갈라져 벗겨진다.
> - 잎은 짧은 가지에 30개가 총생, 3~4cm로 끝이 뾰족하며, 바늘처럼 찌른다.

① 잣나무 ② 솔송나무
③ 개잎갈나무 ④ 구상나무

해설 개잎갈나무 : 히말라야시다・히말라야삼나무・설송(雪松)이라고도 하며, 높이는 30~50m, 지름은 약 3m 정도이다. 잎갈나무와 비슷하게 생겼으나 상록성이므로 개잎갈나무라고 부르는데, 가지가 수평으로 퍼지고 작은 가지에 털이 나며 밑으로 처진다. 잎은 짙은 녹색이고 끝이 뾰족하며 단면은 삼각형으로, 짧은 가지에 돌려난 것처럼 보이고 길이는 3~4cm 정도이다. 히말라야산맥 원산으로, 주로 관상용・공원수・가로수로 심으며 건축재・가구재로도 쓰인다.

30 다음 중 목재 접착 시 압착의 방법이 아닌 것은?

① 도포법 ② 냉압법
③ 열압법 ④ 냉압 후 열압법

해설 ① 도포법은 목재의 방부제 처리방법 중 하나로, 건조재의 표면에 방부제를 바르거나 뿌려서 목재부후균의 침입을 방지하는 가장 간단한 처리방법이지만 효과는 상당히 크다.

31 목재가 함유하는 수분을 존재상태에 따라 구분한 것 중 맞는 것은?

① 모관수 및 흡착수 ② 결합수 및 화학수
③ 결합수 및 응집수 ④ 결합수 및 자유수

해설 ④ 목재가 함유하는 수분은 세포벽 사이를 자유롭게 돌아다니는 자유수와 세포벽 안에 갇혀 있는 결합수로 구분한다.

32 다음 설명의 괄호 안에 가장 적합한 것은?

> 조경공사표준시방서의 기준 상 수목은 수관부 가지의 약 (   ) 이상이 고사하는 경우에 고사목으로 판정하고 지피・초본류는 해당 공사의 목적에 부합되는가를 기준으로 감독자의 육안검사 결과에 따라 고사여부를 판정한다.

① $\frac{1}{2}$ ② $\frac{1}{3}$
③ $\frac{2}{3}$ ④ $\frac{3}{4}$

33 벤치 좌면의 재료 가운데 이용자가 4계절 가장 편하게 사용할 수 있는 재료는?

① 플라스틱　　② 목 재
③ 석 재　　④ 철 재

해설　② 플라스틱 벤치는 깨지기 쉽고 보수가 불가능하며, 석재나 철재 벤치는 계절에 따른 온도 변화가 심하기 때문에 사계절 편하게 사용하기에는 목재가 적합하다.

34 다음 중 한지형(寒地形) 잔디에 속하지 않는 것은?

① 벤트그래스　　② 버뮤다그래스
③ 라이그래스　　④ 켄터키블루그래스

해설　한지형 잔디 : 벤트그래스, 켄터키블루그래스, 이탈리안라이그래스 등
※ 난지형 잔디 : 한국잔디(들잔디, 금잔디, 갯잔디, 빌로드잔디), 버뮤다그래스 등

35 다음 중 화성암에 해당하는 것은?

① 화강암　　② 응회암
③ 편마암　　④ 대리석

해설　화성암 : 지구 내부에서 생성된 규산염의 용융체인 마그마가 지표면이나 땅속 깊은 곳에서 냉각하여 굳어진 암석으로, 대체로 큰 덩어리이며 대형 석재 채취에 적당하다. 화성암에 속하는 암석으로는 화강암, 안산암, 현무암, 섬록암 등이 있다.

36 다음 중 시설물의 사용연수로 가장 부적합한 것은?

① 철재 시소 : 10년
② 목재 벤치 : 7년
③ 철재 퍼걸러 : 40년
④ 원로의 모래자갈 포장 : 10년

해설　③ 철재 퍼걸러 : 20년

정답　33 ②　34 ②　35 ①　36 ③

37 다음 중 금속재의 부식환경에 대한 설명이 아닌 것은?

① 온도가 높을수록 녹의 양은 증가한다.
② 습도가 높을수록 부식속도가 빨리 진행된다.
③ 도장이나 수선시기는 여름보다 겨울이 좋다.
④ 내륙이나 전원지역보다 자외선이 많은 일반 도심지가 부식속도가 느리게 진행된다.

해설 ④ 자외선은 유기도막의 열화를 일으키므로 금속재의 부식속도를 증가시킨다.

38 다음 중 같은 밀도(密度)에서 토양공극의 크기(Size)가 가장 큰 것은?

① 식 토
② 사 토
③ 점 토
④ 식양토

해설 ② 토양공극이란 토양입자 사이의 틈을 말하며, 토양입자의 크기가 크고 고를수록 커지므로 모래 함량이 많은 사토의 토양공극이 가장 크다.
※ 토양공극의 크기는 모래의 함량이 많을수록 증가하지만, 총공극량은 점토의 함량이 많을수록 증가한다.

39 다음 중 경사도에 관한 설명으로 틀린 것은?

① 45° 경사는 1 : 1이다.
② 25% 경사는 1 : 4이다.
③ 1 : 2는 수평거리 1, 수직거리 2를 나타낸다.
④ 경사면은 토양의 안식각을 고려하여 안전한 경사면을 조성한다.

해설 경사도의 표현
- 할 : (수직높이 ÷ 수평거리) × 10
- 백분율(%) : (수직높이 ÷ 수평거리) × 100
- 각도(°) : $\tan^{-1}$(수직높이 ÷ 수평거리)
- 비례식 : 수직높이 : 수평거리

40 표준시방서의 기재사항으로 맞는 것은?

① 공사량
② 입찰방법
③ 계약절차
④ 사용재료 종류

해설 시방서 : 공사의 진행순서를 적은 문서이자 설계도면으로 표현할 수 없는 세부사항을 명시한 것으로, 설계도면과 함께 공사시행의 기초가 되며, 일반적으로 다음의 내용을 포함한다.
- 공사의 순서 및 개요
- 시공조건
- 재료의 종류·규격 및 품질
- 시공방법의 정도 및 완성도
- 시공에 필요한 각종 설비
- 재료 및 시공에 대한 검사
- 시공 시 주의사항

※ 단위공사의 공사량, 입찰방법 및 입찰금액, 경제성 등은 기재하지 않는다.

41 다음과 같은 피해 특징을 보이는 대기오염물질은?

- 침엽수는 물에 젖은 듯한 모양, 적갈색으로 변색
- 활엽수 잎의 끝부분과 엽맥 사이의 조직 괴사, 물에 젖은 듯한 모양(엽육조직 피해)

① 오 존
② 아황산가스
③ PAN
④ 중금속

해설 대기오염물질에 의한 수목의 병징

오염물질	활엽수	침엽수
아황산가스(SO_2)	• 잎의 끝부분과 엽맥 사이의 조직이 괴사함 • 물에 젖은 듯한 모양	• 물에 젖은 듯한 모양 • 적갈색으로 변색됨
질소산화물(NO_x)	• 초기에 흩어진 회녹색 반점이 형성됨 • 잎의 가장자리가 고사함 • 엽맥 사이의 조직이 괴사함	• 초기에 잎 끝이 자홍색·적갈색으로 변색되어 잎의 기부까지 확대됨 • 고사 부위와 건강 부위의 경계선이 뚜렷함
오존(O_3)	• 잎 표면에 주근깨 같은 반점이 형성됨 • 책상조직이 먼저 붕괴됨 • 반점이 합쳐져서 표면이 백색화	• 잎 끝이 고사함 • 황화현상의 반점이 형성됨
PAN(Peroxyacetyl Nitrate)	• 잎 뒷면에 광택이 나면서 후에 청동색으로 변색됨 • 고농도에서는 잎 표면도 피해를 입음	잘 알려져 있지 않음
플루오르(F)	• 초기에 잎 끝이 황색으로 변색되어 가장자리로 확대됨 • 황화조직의 고사	• 잎 끝이 고사함 • 고사 부위와 건강 부위의 경계선이 뚜렷함
중금속	• 잎 끝과 가장자리가 고사함 • 조기낙엽과 잎의 왜성화가 나타남 • 유엽에서 먼저 발병	• 잎의 신장을 억제함 • 유엽 끝에 황화현상이 나타남 • 잎의 기부까지 고사가 확대됨

42 표준품셈에서 수목을 인력시공 식재 후 지주목을 세우지 않을 경우 인력품의 몇 %를 감하는가?

① 5%   ② 10%
③ 15%   ④ 20%

해설 ② 지주목을 세우지 않을 때는 인력시공 시 인력품의 10%, 기계시공 시 인력품의 20%의 요율을 감한다.

43 다음 중 멀칭의 기대효과가 아닌 것은?

① 표토의 유실을 방지   ② 토양의 입단화를 촉진
③ 잡초의 발생을 최소화   ④ 유익한 토양미생물의 생장을 억제

해설 멀칭의 효과
- 멀칭은 잡초의 발생을 최소화하고, 토양으로부터의 수분 증발을 감소시키며, 토양의 공극률을 높인다.
- 토양의 비옥도를 높이고, 미생물의 생장을 촉진시켜 산성화된 토양을 중성화시키며, 겨울철 수목의 동결을 방지한다.

44 다음 중 등고선의 성질에 대한 설명으로 맞는 것은?

① 지표의 경사가 급할수록 등고선 간격이 넓어진다.
② 같은 등고선 위의 모든 점은 높이가 서로 다르다.
③ 등고선은 지표의 최대 경사선의 방향과 직교하지 않는다.
④ 높이가 다른 두 등고선은 동굴이나 절벽의 지형이 아닌 곳에서는 교차하지 않는다.

해설 등고선의 성질
- 등고선상의 모든 점은 같은 높이이다.
- 등고선은 도면 안팎에서 반드시 만나며, 사라지지 않는다.
- 등고선이 도면 안에서 만나는 지점은 산꼭대기나 요지(凹地)이다.
- 높이가 다른 등고선은 절벽이나 동굴을 제외하고는 교차하거나 만나지 않는다.
- 급경사지는 간격이 좁고, 완경사지는 간격이 넓다.
- 경사가 같으면 간격도 같다.

45 습기가 많은 물가나 습원에서 생육하는 식물을 수생식물이라 하는데 다음 중 이에 해당하지 않는 것은?

① 부처손, 구절초   ② 갈대, 물억새
③ 부들, 생이가래   ④ 고랭이, 미나리

해설
- 부처손 : 건조한 바위면에서 자라는데, 담근체(擔根體)와 뿌리가 엉켜 줄기처럼 만들어진 끝에서 가지가 사방으로 퍼져 높이 20cm 정도 자란다.
- 구절초 : 높은 지대의 능선 부위에서 군락을 형성하여 자라며, 들에서도 흔히 볼 수 있다. 배수가 잘 되는 곳에서 잘 자라며, 충분한 광선을 요하지만 열악한 환경에도 잘 적응하며, 건조에는 다소 강한 편이고 과습하면 피해를 볼 수 있다.

46 인공지반에 식재된 식물과 생육에 필요한 식재최소토심으로 가장 적합한 것은?(단, 배수구배는 1.5~2.0%, 인공토양 사용 시로 한다)

① 잔디, 초본류 : 15cm
② 소관목 : 20cm
③ 대관목 : 45cm
④ 심근성 교목 : 90cm

해설 식물 생육에 필요한 최소 토양깊이

식물의 종류	생존토심(cm)			생육토심(cm)		배수층의 두께
	인공토	자연토	혼합토 (인공토 50% 기준)	토양 등급 중급 이상	토양 등급 상급 이상	
잔디·초화류	10	15	13	30	25	10
소관목	20	30	25	45	40	15
대관목	30	45	38	60	50	20
천근성 교목	40	60	50	90	70	30
심근성 교목	60	90	75	150	100	30

47 가로 2m × 세로 50m의 공간에 H0.4 × W0.5 규격의 영산홍으로 생울타리를 만들려고 하면, 사용되는 수목의 수량은 약 얼마인가?

① 50주
② 100주
③ 200주
④ 400주

해설 식재면적이 100m²이고, 한 주의 식재면적은 수관폭(W)을 기준으로 0.5m × 0.5m = 0.25m²/주이므로 100m² 식재 시 필요 주수는 100m² ÷ 0.25m²/주 = 400주이다.

48 식물병에 대한 「코흐의 원칙」의 설명으로 틀린 것은?

① 병든 생물체에 병원체로 의심되는 특정 미생물이 존재해야 한다.
② 그 미생물은 기주생물로부터 분리되고 배지에서 순수배양 되어야 한다.
③ 순수배양한 미생물을 동일 기주에 접종하였을 때 동일한 병이 발생되어야 한다.
④ 병든 생물체로부터 접종할 때 사용하였던 미생물과 동일한 특성의 미생물이 재분리 되지만 배양은 되지 않아야 한다.

해설 코흐의 원칙
어떤 미생물이 병원임을 증명하기 위해서는 다음의 조건을 충족해야 한다.
• 미생물이 언제나 병환부에 존재하여야 한다.
• 미생물은 분리되어 배지 위에서 순수배양되어야 한다.
• 순수배양한 미생물을 접종하여 동일한 병이 발생되어야 한다.
• 발병된 피해부에서 접종에 사용한 미생물과 동일한 성질을 가진 미생물이 재분리되어야 한다.

정답 46 ② 47 ④ 48 ④

49 다음 중 철쭉류와 같은 화관목의 전정시기로 가장 적합한 것은?

① 개화 1주 전
② 개화 2주 전
③ 개화가 끝난 직후
④ 휴면기

해설 ③ 진달래, 목련, 철쭉 등의 화목류는 개화가 끝나고 꽃이 진 후 바로 전정하되, 화아분화시기와 분화 후 꽃 피는 습성에 따라 전정시기를 달리한다.

50 미국흰불나방에 대한 설명으로 틀린 것은?

① 성충으로 월동한다.
② 1화기보다 2화기에 피해가 더 심하다.
③ 성충의 활동시기에 피해지역 또는 그 주변에 유아등이나 흡입포충기를 설치하여 유인 포살한다.
④ 알 기간에 알덩어리가 붙어 있는 잎을 채취하여 소각하며, 잎을 가해하고 있는 군서유충을 소살한다.

해설 ① 연 2회 발생하고 수피 사이, 판자 틈, 지피물 밑, 잡초의 뿌리 근처 등에 고치를 만들어 그 속에서 번데기로 월동하며, 1화기 성충이 5월 중순~6월 상순에 나타나 600~700개의 알을 잎 뒷면에 무더기로 낳는다.

51 다음 중 제초제 사용의 주의사항으로 틀린 것은?

① 비나 눈이 올 때는 사용하지 않는다.
② 될 수 있는 대로 다른 농약과 섞어서 사용한다.
③ 적용 대상에 표시되지 않은 식물에는 사용하지 않는다.
④ 살포할 때는 보안경과 마스크를 착용하며, 피부가 노출되지 않도록 한다.

해설 **농약의 안전사용**
- 식물별로 적용 병해충에 적합한 농약을 선택하여 사용농도, 사용횟수 등을 안전사용기준에 따라 살포한다.
- 기관, 호스 등 농약 살포장비는 사용 전에 점검하여 분출구의 이상 여부 등을 확인한다.
- 농약을 살포할 때는 주변 인가에 알려 가축이나 물고기, 양봉 등에 피해가 없도록 한다.
- 제초제를 살포할 때는 약이 날려 다른 농작물에 묻지 않도록 노즐을 낮추어 살포한다.
- 살포작업은 비가 오지 않고 바람이 불지 않는 맑은 날, 한 낮의 뜨거운 때를 피해 아침이나 저녁 등 서늘하고 바람이 적을 때 실시한다.
- 농약은 바람을 등지고 살포하며, 피부가 노출되지 않도록 마스크와 보호용 옷을 착용한다.
- 피로하거나 몸의 상태가 나쁠 때는 작업을 하지 않으며, 혼자서 3시간 이상 장시간의 작업은 피하도록 한다.
- 작업 중에 음식 먹는 일을 삼가고, 작업이 끝나면 노출 부위를 비누로 씻고 옷을 갈아입는다.
- 살포 후에 살포장비를 물로 깨끗이 씻어 보관하고, 사용한 빈 병은 일정한 장소에 모아 처리한다.
- 쓰고 남은 농약은 표시를 해 두어 혼동하지 않도록 하고, 서늘하고 어두운 곳에 농약전용 보관상자를 만들어 보관한다.
- 농약 중독증상이 느껴지면 즉시 의사의 진찰을 받는다.

52 다음 중 시멘트와 그 특성이 바르게 연결된 것은?

① 조강 포틀랜드 시멘트 : 조기강도를 요하는 긴급공사에 적합하다.
② 백색 포틀랜드 시멘트 : 시멘트 생산량의 90% 이상을 선점하고 있다.
③ 고로슬래그 시멘트 : 건조수축이 크며, 보통시멘트보다 수밀성이 우수하다.
④ 실리카 시멘트 : 화학적 저항성이 크고 발열량이 적다.

해설
① 조강(早强) 포틀랜드 시멘트 : 보통 포틀랜드 시멘트 원료와 거의 같으나 급경성(急硬性)을 갖게 한 고급 시멘트로서 단기에 높은 강도를 내고, 수밀성이 좋으며, 저온에서도 강도발현이 우수해 겨울철, 수중, 해중 공사 등에 적합하다. 수화열의 축적으로 콘크리트에 균열이 가기 쉬운 것이 단점이다.
② 백색 포틀랜드 시멘트 : 산화철(Fe_2O_3)의 함량(0.3%)이 보통 시멘트(3.0%)보다 적어 건축물 도장, 타일 및 인조대리석 가공, 조각품이나 표식 등에 주로 쓰인다.
③ 고로(高爐)슬래그 시멘트 : 보통 포틀랜드 시멘트에 비하여 분말도가 높고 응결 및 강도발현이 약간 느리지만, 화학적 저항성이 크고 발열량이 적어 해수나 기름의 작용을 받는 구조물이나 공장폐수·오수의 배수로 구축 등에 쓰인다.
④ 실리카(Silica) 시멘트 : 동결융해작용에 대한 저항성은 작지만 화학적 저항성은 커서 해수나 공장폐수, 하수 등을 취급하는 구조물이나 광산과 같은 특수목적 구조물에 사용된다.

53 일반적인 토양의 표토에 대한 설명으로 가장 부적합한 것은?

① 우수(雨水)의 배수능력이 없다.
② 토양오염의 정화가 진행된다.
③ 토양미생물이나 식물의 뿌리 등이 활발히 활동하고 있다.
④ 오랜 기간의 자연작용에 따라 만들어진 중요한 자산이다.

해설
① 토양의 표토는 우수의 배수능력이 있어, 표토관리 중 하나인 청경법으로 제초제 사용 시 약제 살포 후 2시간 이내에 비가 내리면 약제가 빗물과 함께 배수되어 약효가 떨어진다.

54 잔디재배 관리방법 중 칼로 토양을 베어 주는 작업으로, 잔디의 포복경 및 지하경도 잘라 주는 효과가 있으며 레노베이어, 론에어 등의 장비가 사용되는 작업은?

① 스파이킹
② 롤링
③ 버티컬 모잉
④ 슬라이싱

해설 슬라이싱 : 칼로 토양을 베어 주는 작업으로 잔디의 포복경과 지하경을 잘라 주는 효과가 있으며, 통기작업과 유사하나 그 정도가 약하여 피해가 적다.

정답 52 ① 53 ① 54 ④

55 벽돌(190×90×57)을 이용하여 경계부의 담장을 쌓으려고 한다. 시공면적 10m²에 1.5B(한장 반) 두께로 시공할 때 약 몇 장의 벽돌이 필요한가?(단, 줄눈은 10mm이고, 할증률은 무시한다)

① 약 750장
② 약 1,490장
③ 약 2,240장
④ 약 2,980장

[해설] 1m²당 벽돌의 소요매수

구 분	0.5B	1.0B	1.5B	2.0B
기존형(210×100×60)	65매	130매	195매	260매
표준형(190×90×57)	75매	149매	224매	298매

∴ 10m²에 1.5B 두께로 시공할 때 벽돌의 필요 수량 = 224 × 10 = 2,240장

56 평판측량의 3요소가 아닌 것은?

① 수평 맞추기[정준]
② 중심 맞추기[구심]
③ 방향 맞추기[표정]
④ 수직 맞추기[수준]

[해설] 평판측량의 3대 요소
- 정준(정치) : 평판을 수평으로 맞추는 작업
- 구심(치심) : 지상의 측점과 도상의 측점을 일치시키는 작업
- 표정(정위) : 평판을 일정한 방향으로 고정시키는 작업으로, 평판측량의 오차에 가장 큰 영향을 미친다.

57 페니트로티온 45% 유제 원액 100cc를 0.05%로 희석 살포액을 만들려고 할 때 필요한 물의 양은 얼마인가?(단, 유제의 비중은 1.0이다)

① 69,900cc
② 79,900cc
③ 89,900cc
④ 99,900cc

[해설] 살포액의 희석

필요 수량 = 원액 약량 × $\left(\dfrac{원액\ 농도}{희석\ 농도} - 1\right)$ × 원액 비중 = 100cc × $\left(\dfrac{45\%}{0.05\%} - 1\right)$ × 1.0 = 89,900cc

58 대추나무에 발생하는 전신병으로 마름무늬매미충에 의해 전염되는 병은?

① 갈반병
② 잎마름병
③ 혹 병
④ 빗자루병

해설 빗자루병
- 벚나무, 오동나무, 대추나무 등에 감염된다.
- 가지의 일부에 잔가지가 많이 생겨 빗자루 모양으로 변형된다.
- 7~9월에 파라티온수화제, 메타유제 1,000배액을 2주 간격으로 살포한다.
※ 곤충에 의한 전반 : 참나무 시들음병(광릉긴나무좀), 오동나무 빗자루병(담배장님노린재), 대추나무 빗자루병·뽕나무 오갈병(마름무늬매미충)

59 다음 복합비료 중 주성분 함량이 가장 많은 비료는?

① 21 - 21 - 17
② 11 - 21 - 11
③ 18 - 18 - 18
④ 0 - 40 - 10

해설 ③ 질소 21%, 인 21%, 칼륨 17%
※ 복합비료의 성분은 질소-인-칼륨 순으로 표시한다.

60 해충의 방제방법 중 기계적 방제방법에 해당하지 않는 것은?

① 경운법
② 유살법
③ 소살법
④ 방사선이용법

해설 ①·②·③ 기계적 방제법, ④ 물리적 방제법
기계적 방제법
- 포살법 : 해충을 손이나 도구를 이용하여 잡아 죽이는 방법
- 유살법 : 유아등이나 미끼 등으로 해충을 유인하여 잡아 죽이는 방법
- 소살법 : 해충 군서 시 경유 등을 사용하여 불로 태워 죽이는 방법
- 진동법 : 손이나 막대기 등으로 나무를 흔들어 떨어진 곤충을 잡아 죽이는 방법으로, 살충제가 들어 있는 수집용기에 채집하거나 손으로 직접 제거한다.
- 경운법 : 땅을 갈아엎어 땅속에 숨은 해충의 유충이나 애벌레, 성충 등을 표층으로 노출시켜 서식환경을 파괴하는 방법

정답 58 ④ 59 ① 60 ④

2015년 제5회 과년도 기출문제

01 다음 [보기]에서 설명하는 것은?

> [보기]
> - 유사한 것들이 반복되면서 자연적인 순서와 질서를 갖게 되는 것
> - 특정한 형이 점차 커지거나 반대로 서서히 작아지는 형식이 되는 것

① 점이(漸移) ② 운율(韻律)
③ 추이(推移) ④ 비례(比例)

해설 ② 운율(韻律) : 각 요소들이 강약·장단·고저의 주기성이나 규칙성을 가지면서 전체적으로 연속적인 운동감을 가지는 것을 의미한다.
③ 추이(推移) : 일이나 형편이 시간의 경과에 따라 변하여 나가거나 그런 경향을 의미한다.
④ 비례(比例) : 표현된 물상의 각 부분 상호 간 또는 전체와 부분 간이 양적으로 일정한 관계가 되거나 그런 관계를 의미한다.

02 다음 중 전라남도 담양지역의 정자원림이 아닌 것은?

① 소쇄원 원림 ② 명옥헌 원림
③ 식영정 원림 ④ 임대정 원림

해설 임대정 원림 : 철종 때 병조참판을 지낸 사애 민주현 선생이 1862년 전라남도 화순에 임대정이라는 정자를 짓고 그 주위에 조성한 숲을 가리키며, 임대정이란 이름은 봉정산에서 흘러내리는 물이 사평천과 합쳐지는 곳에 정자가 위치하였다 하여 '물가에서 산을 대한다'는 중국 송나라 주돈이의 시구를 딴 것이다.

03 화단 50m의 길이에 1열로 생울타리(H 1.2 × W 0.4)를 만들려면 해당 규격의 수목이 최소한 얼마가 필요한가?

① 42주 ② 125주
③ 200주 ④ 600주

해설 식재길이가 50m이고 한 주의 식재길이, 즉 수관폭(W)은 0.4m/주이므로 50m 식재 시 필요 주수는 50m ÷ 0.4m/주 = 125주이다.

정답 1 ① 2 ④ 3 ②

04 다음 제시된 색 중 같은 면적에 적용했을 경우 가장 좁아 보이는 색은?

① 옅은 하늘색
② 선명한 분홍색
③ 밝은 노란 회색
④ 진한 파랑

해설 면적대비 : 면적이 크고 작음에 따라 색이 다르게 보이는 현상
- 면적이 커지면 명도와 채도가 높아진 것처럼 느껴져 색은 밝고 선명해 보이지만, 반대로 면적이 작아지면 색은 어둡고 탁해 보인다.
- 작은 견본으로는 정확한 색상 선택이 어려우므로 벽면과 같이 큰 면적의 색을 고를 때는 원하는 색상보다 약간 어둡고 탁한 색을 고르는 것이 좋다.

05 도면의 작도방법으로 옳지 않은 것은?

① 도면은 될 수 있는 한 간단히 하고, 중복을 피한다.
② 도면은 그 길이방향을 위아래방향으로 놓은 위치를 정위치로 한다.
③ 사용 척도는 대상물의 크기, 도형의 복잡성 등을 고려, 그림이 명료성을 갖도록 선정한다.
④ 표제란을 보는 방향은 통상적으로 도면의 방향과 일치하도록 하는 것이 좋다.

해설 ② 도면은 그 길이방향을 좌우방향에 놓는 위치를 정위치로 한다.

06 중국 조경의 시대별 연결이 옳은 것은?

① 명 – 이화원(頤和園)
② 전 – 화림원(華林園)
③ 송 – 만세산(萬歲山)
④ 명 – 태액지(太液池)

해설 ① 청 : 이화원(頤和園)
② 삼국시대 : 화림원(華林園)
④ 한 : 태액지(太液池)

정답 4 ④ 5 ② 6 ③

07 다음 중 배치도에 표시하지 않아도 되는 사항은?

① 축 척
② 건물의 위치
③ 대지경계선
④ 수목줄기의 형태

해설 배치도의 표시
- 도면 상부가 북측이 되도록 하며, 진북방향, 축척, 도면명 등을 정확히 표기한다.
- 건축선 및 기타 법령에 의한 후퇴선, 공개공지 등을 표시하고, 건물의 저촉 여부를 확인한다.
- 지하층, 저층부, 고층부, 옥탑부를 서로 다른 해치(Hatch)를 이용하여 구분·표현하고, 상부의 줄눈이나 냉각탑 등은 표현하지 않는다.
- 건물의 외곽선은 굵은 실선, 도로경계선 및 인접대지경계선은 이점쇄선, 지하외벽선은 점선으로 표현한다.
- 도로의 위치와 폭, 대지경계선, 기준선의 높이(레벨), 위치(좌표), 기준점 등을 정확히 표시한다.

08 다음 중 식별성이 높은 지형이나 시설을 지칭하는 것은?

① 비스타(Vista)
② 캐스케이드(Cascade)
③ 랜드마크(Landmark)
④ 슈퍼그래픽(Super Graphic)

해설
① 비스타 : 통경선이라고도 하며, 좌우로의 시선을 제한하여 전방의 일정 지점으로 시선을 집중시키는 경관이다.
② 캐스케이드 : 고저차가 있는 지형에서 단을 지어 흐르는 인공적인 계단폭포 혹은 고저 양면에 있는 정원이나 샘을 상호 연결하는 일종의 수로이다.
④ 슈퍼그래픽 : 1960년대 이후 나타난 환경디자인의 한 유형으로, 대형 건물에 새로운 미적 감각을 부여하기 위해 건물의 벽체 전체를 하나의 디자인공간으로 변화시켜 장식한다. 일반적으로 아파트, 공장, 학교 등의 외벽을 장식해 도시경관을 증진시킨다.

09 다음 [보기]의 설명은 어느 시대의 정원에 관한 것인가?

| 보기 |
- 석가산과 원정, 화원 등이 특징이다.
- 대표적 유적으로 동지(東池), 만월대, 수창궁원, 청평사 문수원 정원 등이 있다.
- 휴식과 조망을 위한 정자를 설치하기 시작하였다.
- 송나라의 영향으로 화려한 관상위주의 이국적 정원을 만들었다.

① 조 선
② 백 제
③ 고 려
④ 통일신라

10 이탈리아의 바로크 정원양식의 특징이라 볼 수 없는 것은?

① 미원(Maze)
② 토피어리
③ 다양한 물의 기교
④ 타일포장

해설 바로크 양식의 특징
- 정원의 크기를 강조하고, 식물을 대량으로 사용하였다.
- 대규모의 토피어리, 미원, 총림 등을 조성하였다.
- 비밀분천, 경악분천, 물 극장, 물 풍금 등의 다양한 수경시설을 도입하였다.
- 기념적인 조각물들을 군집시켜 물로 둘러쌌다.
- 다양한 색채를 대량으로 사용하였다.

11 해가 지면서 주위가 어둑해질 무렵 낮에 화사하게 보이던 빨간 꽃이 거무스름해져 보이고, 청록색 물체가 밝게 보인다. 이러한 원리를 무엇이라고 하는가?

① 명순응
② 면적효과
③ 색의 항상성
④ 푸르키니에 현상

해설 푸르킨예 현상
- 밝기의 변화에 따라 물체색의 명도가 변해 보이는 현상이다.
- 밝은 곳에서 빨갛게 보이는 물체는 어두운 곳에서 검게 보이고, 밝은 곳에서 파랗게 보이는 물체는 어두운 곳에서 밝은 회색으로 보인다.
- 밝기가 변화하여 어두워지면 파장이 긴 빨간색이 제일 먼저 보이지 않고, 파장이 짧은 파란색은 마지막까지 보이며, 밝아지면 반대로 파란 색이 제일 먼저 보인다.

12 다음 중 어린이들의 물놀이를 위해서 만든 얕은 물 놀이터는?

① 도섭지
② 포석지
③ 폭포지
④ 천수지

해설 도섭지 : 발물놀이터라고도 하며, 여름철 어린이들의 물놀이를 위해 만든 얕은 연못이나 수로 형태의 수경시설물이다.

13 먼셀 표색계의 색채 표기법으로 옳은 것은?

① 2040-Y70R
② 5R 4/14
③ 2:R-4.5-9s
④ 22lc

해설 먼셀 표색계의 색채 표기법 : 먼셀은 색상을 휴(Hue), 명도를 밸류(Value), 채도를 크로마(Chroma)라고 규정하고, 각각의 머리글자를 따 H, V, C로 표시하였으며, 'HV/C'로 표기하였다. 예를 들어 빨강은 '5R 4/14'로 표기되는데 5는 기본색의 대표숫자, R은 색상, 4는 명도, 14는 채도를 의미하며 표기를 읽을 때는 '5R 4의 14'로 읽는다.

정답 10 ④ 11 ④ 12 ① 13 ②

14 조선시대 창덕궁의 후원(비원, 秘苑)을 가리키던 용어로 가장 거리가 먼 것은?

① 북원(北苑)
② 후원(後園)
③ 금원(禁苑)
④ 유원(留園)

해설 창덕궁 후원의 명칭 변화
후원(後園, 태종실록) → 후원(後苑, 세종실록, 동국여지승람, 애연정기) → 북원(北苑, 세종실록) → 금원(禁苑, 영조실록) → 비원(秘苑, 순종실록)

15 서양의 대표적인 조경양식이 바르게 연결된 것은?

① 이탈리아 – 평면기하학식
② 영국 – 자연풍경식
③ 프랑스 – 노단건축식
④ 독일 – 중정식

해설 ① 이탈리아 : 노단건축식
③ 프랑스 : 평면기하학식
④ 독일 : 자연풍경식

16 방사(防砂), 방진(防塵)용 수목의 대표적인 특징 설명으로 가장 적합한 것은?

① 잎이 두껍고 함수량이 많으며 넓은 잎을 가진 치밀한 상록수여야 한다.
② 지엽이 밀생한 상록수이며 맹아력이 강하고 관리가 용이한 수목이어야 한다.
③ 사람의 머리가 닿지 않을 정도의 지하고를 유지하고 겨울에는 낙엽이 되는 수목이어야 한다.
④ 빠른 생장력과 뿌리뻗음이 깊고, 지상부가 무성하면서 지엽이 바람에 상하지 않는 수목이어야 한다.

해설 방사(防砂)·방진(防塵)용 수목의 조건
• 생장이 빠른 수목이어야 한다.
• 발근력이 왕성하여야 한다.
• 뿌리뻗음이 깊고 넓게 퍼져야 한다.
• 지상부가 무성하여야 한다.
• 가지와 잎이 바람에 상하지 않아야 한다.
※ 방사·방진용 수목 : 눈향나무, 사철나무, 쥐똥나무, 동백나무, 보리장나무, 찔레나무, 해당화, 오리나무, 굴거리나무, 족제비싸리, 싸리나무류 등

14 ④ 15 ② 16 ④

17 다음 그림과 같은 형태를 보이는 수목은?

① 일본목련
② 복자기
③ 팔손이
④ 물푸레나무

해설 복자기 : 높이 20m 내외로 자라며, 수피는 회백색 또는 회갈색으로 세로로 얇게 벗겨져 너덜너덜해진다. 마주달리는 잎은 3출엽이고, 측면부의 작은 잎은 넓은 피침형으로 가장자리 끝부분에 2~4개의 큰 톱니가 있다. 가운데 끝의 작은 잎은 표면과 가장자리에 털이 있고 뒷면에 뚜렷한 엽맥이 있다.

18 목재의 역학적 성질에 대한 설명으로 틀린 것은?

① 옹이로 인하여 인장강도는 감소한다.
② 비중이 증가하면 탄성은 감소한다.
③ 섬유포화점 이하에서는 함수율이 감소하면 강도가 증대된다.
④ 일반적으로 응력의 방향이 섬유방향에 평행한 경우 강도(전단강도 제외)가 최대가 된다.

해설 목재의 비중과 강도의 관계 : 비중이 증가할수록 외력에 대한 저항이 증대되므로 목재의 강도는 비중에 대해 직선적, 포물선적 또는 지수적으로 증가하며, 비중과 각종 응력한도 또는 탄성각의 사이에는 밀접한 관계가 있으므로 일반적으로 목재의 비중이 클수록 탄성계수 또한 커진다.

19 다음 그림은 어떤 돌쌓기방법인가?

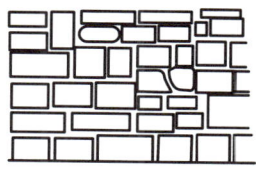

① 층지어쌓기
② 허튼층쌓기
③ 귀갑무늬쌓기
④ 마름돌 바른층쌓기

해설 허튼층쌓기 : 불규칙한 돌을 사용하여 가로 줄눈과 세로 줄눈이 일정하지 않게 흐르도록 쌓는 돌쌓기방법

정답 17 ② 18 ② 19 ②

20 그림은 벽돌을 토막 또는 잘라서 시공에 사용할 때 벽돌의 형상이다. 다음 중 반토막 벽돌에 해당하는 것은?

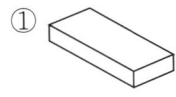 ①

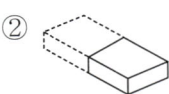 ②

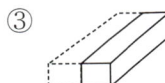 ③

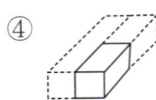 ④

해설 ① 온장벽돌, ③ 반절벽돌, ④ 반반절벽돌

21 목재의 치수 표시방법으로 맞지 않는 것은?
① 제재치수
② 제재정치수
③ 중간치수
④ 마무리치수

해설 **목재의 치수 표시방법**
- 제재치수 : 제재 시 톱날의 중심 간 거리로 표시하는 목재의 치수
- 제재정치수 : 제재하여 나온 목재 자체의 정미치수
- 마무리치수 : 제재목을 치수에 맞추어 깎고 다듬어 대패질로 마무리한 치수

22 다음 중 주택정원에 식재하여 여름에 꽃을 관상할 수 있는 수종은?
① 식나무
② 능소화
③ 진달래
④ 수수꽃다리

해설 **능소화** : 금등화(金藤花)라고도 하며 중국이 원산지이다. 옛날에는 능소화를 양반집 마당에만 심을 수 있었다는 이야기가 있어 양반꽃이라고 부르기도 하고, 꽃은 7~8월에 피며, 주로 관상용으로 식재한다.

23 다음 중 9월 중순~10월 중순에 성숙된 열매색이 흑색인 것은?
① 마가목
② 살구나무
③ 남 천
④ 생강나무

해설 ① 마가목 : 적색
② 살구나무 : 황색
③ 남천 : 적색

24 시멘트의 저장과 관련된 설명 중 괄호 안에 해당하지 않는 것은?

> - 시멘트는 (　　)적인 구조로 된 사일로 또는 창고에 품종별로 구분하여 저장하여야 한다.
> - 저장 중에 약간이라도 굳은 시멘트는 공사에 사용하지 않아야 하고, (　　)개월 이상 장기간 저장한 시멘트는 사용하기에 앞서 재시험을 실시하여 그 품질을 확인한다.
> - 포대 시멘트를 쌓아서 저장하면 그 질량으로 인해 하부 시멘트가 고결할 염려가 있으므로 시멘트를 쌓아 올리는 높이는 (　　)포대 이하로 하는 것이 바람직하다.
> - 시멘트의 온도는 일반적으로 (　　) 정도 이하를 사용하는 것이 좋다.

① 13　　　　　　　　　　② 6
③ 방 습　　　　　　　　④ 50℃

해설
- 시멘트는 방습적인 구조로 된 사일로 또는 창고에 품종별로 구분하여 저장하여야 한다.
- 3개월 이상 장기간 저장한 시멘트는 사용하기에 앞서 재시험을 실시하여 그 품질을 확인한다.
- 시멘트를 쌓아 올리는 높이는 13포대 이하로 하는 것이 바람직하다.
- 시멘트의 온도는 일반적으로 50℃ 정도 이하를 사용하는 것이 좋다.

25 구조용 경량콘크리트에 사용되는 경량골재는 크게 인공, 천연 및 부산 경량골재로 구분할 수 있다. 다음 중 인공 경량골재에 해당되지 않는 것은?

① 화산재
② 팽창혈암
③ 팽창점토
④ 소성플라이애시

해설 인공 경량골재 : 팽창점토, 팽창혈암, 플라이애시 등을 1,050~1,200℃로 소성하여 만든 골재로, 표면은 치밀한 유리질로 이루어져 있고, 내부에는 다수의 공극을 가지고 있어 비중이 1.2~1.8 정도인 인공골재를 말한다.

26 다음 중 시멘트가 풍화작용과 탄산화작용을 받은 정도를 나타내는 척도로 고온으로 가열하여 시멘트 중량의 감소율을 나타내는 것은?

① 경 화　　　　　　　　② 위응결
③ 강열감량　　　　　　　④ 수화반응

해설 강열감량(Ignition Loss) : 시료를 어떤 일정한 온도로 강열한 경우 감소되는 질량을 원래의 질량에 대한 백분율로 나타낸 값으로, 시멘트의 풍화도를 확인하는 척도로 쓰이며, KS규격에서는 3%로 규정하고 있다.

정답 24 ② 25 ① 26 ③

27 재료가 외력을 받았을 때 작은 변형만 나타내도 파괴되는 현상을 무엇이라 하는가?
① 취 성
② 강 성
③ 인 성
④ 전 성

해설 ② 강성 : 재료가 외력을 받아도 변형되지 않고 파괴되지도 않는 성질
③ 인성 : 재료가 외력을 받으면 크게 변형되지만 파괴되지는 않는 성질
④ 전성 : 재료에 외력을 가하면 파괴되지 않고 얇게 펴지며 영구변형되는 성질

28 안료를 가하지 않아 목재의 무늬를 아름답게 낼 수 있는 것은?
① 유성페인트
② 에나멜페인트
③ 클리어래커
④ 수성페인트

해설 클리어래커 : 나이트로셀룰로스, 수지, 가소제를 휘발성 용제로 녹인 래커의 일종으로 속건성, 내후성, 내유성 및 내산성·내알칼리성이 우수하며, 안료를 가하지 않아 재료의 무늬를 아름답게 낼 수 있다.

29 다음의 설명에 해당하는 장비는?

> • 2개의 눈금자가 있는데 왼쪽 눈금은 수평거리가 20m, 오른쪽 눈금은 15m일 때 사용한다.
> • 측정방법은 우선 나뭇가지의 거리를 측정하고 시공을 통하여 수목의 선단부의 측고기와 눈금이 일치하는 값을 읽는다. 이때 왼쪽 눈금은 수평거리에 대한 %값으로 계산하고, 오른쪽 눈금은 각도 값으로 계산하여 수고를 측정한다.
> • 수고측정뿐만 아니라 지형경사도 측정에도 사용한다.

① 윤 척
② 측고봉
③ 하가측고기
④ 순토측고기

해설 ① 윤척 : 캘리퍼스(Callipers)라고도 하며, 임목의 지름을 측정하는 장비이다.
② 측고봉 : 수고를 직접 측정하는 장비로, 조립식 장대에 눈금이 새겨져 있다.
③ 하가측고기 : 삼각법에 의하여 수고를 측정하는 장비이다.

정답 27 ① 28 ③ 29 ④

30 조경에 활용되는 석질재료의 특성으로 옳은 것은?

① 열전도율이 높다.
② 가격이 싸다.
③ 가공하기 쉽다.
④ 내구성이 크다.

[해설] 석질재료의 장단점

장 점	단 점
• 외관이 매우 아름답다. • 내구성과 강도가 크다. • 변형되지 않으며, 가공성이 있다. • 가공 정도에 따라 다양한 외양을 가질 수 있다. • 산지에 따라 다양한 색조와 질감을 갖는다. • 압축강도와 내화학성이 크고, 마모성은 작다.	• 무거워서 다루기 불편하다. • 타 재료에 비해 가공하기가 어렵다. • 경제적 부담이 크다. • 압축강도에 비해 휨강도나 인장강도가 작다. • 화열을 받을 경우 균열 또는 파괴되기가 쉽다.

31 용기에 채운 골재 절대용적의 그 용기용적에 대한 백분율로 단위질량을 밀도로 나눈 값의 백분율이 의미하는 것은?

① 골재의 실적률
② 골재의 입도
③ 골재의 조립률
④ 골재의 유효흡수율

[해설] 골재의 실적률 : 골재의 단위용적 중 실적용적을 백분율로 나타낸 값

32 다음 [보기]의 조건을 활용한 골재의 공극률 계산식은?

|보기|
- D : 진비중
- W : 겉보기 단위용적중량
- W_1 : 110℃로 건조하여 냉각시킨 중량
- W_2 : 수중에서 충분히 흡수된 대로 수중에서 측정한 것
- W_3 : 흡수된 시험편의 외부를 잘 닦아내고 측정한 것

① $\dfrac{W_1}{W_3 - W_2}$
② $\dfrac{W_3 - W_1}{W_1} \times 100$
③ $\left(1 - \dfrac{D}{W_2 - W_1}\right) \times 100$
④ $\left(1 - \dfrac{W}{D}\right) \times 100$

[해설] 공극률 = (1 - 겉보기 단위용적중량/진비중) × 100

33 유동화제에 의한 유동화 콘크리트의 슬럼프 증가량의 표준값으로 적당한 것은?
① 2~5cm
② 5~8cm
③ 8~11cm
④ 11~14cm

해설 ② 슬럼프의 증가량은 10cm 이하를 원칙으로 하고, 5~8cm를 표준으로 한다.

34 겨울철에도 노지에서 월동할 수 있는 상록다년생 식물은?
① 옥잠화
② 샐비어
③ 꽃잔디
④ 맥문동

해설 ④ 맥문동은 산과 들의 그늘진 곳에서 자라는 상록다년생으로, 관상용으로 화단에 많이 심으며, 그늘에서 잘 자라고, 추운 겨울 눈 속에서도 푸른 잎을 자랑한다.

35 다른 지방에서 자생하는 식물을 도입한 것을 무엇이라 하는가?
① 재배식물
② 귀화식물
③ 외국식물
④ 외래식물

해설 ① 재배식물 : 이용할 목적을 가지고 인위적으로 재배하는 식물
② 귀화식물 : 본래 생육하지 않은 지역에 자연적·인위적 원인에 의하여 2차적으로 도래·침입한 후 야생화가 되어 기존식물과 어느 정도 안정된 상태를 이루는 식물
③ 외국식물 : 국내가 아닌 국외에서 자생하는 식물

36 수목을 이식할 때 고려사항으로 가장 부적합한 것은?
① 지상부의 지엽을 전정해 준다.
② 뿌리분의 손상이 없도록 주의하여 이식한다.
③ 굵은 뿌리의 자른 부위는 방부 처리하여 부패를 방지한다.
④ 운반이 용이하게 뿌리분은 기준보다 가능한 작게 하여 무게를 줄인다.

해설 ④ 수목을 이식할 때 뿌리분의 크기는 일반적으로 근원직경의 4~6배로 하는데, 보통 4배 정도를 기준으로 한다.

37 콘크리트 시공연도와 직접 관계가 없는 것은?

① 물-시멘트비
② 재료의 분리
③ 골재의 조립도
④ 물의 정도 함유량

해설 워커빌리티에 영향을 미치는 요인 : 시멘트의 성질(종류·분말도·풍화도), 단위시멘트량, 단위수량, 물-시멘트비, 골재의 입형·입도, 잔골재율, 공기량, 혼화재료, 비빔시간, 온도 등

38 다음 중 과일나무가 늙어서 꽃맺음이 나빠지는 경우에 실시하는 전정은 어느 것인가?

① 생리를 조절하는 전정
② 생장을 돕기 위한 전정
③ 생장을 억제하는 전정
④ 세력을 갱신하는 전정

해설 세력을 갱신하는 전정
- 맹아력이 강한 나무가 늙어서 생기를 잃거나 꽃맺음이 나빠지는 겨울에 줄기나 가지를 잘라 내어 새 줄기나 가지로 갱신하는 것을 말한다.
- 늙은 과일나무, 장미, 배롱나무, 팔손이나무 등의 밑동을 자르면 새로운 줄기가 나와 새로운 형태의 나무를 만들 수 있다.

39 콘크리트 배합의 종류로 틀린 것은?

① 시방배합
② 현장배합
③ 시공배합
④ 질량배합

해설 콘크리트 배합의 종류
- 시방배합 : 시방서에서 규정하는 배합
- 현장배합 : 현장상태를 고려하여 시방배합을 적합하게 보정한 배합
- 중량배합 : 콘크리트 $1m^3$ 제작에 필요한 각 재료를 무게(kg)로 표시하는 방법
- 용적배합 : 콘크리트 $1m^3$ 제작에 필요한 시멘트, 모래, 자갈을 부피로 계량하여 1 : 2 : 4 또는 1 : 3 : 6과 같은 비율로 표시하는 방법

정답 37 ② 38 ④ 39 ③

40 소나무 순자르기에 대한 설명으로 틀린 것은?

① 매년 5~6월경에 실시한다.
② 중심 순만 남기고 모두 자른다.
③ 새순이 5~10cm 길이로 자랐을 때 실시한다.
④ 남기는 순도 힘이 지나칠 경우 1/2~1/3 정도로 자른다.

해설 **소나무의 순지르기**
- 소나무류는 가지 끝에 여러 개의 눈이 있어, 봄에 그대로 두면 중심의 눈이 길게 자라고 나머지 눈은 사방으로 뻗어 마치 바퀴살과 같은 모양을 이루어 운치가 사라진다.
- 원하는 모양을 만들기 위해서는 5~6월에 새순이 5~10cm 길이로 자랐을 때 1~2개의 순을 남기고 중심순을 포함한 나머지는 다 따 버리는 것이 좋다.
- 남긴 순의 자라는 힘이 지나치다고 생각될 때는 1/3~1/2 정도만 남겨 두고 끝부분을 따 준다.

41 코흐의 4원칙에 대한 설명 중 잘못된 것은?

① 미생물은 반드시 환부에 존재해야 한다.
② 미생물은 분리되어 배지상에서 순수배양 되어야 한다.
③ 순수배양한 미생물은 접종하여 동일한 병이 발생되어야 한다.
④ 발병한 피해부에서 접종에 사용한 미생물과 동일한 성질을 가진 미생물이 반드시 재분리될 필요는 없다.

해설 **코흐의 원칙**
어떤 미생물이 병원임을 증명하기 위해서는 다음의 조건을 충족해야 한다.
- 미생물이 언제나 병환부에 존재하여야 한다.
- 미생물은 분리되어 배지 위에서 순수배양되어야 한다.
- 순수배양한 미생물을 접종하여 동일한 병이 발생되어야 한다.
- 발병된 피해부에서 접종에 사용한 미생물과 동일한 성질을 가진 미생물이 재분리되어야 한다.

42 토양에 따른 경도와 식물생육의 관계를 나타낼 때 나지화가 시작되는 값(kgf/cm^2)은?(단, 지표면의 경도는 Yamanaka 경도계로 측정한 것으로 한다)

① 9.4 이상
② 5.8 이상
③ 13.0 이상
④ 3.6 이상

43 파이토플라스마에 의한 수목병이 아닌 것은?

① 벚나무 빗자루병
② 붉나무 빗자루병
③ 오동나무 빗자루병
④ 대추나무 빗자루병

해설 ① 벚나무 빗자루병은 병원성 곰팡이인 *Taphrina wiesneri*에 의해 발병한다.

44 대목을 대립종자의 유경이나 유근을 사용하여 접목하는 방법으로 접목한 뒤에는 관계습도를 높게 유지하며, 정식 후 근두암종병의 발병률이 높은 단점을 갖는 접목법은?

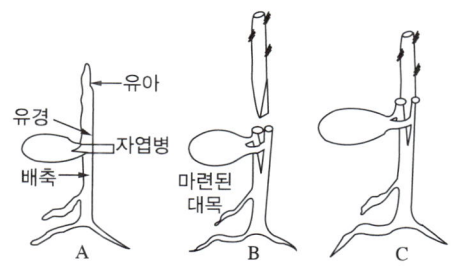

① 아접법
② 유대접
③ 호접법
④ 교접법

해설
① 아접법 : 모수의 가지에서 눈 부분을 잘라 내어 대목의 박피한 곳에 붙여 활착시킨다.
③ 호접법 : 접수의 가지를 자르지 않는 방법으로, 접목에 필요한 나무 두 그루를 나란히 심고 접수의 가지와 대목에 칼집을 내어 맞대어 붙인다.
④ 교접법 : 다리접이라고도 하며, 나무의 줄기가 상처를 받아 수분과 양분의 운반에 지장을 받았을 때 같은 식물의 가지를 상처 부위를 건너질러 위아래로 연결시킨다.

45 공사의 설계 및 시공을 의뢰하는 사람을 뜻하는 용어는?

① 설계자
② 시공자
③ 발주자
④ 감독자

해설
① 설계자 : 발주자와 계약을 체결한 후 충분한 자료를 수집하여 계획하고, 지식과 경험을 바탕으로 설계도면과 시방서 등을 작성하는 사람
② 시공자 : 직영공사의 경우 시공주 자체가 시공자가 되지만 도급공사의 경우 시공주와 도급계약을 체결하여 공사를 위임받은 자 또는 회사가 시공자(도급자)가 된다.
④ 감독자 : 시공현장에서 일상적인 업무를 수행하고 단기일정을 관리하는 사람

정답 43 ① 44 ② 45 ③

46 어른과 어린이 겸용벤치 설치 시 앉음면(좌면, 座面)의 적당한 높이는?

① 25~30cm
② 35~40cm
③ 45~50cm
④ 55~60cm

[해설] ② 앉음판의 높이는 34~46cm, 폭은 38~45cm를 기준으로 물이 고이지 않도록 설계하고, 어린이를 위한 의자는 낮게 하는 것이 좋다.

47 건설재료의 할증률이 틀린 것은?

① 붉은 벽돌 : 3%
② 이형철근 : 5%
③ 조경용 수목 : 10%
④ 석재판붙임용재(정형돌) : 10%

[해설] 철근의 할증률

종류	할증률(%)
원형철근	5
이형철근	3
이형철근(교량·지하철 및 이와 유사한 복잡한 구조물의 주 철근)	6~7

48 식재작업의 준비단계에 포함되지 않는 것은?

① 수목 및 양생제 반입 여부를 재확인한다.
② 공정표 및 시공도면, 시방서 등을 검토한다.
③ 빠른 식재를 위한 식재지역의 사전조사는 생략한다.
④ 수목의 배식, 규격, 지하 매설물 등을 고려하여 식재 위치를 결정한다.

[해설] ③ 식재작업 전에 식재지역을 사전조사하여 시공 가능 여부를 재확인하여야 한다.

49 콘크리트 포장에 관한 설명 중 옳지 않은 것은?

① 보조기층을 튼튼히 해서 부동침하를 막아야 한다.
② 두께는 10cm 이상으로 하고, 철근이나 용접 철망을 넣어 보강한다.
③ 물-시멘트의 비율은 60% 이내, 슬럼프의 최댓값은 5cm 이상으로 한다.
④ 온도 변화에 따른 수축·팽창에 의한 파손 방지를 위해 신축줄눈과 수축줄눈을 설치한다.

[해설] ③ 일반적으로 물-시멘트비는 60~70% 정도로 한다.

50 현대적인 공사관리에 관한 설명 중 가장 적합한 것은?

① 품질과 공기는 정비례한다.
② 공기를 서두르면 원가가 싸게 된다.
③ 경제속도에 맞는 품질이 확보되어야 한다.
④ 원가가 싸게 되도록 하는 것이 공사관리의 목적이다.

해설 ① 품질과 공기는 반비례한다.
② 공기를 서두르면 원가는 증가한다.
③ 시공관리란 시공계획에 따라 공사가 원활히 진행되도록 공사를 관리하여 제한된 공사기간 내에 계약된 공사를 차질 없이 경제적으로 시행하는 것을 목적으로 한다.

51 다음 중 관리해야 할 수경시설물에 해당되지 않는 것은?

① 폭 포
② 분 수
③ 연 못
④ 데크(Deck)

해설 ④ 데크란 선박의 갑판 또는 테라스의 바닥이나 평지붕 등의 평평한 부분을 말한다.

52 아황산가스에 민감하지 않은 수종은?

① 소나무
② 겹벚나무
③ 단풍나무
④ 화 백

해설 **대기오염(아황산가스)에 강한 수종**: 은행나무, 편백, 화백, 향나무, 비자나무, 태산목, 아왜나무, 가시나무, 녹나무, 사철나무, 벽오동, 능수버들, 플라타너스, 쥐똥나무, 돈나무, 호랑가시나무, 갈참나무, 무궁화, 칠엽수, 종려나무, 백합나무 등

53 다음 입찰계약 순서 중 옳은 것은?

① 입찰공고 → 낙찰 → 계약 → 개찰 → 입찰 → 현장설명
② 입찰공고 → 현장설명 → 입찰 → 계약 → 낙찰 → 개찰
③ 입찰공고 → 현장설명 → 입찰 → 개찰 → 낙찰 → 계약
④ 입찰공고 → 계약 → 낙찰 → 개찰 → 입찰 → 현장설명

54 조경 목재시설물의 유지관리를 위한 대책 중 적절하지 않은 것은?

① 통풍을 좋게 한다.
② 빗물 등의 고임을 방지한다.
③ 건조되기 쉬운 간단한 구조로 한다.
④ 적당한 20~40℃ 온도와 80% 이상의 습도를 유지시킨다.

[해설] ④ 높은 온습도는 목재부후균의 활동을 활발히 하고, 목재의 부패를 촉진시키므로 적절한 온습도를 유지하는 것이 좋다.

55 토양 및 수목에 양분을 처리하는 방법의 특징 설명이 틀린 것은?

① 액비관주는 양분흡수가 빠르다.
② 수간주입은 나무에 손상이 생긴다.
③ 엽면시비는 뿌리 발육 불량지역에 효과적이다.
④ 천공시비는 비료 과다투입에 따른 염류장해 발생 가능성이 없다.

[해설] ④ 천공시비도 비료를 과다하게 투입하면 염류장해가 발생할 가능성이 있다.
※ 천공 거름주기 : 수관선상에 깊이 20cm 정도의 구멍을 군데군데 뚫고 거름을 주는 방법으로, 주로 비탈면에 물거름을 줄 때 적용하고, 물거름이 아닌 것은 거름을 넣고 가볍게 덮어 준다.

56 비탈면의 녹화와 조경에 사용되는 식물의 요건으로 가장 부적합한 것은?

① 적응력이 큰 식물
② 생장이 빠른 식물
③ 시비 요구도가 큰 식물
④ 파종과 식재시기의 폭이 넓은 식물

[해설] ③ 시비요구도가 클 경우 비탈면에서의 작업이 늘어나므로 오히려 피하는 것이 좋다.

비탈면의 녹화와 조경에 사용되는 식물의 조건
• 발생되는 비탈면조건에 따라 조성할 수 있는 생육 기반환경에 적응하여 생장할 수 있어야 한다.
• 주변 식생과 생태적·경관적으로 조화될 수 있어야 한다.

초본류	목본류
• 척박지에 잘 견디고, 내건성이 강해야 한다. • 뿌리의 발달이 좋고, 지표면을 빠르게 피복하여야 한다. • 파종적기의 폭이 넓고, 종자의 발아력이 우수하여야 한다.	• 내건성·내열성·내척박성·내한성을 골고루 갖추어야 한다. • 인위적인 번식과 조림이 용이하고, 생장률이 빨라야 한다. • 보기에 아름답고, 병충해의 천적에게 먹이를 제공할 수 있어야 한다.

정답 54 ④ 55 ④ 56 ③

57 다음 중 원가계산에 의한 공사비의 구성에서 경비에 해당하지 않는 항목은?

① 안전관리비
② 운반비
③ 가설비
④ 노무비

해설 경비 : 공사의 시공을 위하여 소요되는 공사원가 중 재료비와 노무비를 제외한 비용
예 전력비, 수도광열비, 운반비, 기계경비, 특허권사용료, 기술료, 연구개발비, 품질관리비, 보험료, 보관비, 외주가공비, 산업안전보건관리비, 폐기물처리비, 도서인쇄비, 안전관리비 등

58 잔디깎기의 목적으로 옳지 않은 것은?

① 잡초 방제
② 이용 편리 도모
③ 병충해 방지
④ 잔디의 분얼 억제

해설 잔디깎기의 목적은 이용 편리, 잡초 방제, 잔디분얼 촉진, 통풍 양호, 병충해 예방 등을 위함이다.

59 다음 중 측량의 3대 요소가 아닌 것은?

① 각측량
② 거리측량
③ 세부측량
④ 고저측량

해설 측량 : 여러 가지 방법과 기술로 거리, 방향, 높이를 측정하여 필요한 우치를 결정하고, 통일된 좌표로 표현하는 기술이다.

60 경사도(勾配, Slope)가 15%인 도로면상의 경사거리 135m에 대한 수평거리는?

① 130.0m
② 132.0m
③ 133.5m
④ 136.5m

해설 수평거리를 x, 수직거리를 y라고 하면

경사도 15% = $\dfrac{y}{x} \times 100$

$15x = 100y$

∴ $y = 0.15x$

피타고라스정리를 이용하면
$x^2 + y^2 = 135^2$
$x^2 + (0.15x)^2 = 135^2$
$x^2 + 0.0225x^2 = 135^2$
$1.0225x^2 = 135^2$
$x^2 = 17823.96$
∴ $x = 133.5$m

정답 57 ④ 58 ④ 59 ③ 60 ③

2016년 제 1회 | 과년도 기출문제

01 고대 로마의 대표적인 별장이 아닌 것은?
① 빌라 투스카니　　② 빌라 감베라이아
③ 빌라 라우렌티아나　　④ 빌라 아드리아누스

[해설] ② 감베라이아장은 후기 르네상스시대의 별장이다.

02 중세 유럽의 조경 형태로 볼 수 없는 것은?
① 과수원　　② 약초원
③ 공중정원　　④ 회랑식 정원

[해설] 공중정원(Tel-Amran-Ibn-Ali, 추장 알리의 언덕)
• 기원전 600년 무렵 신바빌로니아의 네부카드네자르 2세가 왕비 아미티스를 위해 조성한 정원으로 세계 7대 불가사의 중 하나이다.
• 성벽의 높은 노단 위에 수목과 덩굴식물을 식재하여 만든 최초의 옥상정원이다.
• 지구라트형의 피라미드가 계단층을 이루고 각 노단의 외부를 화랑으로 둘렀다.
• 화랑 주변에 크고 작은 방과 욕실을 배치했다.
• 각 노단마다 꽃과 나무를 식재하고, 강물을 끌어다 저수지에 저장·관수하였다.

03 프랑스 평면기하학식 정원을 확립하는 데 가장 큰 기여를 한 사람은?
① 르 노트르　　② 메이너
③ 브릿지맨　　④ 비니올라

[해설] ① 평면기하학식 정원은 앙드레 르 노트르가 창안한 프랑스 고유의 정원양식이다.

1 ② 2 ③ 3 ①　**정답**

04 미국 식민지 개척을 통한 유럽 각국의 다양한 사유지 중심의 정원양식이 공공적인 성격으로 전환되는 계기에 영향을 끼친 것은?

① 스토우정원
② 보르비콩트정원
③ 스투어헤드정원
④ 버컨헤드공원

해설 버컨헤드공원 : 조셉 팩스턴이 설계하고 시민의 힘으로 설립된 최초의 공원으로, 사적 주택단지와 공적 위락단지로 나눠 택지를 분양한 자금으로 시공하여 재정적·사회적으로 성공한 공원이며, 센트럴파크의 공원개념 형성에 큰 영향을 주었다.

05 다음 중 중국정원의 양식에 가장 많은 영향을 끼친 사상은?

① 선사상
② 신선사상
③ 풍수지리사상
④ 음양오행사상

해설 ② 중국 북부지방은 신선사상이, 남부지방은 노장사상이 발달하여 중국의 정원양식에 많은 영향을 끼쳤다.

06 다음 후원양식에 대한 설명 중 틀린 것은?

① 한국의 독특한 정원양식 중 하나이다.
② 괴석이나 세심석 또는 장식을 겸한 굴뚝을 세워 장식하였다.
③ 건물 뒤 경사지를 계단모양으로 만들어 장대석을 앞혀 평지를 만들었다.
④ 경주 동궁과 월지, 교태전 후원의 아미산원, 남원시 광한루 등에서 찾아 볼 수 있다.

해설 ④ 경주 동궁과 월지는 신라시대의 후원이고, 아미산원과 광한루는 조선시대의 후원이다.

07 다음 중 서양식 전각과 서양식 정원이 조성되어 있는 우리나라의 궁궐은?

① 경복궁
② 창덕궁
③ 덕수궁
④ 경희궁

해설 ③ 덕수궁 내 위치한 석조전(石造殿)은 고종황제의 집무실 겸 접견실로 사용하고자 지은 대한제국 황궁의 정전으로, 1900년에 착공하여 1910년에 완공되었으며, 영국인 하딩과 로벨 등이 설계에 참여한 우리나라 최초의 서양식 건물이다. 또한 석조전 앞뜰에 분수와 연못을 중심으로 조성된 좌우대칭적인 기하학식 정원인 침상원(침상경원)은 우리나라 최초의 유럽식(프랑스) 정원이다.

정답 4 ④ 5 ② 6 ④ 7 ③

08 일본 고산수식 정원의 요소와 상징적인 의미가 바르게 연결된 것은?

① 나무 – 폭포
② 연못 – 바다
③ 왕모래 – 물
④ 바위 – 산봉우리

해설 고산수식 정원
- 축산고산수식 정원 : 바위(섬·반도·폭포)를 중심으로 왕모래(물)와 다듬은 수목(산)을 사용해 꾸민 추상적인 정원
- 평정고산수식 정원 : 수목도 사용하지 않고 바위와 왕모래만으로 꾸민 정원

09 형태와 선이 자유로우며, 자연재료를 사용하여 자연을 모방하거나 축소하여 자연에 가까운 형태로 표현한 정원양식은?

① 건축식　　　　　　　　　② 풍경식
③ 정형식　　　　　　　　　④ 규칙식

해설 정원양식의 분류
- 정형식 정원 : 서아시아와 유럽지역에서 발달한 양식으로, 건물에서 뻗어 나가는 강한 축을 중심으로 좌우대칭형으로 구성되며, 수목의 전정은 기하학적 형태이다.
- 자연식 정원 : 동아시아에서 주로 발달한 양식으로, 유럽에서는 18세기경부터 영국에서 발달하여 유럽대륙에 영향을 주었고, 자연을 모방하거나 축소하여 자연적 형태로 정원을 조성하였으며, 연못이나 호수 중심으로 정원을 조성하여 주변을 돌 수 있는 산책로를 만들어 다양한 경관을 즐길 수 있도록 하였다.
- 절충식 정원 : 한 정원에 정형식과 자연식의 형태적 특징을 동시에 지니고 있는 양식으로, 실용성을 중시한 정형적인 구성 내에 자연적인 요소를 도입하여 실용성과 자연성을 절충하였다.

10 다음 설명의 괄호 안에 들어갈 시설물은?

> 시설지역 내부의 포장지역에도 (　　　　) 을/를 이용하여 낙엽성 교목을 식재하면 여름에도 그늘을 만들 수 있다.

① 볼라드(Bollard)　　　　　② 펜스(Fence)
③ 벤치(Bench)　　　　　　④ 수목보호대(Grating)

해설
④ 수목보호대(Grating) : 도로와 보도를 경계하고, 도시미관을 미려하게 유지하며, 보도에 식재되어 있는 수목을 보호하기 위해 설치한다.
① 볼라드(Bollard) : 차량과 보행인들의 동행을 조절하거나 차량공간과 보행공간을 분리시키기 위하여 설치하는 시설로, 30~70cm 정도 높이의 기둥 모양 가로장치물
② 펜스(Fence) : 울타리라는 뜻으로, 구역을 나누기는 하나 안팎을 훤히 들여다볼 수 있으며, 공간을 배타적으로 구별하지 않는다.
③ 벤치(Bench) : 많은 사람들이 모여 있는 장소나 오고 가는 곳에 편하게 앉아서 쉴 수 있도록 하는 편의를 제공하기 위한 의자를 말한다.

11 현대 도시환경에서 조경 분야의 역할과 관계가 먼 것은?
① 자연환경의 보호 유지
② 자연 훼손지역의 복구
③ 기존 대도시의 광역화 유도
④ 토지의 경제적이고 기능적인 이용계획

해설 ③ 조경은 인공화·획일화로 인하여 자연과의 불균형, 지역성의 상실, 휴먼스케일의 파괴가 일어나고 있는 현대 도시사회에서 인간에게 바람직한 환경디자인을 실현시키는 데 그 의의가 있다.

12 주택정원의 시설구분 중 휴게시설에 해당되는 것은?
① 벽천, 폭포
② 미끄럼틀, 조각물
③ 정원등, 잔디등
④ 퍼걸러, 야외탁자

해설 ① 벽천·폭포 : 수경시설
② 미끄럼틀 : 유희시설물, 조각물 : 환경조형시설
③ 정원등·잔디등 : 조명시설

13 기존의 레크리에이션 기회에 참여 또는 소비하고 있는 수요(需要)를 무엇이라 하는가?
① 표출수요
② 잠재수요
③ 유효수요
④ 유도수요

해설 레크리에이션 수요(Demand)의 종류
• 유도수요 : 광고, 선전, 교육 등을 통해 이용을 유도시킬 수 있는 수요
• 잠재수요 : 사람들에게 내재되어 있는 수요로 적당한 시설, 접근수단, 정보가 제공되면 참여가 기대되는 수요
• 표출수요 : 기존의 레크리에이션 기회에 참여 또는 소비하고 있는 수요
• 유효수요 : 재화에 대한 욕구가 실제로 그 재화를 구입할 만큼 구매력의 뒷받침이 있을 경우의 수요

정답 11 ③ 12 ④ 13 ①

14 조경계획·설계에서 기초적인 자료의 수집과 정리 및 여러 가지 조건의 분석과 통합을 실시하는 단계를 무엇이라고 하는가?

① 목표 설정
② 현황 분석 및 종합
③ 기본계획
④ 실시설계

해설 현황자료 분석 및 종합 : 목표를 설정한 후 주어진 목표를 달성하기 위해 관련된 현황자료를 수집하고 분석하는 과정으로, 분석방법에는 자연환경분석과 인문환경분석이 있다.
※ 조경계획의 과정 : 목표 설정 → 현황자료 분석(자연환경분석, 인문환경분석) 및 종합 → 기본구상 → 기본계획(토지이용계획, 교통동선계획, 시설물 배치계획, 식재계획, 하부구조계획, 집행계획) → 기본설계 → 실시설계 → 시공 및 감리 → 유지관리

15 좌우로 시선이 제한되어 일정한 지점으로 시선이 모이도록 구성하는 경관요소는?

① 전 망
② 통경선(Vista)
③ 랜드마크
④ 질 감

해설 통경선 : 비스타라고도 하며, 좌우로의 시선을 제한하여 전방의 일정 지점으로 시선을 집중시키는 경관이다.

16 모든 설계에서 가장 기본적인 도면은?

① 입면도
② 단면도
③ 평면도
④ 상세도

해설 평면도
- 물체를 수직방향으로 내려다본 것을 가정하고 작도한 것으로, 모든 설계에 있어 가장 기본이 되는 도면이며 평면을 보고 입체감을 느낄 수 있어야 한다.
- 동선의 패턴, 토지이용의 구분, 주요 식재를 표시한다.
- 식재평면도, 구조물평면도 및 대지 전체의 구성을 보여 주는 배치도 등이 있다.

17 조경 시공 재료의 기호 중 벽돌에 해당하는 것은?

해설 ① 석재, ② 벽돌, ④ 철재

18 다음 채도대비에 관한 설명 중 틀린 것은?

① 무채색끼리는 채도대비가 일어나지 않는다.
② 채도대비는 명도대비와 같은 방식으로 일어난다.
③ 고채도의 색은 무채색과 함께 배색하면 더 선명해 보인다.
④ 중간색을 그 색과 색상은 동일하고 명도가 밝은 색과 함께 사용하면 훨씬 선명해 보인다.

해설 ④ 중간색을 그 색과 색상은 동일하고 명도가 밝은 색과 함께 사용하면 원래의 색보다 훨씬 탁해 보인다.
채도대비 : 색상, 명도와 함께 색의 주요 속성이며, 색이 선명할수록 채도가 높고, 무채색(흰색, 회색, 검정색)일수록 채도가 낮다. 채도 차가 큰 두 색을 인접하여 배치하면 채도가 높은 색은 더욱 선명하게 보이고, 채도가 낮은 색은 더욱 탁해 보이는데, 이를 채도대비라고 한다.

19 다음 중 곡선의 느낌으로 가장 부적합한 것은?

① 온건하다. ② 부드럽다.
③ 모호하다. ④ 단호하다.

해설 ④ 직선은 강직, 명확, 단순, 남성적이고 단호해 보이며, 곡선은 유연, 활동, 부드러움, 여성적이고 모호해 보인다.

20 조경 실시설계 단계 중 용어의 설명이 틀린 것은?

① 시공에 관하여 도면에 표시하기 어려운 사항을 글로 작성한 것을 시방서라고 한다.
② 공사비를 체계적으로 정확한 근거에 의하여 산출한 서류를 내역서라고 한다.
③ 일반관리비는 단위작업당 소요인원을 구하여 일당 또는 월급여로 곱하여 얻어진다.
④ 공사에 소요되는 자재의 수량, 품 또는 기계사용량 등을 산출하여 공사에 소요되는 비용을 계산한 것을 적산이라고 한다.

해설 ③ 일반관리비는 기업의 유지를 위한 관리활동 부분에서 발생하는 제비용을 말한다.

21 알루미나 시멘트의 최대 특징으로 옳은 것은?

① 값이 싸다.
② 조기강도가 크다.
③ 원료가 풍부하다.
④ 타 시멘트와 혼합이 용이하다.

해설 ② 알루미나 시멘트는 조기강도와 내화성이 커서 긴급을 요하는 공사나 한중공사에 적합한 시멘트이다.

정답 18 ④ 19 ④ 20 ③ 21 ②

22 레미콘 규격이 25-210-12 표시되어 있다면 a-b-c 순서대로 의미가 맞는 것은?

① a : 슬럼프, b : 골재 최대 치수, c : 시멘트의 양
② a : 물-시멘트비, b : 압축강도, c : 골재 최대 치수
③ a : 골재 최대 치수, b : 압축강도, c : 슬럼프
④ a : 물-시멘트비, b : 시멘트의 양, c : 골재 최대 치수

해설 ③ 레미콘의 규격은 골재 최대 치수(mm)-압축강도(kg/cm^2)-슬럼프(cm) 순으로 표시한다.

23 무근콘크리트와 비교한 철근콘크리트의 특성으로 옳은 것은?

① 공사기간이 짧다.
② 유지관리비가 적게 소요된다.
③ 철근 사용의 주목적은 압축강도 보완이다.
④ 가설공사인 거푸집 공사가 필요 없고 시공이 간단하다.

해설 ① 공사기간이 길다.
③ 인장응력은 철근이 부담하고, 압축응력은 콘크리트가 부담한다.
④ 거푸집 비용이 많이 들고, 강도 계산이 복잡하며, 균일한 시공이 곤란하다.

24 다음 중 목재의 장점에 해당하지 않는 것은?

① 가볍다.
② 무늬가 아름답다.
③ 열전도율이 낮다.
④ 습기를 흡수하면 변형이 잘 된다.

해설 목질재료의 장단점

장 점	단 점
• 색깔 및 무늬 등 외관이 아름답다. • 재질이 부드럽고, 촉감이 좋다. • 무게가 가벼워서 운반하거나 다루기가 쉽다. • 중량에 비하여 강도가 크다. • 열, 소리, 전기 등의 전도성이 낮다. • 생산량이 많고, 가격이 비교적 저렴하며, 입수가 용이하다.	• 자연소재이므로 내화성이 없고, 부패하기 쉽다. • 함수량의 증감에 따라 팽창·수축하여 변형되기 쉽다. • 부위에 따라 재질이 고르지 못하다. • 구부러지고, 옹이가 있다. • 강도가 균일하지 못하고, 크기에 제한을 받는다.

정답 22 ③ 23 ② 24 ④

25 다음 금속재료에 대한 설명이 틀린 것은?

① 저탄소강은 탄소함유량이 0.3% 이하이다.
② 강판, 형강, 봉강 등은 압연식 제조법에 의해 제조된다.
③ 구리에 아연 40%를 첨가하여 제조한 합금을 청동이라고 한다.
④ 강의 제조방법에는 평로법, 전로법, 전기로법, 도가니법 등이 있다.

해설 ③ 구리에 아연을 첨가하여 제조한 합금은 황동이라 하고, 청동은 구리에 주석을 첨가하여 제조한 합금이다.

26 견치석에 관한 설명 중 옳지 않은 것은?

① 형상은 재두각추체(裁頭角錐體)에 가깝다.
② 접촉면의 길이는 앞면 4변의 제일 짧은 길이의 3배 이상이어야 한다.
③ 접촉면의 폭은 전면 1변의 길이의 1/10 이상이어야 한다.
④ 견치석은 흙막이용 석축이나 비탈면의 돌붙임에 쓰인다.

해설 견치돌 : 돌을 뜰 때 앞면, 길이, 뒷면, 접촉부 등의 치수를 지정하여 마름모꼴이나 사각형 뿔 모양으로 깨낸 석재로, 면에서 직각으로 잰 길이가 최소변의 1.5배 이상이고, 접촉부의 너비는 1/10 이상이다. 주로 흙막이용 돌쌓기에 사용된다.

27 석재의 성인(成因)에 의한 분류 중 변성암에 해당되는 것은?

① 대리석   ② 섬록암
③ 현무암   ④ 화강암

해설 암석의 분류
- 화성암 : 화강암, 안산암, 현무암, 섬록암 등
- 퇴적암 : 응회암, 사암, 점판암, 혈암, 석회암 등
- 변성암 : 편마암, 대리암, 사문암, 결절편암 등

28 인공폭포, 수목보호판을 만드는 데 가장 많이 이용되는 제품은?

① 유리블록제품
② 식생호안블록
③ 콘크리트격자블록
④ 유리섬유 강화플라스틱

해설 유리섬유 강화플라스틱(FRP ; Fiberglass Reinforced Plastic) : 최근 가장 많이 쓰이는 플라스틱재료로, 강도가 약한 플라스틱에 강화제인 유리섬유를 넣어 성질을 개량한 플라스틱이며 벤치, 미끄럼대의 미끄럼판, 인공폭포, 인공암, 화분대, 수목보호판 등에 사용된다.

정답 25 ③ 26 ② 27 ① 28 ④

29 다음 설명에 적합한 열가소성 수지는?

> • 강도, 전기절연성, 내약품성이 양호하고 가소재에 의하여 유연고무와 같은 품질이 되며 고온, 저온에 약하다.
> • 바닥용 타일, 시트, 조인트재료, 파이프, 접착제, 도료 등이 주용도이다.

① 페놀수지　　　　　　　　② 염화비닐수지
③ 멜라민수지　　　　　　　　④ 에폭시수지

해설　① 페놀수지 : 페놀과 폼알데하이드를 주재로 하는 합성수지로, 페놀수지로 만든 액상 접착제는 무색투명하고, 내수성·내약품성·내열성이 가장 우수하며, 이종재 간의 접착에 사용된다.
③ 멜라민수지 : 경도가 크고 내열성·내수성이 강하며 마감재, 가구재, 전기부품 등에 사용된다.
④ 에폭시수지 : 금속과의 접착성이 크고, 내약품성이 양호하며, 내열성이 우수하다.

30 다음 조경시설 소재 중 도로 절·성토면의 녹화공사, 해안매립 및 호안공사, 하천제방 및 급류부위의 법면보호공사 등에 사용되는 코코넛 열매를 원료로 한 천연섬유 재료는?

① 코이어메시　　　　　　　② 우드칩
③ 테라소브　　　　　　　　④ 그린블록

해설　② 우드칩 : 목재펄프의 원료
③ 테라소브 : 강력흡수제로, 비가 올 때 빠르게 수분을 흡수하여 간직하고 있다가 수분이 부족할 때 뿌리에 수분을 공급하여 식물의 잔뿌리를 발달시키는 데 도움을 준다.
④ 그린블록 : 차량 및 보행자의 하중을 지지하여 잔디를 보호하며, 개방식 열주구조로 포복형 잔디 생육에도 유리하다.

31 서향(*Daphne odora* Thunb.)에 대한 설명으로 맞지 않는 것은?

① 꽃은 청색 계열이다.
② 성상은 상록활엽관목이다.
③ 뿌리는 천근성이고, 내염성이 강하다.
④ 잎은 어긋나기하며 타원형이고, 가장자리가 밋밋하다.

해설　① 꽃은 백색 또는 홍자색이다.

32 다음 중 조경수의 이식에 대한 적응이 가장 어려운 수종은?

① 편백
② 미루나무
③ 수양버들
④ 일본잎갈나무

해설 이식에 대한 적응성

분 류	주요 수종
이식이 쉬운 수종	편백, 측백나무, 낙우송, 메타세쿼이아, 향나무, 광광나무, 사철나무, 쥐똥나무, 철쭉류, 벽오동, 미루나무, 은행나무, 플라타너스, 수양버들, 은백양, 무궁화, 명자나무, 등나무 등
이식이 어려운 수종	소나무, 전나무, 주목, 백송, 독일가문비나무, 섬잣나무, 가시나무, 굴거리나무, 호랑가시나무, 굴참나무, 떡갈나무, 느티나무, 목련, 백합나무, 칠엽수, 감나무, 자작나무, 맹종죽, 일본잎갈나무 등

33 팥배나무(*Sorbus alnifolia* K.Koch)의 설명으로 틀린 것은?

① 꽃은 노란색이다.
② 생장속도는 비교적 빠르다.
③ 열매는 조류 유인식물로 좋다.
④ 잎의 가장자리에 이중거치가 있다.

해설 ① 꽃은 흰색이다.

34 다음 중 수관의 형태가 "원추형"인 수종은?

① 전나무
② 실편백
③ 녹나무
④ 산수유

해설 수형과 주요 수종

수 형	주요 수종
원추형	낙우송, 삼나무, 전나무, 메타세쿼이아, 독일가문비나무, 주목 등
우산형	편백, 화백, 반송, 층층나무, 왕벚나무, 매화나무, 복숭아나무, 네군도단풍 등
구 형	졸참나무, 가시나무, 녹나무, 수수꽃다리, 플라타너스, 화살나무, 회화나무 등
난 형	백합나무, 측백나무, 동백나무, 태산목, 계수나무, 목련, 버즘나무 등
원주형	포플러류, 무궁화, 부용 등
배상형	느티나무, 가중나무, 단풍나무, 배롱나무, 산수유, 자귀나무, 석류나무 등
능수형	능수버들, 용버들, 수양벚나무, 실화백 등
만경형	능소화, 담쟁이덩굴, 등나무, 으름덩굴, 인동덩굴, 송악, 줄사철나무 등
포복형	눈향나무, 눈잣나무 등

정답 32 ④ 33 ① 34 ①

35 골담초(*Caragana sinica* Rehder)에 대한 설명으로 틀린 것은?

① 콩과(科) 식물이다.
② 꽃은 5월에 피고 단생한다.
③ 생장이 느리고 덩이뿌리로 위로 자란다.
④ 비옥한 사질양토에서 잘 자라나 토박지에서도 잘 자란다.

해설 ③ 잔뿌리가 길게 자라며, 위를 향한 가지는 사방으로 늘어져 자란다.

36 방풍림(Wind Shelter) 조성에 알맞은 수종은?

① 팽나무, 녹나무, 느티나무
② 곰솔, 대나무류, 자작나무
③ 신갈나무, 졸참나무, 향나무
④ 박달나무, 가문비나무, 아까시나무

해설 **방풍식재용 수목**: 곰솔, 삼나무, 편백, 전나무, 가시나무, 녹나무, 구실잣밤나무, 후박나무, 아왜나무, 동백나무, 은행나무, 느티나무, 팽나무 등이 있다.

37 *Syringa oblata* var. *dilatata*는 어떤 식물인가?

① 라일락
② 목 서
③ 수수꽃다리
④ 쥐똥나무

해설
① 라일락 : *Syringa vulgaris* L.
② 목서 : *Osmanthus fragrans* Lour.
④ 쥐똥나무 : *Ligustrum obtusifolium* Siebold & Zucc.

38 다음 중 인동덩굴(*Lonicera japonica* Thunb.)에 대한 설명으로 옳지 않은 것은?

① 반상록활엽 덩굴성
② 원산지는 한국, 중국, 일본
③ 꽃은 1~2개씩 엽액에 달리며 포는 난형으로 길이는 1~2cm
④ 줄기가 왼쪽으로 감아 올라가며, 소지는 회색으로 가시가 있고 속이 빔

해설 ④ 줄기가 오른쪽으로 감아 올라가며, 일년생 가지는 적갈색으로 속은 비어 있고 황갈색 털이 밀생한다.

39 조경수목은 식재기의 위치나 환경조건 등에 따라 적절히 선정하여야 한다. 다음 중 수목의 구비조건으로 가장 거리가 먼 것은?

① 병충해에 대한 저항성이 강해야 한다.
② 다듬기작업 등 유지관리가 용이해야 한다.
③ 이식이 용이하며, 이식 후에도 잘 자라야 한다.
④ 번식이 힘들고 다량으로 구입이 어려워야 희소성 때문에 가치가 있다.

해설 조경수목의 구비조건
- 관상가치와 실용적 가치가 높아야 한다.
- 이식이 용이하고, 이식 후에도 잘 자라야 한다.
- 불리한 환경에서도 견딜 수 있는 적응성이 커야 한다.
- 병해충에 대한 저항성이 강해야 한다.
- 번식이 잘되고, 손쉽게 다량으로 구입할 수 있어야 한다.
- 다듬기작업 등의 유지관리가 용이해야 한다.
- 사용목적에 적합해야 하고, 주변 경관과의 조화가 잘 이루어져야 한다.

40 미선나무(*Abeliophyllum distichum* Nakai)의 설명으로 틀린 것은?

① 1속1종
② 낙엽활엽관목
③ 잎은 어긋나기
④ 물푸레나무과(科)

해설 ③ 잎은 마주나기

41 잔디공사 중 떼심기 작업의 주의사항이 아닌 것은?

① 뗏장의 이음새에는 흙을 충분히 채워준다.
② 관수를 충분히 하여 흙과 밀착되도록 한다.
③ 경사면의 시공은 위쪽에서 아래쪽으로 작업한다.
④ 뗏장을 붙인 다음에 롤러 등의 장비로 전압을 실시한다.

해설 ③ 경사면 시공 시 뗏장 1매당 2개의 떼꽂이를 박아 고정시키고, 아래쪽에서 위쪽으로 식재한다.

정답 39 ④　40 ③　41 ③

42 다음 중 철쭉, 개나리 등 화목류의 전정시기로 가장 알맞은 것은?

① 가을 낙엽 후 실시한다.
② 꽃이 진 후에 실시한다.
③ 이른 봄 해동 후 바로 실시한다.
④ 시기와 상관없이 실시할 수 있다.

해설 ② 진달래, 목련, 철쭉 등의 화목류는 개화가 끝나고 꽃이 진 후 바로 전정하되, 화아분화시기와 분화 후 꽃 피는 습성에 따라 전정시기를 달리한다.

43 천적을 이용해 해충을 방제하는 방법은?

① 생물적 방제 ② 화학적 방제
③ 물리적 방제 ④ 임업적 방제

해설 ② 화학적 방제법 : 농약 등을 사용하는 방제법
③ 물리적 방제법 : 피해수목이나 해충에 직접적인 물리력을 가하는 방제법
④ 임업적 방제법 : 조경수를 식재할 때 수종의 구성·밀도 등을 조절하여 해충에 의한 피해를 줄이는 방제법

44 양버즘나무(플라타너스)에 발생된 흰불나방을 구제하고자 할 때 가장 효과가 좋은 약제는?

① 디플루벤주론 수화제 ② 결정석회황합제
③ 포스파미돈 액제 ④ 티오파네이트메틸 수화제

해설 미국흰불나방의 방제약제 : 디플루벤주론 수화제, 비티쿠르스타키 수화제, 카바릴 수화제

45 비탈면의 잔디를 기계로 깎으려면 비탈면의 경사가 어느 정도보다 완만하여야 하는가?

① 1 : 1보다 완만해야 한다.
② 1 : 2보다 완만해야 한다.
③ 1 : 3보다 완만해야 한다.
④ 경사에 상관없다.

해설 ③ 잔디깎기기계 사용 시 경사는 1 : 3보다 완만해야 한다.

46 수목 식재 후 물집을 만드는데, 물집의 크기로 가장 적당한 것은?

① 근원지름(직경)의 1배
② 근원지름(직경)의 2배
③ 근원지름(직경)의 3~4배
④ 근원지름(직경)의 5~6배

해설 물집 : 물받이라고도 하며, 주간을 따라 근원직경의 5~6배의 원형으로 높이 10~20cm의 턱을 만들어 설치한다.

47 조경수목에 공급하는 속효성 비료에 대한 설명으로 틀린 것은?

① 대부분의 화학비료가 해당된다.
② 늦가을에서 이른 봄 사이에 준다.
③ 시비 후 5~7일 정도면 바로 비효가 나타난다.
④ 강우가 많은 지역과 잦은 시기에는 유실 정도가 빠르다.

해설 ② 속효성 비료의 시비는 7월 말 이내에 끝낸다.

48 다음 설명에 해당하는 것은?

- 나무의 가지에 기생하면 그 부위가 국부적으로 이상비대한다.
- 기생 당한 부위의 윗부분은 위축되면서 말라 죽는다.
- 참나무류에 가장 큰 피해를 주며, 팽나무, 물오리나무, 자작나무, 밤나무 등의 활엽수에도 많이 기생한다.

① 새 삼
② 선 충
③ 겨우살이
④ 바이러스

해설 ③ 겨우살이는 기생식물로 둥지같이 둥글게 자라며, 줄기지름이 1m에 달하는 것도 있다.

정답 46 ④ 47 ② 48 ③

49 곰팡이가 식물에 침입하는 방법은 직접 침입, 자연개구로 침입, 상처 침입으로 구분할 수 있다. 다음 중 직접침입이 아닌 것은?

① 피목 침입
② 흡기로 침입
③ 세포 간 균사로 침입
④ 흡기를 가진 세포 간 균사로 침입

해설 병원체의 침입경로
• 각피를 통한 침입 : 잎·줄기 등의 표면에 있는 각피나 뿌리의 표피를 병원체가 자기 힘으로 뚫고 침입하는 것
• 자연개구부를 통한 침입 : 기공, 수공, 피목, 밀선(꿀샘) 등과 같은 식물체에 존재하는 미세한 구멍을 통해 침입하는 것
• 상처를 통한 침입 : 여러 가지 원인에 의해서 만들어진 상처의 괴사조직을 통해 병원체가 침입하는 것

50 농약제제의 분류 중 분제(粉劑, Dusts)에 대한 설명으로 틀린 것은?

① 잔효성이 유제에 비해 짧다.
② 작물에 대한 고착성이 우수하다.
③ 유효성분 농도가 1~5% 정도인 것이 많다.
④ 유효성분을 고체증량제와 소량의 보조제를 혼합 분쇄한 미분말을 말한다.

해설 ② 분말 상태의 고운 가루로 된 분제는 수화제, 유제 등에 비해 고착성이 불량하다.

51 다음 설명에 해당하는 공법은?

(1) 면상의 매트에 종자를 붙여 비탈면에 포설, 부착하여 일시적인 조기녹화를 도모하도록 시공한다.
(2) 비탈면을 평편하게 끝손질한 후 떼꽂이 등을 꽂아주어 떠오르거나 바람에 날리지 않도록 밀착한다.
(3) 비탈면 상부 0.2m 이상을 흙으로 덮고 단부(端部)를 흙속에 묻어 넣어 비탈면 어깨로부터 물의 침투를 방지한다.
(4) 긴 매트류로 시공할 때는 비탈면의 위에서 아래로 길게 세로로 깔고 흙쌓기 비탈면을 다지고 붙일 때는 수평으로 깔며 양단을 0.05m 이상 중첩한다.

① 식생대공
② 식생자루공
③ 식생매트공
④ 종자분사파종공

해설 ①·② 식생대공·식생자루공 : 종자를 자루에 담아 비탈면에 판 수평구 속으로 넣어 붙여 일시적으로 녹화하는 공법
④ 종자분사파종공 : 종자, 비료, 파이버(Fiber), 침식방지제 등을 물과 교반하여 종자살포기로 살포하는 공법

52 다음 중 콘크리트의 공사에 있어서 거푸집에 작용하는 콘크리트 측압의 증가요인이 아닌 것은?

① 타설속도가 빠를수록
② 슬럼프가 클수록
③ 다짐이 많을수록
④ 빈배합일 경우

해설 거푸집에 작용하는 콘크리트 측압에 영향을 주는 요인
• 증가요인
 – 콘크리트 타설속도가 빠를수록
 – 반죽이 묽은 콘크리트일수록
 – 콘크리트 비중이 클수록
 – 다짐이 많을수록
 – 대기습도가 높을수록
 – 거푸집 단면이 클수록
 – 부배합일수록
 – 수평부재보다는 수직부재일수록
• 감소요인
 – 응결시간이 빠를수록
 – 철골 또는 철근의 양이 많을수록
 – 온도가 높을수록(경화가 빠를수록)

53 건설공사 표준품셈에서 사용되는 기본(표준형) 벽돌의 표준치수(mm)로 옳은 것은?

① $180 \times 80 \times 57$
② $190 \times 90 \times 57$
③ $210 \times 90 \times 60$
④ $210 \times 100 \times 60$

54 다음 중 현장답사 등과 같이 높은 정확도를 요하지 않는 경우에 간단히 거리를 측정하는 약측정 방법에 해당하지 않는 것은?

① 목 측
② 보 측
③ 시각법
④ 줄자 측정

해설 ④ 약측법이란 기구를 사용하지 않고 대략적인 거리를 측정을 하는 것을 말하며 체인, 테이프, 줄자, 측량기 등의 기구를 이용해 정확한 거리를 측정하는 것은 실측법이라고 한다.
 ※ 약측법 : 목측, 보측, 음측, 시각법 등

정답 52 ④ 53 ② 54 ④

55 다음 [보기]가 설명하는 특징의 건설장비는?

┌─보기─────────────────────────────────────┐
- 기동성이 뛰어나고, 대형목의 이식과 자연석의 운반, 놓기, 쌓기 등에 가장 많이 사용된다.
- 기계가 서 있는 지반보다 낮은 곳의 굴착에 좋다.
- 파는 힘이 강력하고 비교적 경질지반도 적응한다.
- Drag Shovel이라고도 한다.
└───┘

① 로더(Loader) ② 백호(Back Hoe)
③ 불도저(Bull Dozer) ④ 덤프트럭(Dump Truck)

해설 ① 상차용 기계
③ 배토정지용 기계
④ 운반용 기계

56 토공사에서 터파기할 양이 100m³, 되메우기량이 70m³일 때 실질적인 잔토처리량(m³)은?(단, L = 1.1, C = 0.8이다)

① 24 ② 30
③ 33 ④ 39

해설 되메우기 후 잔토처리량 = (터파기량 − 되메우기량) × L
= (100 − 70) × 1.1
= 33m³

57 수준측량에서 표고(標高, Elevation)라 함은 일반적으로 어느 면(面)으로부터의 연직거리를 말하는가?

① 해면(海面) ② 기준면(基準面)
③ 수평면(水平面) ④ 지평면(地平面)

해설 ② 지반면의 높이를 비교할 때 기준이 되는 면을 기준면이라고 한다.

58 다음 설명의 괄호 안에 적합한 것은?

> ( )란 지질 지표면을 이루는 흙으로, 유기물과 토양미생물이 풍부한 유기물층과 용탈층 등을 포함한 표층 토양을 말한다.

① 표 토
② 조류(Algae)
③ 풍적토
④ 충적토

해설 ② 조류 : 물속에서 생육하며 광합성에 의해 독립영양생활을 하는 체제가 간단한 식물
③ 풍적토 : 암석의 가루 따위가 바람에 의해 옮겨져 퇴적된 토양
④ 충적토 : 흙이나 모래가 물에 의해 흘러 범람원이나 삼각주 따위의 낮은 지역에 퇴적된 토양

59 토양환경을 개선하기 위해 유공관을 지면과 수직으로 뿌리 주변에 세워 토양 내 공기를 공급하여 뿌리호흡을 유도하는데, 유공관의 깊이는 수종, 규격, 식재지역의 토양상태에 따라 다르게 할 수 있으나, 평균깊이는 몇 m 이내로 하는 것이 바람직한가?

① 1m
② 1.5m
③ 2m
④ 3m

해설 ① 유공관의 설치깊이는 평균적으로 1m 이내로 하는 것이 바람직하다.

60 조경시설물 유지관리 연간 작업계획에 포함되지 않는 작업내용은?

① 수선, 교체
② 개량, 신설
③ 복구, 방제
④ 제초, 전정

해설 ④ 제초나 전정은 식물관리 작업계획에 포함되는 사항이다.

정답 58 ① 59 ① 60 ④

2016년 제2회 | 과년도 기출문제

01 다음 고서에서 조경식물에 대한 기록이 다루어지지 않은 것은?
① 고려사
② 악학궤범
③ 양화소록
④ 동국이상국집

해설 악학궤범 : 1493년에 왕명에 따라 제작된 악전(樂典)으로, 가사가 한글로 실려 있고 궁중음악은 물론 당악이나 향악에 관한 이론 및 제도, 법식 등을 그림과 함께 설명하고 있다.

02 스페인 정원에 관한 설명으로 틀린 것은?
① 규모가 웅장하다.
② 기하학적인 터 가르기를 한다.
③ 바닥에는 색채타일을 이용하였다.
④ 안달루시아(Andalusia) 지방에서 발달했다.

해설 스페인정원의 특징
- 중정 구성이 독특하고 물과 분수를 풍부하게 이용
- 대리석과 벽돌을 이용한 기하학적 형태
- 다채로운 색채를 도입한 섬세한 장식
- 스페인의 남부지방인 안달루시아에서 번영

03 경복궁 내 자경전의 꽃담 벽화문양에 표현되지 않은 식물은?
① 매 화
② 석 류
③ 산수유
④ 국 화

해설 ③ 경복궁 내 자경전의 꽃담 벽화문양에는 매화, 복숭아, 모란, 석류, 국화, 진달래, 대나무 등이 표현되어 있다.

1 ② 2 ① 3 ③ **정답**

04 형태는 직선 또는 규칙적인 곡선에 의해 구성되고 축을 형성하며, 연못이나 화단 등의 각 부분에도 대칭형이 되는 조경양식은?

① 자연식
② 풍경식
③ 정형식
④ 절충식

해설 정형식 정원
- 평면기하학식 : 대칭적 구성으로 평야지대에서 발달(프랑스의 베르사유궁원).
- 노단건축식 : 계단식 구성으로 경사지에서 발달(바빌로니아의 공중정원, 이탈리아의 빌라정원 등).
- 중정식 : 건물로 둘러싸인 내부에 소규모 분수나 연못 등을 조성(중세의 수도원정원, 스페인의 알람브라 등).

05 우리나라 부유층의 민가정원에서 유교의 영향으로 부녀자들을 위해 특별히 조성된 부분은?

① 전 정
② 중 정
③ 후 정
④ 주 정

해설 ③ 후정은 남성 중심의 유교사상으로 인해 전정을 사용하지 못했던 부녀자들을 위하여 안채 뒤쪽에 만들어진 정원으로, 당시 부유층의 주택에만 조성된 독특한 공간이다.

06 다음 중 정원에 사용되었던 하하(Ha-Ha)기법을 가장 잘 설명한 것은?

① 정원과 외부 사이 수로를 파 경계하는 기법
② 정원과 외부 사이 언덕으로 경계하는 기법
③ 정원과 외부 사이 교목으로 경계하는 기법
④ 정원과 외부 사이 산울타리를 설치하여 경계하는 기법

해설 하하(Ha-Ha)기법의 도입 : 담장 대신 정원 부지의 경계선에 해당하는 곳에 깊은 도랑을 파서 외부로부터의 침입을 막고, 가축을 보호하며, 목장이나 삼림, 경지 등을 정원풍경 속에 끌어들이자는 의도에서 만들어졌다. 이 도랑의 존재를 모르고 원로를 따라 걷다가 갑자기 원로가 차단되었음을 발견하고 무의식중에 터져 나온 감탄사에서 유래한 이름이다.

07 다음 중 고대 이집트의 대표적인 정원수는?

- 강한 직사광선으로 인하여 녹음수로 많이 사용
- 신성시하여 사자(死者)를 이 나무 그늘 아래 쉬게 하는 풍습이 있었음

① 파피루스
② 버드나무
③ 장 미
④ 시카모어

해설 시카모어 : 고대 이집트의 대표적인 정원수로, 녹음수로 많이 사용되었고, 신성시하여 사자(死者)를 이 나무 그늘 아래 쉬게 하는 풍습이 있었다.

정답 4 ③ 5 ③ 6 ① 7 ④

08 다음 중 고산식수법의 설명으로 알맞은 것은?

① 가난함이나 부족함 속에서도 아름다움을 찾아내어 검소하고 한적한 삶을 표현
② 이끼 낀 정원석에서 고담하고 한아를 느낄 수 있도록 표현
③ 정원의 못을 복잡하게 표현하기 위해 호안을 곡절시켜 심(心)자와 같은 형태의 못을 조성
④ 물이 있어야 할 곳에 물을 사용하지 않고 돌과 모래를 사용해 물을 상징적으로 표현

해설 ④ 고산수식 정원은 물을 전혀 사용하지 않고 바위, 왕모래, 나무만을 사용한 축산고산수식에서 나무조차 사용하지 않는 평정고산수식으로 발달하였다.

09 다음 중 독일의 풍경식 정원과 가장 관계가 깊은 것은?

① 한정된 공간에서 다양한 변화를 추구
② 동양의 사의주의 자연풍경식을 수용
③ 외국에서 도입한 원예식물의 수용
④ 식물생태학, 식물지리학 등의 과학이론의 적용

해설 독일정원의 특징
- 식물생태학과 식물지리학 등의 과학적 지식을 이용한 자연경관의 재생이 목적이었다.
- 그 지방의 향토수종을 배식하여 자연스러운 경관을 형성하였으며, 실용적인 형태의 정원이 발달하였다.

10 도시 내부와 외부의 관련이 매우 좋으며, 재난 시 시민들의 빠른 대피에 큰 효과를 발휘하는 녹지 형태는?

① 분산식
② 방사식
③ 환상식
④ 평행식

해설 그린벨트 녹지계통의 형식
- 방사식 : 도시 중심에서 외부로 내뻗는 형태로 배치
- 분산식 : 여기저기에 여러 형태로 배치
- 환상식 : 도시를 중심으로 한 둥근 띠 모양의 형태로 도시 확대를 방지하는 데 효과적
- 방사분산식 : 분산식 녹지대를 방사 형태로 질서 있게 배치
- 방사환상식 : 방사식과 환상식을 결합한 형태로 가장 이상적인 도시녹지 형태
- 위성식 : 주로 대도시에만 적용되는 형태로 녹지대 안에 시가지 조성
- 평행식 : 도시 형태가 띠 모양일 때 도시를 따라 평행하게 배치

11 조경계획 및 설계과정에 있어서 각 공간의 규모, 사용재료, 마감방법을 제시해 주는 단계는?
① 기본구상
② 기본계획
③ 기본설계
④ 실시설계

해설 기본설계 : 사업계획 및 기본방침, 대략의 공정, 시공법, 공사비 등 기본적인 내용을 작성하는 것으로, 기초설계를 토대로 공사 시행 시 발생할 수 있는 문제점과 타 공사와의 연관성, 예산 확보 등을 검토하고 확인할 수 있다.

12 다음 [보기]의 행위 시 도시공원 및 녹지 등에 관한 법률상의 벌칙 기준은?

보기
- 위반하여 도시공원에 입장하는 사람으로부터 입장료를 징수한 자
- 허가를 받지 아니하거나 허가받은 내용을 위반하여 도시공원 또는 녹지에서 시설·건축물 또는 공작물을 설치한 자

① 2년 이하의 징역 또는 3,000만원 이하의 벌금
② 1년 이하의 징역 또는 1,000만원 이하의 벌금
③ 1년 이하의 징역 또는 500만원 이하의 벌금
④ 1년 이하의 징역 또는 3,000만원 이하의 벌금

해설 벌칙(도시공원 및 녹지 등에 관한 법률 제53조)
다음의 어느 하나에 해당하는 자는 1년 이하의 징역 또는 1천만원 이하의 벌금에 처한다.
- 위탁 또는 인가를 받지 아니하고 도시공원 또는 공원시설을 설치하거나 관리한 자
- 허가를 받지 아니하거나 허가받은 내용을 위반하여 도시공원 또는 녹지에서 시설·건축물 또는 공작물을 설치한 자
- 거짓이나 그 밖의 부정한 방법으로 허가를 받은 자
- 규정을 위반하여 도시공원에 입장하는 사람으로부터 입장료를 징수한 자

13 주택정원 거실 앞쪽에 위치한 뜰로 옥외생활을 즐길 수 있는 공간은?
① 안 뜰
② 앞 뜰
③ 뒤 뜰
④ 작업뜰

해설 주택정원의 공간
- 앞뜰 : 가족이나 손님이 출입하는 곳으로 대문에서 현관 사이의 공공공간을 말하며, 주 동선이 되는 원로를 설치한다.
- 안뜰 : 응접실이나 거실 쪽에 면한 뜰로 옥외생활을 즐길 수 있는 곳이며, 인상적인 공간을 조성하여 조망과 정적·동적 이용 및 기능, 식사 등 다목적으로 이용한다.
- 뒤뜰 : 사생활이 보장되도록 구성하고, 놀이터나 운동공간으로 이용한다.
- 작업뜰 : 되도록 주택정원 내 다른 공간과 시각적으로 차폐시키는 것이 좋고, 불결해지기 쉬운 건물의 뒤쪽에 자리잡는 경우가 많으므로 통풍과 채광, 배수가 잘되도록 한다.

정답 11 ③ 12 ② 13 ①

14 다음 중 사적인 정원이 공적인 공원으로 역할전환의 계기가 된 사례는?
① 에스테장
② 베르사유궁
③ 켄싱턴가든
④ 센트럴파크

해설 ④ 센트럴파크는 프레드릭 로 옴스테드(Frederick Law Olmsted)와 캘버트 보(Calvert Vaux)가 설계한 공원으로, 미국 식민지시대의 사유지 중심의 정원에서 공공적인 성격을 지닌 공원으로 전환되는 전기를 마련하였다.

15 색채와 자연환경에 대한 설명으로 옳지 않은 것은?
① 풍토색은 기후와 토지의 색, 즉 지역의 태양빛, 흙의 색 등을 의미한다.
② 지역색은 그 지역의 특성을 전달하는 색체와 그 지역의 역사, 풍속, 지형, 기후 등의 지방색과 합쳐서 표현된다.
③ 지역색은 환경색채계획 등 새로운 분야에서 사용되기 시작한 용어이다.
④ 풍토색은 지역의 건축물, 도로환경, 옥외광고물 등의 특징을 갖고 있다.

해설 풍토색 : 지방의 토지, 자연, 인간과 어울려 형성된 지방의 풍토를 두드러지게 드러내는 특색으로, 지역 내 생활이나 문화, 산업에 영향을 끼친다.

16 대형건물의 외벽도색을 위한 색채계획을 할 때 사용하는 컬러샘플(Color Sample)은 실제의 색보다 명도나 채도를 낮추어 사용하는 것이 좋다. 이는 색채의 어떤 현상 때문인가?
① 착시효과
② 동화현상
③ 대비효과
④ 면적효과

해설 면적대비 : 면적이 크고 작음에 따라 색이 다르게 보이는 현상
• 면적이 커지면 명도와 채도가 높아진 것처럼 느껴져 색은 밝고 선명해 보이지만, 반대로 면적이 작아지면 색은 어둡고 탁해 보인다.
• 작은 견본으로는 정확한 색상 선택이 어려우므로 벽면과 같이 큰 면적의 색을 고를 때는 원하는 색상보다 약간 어둡고 탁한 색을 고르는 것이 좋다.

17 먼셀 색체계의 기본색인 5가지 주요 색상으로 바르게 짝지어진 것은?
① 빨강, 노랑, 초록, 파랑, 주황
② 빨강, 노랑, 초록, 파랑, 보라
③ 빨강, 노랑, 초록, 파랑, 청록
④ 빨강, 노랑, 초록, 남색, 주황

해설 먼셀 색체계의 5가지 기본색상 : R(Red, 빨강), Y(Yellow, 노랑), G(Green, 초록), B(Blue, 파랑), P(Purple, 보라)

18 표제란에 대한 설명으로 옳은 것은?
① 도면명은 표제란에 기입하지 않는다.
② 도면 제작에 필요한 지침을 기록한다.
③ 도면번호, 도명, 작성자명, 작성일자 등에 관한 사항을 기입한다.
④ 용지의 긴 쪽 길이를 가로 방향으로 설정할 때 표제란은 왼쪽 아래 구석에 위치한다.

해설 ③ 공사명, 도면명, 도면번호, 축척, 설계일시, 설계자명을 기입한다.

19 오른손잡이의 선긋기 연습에서 고려해야 할 사항이 아닌 것은?
① 수평선 긋기 방향은 왼쪽에서 오른쪽으로 긋는다.
② 수직선 긋기 방향은 위쪽에서 아래쪽으로 내려 긋는다.
③ 선은 처음부터 끝나는 부분까지 일정한 힘으로 한 번에 긋는다.
④ 선의 연결과 교차부분이 정확하게 되도록 한다.

해설 제도용구를 이용한 선 그리기
• 선을 처음 긋기 시작할 때는 긋고자 하는 선의 길이를 생각하고 긋는다.
• 선은 일관성과 통일성을 유지하며, 같은 목적으로 사용되는 선의 굵기와 진하기는 같아야 한다.
• 선을 긋는 방향은 왼쪽에서 오른쪽으로, 아래쪽에서 위쪽으로 한다.
• 선의 연결 부분과 교차 부분을 정확하게 작도한다.

20 건설재료의 골재의 단면표시 중 잡석을 나타낸 것은?

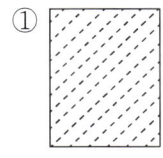
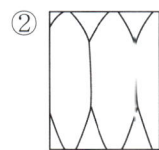

해설 ① 강철, ③ 모래, ④ 자갈

정답 18 ③ 19 ② 20 ②

21 굵은골재의 절대건조상태의 질량이 1,000g, 표면건조포화상태의 질량이 1,100g, 수중질량이 650g일 때 흡수율은 몇 %인가?(단, 시험온도에서의 물의 밀도는 $1g/cm^3$이다)

① 10.0%　　　　　　　　② 28.6%
③ 31.4%　　　　　　　　④ 35.0%

해설 흡수율(%) = $\dfrac{\text{표면건조포화상태의 질량} - \text{절대건조상태의 질량}}{\text{절대건조상태의 질량}}$ = $\dfrac{1{,}100 - 1{,}000}{1{,}000} \times 100 = 10$

22 새끼(볏짚제품)의 용도 설명으로 가장 부적합한 것은?

① 더위에 약한 수목을 보호하기 위해서 줄기에 감는다.
② 옮겨 심는 수목의 뿌리분이 상하지 않도록 감아준다.
③ 강한 햇볕에 줄기가 타는 것을 방지하기 위하여 감아준다.
④ 천공성 해충의 침입을 방지하기 위하여 감아준다.

해설 새끼의 용도
• 볏짚, 풀 등 수목 주위의 토양을 덮음으로써 수분의 증발 억제, 잡초의 발생 방지, 가뭄해 방지, 겨울철 지온 보호, 동해 방지 등을 한다.
• 옮겨 심는 나무의 뿌리분이 상하지 않도록 감아 주거나, 줄기감기를 하는 데 사용한다.

23 내부진동기를 사용하여 콘크리트 다지기를 실시할 때 내부진동기를 찔러 넣는 간격은 얼마 이하를 표준으로 하는 것이 좋은가?

① 30cm
② 50cm
③ 80cm
④ 100cm

해설 콘크리트 내부진동기의 사용
• 타설한 콘크리트에 균일한 진동을 주기 위해 진동기의 찔러 넣는 간격 및 한 장소당 진동시간을 미리 규정하여 작업자에게 철저하게 주지시켜야 한다.
• 내부진동기는 될 수 있는 대로 연직으로, 일정한 간격으로 찔러 넣고 그 간격은 일반적으로 50cm 이하로 하며, 진동을 가하는 시간은 콘크리트의 윗면에 페이스트가 떠오를 때까지 하는데, 보통 5~15초 정도로 한다.

정답 21 ①　22 ①　23 ②

24 아스팔트의 물리적 성질과 관련된 설명으로 옳지 않은 것은?

① 아스팔트의 연성을 나타내는 수치를 신도라 한다.
② 침입도는 아스팔트의 컨시스턴시를 침의 관입 저항으로 평가하는 방법이다.
③ 아스팔트에는 명확한 융점이 있으며, 온도가 상승하는 데 따라 연화하여 액상이 된다.
④ 아스팔트는 온도에 따른 컨시스턴시의 변화가 매우 크며, 이 변화의 정도를 감온성이라 한다.

해설 ③ 아스팔트에는 명확한 융점이 존재하지 않으며, 온도가 상승함에 따라 액화하여 액상이 된다.

25 다음 [보기]가 설명하는 건설용 재료는?

> 보기
> - 갈라진 목재 틈을 메우는 정형 실링재이다.
> - 단성복원력이 적거나 거의 없다.
> - 일정 압력을 받는 섀시의 접합부 쿠션 겸 실링재로 사용되었다.
> - 페인트칠 작업 시 때움 재료로서 적당하다.

① 프라이머　　　　② 코 킹
③ 퍼 티　　　　　④ 석 고

해설 ① 프라이머 : 아스팔트 방수재료로 이용
② 코킹 : 틈새를 충전하는 충전재료로 이용
④ 석고 : 방수제로 이용

26 조경공사의 돌쌓기용 암석을 운반하기에 가장 적합한 재료는?

① 철 근　　　　　② 쇠파이프
③ 철 망　　　　　④ 와이어로프

해설 와이어로프 : 철선을 여러 겹 꼬아 만든 밧줄로, 높은 강도와 유연성을 가지고 있어 토목, 건축, 기계 등에 많이 쓰이며, 항만 및 육상 운송시스템인 크레인, 엘리베이터 등 리프트를 사용하는 많은 장치들에 사용된다.

정답　24 ③　25 ③　26 ④

27 건설용 재료의 특징 설명으로 틀린 것은?

① 미장재료 : 구조재의 부족한 요소를 감추고 외벽을 아름답게 나타내 주는 것
② 플라스틱 : 합성수지에 가소제, 채움제, 안정제, 착색제 등을 넣어서 성형한 고분자 물질
③ 역청재료 : 최근에 환경 조형물이나 안내판 등에 널리 이용되고, 입체적인 벽면구성이나 특수지역의 바닥 포장재로 사용
④ 도장재료 : 구조재의 내식성, 방부성, 내마멸성, 방수성, 방습성 및 강도 등이 높아지고 광택 등 미관을 높여 주는 효과를 얻음

해설 **역청재료** : 일반적으로 이황화탄소에 용해되는 탄화수소의 혼합물로서 고체 또는 반고체 물질이며, 이 역청을 주성분으로 하는 것을 역청재료라 한다. 역청재료의 종류에는 천연 아스팔트, 석유 아스팔트, 타르, 피치 등이 있고, 도로의 포장재료, 방수재료, 호안재료, 토질 안정재료, 도료, 줄눈재료, 절연재료, 주입재료 등으로 사용한다.

28 다음 중 목재의 방부 또는 방충을 목적으로 하는 방법으로 가장 부적합한 것은?

① 표면탄화법　　② 약제도포법
③ 상압주입법　　④ 마모저항법

해설
① 표면탄화법 : 목재 표면을 일정 깊이로 태워 탄화시키는 방법으로, 흡수성이 증가하는 단점이 있다.
② 약제도포법 : 건조재의 표면에 방부제를 바르거나 뿌려서 목재부후균의 침입을 방지하는 가장 간단한 처리방법이지만 효과는 상당히 크다.
③ 상압주입법 : 침지법과 유사하나, 가열한 약액에 방부할 목재를 일정 시간 담가 둔 후 다시 상온의 약액에 담가 침지시키는 방법이다.

29 쇠망치 및 날메로 요철을 대강 따내고, 거친 면을 그대로 두어 부풀린 느낌으로 마무리 하는 것으로 중량감, 자연미를 주는 석재가공법은?

① 혹두기　　② 정다듬
③ 도드락다듬　　④ 잔다듬

해설
② 정다듬 : 혹두기한 면을 정으로 비교적 고르고 곱게 다듬는 작업으로 거친다듬, 중다듬, 고운다듬으로 구분된다.
③ 도드락다듬 : 정다듬한 표면을 도드락망치를 이용하여 1~3회 정도 두드려 곱게 다듬는 작업이다.
④ 잔다듬 : 외날망치나 양날망치로 정다듬면 또는 도드락다듬면을 일정 방향, 주로 평행하게 나란히 찍어 평탄하게 마무리하는 작업이며, 다듬횟수는 1~5회 정도이다.

30 시멘트의 강열감량(Ignition Loss)에 대한 설명으로 틀린 것은?

① 시멘트 중에 함유된 H_2O와 CO_2의 양이다.
② 클링커와 혼합하는 석고의 결정수량과 거의 같은 양이다.
③ 시멘트에 약 1,000℃의 강한 열을 가했을 때의 시멘트 감량이다.
④ 시멘트가 풍화하면 강열감량이 적어지므로 풍화의 정도를 파악하는 데 사용된다.

해설 강열감량(Ignition Loss) : 시료를 어떤 일정한 온도로 강열한 경우 감소되는 질량을 원래의 질량에 대한 백분율로 나타낸 값으로, 시멘트의 풍화도를 확인하는 척도로 쓰이며, KS규격에서는 3%로 규정하고 있다.

31 형상수(Topiary)를 만들기에 가장 적합한 수종은?

① 주 목
② 단풍나무
③ 개벚나무
④ 전나무

해설 ① 주목은 맹아력이 강하여 전정에 잘 견디므로 산울타리나 형상수로 많이 쓰인다.

32 다음 중 내염성이 가장 큰 수종은?

① 사철나무
② 목 련
③ 낙엽송
④ 일본목련

해설 내염성이 큰 수종 : 해송, 눈향나무, 해당화, 비자나무, 사철나무, 동백나무, 유카, 찔레나무, 회양목 등

33 다음 중 아황산가스에 강한 수종이 아닌 것은?

① 고로쇠나무
② 가시나무
③ 백합나무
④ 칠엽수

해설 대기오염(아황산가스)에 강한 수종 : 은행나무, 편백, 화백, 향나무, 비자나무, 태산목, 아왜나무, 가시나무, 녹나무, 사철나무, 벽오동, 능수버들, 플라타너스, 쥐똥나무, 돈나무, 호랑가시나무, 갈참나무, 무궁화, 칠엽수, 종려나무, 백합나무 등

정답 30 ④ 31 ① 32 ① 33 ①

34 화단에 심겨지는 초화류가 갖추어야 할 조건으로 가장 부적합한 것은?

① 가지 수는 적고 큰 꽃이 피어야 한다.
② 바람, 건조 및 병해충에 강해야 한다.
③ 꽃의 색채가 선명하고 개화기간이 길어야 한다.
④ 성질이 강건하고 재배와 이식이 비교적 용이해야 한다.

해설 **화단용 초화류의 조건**
- 모양이 아름답고, 가급적 키가 작아야 한다.
- 가지가 많이 갈라져서 꽃이 많이 달려야 한다.
- 꽃의 색깔이 선명하고, 개화기간이 길어야 한다.
- 바람, 건조, 병해충에 견디는 힘이 강해야 한다.
- 성질이 강하고, 나쁜 환경에서도 잘 자라야 한다.

35 단풍나무과(科)에 해당되지 않는 수종은?

① 고로쇠나무 ② 복자기
③ 소사나무   ④ 신나무

해설 ③ 소사나무는 자작나무과(科)이다.

36 수종과 그 줄기 색의 연결이 틀린 것은?

① 벽오동은 녹색 계통이다.
② 곰솔은 흑갈색 계통이다.
③ 소나무는 적갈색 계통이다.
④ 흰말채나무는 흰색 계통이다.

해설 ④ 흰말채나무의 줄기 색은 붉은색 계통이다.

37 다음 중 양수에 해당하는 수종은?

① 일본잎갈나무 ② 조록싸리
③ 식나무   ④ 사철나무

해설 **양수** : 소나무, 곰솔, 측백나무, 낙엽송, 향나무, 은행나무, 철쭉류, 삼나무, 느티나무, 포플러류, 가죽나무, 무궁화, 백목련, 모과나무, 두릅나무, 산수유 등

38 무너짐쌓기를 한 후 돌과 돌 사이에 식재하는 식물재료로 가장 적합한 것은?

① 장 미
② 회양목
③ 화살나무
④ 꽝꽝나무

해설 돌틈식재 : 돌틈에 비옥한 토양을 채워 관목류, 화훼류, 야생초 등을 식재하면 토사유출을 방지하고 석정의 느낌을 부드럽게 완화시킬 수 있는데, 주로 사용하는 관목류는 반송, 회양목, 철쭉 등이다.

39 귀룽나무(*Prunus padus* L.)에 대한 특성으로 맞지 않는 것은?

① 원산지는 한국, 일본이다.
② 꽃과 열매는 백색 계열이다.
③ Rosaceae과(科) 식물로 분류된다.
④ 생장속도가 빠르고 내공해성이 강하다.

해설 ② 귀룽나무의 꽃은 백색 계열이고, 열매는 붉은색으로 열려 검은색으로 여문다.

40 능소화(*Campsis grandifolia* K. Schum.)의 설명으로 틀린 것은?

① 낙엽활엽덩굴성이다.
② 잎은 어긋나며, 뒷면에 털이 있다.
③ 나팔모양의 꽃은 주홍색으로 화려하다.
④ 동양적인 정원이나 사찰 등의 관상용으로 좋다.

해설 ② 잎은 마주나며, 가장자리에 털이 있다.

41 해충의 체(體) 표면에 직접 살포하거나 살포된 물체에 해충이 접촉되어 약제가 체내에 침입하여 독(毒) 작용을 일으키는 약제는?

① 유인제
② 접촉살충제
③ 소화중독제
④ 화학불임제

해설 ① 유인제 : 곤충을 유인하는 작용이 있는 물질로 곤충이 분비하는 페로몬 등을 이용한 약제
③ 소화중독제 : 해충의 입을 통해 소화관에 들어가 중독작용을 일으켜 치사시키는 약제
④ 화학불임제 : 해충의 암컷 또는 수컷이 불임이 되게 하여 번식을 막는 목적으로 쓰이는 약제

정답 38 ② 39 ② 40 ② 41 ②

42 수목을 장거리 운반할 때 주의해야 할 사항이 아닌 것은?

① 병충해 방제
② 수피 손상 방지
③ 분 깨짐 방지
④ 바람 피해 방지

[해설] 수목의 운반 도중 가지나 잎 또는 뿌리분이 손상되지 않도록 조치를 취해야 한다.

43 도시공원 녹지 중 수림지 관리에서 그 필요성이 가장 떨어지는 것은?

① 시비(施肥)
② 하예(下刈)
③ 제벌(除伐)
④ 병충해 방제

[해설] ② 하예 : 임목 주변의 잡초를 제거해 주고, 덩굴 등을 잘라 내어 나무가 잘 자라도록 해 주는 작업

44 다음 설명에 해당하는 파종공법은?

- 종자, 비료, 파이버(Fiber), 침식방지제 등을 물과 교반하여 종자살포기로 살포한다.
- 비탈기울기가 급하고 토양조건이 열악한 급경사지에 기계와 기구를 사용해서 종자를 파종한다.
- 한랭도가 적고 토양조건이 어느 정도 양호한 비탈면에 한하여 적용한다.

① 식생매트공
② 볏짚거적덮기공
③ 종자분사파종공
④ 지하경 뿜어붙이기공

[해설] ① 식생매트공 : 면상의 매트에 종자를 붙여 비탈면에 포설·부착하여 일시적인 조기녹화를 도모하는 공법
② 볏짚거적덮기공 : 절·성토면을 정리한 후 종자를 뿌리고 보온과 발아 촉진을 위해 볏집거적으로 덮어 주는 공법
③ 지하경 뿜어붙이기공 : 기계시공법 중 하나로, 펌프를 이용하여 지하경을 뿜어붙이는 공법

45 장미 검은무늬병은 주로 식물체 어느 부위에 발생하는가?

① 꽃
② 잎
③ 뿌리
④ 식물 전체

[해설] ② 장미 검은무늬병은 주로 잎에 발생하는데, 처음에는 잎에 갈색 내지 자색의 작은 반점이 생기고, 점차 진전되면 흑색 병반에 중앙은 회색을 띠며, 병반 주위는 황색으로 변한다.

46 25% A유제 100mL를 0.05%의 살포액으로 만드는 데 소요되는 물의 양(L)으로 가장 가까운 것은?(단, 비중은 1.0이다)

① 5
② 25
③ 50
④ 100

해설 살포액의 희석

필요 수량 = 소요 약량 × $\dfrac{원액\ 농도}{희석\ 농도}$

$= 100 \times \dfrac{25}{0.05}$

$= 50,000\text{mL} = 50\text{L}$

※ 1L = 1,000mL

47 봄에 향나무의 잎과 줄기에 갈색의 돌기가 형성되고 비가 오면 한천모양이나 젤리모양으로 부풀어 오르는 병은?

① 향나무 가지마름병
② 향나무 그을음병
③ 향나무 붉은별무늬병
④ 향나무 녹병

해설 향나무 녹병
2~3월경 잎, 가지 및 줄기에 암갈색 돌기 형태의 겨울포자퇴가 형성되며, 4월에 비가 오면 겨울포자퇴가 부풀어서 오렌지색 젤리 모양의 담자포자를 형성하고, 담자포자는 장미과 수목으로 옮겨간 후 녹병정자에 의한 중복감염이 이루어진다. 6~7월에 장미과 식물에서 만들어진 녹포자가 다시 향나무의 잎과 줄기 속으로 침입해 균사로 월동한다.

48 수목의 이식 전 세근을 발달시키기 위해 실시하는 작업을 무엇이라 하는가?

① 가 식
② 뿌리돌림
③ 뿌리분 포장
④ 뿌리외과수술

해설 뿌리돌림의 목적 : 이식력이 약한 나무를 대상으로 굴취 전에 미리 잔뿌리를 발달시켜 이식력을 높이거나, 노목이나 쇠약목의 세력 회복을 위한 목적으로도 사용한다.

정답 46 ③ 47 ④ 48 ②

49 잔디의 병해 중 녹병의 방제약으로 옳은 것은?

① 만코제브(수)
② 테부코나졸(유)
③ 에마멕틴벤조에이트(유)
④ 글루포시네이트암모늄(액)

해설 ② 녹병의 방제약으로는 헥사코나졸 액상수화제, 트리플루미졸 수화제, 트리포린 유제, 트리아디메폰 수화제, 트리아디메놀 수화제, 테부코나졸 유제, 크레속심메틸 액상수화제, 이미벤코나졸 입상수화제, 이미벤코나졸 수화제 등이 있다.

50 진딧물의 방제를 위하여 보호하여야 하는 천적으로 볼 수 없는 것은?

① 무당벌레류
② 꽃등에류
③ 솔잎벌류
④ 풀잠자리류

해설 진딧물의 천적 : 무당벌레, 풀잠자리, 콜레마니 진디벌, 진디혹파리, 꽃등에 등

51 작업현장에서 작업물의 운반작업 시 주의사항으로 옳지 않은 것은?

① 어깨높이보다 높은 위치에서 하물을 들고 운반하여서는 안 된다.
② 운반시의 시선은 진행방향을 향하고 뒷걸음 운반을 하여서는 안 된다.
③ 무거운 물건을 운반할 때 무게 중심이 높은 하물은 인력으로 운반하지 않는다.
④ 단독으로 긴 물건을 어깨에 메고 운반할 때는 뒤쪽을 위로 올린 상태로 운반한다.

해설 ④ 단독으로 긴 물건을 어깨에 메고 운반할 때는, 앞부분 끝을 근로자 신장보다 약간 높게 하여 모서리나 곡선 등에 충돌하지 않도록 주의하여야 한다.

52 지형도상에서 2점 간의 수평거리가 200m이고, 높이 차가 5m라 하면 경사도는 얼마인가?

① 2.5%
② 5.0%
③ 10.0%
④ 50.0%

해설 경사도(%) = (수직높이 ÷ 수평거리) × 100
= (5 ÷ 200) × 100
= 2.5%

경사도의 표현
- 할 : (수직높이 ÷ 수평거리) × 10
- 백분율(%) : (수직높이 ÷ 수평거리) × 100
- 각도(°) : $\tan^{-1}$(수직높이 ÷ 수평거리)
- 비례식 : 수직높이 : 수평거리

49 ② 50 ③ 51 ④ 52 ①

53 다음 중 건설공사에서 마지막으로 행하는 작업은?

① 터닦기
② 식재공사
③ 콘크리트공사
④ 급배수 및 호안공

[해설] 건설공사의 시공순서 : 터파기 → 토사기초 → 뒤채움 및 다짐 → 포장 → 시설물공 → 식재공

54 예불기(예취기)작업 시 작업자 상호 간의 최소 안전거리는 몇 m 이상이 적합한가?

① 4m
② 6m
③ 8m
④ 10m

[해설] 예취기 작업 시 안전수칙
- 작업 중 예취기날이 돌 또는 굵은 나무 등에 부딪치지 않도록 주의하고, 부딪힌 경우에는 엔진을 정지시키고 톱날의 이상 유무를 확인한다.
- 예취기를 들고 작업장 이동 시 안전거리를 유지한다.
- 발 끝에 예취기날이 접촉되지 않게 주의하고, 작업자 간 안전거리는 10m 이상 유지한다.
- 예취기날이 넝쿨에 휘감기지 않도록 주의하고, 넝쿨 윗부분을 1차로 작업한 후 아랫부분을 작업한다.
- 작업방향은 예취기날의 회전방향이 좌측이므로 우측에서 좌측으로 실시한다.
- 경사방향으로 작업을 진행하고, 급경사지에서는 작업을 금지한다.

55 옥상녹화 방수소재에 요구되는 성능 중 가장 거리가 먼 것은?

① 식물의 뿌리에 견디는 내근성
② 시비, 방제 등에 대비한 내약품성
③ 박테리아에 의한 부식에 견디는 성능
④ 색상이 미려하고 미관상 보기 좋은 것

[해설] 옥상녹화 방수소재의 조건
- 식물의 뿌리에 견디는 내근성
- 시비, 방제 등에 대비한 내약품성
- 박테리아에 의한 부식에 견디는 내식성
- 수분에 의해 용해되지 않는 내수성
- 상부자중 및 시공하중에 견디는 내압성
- 이음부, 모서리부 등의 접착성
- 보수가 용이한 공법으로 시공

[정답] 53 ② 54 ④ 55 ④

56 옹벽 자체의 자중으로 토압에 저항하는 옹벽의 종류는?

① L형 옹벽
② 역T형 옹벽
③ 중력식 옹벽
④ 반중력식 옹벽

해설 ①·② 캔틸레버 옹벽 : 형태를 본 따 이름을 지은 L형 옹벽과 역T형 옹벽이 있으며, 벽체와 밑판으로 구성된 가장 일반적인 형태의 철근콘크리트 옹벽이다. 캔틸레버를 이용해 옹벽의 재료를 절약하는 방식으로, 자중이 적어 배면의 뒷채움을 충분히 보강해 주어야 한다. 3~8m 높이의 다양한 경사면에 설치한다.
④ 반중력식 옹벽 : 중력식 옹벽과 캔틸레버 옹벽의 중간 형태로, 중력식 옹벽에 사용되는 콘크리트량을 절약하기 위해 소량의 철근을 넣어 만들며, 6m 정도 높이의 경사면에 설치한다.

57 철근의 피복두께를 유지하는 목적으로 틀린 것은?

① 철근량 절감
② 내구성능 유지
③ 내화성능 유지
④ 소요의 구조내력 확보

해설 철근의 피복두께를 유지하는 목적은 내구성·내화성, 부착력 및 골재의 유동성을 확보하고, 철근의 부식을 방지하기 위함이다.

58 내구성과 내마멸성이 좋으나, 일단 파손된 곳은 보수가 어려우므로 시공 때 각별한 주의가 필요하다. 다음 그림과 같은 원로 포장방법은?

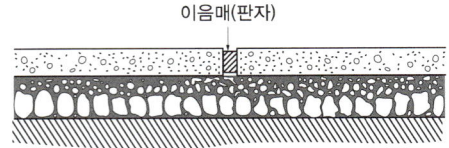

① 마사토 포장
② 콘크리트 포장
③ 판석 포장
④ 벽돌 포장

해설 콘크리트 포장 : 콘크리트로 노면을 덮는 도로 포장을 말하며 표층에 해당하는 콘크리트 슬래브와 중간층, 보조기층으로 구성되어 있다. 수명은 30~40년으로 아스팔트 포장(10~20년)에 비해 내구성이 좋고 시공이 간편하며 유지관리가 쉬우나, 공사비가 비싸다.

59 경사진 지형에서 흙이 무너지는 것을 방지하기 위하여 토양의 안식각을 유지하며 크고 작은 돌을 자연스러운 상태가 되도록 쌓아 올리는 방법은?

① 평석쌓기
② 견치석쌓기
③ 디딤돌쌓기
④ 자연석 무너짐쌓기

해설 ① 평석쌓기 : 넓고 평평한 돌을 켜켜이 쌓는 것
② 견치석쌓기 : 보통 모서리를 45° 돌려 쌓은 마름모쌓기
③ 디딤돌쌓기 : 보행자의 편의를 위해 원로의 동선에 디딤돌을 놓는 것

60 인간이나 기계가 공사 목적물을 만들기 위하여 단위물량당 소요로 하는 노력과 물질을 수량으로 표현한 것을 무엇이라 하는가?

① 할 증
② 품 셈
③ 견 적
④ 내 역

해설 ① 할증 : 일정한 값에 대한 일정 비율을 가산하는 것
③ 견적 : 장래에 있을 거래가격을 사전에 계산하여 산출하는 것
④ 내역 : 물품이나 금액 따위의 분명하고 자세한 내용

정답 59 ④ 60 ②

2016년 제 4 회 | 과년도 기출문제

01 조선시대 궁궐이나 상류주택 정원에서 가장 독특하게 발달한 공간은?
① 전 정
② 후 정
③ 주 정
④ 중 정

해설 ② 후정은 남성 중심의 유교사상으로 인해 전정을 사용하지 못했던 부녀자들을 위해 안채 뒤쪽에 만들어진 정원으로, 당시 부유층의 주택에만 조성된 독특한 공간이다.

02 영국 튜더왕조에서 유행했던 화단으로 낮게 깎은 회양목 등으로 화단을 여러 가지 기하학적 문양으로 구획 짓는 것은?
① 기식화단
② 매듭화단
③ 카펫화단
④ 경재화단

해설
① 기식화단 : 작은 면적의 잔디밭 가운데나 원로 주위에 만들어지는 화단으로, 가운데는 키가 큰 화초를 심고 가장자리로 갈수록 키가 작은 화초를 심어 입체적으로 바라볼 수 있는 화단을 말한다.
③ 카펫화단 : 모던화단이나 양탄자화단이라고도 하며, 키가 작은 초화류를 이용하여 양탄자에 새겨진 무늬처럼 기하하적으로 도안해서 만든 화단을 말한다.
④ 경재화단 : 건물, 담장, 울타리를 배경으로 그 앞쪽에 장방형으로 길게 만들어진 화단을 말한다.

03 중정(Patio)식 정원의 가장 대표적인 특징은?
① 토피어리
② 색채타일
③ 동물 조각품
④ 수렵장

해설 중정식 정원의 특징 : 연못이나 분수를 중심으로 사방에 좁고 작은 수로나 내를 연결하였고, 주변에는 원시적 색채를 가진 타일이나 벽돌, 블록 등을 강한 대비를 두어 정교하게 포장하였으며, 화목류를 식재하거나 화분에 담아 장식하였다.

04 16세기 무굴제국의 인도정원과 가장 관련이 깊은 것은?
① 타지마할
② 퐁텐블로
③ 클로이스터
④ 알람브라궁원

해설 타지마할(Taj Mahal)
- 무굴인도의 샤자한 왕이 왕비 뭄타즈마할을 기념하기 위해 세운 묘소로, 아그라의 자무나강 서편에 위치한다.
- 중앙에는 수로에 의해 4등분된 정원이 있어 물의 반사성을 이용하였고, 그 뒤로 흰 대리석으로 꾸며진 대분천지가 있다.
- 높은 울담으로 둘러싸여 있고, 능묘 앞에는 긴 반사연못을 설치하여 건축물을 더욱 돋보이게 하였다.

05 이탈리아의 노단건축식 정원, 프랑스의 평면기하학식 정원 등은 자연환경 요인 중 어떤 요인의 영향을 가장 크게 받아 발생한 것인가?
① 기 후
② 지 형
③ 식 물
④ 토 지

해설 ② 이탈리아는 구릉과 경사지가 많은 지형적 제약을 극복하기 위해 계단형의 노단건축식 정원양식이 발생하였고, 카레기의 메디치장(Villa Medici di Careggi), 에스테장(Villa d'Este), 랑테장(Villa Lante) 등이 그 대표적인 예이다.

06 중국 청나라시대 대표적인 정원이 아닌 것은?
① 원명원 이궁
② 이화원 이궁
③ 졸정원
④ 승덕피서산장

해설 ③ 중국 4대 정원 중 하나인 졸정원은 소주 동북쪽에 위치해 있고, 경나라의 정덕(鄭德) 4년(1509년)에 지어졌다.

07 정원요소로 징검돌, 물통, 세수통, 석등 등의 배치를 중시하던 일본의 정원양식은?
① 다정원
② 침전조정원
③ 축산고산수정원
④ 평정고산수정원

해설 다정원
- 다실과 다실에 이르는 길을 중심으로 좁은 공간에 꾸며지는 일종의 자연식 정원으로 대자연의 운치를 연상시킨다.
- 뜀돌이나 포석수법을 구사하여 풍우에 씻긴 산길을 나타내고, 수통이나 돌로 만든 물그릇으로 샘을 상징하였다.
- 오래된 석탑이나 석등을 놓아 수림 속에 쇠퇴해버린 고찰의 분위기를 재현시켰다.
- 마른 소나무잎을 깔아 지피를 나타내는 등 제한된 공간 속에 깊은 산골의 정서를 표현하였다.
- 소나무나 삼나무 등을 심고, 담쟁이넝쿨을 올려 가을 단풍이나 낙엽으로 산거(山居)의 분위기를 나타냈다.

정답 4 ① 5 ② 6 ③ 7 ①

08 다음 중 창경궁(昌慶宮)과 관련이 있는 건물은?
① 만춘전
② 낙선재
③ 함화당
④ 사정전

해설 ② 과거 창경궁과 창덕궁은 경계 없이 하나의 궁궐로 사용하였고, 두 궁을 합쳐 동궐이라 불렀는데, 낙선재 후원은 창덕궁에 속한 건물로 단청을 하지 않았으며, 5단의 계단식 화계가 있어 키 작은 식물을 식재하였다.

09 메소포타미아의 대표적인 정원은?
① 베다사원
② 베르사유궁원
③ 바빌론의 공중정원
④ 타지마할사원

해설 공중정원(Tel-Amran-Ibn-Ali, 추장 알리의 언덕)
- 기원전 600년 무렵 신바빌로니아의 네부카드네자르 2세가 왕비 아미티스를 위해 조성한 정원으로 세계 7대 불가사의 중 하나이다.
- 성벽의 높은 노단 위에 수목과 덩굴식물을 식재하여 만든 최초의 옥상정원이다.
- 지구라트형의 피라미드가 계단층을 이루고 각 노단의 외부를 화랑으로 둘렀다.
- 화랑 주변에 크고 작은 방과 욕실을 배치했다.
- 각 노단마다 꽃과 나무를 식재하고, 강물을 끌어다 저수지에 저장·관수하였다.

10 경관요소 중 높은 지각강도(A)와 낮은 지각강도(B)의 연결이 옳지 않은 것은?
① A : 수평선, B : 사선
② A : 따뜻한 색채, B : 차가운 색채
③ A : 동적인 상태, B : 고정된 상태
④ A : 거친 질감, B : 섬세하고 부드러운 질감

해설 ① 사선은 높은 지각강도에 속한다.
※ 높은 지각강도 : 대각선, 큰 형태, 명확한 형태, 흰색, 날카로운 모양, 극단적인 대비, 인접되어 있는 상태

11 국토교통부장관이 규정에 의하여 공원녹지기본계획을 수립 시 종합적으로 고려해야 하는 사항으로 가장 거리가 먼 것은?

① 장래 이용자의 특성 등 여건의 변화에 탄력적으로 대응할 수 있도록 할 것
② 공원녹지의 보전·확충·관리·이용을 위한 장기 발전방향을 제시하여 도시민들의 쾌적한 삶의 기반이 형성되도록 할 것
③ 광역도시계획, 도시·군기본계획 등 상위계획의 내용과 부합되어야 하고, 도시·군기본계획의 부문별 계획과 조화되도록 할 것
④ 체계적·독립적으로 자연환경의 유지·관리와 여가활동의 장은 분리 형성하여 인간으로부터 자연의 피해를 최소화 할 수 있도록 최소한의 제한적 연결망을 구축할 수 있도록 할 것

해설 ④ 체계적·지속적으로 자연환경을 유지·관리하여 여가활동의 장이 형성되고, 인간과 자연이 공생할 수 있는 연결망을 구축할 수 있도록 할 것

12 다음 중 좁은 의미의 조경 또는 조원으로 가장 적합한 설명은?

① 복잡 다양한 근대에 이르러 적용되었다.
② 기술자를 조경가라 부르기 시작하였다.
③ 정원을 포함한 광범위한 옥외공간 전반이 주대상이다.
④ 식재를 중심으로 한 전통적인 조경기술로 정원을 만드는 일만을 말한다.

해설 조경의 의미
- 좁은 의미의 조경 : 집 주변의 정원을 만드는 일에 중점을 두는 것으로, 식재 중심의 전통적인 조경기술
- 넓은 의미의 조경 : 집 주변의 정원뿐만 아니라, 모든 옥외공간을 포함하는 환경을 조성하고 보존하는 종합과학예술

13 수목 또는 경사면 등의 주위 경관요소들에 의하여 자연스럽게 둘러싸여 있는 경관을 무엇이라 하는가?

① 파노라마 경관
② 지형경관
③ 위요경관
④ 관개경관

해설 ① 전경관(Panoramic Landscape) : 시야를 가리지 않고 멀리 퍼져 보이는 경관이다.
  예 넓은 초원, 수평선 등
② 지형경관(Feature Landscape) : 지형의 특징이 명확히 드러나 관찰자가 강한 인상을 받게 되는 경관이다.
  예 거대한 계곡, 높은 산봉우리 등
④ 관개경관(Canopied Landscape) : 수림의 가지와 잎들이 천장을 이루고 나무줄기가 기둥처럼 늘어서 있는 경관이다.
  예 숲속의 오솔길이나 밀림 속의 도로, 노폭이 좁은 곳의 가로수 등

정답 11 ④ 12 ④ 13 ③

14 조경양식에 대한 설명으로 틀린 것은?

① 조경양식에는 정형식, 자연식, 절충식 등이 있다.
② 정형식 조경은 영국에서 처음 시작된 양식으로 비스타 축을 이용한 중앙광로가 있다.
③ 자연식 조경은 동아시아에서 발달한 양식이며 자연상태 그대로를 정원으로 조성한다.
④ 절충식 조경은 한 장소에 정형식과 자연식을 동시에 지니고 있는 조경양식이다.

해설 ② 정형식 정원은 서아시아와 유럽지역에서 발달한 양식으로, 건물에서 뻗어 나가는 강한 축을 중심으로 좌우대칭형으로 구성되며, 수목의 전정은 기하학적 형태이다.

15 도시기본구상도의 표시기준 중 노란색은 어느 용지를 나타내는 것인가?

① 주거용지
② 관리용지
③ 보존용지
④ 상업용지

해설 도시계획지역의 구분과 표현색
- 주거지역 : 노란색
- 녹지지역 : 초록색
- 상업지역 : 빨간색
- 공업지역 : 보라색
- 미지정 : 무색

16 다음 그림과 같은 정투상도(제3각법)의 입체로 맞는 것은?

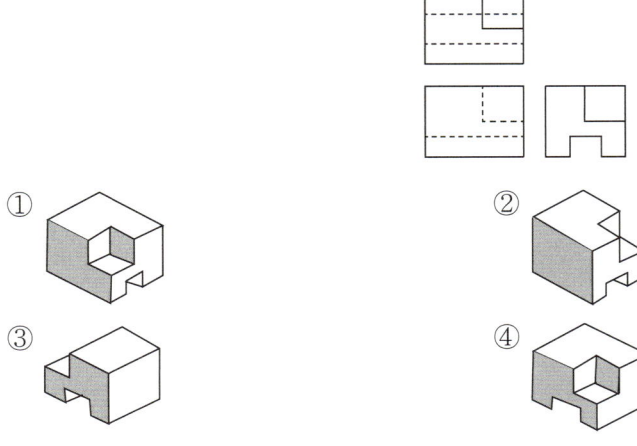

17 가법혼색에 관한 설명으로 틀린 것은?

① 2차색은 1차색에 비하여 명도가 높아진다.
② 빨강 광원에 녹색 광원을 흰 스크린에 비추면 노란색이 된다.
③ 가법혼색의 삼원색을 동시에 비추면 검정이 된다.
④ 파랑에 녹색 광원을 비추면 사이안(Cyan)이 된다.

해설 ③ 가법혼색의 삼원색을 동시에 비추면 하양이 된다.

18 다음 중 직선의 느낌으로 가장 부적합한 것은?

① 여성적이다.
② 굳건하다.
③ 딱딱하다.
④ 긴장감이 있다.

해설 ① 직선은 강직, 명확, 단순, 남성적이고 단호해 보이며, 곡선은 유연 활동, 부드러움, 여성적이고 모호해 보인다.

19 건설재료 단면의 경계표시 기호 중 지반면(흙)을 나타낸 것은?

해설 ① 모래, ② 벽돌, ③ 자갈

20 [보기]의 ( ) 안에 적합한 쥐똥나무 등을 이용한 생울타리용 관목의 식재간격은?

> 보기
> 조경설계기준 상의 생울타리용 관목의 식재간격은 (~)m, 2~3줄을 표준으로 하되, 수목 종류와 식재장소에 따라 식재간격이나 줄 숫자를 적정하게 조정해서 시행해야 한다.

① 0.14~0.20
② 0.25~0.75
③ 0.8~1.2
④ 1.2~1.5

정답 17 ③ 18 ① 19 ④ 20 ②

21 일반적인 합성수지(Plastics)의 장점으로 틀린 것은?

① 열전도율이 높다.
② 성형가공이 쉽다.
③ 마모가 적고 탄력성이 크다.
④ 우수한 가공성으로 성형이 쉽다.

[해설] ① 열전도율이 낮다.

22 [보기]에 해당하는 도장공사의 재료는?

> **보기**
> - 초화면(硝化綿)과 같은 용제에 용해시킨 섬유계 유도체를 주성분으로 하고 여기에 합성수지, 가소제와 안료를 첨가한 도료이다.
> - 건조가 빠르고 도막이 견고하며 광택이 좋고 연마가 용이하며, 불점착성·내마멸성·내수성·내유성·내후성 등이 강한 고급 도료이다.
> - 결점으로는 도막이 얇고 부착력이 약하다.

① 유성페인트　　　　　② 수성페인트
③ 래 커　　　　　　　④ 니 스

23 변성암의 종류에 해당하는 것은?

① 사문암　　　　　　　② 섬록암
③ 안산암　　　　　　　④ 화강암

[해설] **암석의 분류**
- 화성암 : 화강암, 안산암, 현무암, 섬록암 등
- 수성암 : 응회암, 사암, 혈암, 점판암, 석회암 등
- 변성암 : 편마암, 대리암, 편암, 사문암 등

24 일반적으로 목재의 비중과 가장 관련이 있으며, 목재성분 중 수분을 공기 중에서 제거한 상태의 비중을 말하는 것은?

① 생목비중　　　　　　② 기건비중
③ 함수비중　　　　　　④ 절대건조비중

[해설] ② 함수율에 따라 차이가 나는 비중에는 생목비중, 기건비중, 절대건조비중이 있으나 단순히 비중이라 하면 기건비중을 말한다.

25 조경에서 사용되는 건설재료 중 콘크리트의 특징으로 옳은 것은?
① 압축강도가 크다.
② 인장강도와 휨강도가 크다.
③ 자체 무게가 적어 모양변경이 쉽다.
④ 시공과정에서 품질의 양부를 조사하기 쉽다.

해설 ② 압축강도에 비해 인장강도와 휨강도가 작다.

26 시멘트 제조 시 응결시간을 조절하기 위해 첨가하는 것은?
① 광 재
② 점 토
③ 석 고
④ 철 분

해설 ③ 시멘트 제조 시 응결시간을 조절하기 위해 적정량의 석고를 첨가한다.

27 타일붙임재료의 설명으로 틀린 것은?
① 접착력과 내구성이 강하고 경제적이며, 작업성이 있어야 한다.
② 종류는 무기질 시멘트 모르타르와 유기질 고무계 또는 에폭시계 등이 있다.
③ 경량으로 투수율과 흡수율이 크고, 형상·색조의 자유로움 등이 우수하나 내화성이 약하다.
④ 접착력이 일정기준 이상 확보되어야만 타일의 탈락현상과 동해에 의한 내구성의 저하를 방지할 수 있다.

해설 ③ 타일은 패턴, 채색을 가미한 장식적 기능 이외에 내구성이 크고, 비흡수성·경량성·내화성이 뛰어나며, 대량생산이 용이하고, 시공이 간편하여 내·외장재로 널리 사용된다.

28 미장공사 시 미장재료로 활용될 수 없는 것은?
① 견치석
② 석 회
③ 점 토
④ 시멘트

해설 ① 견치돌은 주로 흙막이용 돌쌓기에 사용된다.

정답 25 ① 26 ③ 27 ③ 28 ①

29 알루미늄의 일반적인 성질로 틀린 것은?

① 열의 전도율이 높다.
② 비중은 약 2.7 정도이다.
③ 전성과 연성이 풍부하다.
④ 산과 알칼리에 특히 강하다.

해설 ④ 산과 알칼리에 약하다.

30 콘크리트 혼화재의 역할 및 연결이 옳지 않은 것은?

① 단위수량, 단위시멘트량의 감소 : AE감수제
② 작업성능이나 동결융해 저항성능의 향상 : AE제
③ 강력한 감수효과와 강도의 대폭 증가 : 고성능 감수제
④ 염화물에 의한 강재의 부식을 억제 : 기포제

해설 ④ 염화물에 의한 강재의 부식을 억제 : 방청제
※ 기포를 발생시켜 충전성 향상 및 경량화 : 기포제, 발포제

31 공원 식재 시공 시 식재할 지피식물의 조건으로 가장 거리가 먼 것은?

① 관리가 용이하고, 병충해에 잘 견뎌야 한다.
② 번식력이 왕성하고, 생장이 비교적 빨라야 한다.
③ 성질이 강하고, 환경조건에 대한 적응성이 넓어야 한다.
④ 토양까지의 강수전단을 위해 지표면을 듬성듬성 피복하여야 한다.

해설 ④ 지표면을 치밀하게 피복하여야 한다.

32 줄기가 아래로 늘어지는 생김새의 수간을 가진 나무의 모양을 무엇이라 하는가?

① 쌍 간
② 다 간
③ 직 간
④ 현 애

해설 ④ 현애 : 고산지대의 높은 벼랑에 늘어져 생장하고 있는 형태를 묘사한 것으로, 묘목 때부터 밑 부분의 가지에 곡을 주어 아래로 늘어지게 만든 수형이다.
① 쌍간 : 같은 뿌리 밑부터 두 갈래로 균형감 있고 안정적으로 갈라져 자라는 수형으로, 두 가지 중 한 가지는 크고 굵어야 하며, 같은 방향으로 윗가지도 같이 자라게 한다.
② 다간 : 한 뿌리에서 3개 이상의 줄기가 나와 자라난 형태의 수형으로, 줄기 수는 반드시 홀수여야 하며, 줄기가 10개를 넘으면 줄기 수에 상관없고, 굵은 줄기를 주간으로 전체 수형이 삼각형을 이루듯 심는다.
③ 직간 : 하나의 곧은 줄기가 위로 솟은 나무로, 하부에서 상부로 올라가면서 자연스럽게 가늘어지고, 가지도 순서 있게 좌우전후로 엇갈려 뻗은 모양의 수형이다.

33 다음 중 광선(光線)과의 관계상 음수(陰樹)로 분류하기 가장 적합한 것은?

① 박달나무
② 눈주목
③ 감나무
④ 배롱나무

해설 눈주목 : 생태적 특성은 음수이며, 일본 원산으로 주목보다 생장속도가 느리고, 너비가 높이의 2배 정도로 퍼져 자란다.

34 가죽나무가 해당되는 과(科)는?

① 운향과
② 멀구슬나무과
③ 소태나무과
④ 콩 과

35 고로쇠나무와 복자기에 대한 설명으로 옳지 않은 것은?

① 복자기의 잎은 복엽이다.
② 두 수종의 열매는 모두 시과이다.
③ 두 수종은 모두 단풍색이 붉은색이다.
④ 두 수종은 모두 과명이 단풍나무과이다.

해설 ③ 고로쇠나무의 단풍은 황색이고, 복자기의 단풍은 붉은색이다.

정답 32 ④ 33 ② 34 ③ 35 ③

36 수피에 아름다운 얼룩무늬가 관상요소인 수종이 아닌 것은?

① 노각나무　　② 모과나무
③ 배롱나무　　④ 자귀나무

해설　④ 자귀나무의 수피는 회갈색으로, 살이 쪄서 피부가 터진 것과 같은 무늬이다.

37 열매를 관상목적으로 하는 조경수목 중 열매 색이 적색(홍색) 계열이 아닌 것은?(단, 열매색의 분류 : 황색, 적색, 흑색)

① 주 목　　② 화살나무
③ 산딸나무　　④ 굴거리나무

해설　④ 굴거리나무의 열매는 흑색이다.

38 흰말채나무의 특징 설명으로 틀린 것은?

① 노란색의 열매가 특징적이다.
② 층층나무과로 낙엽활엽관목이다.
③ 수피가 여름에는 녹색이나 가을, 겨울철의 붉은 줄기가 아름답다.
④ 잎은 대생하며 타원형 또는 난상타원형이고, 표면에 작은 털이 있으며 뒷면은 흰색의 특징을 갖는다.

해설　① 흰말채나무의 열매는 흰색이다.

39 수목식재에 가장 적합한 토양의 구성비는?(단, 구성은 토양 : 수분 : 공기의 순서임)

① 50% : 25% : 25%　　② 50% : 10% : 40%
③ 40% : 40% : 20%　　④ 30% : 40% : 30%

해설　일반적으로 토양 50%, 수분 25%, 공기 25%일 때 수목의 뿌리가 호흡하고 양분을 흡수하는 데 최적의 환경을 제공한다. 하지만 수종마다 각 토양에 대한 선호도가 다르고, 생육 단계 및 계절에 따라 필요로 하는 수분량이 다르며, 토양의 종류에 따라 물리적 성질이 다르므로 이 비율이 절대적인 것은 아니다.

40 차량의 통행이 잦은 지역의 가로수로 가장 부적합한 수목은?

① 은행나무 ② 층층나무
③ 양버즘나무 ④ 단풍나무

해설 ④ 단풍나무는 주로 경관장식용 수목으로 쓰인다.

41 지주목 설치에 대한 설명으로 틀린 것은?

① 수피와 지주가 닿는 부분은 보호조치를 취한다.
② 지주목을 설치할 때는 풍향과 지형 등을 고려한다.
③ 대형목이나 경관상 중요한 곳에는 당김줄형을 설치한다.
④ 지주는 뿌리 속에 박아 넣어 견고히 고정되도록 한다.

해설 ④ 지주는 아래를 뾰족하게 깎아서 땅속으로 30~50cm 정도의 깊이로 박는다.

42 조경공사의 유형 중 환경생태복원 녹화공사에 속하지 않는 것은?

① 분수공사
② 비탈면 녹화공사
③ 옥상 및 벽체 녹화공사
④ 자연하천 및 저수지공사

해설 ① 분수공사는 수경시설공사에 속한다.

43 수목의 가식장소로 적합한 곳은?

① 배수가 잘 되는 곳
② 차량출입이 어려운 한적한 곳
③ 햇빛이 잘 안 들고 점질 토양인 곳
④ 거센 바람이 불거나 흙 입자가 날려 잎을 덮어 보온이 가능한 곳

해설 ③ 가식장소는 햇빛이 잘 들고, 사질양토로서 배수가 양호한 곳이어야 하며, 가급적 배수시설을 설치한다.

44 수목의 잎 조직 중 가스 교환을 주로 하는 곳은?

① 책상조직
② 엽록체
③ 표 피
④ 기 공

해설 기공 : 대기와 직접 가스를 교환하는 조직으로, 광합성을 위한 이산화탄소 흡수와 산소 방출 그리고 증산작용을 수행한다.

45 곤충이 빛에 반응하여 일정한 방향으로 이동하려는 행동습성은?

① 주광성(Phototaxis)
② 주촉성(Thigmotaxis)
③ 주화성(Chemotaxis)
④ 주지성(Geotaxis)

해설
② 주촉성 : 곤충이 고형물에 접촉하려고 하는 성질
③ 주화성 : 곤충의 매질 속에 존재하는 화학물질의 농도 차가 자극이 되어 특정 행동을 하는 성질
④ 주지성 : 생물이 중력에 의해 특정 행동을 하는 성질

46 대추나무 빗자루병에 대한 설명으로 틀린 것은?

① 마름무늬매미충에 의하여 매개전염된다.
② 각종 상처, 기공 등의 자연개구를 통하여 침입한다.
③ 잔가지와 황록색의 아주 작은 잎이 밀생하고, 꽃봉오리가 잎으로 변화된다.
④ 전염된 나무는 옥시테트라사이클린 항생제를 수간주입한다.

해설 ② 대추나무 빗자루병은 마이코플라스마(파이토플라스마)에 의해 발병한다.

47 멀칭재료는 유기질, 광물질 및 합성재료로 분류할 수 있다. 유기질 멀칭재료에 해당하지 않는 것은?

① 볏 짚
② 마 사
③ 우드칩
④ 톱 밥

해설 멀칭재료의 종류
- 유기질재료 : 쌀겨, 옥수수속, 땅콩껍질, 볏짚, 잔디깎기한 풀, 솔잎, 솔방울, 톱밥, 나무껍질(수피), 우드칩, 펄프, 이탄이끼 등
- 광물질재료 : 왕모래, 마사, 돌조각, 자갈, 조약돌 등
- 합성재료 : 토목섬유, 폴리프로필렌 부직포, 폴리에틸렌 필름(비닐) 등

48 1차 전염원이 아닌 것은?
① 균 핵
② 분생포자
③ 난포자
④ 균사속

해설 ② 자낭균은 자낭포자(1차 전염원)로 이루어지는 유성생식(완전세대)과 분생포자(2차 전염원)로 이루어지는 무성생식(불완전세대)으로 세대를 이어간다.

49 살충제에 해당되는 것은?
① 베노밀 수화제
② 페니트로티온 유제
③ 글리포세이트암모늄 액제
④ 아시벤졸라-에스-메틸·만코제브 수화제

해설 ①·④ 살균제, ③ 제초제

50 여름용(남방계) 잔디라고 불리며, 따뜻하고 건조하거나 습윤한 지대에서 주로 재배되는데 하루 평균기온이 10℃ 이상이 되는 4월 초순부터 생육이 시작되어 6~8월의 25~35℃ 사이에서 가장 생육이 왕성한 것은?
① 켄터키블루그래스
② 버뮤다그래스
③ 라이그래스
④ 벤트그래스

해설 잔디의 종류
- 난지형 잔디 : 한국잔디(들잔디, 금잔디, 갯잔디, 빌로드잔디), 버뮤다그래스 등
- 한지형 잔디 : 벤트그래스, 켄터키블루그래스, 이탈리안라이그래스 등

정답 48 ② 49 ② 50 ②

51 다음 설명에 적합한 조경공사용 기계는?

- 운동장이나 광장과 같이 넓은 대지나 노면을 판판하게 고르거나 필요한 흙쌓기 높이를 조절하는 데 사용
- 길이 2~3m, 너비 30~50cm의 배토판으로 지면을 긁어 가면서 작업
- 배토판은 상하좌우로 조절할 수 있으며, 각도를 자유롭게 조절할 수 있기 때문에 지면을 고르는 작업 이외에 언덕깎기, 눈치기, 도랑파기 작업 등도 가능

① 모터그레이더 ② 차륜식 로더
③ 트럭크레인 ④ 진동컴팩터

52 콘크리트용 혼화재료에 관한 설명으로 옳지 않은 것은?

① 포졸란은 시공연도를 좋게 하고 블리딩과 재료분리현상을 저감시킨다.
② 플라이애시와 실리카흄은 고강도 콘크리트 제조용으로 많이 사용한다.
③ 알루미늄 분말과 아연 분말은 방동제로 많이 사용되는 혼화제이다.
④ 염화칼슘과 규산소다 등은 응결과 경화를 촉진하는 혼화제로 사용된다.

[해설] ③ 알루미늄 분말과 아연 분말은 발포제로 많이 사용되는 혼화제이다.

53 콘크리트의 시공순서가 바르게 연결된 것은?

① 운반 → 제조 → 부어넣기 → 다짐 → 표면마무리 → 양생
② 운반 → 제조 → 부어넣기 → 양생 → 표면마무리 → 다짐
③ 제조 → 운반 → 부어넣기 → 다짐 → 양생 → 표면마무리
④ 제조 → 운반 → 부어넣기 → 다짐 → 표면마무리 → 양생

54 다음 중 경관석놓기에 관한 설명으로 가장 부적합한 것은?

① 돌과 돌 사이는 움직이지 않도록 시멘트로 굳힌다.
② 돌 주위에는 회양목, 철쭉 등을 돌에 가까이 붙여 식재한다.
③ 시선이 집중하기 쉬운 곳, 시선을 유도해야 할 곳에 앉혀 놓는다.
④ 3, 5, 7 등의 홀수로 만들며, 돌 사이의 거리나 크기 등을 조정배치한다.

[해설] 경관석을 놓을 때는 시멘트를 사용하지 않고, 경관석 높이의 1/3 이상이 묻히도록 하며, 돌틈 사이로 관목류, 초화류 등을 심을 때는 배수조건도 고려한다.

55 축척 1/1,000 도면의 단위면적이 10m²인 것을 이용하여, 축척 1/500 도면의 단위면적으로 환산하면 얼마인가?

① 20m²
② 40m²
③ 80m²
④ 120m²

해설 (축척비)²은 면적비이므로 $\left(\dfrac{1,000}{500}\right)^2 = 4$배

∴ 40m²

※ 축척이 감소하면 길이는 두 배로, 면적은 네 배로 증가하며, 축척이 증가하면 그 반대이다.

56 토공사(정지)작업 시 일정한 장소에 흙을 쌓아 일정한 높이를 만드는 일을 무엇이라 하는가?

① 객 토
② 절 토
③ 성 토
④ 경 토

해설 ① 객토 : 성질이 다른 토양을 표토에 가하여 토지의 생산성을 높이는 방법
② 절토 : 토목공사에서 시설물을 세우기 위해 지형을 깎아내리거나 흙을 파내는 작업
④ 경토 : 경작하기에 적당한 땅

57 옥상녹화용 방수층 및 방근층 시공 시 "바탕체의 거동에 의한 방수층의 파손" 요인에 대한 해결방법으로 부적합한 것은?

① 거동 흡수 절연층의 구성
② 방수층 위에 플라스틱계 배수판 설치
③ 합성고분자계, 금속계 또는 복합계 재료 사용
④ 콘크리트 등 바탕체가 온도 및 진동에 의한 거동 시 방수층 파손이 없을 것

해설 ② 방수층 위에 플라스틱계 배수판을 설치하는 것은 체류수의 원활한 흐름을 유도하기 위함이다.

정답 55 ② 56 ③ 57 ②

58 지표면이 높은 곳의 꼭대기 점을 연결한 선으로, 빗물이 이것을 경계로 좌우로 흐르게 되는 선을 무엇이라 하는가?

① 능 선
② 계곡선
③ 경사변환점
④ 방향변환점

해설 ② 계곡선 : 고도 0m에서부터 다섯 번째 선마다 굵게 표시한 등고선
③ 경사변환점 : 하곡 종단면이나 산지 사면의 경사가 급히 변하는 지점

59 수변의 디딤돌(징검돌)놓기에 대한 설명으로 틀린 것은?

① 보행에 적합하도록 지면과 수평으로 배치한다.
② 징검돌의 상단은 수면보다 15cm 정도 높게 배치한다.
③ 디딤돌 및 징검돌의 장축은 진행방향에 직각이 되도록 배치한다.
④ 물 순환 및 생태적 환경을 조성하기 위하여 투수지역에서는 가벼운 디딤돌을 주로 활용한다.

해설 ④ 물 순환 및 생태적 환경을 조성하기 위하여 투수지역에서는 무거운 디딤돌을 주로 활용한다.

60 수경시설(연못)의 유지관리에 관한 내용으로 옳지 않은 것은?

① 겨울철에는 물을 2/3 정도만 채워둔다.
② 녹이 잘 스는 부분은 녹막이 칠을 수시로 해준다.
③ 수중식물 및 어류의 상태를 수시로 점검한다.
④ 물이 새는 곳이 있는지의 여부를 수시로 점검하여 조치한다.

해설 ① 급수구와 배수구의 막힘 여부는 수시로 점검하고, 겨울 전에 물을 빼 연못에 가라앉았던 이물질을 제거하고 청소한다.

2017년 제1회 과년도 기출복원문제

※ 2017년부터 기능사 시험은 CBT(컴퓨터 기반시험)로 진행되고 있어 수험자의 기억에 의해 문제를 복원하였으므로, 실제 시행문제와 일부 상이할 수 있음을 알려 드립니다.

01 먼셀의 색상환에서 BG는 무슨 색인가?
① 연두색　　　　　　　　② 남 색
③ 청록색　　　　　　　　④ 보라색

[해설] **먼셀의 색상환**
- 기본색 : 빨강(R), 노랑(Y), 초록(G), 파랑(B), 보라(P)
- 중간색 : 주황(YR), 연두(GY), 청록(BG), 보라(PB), 붉은보라(RP)

02 수목의 표시를 할 때 주로 사용되는 제도용구는?
① 삼각자　　　　　　　　② 템플릿
③ 삼각축척　　　　　　　④ 곡선자

[해설] **템플릿** : 셀룰로이드나 아크릴 등 얇은 판에 크기가 다른 원, 사각, 타원 또는 각종 기호 등을 뚫어 놓은 것으로, 수목을 표현할 때는 원형 템플릿 사용빈도가 가장 높다.

03 다음 중 조화(Harmony)의 설명으로 가장 적합한 것은?
① 각 요소들이 강약 장단의 주기성이나 규칙성을 가지면서 전체적으로 연속적인 운동감을 가지는 것
② 모양이나 색깔 등이 비슷비슷하면서도 실은 똑같지 않은 것끼리 모여 균형을 유지하는 것
③ 서로 다른 것끼리 모여 서로를 강조시켜 주는 것
④ 축선을 중심으로 하여 양쪽의 비중을 똑같이 만드는 것

[해설] **조화** : 두 가지 이상의 요소 또는 부분이 서로 분리되거나 배척하지 않고, 각 요소가 통일된 전체로서 종합적으로 고차의 감각적 효과를 발휘할 때 일어나는 현상이다.

정답 1 ③　2 ②　3 ②

04 다음 중 정형식 배식유형은?

① 부등변삼각형 식재
② 임의식재
③ 군 식
④ 교호식재

해설 배식설계방법
- 정형식(整形式) : 단식, 대식, 열식, 교호식재, 집단식재
- 자연식(自然式) : 부등변삼각형 식재, 임의식재, 모아심기, 배경식재
- 절충식

05 안정감, 포근함 등과 같은 정적인 느낌을 받을 수 있는 경관은?

① 파노라마경관
② 위요경관
③ 초점경관
④ 지형경관

해설
① 전경관(Panoramic Landscape) : 시야를 가리지 않고 멀리 퍼져 보이는 경관이다.
  예 넓은 초원, 수평선 등
③ 초점경관(Focal Landscape) : 시선이 한곳으로 집중되는 경관이다.
  예 폭포, 기형의 수목이나 암석 등
④ 지형경관(Feature Landscape) : 지형의 특징이 명확히 드러나 관찰자가 강한 인상을 받게 되는 경관이다.
  예 거대한 계곡, 높은 산봉우리 등

06 도면작업에서 원의 지름을 표시할 때 숫자 앞에 사용하는 기호는?

① H
② D
③ R
④ W

해설 도면의 표현기호

| L : 길이 | H : 높이 | THK : 두께 | A : 면적 |
| R : 반지름 | V : 용적 | D, φ : 지름 | W : 폭 |

07 지형을 표시하는 데 가장 기본이 되는 등고선의 종류는?

① 조곡선
② 주곡선
③ 간곡선
④ 계곡선

해설 등고선의 종류
- 계곡선 : 고도 0m에서부터 다섯 번째 선마다 굵게 표시한 등고선
- 주곡선 : 계곡선과 계곡선 사이의 4개의 선으로 가장 기본이 되는 등고선
- 간곡선 : 주곡선 간격으로는 나타낼 수 없는 경사가 완만한 지형을 표현하기 위해 주곡선 간격의 1/2지점에 긋는 긴 점선
- 조곡선 : 간곡선 간격으로도 나타낼 수 없는 선상지나 평탄지를 표현하기 위해 주곡선과 간곡선 간격의 1/2지점에 긋는 짧은 점선

08 잉크로 인쇄를 할 때 색료의 삼원색이 아닌 것은?

① 청록색(사이안)
② 붉은보라(마젠타)
③ 황색(옐로)
④ 초록(그린)

해설 색의 3원색 : 각각의 색을 혼합하여 가장 많은 색을 만들 수 있는 세 가지 색인 자홍색(Magenta), 청록색(Cyan), 황색(Yellow)을 색의 3원색이라고 하며, 빛의 3원색과 다르게 감산혼합을 하기 때문에 색을 섞을수록 명도는 낮아진다.

09 조선시대 궁궐의 침전 후정에서 볼 수 있는 대표적인 것은?

① 자수화단(花壇)
② 비폭(飛瀑)
③ 경사지를 이용해서 만든 계단식의 노단
④ 정자수

해설 ③ 조선시대 궁궐의 침전(寢殿) 후정(后庭)에는 지형에 따라서 계단형의 노단식 조경을 조성하였다.

10 중국 청나라시대 대표적인 정원이 아닌 것은?

① 원명원이궁
② 이화원이궁
③ 졸정원
④ 승덕피서산장

해설 ③ 중국 4대 정원 중 하나인 졸정원은 소주 동북쪽에 위치해 있고, 명나라의 정덕(鄭德) 4년(1509년)에 지어졌다.

11 스페인에 현존하는 이슬람정원 형태로 유명한 곳은?

① 베르사유궁전
② 보르비콩트
③ 알람브라성
④ 에스테장

해설 그라나다의 알람브라궁전
- 13세기 중반 무함마드 1세에 의해 창건되어 여러 대에 걸쳐 증축·개수되었고, 14세기 말에 궁전의 대부분이 완성되었으며, 무어양식의 극치라고 평가받는다.
- 알람브라는 아랍어로 '붉은 것'이라는 뜻이며, 주요 건물과 성채를 붉은 벽돌로 지은 데서 유래하였다.
- 이슬람이 멸망할 때까지 지켜진 최후의 유적지로 알베르카, 사자, 린다라하, 창격자 4개의 중정이 남아 있다.

정답 8 ④ 9 ③ 10 ③ 11 ③

12 조경계획과정에서 자연환경분석의 요인이 아닌 것은?

① 기 후
② 지 형
③ 식 물
④ 역사성

해설 환경분석대상
- 자연환경분석 : 지형, 토양, 수문, 식생, 야생동물, 기후, 경관 등
- 인문환경분석 : 인구, 토지이용, 교통, 시설물, 역사적 유물, 인간행태, 공간의 수요량 등

13 일본의 정원양식 중 다음 설명에 해당하는 것은?

- 5세기 후반에 바다의 경치를 나타내기 위해 사용하였다.
- 정원 소재로 왕모래와 몇 개의 바위만으로 정원을 꾸미고, 식물은 일체 쓰지 않았다.

① 다정양식
② 축산고산수양식
③ 평정고산수양식
④ 침전조정원양식

해설 ③ 고산수식 정원은 물을 전혀 사용하지 않고 바위, 왕모래, 나무만을 사용한 축산고산수식에서 나무조차 사용하지 않는 평정고산수식으로 발달하였다.
고산수식 정원
- 축산고산수식 정원 : 바위(섬·반도·폭포)를 중심으로 왕모래(물)와 다듬은 수목(산)을 사용해 꾸민 추상적인 정원
- 평정고산수식 정원 : 수목도 사용하지 않고 바위와 왕모래만으로 꾸민 정원

14 다음 중 사적인 정원이 공적인 공원으로 역할 전환의 계기가 된 사례는?

① 에스테장
② 베르사유궁
③ 켄싱턴가든
④ 센트럴파크

해설 ④ 센트럴파크는 프레드릭 로 옴스테드(Frederick Law Olmsted)와 캘버트 보(Calvert Vaux)가 설계한 공원으로, 미국 식민지시대의 사유지 중심의 정원에서 공공적인 성격을 지닌 공원으로 전환되는 전기를 마련하였다.

15 옛날 처사도(處士道)를 근간으로 한 은일사상(隱逸思想)이 가장 성행하였던 시대는?

① 고구려시대 ② 백제시대
③ 신라시대 ④ 조선시대

해설 ④ 도가적 은일사상은 은일적 자연관으로 발전되어 전통사회, 특히 조선시대의 문학에서부터 조경양식에까지 깊은 영향을 미쳤다.

조선시대 조경양식의 특징
- 조선시대는 우리나라의 정원양식이 크게 발달한 시기로, 삼국시대부터 받아들여 왔던 중국의 정원양식에서 벗어나 한국 고유의 형태로 변모한 시기이다.
- 중엽 이후 풍수지리설에 따른 지형적인 제약으로 인해 안채의 뒤쪽에 정원을 조성하는 후원이 발달하였다.
- 후원은 우리나라의 독특한 정원양식으로, 건물 뒤편의 언덕을 계단 모양으로 다듬어 장대석을 앉혀 평지를 만들고, 키 작은 꽃나무를 심거나 괴석·세심석 또는 장식을 겸한 굴뚝 등을 세워 아름답게 꾸몄다.
- 전통정원에서의 물은 공간구성이나 경관상의 기본요소로 계류(溪流)와 지당(池塘)이 가장 보편적인 형태였고 그 외 석연지(石蓮池), 석간수(石澗水), 천정(泉井) 등이 도입되었다.

16 조선시대의 정원 중 연결이 올바른 것은?

① 양산보 – 다산초당 ② 윤선도 – 부용동
③ 정약용 – 운조루 ④ 유이주 – 소쇄원

해설
① 양산보 : 소쇄원
③ 정약용 : 다산초당
④ 유이주 : 운조루

17 인도의 정원에 관한 설명 중 틀린 것은?

① 인도의 정원은 옥외실의 역할을 할 수 있게 꾸며졌다.
② 회교도들이 남부 스페인에 축조해 놓은 것과 유사한 모양을 갖고 있다.
③ 중국이나 일본, 한국과 같이 자연풍경식 정원으로 구성되어 있다.
④ 물과 녹음이 주요 정원 구성요소이며, 짙은 색채를 가진 화훼류와 향기로운 과수가 많이 이용되었다.

해설 ③ 정형식 정원으로 구성되어 있다.

18 미적인 형 그 자체로는 균형을 이루지 못하지만 시각적인 힘의 통합에 의해 균형을 이룬 것처럼 느끼게 하여, 동적인 감각과 변화 있는 개성적 감정을 불러 일으키며, 세련미와 성숙미 그리고 운동감과 유연성을 주는 미적 원리는?

① 비례 ② 비대칭
③ 집중 ④ 대비

정답 15 ④ 16 ② 17 ③ 18 ②

19 그리스시대 공공건물과 주랑으로 둘러싸인 다목적 열린 공간으로 무덤의 전실을 가리키기도 했던 곳은?

① 포럼
② 빌라
③ 테라스
④ 커널

해설 포럼 : 고대 로마의 도시에서 공공건물과 주랑으로 둘러싸인 구역의 한복판에 있는 다목적의 열린 공간으로, 공공집회 장소로 쓰인 포럼은 그리스의 아고라와 아크로폴리스를 질서정연한 공간으로 바꾼 것이다. 12표법에서 포럼은 무덤의 전실(前室)을 가리키는 낱말로 쓰였고, 로마 군대에서는 진영의 정문 옆에 있는 개활지를 가리켰다.

20 조경시설물 중 유리섬유 강화플라스틱(FRP)으로 만들기 가장 부적합한 것은?

① 인공암
② 화분대
③ 수목보호판
④ 수족관의 수조

해설 ④ 수족관의 수조는 주로 유리재질이나 아크릴재질로 만든다.

21 다음 [보기]의 설명에 해당하는 수종은?

보기
• 어린가지의 색은 녹색 또는 적갈색으로 엽흔이 발달하고 있다. • 수피에서는 냄새가 나며, 약간 골이 파여 있다. • 단풍나무 중 복엽이면서 가장 노란색 단풍이 든다. • 내조성 속성수로서 조기녹화에 적당하며, 녹음수로 이용가치가 높으며, 폭이 없는 가로에 가로수로 심는다.

① 복장나무
② 네군도단풍
③ 단풍나무
④ 고로쇠나무

해설 ② 네군도단풍은 단풍나무과에 속하는 낙엽활엽교목으로, 소엽이 5매 내외인 복엽이고, 생장이 빨라 공원의 속성조경에 가장 적합한 수종이다.

22 다음 중 마이코플라스마에 의한 수목병이 아닌 것은?

① 대추나무 빗자루병
② 뽕나무 오갈병
③ 벚나무 빗자루병
④ 오동나무 빗자루병

해설 ③ 벚나무 빗자루병은 진균 중 자낭균에 의한 수목병이다.

23 흰말채나무의 설명으로 옳지 않은 것은?

① 층층나무과로 낙엽활엽관목이다.
② 노란색의 열매가 특징적이다.
③ 수피가 여름에는 녹색이나 가을, 겨울철의 붉은 줄기가 아름답다.
④ 잎은 대생하며, 타원형 또는 난상 타원형이고, 표면에 작은 털, 뒷면은 흰색의 특징을 갖는다.

해설 ② 흰말채나무의 열매는 흰색이다.

24 다음 중 줄기의 수피가 얇아 옮겨 심은 직후 줄기감기를 반드시 하여야 되는 수종은?

① 배롱나무
② 소나무
③ 향나무
④ 은행나무

해설 줄기감기를 해 주어야 하는 나무
- 나무의 나이가 많고, 상당한 굵기를 가진 나무
- 일본목련이나 느티나무, 배롱나무와 같이 수피가 밋밋하고 얇은 나무
- 거의 모든 가지를 쳐서 이식한 나무
- 추위에 약한 나무와 식재지보다 따뜻한 고장으로부터 옮겨진 나무
- 쇠약한 나무와 뿌리가 적은 나무 등

25 다음 중 성목의 수간 질감이 가장 거칠고 줄기는 아래로 처지며, 수피가 회갈색으로 갈라져 벗겨지는 것은?

① 배롱나무
② 개잎갈나무
③ 벽오동
④ 주 목

해설 개잎갈나무 : 히말라야시다・히말라야삼나무・설송(雪松)이라고도 하며, 높이는 30~50m, 지름은 약 3m 정도이다. 잎갈나무와 비슷하게 생겼으나 상록성이므로 개잎갈나무라고 부르는데, 가지가 수평으로 퍼지고 작은 가지에 털이 나며 밑으로 처진다. 잎은 짙은 녹색이고 끝이 뾰족하며 단면은 삼각형으로, 짧은 가지에 돌려난 것처럼 보이고 길이는 3~4cm 정도이다. 히말라야산맥 원산으로, 주로 관상용・공원수・가로수로 심으며 건축재・가구재로도 쓰인다.

정답 23 ② 24 ① 25 ②

26 다음 중 [보기]와 같은 특성을 지닌 정원수는?

> **보기**
> • 형상수로 많이 이용되고, 가을에 열매가 붉게 된다.
> • 내음성이 강하며, 비옥지에서 잘 자란다.

① 주 목
② 쥐똥나무
③ 화살나무
④ 산수유

해설 주목은 관상용 형상수로 많이 이용되고, 열매는 핵과이며, 과육은 종자의 일부만 둘러싸고 9~10월에 붉게 익는다.

27 92~96%의 철을 함유하고 나머지는 크롬, 규소, 망간, 유황, 인 등으로 구성되어 있으며, 창호, 철물, 자물쇠, 맨홀 뚜껑 등의 재료로 사용되는 것은?

① 선 철
② 강 철
③ 주 철
④ 순 철

해설 **철의 종류**
• 순철 : 탄소함유량이 0.035% 이하인 철로, 800~1,000℃ 내외에서 가단성(可鍛性)이 강한 연질이다.
• 선철 : 주철이라고도 하는 탄소함유량이 1.7% 이상인 철로, 주조성이 강한 경질이며 취성이 크다.
• 강철(탄소강) : 탄소함유량이 0.03~1.7% 정도인 철로, 가단성과 함께 주조성도 강하기 때문에 자동차, 건축, 기계 등 다양한 분야에서 가장 많이 쓰인다.
※ 특수강(합금강) : 탄소강에 특수한 원소를 첨가하여 성질을 개선시킨 것으로, 대표적인 특수강에는 니켈강, 니켈크롬강(스테인리스강) 등이 있다.

28 솔잎혹파리에 대한 설명 중 틀린 것은?

① 1년에 1회 발생한다.
② 유충으로 땅속에서 월동한다.
③ 우리나라에서는 1929년에 처음 발견되었다.
④ 유충은 솔잎을 밑에서부터 갉아 먹는다.

해설 ④ 유충은 솔잎 기부에 들어가서 즙액을 빨아 먹는다.

29 다음 중 개화기간이 길며, 줄기의 수피 껍질이 매끈하고, 적갈색 바탕에 백반이 있어 시각적으로 아름다우며 한 여름에 꽃이 드문 때 개화하는 부처꽃과(科)의 수종은?

① 배롱나무 ② 벚나무
③ 산딸나무 ④ 회화나무

해설 ② 벚나무 : 장미과
③ 산딸나무 : 층층나무과
④ 회화나무 : 콩과

30 감탕나무과(Aquifoliaceae)에 해당하지 않는 것은?

① 호랑가시나무 ② 먼나무
③ 꽝꽝나무 ④ 소태나무

해설 ④ 소태나무는 소태나무과이다.

31 반죽질기의 정도에 따라 작업의 쉽고 어려운 정도, 재료의 분리에 저항하는 정도를 나타내는 콘크리트 성질에 관련된 용어는?

① 성형성(Plasticity)
② 마감성(Finishability)
③ 시공성(Workbility)
④ 레이턴스(Laitance)

해설 ① 성형성 : 거푸집 등의 형상에 순응하여 채우기 쉽고, 분리가 일어나지 않는 굳지 않은 콘크리트의 성질
② 마감성 : 굵은골재의 최대 치수, 잔골재율, 잔골재의 입도, 반죽질기 등에 따른 마무리하기 쉬운 정도를 말하는 굳지 않은 콘크리트의 성질
④ 레이턴스 : 콘크리트를 친 후에 양생물이 상승함에 따라 내부의 미세한 물질이 함께 부상하여 경화된 콘크리트 표면에 형성되는 흰색의 얇은 막

32 다음 중 목재에 유성페인트칠을 할 때 가장 관련이 없는 재료는?

① 건성유 ② 건조제
③ 방청제 ④ 희석제

해설 ③ 방청제는 금속이 부식하기 쉬운 상태일 때 첨가하여 녹을 방지하기 위해 사용하는 물질이다.

정답 29 ① 30 ④ 31 ③ 32 ③

33 화강석의 크기가 20cm×20cm×100cm일 때 중량은?(단, 화강석의 비중은 평균 2.60이다)

① 약 50kg   ② 약 100kg
③ 약 150kg   ④ 약 200kg

해설 $20cm \times 20cm \times 100cm \times \dfrac{2.60}{1,000} = 104kg$

34 다음 [보기]의 설명에 해당하는 수종은?

> **보기**
> - "설송(雪松)"이라 불리기도 한다.
> - 천근성 수종으로 바람에 약하며, 수관폭이 넓고 속성수로 크게 자라기 때문에 적지 선정이 중요하다.
> - 줄기는 아래로 처지며, 수피는 회갈색으로 얇게 갈라져 벗겨진다.
> - 잎은 짧은 가지에 30개가 총생 3~4cm로 끝이 뾰족하며, 바늘처럼 찌른다.

① 잣나무   ② 솔송나무
③ 개잎갈나무   ④ 구상나무

35 경관석놓기의 설명으로 옳은 것은?

① 경관석은 항상 단독으로만 배치한다.
② 일반적으로 3, 5, 7 등 홀수로 배치한다.
③ 같은 크기의 경관석으로 조합하면 통일감이 있어 자연스럽다.
④ 경관석의 배치는 돌 사이의 거리나 크기 등을 조정 배치하여 힘이 분산되도록 한다.

해설 **경관석놓기**
- 경관석이란 시각의 초점이 되거나 중요하게 강조하고 싶은 장소에, 보기 좋은 자연석을 한 개 또는 여러 개 배치하여 감상효과를 높이는 데 쓰는 돌을 말한다.
- 경관석은 크기, 중량감, 외형, 색상, 질감 등이 배치장소와 어우러지는 것을 선택해야 한다.
- 경관석을 단독으로 놓을 때는 위치, 높이, 길이, 기울기 등을 고려하여 그 경관석의 아름다움이 감상자에게 충분히 느껴지도록 하는 것이 중요하다.
- 경관석을 여러 개 짝지어 놓을 때는 중심이 되는 큰 주석과 보조역할을 하는 작은 부석을 잘 조화시켜야 하는데, 수량은 일반적으로 홀수로 하고, 돌 사이의 거리나 크기 등을 조정하여 힘이 분산되지 않고 짜임새가 있도록 한다.
- 경관석을 놓은 후에는 주변에 적당한 관목류, 초화류 등을 심어 경관석이 한층 돋보이도록 한다.

36 다음 중 수목의 분류상 교목으로 분류할 수 없는 것은?

① 일본목련
② 느티나무
③ 목련
④ 병꽃나무

해설 ④ 병꽃나무는 관목이다.

37 암석재료의 특징에 관한 설명 중 틀린 것은?

① 외관이 매우 아름답다.
② 내구성과 강도가 크다.
③ 변형되지 않으며, 가공성이 있다.
④ 가격이 싸다.

해설 석질재료의 장단점

장 점	단 점
• 외관이 매우 아름답다. • 내구성과 강도가 크다. • 변형되지 않으며, 가공성이 있다. • 가공 정도에 따라 다양한 외양을 가질 수 있다. • 산지에 따라 다양한 색조와 질감을 갖는다. • 압축강도와 내화학성이 크고, 마모성은 작다.	• 무거워서 다루기 불편하다. • 타 재료에 비해 가공하기가 어렵다. • 경제적 부담이 크다. • 압축강도에 비해 휨강도나 인장강도가 작다. • 화열을 받을 경우 균열 또는 파괴되기가 쉽다.

38 농약 취급 시 주의할 사항으로 부적합한 것은?

① 농약을 살포할 때는 방독면과 방호용 옷을 착용하여야 한다.
② 쓰고 남은 농약은 변질 될 수 있으므로 즉시 주변에 버리거나 다른 용기에 담아 둔다.
③ 피로하거나 건강이 나쁠 때는 작업하지 않는다.
④ 작업 중에 식사 또는 흡연을 금한다.

해설 ② 쓰고 남은 농약은 표시를 해 두어 혼동하지 않도록 하고, 서늘하고 어두운 곳에 농약전용 보관상자를 만들어 보관한다.

39 투명도가 높으므로 유기유리라는 명칭이 있고 착색이 자유로워 채광판, 도어판, 칸막이판 등에 이용되는 것은?

① 아크릴수지　　　　　　② 멜라민수지
③ 알키드수지　　　　　　④ 폴리에스테르수지

해설 **아크릴수지** : 유기(有機)유리라고도 부르는데, 유리 이상의 투명도가 있고 성형가공이 쉬우며, 보통 유리에 비하여 무게는 약 반이다. 각종 강도·굳기·내열성은 작지만, 물·산·알칼리에 강하고, 유리 대신으로 쓰이는 경우가 많다.

40 다음 노박덩굴과(Celastraceae) 식물 중 상록 계열에 해당하는 것은?

① 노박덩굴　　　　　　② 화살나무
③ 참빗살나무　　　　　　④ 사철나무

해설 ① 노박덩굴 : 낙엽활엽덩굴
② 화살나무 : 낙엽활엽관목
③ 참빗살나무 : 낙엽활엽소교목

41 주차장법 시행규칙상 주차장의 주차단위 구획기준은?(단, 평행주차형식 외의 장애인 전용방식이다)

① 2.0m 이상×4.5m 이상
② 3.0m 이상×5.0m 이상
③ 2.3m 이상×4.5m 이상
④ 3.3m 이상×5.0m 이상

해설 주차장의 주차구획 – 평행주차형식 외의 경우

구 분	너 비	길 이
경 형	2.0m 이상	3.6m 이상
일반형	2.5m 이상	5.0m 이상
확장형	2.6m 이상	5.2m 이상
장애인 전용	3.3m 이상	5.0m 이상
이륜자동차 전용	1.0m 이상	2.3m 이상

※ 일반형 : 중형 및 중형SUV, 확장형 : 대형·대형SUV·승합차·소형트럭

39 ①　40 ④　41 ④

42 다음 중 전정을 할 때 큰 줄기나 가지자르기를 삼가야 하는 수종은?

① 벚나무
② 수양버들
③ 오동나무
④ 현사시나무

해설 ① 벚나무는 가지를 자르면 상처가 잘 아물지 않아서 병해충에 의한 피해를 입을 수 있으므로 가급적 전정을 하지 않는 것이 좋으며, 부득이하게 전정할 때는 방부 처리가 필요하다.

43 다음 배수관 중 가장 경사를 급하게 설치해야 하는 것은?

① $\phi 100mm$
② $\phi 200mm$
③ $\phi 300mm$
④ $\phi 400mm$

해설 ① 배수관의 경사는 관의 지름이 작을수록 급하게 설치해야 한다.

44 한 켜는 마구리쌓기, 다음 켜는 길이쌓기로 하고 길이 켜의 모서리와 벽 끝에 칠오토막을 사용하는 벽돌쌓기방법은?

① 네덜란드식 쌓기
② 영국식 쌓기
③ 프랑스식 쌓기
④ 미국식 쌓기

해설 ② 영국식 쌓기 : 길이쌓기 켜와 마구리쌓기 켜를 반복하여 쌓고, 모서리의 벽 끝에는 이오토막을 쓰는 방법으로, 매우 견고하다.
③ 프랑스식 쌓기 : 켜마다 길이와 마구리가 번갈아 나오는 방법으로, 영국식 쌓기보다 아름다우나 견고성은 떨어진다.
④ 미국식 쌓기 : 5켜까지 길이쌓기로 하고, 그 위 1켜는 마구리쌓기로 하는 방법이다.

45 자연석 중 눕혀서 사용하는 돌로 불안감을 주는 돌을 받쳐서 안정감을 갖게 하는 돌의 모양은?

① 입 석
② 평 석
③ 환 석
④ 횡 석

해설 **자연석의 모양**

입 석	세워 쓰는 돌로 어디서나 관상할 수 있고, 키가 높아야 효과가 있음
횡 석	눕혀 쓰는 돌로 안정감이 있음
평 석	윗부분이 평평한 돌로 안정감을 주며, 주로 앞부분에 배석함
환 석	둥근 모양의 돌
각 석	각이 진 돌로 3각 또는 4각의 돌
사 석	비스듬히 세워서 쓰는 돌로 해안절벽의 표현 등에 사용함
와 석	소가 누운 형태로 횡석보다 안정감이 더 있음
괴 석	태호석, 제주도나 흑산도의 현무암 등

46 도시공원 및 녹지 등에 관한 법률에 의한 어린이공원의 기준에 관한 설명으로 옳은 것은?

① 유치거리는 500m 이하로 제한한다.
② 1개소 면적은 1,200m² 이상으로 한다.
③ 공원시설 부지면적은 전체 면적의 60% 이하로 한다.
④ 공원구역경계로부터 500m 이내에 거주하는 주민 250명 이상의 요청 시 어린이공원 조성계획의 정비를 요청할 수 있다.

해설 ① 유치거리는 250m 이하로 제한한다.
② 1개소 면적은 1,500m² 이상으로 한다.
④ 공원구역경계로부터 250m 이내에 거주하는 주민 500명 이상의 요청 시 어린이공원 조성계획의 정비를 요청할 수 있다.

47 다음 수목의 외과수술용 재료 중 동공충전물의 재료로 가장 부적합한 것은?

① 콜타르
② 에폭시수지
③ 불포화폴리에스테르수지
④ 우레탄고무

해설 동공충전물은 가급적 목재와의 접착력이 강해야 하는데, 최근에는 수지류나 우레탄 고무 등을 많이 사용한다.

48 시멘트의 저장과 관련된 설명 중 괄호 안에 해당하지 않는 것은?

- 시멘트는 (　)적인 구조로 된 사일로 또는 창고에 품종별로 구분하여 저장하여야 한다.
- 저장 중에 약간이라도 굳은 시멘트는 공사에 사용하지 않아야 하고, (　)개월 이상 장기간 저장한 시멘트는 사용하기에 앞서 재시험을 실시하여 그 품질을 확인한다.
- 포대 시멘트를 쌓아서 저장하면 그 질량으로 인해 하부 시멘트가 고결할 염려가 있으므로 시멘트를 쌓아 올리는 높이는 (　)포대 이하로 하는 것이 바람직하다.
- 시멘트의 온도는 일반적으로 (　) 정도 이하를 사용하는 것이 좋다.

① 13　　　　　　　　　　　② 6
③ 방 습　　　　　　　　　　④ 50℃

해설
- 시멘트는 방습적인 구조로 된 사일로 또는 창고에 품종별로 구분하여 저장하여야 한다.
- 3개월 이상 장기간 저장한 시멘트는 사용하기에 앞서 재시험을 실시하여 그 품질을 확인한다.
- 시멘트를 쌓아 올리는 높이는 13포대 이하로 하는 것이 바람직하다.
- 시멘트의 온도는 일반적으로 50℃ 정도 이하를 사용하는 것이 좋다.

정답 46 ③　47 ①　48 ②

49 마운딩(Maunding)의 기능으로 옳지 않은 것은?

① 유효토심 확보
② 배수방향 조절
③ 공간 연결의 역할
④ 자연스러운 경관 연출

해설 마운딩의 기능
- 흙쌓기에 의해 지면 형상을 변화시켜 수목의 생장에 필요한 유효토심을 확보한다.
- 배수방향을 조절하고, 자연스러운 경관을 조성하며, 토지이용상 공간을 분할한다.

50 900m²의 잔디광장을 평떼로 조성하려고 할 때 필요한 잔디량은 약 얼마인가?(단, 잔디 1매의 규격은 30cm×30cm×3cm이다)

① 약 1,000매
② 약 5,000매
③ 약 10,000매
④ 약 20,000매

해설 필요 잔디량 = $\dfrac{\text{전체 면적}}{\text{뗏장 1장의 면적}} = \dfrac{900m^2}{0.09m^2} = 10,000$매

51 수목 외과수술의 시공순서로 옳은 것은?

⊙ 동공 가장자리의 형성층 노출
ⓒ 부패부 제거
ⓒ 표면경화 처리
ⓔ 동공 충전
ⓜ 방수 처리
ⓗ 인공수피 처리
ⓢ 소독 및 방부 처리

① ⊙ - ⓗ - ⓒ - ⓒ - ⓔ - ⓜ - ⓢ
② ⓒ - ⓢ - ⊙ - ⓗ - ⓜ - ⓒ - ⓔ
③ ⊙ - ⓒ - ⓒ - ⓔ - ⓜ - ⓗ - ⓢ
④ ⓒ - ⊙ - ⓢ - ⓔ - ⓜ - ⓒ - ⓗ

해설 외과수술의 순서 : 부패부 제거 → 동공 가장자리의 형성층 노출 → 살균·방부 처리 → 동공 충전 → 방수 처리 → 표면경화 처리 → 인공수피 처리

정답 49 ③ 50 ③ 51 ④

52 농약 혼용 시 주의하여야 할 사항으로 틀린 것은?
① 혼용 시 침전물이 생기면 사용하지 않아야 한다.
② 가능한 한 고농도로 살포하여 인건비를 절약한다.
③ 농약의 혼용은 반드시 농약혼용 가부표를 참고한다.
④ 농약을 혼용하여 조제한 약제는 될 수 있으면 즉시 살포하여야 한다.

해설 ② 농약 혼용 시에는 표준희석배수를 반드시 지켜 고농도로 살포하지 않도록 한다.

53 일반적인 동선의 성격과 기능을 설명한 것으로 부적합한 것은?
① 동선의 다양한 공간 내에서 사람 또는 사람의 이동경로를 연결하게 해 주는 기능을 갖는다.
② 동선은 가급적 단순하고 명쾌해야 한다.
③ 성격이 다른 동선은 혼합하여도 무방하다.
④ 이용도가 높은 동선의 길이는 짧게 해야 한다.

해설 ③ 성격이 다른 동선은 반드시 분리해야 하고, 가급적 동선의 교차를 피하도록 한다.

54 주거지역에 인접한 공장부지 주변에 공장경관을 아름답게 하고 가스·분진 등의 대기오염과 소음 등을 차단하기 위해 조성되는 녹지의 형태는?
① 차폐녹지
② 차단녹지
③ 완충녹지
④ 자연녹지

해설 녹지의 세분(도시공원 및 녹지 등에 관한 법률 제35조)
1. 완충녹지 : 대기오염, 소음, 진동, 악취, 그 밖에 이에 준하는 공해와 각종 사고나 자연재해, 그 밖에 이에 준하는 재해 등의 방지를 위하여 설치하는 녹지
2. 경관녹지 : 도시의 자연적 환경을 보전하거나 이를 개선하고 이미 자연이 훼손된 지역을 복원·개선함으로써 도시경관을 향상시키기 위하여 설치하는 녹지
3. 연결녹지 : 도시 안의 공원, 하천, 산지 등을 유기적으로 연결하고 도시민에게 산책공간의 역할을 하는 등 여가·휴식을 제공하는 선형(線型)의 녹지

55 액체상태나 용융상태의 수지에 경화제를 넣어 사용하며, 내산성·내알칼리성 등이 우수하여 콘크리트·항공기·기계부품 등의 접착에 사용되는 것은?

① 멜라민계 접착제
② 에폭시계 접착제
③ 페놀계 접착제
④ 실리콘계 접착제

해설 에폭시계 접착제 : 일반적으로 비스페놀과 에피클로로하이드린의 반응으로 얻을 수 있고, 액체상태나 용융상태의 수지에 경화제를 넣어 사용하며, 금속과의 접착성이 크고 내약품성이 양호하며 내열성이 우수하다.

56 뿌리돌림은 현재의 생장지에서 적당한 범위로 뿌리를 절단하는 것을 말한다. 뿌리돌림에 관한 설명으로 틀린 것은?

① 한 장소에서 오랫동안 자랄 때 뿌리는 줄기로부터 상당히 떨어진 곳까지 뻗어나가며, 잔뿌리는 그곳에 분포되어 있다.
② 제한된 뿌리분으로 캐서 이식할 경우 잔뿌리는 대부분 끊겨 나가고 굵은 뿌리만 남아 이식 활착이 어렵다.
③ 뿌리돌림을 하는 시기는 1년 내내 가능하고, 봄철보다 여름철이 끝나는 시기가 가장 좋으며, 낙엽수는 가을철이 적당하다.
④ 봄에 뿌리돌림을 한 낙엽수는 당년 가을이나 이듬해 봄에 상록수는 이듬해 봄이나 장마기에 이식할 수 있다.

해설 ③ 뿌리돌림을 하는 시기는 봄의 해토 직후부터 생장이 가장 활발한 시기에 하는 것이 적합하며, 혹서기와 혹한기는 피하는 것이 좋다.
뿌리돌림의 작업방법
• 뿌리돌림은 굴취작업과 유사하다.
• 뿌리분의 크기는 굴취 시와 마찬가지로 근원직경의 4~6배로 하는데, 보통 4배 정도를 기준으로 한다.
• 큰 나무의 경우 수목을 지탱하기 위해 3~4방향으로 굵은 뿌리를 하나씩 남겨 두고 15cm 정도의 폭으로 환상박피한다.
• 굵은 뿌리는 톱으로 깨끗이 절단하며, 바람에 쓰러지지 않게 지주목을 설치한 후 작업하는 것이 좋다.
• 작업 시 뿌리분이 깨질 위험이 있으면 새끼로 감아 뿌리분이 깨지는 것을 막는다.
• 잘 부식된 퇴비를 섞어 흙을 되묻은 후 관수를 실시하고 지주목을 설치한다.
• 뿌리돌림을 하면 많은 뿌리가 절단되어 영양과 수분의 수급균형이 깨지므로, 가지와 잎을 적당히 솎아 지상부와 지하부의 균형을 맞추어 준다.

정답 55 ② 56 ③

57 체계적인 품질관리를 추진하기 위한 데밍(Deming's Cycle)의 관리로 가장 적합한 것은?

① 계획(Plan) - 추진(Do) - 조치(Action) - 검토(Check)
② 계획(Plan) - 검토(Check) - 추진(Do) - 조치(Action)
③ 계획(Plan) - 조치(Action) - 검토(Check) - 추진(Do)
④ 계획(Plan) - 추진(Do) - 검토(Check) - 조치(Action)

해설 ④ 데밍이 주장한 관리사이클 PDCA는 Plan – Do – Check – Action의 머리글자를 딴 것으로, 계획 – 추진 – 검토 – 조치가 반복적으로 이루어지는 순환의 과정을 논리적으로 연결한 모델이다.

58 다음 중 침상화단(Sunken Garden)에 관한 설명으로 가장 적합한 것은?

① 관상하기 편리하도록 지면을 1~2m 정도 파내려 가 꾸민 화단
② 중앙부를 낮게 하기 위하여 키 작은 꽃을 중앙에 심어 꾸민 화단
③ 양탄자를 내려다 보듯이 꾸민 화단
④ 경계부분을 따라서 1열로 꾸민 화단

해설 **침상화단** : 기하학적인 정혁식 화단의 일종으로, 관상의 편의를 위해 보도면보다 낮은 위치에 꾸민 화단

59 다음 중 무거운 돌을 놓거나, 큰 나무를 옮길 때 신속하게 운반과 적재를 동시에 할 수 있어 편리한 장비는?

① 체인블록
② 모터그레이더
③ 트럭크레인
④ 콤바인

해설
① 체인블록 : 무거운 물건을 들어 올리는 데 쓰이는 도드래형 장비
② 모터그레이더 : 주로 넓은 면적의 땅을 고르는 정지작업 등에 사용되는 토공기계
④ 콤바인 : 농경지를 주행하면서 수확물의 탈곡과 선별을 동시에 수행하는 수확기계

60 조경현장에서 사고가 발생하였다고 할 때 응급조치를 잘못 취한 것은?

① 기계의 작동이나 전원을 단절시켜 사고의 진행을 막는다.
② 현장에 관중이 모이거나 흥분이 고조되지 않도록 하여야 한다.
③ 사고현장은 사고조사가 끝날 때까지 그대로 보존하여야 한다.
④ 상해자가 발생 시는 관계 조사관이 현장을 확인 보존한 이후 전문의의 치료를 받게 한다.

해설 ④ 부상자가 발생한 경우에는 우선적으로 부상자에 대한 응급조치를 취한 다음, 연쇄사고 및 사고확대 방지를 위한 조치를 취한다.

2017년 제3회 과년도 기출복원문제

01 이탈리아 양식 중 노단식으로 넘어가게 된 시점은?
① 중 세
② 르네상스
③ 고 대
④ 19세기

해설 인간성 본위의 문화와 예술이 부흥된 르네상스시대에 이탈리아에서는 근대 유럽정원의 효시인 노단식 정원이 만들어졌다.

02 회교문화의 영향을 입어 독특한 정원양식을 보이는 곳은?
① 이탈리아정원
② 프랑스정원
③ 영국정원
④ 스페인정원

해설 ④ 스페인의 경우 이슬람(회교) 문화를 흡수하면서 독특한 양식의 정원이 발달하였다.

03 일본에서 고산수(枯山水) 수법이 가장 크게 발달 했던 시기는?
① 가마쿠라(鎌倉)시대
② 무로마치(室町)시대
③ 모모야마(桃山)시대
④ 에도(江戶)시대

해설 ② 일본 무로마치시대에 등장한 고산수식 정원은 물을 전혀 사용하지 않고 바위, 왕모래, 나무만을 사용한 축산고산수식에서 나무조차 사용하지 않는 평정고산수식으로 발달하였다.

04 훌륭한 조경가가 되기 위한 자질에 대한 설명 중 틀린 것은?
① 건축이나 토목 등에 관련된 공학적인 지식도 요구된다.
② 합리적인 사고보다는 감성적 판단이 더욱 필요하다.
③ 토양, 지질, 지형, 수문(水文) 등 자연과학적 지식이 요구된다.
④ 인류학, 지리학, 사회학, 환경심리학 등에 관한 인문과학적 지식도 요구된다.

해설 ② 조경가에게 예술성, 창조성과 같은 감성적 판단이 필요한 것은 사실이지만, 이는 합리적인 사고를 바탕으로 이루어져야 한다.

정답 1 ② 2 ④ 3 ② 4 ②

05 퍼걸러(Pergola) 설치장소로 적합하지 않은 것은?
① 건물에 붙여 만들어진 테라스 위
② 주택정원의 가운데
③ 통경선의 끝부분
④ 주택정원의 구석진 곳

해설 퍼걸러는 조경공간의 중심이나 경관의 초점이 되는 곳 또는 조망이 좋고 한적한 곳에 설치한다.

06 제도에 있어서 도형의 표기방법 중 선의 형태에 따른 분류에 맞지 않는 것은?
① 쇄 선
② 점 선
③ 실 선
④ 굵은 선

해설 ④ 굵은 선은 선의 굵기에 따른 분류에 해당한다.

07 평안함과 안정적임을 주는 색은?
① 한색 계열의 고채도 색상
② 난색 계열의 저채도 색상
③ 한색 계열의 저채도 색상
④ 난색 계열의 고채도 색상

해설 ④ 난색은 따뜻한 느낌을 주고, 고채도 색상은 안정감을 준다.

08 추운지역의 실내를 장식할 때 온도감이 따뜻하게 느껴지는 색상은?
① 보라색
② 초록색
③ 주황색
④ 남 색

해설 온도감에 따른 색의 분류
• 한색 : 차가운 느낌을 주는 파란색 계통의 색으로, 수축성과 후퇴성을 가지며 심리적으로 긴장감을 느끼게 한다.
• 난색 : 따뜻한 느낌을 주는 주황색 계통의 색으로, 팽창성과 진출성을 가지며 심리적으로 느슨함을 느끼게 한다.
• 중성색 : 녹색이나 보라색 계통의 색으로, 한색과 난색의 중간적인 성격을 가진다.

09 평판측량에서 제도용지의 도상점과 땅 위의 측점을 동일하게 맞추는 것은?

① 정 준 ② 자 침
③ 표 정 ④ 구 심

해설 평판측량의 3대 요소
- 정준(정치) : 평판을 수평으로 맞추는 작업
- 구심(치심) : 지상의 측점과 도상의 측점을 일치시키는 작업
- 표정(정위) : 평판을 일정한 방향으로 고정시키는 작업으로, 평판측량의 오차에 가장 큰 영향을 미친다.

10 고대 로마의 정원 배치는 3개의 중정으로 구성되어 있었다. 그중 사적인 기능을 가진 제2중정에 속하는 곳은?

① 아트리움
② 지스터스
③ 페리스틸리움
④ 아고라

해설 고대 로마의 주택정원 : 2개의 중정과 1개의 후원으로 구성된 내향적인 양식으로, 제1중정인 아트리움은 손님 접대나 사무를 위한 공적 공간이고, 제2중정인 페리스틸리움은 가족을 위한 사적 공간이며, 지스터스는 뒤뜰에 위치한 후원이다.

11 다음 중국식 정원의 설명으로 틀린 것은?

① 차경수법을 도입하였다.
② 사실주의보다는 상징적 축조가 주를 이루는 사의주의에 입각하였다.
③ 유럽의 정원과 같은 건축식 조경수법으로 발달하였다.
④ 대비에 중점을 두고 있으며, 이것이 중국정원의 특색을 이루고 있다.

해설 ③ 중국정원은 풍경식 조경수법으로 발달하였다.
중국정원의 특징
- 못을 파서 섬을 쌓아 선산으로 꾸미는 등 인위적으로 산수를 조성하였다.
- 축산기법의 발달로 더욱 압축된 산수경관을 조성하였다.
- 중국정원은 자연풍경식이면서도 대비에 중점을 두고 있는 것이 특색이다.
- 하나의 정원 속에 부분적으로 여러 비율을 혼합하여 사용하였다.
- 기하학적 무늬의 전돌바닥 포장과 기괴한 모양의 괴석 사용으로 바닥면과 대조를 이루었다.
- 자연의 미와 인공의 미를 함께 사용하였다.
- 사실주의보다는 상징적 축조가 주를 이루는 사의주의(事意主義)에 입각하였다.

12 다음 중 사대부나 양반계급에 속했던 사람이 자연 속에 묻혀 야인으로서의 생활을 즐기던 별서 정원이 아닌 것은?

① 소쇄원
② 방화수류정
③ 부용동정원
④ 다산정원

해설 방화수류정 : 수원성곽을 축조할 때 세운 누각 중 하나로, 성의 동북쪽 모서리에 위치하고 있어 동북각루(東北角樓)라 하였으며, 경관이 매우 뛰어나 방화수류정이라는 당호(堂號)가 붙었다.

13 영국인 Brown의 지도하에 덕수궁 석조전 앞뜰에 조성된 정원양식과 관계되는 것은?

① 빌라메디치
② 보르비콩트정원
③ 분구원
④ 센트럴파크

해설 ② 보르비콩트정원과 석조전정원 모두 평면기하학식 정원이다.

14 다음 도면 중 입체적이지 않은 도면은?

① 스케치도면
② 조감도
③ 평면도
④ 입면도와 단면도

해설
③ 평면도 : 물체를 수직방향으로 내려다본 것을 가정하고 작도한 것으로, 모든 설계에 있어 가장 기본이 되는 도면
① 스케치 : 눈높이나 눈보다 조금 높은 위치에서 보여지는 공간을 실제 보이는 대로 자연스럽게 표현한 그림
② 조감도 : 하늘에서 새가 내려다본 것처럼 설계 대상지의 완성 후 모습을 공중에서 비스듬히 내려다보았을 때의 모양을 그린 그림
④ 입면도와 단면도 : 물체의 수직면과 수직적인 구성을 보여 주는 도면으로, 평면도와 관련시켜 보면 입체적인 공간구성을 이해할 수 있다.

15 다음 중 배식설계에 있어서 정형식 배식설계로 가장 적당한 것은?

① 부등변삼각형 식재
② 대 식
③ 임의랜덤식재
④ 배경식재

해설 배식설계방법
- 정형식(整形式) : 단식, 대식, 열식, 교호식재, 집단식재
- 자연식(自然式) : 부등변삼각형 식재, 임의식재, 모아심기, 배경식재
- 절충식

16 옥상정원의 환경조건에 대한 설명으로 적합하지 않은 것은?
① 토양수분의 용량이 적다.
② 토양온도의 변동폭이 크다.
③ 양분의 유실속도가 늦다.
④ 바람의 피해를 받기 쉽다.

해설 ③ 양분의 유실속도가 빠르다.

17 풍수에 영향을 받아 조경을 하였던 시대는?
① 조 선
② 고 려
③ 고구려
④ 신 라

해설 ① 조선시대 중엽 이후 풍수지리설에 따른 지형적인 제약으로 인해 안채의 뒤쪽에 정원을 조성하는 후원이 발달하였다.

18 도형의 색이 바탕색의 잔상으로 나타나는 심리보색의 방향으로 변화되어 지각되는 대비효과를 무엇이라고 하는가?
① 색상대비
② 명도대비
③ 채도대비
④ 동시대비

해설 ② 명도대비 : 어느 한 색이 주변 명도 차에 의해 달라져 보이는 현상
③ 채도대비 : 채도 차가 큰 두 색을 인접하여 배치하면 채도가 높은 색은 더욱 선명하게 보이고, 채도가 낮은 색은 더욱 탁해 보이는 현상
④ 동시대비 : 두 가지 이상의 색을 동시에 볼 때 실제의 색들과 달라 보이는 현상

19 다음 중 속명(屬名)이 *Trachelospernum*이고, 영명이 Chineses Jasmine이며, 한자명이 백화등(白花藤)인 것은?
① 으아리
② 인동덩굴
③ 줄사철
④ 마삭줄

해설 ④ 백화등은 마삭줄이라고도 하며, 가지가 적갈색인 상록만경식물로, 길이는 5m 정도이다.

정답 16 ③ 17 ① 18 ① 19 ④

20 감탕나무과(Aquifoliaceae)에 해당하지 않는 것은?
① 호랑가시나무 ② 먼나무
③ 꽝꽝나무 ④ 소태나무

해설 ④ 소태나무는 소태나무과이다.

21 낙엽활엽관목인 수종은?
① 낙상홍 ② 은행나무
③ 먼나무 ④ 회양목

해설 ② 은행나무 : 낙엽침엽교목
③ 먼나무 : 상록활엽교목
④ 회양목 : 상록활엽관목

22 철재(鐵材)로 만든 놀이시설에 녹이 슬어 다시 페인트칠을 하려 한다. 그 작업순서로 옳은 것은?
① 녹닦기(샌드페이퍼) 등 → 연단(광명단) 칠하기 → 에나멜 페인트 칠하기
② 에나멜 페인트 칠하기 → 녹닦기(샌드페이퍼) 등 → 연단(광명단) 칠하기
③ 연단(광명단) 칠하기 → 녹닦기(샌드페이퍼) 등 → 바니시 칠하기
④ 수성페인트 칠하기 → 바니시 칠하기 → 녹닦기(샌드페이퍼) 등

23 화강암(Granite)에 대한 설명 중 옳지 않은 것은?
① 내마모성이 우수하다.
② 구조재로 사용이 가능하다.
③ 내화도가 높아 가열 시 균열이 적다.
④ 절리의 거리가 비교적 커서 큰 판재를 생산할 수 있다.

해설 ③ 화강암은 석질이 치밀하고 경질이어서 내구성과 내마모성이 좋아 조경공사 시 가장 보편적으로 많이 사용하는 석재이지만, 화염에 닿으면 균열이 생기고 석회암이나 대리암과 같이 분해가 일어나기도 한다.

24 주로 종자에 의하여 번식되는 잡초는?
① 올 미
② 가 래
③ 피
④ 너도방동사니

해설 잡초번식법에 따른 분류
- 종자번식잡초 : 피, 뚝새풀, 바랭이, 마디꽃
- 영양번식잡초 : 가래, 올방개, 미나리
- 종자영양번식잡초 : 너도방동사니, 산딸기
- 괴경 및 종자번식 : 올미

25 수목을 관상적인 측면에서 본 분류 중 열매를 감상하기 위한 수종에 해당되는 것은?
① 은행나무
② 모과나무
③ 반 송
④ 낙우송

해설 열매를 관상하는 나무 : 피라칸타, 낙상홍, 석류나무, 팥배나무, 탱자나무, 모과나무, 살구나무, 자두나무, 마가목, 산수유, 대추나무, 오미자, 감나무, 생강나무, 감탕나무, 사철나무, 화살나무, 포도나무 등

26 다음 중 가로수로 적당하지 않은 나무는?
① 플라타너스
② 느티나무
③ 은행나무
④ 반 송

해설 가로수용 수목 : 벚나무, 은행나무, 느티나무, 가중나무, 회화나무, 은단풍, 칠엽수, 메타세쿼이아, 플라타너스 등

27 개화·결실을 목적으로 실시하는 정지·전정방법 중 옳지 못한 것은?
① 약지(弱枝)는 길게, 강지(强枝)는 짧게 전정하여야 한다.
② 묵은 가지나 병충해 가지는 수액유동 전에 전정한다.
③ 작은 가지나 내측(內側)으로 뻗은 가지는 제거한다.
④ 개화결실을 촉진하기 위하여 가지를 유인하거나 단근작업을 실시한다.

해설 ① 약지는 짧게, 강지는 길게 전정하되 수세를 보아 가면서 적당한 길이로 전정한다.

정답 24 ③ 25 ② 26 ④ 27 ①

28 흰가루병의 방제방법으로 맞는 것은?

① 병든 낙엽을 모아 태우거나 땅속에 묻는다.
② 토양을 건조시킨다.
③ 캡탄 같은 곰팡이 제거제를 토양에 살포한다.
④ 진딧물을 제거한다.

[해설] 흰가루병의 방제 : 병든 낙엽을 모아 태우거나 땅속에 묻어 전염원을 차단하는 것이 필요하고, 봄에 새눈이 나오기 전에는 석회황합제를 1~2회 살포하며, 여름에는 만코지수화제, 지오판수화제, 베노밀수화제 등을 2주 간격으로 살포한다.

29 다음 중 붉은색(홍색)의 단풍이 드는 수목들로 구성된 것은?

① 낙우송, 느티나무, 백합나무
② 칠엽수, 참느릅나무, 졸참나무
③ 감나무, 화살나무, 붉나무
④ 잎갈나무, 메타세쿼이아, 은행나무

[해설] 단 풍
• 붉은색(안토시안 색소) : 감나무, 옻나무, 단풍나무류, 담쟁이덩굴, 붉나무, 화살나무, 산딸나무, 산벚나무 등
• 노란색(카로티노이드 색소) : 갈참나무, 고로쇠나무, 낙우송, 느티나무, 백합나무, 은행나무, 일본잎갈나무, 칠엽수 등

30 다음 중 거푸집에 미치는 콘크리트의 측압 설명으로 틀린 것은?

① 경화속도가 빠를수록 측압이 크다.
② 시공연도가 좋을수록 측압은 크다.
③ 붓기속도가 빠를수록 측압이 크다.
④ 수평부재가 수직부재보다 측압이 작다.

[해설] ① 경화속도가 빠를수록 측압이 작다.

31 다음 중 목재 내 할렬(Checks)은 어느 때 발생하는가?

① 목재의 부분별 수축이 다를 때
② 건조 초기에 상대습도가 높을 때
③ 함수율이 높은 목재를 서서히 건조할 때
④ 건조응력이 목재의 횡인장강도보다 클 때

[해설] 할렬(Checks) : 건조응력이 횡인장강도보다 클 때 섬유방향으로 터지는 현상으로 횡단면할렬, 표면할렬, 내부할렬이 있다.

32 다음 [보기]가 설명하는 합성수지의 종류는?

보기
• 특히 내수성, 내열성이 우수하다. • 내연성, 전기적 절연성이 있고 유리섬유판, 텍스, 피혁류 등 접착이 가능하다. • 500℃ 이상 견디는 수지이다. • 용도는 방수제, 도료, 접착제로 사용된다.

① 실리콘수지 ② 멜라민수지
③ 푸란수지 ④ 폴리에틸렌수지

해설
② 멜라민수지 : 경도가 크고 내열성·내수성이 강하며 마감재, 가구재, 전기부품 등에 사용된다.
③ 푸란수지 : 내약품성·접착성이 양호하며 금속도료, 금속접착제 등으로 사용된다.
④ 폴리에틸렌수지 : 전기절연성·내열성·내약품성이 좋고, 가압성형이 가능하며, 유리섬유를 보강재로 한 것은 대단히 강하다. 창틀, 덕트, 파이프, 욕조, 큰 성형품 등에 사용된다.

33 한국잔디의 특징을 설명한 것 중 옳은 것은?

① 약산성의 토양을 좋아한다.
② 그늘을 좋아한다.
③ 잔디를 깎으면 깎을수록 약해진다.
④ 습윤지를 좋아한다.

해설 한국잔디
• 조이시아속 잔디로 들잔디, 금잔디, 갯잔디, 빌로드잔디 등이 있다.
• 한국잔디는 우리나라에서 자생하는 난지형 잔디로, 가는 줄기와 땅속 줄기에 의해 옆으로 퍼지는 특성이 있다.
• 5~9월 사이에 잎이 푸른 상태로 있어 녹색기간이 짧고, 그늘에서 잘 자라지 못한다.
• 추위, 더위, 건조, 병해충에 아주 강하고, 산성 토양이나 답압(밟는 압력)에도 강하여 축구장, 공항, 공원, 묘지 등에 많이 쓰인다.
• 잔디밭 조성에 많은 시간이 소요되고, 손상을 받은 후 회복속도가 느리며, 겨울 동안 황색 상태로 남아 있는 단점이 있다.
※ 잔디의 종류에 따라 차이가 있으나 일반적으로 알맞은 토양은 참흙이며, 토양산도가 pH 5.5~7.0인 토양에서 잘 자란다.

34 일반적으로 관목성 수목의 규격의 표시방법으로 가장 적합한 것은?

① 수고 × 흉고직경
② 수고 × 수관폭
③ 간장 × 근원직경
④ 근장 × 근원직경

해설 조경수목의 규격표시

교목성	관목성
• 수고(H) × 수관폭(W) • 수고(H) × 가슴높이지름(B) • 수고(H) × 근원지름(R)	• 수고(H) × 수관폭(W) • 수고(H) × 근원지름(R) • 수고(H) × 수관폭(W) × 수관길이(L) • 수고(H) × 가지 수 또는 줄기 수 • 수고(H) × 생장연수

35 파이토플라스마에 의한 주요 수목병에 해당하지 않는 것은?

① 오동나무 빗자루병
② 뽕나무 오갈병
③ 대추나무 빗자루병
④ 소나무 시들음병

해설 ④ 소나무 시들음병은 기생성 선충인 소나무재선충에 의해 발병한다.

36 자작나무과(科)의 물오리나무잎으로 가장 적합한 것은?

①
②
③
④

해설 물오리나무 잎은 길이 약 5~12cm 정도의 원형 또는 난형으로 어긋나기하며, 가장자리가 5~8로 얕게 갈라져 겹톱니가 발달한다. 잎의 표면은 녹색으로 매끈하며 가을이 되면 노랗게 물들고, 뒷면은 회백색으로 갈색 털이 있다.

정답 34 ② 35 ④ 36 ①

37 다음 중 일반적인 콘크리트의 특징이 아닌 것은?

① 모양을 임의로 만들 수 있다.
② 임의대로 강도를 얻을 수 있다.
③ 내화·내구성이 강한 구조물을 만들 수 있다.
④ 경화 시 수축균열이 발생하지 않는다.

해설 콘크리트재료의 장단점

장 점	• 모양을 임의로 만들 수 있으며, 재료의 채취와 운반이 용이하다. • 유지관리비가 적게 든다. • 철근을 피복하여 녹을 방지하고, 철근과의 부착력을 높인다.
단 점	• 균열이 생기기 쉽고, 개조 및 파괴가 어렵다. • 무겁고, 인장강도 및 휨강도가 작다. • 품질 유지 및 시공관리가 어렵다.

38 다음 중 열경화성 수지의 종류와 특징 설명이 옳지 않은 것은?

① 페놀수지 : 감도·전기절연성·내산성·내수성 모두 양호하나 내알칼리성이 약하다.
② 멜라민수지 : 요소수지와 같으나 경도가 크고 내수성이 강하다.
③ 우레탄수지 : 투광성이 크고 내후성이 양호하며, 착색이 자유롭다.
④ 실리콘수지: 열절연성이 크고 내약품성·내후성이 좋으며, 전기적 성능이 우수하다.

해설 우레탄수지 : 열에 대한 절연성이 있어 내열성이 크고, 내약품성이 우수하다.
※ 요소수지 : 무색투명하여 착색이 용이하지만, 내수성·내열성은 페놀수지나 멜라민수지에 비해 약하다.

39 잔디의 잡초 방제를 위한 방법으로 부적합한 것은?

① 파종 전 갈아엎기
② 잔디깎기
③ 손으로 뽑기
④ 비선택형 제초제의 사용

해설 ④ 잔디밭에 비선택성 제초제를 사용하게 되면 식물종과 상관없이 모든 식물을 고사시키므로 다른 제초제에 비해 더 많은 주의가 요구된다.

40 다음 [보기]가 설명하고 있는 것은?

> **보기**
> - 열경화성 수지도료이다.
> - 내수성이 크고, 열탕에서도 침식되지 않는다.
> - 무색투명하고, 착색이 자유로우면 아주 굳고 내수성, 내약품성, 내용제성이 뛰어나다.
> - 알키드수지로 변성하여, 도료, 내수베니어합판의 접착제 등에 이용된다.

① 석탄산수지도료 ② 프탈산수지도료
③ 염화비닐수지도료 ④ 멜라민수지도료

41 다음 시멘트의 종류 중 혼합시멘트가 아닌 것은?

① 알루미나 시멘트
② 플라이애시 시멘트
③ 고로슬래그 시멘트
④ 포틀랜드포졸란 시멘트

해설 **시멘트의 종류**
- 포틀랜드 시멘트 : 보통 포틀랜드 시멘트, 중용열 포틀랜드 시멘트, 조강 포틀랜드 시멘트, 백색 포틀랜드 시멘트
- 혼합 시멘트 : 슬래그 시멘트(고로 시멘트), 플라이애시 시멘트, 포졸란 시멘트(실리카 시멘트)
- 특수 시멘트 : 알루미나 시멘트, 백색 시멘트, 팽창질석을 사용한 단열 시멘트, 팽창성 수경 시멘트, 메이슨리 시멘트, 초조강 시멘트, 초속경 시멘트, 방통 시멘트, 유정 시멘트

42 비금속재료의 특성에 관한 설명 중 옳지 않은 것은?

① 납은 비중이 크고 연질이며 전성, 연성이 풍부하다.
② 알루미늄은 비중이 비교적 작고 연질이며, 강도도 낮다.
③ 아연은 산 및 알칼리에 강하나 공기 중 및 수중에서는 내식성이 작다.
④ 동은 상온의 건조공기 중에서 변화하지 않으나 습기가 있으면 광택을 소실하고 녹청색을 띤다.

해설 ③ 아연은 산·알칼리에 약하고, 공기 중이나 수중에서의 내식성이 강하여 철재의 내식도금재로 많이 쓰인다.

정답 40 ④ 41 ① 42 ③

43 암거는 지하수위가 높은곳, 배수 불량 지반에 설치한다. 암거의 종류 중 중앙에 큰 암거를 설치하고, 좌우에 작은 암거를 연결시키는 형태로 넓이에 관계없이 경기장이나 어린이놀이터와 같은 소규모의 평탄한 지역에 설치할 수 있는 것은?
① 어골형
② 빗살형
③ 부채살형
④ 자연형

해설 ① 어골형은 경기장과 같이 전 지역의 배수가 균일하게 요구되는 곳이나 대규모의 평탄한 지역에 주로 설치한다.

44 조경관리에서 계절적·시간적 조건에 영향을 받지 않고 계속해서 관리해야 하는 것은?
① 자연석관리
② 잔디관리
③ 초화류관리
④ 배수관리

45 벽천을 구성하고 있는 요소의 명칭이라고 할 수 없는 것은?
① 벽 체
② 토수구
③ 수 반
④ 낙수받이

해설 벽천의 구조 : 벽천의 물은 벽체 속을 따라 토수구로 유도되어 그 밑의 수반에 떨어졌다가 다시 넘쳐 흐른다.

46 벽돌쌓기 시공에 대한 주의사항으로 틀린 것은?
① 굳기 시작한 모르타르는 사용하지 않는다.
② 붉은벽돌은 쌓기 전에 충분한 물축임을 실시한다.
③ 1일 쌓기높이는 1.2m를 표준으로 하고 최대 1.5m 이하로 한다.
④ 벽돌벽은 가급적 담장의 중앙 부분을 높게 하고 끝부분을 낮게 한다.

해설 ④ 벽돌쌓기 시에는 각 부를 가급적 동일한 높이로 쌓아 올리고, 벽면의 일부 또는 국부를 높게 쌓지 않는다.

정답 43 ① 44 ④ 45 ④ 46 ④

47 도시공원 및 녹지 등에 관한 법규상 유치거리가 500m 이하의 근린생활권 근린공원 1개소의 유치 규모기준은?

① 1,500m² 이상
② 5,000m² 이상
③ 10,000m² 이상
④ 30,000m² 이상

해설 도시공원의 설치 및 규모의 기준 – 생활권 공원(도시공원 및 녹지 등에 관한 법률 시행규칙 제6조 관련 [별표 3])

공원구분	설치기준	유치거리	규 모
근린생활권 근린공원 : 주로 인근에 거주하는 자의 이용에 제공할 것을 목적으로 하는 근린공원	제한 없음	500m 이하	10,000m² 이상

48 녹지계통의 형태가 아닌 것은?

① 분산형, 산재형
② 환상형
③ 입체분리형
④ 방사형

해설 도시 내 공원녹지체계 9가지에는 집중형, 분산형, 대상형, 격자형, 원호형, 환상형, 방사형, 쐐기형, 거미줄형 등이 있다.

49 정원수의 이용상 분류 중 [보기]의 설명에 해당되는 것은?

┤보기├
• 가지 다듬기를 할 수 있을 것
• 아랫가지가 말라 죽지 않을 것
• 잎이 아름답고 가지가 치밀할 것

① 가로수
② 녹음수
③ 방풍수
④ 생울타리

해설 생울타리용 수목의 조건
• 다듬기작업에 견뎌야 한다.
• 아랫가지가 말라 죽지 않고 오래 살아야 한다.
• 잎이 아름답고, 가지가 치밀해야 한다.
• 맹아력이 양호해야 한다.
• 가지가 수관의 안쪽을 향해 자라야 한다.
• 잔가지와 잔잎이 많아야 한다.

50 분쇄목인 우드칩(Wood Chip)을 멀칭재료로 사용할 때의 효과가 아닌 것은?

① 미관효과 우수
② 잡초 억제기능
③ 배수 억제효과
④ 토양 개량효과

해설 우드칩의 멀칭효과
- 잡초의 발생을 방지한다.
- 수목에 양분을 공급한다.
- 토양의 수분 및 적정온도를 유지한다.
- 토사의 유실분진·비산먼지 및 흙튀김을 방지한다.

51 형상은 절두각추체에 가깝고, 전면은 거의 평면을 이루며 대략 정사각형으로서 뒷길이접촉면의 폭, 뒷면 등이 규격화된 돌로서 4방락 또는 2방락의 것이 있다. 접촉면의 폭은 전면 1변의 길이의 1/10 이상이라야 하고, 접촉면의 길이는 1변의 평균길이의 1/2 이상인 돌은?

① 호박돌
② 마름돌
③ 견치돌
④ 각 석

해설 ① 호박돌 : 하천에 있는 지름 20~30cm 정도의 둥근 자연석으로, 주로 자연스럽고 부드럽게 멋을 내고자 할 때 장식용으로 사용하지만, 포장용이나 기초용으로도 쓰인다.
② 마름돌 : 채석장에서 떼어 낸 돌을 지정된 규격에 따라 직육면체가 되도록 각 면을 다듬은 석재로, 석재 중에서 가장 고급품이며, 시공비가 많이 들고, 미관과 내구성이 요구되는 구조물이나 쌓기용으로 사용된다.
④ 각석 : 폭이 두께의 3배 미만이고, 폭보다 길이가 긴 직육면체의 석재로 쌓기용, 기초용, 경계석 등으로 사용된다.

52 조경설계기준상 공동으로 사용되는 계단의 경우 높이가 2m를 넘는 계단에는 2m 이내마다 당해 계단의 유효폭 이상의 폭으로 너비 얼마 이상의 참을 두어야 하는가?(단, 단높이는 18cm 이하, 단너비는 26cm 이상이다)

① 70cm
② 80cm
③ 100cm
④ 120cm

해설 ④ 높이 2m를 넘는 계단에는 2m 이내마다 해당 계단의 유효 폭 이상의 폭으로 너비 120cm 이상인 참을 둔다.

정답 50 ③ 51 ③ 52 ④

53 90% BPMC 1kg을 2% 분제로 만들 때 필요한 증량제는 얼마인가?

① 44.5
② 4.5
③ 44
④ 445

해설 증량제량 = 분제 중량 $\times \left(\dfrac{\text{분제 농도}}{\text{희석 농도}} - 1 \right)$

$= 1 \times \left(\dfrac{90}{2} - 1 \right) = 44$

54 구조재료의 용도상 필요한 물리화학적 성질을 강화시키고, 미관을 증진시킬 목적으로 재료의 표면에 피막을 형성시키는 액체재료를 무엇이라고 하는가?

① 도 료
② 착 색
③ 강 도
④ 방 수

해설 도 료
- 재료의 부식을 방지하고, 아름다움을 증진시키기 위한 목적으로 사용한다.
- 재료의 내식성, 방부성, 내마멸성, 방수성, 강도 등을 증가시킨다.
- 광택과 미관을 높여 준다.
- 재료를 보호하고, 전도성을 조절하는 등의 역할을 한다.

55 다음 중 토양수분의 형태적 분류와 설명이 옳지 않은 것은?

① 결합수(結合水) - 토양 중의 화합물의 한 성분
② 흡습수(吸濕水) - 흡착되어 있어서 식물이 이용하지 못하는 수분
③ 모관수(毛管水) - 식물이 이용할 수 있는 수분의 대부분
④ 중력수(重力水) - 중력에 내려가지 않고, 표면장력에 의하여 토양입자에 붙어 있는 수분

해설 ④ 중력수 : 비모관공극에서 중력에 의하여 흘러내려 식물이 이용 가능한 수분

56 다수진 25% 유제 100cc를 0.05%로 희석하려 할 때 필요한 물의 양은?

① 5L
② 25L
③ 50L
④ 100L

해설 **살포액의 희석**

필요 수량 = 원액 약량 × $\left(\dfrac{\text{원액 농도}}{\text{희석 농도}} - 1\right)$ × 원액 비중

= 100cc × $\left(\dfrac{25\%}{0.05\%} - 1\right)$ × 1.0

= 49,900cc = 약 50L

※ 1,000cc = 1L

57 우리나라에서 사용하는 표준형 벽돌의 규격은?(단, 단위는 mm로 한다)

① 300 × 300 × 60
② 190 × 90 × 57
③ 210 × 100 × 60
④ 390 × 190 × 190

해설 **벽돌의 규격(단위 : mm)**
- 기존형 210 × 100 × 60
- 표준형 190 × 90 × 57

58 녹화테이프 마대의 효과가 아닌 것은?

① 시간과 노동력이 감소된다.
② 인장강도가 볏짚제품보다 크다.
③ 미관에 좋고 가격이 저렴하다.
④ 천연소재로서 하자율이 많이 발생한다.

해설 ④ 천연소재로서 하자율이 크게 감소한다.

정답 56 ③ 57 ② 58 ④

59 스프레이건(Spray Gun)을 쓰는 것이 가장 적합한 도료는?

① 수성페인트
② 유성페인트
③ 래 커
④ 에나멜

해설 래 커
- 자연건조방법에 의해 상온(常溫)에서 경화된다.
- 도막의 건조시간이 빨라 백화현상을 일으키기 쉽다.
- 도막은 단단하고, 불점착성이다.
- 내마모성·내수성·내유성 등이 우수하다.
- 나이트로셀룰로스도료라고도 한다.
※ 스프레이건(Spray Gun) : 도료를 압축공기에 의해 분무상으로 뿜어붙이는 도장용 기구

60 공사원가에 의한 공사비 구성 중 안전관리비가 해당되는 것은?

① 간접재료비
② 간접노무비
③ 경 비
④ 일반관리비

해설 경비 : 공사의 시공을 위하여 소요되는 공사원가 중 재료비와 노무비를 제외한 비용
㉠ 전력비, 수도광열비, 운반비, 기계경비, 특허권사용료, 기술료, 연구개발비, 품질관리비, 보험료, 보관비, 외주가공비, 산업안전보건관리비, 폐기물처리비, 도서인쇄비, 안전관리비 등

2018년 제1회 | 과년도 기출복원문제

01 조경 분야 프로젝트 수행단계에 포함되지 않는 것은?
① 계 획
② 설 계
③ 시 공
④ 제 도

[해설] 조경프로젝트의 수행단계
- 계획 : 자료의 수집, 분석, 종합
- 설계 : 자료를 활용하여 기능적·미적인 3차원 공간 창조
- 시공 : 공학적 지식과 생물을 다룬다는 점에서 특수한 기술 필요
- 관리 : 식생과 시설물의 이용관리

02 조경제도에서 단면도를 그리기 위해 평면도에 절단위치를 표시하고자 한다. 사용할 선의 종류는?(단, KS F 1501을 기준으로 한다)
① 실 선
② 파 선
③ 2점쇄선
④ 1점쇄선

[해설]
④ 1점쇄선 : 물체의 중심축, 대칭축을 표시하는 데 사용하고, 물체의 절단한 위치를 표시할 때나 경계선으로도 사용한다.
① 실선 : 물체의 보이는 부분을 나타내는 선으로서, 단면선과 외형선으로 구별하여 사용하기도 한다.
② 파선 : 물체의 보이지 않는 부분의 모양을 표시하는 데 사용한다. 파선과 구별할 필요가 있을 때는 점선을 쓴다.
③ 2점쇄선 : 물체가 있는 것으로 생각되는 부분을 표시하거나 1점쇄선과 구별할 때 사용한다.

03 다음 중 색의 대비에 관한 설명이 틀린 것은?
① 보색인 색을 인접시키면 본래의 색보다 채도가 낮아져 탁해 보인다.
② 명도단계를 연속시켜 나열하면 각각 인접한 색끼리 두드러져 보인다.
③ 명도가 다른 두 색을 인접시키면 명도가 낮은 색은 더욱 어두워 보인다.
④ 채도가 다른 두 색을 인접시키면 채도가 높은 색은 더욱 선명해 보인다.

[해설] 보색대비 : 보색관계에 있는 두 가지색을 같이 놓았을 때, 서로의 영향으로 더 뚜렷하게 보이는 현상

[정답] 1 ④ 2 ④ 3 ①

04 보도나 지면보다 낮게 위치하도록 하고 기하학적 무늬의 화단을 설치하여 한눈에 볼 수 있도록 조성한 화단으로서 시각적 중심부에는 분수나 조각물 등을 배치하는 화단은?

① 옥상정원(Roof Garden) ② 공중정원(Hanging Garden)
③ 침상화단(Sunken Garden) ④ 기식화단(Mass Flower-Bed)

해설 **침상화단** : 기하학적인 정형식 화단의 일종으로, 관상의 편의를 위해 보도면보다 낮은 위치에 꾸민 화단

05 레드북(Red Book)에 정원 개조 전후의 모습을 스케치하여 의뢰인에게 보여 줌으로써 비교와 이해를 쉽게 한 조경가는 누구인가?

① 험프리 렙턴 ② 브리지맨
③ 윌리엄 켄트 ④ 윌리엄 챔버

06 중국 송시대의 수법을 모방한 화원과 석가산 및 누각 등이 많이 나타난 시기는?

① 백제시대 ② 신라시대
③ 고려시대 ④ 조선시대

해설 ③ 고려시대에는 중국 송시대의 수법을 모방하여 화원과 석가산, 많은 누각 등을 배치한 관상 위주의 화려한 정원을 꾸몄다.

07 각 정원과 그 지역의 연결이 올바른 것은?

① 양산보 소쇄원 – 전남 영광
② 유이주 운조루 – 전남 담양
③ 정약용 다산초당 – 전남 강진
④ 윤선도 부용동 – 전남 구례

해설 ① 양산보의 소쇄원 : 전남 담양
② 유이주의 운조루 : 전남 구례
④ 윤선도의 부용동 : 전남 완도

08 조경의 기본계획에서 일반적으로 토지이용 분류, 적지분석, 종합배분의 순서로 이루어지는 계획은?

① 동선계획
② 시설물배치계획
③ 토지이용계획
④ 식재계획

해설 기본계획
- 토지이용계획 : 토지이용 분류, 적지분석, 종합배분
- 교통동선계획 : 교통동선의 계획과정, 교통동선체계
- 시설물 배치계획 : 시설물 평면계획, 시설물의 배치(시설물의 형태·재료·색채)
- 식재계획 : 수종 선택, 배식, 녹지체계
- 하부구조계획 : 가능한 한 지하로 매설하여 경관을 살리며, 안전성을 높이고 보수가 용이하도록 한다.
- 집행계획 : 투자계획, 법규검토, 유지관리계획

09 움베르토 에코의 소설 「장미의 이름」에 나오는 건축양식은 무엇인가?

① 로코코양식
② 바로크양식
③ 베르사유양식
④ 고딕양식

해설 ② 움베르토 에코의 소설 「장미의 이름」의 배경인 멜크 수도원은 바로크양식의 수도원으로, 건물의 화려함과 웅장함, 섬세함이 돋보이는 곳이다.

10 조선시대 사대부나 양반계급에 속했던 사람들이 시골 별서에 꾸민 정원의 유적이 아닌 것은?

① 양산보의 소쇄원
② 윤선도의 부용동원림
③ 정약용의 다산정원
④ 퇴계 이황의 도산서원

해설 퇴계 이황의 도산서원 : 제자들을 가르치던 도산서당(淘山書堂)과 기숙사의 역할을 했던 농운정사(濃雲精舍)를 직접 설계하였으며, 작은 화단에 매화나무, 대나무, 소나무, 국화를 심고 절우사라 이름 붙였다.
※ 서원조경
- 소수서원, 남계서원, 도산서원, 옥산서원, 병산서원 등
- 서원의 진입공간에는 홍살문을 세웠고, 하마비와 하마석을 놓았다.
- 주렴계의 애련설의 영향으로 연못에 연꽃을 식재하였다(남계서원의 지당, 도산서원의 정우당).
- 서원이라는 공간적 성격에 적합한 일부 수목만을 식재하였다(은행나무, 느티나무, 향나무 등).

11 고려시대 정원양식과 관련이 없는 것은?

① 석가산
② 화 원
③ 격구장
④ 포석정

해설 ④ 통일신라시대의 조경유적인 포석정은 흐르는 물에 술잔을 띄워 곡수연을 즐기던 곳으로, 왕희지의 난정고사를 본 따 만든 왕과 측근들의 유락공간이었다.

12 스페인 정원양식과 관련이 없는 것은?

① 비스타　　　　　② 분 수
③ 색채타일　　　　④ 대리석과 벽돌

해설　① 비스타는 통경선이라고도 하며, 좌우로의 시선을 제한하여 전방의 일정 지점으로 시선을 집중시키는 경관으로, 강한 축과 대칭성에 중점을 둔 프랑스의 평면기하학식 정원에 많이 쓰였다.

13 다음 중 위락·관광시설 분야의 조경에 해당되는 대상은?

① 골프장　　　　　② 궁 궐
③ 실내정원　　　　④ 사 찰

해설　① 위락·관광시설, ②·④ 문화재, ③ 정원
※ 위락·관광시설 : 골프장, 야영장, 경마장, 스키장, 해수욕장, 낚시터, 관광농원, 유원지, 휴양지, 삼림욕장 등

14 중국 조경의 시대별 연결이 옳은 것은?

① 명나라 – 이화원(頤和園)
② 전나라 – 화림원(華林園)
③ 송나라 – 만세산(萬歲山)
④ 명나라 – 태액지(太液池)

해설　① 청나라 : 이화원(頤和園)
② 삼국시대 : 화림원(華林園)
④ 한나라 : 태액지(太液池)

15 다음 [보기]의 설명은 어느 시대의 정원에 관한 것인가?

|보기|
- 석가산과 원정, 화원 등이 특징이다.
- 대표적 유적으로 동지, 만월대, 수창궁원, 청평사 문수원 정원 등이 있다.
- 휴식·조망을 위한 정자를 설치하기 시작하였다.
- 송나라의 영향으로 화려한 관상위주의 이국적 정원을 만들었다.

① 조 선　　　　　② 백 제
③ 고 려　　　　　④ 통일신라

해설　③ 고려시대의 정원에 관한 설명으로 대표적인 정원에는 동지, 문수원, 사원 등이 있으며 석가산, 정자, 누각 등을 적극 활용하였다.

16 체계적인 품질관리를 추진하기 위한 데밍(Deming's Cycle)의 관리로 가장 적합한 것은?

① 계획(Plan) - 추진(Do) - 조치(Action) - 검토(Check)
② 계획(Plan) - 검토(Check) - 추진(Do) - 조치(Action)
③ 계획(Plan) - 조치(Action) - 검토(Check) - 추진(Do)
④ 계획(Plan) - 추진(Do) - 검토(Check) - 조치(Action)

해설 ④ 데밍이 주장한 관리사이클 PDCA는 Plan - Do - Check - Action의 머리글자를 딴 것으로, 계획 - 추진 - 검토 - 조치가 반복적으로 이루어지는 순환의 과정을 논리적으로 연결한 모델이다.

17 다음 정원요소 중 인도정원에 가장 큰 영향을 미친 것은?

① 노 단
② 토피어리
③ 돌수반
④ 물

해설 ④ 종교의 영향으로 목욕을 위한 물이 정원의 주요 구성요소였다.

18 다음 중 일본의 축산고산수 수법이 아닌 것은?

① 왕모래를 깔아 냇물을 상징하였다.
② 낮게 솟아 잔잔히 흐르는 분수를 만들었다.
③ 바위를 세워 폭포를 상징하였다.
④ 나무를 다듬어 산봉우리를 상징하였다.

해설 축산고산수식 정원 : 바위(섬·반도·폭포)를 중심으로 왕모래(물)와 다듬은 수목(산)을 사용해 꾸민 추상적인 정원

19 설계도의 종류 중에서 3차원의 느낌이 가장 실제의 모습과 가깝게 나타나는 것은?

① 입면도
② 평면도
③ 투시도
④ 상세도

해설 ③ 투시도는 설계안이 완성되었을 경우를 가정하여 설계내용을 실제 눈에 보이는 대로 입체적인 그림으로 나타낸 것이다.

정답 16 ④ 17 ④ 18 ② 19 ③

20 도시공원 및 녹지 등에 관한 법률상 도시공원 설치 및 규모의 기준에서 어린이공원의 최소규모는 얼마인가?

① 500m²
② 1,000m²
③ 1,500m²
④ 2,000m²

해설 도시공원의 설치 및 규모의 기준 – 생활권공원(도시공원 및 녹지 등에 관한 법률 시행규칙 제6조 관련 [별표 3])

공원 구분	설치기준	유치기준	규 모
어린이공원	제한 없음	250m 이하	1,500m² 이상

21 다음 중 그 해 자란 1년생 신초지(新梢枝)에서 꽃눈이 분화하여 그 해에 개화하는 화목류는?

① 무궁화
② 개나리
③ 목 련
④ 수 국

해설 ① 초여름부터 가을에 걸쳐 꽃이 피는 나무는 개화하는 그 해에 자란 가지에서 꽃눈이 분화하여 그 해 안에 꽃을 피우는데 능소화, 무궁화, 배롱나무, 장미, 찔레나무 등이 이에 속한다.
※ 그 해에 자란 가지에 꽃눈이 분화하여 월동 후 봄에 개화하는 형태의 수종 : 개나리, 기리시마철쭉, 단풍철쭉, 동백, 수수꽃다리, 왕벚, 목련, 철쭉 등이 있다.

22 다음 중 붉은색(홍색)의 단풍이 드는 수목들로 구성된 것은?

① 낙우송, 느티나무, 백합나무
② 칠엽수, 참느릅나무, 졸참나무
③ 감나무, 화살나무, 붉나무
④ 잎갈나무, 메타세쿼이아, 은행나무

해설 단 풍
• 붉은색(안토시안 색소) : 감나무, 옻나무, 단풍나무류, 담쟁이덩굴, 붉나무, 화살나무, 산딸나무, 산벚나무 등
• 노란색(카로티노이드 색소) : 갈참나무, 고로쇠나무, 낙우송, 느티나무, 메타, 백합, 은행, 일본잎갈, 칠엽수 등

23 다음 중 열매를 관상하기 위해 식재하는 수목은?

① 모과나무
② 곰 솔
③ 주 목
④ 단풍나무

해설 **열매를 관상하는 나무** : 피라칸타, 낙상홍, 석류나무, 팥배나무, 탱자나무, 모과나무, 살구나무, 자두나무, 마가목, 산수유, 대추나무, 오미자, 감나무, 생강나무, 감탕나무, 사철나무, 화살나무, 포도나무 등

20 ③ 21 ① 22 ③ 23 ①

24 다음 중 화성암이 맞는 것은?

① 화강암
② 응회암
③ 편마암
④ 대리암

해설 암석의 분류
- 화성암 : 화강암, 안산암, 현무암, 섬록암 등
- 퇴적암 : 응회암, 사암, 점판암, 혈암, 석회암 등
- 변성암 : 편마암, 대리암, 사문암, 결절편암 등

25 다음에서 설명하는 돌은 무엇인가?

> 시선이 집중되는 곳이나 중요한 자리에 한 개 또는 몇 개를 짜임새 있게 놓고 감상한다.

① 경관석
② 디딤돌
③ 호박돌
④ 각 석

해설
② 디딤돌 : 보행자의 편의를 위해 원로의 동선에 놓는 돌
③ 호박돌 : 하천에 있는 지름 20~30cm 정도의 둥근 자연석
④ 각석 : 쌓기용, 기초용, 경계석 등으로 사용되는 규격재

26 석가산을 만들고자 할 때 적당한 돌은?

① 잡 석
② 산 석
③ 호박돌
④ 자 갈

해설 산 석
- 산지나 땅속에서 산출한 돌로 일명 산돌이라고도 한다.
- 모가 난 것이 많고, 지상에 있는 돌은 이끼나 뜰녹이 생긴 것이 많다.
- 경관석으로 이용하는 산석은 화강암, 안산암, 현무암 등이 있다.

27 합성수지에 관한 설명 중 잘못된 것은?

① 기밀성, 접착성이 크다.
② 비중에 비하여 강도가 크다.
③ 착색이 자유롭고 가공성이 크므로 장식적 마감재에 적합하다.
④ 내마모성이 보통시멘트콘크리트에 비교하면 극히 적어 바닥재료로는 적합하지 않다.

해설 ④ 합성수지는 내마모성과 탄력성이 커서 바닥재료 등에 적합하다.

정답 24 ① 25 ① 26 ② 27 ④

28 한국형 잔디의 특징을 잘못 설명한 것은?

① 포복성이어서 밟힘에 강하다.
② 그늘에서도 잘 자란다.
③ 손상을 받으면 회복속도가 느리다.
④ 병해충과 공해에 비교적 강하다.

해설 ② 대부분의 한국잔디는 난지형 잔디로 그늘에서 잘 자라지 못한다.

29 개화결실을 목적으로 실시하는 정지, 전정방법 중 옳지 못한 것은?

① 약지(弱枝)는 길게, 강지(强枝)는 짧게 전정하여야 한다.
② 묵은 가지나 병충해 가지는 수액유동 전에 전정한다.
③ 작은 가지나 내측(內側)으로 뻗은 가지는 제거한다.
④ 개화결실을 촉진하기 위하여 가지를 유인하거나 단근작업을 실시한다.

해설 ① 약지는 짧게, 강지는 길게 전정하되 수세를 보아 가면서 적당한 길이로 전정한다.

30 다음 중 속명(屬名)이 Trachelospernum이고, 영명이 Chineses Jasmine이며, 한자명이 백화등(白花藤)인 것은?

① 으아리   ② 인동덩굴
③ 줄사철   ④ 마삭줄

해설 ④ 백화등은 마삭줄이라고도 하며, 가지가 적갈색인 상록만경식물로, 길이는 5m 정도이다.

31 크롬산 아연을 안료로 하고, 알키드 수지를 전색료로 한 것으로서 알루미늄 녹막이 초벌칠에 적당한 도료는?

① 광명단
② 파커라이징(Parkerizing)
③ 그라파이트(Graphite)
④ 징크로메이트(Zincromate)

해설 녹막이 페인트(방청용 페인트)
• 철재 녹막이 : 광명단
• 알루미늄재 녹막이 : 징크로메이트
• 목재 방부제 : 크레오소트유

정답 28 ② 29 ① 30 ④ 31 ④

32 감탕나무과(Aquifoliaceae)에 해당하지 않는 것은?
① 호랑가시나무   ② 먼나무
③ 꽝꽝나무   ④ 소태나무

해설 ④ 소태나무는 소태나무과이다.

33 재료가 외력을 받았을 때 작은 변형만 나타내도 파괴되는 현상을 무엇이라 하는가?
① 취 성   ② 탄 성
③ 인 성   ④ 소 성

해설 ② 탄성 : 재료에 외력을 가한 후 제거하면 원래의 형태로 돌아가는 성질
③ 인성 : 재료가 외력을 받으면 크게 변형되지만 파괴되지는 않는 성질
④ 소성 : 재료에 외력을 가한 후 제거하여도 원래의 형태로 돌아가지 않는 성질

34 다음 중 자작나무과(科)의 물오리나무 잎으로 가장 적합한 것은?

해설 물오리나무 잎은 길이 약 5~12cm 정도의 원형 또는 난형으로 어긋나기하며, 가장자리가 5~8로 얕게 갈라져 겹톱니가 발달한다. 잎의 표면은 녹색으로 매끈하며 가을이 되면 노랗게 물들고, 뒷면은 회백색으로 갈색 털이 있다.

35 다음 중 물푸레나무과에 해당되지 않는 것은?
① 미선나무   ② 광나무
③ 이팝나무   ④ 식나무

해설 ④ 식나무는 층층나무과이다.

정답 32 ④ 33 ① 34 ① 35 ④

36 다음 시멘트의 성분 중 화합물상에서 발열량이 가장 많은 성분은?

① C_3A
② C_3S
③ C_4AF
④ C_2S

해설 시멘트의 성분 및 함유량에 따른 발열량(수화열)

화학명	화학식	약 어	함유량(%) / 수화열(cal/g)
Tricalcium Silicate	$3CaOSiO_2$	C_3S	50~60 / 136
Dicalcium	$2CaOSiO_2$	C_2S	15~25 / 62
Tricalcium Aluminate	$3CaOAl_2O_3$	C_3A	5~15 / 200
Tetracalcium	$4CaOAl_2O_3Fe_2O_3$	C_3AF	5~12 / 30

37 다음 설계기호는 무엇을 표시한 것인가?

① 인조석다짐
② 잡석다짐
③ 보도블록 포장
④ 콘크리트 포장

38 주로 수량의 다소에 따라서 반죽이 되고 진 정도를 나타내는 굳지 않은 콘크리트의 성질은?

① Workability(시공성)
② Plasticity(성형성)
③ Consistency(반죽질기)
④ Finishability(마감성)

해설 ① Workability(시공성) : 콘크리트를 혼합한 후 운반, 타설, 다지기 및 마무리할 때까지 굳지 않은 콘크리트의 성질로, 콘크리트 시공 시 작업 난이도 및 재료분리에 저항하는 정도를 나타낸다.
② Plasticity(성형성) : 거푸집 등의 형상에 순응하여 채우기 쉽고, 분리가 일어나지 않는 굳지 않은 콘크리트의 성질
④ Finishability(마감성) : 굵은골재의 최대 치수, 잔골재율, 잔골재의 입도, 반죽질기 등에 따른 마무리하기 쉬운 정도를 말하는 굳지 않은 콘크리트의 성질

39 다음 목재 접착제 중 내수성이 큰 순서대로 바르게 나열된 것은?

① 요소수지 > 아교 > 페놀수지
② 아교 > 페놀수지 > 요소수지
③ 페놀수지 > 요소수지 > 아교
④ 아교 > 요소수지 > 페놀수지

해설 **목재 접착제**
- 페놀수지 접착제 : 페놀과 폼알데하이드를 주재로 하는 합성수지로, 페놀수지로 만든 액상 접착제는 무색투명하고, 내수성·내약품성·내열성이 가장 우수하며, 이종재 간의 접착에 사용된다.
- 요소수지 접착제 : 경화제로 염화암모늄을 사용하며, 가격이 싸고, 접착력이 우수하다. 상온에서 경화되어 합판, 집성목재, 파티클보드, 가구 등에 널리 쓰인다.
- 아교 : 비교적 접착성능이 우수하나, 내수성이 떨어지고, 단시간의 접착조작을 요하며, 가격이 비교적 비싸다.

40 정원수의 이용상 분류 중 [보기]의 설명에 해당되는 것은?

┤보기├
- 가지다듬기를 할 수 있을 것
- 아랫가지가 말라 죽지 않을 것
- 잎이 아름답고 가지가 치밀할 것

① 가로수 ② 녹음수
③ 방풍수 ④ 생울타리

해설 **생울타리용 수목의 조건**
- 다듬기작업에 견뎌야 한다.
- 아랫가지가 말라 죽지 않고 오래 살아야 한다.
- 잎이 아름답고, 가지가 치밀해야 한다.
- 맹아력이 양호해야 한다.
- 가지가 수관의 안쪽을 향해 자라야 한다.
- 잔가지와 잔잎이 많아야 한다.

41 바람으로 인해 병원체가 기주식물에 운반되는 것이 아닌 것은?

① 배나무 붉은별무늬병
② 잣나무 털녹병균
③ 밤나무 줄기마름병균
④ 참나무 시들음병균

해설 ④ 참나무 시들음병균은 광릉긴나무좀에 의해 전반된다.

정답 39 ③ 40 ④ 41 ④

42 다음 중 도시화가 진전되면서 도시에 생기는 변화에 대한 설명으로 틀린 것은?

① 도시화가 진전되면서 환경오염이 증대되고 있다.
② 도시화가 진전되면서 기온은 상승되고 있다.
③ 도시화된 지역이 넓어지면서 도시지역의 강우량은 줄어들었다.
④ 도시화되면서 하천의 범람 횟수는 더 많아지고 있다.

해설 미국항공우주국(NASA) 고다드 우주비행센터는 2002년 6월 18일, "건물이나 인간활동의 집중으로 도시 중심부의 온도가 올라가는 열섬현상(Heat Island)이 일어나고 있는 지역 주변에서는 강우량이 증가한다는 것을 발견했다"고 발표했다.

43 잔디의 잡초 방제를 위한 방법으로 부적합한 것은?

① 파종 전 갈아엎기
② 잔디깎기
③ 손으로 뽑기
④ 비선택형 제초제의 사용

해설 ④ 잔디밭에 비선택성 제초제를 사용하게 되면 식물종과 상관없이 모든 식물을 고사시키므로, 다른 제초제에 비해 더 많은 주의가 요구된다.

44 마운딩(Maunding)의 기능으로 옳지 않은 것은?

① 유효토심 확보
② 배수방향 조절
③ 공간연결의 역할
④ 자연스러운 경관 연출

해설 마운딩의 기능
• 흙쌓기에 의해 지면 형상을 변화시켜 수목의 생장에 필요한 유효토심을 확보한다.
• 배수방향을 조절하고, 자연스러운 경관을 조성하며, 토지이용상 공간을 분할한다.

45 벽돌쌓기 방식 중 시공이 편리하고 쌓을 때 모서리 끝에 칠오토막을 써서 안정감을 주며, 우리나라에서 대부분 사용하는 방식은?

① 영국식 쌓기
② 프랑스식 쌓기
③ 네덜란드식 쌓기
④ 미국식 쌓기

해설 ① 영국식 쌓기 : 길이쌓기 켜와 마구리쌓기 켜를 반복하여 쌓고, 모서리의 벽 끝에는 이오토막을 쓰는 방법으로, 매우 견고하다.
② 프랑스식 쌓기 : 켜마다 길이와 마구리가 번갈아 나오는 방법으로, 영국식 쌓기보다 아름다우나 견고성은 떨어진다.
④ 미국식 쌓기 : 5켜까지 길이쌓기로 하고, 그 위 1켜는 마구리쌓기로 하는 방법이다.

46 성인이 이용할 정원의 디딤돌놓기 방법으로 틀린 것은?

① 납작하면서도 가운데가 약간 두둑하여 빗물이 고이지 않는 것이 좋다.
② 디딤돌의 간격은 느린 보행폭을 기준으로 하여 35~50cm 정도가 좋다.
③ 디딤돌은 가급적 사각형에 가까운 것이 자연미가 있어 좋다.
④ 디딤돌 및 징검돌의 장축은 진행방향에 직각이 되도록 배치한다.

해설 ① 디딤돌은 보통 한 면이 넓적하고 평평한 자연석을 많이 쓰나, 가공한 화강암 판석이나 점판암 판석 또는 통나무 등을 쓰는 경우도 있다.

47 50m² 면적에 전면붙이기로 잔디식재를 하려 할 때 필요한 잔디소요매수는?(단, 잔디 1매의 규격은 20cm×20cm×3cm이다)

① 200매
② 555매
③ 1,250매
④ 1,500매

해설 필요 잔디량 = $\dfrac{\text{전체 면적}}{\text{뗏장 1장의 면적}}$ = $\dfrac{50m^2}{0.04m^2}$ = 1,250매

48 파이토플라스마에 의한 주요 수목병에 해당하지 않는 것은?

① 오동나무 빗자루병
② 뽕나무 오갈병
③ 대추나무 빗자루병
④ 소나무 시들음병

해설 ④ 소나무 시들음병은 기생성 선충인 소나무재선충에 의해 발병한다.

정답 46 ③ 47 ③ 48 ④

49 농약의 사용 시 확인할 농약 방제 대상별 포장지의 색깔과 구분이 올바른 것은?

① 살균제 – 청색
② 제초제 – 분홍색
③ 살충제 – 초록색
④ 생장조절제 – 노란색

해설 **농약제의 포장지 색깔**
- 살균제 : 분홍색
- 살충제 : 초록색
- 살균·살충제 : 위쪽 – 분홍색, 아래쪽 – 초록색
- 제초제 : 노란색
- 비선택성 제초제 : 빨간색
- 생장조절제 : 파란색

50 반죽질기의 정도에 따라 작업의 쉽고 어려운 정도, 재료의 분리에 저항하는 정도를 나타내는 콘크리트성질에 관련된 용어는?

① 성형성(Plasticity)
② 마감성(Finishability)
③ 시공성(Workability)
④ 레이턴스(Laitance)

해설 ① 성형성 : 거푸집 등의 형상에 순응하여 채우기 쉽고, 분리가 일어나지 않는 굳지 않은 콘크리트의 성질
② 마감성 : 굵은골재의 최대 치수, 잔골재율, 잔골재의 입도, 반죽질기 등에 따른 마무리하기 쉬운 정도를 말하는 굳지 않은 콘크리트의 성질
④ 레이턴스 : 콘크리트를 친 후에 양생물이 상승함에 따라 내부의 미세한 물질이 함께 부상하여 경화된 콘크리트 표면에 형성되는 흰색의 얇은 막

51 매미목 해충으로 짝지어진 것은?

① 진딧물, 벼멸구
② 끝동매미충, 노린재류
③ 온실가루깍지벌레, 밤바구미
④ 애멸구, 솔잎혹파리

해설 ② 노린재류 : 노린재목
③ 밤바구미 : 딱정벌레목
④ 솔잎혹파리 : 파리목
※ 매미목 해충으로는 진딧물, 벼멸구, 끝동매미충, 온실가루깍지벌레, 애멸구, 복숭아혹진딧물 등이 있다.

52 잠복소를 설치하는 목적으로 가장 적합한 것은?

① 동해의 방지를 위해
② 월동벌레를 유인하여 봄에 태우기 위해
③ 겨울의 가뭄 피해를 막기 위해
④ 동해나 나무의 생육조절을 위해

해설 ② 잠복소는 월동장소를 제공하여 월동벌레를 유인하기 위해 수간에 감은 짚이나 수목 주변에 깔아 놓는 짚 등을 말하는데, 보통 월동을 끝내기 전 봄에 이를 모아 태운다.

53 다음 설명에 적합한 수목은?

- 감탕나무과 식물이다.
- 상록활엽소교목으로 열매가 적색이다.
- 잎은 호생으로 타원상의 6각형이며 가장자리에 바늘 같은 각점(角點)이 있다.
- 자웅이주이다.
- 열매는 구형으로서 지름 8~10cm이며, 적색으로 익는다.

① 감탕나무
② 낙상홍
③ 먼나무
④ 호랑가시나무

해설
① 감탕나무 : 상록활엽소교목으로, 잎은 양끝이 좁은 장타원형이고 가장자리는 거의 밋밋하다.
② 낙상홍 : 낙엽활엽관목으로, 잎 끝이 뾰족하고 가장자리에 잔 톱니가 있다.
③ 먼나무 : 상록활엽교목으로, 잎은 타원형 또는 긴 타원형이고 가장자리는 밋밋하다.

54 다음 중 구배(경사도)가 가장 큰 것은?

① 100% 경사
② 45° 경사
③ 1할 경사
④ 1 : 0.7

해설
④ 1 : 0.7이므로 수직높이는 1이고 수평거리는 0.7이다. 따라서 $\tan^{-1}(1/0.7) ≒ 55°$
① 경사도가 100%이므로 수직높이와 수평거리가 같다는 의미이다. 따라서 $\tan^{-1}(1/1) = 45°$
③ 1할의 의미는 1/10이므로 수직높이가 1이면 수평거리는 10이다. 따라서 $\tan^{-1}(1/10) ≒ 5°$

정답 52 ② 53 ④ 54 ④

55 표준품셈에서 수목을 인력시공 식재 후 지주목을 세우지 않을 경우 인력품의 몇 %를 감하는가?

① 5%
② 10%
③ 15%
④ 20%

해설 ② 지주목을 세우지 않을 때는 인력시공 시 인력품의 10%, 기계시공 시 인력품의 20%의 요율을 감한다.

56 돌쌓기의 종류 중 찰쌓기에 대한 설명으로 옳은 것은?

① 뒤채움에 콘크리트를 사용하고, 줄눈에 모르타르를 사용하여 쌓는다.
② 돌만을 맞대어 쌓고 잡석, 자갈 등으로 뒤채움을 하는 방법이다.
③ 마름돌을 사용하여 돌 한 켠의 가로줄눈이 수평적 직선이 되도록 쌓는다.
④ 막돌, 깬돌, 깬잡석을 사용하여 줄눈을 파상 또는 골을 지어 가며 쌓는 방법이다.

해설 ② 메쌓기, ③ 켜쌓기, ④ 골쌓기

57 외벽을 아름답게 나타내는 데 사용하는 미장재료는?

① 타르
② 벽토
③ 니스
④ 래커

해설 ② 벽토는 진흙에 고운 모래·짚여물·착색안료와 물을 혼합하여 반죽한 것으로, 목조 외벽에 바름으로써 자연스러운 분위기를 살릴 수 있으며, 주로 전통성을 강조하는 고유 토담집의 흙벽이나 울타리, 담 등에 사용한다.

58 다음 중 호박돌쌓기의 방법에 대한 설명으로 부적합한 것은?

① 표면이 깨끗한 돌을 사용한다.
② 크기가 비슷한 것이 좋다.
③ 불규칙하게 쌓는 것이 좋다.
④ 기초공사 후 찰쌓기로 시공한다.

해설 ③ 호박돌쌓기는 규칙적인 모양으로 하는 것이 보기에 자연스럽다.

59 여러해살이 화초에 해당되는 것은?

① 베고니아
② 금어초
③ 맨드라미
④ 금잔화

해설 여러해살이 화초 : 넝쿨장미, 툴립, 초롱꽃, 베고니아, 수선화, 아네모네, 제라늄, 히아신스, 국화, 부용, 꽃창포, 도라지꽃 등

60 다수진 25% 유제 100cc를 0.05%로 희석하려 할 때 필요한 물의 양은?

① 약 5L
② 약 25L
③ 약 50L
④ 약 100L

해설 **살포액의 희석**

필요 수량 = 원액 약량 $\times \left(\dfrac{\text{원액 농도}}{\text{희석 농도}} - 1 \right) \times$ 원액 비중

$= 100\text{cc} \times \left(\dfrac{25\%}{0.05\%} - 1 \right) \times 1.0$

$= 49,900\text{cc} = $ 약 50L

※ 1,000cc = 1L

정답 58 ③ 59 ① 60 ③

2018년 제 3 회 | 과년도 기출복원문제

01 다음 중 줄기의 색채가 백색 계열에 속하는 수종은?
 ① 모과나무
 ② 자작나무
 ③ 노각나무
 ④ 해 송

해설 수피가 아름다운 수종
 • 흰색 : 자작나무, 동백나무, 백송, 분비나무, 서어나무
 • 청색 : 식나무, 대나무, 황매, 벽오동, 산겨릅나무, 협죽도
 • 갈색 : 배롱나무, 편백, 명자나무, 철쭉류
 • 적색 : 주목, 소나무, 노각나무, 모과나무, 흰말채나무
 • 흑색 : 해송, 오죽, 금송, 황피느릅나무

02 좁은 의미의 조경계획으로 볼 수 없는 것은?
 ① 목표설정
 ② 자료분석
 ③ 기본계획
 ④ 기본설계

해설 • 좁은 의미의 조경계획 : 목표 설정, 자료 분석, 기본계획
 • 좁은 의미의 조경설계 : 기본설계, 실시설계

03 고대 그리스의 광장 이름은?
 ① 바빌로니아
 ② 플레이스
 ③ 수렵원
 ④ 아고라

해설 ④ 아고라는 고대 그리스 폴리스의 중심에 있던 광장으로, 정치와 사상의 토론장이자 사람들이 물건을 사고파는 시장의 역할을 하였다.

정답 1 ② 2 ④ 3 ④

04 계단폭포, 물무대, 분수, 정원극장, 동굴 등이 가장 많이 나타나는 정원은?

① 영국 정원
② 프랑스 정원
③ 스페인 정원
④ 이탈리아 정원

해설 이탈리아의 에스테장(Villa d'Este)
- 건축과 조경은 리고리오, 수경은 올리비에가 설계하였고, 이폴리토 어 스테(Ippolito d'Este) 추기경의 의뢰로 중세 수도원을 바탕으로 건축하였다.
- 4개의 노단으로 구성되어 있으며, 최저 노단 중앙의 중심축선을 최고 노단까지 연결하였고, 축선과 직교하여 정원의 각 부분을 전개하였다.
- 아니에네 강을 끌어와 연못, 물 풍금(제1노단), 용의 분수(제2노단), 100개의 분수(제3노단) 등 다양한 수경시설을 조성하여 물의 정원이라고도 불린다.

05 영국의 스토우(Stowe)원을 설계했으며, 정원 내에 하하(Ha-ha)의 기교를 생각해 낸 조경가는?

① 찰스 브릿지맨
② 윌리엄 켄트
③ 험프리 렙턴
④ 이안 맥하그

해설 ① 찰스 브릿지맨은 치즈윅 하우스, 루스햄, 스투어헤드를 설계하고 하하(Ha-ha)기법을 도입한 조경가이다.

06 앙드레 르 노트르(Andre le Notre)가 유명하게 된 것은 어떤 정원을 만든 후부터인가?

① 베르사유(Versailles)
② 센트럴파크(Central Park)
③ 토스카나장(Villa Toscana)
④ 알람브라(Alhambra)

해설 ① 르 노트르에 의해 세계 최대 규모의 정형식 정원이 꾸며졌다. 르 노트르는 이탈리아 여행 중 노단건축식 정원을 배웠으나 귀국한 후에는 프랑스의 지형과 풍토에 알맞은 평면기하학식 정원수법을 고안하였다. 루이 14세와 앙드레 르 노트르는 군주와 신민으로서 왕을 위한 신민의 창작품인 베르사유(Versailles)를 통하여 영원히 결합되었다. 베르사유궁전과 궁원은 르 노트르와 루이 14세의 이름과 가장 밀접한 연관이 있으며, 루이 14세 스스로 그렇게 불리우기를 바랐던 위대한 태양왕의 실질적 상징으로 널리 알려져 있다.

07 조선시대 조경양식에 영향을 주지 않은 것은?

① 신선사상
② 정토사상
③ 음양사상
④ 유교사상

해설 ④ 유교사상은 조선의 정치이념, 양반의 주택양식, 사원의 위계적 공간분할 등에 영향을 끼친 사상이다.

08 서울 종로구의 구 원각사지에 조성된 탑골(파고다)공원을 설계한 사람은?
① 브라운 ② 파 웰
③ 스티븐 ④ 케 빈

해설 ② 탑골공원은 우리나라 최초의 근대식 대중공원으로 탑동공원, 파고다공원이라고도 하며, 1897년 영국인 브라운이 고문으로서 참여하였다.

09 선의 분류 중 나머지 세 개와 다른 분류는?
① 실 선 ② 가는 선
③ 파 선 ④ 쇄 선

해설 ①·③·④ 모양에 따른 분류, ② 굵기에 따른 분류

10 임해공업단지의 조경용 수종으로 적합한 것은?
① 소나무 ② 목 련
③ 사철나무 ④ 히말라야시다

해설 내염성이 큰 수종 : 해송, 눈향나무, 해당화, 비자나무, 사철나무, 동백나무, 유카, 찔레나무, 회양목 등

11 일반적으로 관목성 수목의 규격의 표시방법으로 가장 적합한 것은?
① 수고×흉고직경
② 수고×수관폭
③ 간장×근원직경
④ 근장×근원직경

해설 조경수목의 규격표시

교목성	관목성
• 수고(H)×수관폭(W) • 수고(H)×가슴높이지름(B) • 수고(H)×근원지름(R)	• 수고(H)×수관폭(W) • 수고(H)×근원지름(R) • 수고(H)×수관폭(W)×수관길이(L) • 수고(H)×가지 수 또는 줄기 수 • 수고(H)×생장연수

정답 8 ① 9 ② 10 ③ 11 ②

12 휴게공간의 입지조건으로 적합하지 않은 것은?

① 경관이 양호한 곳
② 시야에 잘 띄지 않는 곳
③ 보행동선이 합쳐지는 곳
④ 기존 녹음수가 조성된 곳

해설 ② 시야에 잘 띄는 곳에 설치한다.

13 다음 중 목재에 유성페인트 칠을 할 때 가장 관련이 없는 재료는?

① 건성유
② 건조제
③ 방청제
④ 희석제

해설 ③ 방청제는 금속이 부식하기 쉬운 상태일 때 첨가하여 녹을 방지하기 위해 사용하는 물질이다.

14 점토제품 중 돌을 빻아 빚은 것을 1,300℃ 정도의 온도로 구웠기 때문에 거의 물을 빨아들이지 않으며, 마찰이나 충격에 견디는 힘이 강한 것은?

① 벽돌제품
② 토관제품
③ 타일제품
④ 도자기제품

해설
• 토관제품 : 논밭의 하층토와 같은 저급점토를 원료로 모양을 만든 후 유약을 처리하지 않고 그대로 구운 제품
• 타일제품 : 양질의 점토에 장석, 규석, 석회석 등의 가루를 배합하여 성형한 후 유약을 입혀 건조시킨 다음 1,100~1,400℃ 정도로 소성한 제품

15 자연석 공사 시 돌과 돌 사이에 붙여 심는 것으로 적합하지 않은 것은?

① 회양목
② 철쭉
③ 맥문동
④ 향나무

해설 돌틈식재 : 돌틈에 비옥한 토양을 채워 관목류, 화훼류, 야생초 등을 식재하면 토사유출을 방지하고 석정의 느낌을 부드럽게 완화시킬 수 있는데, 주로 사용하는 관목류는 회양목과 철쭉, 야생초는 맥문동 등이다.

정답 12 ② 13 ③ 14 ④ 15 ④

16 다음 중 인공폭포, 인공암 등을 만드는 데 사용되는 플라스틱 제품은?

① ILP
② FRP
③ MDF
④ OSB

해설 유리섬유 강화플라스틱(FRP ; Fiberglass Reinforced Plastic)
최근 가장 많이 쓰이는 플라스틱재료로, 강도가 약한 플라스틱에 강화제인 유리섬유를 넣어 성질을 개량한 플라스틱이며 벤치, 미끄럼대의 미끄럼판, 인공폭포, 인공암, 화분대, 수목보호판 등에 사용된다.

17 항공사진 측량 시 낙엽수와 침엽수, 토양의 습윤도 등의 판독에 쓰이는 요소는?

① 질 감
② 음 영
③ 색 조
④ 모 양

18 화강석의 크기가 20cm×20cm×100cm일 때 중량은?(단, 화강석의 비중은 평균 2.60이다)

① 약 50kg
② 약 100kg
③ 약 150kg
④ 약 200kg

해설 $20cm \times 20cm \times 100cm \times \dfrac{2.60}{1,000} = 104kg$

19 비탈면 경사의 표시에서 1 : 2.5에서 2.5는 무엇을 뜻하는가?

① 수직고
② 수평거리
③ 경사면의 길이
④ 안식각

해설 경사도의 표현
• 할 : (수직높이 ÷ 수평거리) × 10
• 백분율(%) : (수직높이 ÷ 수평거리) × 100
• 각도(°) : $\tan^{-1}$(수직높이 ÷ 수평거리)
• 비례식 : 수직높이 : 수평거리

20 수목의 생리상 이식시기로 가장 적당한 시기는?

① 뿌리활동이 시작되기 직전
② 뿌리활동이 시작된 후
③ 새 잎이 나온 후
④ 한창 생장이 왕성한 때

해설 ① 수목의 이식시기로는 뿌리의 활동이 시작하기 직전이 좋으며, 활착이 어려운 하절기나 동절기는 피한다.

21 디딤돌놓기 방법 중 돌 표면이 지표면보다 얼마 정도 높게 앉히면 되는가?

① 1~3cm
② 3~6cm
③ 6~9cm
④ 9~12cm

해설 ② 돌 표면이 지표면보다 3~6cm 정도 높게 앉힌다.

22 다음 중 재료별 할증률(%)의 크기가 가장 작은 것은?

① 조경용 수목
② 경계블록
③ 잔디 및 초화류
④ 수장용 합판

해설 ② 경계블록 : 3%
① 조경용 수목 : 10%
③ 잔디 및 초화류 : 10%
④ 수장용 합판 : 5%

23 조경공사에서 이식적기가 아닌 때 식재공사를 하는 방법으로 틀린 것은?

① 가지의 일부를 쳐내서 증산량을 줄인다.
② 뿌리분을 작게 만들어 수분조절을 해준다.
③ 증산억제제를 나무에 살포한다.
④ 봄철의 이식 적기보다 늦어질 경우 이른 봄에 미리 굴취하여 가식한다.

해설 ② 일반적으로 크기가 큰 수종, 상록수, 이식이 어려운 수종, 희귀한 수종 등은 뿌리분을 크게 만들어 옮긴다.

정답 20 ① 21 ② 22 ② 23 ②

24 다음 중 수목에서 잘라야 할 가지가 아닌 것은?

① 수관 안으로 향한 가지
② 한 부위에서 평행하게 나오는 가지
③ 아래로 향한 가지
④ 수목의 주지

[해설] **잘라 주어야 할 가지**
- 웃자란 가지(도장지)
- 말라 죽은 가지(고사지)
- 병해충의 피해를 입은 가지
- 밑에서 움돋은 가지와 줄기에서 돋은 가지
- 아래로 향한 가지
- 안으로 향한 가지
- 얽힌 가지와 교차한 가지
- 그 밖의 가지
  - 같은 부위에 같은 방향으로 평행하게 나 있는 두 가지 중 하나
  - 나무 맨 위의 새 가지가 둘 이상 나온 경우 하나만 남긴 나머지

25 영국 정형식 정원의 특징 중 매듭화단이란 무엇인가?

① 낮게 깎은 회양목 등으로 화단을 기하학적 문양으로 구획한 화단
② 수목을 전정하여 정형적 모양으로 만든 미로
③ 가늘고 긴 형태로 한쪽 방향에서만 관상할 수 있는 화단
④ 카펫을 깔아 놓은 듯 화려하고 복잡한 문양이 펼쳐진 화단

[해설] **매듭화단** : 영국 튜더왕조에서 유행했던 화단으로, 낮게 깎은 회양목 등을 여러 가지 기하학적 문양으로 구획지어 식재한 화단이다.

26 다음 그림과 같이 구릉지의 맨 위쪽에 세워진 건물은 토지의 이용방법 중 어떠한 것에 속하는가?

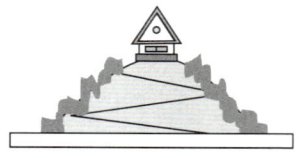

① 강 조
② 통 일
③ 대 비
④ 보 존

[해설] **강조(Accent)**
- 비슷한 형태나 색감들 사이에 이와 상반되는 것을 넣어 강조하면 시각적으로 산만함을 막고 통일감을 조성할 수 있다.
- 강조를 위해서는 대상의 외관(外觀)을 단순화시켜야 한다.
- 자연경관에서는 구조물이 강조의 수단으로 사용되는 경우가 많다.
- 강조하는 것이 수적으로 많고 흩어져 있게 되면 오히려 통일감을 잃게 된다.

27 명암순응(明暗順應)에 대한 설명으로 틀린 것은?

① 눈이 빛의 밝기에 순응해서 물체를 본다는 것을 명암순응이라 한다.
② 맑은 날 색을 본 것과 흐린 날 색을 본 것이 같이 느껴지는 것이 명순응이다.
③ 터널에 들어갈 때와 나갈 때의 밝기가 급격히 변하지 않도록 명암순응 식재를 한다.
④ 명순응에 비해 암순응은 장시간을 필요로 한다.

해설
- 명순응 : 어두운 곳에서 밝은 곳으로 옮기면 처음에는 눈이 부시나 차차 적응하여 정상 상태로 돌아가는 현상이다.
- 암순응 : 밝은 곳에서 어두운 곳으로 들어가면 처음에는 보이지 않던 것이 시간이 지남에 따라 차차 보이기 시작하는 현상이다.

28 다음 중 낙엽활엽관목으로만 짝지어진 것은?

① 동백나무, 섬잣나무
② 회양목, 아왜나무
③ 생강나무, 화살나무
④ 느티나무, 은행나무

해설
① 동백나무(상록활엽교목), 섬잣나무(상록침엽교목)
② 회양목(상록활엽관목), 아왜나무(상록활엽교목)
④ 느티나무(낙엽활엽교목), 은행나무(낙엽침엽교목)

29 침엽수로만 짝지어진 것이 아닌 것은?

① 향나무, 주목
② 낙우송, 잣나무
③ 가시나무, 구실잣밤나무
④ 편백, 낙엽송

해설 ③ 가시나무는 상록침엽교목이고, 구실잣밤나무는 상록활엽교목이다.

30 자연석 중 전후좌우 사방 어디에서나 볼 수 있으며, 키가 높아야 효과적인 돌의 형태는?

① 입석(立石)
② 횡석(橫石)
③ 평석(平石)
④ 와석(臥石)

해설
② 횡석 : 눕혀 쓰는 돌로 안정감이 있음
③ 평석 : 윗부분이 평평한 돌로 안정감을 주며, 주로 앞부분에 배석함
④ 와석 : 소가 누운 형태로 횡석보다 안정감이 더 있음

정답 27 ② 28 ③ 29 ③ 30 ①

31 반죽질기의 정도에 따라 작업의 쉽고 어려운 정도, 재료의 분리에 저항하는 정도를 나타내는 콘크리트 성질에 관련된 용어는?

① 성형성(Plasticity)
② 마감성(Finishability)
③ 시공성(Workability)
④ 레이턴스(Laitance)

해설
① 성형성 : 거푸집 등의 형상에 순응하여 채우기 쉽고, 분리가 일어나지 않는 굳지 않은 콘크리트의 성질
② 마감성 : 굵은골재의 최대 치수, 잔골재율, 잔골재의 입도, 반죽질기 등에 따른 마무리하기 쉬운 정도를 말하는 굳지 않은 콘크리트의 성질
④ 레이턴스 : 콘크리트를 친 후에 양생물이 상승함에 따라 내부의 미세한 물질이 함께 부상하여 경화된 콘크리트 표면에 형성되는 흰색의 얇은 막

32 다음 중 미장재료에 속하는 것은?

① 페인트
② 니 스
③ 회반죽
④ 래 커

해설
③ 회반죽은 소석회에 모래, 여물이나 해초풀을 넣어 반죽한 풀 형태의 미장재료, 벽이나 천장 등을 미장하는 데 사용한다.
①·②·④ 도장재료

33 "이 금속"은 복잡한 형상의 제작 시 품질도 좋고 작업이 용이하며, 내식성이 뛰어나다. 탄소 함유량이 약 1.7~6.6%, 용융점은 1,100~1,200℃로서 선철에 고철을 섞어서 용광로에서 재용해하여 탄소 성분을 조절하여 제조하는 "이 금속"은 무엇인가?

① 동합금
② 주 철
③ 중 철
④ 강 철

해설 **철의 종류**
- 순철 : 탄소함유량이 0.035% 이하인 철로, 800~1,000℃ 내외에서 가단성(可鍛性)이 강한 연질이다.
- 선철 : 주철이라고도 하는 탄소함유량이 1.7% 이상인 철로, 주조성이 강한 경질이며 취성이 크다.
- 강철(탄소강) : 탄소함유량이 0.03~1.7% 정도인 철로, 가단성과 함께 주조성도 강하기 때문에 자동차, 건축, 기계 등 다양한 분야에서 가장 많이 쓰인다.
  ※ 특수강(합금강) : 탄소강에 특수한 원소를 첨가하여 성질을 개선시킨 것으로, 대표적인 특수강에는 니켈강, 니켈크롬강(스테인리스강) 등이 있다.

34 크롬산 아연을 안료로 하고, 알키드 수지를 전색료로 한 것으로서 알루미늄 녹막이 초벌칠에 적당한 도료는?

① 광명단
② 파커라이징(Parkerizing)
③ 그라파이트(Graphite)
④ 징크로메이트(Zincromate)

해설 **녹막이 페인트(방청용 페인트)**
- 철재 녹막이 : 광명단
- 알루미늄재 녹막이 : 징크로메이트
- 목재 방부제 : 크레오소트유

35 조경공사에서 작은 언덕을 조성하는 흙쌓기 용어는?

① 사 토
② 절 토
③ 마운딩
④ 정 지

해설 ③ 마운딩 : 경관에 변화를 주거나, 방음·방풍·방설 등을 위한 목적으로 작은 동산을 만드는 경우를 마운딩(Mounding)이라고 하며, 가산 조성 또는 조산, 축산작업이라고도 한다.
① 사토 : 공사현장에서 사용하고 남은 흙 중 현장 외부로 반출하는 토량을 말한다.
② 절토 : 토목공사에서 시설물을 세우기 위해 지형을 깎아내리거나 흙을 파내는 작업을 말한다.
④ 정지 : 시공도면에 의거하여 계획된 등고선과 표고대로 부지를 골라 시공기준면을 만드는 일이다.

36 다음 중 호박돌쌓기의 방법에 대한 설명으로 부적합한 것은?

① 표면이 깨끗한 돌을 사용한다.
② 크기가 비슷한 것이 좋다.
③ 불규칙하게 쌓는 것이 좋다.
④ 기초공사 후 찰쌓기로 시공한다.

해설 ③ 호박돌쌓기는 규칙적인 모양으로 하는 것이 보기에 자연스럽다.

37 토공사용 기계에 대한 설명으로 부적당한 것은?

① 불도저는 일반적으로 60m 이하의 배토작업에 사용한다.
② 드래그라인은 기계 위치보다 낮은 연질 지반의 굴착에 유리하다.
③ 클램셸은 좁은 곳의 수직터파기에 쓰인다.
④ 파워셔블은 기계가 위치한 면보다 낮은 곳의 흙파기에 쓰인다.

해설 ④ 파워셔블은 기계가 서 있는 위치보다 높은 곳의 굴착에 적당하다.

38 가는 가지자르기 방법에 대한 설명으로 옳은 것은?

① 자를 가지의 바깥쪽 눈 바로 위를 비스듬히 자른다.
② 자를 가지의 바깥쪽 눈과 평행하게 멀리서 자른다.
③ 자를 가지의 안쪽 눈 바로 위를 비스듬히 자른다.
④ 자를 가지의 안쪽 눈과 평행한 방향으로 자른다.

해설 ① 안쪽 눈 위를 자르면 그 눈에서 나온 새 가지가 안쪽으로 자라 통풍·수광을 나쁘게 하므로 가지를 자를 때는 반드시 바깥 눈 위를 잘라 가지를 바깥으로 자라게 유도한다. 눈 위를 자를 때는 바깥쪽 눈의 7~10mm 위를 비스듬히 자른다.

39 다음 중 조경수목에 거름을 줄 때의 방법에 대한 설명으로 틀린 것은?

① 윤상 거름주기 : 수관폭을 형성하는 가지 끝 아래의 수관선을 기준으로 환상으로 깊이 20~25cm, 너비 20~30cm로 둥글게 판다.
② 방사상 거름주기 : 파는 도랑의 깊이는 바깥쪽일수록 깊고 넓게 파야 하며, 선을 중심으로 하여 길이는 수관폭의 1/3 정도로 한다.
③ 선상 거름주기 : 수관선상에 깊이 20cm 정도의 구멍을 군데군데 뚫고 거름을 주는 방법으로, 액비를 비탈면에 줄 때 적용한다.
④ 전면 거름주기 : 한 그루씩 거름을 줄 경우, 뿌리가 확장되어 있는 부분을 뿌리가 나오는 곳까지 전면으로 땅을 파고 거름을 주는 방법이다.

해설 ③ 천공 거름주기에 대한 설명이다.
※ 선상 거름주기 : 산울타리처럼 수목이 띠 모양으로 군식되었을 때, 식재된 수목을 따라 밑동으로부터 일정한 간격을 두고 도랑처럼 길게 구덩이를 파서 거름을 주는 방법이다.

40 해충 중에서 잎에 주사바늘과 같은 침으로 식물체 내에 있는 즙액을 빨아먹는 종류가 아닌 것은?

① 응 애
② 깍지벌레
③ 측백하늘소
④ 매 미

해설 가해 습성에 따른 해충의 분류
• 식엽성 해충 : 회양목명나방, 풍뎅이, 잎벌, 집시나방, 느티나무벼룩바구미 등
• 흡즙성 해충 : 응애, 진딧물, 깍지벌레, 방패벌레 등
• 천공성 해충 : 소나무좀, 노랑무늬송마구미, 하늘소, 박쥐나방 등
• 충영형성 해충 : 솔잎혹파리, 밤나무혹벌, 혹응애, 혹진딧물 등
• 종실 해충 : 밤바구미, 복숭아명나방 등

38 ① 39 ③ 40 ③

41 계단의 설계 시 고려해야 할 기준으로 옳지 않은 것은?

① 계단의 경사는 최대 30~35°가 넘지 않도록 해야 한다.
② 단높이를 h, 단너비를 b로 할 때 $2h + b = 60~65cm$가 적당하다.
③ 진행 방향에 따라 중간에 1인용일 때 단너비 90~110cm 정도의 계단참을 설치한다.
④ 계단의 높이가 5m 이상이 될 때에만 중간에 계단참을 설치한다.

해설 계단(주택건설기준 등에 관한 규정 제16조 제2항)
계단은 다음에서 정하는 바에 따라 적합하게 설치하여야 한다.
1. 높이 2m를 넘는 계단(세대 내 계단은 제외)에는 2m(기계실 또는 물탱크실의 계단의 경우에는 3m) 이내마다 해당 계단의 유효 폭 이상의 폭으로 너비 120cm 이상인 계단참을 설치할 것. 다만, 각 동 출입구에 설치하는 계단은 1층에 한정하여 높이 2.5m 이내마다 계단참을 설치할 수 있다.
2. 계단의 바닥은 미끄럼을 방지할 수 있는 구조로 할 것

42 상록수의 주요한 기능으로 부적합한 것은?

① 시각적으로 불필요한 곳을 가려준다.
② 겨울철에는 바람막이로 유용하다.
③ 신록과 단풍으로 계절감을 준다.
④ 변화되지 않는 생김새를 유지한다.

해설 ③ 상록수란 계절에 관계없이 잎의 색이 항상 푸른 나무를 말한다.

43 우리나라 후원양식의 정원수법이 형성되는 데 영향을 미친 것이 아닌 것은?

① 불교의 영향   ② 음양오행설
③ 유교의 영향   ④ 풍수지리설

해설 ① 불교사상은 사찰정원을 중심으로 극락정토사상에 근거한 극락의 세계관을 현세에 조형시키고자 하였다.

정답 41 ④   42 ③   43 ①

44 조경계획의 과정을 기술한 것 중 가장 잘 표현한 것은?

① 자료분석 및 종합 → 목표설정 → 기본계획 → 실시설계 → 기본설계
② 목표설정 → 기본설계 → 자료분석 및 종합 → 기본계획 → 실시설계
③ 기본계획 → 목표설정 → 자료분석 및 종합 → 기본설계 → 실시설계
④ 목표설정 → 자료분석 및 종합 → 기본계획 → 기본설계 → 실시설계

해설 조경계획의 과정 : 목표 설정 → 현황자료 분석(자연환경분석, 인문환경분석) 및 종합 → 기본구상 → 기본계획(토지이용계획, 교통동선계획, 시설물 배치계획, 식재계획, 하부구조계획, 집행계획) → 기본설계 → 실시설계 → 시공 및 감리 → 유지관리

45 수목 식재에 가장 적합한 토양의 구성비(토양 : 수분 : 공기)는?

① 50% : 25% : 25%
② 50% : 10% : 40%
③ 40% : 40% : 20%
④ 30% : 40% : 30%

해설 일반적으로 토양 50%, 수분 25%, 공기 25%일 때 수목의 뿌리가 호흡하고 양분을 흡수하는 데 최적의 환경을 제공한다. 하지만 수종마다 각 토양에 대한 선호도가 다르고, 생육 단계 및 계절에 따라 필요로 하는 수분량이 다르며, 토양의 종류에 따라 물리적 성질이 다르므로 이 비율이 절대적인 것은 아니다.

46 이용행태를 조사하기 위한 방법으로 적절한 조사방법은 무엇인가?

① 설문조사 ② 면담조사
③ 사례조사 ④ 현장관찰법

해설 ④ 현장관찰법은 실제 이용행태를 조사하여 설문을 통한 태도조사의 보완책으로 사용한다.

47 조경 설계과정에서 가장 먼저 이루어져야 하는 것은?

① 구상개념도 작성
② 실시설계도 작성
③ 평면도 작성
④ 내역서 작성

해설 ① 조경 설계도면을 작성하기 위해서는 구상개념도를 작성하거나 혹은 이해할 수 있어야 한다. 직접적으로 작성하여 제출하는 경우도 있으며, 그렇지 않더라도 전체적인 설계개념을 이끌어내는 데 매우 필요한 단계이다.

정답 44 ④ 45 ① 46 ④ 47 ①

48 다음 중 배식설계에 있어서 정형식 배식설계로 가장 적당한 것은?

① 부등변 삼각형 식재
② 대 식
③ 임의(랜덤)식재
④ 배경식재

해설 배식설계방법
- 정형식(整形式) : 단식, 대식, 열식, 교호식재, 집단식재
- 자연식(自然式) : 부등변삼각형 식재, 임의식재, 모아심기, 배경식재
- 절충식

49 조경식재 설계도를 작성할 때 수목명, 규격, 본수 등을 기입하기 위한 인출선 사용의 유의사항으로 올바르지 않는 것은?

① 가는 선으로 명료하게 긋는다.
② 인출선의 수평부분은 기입 사항의 길이와 맞춘다.
③ 인출선간의 교차나 치수선의 교차를 피한다.
④ 인출선의 방향과 기울기는 자유롭게 표기하는 것이 좋다.

해설 인출선의 표시방법
- 가는 실선을 사용하여 표시한다.
- 한 도면 내에서 사용하는 모든 인출선의 굵기와 질은 동일하게 유지한다.
- 긋는 방향과 기울기를 통일한다.

50 A2 도면의 크기 치수로 옳은 것은?(단, 단위는 mm이다)

① 841×1,189
② 549×841
③ 420×594
④ 210×297

해설 도면의 치수(단위 : mm)
- A0 : 841×1,189
- A1 : 594×841
- A2 : 420×594
- A3 : 297×420
- A4 : 210×297

51 대나무를 조경재료로 사용 시 어느 시기에 잘라서 쓰는 것이 좋은가?

① 봄 철
② 여름철
③ 가을이나 겨울철
④ 장마철

해설 ③ 대나무의 이식시기는 5월, 절단시기는 가을이나 겨울철이 가장 좋다.

정답 48 ② 49 ④ 50 ③ 51 ③

52 다음 중 내풍성이 약하여 바람에 잘 쓰러지는 수종은?
① 느티나무　　　　　② 갈참나무
③ 가시나무　　　　　④ 미루나무

해설
• 내풍력이 큰 수종 : 갈참나무, 떡갈나무, 느티나무, 상수리나무, 밤나무, 가시나무 등
• 내풍력이 작은 수종 : 미루나무, 버드나무, 아까시, 양버들 등

53 겨울화단에 심을 수 있는 식물은?
① 팬 지　　　　　② 매리골드
③ 달리아　　　　　④ 꽃양배추

해설 ④ 꽃양배추 : 유럽 원산의 관상용 양배추로서 겨울의 화단이나 화분에 심기에 적당하다.

54 목재에 수분이 침투되지 못하도록 하여 부패를 방지할 수 있는 방법은?
① 표면탄화법　　　　　② 니스도장법
③ 약제주입법　　　　　④ 비닐포장법

해설 ② 도장법은 표면에 페인트, 니스, 콜타르 등의 방수용 도장제를 발라 목재에 수분이 침투되지 못하도록 하여 목재의 부패를 방지하는 방법이다.

55 다음 석재 중 일반적으로 내구연한이 가장 짧은 것은?
① 석회암　　　　　② 화강석
③ 대리석　　　　　④ 석영암

해설 내구연한 : 화강석(200년) > 석영암(75~200년) > 대리석(100년) > 석회암(40년)

정답 52 ④　53 ④　54 ②　55 ①

56 돌이 풍화·침식되어 표면이 자연적으로 거칠어진 상태를 뜻하는 것은?

① 돌의 뜰녹
② 돌의 절리
③ 돌의 조면
④ 돌의 이끼바탕

해설 ③ 아면이라고도 하며 돌이 비나 바람, 다른 돌 등에 의하여 풍화·침식되어 그 표면이 삭아서 거칠어진 상태이다.
① 돌이 장구한 세월을 거쳐 풍화작용을 받으면 조면에 고색을 띤 뜰녹이 생기는데, 뜰녹이 훌륭한 경관석은 관상가치가 매우 높다.
② 돌을 구성하고 있는 여러 가지 광물의 배열상태를 절리라 한다. 절리로 인하여 돌에는 선이나 무늬가 생겨 방향감을 주고 예술적 가치가 생기는데, 절리는 섬세하면서도 조잡스럽지 않은 것이 좋다.
④ 이끼가 낀 돌은 자연미를 한층 더해 준다. 경관석을 놓은 곳이 음지라면 음지에서 이끼 낀 돌을 고르고, 양지라면 양지에서 이끼 낀 돌을 고르는 것이 좋다.

57 시멘트 보관 및 창고의 구비조건 설명으로 옳은 것은?

① 간단한 나무구조로 통풍이 잘되게 한다.
② 시멘트를 쌓을 마루높이는 지면에서 10cm 정도로 유지한다.
③ 창고 둘레 주위에는 비가 내릴 때 물을 담아 공사 시 이용할 장소를 파 놓는다.
④ 시멘트쌓기는 최대 높이 13포대로 한다.

해설 **시멘트 창고의 기준과 보관방법**
• 창고의 바닥높이는 지면에서 30cm 이상으로 한다.
• 지붕은 비가 새지 않는 구조로 하고, 벽이나 천장은 기밀하게 한다.
• 창고 주위는 배수도랑을 두고 우수의 침입을 방지한다.
• 출입구 채광창 이외의 환기창은 두지 않는다.
• 반입구와 반출구를 따로 두어 먼저 쌓는 것부터 사용하도록 한다.
• 시멘트쌓기의 높이는 13포(1.5m) 이내로 하고, 장기간 쌓아 두는 것은 7포 이내로 한다.
• 저장 중에 약간이라도 굳은 시멘트는 공사에 사용하지 않아야 한다.
• 3개월 이상 장기간 저장한 시멘트는 사용하기에 앞서 재시험을 실시하여 그 품질을 확인하여야 한다.
• 시멘트의 온도가 너무 높을 때는 그 온도를 낮추어서 사용하여야 하고, 일반적으로 50℃ 정도의 시멘트를 사용하는 것이 좋다.

58 다음 중 괄호 안에 들어갈 말로 옳게 나열된 것은?

> 콘크리트가 단단히 굳어지는 것은 시멘트와 물의 화학반응에 의한 것인데, 시멘트와 물이 혼합된 것을 (   )라 하고, 시멘트와 모래 그리고 물이 혼합된 것을 (   )라 한다.

① 콘크리트, 모르타르
② 모르타르, 콘크리트
③ 시멘트 페이스트, 모르타르
④ 모르타르, 시멘트 페이스트

[해설]
• 시멘트 페이스트(Cement Paste, 시멘트풀) : 시멘트에 물을 넣어 혼합한 것
• 모르타르(Mortar) : 시멘트와 모래를 섞어서 물로 반죽한 것

59 비금속재료의 특성에 관한 설명 중 옳지 않은 것은?
① 납은 비중이 크고 연질이며 전성, 연성이 풍부하다.
② 알루미늄은 비중이 비교적 작고 연질이며 강도도 낮다.
③ 아연은 산 및 알칼리에 강하나 공기 중 및 수중에서는 내식성이 작다.
④ 동은 상온의 건조공기 중에서 변화하지 않으나 습기가 있으면 광택을 소실하고 녹청색을 띤다.

[해설] ③ 아연은 산·알칼리에 약하고, 공기 중이나 수중에서의 내식성이 강하여 철재의 내식도금재로 많이 쓰인다.

60 안전사고 방지대책에 대한 내용 중 옳지 않은 것은?
① 구조나 재질에 결함이 있으면 철거하거나 개량 조치를 한다.
② 공원은 휴양, 휴식시설이므로 안전사고는 이용자 자신의 과실이다.
③ 위험한 장소에는 감시원, 지도원의 배치를 한다.
④ 정기적인 순시 점검과 시설이용을 관찰·지도한다.

[해설] ② 공원 이용에 있어 발생한 안전사고는 이용자와 관리행정당국이 함께 문제를 해결해야 한다.

2019년 제1회 | 과년도 기출복원문제

01 영국의 스토우(Stowe)원을 설계했으며, 정원 내에 하하(Ha-Ha)의 기교를 생각해 낸 조경가는?
① 찰스 브릿지맨 ② 윌리엄 켄트
③ 험프리 렙턴 ④ 이안 맥하그

해설 ① 찰스 브릿지맨은 치즈윅 하우스, 루스햄, 스투어헤드를 설계하고 하하(Ha-Ha)기법을 도입한 조경가이다.

02 우리나라 후원양식의 정원수법이 형성되는 데 영향을 미친 것이 아닌 것은?
① 불교의 영향 ② 음양오행설
③ 유교의 영향 ④ 풍수지리설

해설 ① 불교사상은 사찰정원을 중심으로 극락정토사상에 근거한 극락의 세계관을 현세에 조형시키고자 하였다.

03 조선시대 선비들이 즐겨 심고 가꾸었던 사절우(四節友)에 해당하는 식물이 아닌 것은?
① 난초 ② 대나무
③ 국화 ④ 매화나무

해설
- 사군자(四君子) : 매화나무, 난초, 국화, 대나무
- 사절우(四節友) : 매화나무, 소나무, 국화, 대나무

04 수집한 자료들을 종합한 후에 이를 바탕으로 개략적인 계획안을 결정하는 단계는?
① 목표설정 ② 기본구상
③ 기본설계 ④ 실시설계

해설 ② 기본구상은 제반자료의 분석종합을 기초로 하고, 프로그램에서 제시된 계획방향에 의거하여 계획안의 개념을 정립하는 단계이다.

정답 1① 2① 3① 4②

05 다음 중 녹나무과(科)로 봄에 가장 먼저 개화하는 수종은?
① 치자나무
② 호랑가시나무
③ 생강나무
④ 무궁화

해설
① 치자나무 : 꼭두서니과
② 호랑가시나무 : 감탕나무과
④ 무궁화 : 아욱과

06 다음 재료 중 연성(延性, Ductility)이 가장 큰 것은?
① 금
② 철
③ 납
④ 구리

해설 연성이 큰 순서 : 금(Au) > 은(Ag) > 알루미늄(Al) > 구리(Cu) > 백금(Pt) > 납(Pb) > 아연(Zn) > 철(Fe) > 니켈(Ni)

07 다음 설명하는 열경화성 수지는?

- 강도가 우수하며, 베이클라이트를 만든다.
- 내산성, 전기 절연성, 내약품성, 내수성이 좋다.
- 내알칼리성이 약한 결점이 있다.
- 내수합판 접착제 용도로 사용된다.

① 요소계수지
② 메타아크릴수지
③ 염화비닐계수지
④ 페놀계수지

해설 ④ 페놀수지 접착제는 페놀과 폼알데하이드를 주재로 하는 합성수지로, 페놀수지로 만든 액상 접착제는 무색투명하고, 내수성·내약품성·내열성이 가장 우수하며, 이종재 간의 접착에 사용된다.

08 질량 113kg의 목재를 절대건조시켜서 100kg로 되었다면 전건량기준 함수율은?
① 0.13%
② 0.30%
③ 3.00%
④ 13.00%

해설 목재의 함수율 $= \dfrac{\text{건조 전 중량} - \text{건조중량}}{\text{건조중량}} \times 100(\%) = \dfrac{113-100}{100} \times 100(\%) = 13\%$

09 다음 중 비료의 3요소에 해당하지 않는 것은?
① N
② K
③ P
④ Mg

해설 비료의 구성
• 비료의 3요소 : 질소(N), 인(P), 칼륨(K)
• 비료의 4요소 : 질소, 인, 칼륨, 칼슘(Ca)
• 비료의 5요소 : 질소, 인산, 칼륨, 칼슘, 마그네슘(Mg)

10 진딧물이나 깍지벌레의 분비물에 곰팡이가 감염되어 발생하는 병은?
① 흰가루병
② 녹 병
③ 잿빛곰팡이병
④ 그을음병

해설 그을음병 : 깍지벌레, 진딧물 등의 배설물에서 발생하며, 생육이 불량한 나무의 잎, 가지, 줄기에 그을음이 퍼져 식물의 광합성을 방해한다.

11 구상나무(*Abies koreana* Wilson)와 관련된 설명으로 틀린 것은?
① 한국이 원산지이다.
② 측백나무과(科)에 해당한다.
③ 원추형의 상록침엽교목이다.
④ 열매는 구과로 원통형이며 길이 4~7cm, 지름 2~3cm의 자갈색이다.

해설 ② 소나무과(科)에 해당한다.

12 다음 중 조경시공에 활용되는 석재의 특징으로 부적합한 것은?
① 내화성이 뛰어나고 압축강도가 크다.
② 내수성·내구성·내화학성이 풍부하다.
③ 색조와 광택이 있어 외관이 미려·장중하다.
④ 천연물이기 때문에 재료가 균일하고, 갈라지는 방향성이 없다.

해설 ④ 천연물이기 때문에 재료가 불균일하고 갈라지는 방향성이 있다.

정답 9 ④ 10 ④ 11 ② 12 ④

13 목재를 방부제 속에 일정기간 담가두는 방법으로 크레오소트(Creosote)를 많이 사용하는 방부법은?

① 표면탄화법
② 직접유살법
③ 상압주입법
④ 약제도포법

해설 **상압주입법** : 침지법과 유사하나, 가열한 약액에 방부할 목재를 일정 시간 담가 둔 후 다시 상온의 약액에 담가 침지시키는 방법
※ 크레오소트 : 방부효과가 크고, 철재류의 부식이 작으며, 침투성이 양호하다.

14 시공관리의 3대 목적이 아닌 것은?

① 원가관리
② 노무관리
③ 공정관리
④ 품질관리

해설 **시공관리** : 시공계획에 따라 공사가 원활히 진행되도록 공사를 관리하는 모든 노력을 말하며, 이를 위해서는 시공관리의 목표가 되는 품질관리, 원가관리, 공정관리뿐만 아니라 안전관리 및 자원관리 역시 계획성을 가지고 효율적으로 수행하여야 한다.

15 병의 발생에 필요한 3가지 요인을 정량화하여 삼각형의 각 변으로 표시하고, 이들 상호관계에 의한 삼각형의 면적을 발병량으로 나타내는 것을 병삼각형이라 한다. 여기에 포함되지 않는 것은?

① 병원체
② 환 경
③ 기 주
④ 저항성

해설 식물병의 발병에 관여하는 3대 요인 : 병원체(주인), 환경(유인), 기주(소인)

16 일반적인 식물 간 양료 요구도(비옥도)가 높은 것부터 차례로 나열된 것은?

① 활엽수 > 유실수 > 소나무류 > 침엽수
② 유실수 > 침엽수 > 활엽수 > 소나무류
③ 유실수 > 활엽수 > 침엽수 > 소나무류
④ 소나무류 > 침엽수 > 유실수 > 활엽수

해설 ③ 수목 간 양료 요구도는 농작물 > 유실수 > 활엽수 > 침엽수 > 소나무류 순이다.

17 다음 중 주택정원의 작업뜰에 위치할 수 있는 시설물로 가장 부적합한 것은?

① 장독대
② 빨래 건조장
③ 퍼걸러
④ 채소밭

해설 ③ 퍼걸러는 지붕 없이 골조만 갖추고 있는 시설물로, 덩굴류의 식물 등을 이용해 여름에는 그늘을 조성하고, 겨울에는 채광이 가능하도록 설치한다.

18 다음 중 가로수로 식재하며, 주로 봄에 꽃을 감상할 목적으로 식재하는 수종은?

① 팽나무
② 마가목
③ 협죽도
④ 벚나무

해설 • 가로수용 수목 : 벚나무, 은행나무, 느티나무, 가죽나무, 회화나무, 은단풍, 칠엽수, 메타세쿼이아, 플라타너스 등
• 봄꽃을 관상하는 나무 : 진달래, 벚나무, 철쭉, 동백나무, 목련, 조팝나무, 산사나무, 매화나무, 개나리, 산수유, 등나무, 수수꽃다리, 모란, 박태기나무 등

19 피라칸타와 해당화의 공통점으로 옳지 않은 것은?

① 과명은 장미과이다.
② 열매는 붉은 색으로 성숙한다.
③ 성상은 상록활엽관목이다.
④ 줄기나 가지에 가시가 있다.

해설 ③ 피라칸타는 상록활엽관목이고, 해당화는 낙엽활엽관목이다.

20 수준측량의 용어 설명 중 높이를 알고 있는 기지점에 세운 표척눈금의 읽은 값을 무엇이라 하는가?

① 후 시
② 전 시
③ 전환점
④ 중간점

해설 ① 후시 : 표고를 이미 알고 있는 점, 즉 기지점에 세운 표척의 읽음 값
② 전시 : 표고를 구하려는 점, 즉 미지점에 세운 표척을 읽음 값

정답 17 ③ 18 ④ 19 ③ 20 ①

21 자유, 우아, 섬세, 간접적, 여성적인 느낌을 갖는 선은?

① 직 선 ② 절 선
③ 곡 선 ④ 점 선

해설 곡선 : 구릉지, 하천, 소로를 따라 굽이굽이 뻗어 가는 곡선은 부드럽고 여성적이며 우아한 느낌을 준다.

22 다음 중 가로수용으로 가장 적합한 수종은?

① 회화나무 ② 돈나무
③ 호랑가시나무 ④ 풀명자

해설 가로수용 수목 : 벚나무, 은행나무, 느티나무, 가죽나무, 회화나무, 은단풍, 칠엽수, 메타세쿼이아, 플라타너스 등

23 다음 중 열가소성 수지에 해당되는 것은?

① 페놀수지 ② 멜라민수지
③ 폴리에틸렌수지 ④ 요소수지

해설 합성수지의 분류
- 열가소성 수지 : 성형 후 열이나 용제를 가하면 소성변형하고, 냉각하면 고결하는 고체상의 고분자 물질로 구성된 수지
  예 폴리에틸렌수지, 폴리프로필렌수지, 폴리스타이렌수지, 폴리염화비닐수지, 아크릴수지, 불소수지, 폴리아미드수지(나일론, 아라미드), 폴리에스테르수지, 아세탈수지 등
- 열경화성 수지 : 성형 후 열이나 용제를 가해도 형태가 변하지 않는, 비교적 저분자 물질로 구성된 수지
  예 페놀수지, 멜라민수지, 불포화폴리에스테르수지, 에폭시수지, 우레아(요소)수지, 실리콘수지, 푸란수지 등

24 다음 중 경사도에 관한 설명으로 틀린 것은?

① 45° 경사는 1 : 1이다.
② 25% 경사는 1 : 4이다.
③ 1 : 2는 수평거리 1, 수직거리 2를 나타낸다.
④ 경사면은 토양의 안식각을 고려하여 안전한 경사면을 조성한다.

해설 경사도의 표현
- 할 : (수직높이 ÷ 수평거리) × 10
- 백분율(%) : (수직높이 ÷ 수평거리) × 100
- 각도(°) : $\tan^{-1}$(수직높이 ÷ 수평거리)
- 비례식 : 수직높이 : 수평거리

21 ③ 22 ① 23 ③ 24 ③

25 다음 중 시멘트와 그 특성이 바르게 연결된 것은?

① 조강 포틀랜드 시멘트 : 조기강도를 요하는 긴급공사에 적합하다.
② 백색 포틀랜드 시멘트 : 시멘트 생산량의 90% 이상을 선점하고 있다.
③ 고로슬래그 시멘트 : 건조수축이 크며, 보통시멘트보다 수밀성이 우수하다.
④ 실리카 시멘트 : 화학적 저항성이 크고 발열량이 적다.

해설
① 조강(早强) 포틀랜드 시멘트 : 보통 포틀랜드 시멘트 원료와 거의 같으나 급경성(急硬性)을 갖게 한 고급 시멘트로서 단기에 높은 강도를 내고, 수밀성이 좋으며, 저온에서도 강도발현이 우수해 겨울철, 수중, 해중 공사 등에 적합하다. 수화열의 축적으로 콘크리트에 균열이 가기 쉬운 것이 단점이다.
② 백색 포틀랜드 시멘트 : 산화철(Fe_2O_3)의 함량(0.3%)이 보통 시멘트(3.0%)보다 적어 건축물 도장, 타일 및 인조대리석 가공, 조각품이나 표식 등에 주로 쓰인다.
③ 고로(高爐)슬래그 시멘트 : 보통 포틀랜드 시멘트에 비하여 분말도가 높고 응결 및 강도발현이 약간 느리지만, 화학적 저항성이 크고 발열량이 적어 해수나 기름의 작용을 받는 구조물이나 공장폐수·오수의 배수로 구축 등에 쓰인다.
④ 실리카(Silica) 시멘트 : 동결융해작용에 대한 저항성은 작지만 화학적 저항성은 커서 해수나 공장폐수, 하수 등을 취급하는 구조물이나 광산과 같은 특수목적 구조물에 사용된다.

26 소나무 순자르기에 대한 설명으로 틀린 것은?

① 매년 5~6월경에 실시한다.
② 중심 순만 남기고 모두 자른다.
③ 새순이 5~10cm 길이로 자랐을 때 실시한다.
④ 남기는 순도 힘이 지나칠 경우 1/2~1/3 정도로 자른다.

해설 소나무의 순지르기
- 소나무류는 가지 끝에 여러 개의 눈이 있어, 봄에 그대로 두면 중심의 눈이 길게 자라고 나머지 눈은 사방으로 뻗어 마치 바퀴살과 같은 모양을 이루어 운치가 사라진다.
- 원하는 모양을 만들기 위해서는 5~6월에 새순이 5~10cm 길이로 자랐을 때 1~2개의 순을 남기고 중심순을 포함한 나머지는 다 따 버리는 것이 좋다.
- 남긴 순의 자라는 힘이 지나치다고 생각될 때는 1/3~1/2 정도만 남겨 두고 끝부분을 따 준다.

27 토양 및 수목에 양분을 처리하는 방법의 특징 설명이 틀린 것은?

① 액비관주는 양분흡수가 빠르다.
② 수간주입은 나무에 손상이 생긴다.
③ 엽면시비는 뿌리 발육 불량지역에 효과적이다.
④ 천공시비는 비료 과다투입에 따른 염류장해 발생 가능성이 없다.

해설 ④ 천공시비도 비료를 과다하게 투입하면 염류장해가 발생할 가능성이 있다.
※ 천공 거름주기 : 수관선상에 깊이 20cm 정도의 구멍을 군데군데 뚫고 거름을 주는 방법으로, 주로 비탈면에 물거름을 줄 때 적용하고, 물거름이 아닌 것은 거름을 넣고 가볍게 덮어 준다.

28 조경수목은 식재기의 위치나 환경조건 등에 따라 적절히 선정하여야 한다. 다음 중 수목의 구비조건으로 가장 거리가 먼 것은?

① 병충해에 대한 저항성이 강해야 한다.
② 다듬기작업 등 유지관리가 용이해야 한다.
③ 이식이 용이하며, 이식 후에도 잘 자라야 한다.
④ 번식이 힘들고 다량으로 구입이 어려워야 희소성 때문에 가치가 있다.

해설 조경수목의 구비조건
- 관상가치와 실용적 가치가 높아야 한다.
- 이식이 용이하고, 이식 후에도 잘 자라야 한다.
- 불리한 환경에서도 견딜 수 있는 적응성이 커야 한다.
- 병해충에 대한 저항성이 강해야 한다.
- 번식이 잘되고, 손쉽게 다량으로 구입할 수 있어야 한다.
- 다듬기작업 등의 유지관리가 용이해야 한다.
- 사용목적에 적합해야 하고, 주변 경관과의 조화가 잘 이루어져야 한다.

29 다음 중 철쭉, 개나리 등 화목류의 전정시기로 가장 알맞은 것은?

① 가을 낙엽 후 실시한다.
② 꽃이 진 후에 실시한다.
③ 이른 봄 해동 후 바로 실시한다.
④ 시기와 상관없이 실시할 수 있다.

해설 ② 진달래, 목련, 철쭉 등의 화목류는 개화가 끝나고 꽃이 진 후 바로 전정하되, 화아분화시기와 분화 후 꽃 피는 습성에 따라 전정시기를 달리한다.

30 수준측량에서 표고(標高, Elevation)라 함은 일반적으로 어느 면(面)으로부터의 연직거리를 말하는가?

① 해면(海面)
② 기준면(基準面)
③ 수평면(水平面)
④ 지평면(地平面)

해설 ② 지반면의 높이를 비교할 때 기준이 되는 면을 기준면이라고 한다.

정답 28 ④ 29 ② 30 ②

31 먼셀 색체계의 기본색인 5가지 주요 색상으로 바르게 짝지어진 것은?

① 빨강, 노랑, 초록, 파랑, 주황
② 빨강, 노랑, 초록, 파랑, 보라
③ 빨강, 노랑, 초록, 파랑, 청록
④ 빨강, 노랑, 초록, 남색, 주황

해설 먼셀의 색체계의 5가지 기본색상 : R(Red, 빨강), Y(Yellow, 노랑), G(Green, 초록), B(Blue, 파랑), P(Purple, 보라)

32 다음 중 양수에 해당하는 수종은?

① 일본잎갈나무
② 조록싸리
③ 식나무
④ 사철나무

해설 양수 : 소나무, 곰솔, 측백나무, 낙엽송, 향나무, 은행나무, 철쭉류, 삼나무, 느티나무, 포플러류, 가죽나무, 무궁화, 백목련, 모과나무, 두릅나무, 산수유 등

33 내구성과 내마멸성이 좋으나, 일단 파손된 곳은 보수가 어려우므로 시공 때 각별한 주의가 필요하다. 다음 그림과 같은 원로포장 방법은?

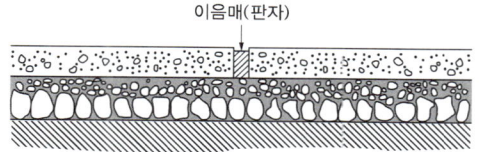

① 마사토 포장
② 콘크리트 포장
③ 판석 포장
④ 벽돌 포장

해설 콘크리트 포장 : 콘크리트로 노면을 덮는 도로 포장을 말하며 표층에 해당하는 콘크리트 슬래브와 중간층, 보조기층으로 구성되어 있다. 수명은 30~40년으로 아스팔트 포장(10~20년)에 비해 내구성이 좋고 시공이 간편하며 유지관리가 쉬우나, 공사비가 비싸다.

34 조선시대 궁궐이나 상류주택 정원에서 가장 독특하게 발달한 공간은?

① 전 정
② 후 정
③ 주 정
④ 중 정

해설 ② 후정은 남성 중심의 유교사상으로 인해 전정을 사용하지 못했던 부녀자들을 위하여 안채 뒤쪽에 만들어진 정원으로, 당시 부유층의 주택에만 조성된 독특한 공간이다.

정답 31 ② 32 ① 33 ② 34 ②

35 도시기본구상도의 표시기준 중 노란색은 어느 용지를 나타내는 것인가?

① 주거용지　　② 관리용지
③ 보존용지　　④ 상업용지

해설　도시계획지역의 구분과 표현색
- 주거지역 : 노란색
- 녹지지역 : 초록색
- 상업지역 : 빨간색
- 공업지역 : 보라색
- 미지정 : 무색

36 경사진 지형에서 흙이 무너지는 것을 방지하기 위하여 토양의 안식각을 유지하며 크고 작은 돌을 자연스러운 상태가 되도록 쌓아 올리는 방법은?

① 평석쌓기
② 견치석쌓기
③ 디딤돌쌓기
④ 자연석 무너짐쌓기

해설　① 평석쌓기 : 넓고 평평한 돌을 켜켜이 쌓는 것을 말한다.
② 견치석쌓기 : 보통 모서리를 45° 돌려 쌓은 마름모쌓기를 말한다.
③ 디딤돌쌓기 : 보행자의 편의를 위해 원로의 동선에 디딤돌을 놓는 것을 말한다.

37 시멘트의 제조 시 응결시간을 조절하기 위해 첨가하는 것은?

① 광 재　　② 점 토
③ 석 고　　④ 철 분

해설　③ 시멘트 제조 시 응결 시간을 조절하기 위해 적정량의 석고를 첨가한다.

38 공원 식재 시공 시 식재할 지피식물의 조건으로 가장 거리가 먼 것은?

① 관리가 용이하고, 병충해에 잘 견뎌야 한다.
② 번식력이 왕성하고, 생장이 비교적 빨라야 한다.
③ 성질이 강하고, 환경조건에 대한 적응성이 넓어야 한다.
④ 토양까지의 강수전단을 위해 지표면을 듬성듬성 피복하여야 한다.

해설　④ 지표면을 치밀하게 피복하여야 한다.

39 수피에 아름다운 얼룩무늬가 관상 요소인 수종이 아닌 것은?
① 노각나무
② 모과나무
③ 배롱나무
④ 자귀나무

해설 ④ 자귀나무의 수피는 회갈색으로, 살이 쪄서 피부가 터진 것과 같은 무늬이다.

40 수목 식재에 가장 적합한 토양의 구성비는?(단, 구성은 토양 : 수분 : 공기의 순서임)
① 50% : 25% : 25%
② 50% : 10% : 40%
③ 40% : 40% : 20%
④ 30% : 40% : 30%

해설 일반적으로 토양 50%, 수분 25%, 공기 25%일 때 수목의 뿌리가 호흡하고 양분을 흡수하는 데 최적의 환경을 제공한다. 하지만 수종마다 각 토양에 대한 선호도가 다르고, 생육 단계 및 계절에 따라 필요로 하는 수분량이 다르며, 토양의 종류에 따라 물리적 성질이 다르므로 이 비율이 절대적인 것은 아니다.

41 다음 중 줄기의 수피가 얇아 옮겨 심은 직후 줄기감기를 반드시 하여야 되는 수종은?
① 배롱나무
② 소나무
③ 향나무
④ 은행나무

해설 줄기감기를 해주어야 하는 나무
- 나무의 나이가 많고, 상당한 굵기를 가진 나무
- 일본목련이나 느티나무, 배롱나무와 같이 수피가 밋밋하고 얇은 나무
- 거의 모든 가지를 쳐서 이식한 나무
- 추위에 약한 나무와 식재지보다 따뜻한 고장으로부터 옮겨진 나무
- 쇠약한 나무와 뿌리가 적은 나무
※ 줄기감기를 한 것은 3~4년 정도 그대로 두고, 심은 나무가 완전히 활착한 후에는 되도록 빨리 제거한다.

42 마운딩(Maunding)의 기능으로 옳지 않은 것은?
① 유효토심 확보
② 배수방향 조절
③ 공간 연결의 역할
④ 자연스러운 경관연출

해설 마운딩의 기능
- 흙쌓기에 의해 지면 형상을 변화시켜 수목의 생장에 필요한 유효토심을 확보한다.
- 배수방향을 조절하고, 자연스러운 경관을 조성하며, 토지이용상 공간을 분할한다.

정답 39 ④ 40 ① 41 ① 42 ③

43 차량 통행이 잦은 지역의 가로수로 가장 부적합한 수목은?

① 은행나무　　　　　　　② 층층나무
③ 양버즘나무　　　　　　④ 단풍나무

해설　④ 단풍나무는 주로 경관장식용 수목으로 쓰인다.

44 주차장법 시행규칙상 주차장의 주차단위 구획기준은?(단, 평행주차형식 외의 장애인 전용방식이다)

① 2.0m 이상 × 4.5m 이상　　② 3.0m 이상 × 5.0m 이상
③ 2.3m 이상 × 4.5m 이상　　④ 3.3m 이상 × 5.0m 이상

해설　주차장의 주차구획 – 평행주차형식 외의 경우

구 분	너 비	길 이
경 형	2.0m 이상	3.6m 이상
일반형	2.5m 이상	5.0m 이상
확장형	2.6m 이상	5.2m 이상
장애인 전용	3.3m 이상	5.0m 이상
이륜자동차 전용	1.0m 이상	2.3m 이상

※ 일반형 : 중형 및 중형SUV, 확장형 : 대형・대형SUV・승합차・소형트럭

45 도형의 색이 바탕색의 잔상으로 나타나는 심리보색의 방향으로 변화되어 지각되는 대비효과를 무엇이라고 하는가?

① 색상대비　　　　　　　② 명도대비
③ 채도대비　　　　　　　④ 동시대비

해설　② 명도대비 : 어느 한 색이 주변 명도 차에 의해 달라져 보이는 현상
　　　③ 채도대비 : 채도 차가 큰 두 색을 인접하여 배치하면 채도가 높은 색은 더욱 선명하게 보이고, 채도가 낮은 색은 더욱 탁해 보이는 현상
　　　④ 동시대비 : 두 가지 이상의 색을 동시에 볼 때 실제의 색들과 달라 보이는 현상

46 화강암(Granite)에 대한 설명 중 옳지 않은 것은?
① 내마모성이 우수하다.
② 구조재로 사용이 가능하다.
③ 내화도가 높아 가열 시 균열이 적다.
④ 절리의 거리가 비교적 커서 큰 판재를 생산할 수 있다.

해설 ③ 화강암은 석질이 치밀하고 경질이어서 내구성과 내마모성이 좋아 조경공사 시 가장 보편적으로 많이 사용하는 석재이지만, 화염에 닿으면 균열이 생기고 석회암이나 대리암과 같이 분해가 일어나기도 한다.

47 조경공사의 유형 중 환경생태복원 녹화공사에 속하지 않는 것은?
① 분수공사
② 비탈면 녹화공사
③ 옥상 및 벽체 녹화공사
④ 자연하천 및 저수지공사

해설 ① 분수공사는 수경시설공사에 속한다.

48 다음 중 [보기]와 같은 특성을 지닌 정원수는?

| 보기 |
| • 형상수로 많이 이용되고, 가을에 열매가 붉게 된다.
• 내음성이 강하며, 비옥지에서 잘 자란다. |

① 주 목
② 쥐똥나무
③ 화살나무
④ 산수유

해설 ① 주목은 관상용 형상수로 많이 이용되고, 열매는 핵과이며, 과육은 종자의 일부만 둘러싸고 9~10월에 붉게 익는다.

49 토공사(정지)작업 시 일정한 장소에 흙을 쌓아 일정한 높이를 만드는 일을 무엇이라 하는가?
① 객 토
② 절 토
③ 성 토
④ 경 토

해설 ① 객토 : 성질이 다른 토양을 표토에 가하여 토지의 생산성을 높이는 방법
② 절토 : 토목공사에서 시설물을 세우기 위해 지형을 깎아내리거나 흙을 파내는 작업
④ 경토 : 경작하기에 적당한 땅

정답 46 ③ 47 ① 48 ① 49 ③

50 소나무류의 순따기에 알맞은 적기는?

① 1~2월
② 3~4월
③ 5~6월
④ 7~8월

해설 소나무의 순지르기(순따기)
- 소나무류는 가지 끝에 여러 개의 눈이 있어, 봄에 그대로 두면 중심의 눈이 길게 자라고 나머지 눈은 사방으로 뻗어 마치 바퀴살과 같은 모양을 이루어 운치가 사라진다.
- 원하는 모양을 만들기 위해서는 5~6월에 새순이 5~10cm 길이로 자랐을 때 1~2개의 순을 남기고 중심순을 포함한 나머지는 다 따 버리는 것이 좋다.
- 남긴 순의 자라는 힘이 지나치다고 생각될 때는 1/3~1/2 정도만 남겨 두고 끝부분을 따 준다.

51 다음 중 물체가 있는 것으로 가상되는 부분을 표시하는 선의 종류는?

① 실 선
② 파 선
③ 1점쇄선
④ 2점쇄선

해설
④ 2점쇄선 : 물체가 있는 것으로 생각되는 부분을 표시하거나 1점쇄선과 구별할 때 사용한다.
① 실선 : 물체의 보이는 부분을 나타내는 선으로서, 단면선과 외형선으로 구별하여 사용하기도 한다.
② 파선 : 물체의 보이지 않는 부분의 모양을 표시하는 데 사용한다. 파선과 구별할 필요가 있을 때는 점선을 쓴다.
③ 1점쇄선 : 물체의 중심축, 대칭축을 표시하는 데 사용하고, 물체의 절단한 위치를 표시할 때나 경계선으로도 사용한다.

52 도시공원 및 녹지 등에 관한 법률에 의한 어린이공원의 기준에 관한 설명으로 옳은 것은?

① 유치거리는 500m 이하로 제한한다.
② 1개소 면적은 1,200m^2 이상으로 한다.
③ 공원시설 부지면적은 전체 면적의 60% 이하로 한다.
④ 공원구역경계로부터 500m 이내에 거주하는 주민 250명 이상의 요청 시 어린이공원 조성계획의 정비를 요청할 수 있다.

해설
① 유치거리는 250m 이하로 제한한다.
② 1개소 면적은 1,500m^2 이상으로 한다.
④ 공원구역경계로부터 250m 이내에 거주하는 주민 500명 이상의 요청 시 어린이공원 조성계획의 정비를 요청할 수 있다.

53 먼셀의 색상환에서 BG는 무슨 색인가?
① 연두색
② 남 색
③ 청록색
④ 보라색

해설 먼셀의 색상환
- 기본색 : 빨강(R), 노랑(Y), 초록(G), 파랑(B), 보라(P)
- 중간색 : 주황(YR), 연두(GY), 청록(BG), 보라(PB), 붉은보라(RP)

54 공장을 중심으로 한 주변의 녹지대 조성에 대한 설명 중 틀린 것은?
① 내륙지방과 임해공장, 매립지와 산지 및 평지, 도시지역과 농촌지역 등의 위치에 따라 수종 선정을 구분하여야 하고 공장의 규모에 따라 수종 선정을 달리한다.
② 공장녹화용수로 사용되는 수목은 침엽수류가 상록활엽수류보다 내연성이 크다.
③ 임해공장의 경우 내조성을 가진 수종을 배식한다.
④ 배식수종은 녹지 조성 후 유지관리에 손이 적게 드는 것으로 식재 뒤에도 가급적 천연갱신을 도모할 수 있는 것이 좋다.

해설 ② 일반적으로 내연성은 침엽수류보다 상록활엽수류가 강하다.

55 다음 중 어린이공원의 설계 시 공간구성 설명으로 옳은 것은?
① 동적인 놀이공간에는 아늑하고 햇빛이 잘 드는 곳에 잔디밭, 모래밭을 배치하여 준다.
② 정적인 놀이공간에는 각종 놀이시설과 운동시설을 배치하여 준다.
③ 감독 및 휴게를 위한 공간은 놀이공간이 잘 보이고 아늑한 곳으로 배치한다.
④ 공원 외곽은 보행자나 근처 주민이 들여다 볼 수 없도록 밀식한다.

해설 ① 동적인 놀이공간에는 각종 놀이시설과 운동시설을 배치하여 준다.
② 정적인 놀이공간은 아늑하고 햇볕이 잘 드는 곳이 좋으며 잔디밭, 모래밭 등을 설치하여 준다.
④ 공원 외곽은 지나치게 밀식 식재를 하지 않도록 해 보행자나 근처 주민이 들여다 볼 수 있게 하여 공원 내 범죄를 예방할 수 있도록 구성하는 것이 좋다.

정답 53 ③ 54 ② 55 ③

56 다음 중 조화(Harmony)의 설명으로 가장 적합한 것은?

① 각 요소들이 강약 장단의 주기성이나 규칙성을 가지면서 전체적으로 연속적인 운동감을 가지는 것
② 모양이나 색깔 등이 비슷비슷하면서도 실은 똑같지 않은 것끼리 모여 균형을 유지하는 것
③ 서로 다른 것끼리 모여 서로를 강조시켜 주는 것
④ 축선을 중심으로 하여 양쪽의 비중을 똑같이 만드는 것

해설 조화 : 두 가지 이상의 요소 또는 부분이 서로 분리되거나 배척하지 않고, 각 요소가 통일된 전체로서 종합적으로 고차의 감각적 효과를 발휘할 때 일어나는 현상이다.

57 수목을 관상적인 측면에서 본 분류 중 열매를 감상하기 위한 수종에 해당되는 것은?

① 은행나무
② 모과나무
③ 반 송
④ 낙우송

해설 열매를 관상하는 나무 : 피라칸타, 낙상홍, 석류나무, 팥배나무, 탱자나무, 모과나무, 살구나무, 자두나무, 마가목, 산수유, 대추나무, 오미자, 감나무, 생강나무, 감탕나무, 사철나무, 화살나무, 포도나무 등

58 농약 혼용 시 주의하여야 할 사항으로 틀린 것은?

① 혼용 시 침전물이 생기면 사용하지 않아야 한다.
② 가능한 한 고농도로 살포하여 인건비를 절약한다.
③ 농약의 혼용은 반드시 농약혼용 가부표를 참고한다.
④ 농약을 혼용하여 조제한 약제는 될 수 있으면 즉시 살포하여야 한다.

해설 ② 농약 혼용 시에는 표준희석배수를 반드시 지켜 고농도로 살포하지 않도록 한다.

정답 56 ② 57 ② 58 ②

59 안정감과 포근함 등과 같은 정적인 느낌을 받을 수 있는 경관은?

① 파노라마경관
② 위요경관
③ 초점경관
④ 지형경관

해설
① 전경관(Panoramic Landscape) : 시야를 가리지 않고 멀리 퍼져 보이는 경관이다.
  예 넓은 초원, 수평선 등
③ 초점경관(Focal Landscape) : 시선이 한곳으로 집중되는 경관이다.
  예 폭포, 기형의 수목이나 암석 등
④ 지형경관(Feature Landscape) : 지형의 특징이 명확히 드러나 관찰자가 강한 인상을 받게 되는 경관이다.
  예 거대한 계곡, 높은 산봉우리 등

60 조선시대의 정원 중 연결이 올바른 것은?

① 양산보 – 다산초당
② 윤선도 – 부용동
③ 정약용 – 운조루
④ 유이주 – 소쇄원

해설
① 양산보 : 소쇄원
③ 정약용 : 다산초당
④ 유이주 : 운조루

정답 59 ② 60 ②

2019년 제3회 과년도 기출복원문제

01 무리지어 나는 철새, 설경 또는 수면에 투영된 영상 등에서 느껴지는 경관은?

① 초점경관
② 관개경관
③ 세부경관
④ 일시경관

해설
① 초점경관(Focal Landscape): 시선이 한곳으로 집중되는 경관이다.
  예) 폭포, 기형의 수목이나 암석 등
② 관개경관(Canopied Landscape): 수림의 가지와 잎들이 천장을 이루고 나무줄기가 기둥처럼 늘어서 있는 경관이다.
  예) 숲속의 오솔길이나 밀림 속의 도로, 노폭이 좁은 곳의 가로수 등
③ 세부경관(Detail Landscape): 관찰자가 가까이 접근하여 감상하는 경관이다.
  예) 식물의 꽃, 잎, 열매 등

02 설계도면에서 표제란에 위치한 막대축척이 1/200이다. 도면에서 1cm는 실제 몇 m인가?

① 0.5m
② 1m
③ 2m
④ 4m

해설 실제거리 = 도상길이 ÷ 축척 = 0.01m ÷ (1/200) = 2m

03 경사로를 설치할 경우 유효폭은 얼마 이상으로 하는 것이 적당한가?

① 100cm
② 120cm
③ 140cm
④ 160cm

해설 **경사로**: 평지가 아닌 곳에 보행로를 설치할 때는 경사로를 설계하여 장애인과 같은 이용자가 안전하게 이용할 수 있도록 한다.
- 바닥표면은 미끄럽지 않은 재료를 채용하고 평탄한 마감으로 설계한다.
- 장애인의 통행이 가능한 경사로의 종단기울기는 1/18 이하로 한다. 다만, 지형조건이 합당하지 않을 때는 종단기울기를 1/12까지 완화할 수 있다.
- 휠체어 사용자가 통행할 수 있도록 경사로의 유효폭은 120cm 이상으로 하고, 연속 경사로의 길이 30m마다 1.5m×1.5m 이상의 수평면으로 된 참을 설치한다.
※ 고저차가 75cm를 넘을 때는 중간에 휴식을 위한 참을 설치한다.

정답 1 ④ 2 ③ 3 ②

04 청(靑)나라 때의 대표적인 정원은?

① 원명원 이궁
② 온천궁
③ 상림원
④ 사자림

해설
② 온천궁 : 당(唐)나라
③ 상림원 : 한(漢)나라
④ 사자림 : 원(元)나라

05 자연식 조경 중 물을 전혀 사용하지 않고 나무, 바위, 왕모래 등으로 상징적인 정원을 만드는 양식은?

① 전원풍경식
② 회유임천식
③ 고산수식
④ 중정식

해설 고산수식 정원 : 물을 전혀 사용하지 않고 바위, 나무, 왕모래만을 사용하여 만드는 일본의 자연식 정원양식으로, 초기에는 나무를 사용한 축산고산수식이 유행하였으나 이후 나무조차 배제하고 오로지 돌과 모래만을 사용한 평정고산수식이 발달하였다.

06 경관의 시각적 구성요소를 우세요소와 가변요소로 구분할 때 가변요소에 해당하지 않는 것은?

① 광 선
② 기상조건
③ 질 감
④ 계 절

해설 경관구성의 요소
• 우세요소 : 선, 형태, 질감, 색채 등
• 가변요소 : 광선, 기상조건, 계절, 시간 등

07 우리나라 고려시대 궁궐 정원을 맡아보던 곳은?

① 내원서
② 삼림원
③ 장원서
④ 원 야

해설 정원관리서의 변천 : 궁원(고구려) → 내원서(고려) → 상림원(조선 태조) → 장원서(조선 세조)

정답 4 ① 5 ③ 6 ③ 7 ①

08 1858년에 조경가(Landscape Architect)라는 말을 처음으로 사용하기 시작한 사람이나 단체는?

① 세계조경가협회(IFLA)
② 옴스테드(F. L. Olmsted)
③ 르 노트르(Le Notre)
④ 미국조경가협회(ASLA)

해설 ② 옴스테드는 뉴욕시의 센트럴파크를 설계할 당시 정원사는 정원만을 대상으로 하는 좁은 뜻을 지니고 있어서 다양한 전문성을 대변하는 데 한계가 있다고 생각하여 경관건축가, 즉 조경가라고 부르게 되었다.

09 인출선에 대한 설명으로 옳지 않은 것은?

① 수목명, 본수, 규격 등을 기입하기 위하여 주로 이용되는 선이다.
② 도면의 내용물 자체에 설명을 기입할 수 없을 때 사용하는 선이다.
③ 인출선의 긋는 방향과 기울기는 서로 다르게 하는 것이 효과적이다.
④ 인출선은 가는 실선을 사용하며, 한 도면 내에서는 그 굵기와 질은 동일하게 유지한다.

해설 ③ 인출선의 긋는 방향과 기울기는 통일하는 것이 효과적이다.

10 사절우(四節友)에 해당되지 않는 것은?

① 난 초   ② 소나무
③ 국 화   ④ 대나무

해설
• 사군자(四君子) : 매화나무, 난초, 국화, 대나무
• 사절우(四節友) : 매화나무, 소나무, 국화, 대나무

11 주택정원에 설치하는 시설물 중 수경시설에 해당하는 것은?

① 퍼걸러   ② 미끄럼틀
③ 정원등   ④ 벽천

해설 ① 휴게시설, ② 유희시설, ③ 조명시설

12 도면상 선적인 요소에 해당되는 것은?

① 분 수
② 벤 치
③ 계 단
④ 화 단

해설 ①·②는 점적인 요소이고, ④는 면적인 요소이다.

13 이탈리아 정원의 가장 큰 특징은?

① 평면기하학식
② 노단건축식
③ 자연풍경식
④ 중정식

해설 이탈리아 정원의 특징
- 별장형식의 빌라가 유행하였고, 구릉과 경사지가 많은 지형적 제약을 극복하기 위해 계단형의 노단건축식 정원이 발달하였다.
- 높이가 다른 여러 개의 노단(테라스)을 조화시켜 높은 곳에서 낮은 곳을 내려다보는 인위적인 전망을 살리고자 하였다.
- 수학적 계산을 이용하여 엄격한 고전적 비례를 추구하는 정원을 조성하였다.
- 강한 축선을 중심으로 한 정형적인 대칭을 중시하였고, 대비효과를 강조했으며, 원근법을 적용하였다.
- 명확한 이론에 입각하여 빌라의 부지를 선정·계획하였고(알베르티의 빌라부지 선정과 계획이론), 설계자의 이름이 정식으로 등장하기 시작하였다.

14 네덜란드 정원의 특징과 거리가 먼 것은?

① 국토가 좁아 소규모 정원이 발달하였다.
② 운하가 발달하여 운하식 정원이 발달하였다.
③ 이탈리아의 영향으로 노단건축식 정원이 발달하였다.
④ 토피어리, 창살울타리 등을 이용한 장식적 정원이 발달하였다.

해설 네덜란드 정원
- 15C 말 채소나 약초를 가꾸기 위한 가사용(家事用) 정원을 시작으로 정원문화가 발달하였고, 16C 정치적 요인으로 인해 이탈리아의 영향을 받으며 뒤늦게 르네상스정원이 도입되었다.
- 이탈리아의 영향을 받았다고 하더라도, 대부분이 산지인 이탈리아와는 달리 지면이 해면보다 낮고 평평한 네덜란드는 노단건축식 정원이나 캐스케이드는 배제하였다.
- 운하가 발달하여 수로를 통해 배수하거나 도시의 구획을 나누었으며, 이와 함께 운하식 정원이 발달하였다.
- 국토가 좁고 인구집약적이어서 소규모 정원이 발달하였고, 한정된 공간에서 다양한 변화를 추구하기 위해 토피어리, 창살울타리, 서머하우스(Summer House), 조각품, 화분 등을 이용한 장식적 정원이 발달하였다.

15 수용성 목재 방부제이지만 성분상의 맹독성 때문에 사용을 금지하고 있는 것은?
- ① CCA계 방부제
- ② 크레오소트유
- ③ 콜타르
- ④ 오일스테인

해설 **CCA계 방부제** : 크롬·구리·비소화합물로 수용성 방부제이며, 중금속 위해성으로 인해 2007년부터 생산 및 사용이 금지되었다.

16 조선시대 사대부나 양반 계급에 속했던 사람들이 시골 별서에 꾸민 정원의 유적이 아닌 것은?
- ① 양산보의 소쇄원
- ② 윤선도의 부용동원림
- ③ 정약용의 다산정원
- ④ 퇴계 이황의 도산서원

해설 **퇴계 이황의 도산서원** : 제자들을 가르치던 도산서당(淘山書堂)과 기숙사의 역할을 했던 농운정사(濃雲精舍)를 직접 설계하였으며, 작은 화단에 매화나무, 대나무, 소나무, 국화를 심고 절우사라 이름 붙였다.

※ 서원조경
- 소수서원, 남계서원, 도산서원, 옥산서원, 병산서원 등
- 서원의 진입공간에는 홍살문을 세웠고, 하마비와 하마석을 놓았다.
- 주렴계의 애련설의 영향으로 연못에 연꽃을 식재하였다(남계서원의 지당, 도산서원의 정우당).
- 서원이라는 공간적 성격에 적합한 일부 수목만을 식재하였다(은행나무, 느티나무, 향나무 등).

17 공기 중에 환원력이 커서 산화가 쉽고, 이온화 경향이 가장 큰 금속은?
- ① Pb
- ② Fe
- ③ Al
- ④ Cu

해설 **금속의 이온화 경향**
K > Ca > Na > Mg > Al > Zn > Fe > Ni > Sn > Pb > (H^+) > Cu > Hg > Ag > Pt > Au

18 우리나라에서 식물의 천연분포를 결정짓는 가장 주된 요인은?
- ① 광 선
- ② 온 도
- ③ 바 람
- ④ 토 양

해설 **기 온**
- 우리나라에서 식물의 천연분포를 결정짓는 가장 주된 요인은 기후 인자이며, 그중에서도 온도조건이 식물의 천연분포를 결정한다.
- 식물의 천연분포는 위도와 고도에 따라 다르고 수종분포도 띠에 따라 변한다.
- 산림대는 온도조건에 의해서 난대림, 온대림, 한대림으로 나뉘며 온대림은 그 범위가 넓어 남부, 중부, 북부로 나뉜다.

정답 15 ① 16 ④ 17 ③ 18 ②

19 콘크리트용 혼화재료로 사용되는 플라이애시에 대한 설명 중 틀린 것은?

① 입자가 구형이고 표면조직이 매끄러워 단위수량을 감소시킨다.
② 플라이애시의 비중은 보통 포틀랜드 시멘트보다 작다.
③ 포졸란 반응에 의해서 중성화 속도가 저감된다.
④ 플라이애시는 이산화규소(SiO_2)의 함유율이 가장 많은 비결정질 재료이다.

해설 **플라이애시(Fly Ash)**
- 화력발전소의 미분탄 연소 시 발생하는 미립분으로, 대표적인 인공포졸란이며 포졸란 반응을 통해 콘크리트의 성질을 개량한다.
- 콘크리트에 혼합 시 워커빌리티를 개선하고, 수화열이 감소하며, 내구성·수밀성·저항성이 증가하지만 조기강도를 저하시키는 단점이 있다.
- 고분말일수록 포졸란 반응을 크게 활성화시켜 콘크리트의 내구성을 향상시키지만, 중성화를 촉진하는 단점이 있다.

20 산울타리 및 은폐용 수종으로 적당하지 않은 것은?

① 꽝꽝나무
② 호랑가시나무
③ 사철나무
④ 눈향나무

해설 **산울타리 및 은폐용 수종**
- 산울타리 : 살아 있는 수목을 이용해서 도로나 옆집과의 경계 또는 담장 역할을 하는 수목이다.
- 은폐용 : 시각적으로 아름답지 못하거나 불쾌감을 주는 장소를 가려 주는 역할을 하는 수목이다.
- 적용 수종 : 주로 상록수로서 지엽이 치밀해야 하고, 적당한 높이로 아랫가지가 오래도록 말라죽지 않으며, 맹아력이 크고 불량한 환경 조건에도 잘 견디는 수종으로 외관이 아름답고 번식이 용이해야 한다.
- 수목의 종류 : 측백나무, 화백, 사철나무, 개나리, 명자나무, 피라칸타, 무궁화, 회양목, 탱자나무, 꽝꽝나무, 향나무, 호랑가시나무 등이 있다.

21 1년 내내 푸른 잎을 달고 있으며, 잎이 바늘처럼 뾰족한 나무를 가리키는 명칭은?

① 상록활엽수
② 상록침엽수
③ 낙엽활엽수
④ 낙엽침엽수

해설 **식물의 형태로 본 조경수목의 분류**
- 잎의 모양
  - 침엽수 : 겉씨식물, 나자식물에 속하는 나무들로 일반적으로 잎이 좁다.
  - 활엽수 : 속씨식물, 피자식물에 속하는 나무들로 일반적으로 잎이 넓다.
- 잎의 생태
  - 상록수 : 항상 푸른 잎을 가지고 있는 나무로 시각적으로 보기 흉한 것을 가리어 주거나 겨울철 바람막이로 유용하게 쓰인다.
  - 낙엽수 : 가을철 생리현상으로 잎이 모두 떨어지거나 고엽이 일부 붙어 있는 나무로 겨울에는 햇빛을, 여름에는 시원한 그늘을 얻는 데 적합하므로 주로 가로수용으로 많이 쓰인다.

정답 19 ③ 20 ④ 21 ②

22 목재의 구조에는 춘재와 추재가 있는데 추재(秋材)를 바르게 설명한 것은?

① 세포는 막이 얇고 크다.
② 봄에 자란 부분이다.
③ 빛깔이 짙고 재질이 치밀하다.
④ 성장속도가 빠르다.

해설 춘재와 추재

춘재(春材)	추재(秋材)
• 봄~여름에 자란 부분으로 성장속도가 빠르다.	• 가을~겨울에 자란 부분으로 성장속도가 느리다.
• 세포의 막이 얇고 크기가 크다.	• 세포의 막이 두껍고 크기가 작다.
• 빛깔이 엷고 재질이 연하다.	• 빛깔이 짙고 재질이 치밀하다.
• 유연한 목질부이다.	• 단단한 목질부이다.

※ 춘재와 추재의 두 부분을 합친 것을 나이테라 한다.

23 화강암(Granite)의 특징 설명으로 옳지 않은 것은?

① 조직이 균일하고 내구성 및 강도가 크다.
② 내화성이 우수하여 고열을 받는 곳에 적당하다.
③ 외관이 아름답기 때문에 장식재로 쓸 수 있다.
④ 자갈・쇄석 등과 같은 콘크리트용 골재로도 많이 사용된다.

해설 ② 화강암은 석질이 치밀하고 경질이어서 내구성과 내마모성이 좋아 조경공사 시 가장 보편적으로 많이 사용하는 석재이지만, 화염에 닿으면 균열이 생기고 석회암이나 대리암과 같이 분해가 일어나기도 한다.

24 시공 시 설계도면에 수목의 치수를 구분하고자 한다. 다음 중 흉고직경을 표시하는 기호는?

① B
② C.L
③ F
④ W

해설 조경수목의 기호 및 단위

구 분	수 고	수관폭	흉고직경	근원직경	수관길이
기 호	H	W	B	R	L
단 위	m	m	cm	cm	m

※ 흉고직경(가슴높이지름) : 줄기의 굵기를 측정하는 것으로 일반적인 가슴높이 정도인 지상 1.2m 높이에 있는 나무 줄기의 지름을 말한다. 단, 쌍간일 경우 각 간의 흉고직경 합의 70%나 당해 수목의 최대 흉고직경 중 큰 것을 택한다.

22 ③ 23 ② 24 ①

25 재료에 외력을 가했을 때 작은 변형만으로도 파괴되는 성질은?

① 탄 성　　　　　　　② 소 성
③ 취 성　　　　　　　④ 연 성

해설
① 탄성 : 재료에 외력을 가한 후 제거하면 원래의 형태로 돌아가는 성질
② 소성 : 재료에 외력을 가한 후 제거하여도 원래의 형태로 돌아가지 않는 성질
④ 연성 : 재료에 외력을 가하면 파괴되지 않고 길게 늘어나며 영구변형되는 성질

26 시멘트의 저장방법 중 주의사항에 해당하지 않는 것은?

① 시멘트 창고 설치 시 주위에 배수도랑을 두고 누수를 방지한다.
② 저장 중 굳은 시멘트로부터 가급적 빠른 시간 내에 공사에 사용한다.
③ 포대 시멘트는 땅바닥에서 30cm 이상 띄우고 방습 처리한다.
④ 시멘트의 온도가 너무 높을 때는 그 온도를 낮추어서 사용해야 한다.

해설 시멘트 창고의 기준과 보관방법
- 창고의 바닥높이는 지면에서 30cm 이상으로 한다.
- 지붕은 비가 새지 않는 구조로 하고, 벽이나 천장은 기밀하게 한다.
- 창고 주위는 배수도랑을 두고 우수의 침입을 방지한다.
- 출입구 채광창 이외의 환기창은 두지 않는다.
- 반입구와 반출구를 따로 두어 먼저 쌓는 것부터 사용하도록 한다.
- 시멘트쌓기의 높이는 13포(1.5m) 이내로 하고, 장기간 쌓아 두는 것은 7포 이내로 한다.
- 저장 중에 약간이라도 굳은 시멘트는 공사에 사용하지 않아야 한다.
- 3개월 이상 장기간 저장한 시멘트는 사용하기에 앞서 재시험을 실시하여 그 품질을 확인하여야 한다.
- 시멘트의 온도가 너무 높을 때는 그 온도를 낮추어서 사용하여야 하고, 일반적으로 50℃ 정도의 시멘트를 사용하는 것이 좋다.

27 한국의 전통조경 소재 중 하나로 자연의 모습이나 형상석으로 궁궐 후원 점경물로 석분에 꽃을 심듯이 꽂거나 화계 등에 많이 도입되었던 경관석은?

① 각 석　　　　　　　② 괴 석
③ 비 석　　　　　　　④ 수수분

해설 ② 후원에는 키 작은 꽃나무를 심거나 괴석·세심석 또는 장식을 겸한 굴뚝 등을 세워 아름답게 꾸몄다.

정답 25 ③　26 ②　27 ②

28 흙막이용 돌쌓기에 일반적으로 가장 많이 사용되는 것으로 앞면의 길이를 기준으로 하여 길이는 1.5배 이상, 접촉부의 너비는 1/10 이상으로 하는 시공재료는?

① 호박돌
② 각 석
③ 판 석
④ 견치돌

해설
① 호박돌 : 주로 하천에 있는 지름 20~30cm 정도의 둥근 자연석으로, 자연스럽고 부드럽게 멋을 내고자 할 때 이용된다.
② 각석 : 폭이 두께의 3배 미만이고, 폭보다 길이가 긴 직육면체의 석재로, 쌓기용, 기초용, 경계석 등에 이용된다.
③ 판석 : 두께가 15cm 미만이고, 폭이 두께의 3배 이상인 판 모양의 석재로, 디딤돌, 원로포장용, 계단 설치용 등에 이용된다.

29 지피식물로 지표면을 덮을 때 유의할 조건으로 부적합한 것은?

① 지표면을 치밀하게 피복해야 한다.
② 식물체의 키가 높고, 일년생이어야 한다.
③ 번식력이 왕성하고, 생장이 비교적 빨라야 한다.
④ 관리가 용이하고, 병충해에 잘 견뎌야 한다.

해설 **지피식물의 조건**
• 지표면을 치밀하게 피복하고, 부드러워야 한다.
• 식물체의 키가 낮고, 다년생이어야 한다.
• 번식력이 왕성하고, 생장이 비교적 빨라야 한다.
• 성질이 강하고, 환경조건에 적응을 잘해야 한다.
• 병해충에 대한 저항성과 내답압성을 갖추어야 한다.
• 식물적 특성을 고루 갖추고, 관리가 용이해야 한다.

30 다음 중 한지형(寒地形) 잔디에 속하지 않는 것은?

① 벤트그래스
② 버뮤다그래스
③ 라이그래스
④ 켄터키블루그래스

해설
• 난지형 잔디 : 한국잔디(들잔디, 금잔디, 갯잔디, 빌로드잔디), 버뮤다그래스 등
• 한지형 잔디 : 벤트그래스, 켄터키블루그래스, 이탈리안라이그래스

31 다음 중 목재에 유성페인트 칠을 할 때 가장 관련이 없는 재료는?

① 건성유
② 건조제
③ 방청제
④ 희석제

해설 ③ 방청제는 금속이 부식하기 쉬운 상태일 때 첨가하여 녹을 방지하기 위해 사용하는 물질이다.

정답 28 ④ 29 ② 30 ② 31 ③

32 수목을 관상적인 측면에서 본 분류 중 열매를 감상하기 위한 수종에 해당되는 것은?
① 은행나무　　　　　　　　② 모과나무
③ 벽오동　　　　　　　　　④ 낙우송

해설　① 단풍을 감상하는 나무
　　　③·④ 잎을 감상하는 나무

33 합성수지 중에서 열경화성 수지로만 짝지어진 것은?
① 아세탈수지, 아라미드　　② 나일론, 아크릴수지
③ 멜라민수지, 불소수지　　④ 페놀수지, 에폭시수지

해설　**합성수지**
- 열가소성 수지 : 성형 후 열이나 용제를 가하면 소성변형하고, 냉각하면 고결하는 고체상의 고분자 물질로 구성된 수지
  예 폴리에틸렌수지, 폴리프로필렌수지, 폴리스타이렌수지, 폴리염화비닐수지, 아크릴수지, 불소수지, 폴리아미드수지(나일론, 아라미드), 폴리에스테르수지, 아세탈수지 등
- 열경화성 수지 : 성형 후 열이나 용제를 가해도 형태가 변하지 않는, 비교적 저분자 물질로 구성된 수지
  예 페놀수지, 멜라민수지, 불포화폴리에스테르수지, 에폭시수지, 우레아(요소)수지, 실리콘수지, 푸란수지 등

34 여름에 황색 계통의 꽃을 감상할 수 있는 수종은?
① 개나리　　　　　　　　　② 능소화
③ 부용　　　　　　　　　　④ 싸리

해설　① 개나리 : 봄 - 황색 계통
　　　③ 부용 : 가을 - 적색 계통
　　　④ 싸리 : 가을 - 자색 계통
　　　※ 여름에 황색 계통의 꽃을 피우는 수종 : 장미, 황매, 황색철쭉, 능소화 등

35 압력탱크 속에서 고압으로 방부제를 주입시키는 방법으로 목재의 방부 처리방법 중 가장 효과적인 것은?
① 표면탄화법　　　　　　　② 침투법
③ 가압주입법　　　　　　　④ 도포법

해설　① 표면탄화법 : 목재 표면을 일정 깊이로 태워 탄화시키는 방법으로, 흡수성이 증가하는 단점이 있다.
　　　② 침투법 : 상온에서 CCA방부제, 크레오스트유 등에 목재를 담가 방부제를 침투시키는 방법이다.
　　　④ 도포법 : 건조재의 표면에 방부제를 바르거나 뿌려서 목재부후균의 침입을 방지하는 가장 간단한 처리방법이지만 효과는 상당히 크다.

정답　32 ②　33 ④　34 ②　35 ③

36 기본계획 수립 시 도면으로 표현되는 작업이 아닌 것은?

① 동선계획　　② 집행계획
③ 시설물 배치계획　　④ 식재계획

해설 집행계획
- 프로젝트 안이 결정된 후 실행하기 위한 계획이다.
- 투자계획 : 주어진 예산의 범위에서 실현 가능성 있게 계획하고, 자금의 출처와 단계별 투자액을 계산하며 시공비, 자금조달방법, 사업성 등을 경제적 측면에서 검토한다.
- 법규검토 : 토지개발에 관련되는 법규를 검토하고 이에 준하여 계획, 설계한다.
- 유지관리계획 : 유지관리의 효율성, 편의성, 경제성을 고려하고, 유지관리의 지침, 허용행위, 규제행위 등 연중관리 일지를 작성한다.

37 다음 중 순공사원가에 속하지 않는 것은?

① 재료비　　② 경 비
③ 노무비　　④ 일반관리비

해설 순공사원가 = 재료비 + 노무비 + 경비

38 시공관리의 3대 기능이 아닌 것은?

① 원가관리　　② 노무관리
③ 공정관리　　④ 품질관리

해설 시공관리 : 시공계획에 따라 공사가 원활히 진행되도록 공사를 관리하는 모든 노력을 말하며, 이를 위해서는 시공관리의 목표가 되는 품질관리, 원가관리, 공정관리뿐만 아니라 안전관리 및 자원관리 역시 계획성을 가지고 효율적으로 수행하여야 한다.

39 그림의 도면 표시기호가 의미하는 것은?

① 철 재　　② 벽 돌
③ 석 재　　④ 블 록

40 진딧물류 방제에 효과적인 농약은?

① 메타시스톡스 유제
② 트리아디메폰 수화제
③ 트리클로르폰 수화제
④ 메티다티온 유제

해설 ① 진딧물류의 방제를 위해서는 발생 초기에 마라톤 유제나 메타시스톡스 유제를 수관에 살포하거나 무당벌레류, 꽃등에류, 풀잠자리류, 기생벌 등 천적을 보호한다.

41 약제가 식물체나 충체에 붙는 성질을 무엇이라 하는가?

① 침투성
② 고착성
③ 현수성
④ 부착성

해설
① 침투성 : 약제가 식물체나 충체에 스며드는 성질
② 고착성 : 약제가 이슬이나 빗물에 씻기지 않고 식물체 표면에 묻어 있는 성질
③ 현수성 : 수화제 현탁액의 고체 미립자가 균일하게 분산하여 부유하는 성질

42 다음 [보기]의 잔디종자 파종작업들을 순서대로 바르게 나열한 것은?

┌ 보기 ┐
㉠ 기비 살포   ㉡ 정지작업
㉢ 파 종   ㉣ 멀 칭
㉤ 전 압   ㉥ 복 토
㉦ 경 운

① ㉡ → ㉢ → ㉤ → ㉥ → ㉠ → ㉣ → ㉦
② ㉠ → ㉢ → ㉡ → ㉥ → ㉣ → ㉤ → ㉦
③ ㉦ → ㉠ → ㉡ → ㉢ → ㉥ → ㉤ → ㉣
④ ㉢ → ㉠ → ㉡ → ㉥ → ㉤ → ㉦ → ㉣

해설 잔디종자 파종작업의 순서 : 경운 → 기비 살포 → 정지작업 → 파종 → 복토 → 전압 → 멀칭

정답 40 ① 41 ④ 42 ③

43 다음 중 보행에 큰 어려움을 느낄 수 있는 지형에서 약 얼마의 경사도를 넘을 때 계단을 설치해야 하는가?

① 3% ② 6%
③ 9% ④ 18%

해설 ④ 경사가 18%를 초과하는 경우는 보행에 어려움이 발생되지 않도록 계단을 설치한다.

44 물 20L를 가지고 500배액을 만들 경우 필요한 약량은?

① 30mL ② 40mL
③ 50mL ④ 60mL

해설 **살포액의 희석**
필요 약량 = 물의 양 ÷ 희석배수
= 20L ÷ 500 = 0.04L = 40mL
※ 1L = 1,000mL

45 다음 중 토양수분의 형태적 분류와 설명이 옳지 않은 것은?

① 결합수 – 점토광물에 결합되어 있어 식물이 이용하지 못하는 수분
② 흡습수 – 흡착되어 있어서 식물이 이용하지 못하는 수분
③ 모관수 – 식물이 이용할 수 있는 수분의 대부분
④ 중력수 – 표면장력에 의하여 토양입자에 붙어 있는 수분

해설 **토양수분의 형태**
- 결합수 : 점토광물에 결합되어 있어 분리시킬 수 없어 식물이 이용할 수 없는 수분
- 흡습수 : 토양입자 표면에 피막상으로 흡착되어 식물이 거의 이용할 수 없는 수분
- 모관수 : 토양공극에서 표면장력으로 유지되며, 모관현상에 의해 공극을 따라 상승하여 식물이 주로 이용하는 수분
- 중력수 : 비모관공극에서 중력에 의하여 흘러내려 식물이 이용 가능한 수분
- 지하수 : 지하에 정지하여 모관수의 근원이 되는 수분

46 표준품셈에서 수목 굴취 시 야생일 경우 굴취품의 몇 %를 가산하는가?

① 5%
② 10%
③ 15%
④ 20%

해설 표준품셈 – 수목이식공사
- 굴취 시 야생일 경우에는 굴취품의 20%를 가산하고, 분이 없는 경우에는 굴취품의 20%를 감한다.
- 식재 시 지주목을 세우지 않을 때는 다음의 요율을 감한다.

인력시공 시	기계시공 시
인력품의 10%	인력품의 20%

47 줄기감기를 하는 목적이 아닌 것은?

① 수분 증발을 활성화시키고자
② 병해충의 침입을 막고자
③ 강한 태양광선으로부터 피해를 방지하고자
④ 물리적 힘으로부터 수피의 손상을 방지하고자

해설 줄기감기(줄기싸기, 수피감기) : 줄기로부터의 수분 증산을 억제하고, 해충의 침입을 방지하며, 강한 햇빛과 추위로부터 수피를 보호하기 위하여 새끼나 마대로 줄기를 감아 주는 것을 줄기감기라고 하는데, 감은 줄기나 마대 위에 진흙을 발라 주기도 한다.

48 농약의 사용 시 확인할 농약 방제대상별 포장지의 색깔과 구분이 올바른 것은?

① 살균제 – 청색
② 제초제 – 분홍색
③ 살충제 – 초록색
④ 생장조절제 – 노란색

해설 농약제의 포장지 색깔
- 살균제 : 분홍색
- 살충제 : 초록색
- 살균·살충제 : 위쪽 – 분홍색, 아래쪽 – 초록색
- 제초제 : 노란색
- 비선택성 제초제 : 빨간색
- 생장조절제 : 파란색

정답 46 ④ 47 ① 48 ③

49 각 재료의 할증률로 맞는 것은?

① 조경용 수목 : 10%
② 원형철근 : 3%
③ 소형형강 : 7%
④ 콘크리트블록 : 5%

해설 ② 원형철근 : 5%
③ 소형형강 : 5%
④ 콘크리트블록 : 4%

50 굵은골재의 최대치수, 잔골재율, 잔골재의 입도, 반죽질기 등에 따르는 마무리하기 쉬운 정도를 말하는 굳지 않은 콘크리트의 성질은?

① Workability
② Plasticity
③ Consistency
④ Finishability

해설 ① Workability(시공성) : 콘크리트를 혼합한 후 운반, 타설, 다지기 및 마무리할 때까지 굳지 않은 콘크리트의 성질로, 콘크리트 시공 시 작업 난이도 및 재료분리에 저항하는 정도를 나타낸다.
② Plasticity(성형성) : 거푸집 등의 형상에 순응하여 채우기 쉽고, 분리가 일어나지 않는 굳지 않은 콘크리트의 성질
③ Consistency(반죽질기) : 콘크리트 반죽질기의 정도에 따라 작업의 난이도 및 재료 분리의 다소 정도를 나타내는 굳지 않은 콘크리트의 성질

51 흙을 이용하여 3m 높이로 마운딩하려 할 때, 더돋기를 고려해 실제 쌓아야 하는 높이로 가장 적합한 것은?

① 2m
② 2m 20cm
③ 3m
④ 3m 30cm

해설 여성토 : 흙쌓기 시 압축과 침하에 의해 성토높이가 계획높이보다 줄어들 것을 예상하여 이를 방지하고자 미리 더 쌓는 흙을 여성토라 하고, 이러한 작업을 더돋기라 한다. 토질, 성토높이, 시공방법 등에 따라 다르지만 일반적으로 계획높이의 10~15% 미만으로 쌓아 올린다.

52 설계도서 중 일위대가표를 작성할 때 설계서의 총액의 금액의 단위기준은?

① 1원
② 10원
③ 100원
④ 1,000원

해설 금액의 단위기준

품 목	단 위	끝자리	비 고
설계서의 총액	원	1,000	이하 버림 (단, 10,000원 이하의 공사는 100원 이하 버림)
설계서의 소계	원	1	미만 버림
설계서의 금액란	원	1	미만 버림
일위대가표의 계금	원	1	미만 버림
일위대가표의 금액란	원	0.1	미만 버림

53 조경수목에 거름을 주는 방법 중 윤상 거름주기에 대해 옳게 설명한 것은?

① 수목의 밑동으로부터 밖으로 방사상 모양으로 땅을 파고 거름을 주는 방식이다.
② 수관폭을 형성하는 가지 끝 아래의 수관선을 기준으로 하여 환상으로 둥글게 하고 거름을 주는 방식이다.
③ 수목의 밑동부터 일정한 간격을 두고 도랑처럼 길게 구덩이를 파서 거름을 주는 방식이다.
④ 수관선상에 구멍을 군데군데 뚫고 거름을 주는 방식으로 주로 액비를 비탈면에 줄 때 적용한다.

해설 ① 방사상 거름주기
③ 선상 거름주기
④ 천공 거름주기

54 관수의 효과가 아닌 것은?

① 토양 중의 양분을 용해하고 흡수하여 신진대사를 원활하게 한다.
② 증산작용으로 인한 잎의 온도 상승을 막고 식물체의 온도를 유지한다.
③ 지표와 공중의 습도가 높아져 증산량이 증대된다.
④ 토양의 건조를 막고 생육환경을 형성하여 나무의 성장을 촉진시킨다.

해설 ③ 지표와 공중의 습도가 높아져 증발량이 감소한다.

정답 52 ④ 53 ② 54 ③

55 AE콘크리트의 성질 및 특징 설명으로 틀린 것은?

① 수밀성이 향상된다.
② 콘크리트 경화에 따른 발열이 커진다.
③ 철근과의 부착강도가 약해지는 단점이 있다.
④ 보통 콘크리트에 비해 워커빌리티의 개선효과가 크다.

해설 ② 발열·증발이 적고, 수축균열이 감소한다.
※ AE(Air-Entrained)콘크리트 : 콘크리트를 비빌 때 AE제를 혼합하여 내부에 미세한 기포를 포함시킨 콘크리트로, 공기연행 콘크리트라고도 한다. 동일 조합과 수량의 보통 콘크리트에 비해서 워커빌리티가 좋고 내구성이 증가하지만, 압축 및 철근과의 부착강도는 상당히 약하다.

56 2.0B 벽두께로 표준형 벽돌쌓기를 실시할 때 기준량(m^2당)은?

① 195장
② 224장
③ 260장
④ 298장

해설 1m^2당 벽돌의 소요매수

구 분	0.5B	1.0B	1.5B	2.0B
기존형(210×100×60)	65매	130매	195매	260매
표준형(190×90×57)	75매	149매	224매	298매

57 호박돌 쌓기에 이용되는 쌓기법으로 가장 적합한 것은?

① 十자 줄눈 쌓기
② 줄눈 어긋나게 쌓기
③ 이음매 경사지게 쌓기
④ 평석 쌓기

해설 ② 호박돌을 쌓을 때는 불규칙하게 쌓는 것보다 규칙적인 모양을 갖도록 쌓는 것이 보기에 좋고 안정성이 있으며, 돌을 서로 어긋나게 놓아 十자 줄눈이 생기지 않도록 한다.

58 전정의 목적을 설명한 것 중 옳지 않은 것은?

① 희귀한 수종의 번식에 중점을 두고 한다.
② 미관에 중점을 두고 한다.
③ 실용적인 면에 중점을 두고 한다.
④ 생리적인 면에 중점을 두고 한다.

해설 전정의 목적은 미관 향상, 기능 부여, 개화 촉진에 있다.

59 자연상태(N), 흐트러진 상태(S), 다져진 상태(H)의 부피를 비교한 것으로 올바른 것은?

① H > N > S
② N > H > S
③ S > N > H
④ S > H > N

해설 ③ 자연상태의 흙을 기준으로 할 경우 부피는 흐트러진 상태 > 자연상태 > 다져진 상태 순이다.

60 공사의 설계 및 시공을 의뢰하는 사람을 뜻하는 용어는?

① 설계자
② 시공자
③ 발주자
④ 시공주

해설
① 설계자 : 발주자와 계약을 체결한 후 충분한 자료를 수집하여 계획하고, 지식과 경험을 바탕으로 설계도면과 시방서 등을 작성하는 사람
② 시공자 : 직영공사의 경우 시공주 자체가 시공자가 되지만 도급공사의 경우 시공주와 도급계약을 체결하여 공사를 위임받은 자 또는 회사가 시공자(도급자라 함)가 된다.
④ 시공주 : 직영공사의 경우 시행주 자체가 시공주가 되지만 도급공사의 시행을 위한 입찰 또는 계약을 체결하여 이를 집행하는 자로 개인, 기업, 법인, 공공단체, 정부기관 등이 시공주가 된다.

정답 58 ① 59 ③ 60 ③

2020년 제 1 회 | 과년도 기출복원문제

01 중국 송시대의 수법을 모방한 화원과 석가산 및 누각 등이 많이 나타난 시기는?

① 백제시대　　② 신라시대
③ 고려시대　　④ 조선시대

해설 ③ 고려시대에는 중국 송시대의 수법을 모방하여 화원과 석가산, 많은 누각 등을 배치한 관상 위주의 화려한 정원을 꾸몄다.

02 우리나라에서 최초의 유럽식 정원이 도입된 곳은?

① 장충단 공원
② 파고다 공원
③ 덕수궁 석조전 앞 정원
④ 구 중앙정부청사 주위 정원

해설 석조전 앞 정원(침상원)은 덕수궁에 있는 우리나라 최초의 유럽(프랑스)식 정원으로 엄격한 비례와 좌우대칭, 기하학적인 형태로 조경되어 있다. 석조전(石造殿), 정관헌(靜觀軒)과 함께 덕수궁의 서양식 건축물을 대표하는 곳이다.

03 미국 식민지 개척을 통한 유럽 각국의 다양한 사유지 중심의 정원양식이 공공적인 성격으로 전환되는 계기에 영향을 끼친 것은?

① 스토우정원　　② 보르비콩트정원
③ 스투어헤드정원　　④ 버컨헤드공원

해설 **버컨헤드공원** : 조셉 팩스턴이 설계하고 시민의 힘으로 설립된 최초의 공원으로, 사적 주택단지와 공적 위락단지로 나눠 택지를 분양한 자금으로 시공하여 재정적·사회적으로 성공한 공원이며, 센트럴파크의 공원개념 형성에 큰 영향을 주었다.

정답　1 ③　2 ③　3 ④

04 조선시대 사대부나 양반계급에 속했던 사람들이 시골 별서에 꾸민 정원의 유적이 아닌 것은?

① 양산보의 소쇄원
② 윤선도의 부용동원림
③ 정약용의 다산정원
④ 퇴계 이황의 도산서원

해설 안동의 도산서원은 조선의 대학자 퇴계 이황선생이 도산서당을 짓고 유생을 가르치며 학덕을 쌓고 학문에 전념하던 곳이었으며, 퇴계 사후 제자들에 의해 퇴계의 덕행을 기리는 도산서원으로 조성되었다.

05 고려시대에 궁궐 내의 조경을 담당하던 관청은?

① 장원서
② 내원서
③ 상림원
④ 화림원

해설 고려시대 정원을 맡아보던 관서는 내원서(內園署)이며 고려 25대 충렬왕 34년(1308)에 모든 궁궐의 원화(園花)를 맡아보던 관서로서 사원서 관할하에 만들어졌다.

06 이탈리아의 노단건축식 정원양식이 생긴 원인으로 가장 적합한 것은?

① 식 물
② 암 석
③ 지 형
④ 역 사

해설 이탈리아는 구릉과 경사지가 많은 지형적 제약 때문에 경사지를 계단형으로 만드는 노단건축식 정원양식이 발생하였다. 이탈리아의 노단건축식 최초의 빌라는 미켈로지에 의해 설계된 피렌체에 있는 메디치가문의 메디치장(Villa Medici di Careggi)이다.
※ 르네상스시대 이탈이아 3대 별장 : 에스테장(Villa d'Este), 란테장(Villa Lante), 파르네제장(Villa Farnese)

07 다음 중국식 정원의 설명으로 틀린 것은?

① 차경수법을 도입하였다.
② 사실주의보다는 상징적 축조가 주를 이루는 사의주의에 입각하였다.
③ 유럽의 정원과 같은 건축식 조경수법으로 발달하였다.
④ 대비에 중점을 두고 있으며, 이것이 중국 정원의 특색을 이루고 있다.

해설 ③ 중국 정원은 풍경식 조경수법으로 발달하였다.
중국 정원의 특징
- 지역마다 재료를 달리한 정원양식이 생겼다.
- 건물과 정원이 한 덩어리가 되는 형태로 발달했다.
- 기하학적인 무늬가 그려져 있는 원로가 있다.
- 대비에 중점을 둔 조경수법이다.
- 묘석들이 공통적으로 사용된다.
- 정원 주변에는 화려한 꽃나무들을 많이 심는 것이 특징이다.

정답 4 ④ 5 ② 6 ③ 7 ③

08 영국인 Brown의 지도하에 덕수궁 석조전 앞뜰에 조성된 정원양식과 관계되는 것은?

① 빌라메디치
② 보르비콩트정원
③ 분구원
④ 센트럴파크

해설 ② 보르비콩트정원과 석조전정원 모두 평면기하학식 정원이다.

09 지형도에서 U자(字) 모양으로 그 바닥이 낮은 높이의 등고선을 향하면 이것은 무엇을 의미하는가?

① 계 곡
② 능 선
③ 현 애
④ 동 굴

해설 등고선의 형태(계곡에서 볼 때)
- U자형 : 능선을 횡(橫)으로 그어진 등고선 형태로 U자가 종(縱)으로 나열된 형태가 능선이다. 이 능선들은 밑으로 갈수록 여러 갈래로 나누어지다가 산기슭에 가서는 대등한 위치에 나열된다(정상이나 봉우리에서 볼 때 ∩형).
- V자형 : 계곡(하천)의 형태로 능선(U자형)과 반대 방향으로 나열된 형태이다. 중첩된 V자의 뾰족한 부분을 따라가면 산정(山頂)이 나온다(정상이나 봉우리에서 볼 때 V자형).
- M자형 : 계곡과 계곡이 합류되는 지역, 즉 계곡의 교차점을 횡단하는 등고선이다(정상이나 봉우리에서 볼 때 W형).

10 다음 도시공원 중 주제공원에 해당되는 않는 것은?(단, 도시공원 및 녹지 등에 관한 법률을 적용한다)

① 체험공원
② 역사공원
③ 문화공원
④ 수변공원

해설 도시공원의 세분 및 규모(도시공원 및 녹지 등에 관한 법률 제15조)
1. 국가도시공원
2. 생활권공원 : 소공원, 어린이공원, 근린공원
3. 주제공원 : 역사공원, 문화공원, 수변공원, 묘지공원, 체육공원, 도시농업공원, 방재공원, 그 밖에 특별시·광역시·특별자치시·도·특별자치도 또는 지방자치법에 따른 서울특별시·광역시 및 특별자치시를 제외한 인구 50만 이상 대도시의 조례로 정하는 공원

11 옥상정원의 환경조건에 대한 설명으로 적합하지 않은 것은?

① 토양 수분의 용량이 적다.
② 토양 온도의 변동 폭이 크다.
③ 양분의 유실속도가 늦다.
④ 바람의 피해를 받기 쉽다.

해설 옥상은 계절에 따라 햇빛이 강할 때에는 복사열에 의하여 온도가 쉽게 올라가고 겨울에는 토양을 단단히 얼게 하여 수분의 부족을 가져오므로 양분의 유실속도가 빠르다.

12 죽(竹)은 대나무류, 조릿대류, 밤부류로 분류할 수 있다. 그 중 조릿대류로 길게 자라며, 생장 후에도 껍질이 떨어지지 않고 붙어 있는 종류는?

① 죽순대
② 오 죽
③ 신이대
④ 마디대

해설 죽(竹)의 종류와 품종
- 대나무류 : 죽순대, 왕대, 오죽, 사각죽, 업평죽
  ※ 오죽 : 땅속 줄기가 옆으로 뻗으면서 죽순이 나와서 높이 2~20m, 지름 2~5cm 정도로 자라며 속이 비어 있다. 줄기가 첫해에는 녹색이고, 2년째부터 검은 자색으로 짙어져 간다. 잎은 바소 모양이고 잔톱니가 있으며 어깨털은 5개 내외로 곧 떨어진다. 검정이 고르지 못하고 얼룩이 지면 "반죽(얼룩대)"이라고 한다.
- 조릿대류 : 이대, 조릿대, 신이대, 섬대, 제주조릿대, 금대죽, 적단즉, 외죽, 한죽, 한산죽, 어여도죽
- 밤부류 : 봉래죽, 태산죽, 봉황죽

13 소나무류의 순따기에 알맞은 적기는?

① 1~2월
② 3~4월
③ 5~6월
④ 7~8월

해설 소나무 순따기는 해마다 5~6월경 새순이 6~9cm 자라난 무렵에 실시한다.

14 먼셀 표색계의 10색상환에서 서로 마주보고 있는 색상의 짝이 잘못 연결된 것은?

① 빨강(R) - 청록(BG)
② 노랑(Y) - 남색(PB)
③ 초록(G) - 자주(RP)
④ 주황(YR) - 보라(P)

해설 보 색
- 색상환에서 반대편의 색
- 노란색 ↔ 남색, 녹색 ↔ 자주색, 파란색 ↔ 주황색, 보라색 ↔ 연두색

15 비탈면 경사의 표시 1 : 2.5에서 2.5는 무엇을 뜻하는가?

① 수직고
② 수평거리
③ 경사면의 길이
④ 안식각

해설 비탈경사 = 수직 : 수평

정답 12 ③ 13 ③ 14 ④ 15 ②

16 평판측량의 3요소에 해당하지 않는 것은?

① 정 준
② 구 심
③ 수 준
④ 표 정

해설 평판측량의 3조건(요소)
- 정준 : 수준기를 이용해 평판을 수평으로 하는 것
- 구심 : 도판상의 측점과 지상의 측점을 일치시키는 것, 즉 제도용지의 도상점과 땅 위의 측점을 동일하게 맞추는 것
- 표정 : 도판상의 측선 방향과 지상의 측선 방향을 일치시키는 것

17 파란색 조명에 빨간색과 초록색 조명을 동시에 켰더니 하얀색으로 보였다. 이처럼 빛에 의한 색채의 혼합원리는?

① 가법혼색
② 병치혼색
③ 회전혼색
④ 감법혼색

해설 빛의 3원색 : 빛을 가하여 색을 혼합하면 원래의 색보다 명도가 증가하는 현상을 가산혼합 또는 가법혼색이라고 하는데 빨강, 초록, 파랑은 모두 혼합하면 흰색이 되고, 각기 혼합하면 많은 색을 얻을 수 있어 이 세 가지 색을 빛의 3원색이라고 한다.

18 우리나라에서 사용하는 표준형 벽돌의 규격은?(단, 단위는 mm로 한다)

① 300×300×60
② 190×90×57
③ 210×100×60
④ 390×190×190

해설 벽돌의 규격(단위 : mm)
- 기존형 210×100×60
- 표준형 190×90×57

19 다음 설명의 A, B에 적합한 용어는?

인간의 눈은 원추세포를 통해 (A)을(를) 지각하고, 간상세포를 통해 (B)을(를) 지각한다.

① A : 색채, B : 명암
② A : 밝기, B : 채도
③ A : 명암, B : 색채
④ A : 밝기, B : 색조

해설 원추세포와 간상세포의 차이점

특 징	원추세포	간상세포
형 태	굵고 짧음	가늘고 김
적합 자극	강한 빛(0.1Lux 이상)	약한 빛(0.1Lux 이하)
기 능	형태와 색깔	형태와 명암
분 포	망막의 중심(황반)	망막 주변
수	700만 개(한쪽 눈)	1억 3천만 개(한쪽 눈)
색 소	이오돕신(요돕신)	로돕신(시홍)
이상 증세	색 맹	야맹증

20 그림과 같은 축도기호가 나타내고 있는 것으로 옳은 것은?

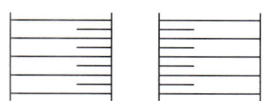

① 등고선　　　　② 성 토
③ 절 토　　　　　④ 과수원

해설 축도기호

성 토	절 토

정답 19 ① 20 ②

21 수목의 가슴높이 지름을 나타내는 기호는?

① F
② S.D
③ B
④ W

해설 조경수목의 규격 표시기준
- 수고(H) : 나무의 높이, 표시단위 m
- 수관(W) : 나무의 폭, 표시단위 m
- 근원지름(R) : 나무 밑둥 제일 아랫부분의 지름, 표시단위 cm
- 흉고지름(B) : 가슴높이의 줄기지름, 단위 cm
- 지하고(BH) : 바닥에서 가지가 있는 곳까지의 높이, 표시단위 m

22 과다사용 시 병에 대한 저항력을 감소시키므로 특히 토양의 비배관리에 주의해야 하는 무기성분은?

① 질 소
② 규 산
③ 칼 륨
④ 인 산

해설 질소비료를 과다사용하면 작물체가 연약해지고, 병충해나 냉해에 대한 저항력이 약화된다.

23 다음 중 수명이 가장 긴 전등은?

① 형광등
② 수은등
③ 백열전구
④ 할로겐등

해설
② 수은등 : 약 24,000시간
① 형광등 : 6,000~15,000시간
③ 백열전구 : 약 750~2,000시간
④ 할로겐등 : 약 1,000~3,000시간

24 설계도면에 표시하기 어려운 재료의 종류나 품질, 시공방법, 재료 검사방법 등에 대해 충분히 알 수 있도록 글로 작성하여 설계상의 부족한 부분을 규정하여 보충한 문서는?

① 일위대가표
② 설계설명서
③ 시방서
④ 내역서

해설 시방서는 설계도면에 표시하기 어려운 사항을 설명하는 시공지침이다.

정답 21 ③ 22 ① 23 ② 24 ③

25 다음 중 미기후에 대한 설명으로 가장 거리가 먼 것은?

① 호수에서 바람이 불어오는 곳은 겨울에는 따뜻하고 여름에는 서늘하다.
② 야간에는 언덕보다 골짜기의 온도가 낮고, 습도는 높다.
③ 야간에 바람은 산 위에서 계곡을 향해 분다.
④ 계곡의 맨 아래쪽은 비교적 주택지로서 양호한 편이다.

26 추운지역의 실내를 장식할 때 온도감이 따뜻하게 느껴지는 색상은?

① 보라색 ② 초록색
③ 주황색 ④ 남 색

[해설] 온도감에 따른 색의 분류
- 한색 : 차가운 느낌을 주는 파란색 계통의 색으로, 수축성과 후퇴성을 가지며 심리적으로 긴장감을 느끼게 한다.
- 난색 : 따뜻한 느낌을 주는 주황색 계통의 색으로, 팽창성과 진출성을 가지며 심리적으로 느슨함을 느끼게 한다.
- 중성색 : 녹색이나 보라색 계통의 색으로, 한색과 난색의 중간적인 성격을 가진다.

27 다음 그림 중 수목의 가지에서 마디 위 다듬기의 요령으로 가장 좋은 것은?

①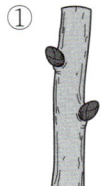
②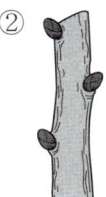
③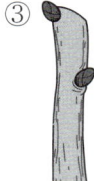
④

[해설] 일반적으로 눈에서 7~10mm 위쪽에서 눈과 나란한 방향이 되도록 비스듬히 자른다.
마디 위 자르는 요령
눈 위에서 자르면 그 눈에서 나온 새 가지는 안쪽으로 자라 통풍, 수광을 나쁘게 하고, 바깥쪽 위를 자르면 가지가 밖으로 자라 나무가 건실하게 자라게 된다. 따라서 반드시 바깥 눈 위에서 자르도록 한다. 눈 위를 자를 때에는 다음 그림과 같이 자른다.

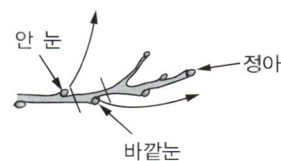

28 낙엽활엽소교목으로 양수이며, 잎이 나오기 전 3월경 노란색으로 개화하고, 빨간 열매를 맺어 아름다운 수종은?

① 산수유　　　　　　　　② 생강나무
③ 개나리　　　　　　　　④ 풍년화

해설　② 생강나무 : 낙엽활엽관목, 노란색 꽃, 검은색 열매
③ 개나리 : 낙엽활엽관목, 노란색 꽃, 갈색 열매
④ 풍년화 : 낙엽활엽관목·소교목, 노란색-붉은색 꽃, 갈색 열매

29 조경의 기본계획에서 일반적으로 토지이용 분류, 적지분석, 종합배분의 순서로 이루어지는 계획은?

① 동선계획　　　　　　　② 시설물 배치계획
③ 토지이용계획　　　　　④ 식재계획

해설　**기본계획**
- 토지이용계획 : 토지이용 분류, 적지분석, 종합배분
- 교통동선계획 : 교통동선의 계획과정, 교통동선체계
- 시설물 배치계획 : 시설물 평면계획, 시설물의 배치(시설물의 형태·재료·색채)
- 식재계획 : 수종 선택, 배식, 녹지체계
- 하부구조계획 : 가능한 한 지하로 매설하여 경관을 살리며, 안전성을 높이고 보수가 용이하도록 한다.
- 집행계획 : 투자계획, 법규검토, 유지관리계획

30 수목 외과수술의 시공순서로 옳은 것은?

> ㉠ 동공 가장자리의 형성층 노출
> ㉡ 부패부 제거
> ㉢ 표면경화 처리
> ㉣ 동공 충전
> ㉤ 방수 처리
> ㉥ 인공수피 처리
> ㉦ 소독 및 방부 처리

① ㉠ - ㉥ - ㉡ - ㉢ - ㉣ - ㉤ - ㉦
② ㉡ - ㉦ - ㉠ - ㉥ - ㉢ - ㉣ - ㉤
③ ㉠ - ㉡ - ㉥ - ㉣ - ㉢ - ㉥ - ㉦
④ ㉡ - ㉠ - ㉦ - ㉣ - ㉤ - ㉢ - ㉥

해설　외과수술의 순서 : 부패부 제거 → 동공 가장자리의 형성층 노출 → 살균·방부 처리 → 동공 충전 → 방수 처리 → 표면경화 처리 → 인공수피 처리

28 ①　29 ③　30 ④

31 다음 중 가로수로 적당하지 않은 나무는?

① 플라타너스
② 느티나무
③ 은행나무
④ 반 송

해설 ④ 반송은 소나무의 한 품종으로, 정원수로 많이 심는다.
가로수용 수목 : 벚나무, 은행나무, 느티나무, 가중나무, 회화나무, 은단풍, 칠엽수, 메타세쿼이아, 플라타너스 등

32 다음 설명에 가장 적합한 수종은?

- 교목으로 꽃이 화려하다.
- 전정을 싫어하고 대기오염에 약하며, 토질을 가리는 결점이 있다.
- 매우 다방면으로 이용되며, 열식 또는 군식으로 많이 식재된다.

① 왕벚나무
② 수양버들
③ 전나무
④ 벽오동

해설
② 수양버들 : 낙엽활엽교목으로, 내한성과 공해에 대한 저항성이 크다.
③ 전나무 : 상록침엽교목으로, 추위에 강하여 노지월동이 가능하고, 서늘하고 다습한 고산지대에서 잘 자란다.
④ 벽오동 : 낙엽활엽교목으로, 내한성이 약해 1년생 지상부는 종종 동해를 입지만 연수가 경과하면 추위에 강해지고, 대기오염에 강해 도심지 식재가 가능하다.

33 분쇄목인 우드칩(Wood Chip)을 멀칭재료로 사용할 때의 효과가 아닌 것은?

① 미관효과 우수
② 잡초 억제기능
③ 배수 억제효과
④ 토양 개량효과

해설 우드칩의 멀칭효과
- 잡초의 발생을 방지한다.
- 수목에 양분을 공급한다.
- 토양의 수분 및 적정온도를 유지한다.
- 토사의 유실분진·비산먼지 및 흙 튀김을 방지한다.

정답 31 ④ 32 ① 33 ③

34 목재의 구조에는 춘재와 추재가 있다. 추재를 바르게 설명한 것은?

① 세포는 막이 얇고 크다.
② 빛깔이 엷고 재질이 연하다.
③ 빛깔이 짙고 재질이 치밀하다.
④ 춘재보다 자람의 폭이 넓다.

해설 춘재와 추재

춘재(春材)	추재(秋材)
• 봄~여름에 자란 부분으로 성장속도가 빠르다. • 세포의 막이 얇고 크기가 크다. • 빛깔이 엷고 재질이 연하다. • 유연한 목질부이다.	• 가을~겨울에 자란 부분으로 성장속도가 느리다. • 세포의 막이 두껍고 크기가 작다. • 빛깔이 짙고 재질이 치밀하다. • 단단한 목질부이다.

※ 춘재와 추재의 두 부분을 합친 것을 나이테라 한다.

35 도시기본구상도의 표시기준 중 노란색은 어느 용지를 나타내는 것인가?

① 주거용지 ② 관리용지
③ 보존용지 ④ 상업용지

해설 도시계획지역의 구분과 표현색
• 주거지역 - 노란색
• 녹지지역 - 초록색
• 상업지역 - 빨간색
• 공업지역 - 보라색
• 미지정 - 무색

36 실내정원을 구성할 때 사용되는 인공토양에 관한 설명으로 옳은 것은?

① 펄라이트(Perlite)는 화강암 속의 흑운모를 1,100℃ 정도의 고온에서 수증기를 가하여 팽창시킨 것이다.
② 버미큘라이트(Vermiculite)는 황토와 톱밥을 섞어서 둥글게 뭉쳐 고온 처리한 것이다.
③ 하이드로볼(Hydro Ball)은 진주암을 870℃ 정도의 고온으로 가열하여 팽창시켜 만든 백색의 가벼운 입자로 만든 것으로 무균상태이다.
④ 피트모스(Peatmoss)는 습지의 수태가 퇴적하여 만들어진 것으로 유기질 용토이다.

해설 ① 버미큘라이트(Vermiculite)는 화강암 속의 흑운모를 1,100℃ 정도의 고온에서 수증기를 가하여 팽창시킨 것이다.
② 하이드로볼(Hydro Ball)은 황토와 톱밥을 섞어서 둥글게 뭉쳐 고온 처리한 것이다.
③ 펄라이트(Perlite)는 진주암을 870℃ 정도의 고온으로 가열하여 팽창시켜 만든 백색의 가벼운 입자로 만든 것으로 무균상태이다.

37 공원 식재 시공 시 식재할 지피식물의 조건으로 가장 거리가 먼 것은?

① 관리가 용이하고, 병충해에 잘 견뎌야 한다.
② 번식력이 왕성하고, 생장이 비교적 빨라야 한다.
③ 성질이 강하고, 환경조건에 대한 적응성이 넓어야 한다.
④ 토양까지의 강수전단을 위해 지표면을 듬성듬성 피복하여야 한다.

해설 ④ 지표면을 치밀하게 피복하여야 한다.

38 실내조경 식물의 잎이나 줄기에 백색 점무늬가 생기고 점차 퍼져서 흰 곰팡이 모양이 되는 원인으로 옳은 것은?

① 탄저병
② 무름병
③ 흰가루병
④ 모자이크병

해설 **흰가루병**
• 수목에 치명적인 병은 아니지만 발생하면 생육이 위축되고 외관을 나쁘게 된다.
• 장미, 단풍나무, 배롱나무, 벚나무 등에 많이 발생한다.
• 병든 낙엽을 모아 태우거나 땅속에 묻음으로써 전염원을 차단하는 것이 필수적이다.
• 통기불량, 일조부족, 질소과다 등이 발병유인이다.

39 습지식물 재료 중 서식환경 분류상 물속에서 자라며, 미나리아재비목으로 여러해살이 식물인 것은?

① 붕어마름
② 부들
③ 속새
④ 솔잎사초

해설 ① 붕어마름 : 쌍떡잎식물, 미나리아재비목 붕어마름과의 여러해살이풀
② 부들 : 외떡잎식물, 부들목 부들과의 여러해살이풀
③ 속새 : 양치식물, 관다발식물, 속새목, 속새과의 여러해살이풀
④ 솔잎사초 : 사초목 사초과의 여러해살이풀

정답 37 ④ 38 ③ 39 ①

40 전정(剪定)을 함으로써 얻어지는 결과라고 볼 수 없는 것은?

① 수세의 조절
② 개화 결실의 조정
③ 일광, 통풍의 양호
④ 지상부의 약화

해설 정지 전정의 효과
- 생장 촉진 및 억제로 발육을 조절한다.
- 수관을 균형 있게 발육시킴으로써 수종 고유의 관상과 미적 가치를 높인다.
- 화목류에 있어 분화기 이전에 분화에 필요한 조건을 만들어 개화 결실을 촉진시켜 준다.
- 난잡한 수형을 정비하고 나무의 크기를 조절할 수 있다.
- 통풍·통광을 증대하여 병충해 발생의 원인을 제거할 수 있으며, 허약한 가지의 발육을 촉진시킨다.
- 나무의 내부까지 햇빛을 고루 들게 하여 꽃눈형성을 돕는다.
- 보호 관리를 편하게 한다.

41 콘크리트의 표준 배합비가 1 : 3 : 6일 때, 이 배합비의 순서에 맞는 각각의 재료를 바르게 나열한 것은?

① 모래 : 자갈 : 시멘트
② 자갈 : 시멘트 : 모래
③ 자갈 : 모래 : 시멘트
④ 시멘트 : 모래 : 자갈

42 표준형 벽돌을 사용하여 줄눈 10mm로 시공할 때 2.0B벽돌 벽의 두께는?(단, 공간쌓기는 아니다)

① 210mm
② 390mm
③ 320mm
④ 430mm

해설 벽돌의 크기는 기존형이 210×100×60mm, 표준형은 190×90×57mm이다.
총벽두께 = 190 + 10 + 190 = 390mm

43 수경시설(연못)의 유지관리에 관한 내용으로 옳지 않은 것은?

① 겨울철에는 물을 2/3 정도만 채워 둔다.
② 녹이 잘 스는 부분은 녹막이 칠을 수시로 해 준다.
③ 수중식물 및 어류의 상태를 수시로 점검한다.
④ 물이 새는 곳이 있는지의 여부를 수시로 점검하여 조치한다.

해설 급수구와 배수구의 막힘 여부는 수시로 점검하고, 겨울 전에 물을 빼 연못에 가라앉았던 이물질을 제거하고 청소한다.

44 농약의 사용 시 확인할 농약 방제 대상별 포장지의 색깔과 구분이 올바른 것은?

① 살균제 – 청색
② 제초제 – 분홍색
③ 살충제 – 초록색
④ 생장조절제 – 노란색

해설 농약제의 포장지 색깔
- 살균제 : 분홍색
- 살충제 : 초록색
- 살균·살충제 : 위쪽 – 분홍색, 아래쪽 – 초록색
- 제초제 : 노란색
- 비선택성 제초제 : 빨간색
- 생장조절제 : 파란색

45 지주목 설치에 대한 설명으로 틀린 것은?

① 수피와 지주가 닿는 부분은 보호조치를 취한다.
② 지주목을 설치할 때는 풍향과 지형 등을 고려한다.
③ 대형목이나 경관상 중요한 곳에는 당김줄형을 설치한다.
④ 지주는 뿌리 속에 박아 넣어 견고히 고정되도록 한다.

해설 ④ 지주는 아래를 뾰족하게 깎아서 땅속으로 30~50cm 정도의 깊이로 박는다.

46 체계적인 품질관리를 추진하기 위한 데밍(Deming's Cycle)의 관리로 가장 적합한 것은?

① 계획(Plan) – 추진(Do) – 조치(Action) – 검토(Check)
② 계획(Plan) – 검토(Check) – 추진(Do) – 조치(Action)
③ 계획(Plan) – 조치(Action) – 검토(Check) – 추진(Do)
④ 계획(Plan) – 추진(Do) – 검토(Check) – 조치(Action)

해설 데밍이 주장한 관리사이클 PDCA는 Plan – Do – Check – Action의 머리글자를 딴 것으로, 계획 – 추진 – 검토 – 조치가 반복적으로 이루어지는 순환의 과정을 논리적으로 연결한 모델이다.

정답 44 ③ 45 ④ 46 ④

47 식물의 아랫잎에서 황화현상이 일어나고 심하면 잎 전면에 나타나며, 잎이 작지만 잎수가 감소하며 초본류의 초장이 작아지고 조기낙엽이 비료결핍의 원인이라면 어느 비료 요소와 관련된 설명인가?

① P
② N
③ Mg
④ K

해설 비료의 역할
- 질소(N) : 광합성작용을 촉진하여 수목의 잎이나 줄기 등의 생장에 도움을 주는데, 부족하면 생장이 위축되고 성숙이 빨라진다.
- 인(P) : 세포분열을 촉진하거나 꽃·열매·뿌리의 발육에 관여하는데, 부족하면 성숙이 빨라져 수확량이 감소한다.
- 칼륨(K) : 꽃과 열매의 향기나 색깔을 조절하는데, 부족하면 황화현상이 나타나고 잎이 고사한다.
- 칼슘(Ca) : 단백질을 합성하고 식물체 유기산을 중화하는데, 부족하면 생장점이 파괴되어 갈변한다.
- 마그네슘(Mg) : 엽록소의 구성성분이며 각종 효소를 활성화하는데, 부족하면 잎이 얇아지고 황백화현상이 나타난다.

48 토양수분 중 식물이 생육에 주로 이용하는 유효수분은?

① 결합수
② 흡습수
③ 모세관수
④ 중력수

해설 토양수분의 형태
- 결합수 : 점토광물에 결합되어 있어 분리시킬 수 없어 식물이 이용할 수 없는 수분
- 흡습수 : 토양입자 표면에 피막상으로 흡착되어 식물이 거의 이용할 수 없는 수분
- 모관수 : 토양공극에서 표면장력으로 유지되며, 모관현상에 의해 공극을 따라 상승하여 식물이 주로 이용하는 수분
- 중력수 : 비모관공극에서 중력에 의하여 흘러내려 식물이 이용 가능한 수분
- 지하수 : 지하에 정지하여 모관수의 근원이 되는 수분

49 잔디밭의 관수시간으로 가장 적당한 것은?

① 오후 2시경에 실시하는 것이 좋다.
② 정오경에 실시하는 것이 좋다.
③ 오후 6시 이후 저녁이나 일출 전에 한다.
④ 아무 때나 잔디가 타면 관수한다.

해설 관수시간은 주로 이른 아침이나 늦은 오후가 좋고 초저녁이나 늦은 저녁에는 잔디잎의 물이 마르지 않기 때문에 가급적 피하는 것이 좋다.

정답 47 ② 48 ③ 49 ③

50 수간과 줄기 표면의 상처에 침투성 약액을 발라 조직 내로 약효성분이 흡수되게 하는 농약사용법은?

① 도포법
② 관주법
③ 도말법
④ 분무법

해설 ② 관주법 : 땅속에서 서식하고 있는 병해충을 방제하기 위하여 땅속에 약액을 주입하는 방법
③ 도말법 : 종자 소독을 위해 분제나 수화제를 건조한 종자에 입혀 살균·살충하는 방법
④ 분무법 : 분무기를 이용하여 다량의 액제를 살포하는 방법

51 다음 선의 종류와 선긋기의 내용이 잘못 짝지어진 것은?

① 가는 실선 : 수목인출선
② 파선 : 단면
③ 1점쇄선 : 경계선
④ 2점쇄선 : 중심선

해설 ④ 2점쇄선 : 가상선, 경계선
③ 1점쇄선 : 중심선, 경계선, 절단선

52 토양환경을 개선하기 위해 유공관을 지면과 수직으로 뿌리 주변에 세워 토양 내 공기를 공급하여 뿌리호흡을 유도하는데, 유공관의 깊이는 수종, 규격, 식재지역의 토양상태에 따라 다르게 할 수 있으나, 평균깊이는 몇 m 이내로 하는 것이 바람직한가?

① 1m
② 1.5m
③ 2m
④ 3m

해설 ① 유공관의 설치깊이는 평균적으로 1m 이내로 하는 것이 바람직하다.

정답 50 ① 51 ④ 52 ①

53 해충의 방제방법 중 기계적 방제방법에 해당하지 않는 것은?

① 경운법　　　　　　　② 유살법
③ 소살법　　　　　　　④ 방사선이용법

해설 ①·②·③은 기계적 방제법이고, ④는 물리적 방제법이다.

기계적 방제법
- 포살법 : 해충을 손이나 도구를 이용하여 잡아 죽이는 방법
- 유살법 : 300~400㎛의 단파장 광선을 이용하는 유아등을 설치하거나, 미끼 등으로 해충을 직접 유인하여 잡아 죽이는 방법
- 소살법 : 해충 군서 시 경유 등을 사용하여 불로 태워 죽이는 방법
- 진동법 : 손이나 막대기 등으로 나무를 흔들어 떨어진 곤충을 잡아 죽이는 방법으로, 살충제가 들어 있는 수집용기에 채집하거나 손으로 직접 제거한다.
- 경운법 : 땅을 갈아엎어 땅속에 숨은 해충의 유충이나 애벌레, 성충 등을 표층으로 노출시켜 서식환경을 파괴하는 방법

54 아황산가스에 민감하지 않은 수종은?

① 단풍나무　　　　　　② 겹벚나무
③ 소나무　　　　　　　④ 화 백

해설 대기오염(아황산가스)에 강한 수종 : 은행나무, 편백, 화백, 향나무, 비자나무, 태산목, 아왜나무, 가시나무, 녹나무, 사철나무, 벽오동, 능수버들, 플라타너스, 쥐똥나무, 돈나무, 호랑가시나무, 갈참나무, 무궁화, 칠엽수, 종려나무, 백합나무 등

55 다음에서 설명하는 잡초로 옳은 것은?

- 일년생 광엽잡초
- 논잡초로 많이 발생할 경우는 기계수확이 곤란
- 줄기 기부가 비스듬히 땅을 기며 뿌리가 내리는 잡초

① 메 꽃　　　　　　　② 한련초
③ 가막사리　　　　　　④ 사마귀풀

해설 사마귀풀 : 종자로 번식하는 닭의장풀과 일년생 잡초로 논둑 옆에서 많이 발생한다. 4월경부터 발생하기 시작하여 11월까지 피해를 주며 줄기의 재생력이 강하여 제초 시 줄기가 남아 있으면 마디로부터 뿌리가 내려 재생한다.

56 인간이나 기계가 공사 목적물을 만들기 위하여 단위물량당 소요하는 노력과 물질을 수량으로 표현한 것을 무엇이라 하는가?

① 할 증
② 품 셈
③ 견 적
④ 내 역

해설 ① 할증 : 일정한 값에 대한 일정 비율을 가산하는 것
③ 견적 : 장래에 있을 거래가격을 사전에 계산하여 산출하는 것
④ 내역 : 물품이나 금액 따위의 분명하고 자세한 내용

57 다음 중 무거운 돌을 놓거나 큰 나무를 옮길 때 신속하게 운반과 적재를 동시에 할 수 있어 편리한 장비는?

① 체인블록
② 모터그레이더
③ 트럭크레인
④ 콤바인

해설 ① 체인블록 : 무거운 물건을 들어 올리는 데 쓰이는 도드래형 장비
② 모터그레이더 : 주로 넓은 면적의 땅을 고르는 정지작업 등에 사용되는 토공기계
④ 콤바인 : 농경지를 주행하면서 수확물의 탈곡과 선별을 동시에 수행하는 수확기계

58 공사원가에 의한 공사비 구성 중 안전관리비가 해당되는 것은?

① 간접재료비
② 간접노무비
③ 경 비
④ 일반관리비

해설 경비 : 공사의 시공을 위하여 소요되는 공사원가 중 재료비와 노무비를 제외한 비용
예 전력비, 수도광열비, 운반비, 기계경비, 특허권사용료, 기술료, 연구개발비, 품질관리비, 보험료, 보관비, 외주가공비, 산업안전보건관리비, 폐기물처리비, 도서인쇄비, 안전관리비 등

정답 56 ② 57 ③ 58 ③

59 AE콘크리트의 성질 및 특징 설명으로 틀린 것은?

① 수밀성이 향상된다.
② 콘크리트 경화에 따른 발열이 커진다.
③ 철근과의 부착강도가 약해지는 단점이 있다.
④ 보통 콘크리트에 비해 워커빌리티의 개선효과가 크다.

해설 ② 발열·증발이 적고, 수축균열이 감소한다.
※ AE(Air-Entrained)콘크리트 : 콘크리트를 비빌 때 AE제를 혼합하여 내부에 미세한 기포를 포함시킨 콘크리트로, 공기연행 콘크리트라고도 한다. 동일 조합과 수량의 보통 콘크리트에 비해서 워커빌리티가 좋고 내구성이 증가하지만, 압축 및 철근과의 부착강도는 상당히 약하다.

60 도시공원 및 녹지 등에 관한 법률에 의한 어린이공원의 기준에 관한 설명으로 옳은 것은?

① 유치거리는 500m 이하로 제한한다.
② 1개소 면적은 1,200m^2 이상으로 한다.
③ 공원시설 부지면적은 전체 면적의 60% 이하로 한다.
④ 공원구역경계로부터 500m 이내에 거주하는 주민 250명 이상의 요청 시 어린이공원 조성계획의 정비를 요청할 수 있다.

해설 ① 유치거리는 250m 이하로 제한한다.
② 1개소 면적은 1,500m^2 이상으로 한다.
④ 공원구역경계로부터 250m 이내에 거주하는 주민 500명 이상의 요청 시 어린이공원 조성계획의 정비를 요청할 수 있다.

2020년 제3회 과년도 기출복원문제

01 다음 중 교통표지판의 색상을 결정할 때 가장 중요하게 고려하여야 할 것은?
① 심미성　　　　　　　　② 명시성
③ 경제성　　　　　　　　④ 양질성

해설 명시성 : 두 가지 이상의 색·선·모양을 대비시켰을 때 금방 눈에 띠는 성질을 말하며, 명도나 채도의 차이가 클수록 명시성은 강해진다. 특히, 노랑과 검정은 명시성이 강해 교통표지판 등에 주로 쓰인다.

02 먼셀 표색계의 10색상환에서 서로 마주보고 있는 색상의 짝이 잘못 연결된 것은?
① 빨강(R) - 청록(BG)
② 노랑(Y) - 남색(PB)
③ 초록(G) - 자주(RP)
④ 주황(YR) - 보라(P)

해설 보 색
- 색상환에서 반대편의 색
- 노란색 ↔ 남색, 녹색 ↔ 자주색, 파란색 ↔ 주황색, 보라색 ↔ 연두색

03 다음 중 창덕궁 후원 내 옥류천 일원에 위치하고 있는 궁궐 내 유일의 초정은?
① 애련정　　　　　　　　② 부용정
③ 관람정　　　　　　　　④ 청의정

해설 옥류천의 청의정은 창덕궁 후원 내에 현존하는 유일한 초정으로, 초가지붕으로 되어 있으며 주변에는 논이 있어 임금이 그 해의 작황을 관찰하기 위해 직접 벼를 길렀다.

정답 1 ②　2 ④　3 ④

04 다음 중 조선시대 중엽 이후 정원양식에 가장 큰 영향을 미친 사상은?

① 음양오행설
② 신선설
③ 자연복귀설
④ 임천회유설

[해설] 조선시대 중엽 이후 음양오행설을 기초로 하는 풍수지리설의 영향을 받아 후원이 주가 되는 정원양식이 생겼다.

05 다음 고서에서 조경식물에 대한 기록이 다루어지지 않은 것은?

① 고려사
② 악학궤범
③ 양화소록
④ 동국이상국집

[해설] **악학궤범** : 1493년에 왕명에 따라 제작된 악전(樂典)으로, 가사가 한글로 실려 있고, 궁중음악은 물론 당악이나 향악에 관한 이론 및 제도, 법식 등을 그림과 함께 설명하고 있다.

06 경사도(勾配, Slope)가 15%인 도로면상의 경사거리 135m에 대한 수평거리는?

① 130.0m　　② 132.0m
③ 133.5m　　④ 136.5m

[해설] 수평거리를 x, 수직거리를 y라고 하면

경사도 $15\% = \dfrac{y}{x} \times 100$

$15x = 100y$

∴ $y = 0.15x$

피타고라스정리를 이용하면

$x^2 + y^2 = 135^2$
$x^2 + (0.15x)^2 = 135^2$
$x^2 + 0.0225x^2 = 135^2$
$1.0225x^2 = 135^2$
$x^2 = 17823.96$
∴ $x = 133.5$m

07 네덜란드 정원에 관한 설명으로 가장 거리가 먼 것은?

① 운하식이다.
② 프랑스와 이탈리아의 규모보다 보통 2배 이상 크다.
③ 튤립, 히아신스, 아네모네, 수선화 등의 구근류로 장식했다.
④ 테라스를 전개시킬 수 없었으므로 분수나 캐스케이드가 채택될 수 없었다.

해설 네덜란드 정원은 소규모 정원이 많다.

08 다음 중 대칭(Symmetry)의 미를 사용하지 않은 것은?

① 영국의 자연풍경식
② 프랑스의 평면기하학식
③ 이탈리아의 노단건축식
④ 스페인의 중정식

09 중국 송시대의 수법을 모방한 화원과 석가산 및 누각 등이 많이 나타난 시기는?

① 백제시대
② 신라시대
③ 고려시대
④ 조선시대

해설 ③ 고려시대에는 중국 송시대의 수법을 모방하여 화원과 석가산, 많은 누각 등을 배치한 관상 위주의 화려한 정원을 꾸몄다.

10 조선시대 사대부나 양반계급에 속했던 사람들이 시골 별서에 꾸민 정원의 유적이 아닌 것은?

① 양산보의 소쇄원
② 윤선도의 부용동원림
③ 정약용의 다산정원
④ 퇴계 이황의 도산서원

해설 **퇴계 이황의 도산서원**: 제자들을 가르치던 도산서당(陶山書堂)과 기숙사의 역할을 했던 농운정사(濃雲精舍)를 직접 설계하였으며, 작은 화단에 매화나무, 대나무, 소나무, 국화를 심고 절우사라 이름 붙였다.
※ 서원조경
- 소수서원, 남계서원, 도산서원, 옥산서원, 병산서원 등
- 서원의 진입공간에는 홍살문을 세웠고, 하마비와 하마석을 놓았다.
- 주렴계의 애련설의 영향으로 연못에 연꽃을 식재하였다(남계서원의 지당, 도산서원의 정우당).
- 서원이라는 공간적 성격에 적합한 일부 수목만을 식재하였다(은행나무, 느티나무, 향나무 등).

정답 7 ② 8 ① 9 ③ 10 ④

11 황금비는 단변이 1일 때 장변은 얼마인가?

① 1.681
② 1.618
③ 1.186
④ 1.861

해설 황금비는 보통 소수점 세번째 자리까지인 1.618을 사용한다.

12 수목의 규격을 표시하는 방법 중 옳은 것은?

① 흉고직경(R) : 지표면 줄기의 굵기
② 근원직경(B) : 가슴 높이 정도의 줄기의 지름
③ 수고(W) : 지표면으로부터 수관의 하단부까지의 수직높이
④ 지하고(BH) : 지표면에서 수관의 맨 아랫가지까지의 수직높이

해설 조경수목의 규격 표시기준
- 수고(H) : 나무의 높이, 표시단위 m
- 수관(W) : 나무의 폭, 표시단위 m
- 근원지름(R) : 나무 밑둥 제일 아랫부분의 지름, 표시단위 cm
- 흉고지름(B) : 가슴높이의 줄기지름, 단위 cm
- 지하고(BH) : 바닥에서 가지가 있는 곳까지의 높이, 표시단위 m

13 진비중이 1.5, 전건비중이 0.54인 목재의 공극율은?

① 66%
② 64%
③ 62%
④ 60%

해설 공극률 = [1 − (전건비중/진비중)] × 100
= [1 − (0.54/1.5)] × 100
= 64%

14 조경프로젝트의 수행단계 중 식생의 이용 및 시설물의 효율적 이용 유지, 보수 등 전체적인 것을 다루는 단계는?

① 조경관리
② 조경설계
③ 조경계획
④ 조경시공

해설 조경분야 프로젝트 수행단계의 순서
- 계획 : 자료의 수집, 분석, 종합
- 설계 : 자료를 활용하여 기능적·미적인 3차원 공간을 창조
- 시공 : 공학적 지식과 생물을 다룬다는 점에서 특수한 기술의 요구
- 관리 : 식생과 시설물의 이용관리

정답 11 ② 12 ④ 13 ② 14 ①

15 암거는 지하수위가 높은 곳, 배수 불량 지반에 설치한다. 암거의 종류 중 중앙에 큰 암거를 설치하고, 좌우에 작은 암거를 연결시키는 형태로 넓이에 관계없이 경기장이나 어린이놀이터와 같은 소규모의 평탄한 지역에 설치할 수 있는 것은?

① 어골형
② 빗살형
③ 부채살형
④ 자연형

해설 암거 배수망의 배치
• 어골형 : 경기장 같은 평탄한 지역에 적합
• 빗살형(즐치형) : 비교적 좁은 면적의 전 지역에 균일하게 배수할 때 이용
• 자연형(자유형) : 전면 배수가 요구되지 않는 지역
• 차단법 : 경사면 위나 자체의 유수를 막기 위해 사용

16 흰말채나무의 특징 설명으로 틀린 것은?

① 노란색의 열매가 특징적이다.
② 층층나무과로 낙엽활엽관목이다.
③ 수피가 여름에는 녹색이나 가을, 겨울철의 붉은 줄기가 아름답다.
④ 잎은 대생하며 타원형 또는 난상타원형이고, 표면에 작은 털이 있으며 뒷면은 흰색의 특징을 갖는다.

해설 ① 흰말채나무의 열매는 흰색이다.

17 이탈리아 정원양식의 특성과 가장 관계가 먼 것은?

① 테라스 정원
② 노단식 정원
③ 평면기하학식 정원
④ 축선상에 여러 개의 분수 설치

해설 ③ 평면기하학식 정원 : 프랑스 정원양식

정답 15 ① 16 ① 17 ③

18 다음 중 본격적인 프랑스식 정원으로서 루이 14세 당시의 니콜라스 푸케와 관련있는 정원은?

① 보르비콩트(Vaux-le-Vicomte)
② 베르사유(Versailles)궁원
③ 퐁텐블로(Fontainebleau)
④ 생-클루(Saint-Cloud)

해설 프랑스 보르비콩트(Vaux-le-Vicomte) 정원
이 정원은 루이 14세의 재정담당이었던 니콜라스 푸케(Nicolas Fouquet)가 유명한 정원가인 앙드레 르 노트르(Andre Le Notre)를 정원사로 임명하여 본인의 부와 권세를 과시하기 위해 만든 것이다. 정원에 초대받았던 당시 왕인 루이 14세가 푸케를 체포하여 감옥에 보내고 르 노트르에게 자신을 위한 베르사유궁을 만들도록 지시하여 대표적인 평면기하학식 정원인 베르사유궁원이 만들어지게 되었다.

19 우리나라에서 최초의 유럽식 정원이 도입된 곳은?

① 장충단 공원
② 파고다 공원
③ 덕수궁 석조전 앞 정원
④ 구 중앙정부청사 주위 정원

해설 석조전 앞 정원(침상원)은 덕수궁에 있는 우리나라 최초의 유럽(프랑스)식 정원으로 엄격한 비례와 좌우대칭, 기하학적인 형태로 조경되어 있다. 석조전(石造殿), 정관헌(靜觀軒)과 함께 덕수궁의 서양식 건축물을 대표하는 곳이다.

20 일본의 모모야마(桃山)시대에 새롭게 만들어져 발달한 정원양식은?

① 회유임천식
② 축산고산수식
③ 홍교수법
④ 다 정

해설 일본 조경양식의 발달
- 8~11세기 : 헤이안시대, 임천식 정원
- 12~14세기 : 가마쿠라시대, 회유임천식 정원(침전건물 중심)
- 14세기 : 무로마치시대, 축산고산수식 정원(선사상과 화목의 영향)
- 15세기 후반 : 무로마치시대, 평정고산수식 정원(바다의 경치 표현)
- 16세기 : 안도·모모야마시대, 다정양식 정원(노지식, 곡선이 많이 사용)
- 17세기 : 에도 초기, 지천임천식 또는 회유식 정원(임천식과 다정양식의 결합)
- 에도 후기 : 축경식(縮景式, 풍경을 축소시켜 좁은 공간 내에 표현)

21 화강암(Granite)에 대한 설명 중 옳지 않은 것은?

① 내마모성이 우수하다.
② 구조재로 사용이 가능하다.
③ 내화도가 높아 가열 시 균열이 적다.
④ 절리의 거리가 비교적 커서 큰 판재를 생산할 수 있다.

해설 화강암은 내화성이 약해 고열을 받는 곳에 부적합하고, 가공이 어려워 세밀한 조각에 적당하지 않다.

22 플라스틱 제품의 특성이 아닌 것은?

① 비교적 산과 알칼리에 견디는 힘이 콘크리트나 철 등에 비해 우수하다.
② 접착이 자유롭고 가공성이 크다.
③ 열팽창계수가 작아 저온에서도 파손이 안 된다.
④ 내열성이 약하여 열가소성수지는 60℃ 이상에서 연화된다.

해설 ③ 플라스틱 제품은 열팽창계수가 커서 내열, 내화성이 작다.

23 다음 중 낙엽활엽관목으로만 짝지어진 것은?

① 동백나무, 섬잣나무
② 회양목, 아왜나무
③ 생강나무, 화살나무
④ 느티나무, 은행나무

해설 ① 동백나무(상록활엽교목), 섬잣나무(상록침엽교목)
② 회양목(상록활엽관목), 아왜나무(상록활엽교목)
④ 느티나무(낙엽활엽교목), 은행나무(낙엽침엽교목)

24 종류로는 수용형, 용제형, 분말형 등이 있으며 목재, 금속, 플라스틱 및 이들 이종재(異種材) 간의 접착에 사용되는 합성수지 접착제는?

① 페놀수지 접착제
② 카세인 접착제
③ 요소수지 접착제
④ 폴리에스터수지 접착제

해설 **페놀수지 접착제** : 페놀과 폼알데하이드를 주재로 하는 합성수지로, 페놀수지로 만든 액상 접착제는 무색 투명하고, 내수성·내약품성·내열성이 가장 우수하며, 이종재 간의 접착에 사용된다.

정답 21 ③ 22 ③ 23 ③ 24 ①

25 콘크리트 공사 시의 슬럼프시험은 무엇을 측정하기 위한 것인가?
① 반죽질기
② 피니셔빌리티
③ 성형성
④ 블리딩

해설 워커빌리티 측정방법 : 슬럼프시험, 다짐계수시험, 구관입시험, 흐름시험, 리몰딩시험, 비비시험 등

26 중국 옹정제가 제위 전 하사받은 별장으로 영국에 중국식 정원을 조성하게 된 계기가 된 곳은?
① 원명원
② 기창원
③ 이화원
④ 외팔묘

해설 원명원 : 1709년 강희제(康熙帝)가 네 번째 아들 윤진에게 하사한 별장이었으나, 윤진이 옹정제(雍正帝)로 즉위하자 1725년 황궁의 정원으로 조성하였다.

27 여름에 꽃피는 알뿌리 화초인 것은?
① 히아신스
② 글라디올러스
③ 수선화
④ 백합

해설 알뿌리 초화류(구근 초화류)
• 여름부터 가을까지 꽃을 감상할 수 있는 알뿌리 화초(춘식구근) : 달리아, 칸나, 아마릴리스, 글라디올러스, 상사화, 투베로즈, 진저 등
• 추식구근 : 히아신스, 아네모네, 튤립, 수선화, 크로커스, 백합, 아이리스 등

28 다음 중 마이코플라스마에 의한 수목병이 아닌 것은?
① 대추나무 빗자루병
② 뽕나무 오갈병
③ 벚나무 빗자루병
④ 오동나무 빗자루병

해설 ③은 진균 중 자낭균에 의한 수목병이다.

29 다음 중 잎이나 가지에 붙어서 즙액을 빨아먹기 때문에 잎이 황색으로 변하게 되고 2차적으로 그을음병을 유발시키며, 감나무, 동백나무, 호랑가시나무, 사철나무, 치자나무 등에 공통적으로 발생하기 쉬운 충해는?

① 흰불나방
② 측백나무 하늘소
③ 깍지벌레
④ 진딧물

해설
① 미국흰불나방 : 집단 서식하며 잎이나 가지에 거미줄, 애벌레가 노숙해지면 분산해서 가해
② 측백나무 하늘소 : 애벌레가 줄기 속을 가해
④ 진딧물류 : 잎, 가지를 가해하여 황화현상, 그을음병 유발(소나무 등에 발생)

30 식물의 아랫잎에서 황화현상이 일어나고 심하면 잎 전면에 나타나며, 잎이 작지만 잎수가 감소하며 초본류의 초장이 작아지고 조기낙엽이 비료결핍의 원인이라면 어느 비료 요소와 관련된 설명인가?

① P
② N
③ Mg
④ K

해설 비료의 역할
- 질소(N) : 광합성작용을 촉진하여 수목의 잎이나 줄기 등의 생장에 도움을 주는데, 부족하면 생장이 위축되고 성숙이 빨라진다.
- 인(P) : 세포분열을 촉진하거나 꽃·열매·뿌리의 발육에 관여하는데, 부족하면 성숙이 빨라져 수확량이 감소한다.
- 칼륨(K) : 꽃과 열매의 향기나 색깔을 조절하는데, 부족하면 황화현상이 나타나고 잎이 고사한다.
- 칼슘(Ca) : 단백질을 합성하고 식물체 유기산을 중화하는데, 부족하면 생장점이 파괴되어 갈변한다.
- 마그네슘(Mg) : 엽록소의 구성성분이며 각종 효소를 활성화하는데, 부족하면 잎이 얇아지고 황백화현상이 나타난다.

31 소나무류의 순따기에 알맞은 적기는?

① 1~2월
② 3~4월
③ 5~6월
④ 7~8월

해설 소나무 순따기는 해마다 5~6월경 새순이 6~9cm 자라난 무렵에 실시한다.

32 다음 중 조경공간의 포장용으로 주로 쓰이는 가공석은?

① 견치돌(간지석)
② 각 석
③ 판 석
④ 강석(하천석)

해설
③ 판석 : 두께 15cm 미만이고, 폭이 두께의 3배 이상인 판 모양의 석재로 디딤돌, 원로 포장용, 계단 설치용 등으로 사용된다.
① 견치돌 : 돌을 뜰 때 앞면, 길이, 뒷면, 접촉부 등의 치수를 지정하여 마름모꼴이나 사각형 뿔 모양으로 깨낸 석재로, 면에서 직각으로 잰 길이가 최소 변의 1.5배 이상이고, 접촉부의 너비는 1/10 이상이다. 주로 흙막이용 돌쌓기에 사용된다.
② 각석 : 폭이 두께의 3배 미만이고, 폭보다 길이가 긴 직육면체의 석재로 쌓기용, 기초용, 경계석 등으로 사용된다.
④ 강석 : 50~100cm 정도의 돌로 주로 경관석이나 석가산용 등으로 사용된다.

33 수목 외과수술의 시공순서로 옳은 것은?

┌─────────────────────────────┐
│ ㉠ 동공 가장자리의 형성층 노출
│ ㉡ 부패부 제거
│ ㉢ 표면경화 처리
│ ㉣ 동공 충전
│ ㉤ 방수 처리
│ ㉥ 인공수피 처리
│ ㉦ 소독 및 방부 처리
└─────────────────────────────┘

① ㉠ - ㉥ - ㉡ - ㉢ - ㉣ - ㉤ - ㉦
② ㉡ - ㉦ - ㉠ - ㉥ - ㉤ - ㉢ - ㉣
③ ㉠ - ㉡ - ㉢ - ㉣ - ㉤ - ㉥ - ㉦
④ ㉡ - ㉠ - ㉦ - ㉣ - ㉤ - ㉢ - ㉥

해설 외과수술의 순서 : 부패부 제거 → 동공 가장자리의 형성층 노출 → 살균·방부 처리 → 동공 충전 → 방수 처리 → 표면경화 처리 → 인공수피 처리

34 분쇄목인 우드칩(Wood Chip)을 멀칭재료로 사용할 때의 효과가 아닌 것은?

① 미관효과 우수
② 잡초 억제기능
③ 배수 억제효과
④ 토양 개량효과

해설 우드칩의 멀칭효과
- 잡초의 발생을 방지한다.
- 수목에 양분을 공급한다.
- 토양의 수분 및 적정온도를 유지한다.
- 토사의 유실분진·비산먼지 및 흙튀김을 방지한다.

35 습지식물 재료 중 서식환경 분류상 물속에서 자라며, 미나리아재비목으로 여러해살이 식물인 것은?

① 붕어마름
② 부들
③ 속새
④ 솔잎사초

해설
① 붕어마름 : 쌍떡잎식물, 미나리아재비목 붕어마름과의 여러해살이풀
② 부들 : 외떡잎식물, 부들목 부들과의 여러해살이풀
③ 속새 : 양치식물, 관다발식물, 속새목, 속새과의 여러해살이풀
④ 솔잎사초 : 사초목 사초과의 여러해살이풀

36 지주목 설치에 대한 설명으로 틀린 것은?

① 수피와 지주가 닿는 부분은 보호조치를 취한다.
② 지주목을 설치할 때는 풍향과 지형 등을 고려한다.
③ 대형목이나 경관상 중요한 곳에는 당김줄형을 설치한다.
④ 지주는 뿌리 속에 박아 넣어 견고히 고정되도록 한다.

해설 ④ 지주는 아래를 뾰족하게 깎아서 땅속으로 30~50cm 정도의 깊이로 박는다.

37 목재가공 작업과정 중 소지조정, 눈막이(눈메꿈), 샌딩실러 등은 무엇을 하기 위한 것인가?

① 도장
② 연마
③ 접착
④ 오버레이

해설 목재도장의 공정과정 : 소지공정 → 표백 → 착색 → 눈메꿈도장 → 하도도장 → 중도도장 → 상도도장

정답 34 ③ 35 ① 36 ④ 37 ①

38 여러해살이 화초에 해당되는 것은?

① 베고니아   ② 금어초
③ 맨드라미   ④ 금잔화

해설 여러해살이 화초 : 넝쿨장미, 튤립, 초롱꽃, 베고니아, 수선화, 아네모네, 제라늄, 히아신스, 국화, 부용, 꽃창포, 도라지 꽃 등

39 다음 그림과 같은 땅깎기 공사 단면의 절토면적은?

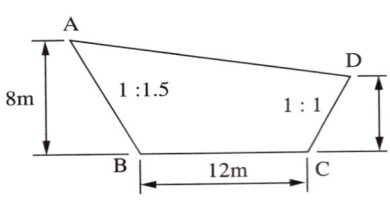

① 64m²   ② 80m²
③ 102m²   ④ 128m²

해설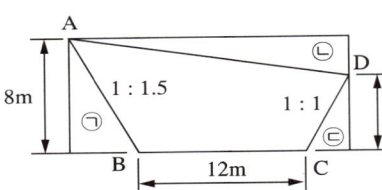

전체 사각형에서 경사비는 수직 : 수평임을 감안하여 삼각형 ㉠, ㉡, ㉢의 넓이를 빼면 된다.

$(8 \times 29) - \left(8 \times 12 \times \dfrac{1}{2}\right) - \left(3 \times 29 \times \dfrac{1}{2}\right) - \left(5 \times 5 \times \dfrac{1}{2}\right) = 128m^2$

40 인출선에 대한 설명으로 옳지 않은 것은?

① 수목명, 본수, 규격 등을 기입하기 위하여 주로 이용되는 선이다.
② 도면의 내용물 자체에 설명을 기입할 수 없을 때 사용하는 선이다.
③ 인출선의 긋는 방향과 기울기는 서로 다르게 하는 것이 효과적이다.
④ 인출선은 가는 실선을 사용하며, 한 도면 내에서는 그 굵기와 질은 동일하게 유지한다.

해설 인출선의 긋는 방향과 기울기는 통일하는 것이 효과적이다.

41 선의 분류 중 모양에 따른 분류가 아닌 것은?

① 실 선　　　　　　　② 파 선
③ 1점쇄선　　　　　　④ 치수선

해설　④ 치수선이란 제도에서 물품의 치수 숫자를 적기 위해 긋는 선을 말한다.

42 일반적으로 수목을 뿌리돌림할 때, 분의 크기는 근원지름의 몇 배 정도가 적당한가?

① 2배　　　　　　　　② 4배
③ 8배　　　　　　　　④ 12배

해설　일반적으로 뿌리분지름은 근원지름의 4배 정도를 기준으로 한다.

43 비탈면 경사의 표시 1 : 2.5에서 2.5는 무엇을 뜻하는가?

① 수직고　　　　　　② 수평거리
③ 경사면의 길이　　　④ 안식각

해설　비탈경사 = 수직 : 수평

44 다음 그림은 지하배수를 위한 유공관 설치에 관한 그림이다. 각 부분에 들어가는 재료로 틀린 것은?

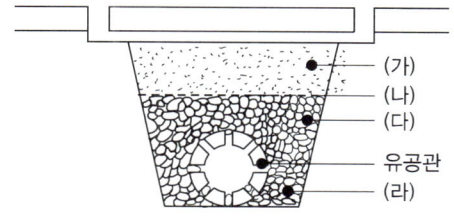

① (가) - 흙　　　　　② (나) - 필터
③ (다) - 잔자갈　　　④ (라) - 호박돌

해설　④ (라) - 굵은자갈

45 다음 중 물푸레나무과에 해당되지 않는 것은?

① 이팝나무　　　　② 광나무
③ 미선나무　　　　④ 식나무

해설 ④ 식나무는 층층나무과이다.

46 목재의 구조에는 춘재와 추재가 있다. 추재를 바르게 설명한 것은?

① 세포는 막이 얇고 크다.
② 빛깔이 엷고 재질이 연하다.
③ 빛깔이 짙고 재질이 치밀하다.
④ 춘재보다 자람의 폭이 넓다.

해설 춘재와 추재

춘재(春材)	추재(秋材)
• 봄~여름에 자란 부분으로 성장속도가 빠르다. • 세포의 막이 얇고 크기가 크다. • 빛깔이 엷고 재질이 연하다. • 유연한 목질부이다.	• 가을~겨울에 자란 부분으로 성장속도가 느리다. • 세포의 막이 두껍고 크기가 작다. • 빛깔이 짙고 재질이 치밀하다. • 단단한 목질부이다.

※ 춘재와 추재의 두 부분을 합친 것을 나이테라 한다.

47 다음 중 플래니미터를 바르게 설명한 것은?

① 설계도상 부정형 지역의 면적 측정 시 주로 사용되는 기구이다.
② 수목 흉고 직경 측정 시 사용되는 기구이다.
③ 수목의 높이를 관측하는 기구이다.
④ 설계도상의 곡선 길이를 측정하는 기구이다.

해설 플래니미터는 지도나 도면 위에서 토지면적을 기계적으로 측정하는 기구이다.

48 다음 설명에 적합한 수목은?

- 감탕나무과 식물이다.
- 상록활엽소교목으로 열매가 적색이다.
- 잎은 호생으로 타원상의 6각형이며 가장자리에 바늘 같은 각점(角點)이 있다.
- 자웅이주이다.
- 열매는 구형으로서 지름 8~10mm이며, 적색으로 익는다.

① 감탕나무 ② 낙상홍
③ 먼나무 ④ 호랑가시나무

49 조경공사에서 바닥포장인 판석시공에 관한 설명으로 틀린 것은?

① 판석은 점판암이나 화강석을 잘라서 사용한다.
② Y형의 줄눈은 불규칙하므로 통일성 있게 +자형의 줄눈이 되도록 한다.
③ 기층은 잡석다짐 후 콘크리트로 조성한다.
④ 가장자리에 놓을 판석은 선에 맞춰 절단하여 사용한다.

해설 줄눈은 +자형보다 Y자형이 시각적으로 좋다.
판석 포장
- 점판암, 화강암을 쓰고, 두께가 얇고 작아 횡력에 약하므로 모르타르로 고정시킨다(모르타르 배합비 1 : 1~1 : 2).
- 줄눈은 +자형보다 Y자형이 시각적으로 좋다.
- 줄눈의 폭은 설계도면에 의하는데, 보통 10~20mm 정도로 하고, 깊이는 5~10mm 정도로 하거나 또는 깊이를 없애기도 한다.
- 시멘트와 모래를 1 : 1~1 : 3 비율로 배합하여 판석 밑을 채운다.

50 울타리는 종류나 쓰이는 목적에 따라 높이가 다른데 일반적으로 사람의 침입을 방지하기 위한 울타리의 경우 높이는 어느 정도가 가장 적당한가?

① 280~300cm ② 180~200cm
③ 80~100cm ④ 50~60cm

정답 48 ④ 49 ② 50 ②

51 인공적인 수형을 만드는 데 적합한 수목의 특징으로 틀린 것은?

① 자주 다듬어도 자라는 힘이 쇠약해지지 않는 나무
② 병이나 벌레 등에 견디는 힘이 강한 나무
③ 되도록 잎이 작고 잎의 양이 많은 나무
④ 다듬어 줄 때마다 잔가지와 잎보다는 굵은 가지가 잘 자라는 나무

[해설] 인공적 수형에 적합한 나무는 다듬어 줄 때마다 굵은 가지보다 잔가지와 잎가지가 잘 자라는 나무이다.

52 다음 중 모란의 이식 적기는?

① 2월 상순~3월 상순
② 3월 상순~4월 상순
③ 6월 상순~7월 중순
④ 9월 중순~10월 중순

[해설] 모란의 이식 적기는 9~10월이 좋고 봄철 이식은 생육과 개화에 좋지 않다.

53 수경시설(연못)의 유지관리에 관한 내용으로 옳지 않은 것은?

① 겨울철에는 물을 2/3 정도만 채워 둔다.
② 녹이 잘 스는 부분은 녹막이 칠을 수시로 해 준다.
③ 수중식물 및 어류의 상태를 수시로 점검한다.
④ 물이 새는 곳이 있는지의 여부를 수시로 점검하여 조치한다.

[해설] 급수구와 배수구의 막힘 여부는 수시로 점검하고, 겨울 전에 물을 빼 연못에 가라앉았던 이물질을 제거하고 청소한다.

54 다음 중 어린이공원의 설계 시 공간구성 설명으로 옳은 것은?

① 동적인 놀이공간에는 아늑하고 햇빛이 잘 드는 곳에 잔디밭, 모래밭을 배치하여 준다.
② 정적인 놀이공간에는 각종 놀이시설과 운동시설을 배치하여 준다.
③ 감독 및 휴게를 위한 공간은 놀이공간이 잘 보이고 아늑한 곳으로 배치한다.
④ 공원 외곽은 보행자나 근처 주민이 들여다볼 수 없도록 밀식한다.

[해설] ① 동적인 놀이공간에는 각종 놀이시설과 운동시설을 배치하여 준다.
② 정적인 놀이공간은 아늑하고 햇볕이 잘 드는 곳이 좋으며 잔디밭, 모래밭 등을 설치하여 준다.
④ 공원 외곽은 지나치게 밀식 식재를 하지 않도록 해 보행자나 근처 주민이 들여다 볼 수 있게 하여 공원 내 범죄를 예방할 수 있도록 구성하는 것이 좋다.

51 ④　52 ④　53 ①　54 ③

55
열효율이 높고 물체의 투시성이 좋은 광질(光質)의 특성 때문에 안개지역 조명, 도로 조명, 터널 조명 등에 적합한 전등은?

① 할로겐등
② 형광등
③ 수은등
④ 나트륨등

해설 나트륨등 : 안개 속에서도 빛을 잘 투과하여 장애물 발견에 유효하다는 점에서 교량, 고속도로, 일반도로, 터널 내의 조명 등에 사용된다.

56
체계적인 품질관리를 추진하기 위한 데밍(Deming's Cycle)의 관리로 가장 적합한 것은?

① 계획(Plan) – 추진(Do) – 조치(Action) – 검토(Check)
② 계획(Plan) – 검토(Check) – 추진(Do) – 조치(Action)
③ 계획(Plan) – 조치(Action) – 검토(Check) – 추진(Do)
④ 계획(Plan) – 추진(Do) – 검토(Check) – 조치(Action)

해설 데밍이 주장한 관리사이클 PDCA는 Plan – Do – Check – Action의 머리글자를 딴 것으로, 계획 – 추진 – 검토 – 조치가 반복적으로 이루어지는 순환의 과정을 논리적으로 연결한 모델이다.

57
콘크리트의 용적배합 시 1:2:4에서 2는 어느 재료의 배합비를 표시한 것인가?

① 물
② 모래
③ 자갈
④ 시멘트

해설 용적 배합
- 콘크리트 $1m^3$ 제작에 필요한 재료를 부피로 표시한다.
- 시멘트 : 모래 : 자갈의 비는 1:2:4, 1:3:6 등이 있다.

정답 55 ④ 56 ④ 57 ②

58 다음 중 소형 고압블록포장의 시공방법이 아닌 것은?

① 보도의 가장자리는 보통 경계석을 설치하여 형태를 규정짓는다.
② 기존 지반을 잘 다진 후 모래를 3~5cm 정도 깔고 보도블록을 포장한다.
③ 일반적으로 원로의 종단 기울기가 5% 이상인 구간의 포장은 미끄럼방지를 위하여 거친면으로 마감한다.
④ 보도블록의 최종 높이는 경계석의 높이보다 약간 높게 설치한다.

해설 보도블록의 최종 높이는 경계석의 높이와 일치되도록 하여야 한다.

59 다음 중 여성토의 정의로 가장 알맞은 것은?

① 가라앉을 것을 예측하여 흙을 계획높이보다 더 쌓는 것
② 중앙분리대에서 흙을 볼록하게 쌓아 올리는 것
③ 옹벽 앞에 계단처럼 콘크리트를 쳐서 옹벽을 보강하는 것
④ 잔디밭에서 잔디에 주기적으로 뿌려 뿌리가 노출되지 않도록 준비하는 토양

해설 더돋기(여성토) : 토적의 축소에 대하여 충분한 높이와 용적을 가지게 하기 위하여 미리 흙을 더 쌓는 작업

60 평판측량에서 도면상에 없는 미지점에 평판을 세워 그 점(미지점)의 위치를 결정하는 측량방법은?

① 원형교선법
② 후방교선법
③ 측방교선법
④ 복전진법

해설 교선법(교회법) : 측량 구역 내외에 적당한 기준점(기지점)을 취하고 기준점들로부터 미지점을 지나는 방향선을 도면 위에서 교차시킴으로써 도상에 미지점의 위치를 결정하는 방법
- 전방교회법 : 기지점에서 미지점의 위치를 도면상에 결정하는 방법
- 측방교회법 : 기지의 두 점 중 한 점에 접근하기 곤란한 경우에 기지의 두 점을 이용하여, 미지의 한 점을 구하는 방법
- 후방교회법 : 도면상에 그 위치가 알려져 있는 두 개 이상의 기지점들을 시준하여 현재 도면상에 기재되어 있지 않은 평판이 세워져 있는 미지점의 위치를 방향선의 교차에 의하여 도면상에서 구하는 방법

2021년 제 1 회 | 과년도 기출복원문제

01 다음 중 경주 월지(안압지, 雁鴨池)에 있는 섬의 모양으로 가장 적당한 것은?
① 육각형
② 사각형
③ 한반도형
④ 거북이형

해설 ④ 월지의 물길이 시작되는 입수구는 물을 끌어들이는 장치인데, 북동쪽에 있는 하천에서 물을 끌어와 이 장치를 거쳐 월지로 들어간다. 마치 거북이를 음각한 것 같은 두 개의 수조가 아래위로 위치해 있는데, 이는 물에 섞여 있는 자갈이나 모래를 걸러 내기 위함이다. 입수구 근처의 거북이형 인공섬은 입수구를 통해 들어온 물의 흐름을 느리게 만들어서 연못의 침식을 막아 주고, 물이 자연스럽게 순환하게 하는 역할을 한다.

02 이탈리아 조경양식에 대한 설명으로 틀린 것은?
① 별장이 구릉지에 위치하는 경우가 많아 정원의 주류는 노단식
② 노단과 노단은 계단과 경사로에 의해 연결
③ 축선을 강조하기 위해 원로의 교점이나 원점에 분수 등을 설치
④ 대표적인 정원으로는 베르사유궁원

해설 ④ 베르사유궁원은 대표적인 프랑스의 조경양식이다.

03 우리나라에서 최초의 유럽식 정원이 도입된 곳은?
① 장충단 공원
② 파고다 공원
③ 덕수궁 석조전 앞 정원
④ 구 중앙정부청사 주위 정원

해설 석조전 앞 정원(침상원)은 덕수궁에 있는 우리나라 최초의 유럽(프랑스)식 정원으로 엄격한 비례와 좌우대칭, 기하학적인 형태로 조경되어 있다. 석조전(石造殿), 정관헌(靜觀軒)과 함께 덕수궁의 서양식 건축물을 대표하는 곳이다.

정답 1 ④ 2 ④ 3 ③

04 스페인 정원의 특징과 관계가 먼 것은?

① 건물로서 완전히 둘러싸인 가운데 뜰 형태의 정원
② 정원의 중심부는 분수가 설치된 작은 연못 설치
③ 웅대한 스케일의 파티오 구조의 정원
④ 난대, 열대 수목이나 꽃나무를 화분에 심어 중요한 자리에 배치

[해설] **스페인 정원의 특징**
- 고온·건조한 기후와 외적의 침입을 방어하기 위해 건축물과 다른 건축물이 두꺼운 벽을 공유하여 입구 협소
- 정원은 건물로 둘러싸인 중정(파티오)의 형태
- 이슬람 문화의 영향으로 대리석과 물을 이용한 정원 발달
- 단순한 건축미가 돋보이는 정원 및 정적인 물의 연출

05 다음 중국식 정원의 설명으로 가장 거리가 먼 것은?

① 차경수법을 도입하였다.
② 사실주의보다는 상징적 축조가 주를 이루는 사의주의에 입각하였다.
③ 다정(茶庭)이 정원구성 요소에서 중요하게 작용하였다.
④ 대비에 중점을 두고 있으며, 이것이 중국정원의 특색을 이루고 있다.

[해설] ③ 다정은 다실에 이르는 길을 중심으로 하여 좁은 공간에 조성한 정원양식으로 일본의 모모야마시대에 등장하였다.

06 도면작업에서 원의 반지름을 표시할 때 숫자 앞에 사용하는 기호는?

① ϕ
② D
③ R
④ △

[해설] **도면의 표현기호**
L : 길이   H : 높이   THK : 두께   A : 면적
R : 반지름 V : 용적   D, ϕ : 지름   W : 폭

07 도면상에서 식물재료의 표기방법으로 바르지 않은 것은?

① 덩굴성 식물의 규격은 길이로 표시한다.
② 같은 수종은 인출선을 연결하여 표시하도록 한다.
③ 수종에 따라 규격은 H×W, H×B, H×R 등의 표기방식이 다르다.
④ 수목에 인출선을 사용하여 수종명, 규격, 관목·교목을 구분하여 표시하고 총수량을 함께 기입한다.

해설 ④ 인출선을 사용하여 수종, 규격, 수량을 구체적으로 표기하고, 표제란에 수목수량표를 작성한다. 그러나 교목, 관목, 지피의 식재 계획도는 별도로 작성한다.

08 다음 중 시방서에 포함되어야 할 내용으로 가장 부적합한 것은?

① 재료의 종류 및 품질
② 시공방법의 정도
③ 재료 및 시공에 대한 검사
④ 계약서를 포함한 계약 내역서

해설 시방서 : 공사의 진행순서를 적은 문서이자 설계도면으로표현할 수 없는 세부사항을 명시한 것으로, 설계도면과 함께 공사시행의 기초가 되며, 일반적으로 다음의 내용을 포함한다.
• 공사의 순서 및 개요
• 시공조건
• 재료의 종류·규격 및 품질
• 시공방법의 정도 및 완성도
• 시공에 필요한 각종 설비
• 재료 및 시공에 대한 검사
• 시공 시 주의사항
※ 단위공사의 공사량, 입찰방법 및 입찰금액, 경제성 등은 기재하지 않는다.

09 다음 중 색의 잔상(殘像, Afterimage)과 관련한 설명으로 틀린 것은?

① 잔상은 원래 자극의 세기, 관찰시간과 크기에 비례한다.
② 주위 색의 영향을 받아 주위 색에 근접하게 변화하는 것이다.
③ 주어진 자극이 제거된 후에도 원래의 자극과 색, 밝기가 같은 상이 보인다.
④ 주어진 자극이 제거된 후에도 원래의 자극과 색, 밝기가 반대인 상이 보인다.

해설 ② 색의 동화에 대한 내용으로, 주변의 색으로 인해 본래의 색이 다르게 보이거나 주변의 색과 같게 보이는 현상을 말한다.

정답 7 ④ 8 ④ 9 ②

10 중세 클로이스터 가든에 나타나는 사분원(四分園)의 기원이 된 회교 정원양식은?

① 차하르 바그
② 페리스타일 가든
③ 아라베스크
④ 행잉 가든

해설 ① 이슬람의 차하르 바그(Chahar-Bagh)는 4개의 정원이라는 뜻으로, 수로를 이용하여 정원을 같은 면적으로 4등분한 정원양식을 말한다.

11 조경 양식 중 노단식 정원양식을 발전시키게 한 자연적인 요인은?

① 기 후
② 지 형
③ 식 물
④ 토 질

해설 이탈리아에서는 경사지 지형을 잘 활용하여 노단식 정원양식을 발전시켰다.

12 다음 중 직선과 관련된 설명으로 옳은 것은?

① 절도가 없어 보인다.
② 표현 의도가 분산되어 보인다.
③ 베르사유 궁원은 직선이 지나치게 강해서 압박감이 발생한다.
④ 직선 가운데에 중개물(仲介物)이 있으면 없는 때보다도 짧게 보인다.

해설 베르사유 궁원은 정원의 강한 중심축을 기준으로, 거대하지만 한정되고 제한된 영역에서 명료한 선을 따라 기하학적으로 정리된 정원이다.
  ※ 직선의 특징
   • 직선은 강직, 명확, 단순, 남성적이고 단호해 보인다.
   • 직선이 명확하면 피로감이 생긴다.
   • 직선은 중심적이기 때문에 환경에 융화되기 쉽다.
   • 직선은 균형의 성질을 가지고 있다.

13 다음 중 단순미(單純美)와 가장 관련이 없는 것은?

① 잔디밭
② 독립수
③ 형상수(Topiary)
④ 자연석 무너짐쌓기

해설 단순미 : 특징 있는 개체의 단순한 자태를 균형과 조화 속에 나타내는 아름다움을 말한다.
④ 자연석 무너짐쌓기는 암석이 자연적으로 무너져 내려 안정되게 쌓여 있는 것을 그대로 묘사하는 가장 일반적인 방법이다.

14 짐을 운반하여야 한다. 다음 중 같은 크기의 짐을 어느 색으로 포장했을 때 가장 덜 무겁게 느껴지는가?

① 청 색
② 노란색
③ 녹 색
④ 빨간색

해설 ② 색의 중량감은 고명도일수록 가볍게 느껴지고, 저명도일수록 무겁게 느껴진다.

15 다음 중 녹나무과(科)로 봄에 가장 먼저 개화하는 수종은?

① 치자나무
② 호랑가시나무
③ 생강나무
④ 무궁화

해설 ③ 생강나무 : 녹나무과, 3월, 노란색 꽃
① 치자나무 : 꼭두서니과, 6~7월, 백색 꽃
② 호랑가시나무 : 감탕나무과, 4~5월, 백색 꽃
④ 무궁화 : 아욱과, 7~10월, 분홍색 또는 붉은색 꽃

16 수집한 자료들을 종합한 후에 이를 바탕으로 개략적인 계획안을 결정하는 단계는?

① 목표설정
② 기본구상
③ 기본설계
④ 실시설계

해설 ② 기본구상은 제반자료의 분석종합을 기초로 하고, 프로그램에서 제시된 계획방향에 의거하여 계획안의 개념을 정립하는 단계이다.

정답 13 ④ 14 ② 15 ③ 16 ②

17 조경제도에서 단면도를 그리기 위해 평면도에 절단 위치를 표시하고자 한다. 사용할 선의 종류는?(단, KS F 1501을 기준으로 한다)
① 실 선
② 파 선
③ 2점쇄선
④ 1점쇄선

해설 ④ 1점쇄선 : 제도에서 사용되는 물체의 중심선, 절단선, 경계선 등을 표시하는 선
① 실선 : 물체의 보이는 부분을 나타내는 선
② 파선 : 물체의 보이지 않는 부분을 나타내는 선
③ 2점쇄선 : 이동하는 부분의 이동 후의 위치를 가상하여 나타내는 선

18 컴퓨터를 사용하여 조경제도작업을 할 때의 작업 특징으로 가장 거리가 먼 것은?
① 도덕성
② 응용성
③ 정확성
④ 신속성

19 콘크리트의 응결경화 조절의 목적으로 사용되는 혼화제에 대한 설명 중 틀린 것은?
① 콘크리트용 응결경화 조정제는 시멘트의 응결경화속도를 촉진시키거나 지연시킬 목적으로 사용되는 혼화제이다.
② 촉진제는 그라우트에 의한 지수공법 및 뿜어붙이기 콘크리트에 사용된다.
③ 지연제는 조기 경화현상을 보이는 서중콘크리트나 수송거리가 먼 레디믹스트 콘크리트에 사용된다.
④ 급결제를 사용한 콘크리트의 조기강도 증진은 매우 크나 장기강도는 일반적으로 떨어진다.

해설 ② 그라우트에 의한 지수공법 및 뿜어붙이기 콘크리트에 사용되는 것은 급결제이다.

20 시멘트의 응결에 대한 설명으로 옳지 않은 것은?
① 시멘트와 물이 화학반응을 일으키는 작용이다.
② 수화에 의하여 유동성과 점성을 상실하고 고화하는 현상이다.
③ 시멘트 겔이 서로 응집하여 시멘트 입자가 치밀하게 채워지는 단계로서 경화하여 강도를 발휘하기 직전의 상태이다.
④ 저장 중 공기에 노출되어 공기 중의 습기 및 탄산가스를 흡수하고 가벼운 수화반응을 일으켜 탄산화하여 고화되는 현상이다.

해설 ④는 풍화(Aeration)현상을 말한다.

21 마운딩(Maunding)의 기능으로 옳지 않은 것은?

① 유효 토심확보
② 배수 방향 조절
③ 공간 연결의 역할
④ 자연스러운 경관 연출

해설 마운딩의 기능
- 흙쌓기에 의하여 지면 형상을 변화시켜 수목 생장에 필요한 유효 토심을 확보하는 기능
- 배수 방향을 조절하고, 자연스러운 경관을 조성하며 토지 이용상 공간을 분할하는 기능

22 다음 석재 중 흡수율이 가장 큰 것은?

① 화강암
② 안산암
③ 응회암
④ 대리석

23 다음 설명에 가장 적합한 수종은?

- 교목으로 꽃이 화려하다.
- 전정을 싫어하고 대기오염에 약하며, 토질을 가리는 결점이 있다.
- 매우 다방면으로 이용되며, 열식 또는 군식으로 많이 식재된다.

① 왕벚나무
② 수양버들
③ 전나무
④ 벽오동

해설
② 수양버들 : 낙엽활엽교목으로, 내한성과 공해에 대한 저항성이 크다.
③ 전나무 : 상록침엽교목으로, 추위에 강하여 노지월동이 가능하고, 서늘하고 다습한 고산지대에서 잘 자란다.
④ 벽오동 : 낙엽활엽교목으로, 내한성이 약해 1년생 지상부는 종종 동해를 입지만 연수가 경과하면 추위에 강해지고, 대기오염에 강해 도심지 식재가 가능하다.

24 다음 중 산울타리 수종이 갖추어야 할 조건으로 틀린 것은?

① 전정에 강할 것
② 아랫가지가 오래갈 것
③ 지엽이 치밀할 것
④ 주로 교목활엽수일 것

해설 ④ 상록수가 바람직하다.

정답 21 ③ 22 ③ 23 ① 24 ④

25 다음 중 붉은색 계통의 단풍이 드는 나무가 아닌 것은?

① 백합나무
② 벚나무
③ 화살나무
④ 검양옻나무

해설 단 풍
- 붉은색(안토시안 색소) : 감나무, 옻나무, 단풍나무류, 담쟁이덩굴, 붉나무, 화살나무, 산딸나무, 산벚나무 등
- 노란색(카로티노이드, 플라본계의 색소) : 계수나무, 자작나무, 층층나무, 갈참나무, 고로쇠, 낙우송, 느티나무, 백합나무, 은행나무, 일본잎갈, 칠엽수 등

26 물체의 앞이나 뒤에 화면을 놓은 것으로 생각하고, 시점에서 물체를 본 시선과 그 화면이 만나는 각 점을 연결하여 물체를 그리는 투상법은?

① 사투상법
② 투시도법
③ 정투상법
④ 표고투상법

해설
① 사투상법 : 경사투상법이라고도 하며, 기준선 위에 물체의 정면을 실물로 그리고 각 꼭지점에서 기준선과 일정한 각도를 이루는 사선을 나란히 그어 물체의 안쪽 길이를 나타내 물체를 표현하는 방법
③ 정투상법 : 물체의 각 면을 투상면에 나란하게 놓고 직각방향에서 본 물체의 모양을 표현하는 방법
④ 표고투상법 : 지형의 높고 낮음을 표시하는 것과 같이 기준면 위에 수직투상한 물체의 모양을 표현하는 방법

27 다음 중 어린이 공원의 설계 시 공간구성 설명으로 옳은 것은?

① 동적인 놀이공간에는 아늑하고 햇빛이 잘 드는 곳에 잔디밭, 모래밭을 배치하여 준다.
② 정적인 놀이공간에는 각종 놀이시설과 운동시설을 배치하여 준다.
③ 감독 및 휴게를 위한 공간은 놀이공간이 잘 보이고 아늑한 곳으로 배치한다.
④ 공원 외곽은 보행자나 근처 주민이 들여다 볼 수 없도록 밀식한다.

해설
① 동적인 놀이공간에는 각종 놀이시설과 운동시설을 배치하여 준다.
② 정적인 놀이공간은 아늑하고 햇빛이 잘 드는 곳이 좋으며 잔디밭, 모래밭 등을 설치하여 준다.
④ 공원 외곽은 지나치게 밀식 식재를 하지 않도록 해 보행자나 근처 주민이 들여다 볼 수 있게 하여 공원 내 범죄를 예방할 수 있도록 구성하는 것이 좋다.

정답 25 ① 26 ② 27 ③

28 다음 중 콘크리트 소재의 미끄럼대를 시공할 경우 일반적으로 지표면과 미끄럼판의 활강 부분이 수평면과 이루는 각도로 가장 적합한 것은?

① 70° ② 55°
③ 35° ④ 15°

해설 미끄럼판
- 미끄럼판은 높이 1.2(유아용)~2.2(어린이용)m의 규격을 기준으로 한다.
- 미끄럼판의 기울기는 30~35°로 재질을 고려하여 설계한다.
- 1인용 미끄럼판의 폭은 40~50cm를 기준으로 한다.
- 미끄럼판과 상계판의 연결부는 틈이 생기지 않도록 밀착 또는 연속되어야 한다.
- 미끄럼판 출입구의 폭은 미끄럼판의 폭과 같은 크기로 한다.

29 퍼걸러(Pergola) 설치장소로 적합하지 않은 것은?

① 건물에 붙여 만들어진 테라스 위
② 주택정원의 가운데
③ 통경선의 끝부분
④ 주택정원의 구석진 곳

해설 퍼걸러는 조경공간의 중심이나 경관의 초점이 되는 곳 또는 조망이 좋고 한적한 곳에 설치한다.

30 수목 규격의 표시는 수고, 수관폭, 흉고직경, 근원직경, 수관길이를 조합하여 표시할 수 있다. 표시법 중 "H×W×R"로 표시할 수 있는 가장 적합한 수종은?

① 은행나무 ② 사철나무
③ 주목 ④ 소나무

해설 수목의 표시방법

교목성	• H×B : 은행나무, 버즘나무, 왕벚나무, 은단풍 등 • H×R : 단풍나무, 감나무, 느티나무, 모과나무, 만경류 등 • H×W : 잣나무, 전나무, 오엽송, 독일가문비, 금송 등 • H×W×R : 소나무, 누운향 등
관목성	• H×W : 회양목, 수수꽃다리, 철쭉 등 대다수 관목류 • H×지 : 개나리, 쥐똥나무 등 • H×W×지 : 해당화, 덩굴장미 등

정답 28 ③ 29 ② 30 ④

31 돌을 뜰 때 앞면, 뒷면, 길이 접촉부 등의 치수를 지정해서 깨낸 돌을 무엇이라 하는가?
① 견치돌　　　　　　　　② 호박돌
③ 사괴석　　　　　　　　④ 평 석

해설
② 호박돌 : 하천에 있는 둥근 형태의 돌로 지름이 20~30cm 정도의 크기의 자연석
③ 사괴석 : 한식건물의 벽체나 돌담을 쌓는데 주로 사용하는 15~25cm의 각진 돌
④ 평석 : 윗부분이 평평한 돌로 안정감을 주며 주로 앞부분에 배석한다.

32 명암순응(明暗順應)에 대한 설명으로 틀린 것은?
① 눈이 빛의 밝기에 순응해서 물체를 본다는 것을 명암순응이라 한다.
② 맑은 날 색을 본 것과 흐린 날 색을 본 것이 같이 느껴지는 것이 명순응이다.
③ 터널에 들어갈 때와 나갈 때의 밝기가 급격히 변하지 않도록 명암순응 식재를 한다.
④ 명순응에 비해 암순응은 장시간을 필요로 한다.

해설 명순응은 어두운 곳에서 밝은 곳으로 옮기면 처음에는 눈이 부시나 차차 적응하여 정상상태로 돌아가는 현상을 말한다.

33 등고선 간격이 20m인 축척 1/10,000 지도가 있다. 인접한 등고선에 직각인 평면거리가 2.5cm일 때 경사도는?
① 6%　　　　　　　　② 8%
③ 10%　　　　　　　　④ 12%

해설 축척 1/10,000에서 2.5cm의 거리는 2.5×10,000 = 25,000cm = 250m

$$경사도(\%) = \frac{표고차(단차)}{거리} \times 100(\%)$$

$$= \frac{20}{250} \times 100(\%) = 8\%$$

34 목재를 방부제 속에 일정기간 담가두는 방법으로 크레오소트(Creosote)를 많이 사용하는 방부법은?

① 표면탄화법　　② 직접유살법
③ 상압주입법　　④ 약제도포법

해설　**상압주입법** : 침지법과 유사하나, 가열한 약액에 방부할 목재를 일정 시간 담가 둔 후 다시 상온의 약액에 담가 침지시키는 방법
※ 크레오소트 : 방부효과가 크고, 철재류의 부식이 작으며, 침투성이 양호하다.

35 우리나라 전통 조경의 설명으로 옳지 않은 것은?

① 신선사상에 근거를 두고 여기에 음양오행설이 가미되었다.
② 연못의 모양은 조롱박형, 목숨수자형, 마음심자형 등 여러 가지가 있다.
③ 네모진 연못은 땅 즉, 음을 상징하고 있다.
④ 둥근 섬은 하늘 즉, 양을 상징하고 있다.

해설　중국이나 일본 등의 연못 형태가 자연스러운 곡선을 띠고 있는 데 비해 우리나라의 경우 직선 형태를 띤 것은 이러한 음양오행사상의 영향이 크다. 즉, 우리나라의 연못 조경형태는 "천원지방(天圓地方, 하늘은 둥글고 땅은네모짐)"의 사상을 담아 사각형태의 못 가운데에 둥근 섬을 만든 연못을 지역 곳곳에 볼 수 있다.

36 농약살포가 어려운 지역과 솔잎혹파리 방제에 사용되는 농약 사용법은?

① 도포법　　② 수간주사법
③ 입제살포법　　④ 관주법

해설　① 도포법 : 나무 줄기에 환상으로 약액을 처리하여 이동하는 해충을 잡는 방법과 가지를 절단했을 때 상처 부위를 병균이 침입하지 못하도록 약제를 처리하는 방법이다.
③ 입제살포법 : 손에 고무장갑을 끼고 직접 뿌릴 수 있어 다른 약제에 비해 살포가 간편하다.
④ 관주법 : 토양 내에서 서식하고 있는 병해충을 방제하기 위하여 땅속에 약액을 주입하는 방법이다.

37 소나무의 순따기에 관한 설명 중 바르지 못한 것은?

① 해마다 5~6월경 새순이 6~9cm 자라난 무렵 실시한다.
② 손 끝으로 따주어야 하고, 가을까지 끝내면 된다.
③ 노목이나 약해보이는 나무는 다소 빨리 실시한다.
④ 순따기를 한 후에는 토양이 과습하지 않아야 한다.

정답　34 ③　35 ②　36 ②　37 ②

38 능소화(*Campsis grandifolia* K. Schum.)의 설명으로 틀린 것은?

① 낙엽활엽덩굴성이다.
② 잎은 어긋나며, 뒷면에 털이 있다.
③ 나팔모양의 꽃은 주홍색으로 화려하다.
④ 동양적인 정원이나 사찰 등의 관상용으로 좋다.

해설 ② 잎은 마주나며, 가장자리에 털이 있다.

39 수분 요구도가 낮아 건조지에 가장 잘 견디는 수목은?

① 낙우송　　　　　② 물푸레나무
③ 대추나무　　　　④ 가중나무

해설 가중나무는 내한성과 내조성, 내건성이 강하여 해변가에서도 생장이 양호하며 대기오염에도 강하지만 미국흰불나방의 피해가 심하다.

40 자동차 배기가스에 강한 수목으로만 짝지어진 것은?

① 화백, 향나무　　　　② 삼나무, 금목서
③ 자귀나무, 수수꽃다리　④ 산수국, 자목련

해설
- 자동차 배기가스에 강한 수종 : 비자나무, 편백, 가이즈까향나무, 향나무, 눈향나무, 화백, 굴거리나무, 녹나무, 태산목, 후피향나무, 아왜나무, 졸가시나무, 협죽도, 벽오동, 참느릅나무, 버드나무류, 석류나무, 가중나무, 등나무, 송악, 대나무류, 종려나무
- 자동차 배기가스에 약한 수종 : 삼나무, 소나무, 젓나무, 금목서, 은목서, 단풍나무, 고로쇠나무, 왕벚나무, 목련, 백합(튤립)나무, 팽나무, 감나무, 매실나무, 무궁화, 수수꽃다리, 무화과나무, 자목련, 자귀나무, 고광나무, 명자꽃, 산수국, 화살나무

41 다음 중 추위에 견디는 힘과 짧은 예취에 견디는 힘이 강하며, 골프장의 그린을 조성하기에 가장 적합한 잔디의 종류는?

① 들잔디
② 벤트그래스
③ 버뮤다그래스
④ 라이그래스

해설 벤트그래스는 잔디의 종류 중에서 가장 품질이 좋아 골프장의 그린에 많이 사용한다. 특히 그늘에서 잘 자라지 못하고 건조에도 약하여 관수를 자주 해주어야 한다. 잔디의 종류 중에서 병해충에 가장 약하며, 여름철 방제에 힘써야 한다.

42 벽 뒤로부터의 토압에 의한 붕괴를 막기 위한 공사는?

① 옹벽쌓기
② 기슭막이
③ 견치석쌓기
④ 호안공

해설
② 기슭막이 : 황폐한 계천에서 유수에 의한 계안의 횡침식 방지 및 산각의 안정을 도모하기 위하여 계류흐름 방향에 따라서 구축하는 계천사방공종
③ 견치석쌓기 : 돌로 축대를 만드는 것
④ 호안공 : 물이 흐르는 계곡의 기슭이 침식되는 것을 막기 위해 돌이나 콘크리트를 이용하여 계곡의 기슭을 막는 공작물

43 한 켜는 마구리쌓기, 다음 켜는 길이쌓기로 하고 길이 켜의 모서리와 벽 끝에 칠오토막을 사용하는 벽돌쌓기방법은?

① 네덜란드식 쌓기
② 영국식 쌓기
③ 프랑스식 쌓기
④ 미국식 쌓기

해설
② 영국식 쌓기 : 길이쌓기 켜와 마구리쌓기 켜를 반복하여 쌓고, 모서리의 벽 끝에는 이오토막을 쓰는 방법으로, 매우 견고하다.
③ 프랑스식 쌓기 : 켜마다 길이와 마구리가 번갈아 나오는 방법으로, 영국식 쌓기보다 아름다우나 견고성은 떨어진다.
④ 미국식 쌓기 : 5켜까지 길이쌓기로 하고, 그 위 1켜는 마구리쌓기로 하는 방법이다.

44 대표적인 난지형 잔디로 내답압성이 크며 관리하기가 가장 용이한 것은?

① 버뮤다그래스
② 금잔디
③ 톨 페스큐
④ 라이그래스

해설 버뮤다그래스는 난지형 잔디로, 내답압성이 크며 회복속도가 빨라 경기장용 식재에 사용된다.

45 다음 중 이식하기 어려운 수종이 아닌 것은?

① 소나무
② 자작나무
③ 섬잣나무
④ 은행나무

해설 은행나무는 뿌리를 내리는 힘이 좋아 큰 나무를 다른 장소로 이식해도 비교적 잘 생장한다.
※ 이식이 어려운 수종 : 소나무, 전나무, 오동나무, 오엽송, 녹, 왜금송, 목련, 태산목, 탱자, 생강, 서향, 칠엽수, 진달래, 목부용, 주목, 가시나무, 굴거리나무, 느티나무, 백합나무, 감나무, 자작나무, 섬잣나무, 맹종죽 등

정답 42 ① 43 ① 44 ① 45 ④

46 진딧물이나 깍지벌레의 분비물에 곰팡이가 감염되어 발생하는 병은?

① 흰가루병
② 녹병
③ 잿빛곰팡이병
④ 그을음병

해설 그을음병 : 깍지벌레, 진딧물 등의 배설물에서 발생하며, 생육이 불량한 나무의 잎, 가지, 줄기에 그을음이 퍼져 식물의 광합성을 방해한다.

47 농약의 사용목적에 따른 분류 중 응애류에만 효과가 있는 것은?

① 살충제
② 살균제
③ 살비제
④ 살초제

해설 ③ 살비제 : 응애만을 죽이는 농약
① 살충제 : 해충을 방제할 목적으로 쓰이는 약제
② 살균제 : 병원균을 죽이는 목적으로 쓰이는 약제
④ 살초제 : 잡초를 제거하는 데 쓰이는 약제

48 해충의 방제방법 중 기계적 방제에 해당되지 않는 것은?

① 포살법
② 진동법
③ 경운법
④ 온도처리법

해설 ①·②·③ 기계적 방제법
④ 물리적 방제법
기계적 방제법
- 포살법 : 해충을 손이나 도구를 이용하여 잡아 죽이는 방법
- 유살법 : 유아등이나 미끼 등으로 해충을 유인하여 잡아 죽이는 방법

49 50m² 면적에 전면붙이기로 잔디식재를 하려 할 때 필요한 잔디 소요 매수는?(단, 잔디 1매의 규격은 20cm×20cm×3cm이다)

① 200매
② 555매
③ 1,250매
④ 1,500매

해설 1m²당 필요한 잔디량은 25장이다. 따라서 50m²에는 1,250매가 필요하다.

50 다음 중 생리적 산성비료는?

① 요소
② 용성인비
③ 석회질소
④ 황산암모늄

해설 비료의 생리적 반응
- 생리적 산성비료 : 황산암모늄, 황산칼륨, 염화칼륨 등
- 생리적 중성비료 : 질산암모늄, 요소, 과인산석회, 중과인산석회, 석회질소 등
- 생리적 염기성비료 : 퇴구비, 용성인비, 재, 칠레초석 등

51 곤충이 빛에 반응하여 일정한 방향으로 이동하려는 행동습성은?

① 주광성(Phototaxis)
② 주촉성(Thigmotaxis)
③ 주화성(Chemotaxis)
④ 주지성(Geotaxis)

해설
② 주촉성 : 곤충이 고형물에 접촉하려고 하는 성질
③ 주화성 : 곤충의 매질 속에 존재하는 화학물질의 농도 차가 자극이 되어 특정 행동을 하는 성질
④ 주지성 : 생물이 중력에 의해 특정 행동을 하는 성질

52 다음 중 방제 대상별 농약 포장지 색깔이 옳은 것은?

① 살충제 - 노란색
② 살균제 - 초록색
③ 제초제 - 분홍색
④ 생장조절제 - 청색

해설 농약제의 포장지 색깔
- 살균제 : 분홍색
- 살충제 : 초록색
- 살균·살충제 : 위쪽 - 분홍색, 아래쪽 - 초록색
- 제초제 : 노란색
- 비선택성 제초제 : 빨간색
- 생장조절제 : 파란색

정답 50 ④ 51 ① 52 ④

53 이종기생균이 그 생활사를 완성하기 위하여 기주를 바꾸는 것을 무엇이라고 하는가?

① 기주교대
② 중간기주
③ 이종기생
④ 공생교환

해설
② 중간기주 : 서로 다른 기주식물 중 경제적 가치가 적은 것
③ 이종기생 : 전혀 다른 두 종류의 기주식물을 옮겨 가며 생활하는 것
④ 공생교환 : 둘 또는 그 이상의 종이 어떤 형태로든지 서로 이익을 교환하며 생활하는 것

54 용광로에서 나오는 광석 찌꺼기를 석고와 함께 시멘트에 섞은 것으로서 하수도 공사에 쓰이는 것은?

① 실리카 시멘트
② 고로 시멘트
③ 중용열 포틀랜드 시멘트
④ 조강 포틀랜드 시멘트

해설 **고로 시멘트**
- 보통 포틀랜드 시멘트에 비하여 분말도가 높고 응결 및 강도 발생이 약간 느리지만 화학적 저항성이 크고 발열량이 적으므로 바닷물, 기름의 작용을 받은 구조물이나 공장폐수, 오수로의 구축 등에 쓰인다.
- 용광로에서 선철을 제조할 때 나온 광석 찌꺼기를 석고와 함께 시멘트에 섞은 것으로서 수화열이 낮고, 내구성이 높으며, 화학적 저항성이 큰 한편, 투수가 적은 특징을 가졌다.

55 안전관리 사고의 유형은 설치, 관리, 이용자·보호자·주최자 등의 부주의, 자연재해 등에 의한 사고로 분류된다. 다음 중 관리하자에 의한 사고의 종류에 해당하지 않는 것은?

① 위험물 방치에 의한 것
② 시설의 노후 및 파손에 의한 것
③ 시설의 구조 자체의 결함에 의한 것
④ 위험장소에 대한 안전대책 미비에 의한 것

해설 ③은 설치하자에 의한 사고이다.

56 개화·결실을 목적으로 실시하는 정지·전정의 방법으로 틀린 것은?

① 약지는 짧게, 강지는 길게 전정하되 수세를 보아 가면서 적당한 길이로 전정한다.
② 묵은 가지나 병충해 가지는 수액유동 후에 전정한다.
③ 작은 가지나 내측으로 뻗은 가지는 제거한다.
④ 개화결실을 촉진하기 위하여 가지를 유인하거나 단근작업을 실시한다.

해설 ② 묵은 가지나 병충해 가지는 수액유동 전에 전정한다.

57 옥상정원 인공지반 상단의 식재 토양층 조성 시 경량재로 사용하기 가장 부적당한 것은?

① 버미큘라이트
② 펄라이트
③ 피트모스
④ 석 회

해설 경량재로는 버미큘라이트, 펄라이트, 피트모스, 화산재 등이 있다.

58 다음 중 무거운 돌을 놓거나, 큰 나무를 옮길 때 신속하게 운반과 적재를 동시에 할 수 있어 편리한 장비는?

① 체인블록
② 모터그레이더
③ 트럭크레인
④ 콤바인

해설 ① 체인블록 : 무거운 물건을 들어 올리는 데 쓰이는 도드래형 장비
② 모터그레이더 : 주로 넓은 면적의 땅을 고르는 정지작업 등에 사용되는 토공기계
④ 콤바인 : 농경지를 주행하면서 수확물의 탈곡과 선별을 동시에 수행하는 수확기계

정답 56 ② 57 ④ 58 ③

59 다음 중 합판에 관한 설명으로 틀린 것은?

① 합판을 베니어판이라 하고, 베니어란 원래 목재를 얇게 한 것을 말하며, 이것을 단판이라고도 한다.
② 슬라이스드 베니어(Sliced Veneer)는 끌로서 각목을 얇게 절단한 것으로 아름다운 결을 장식용으로 이용하기에 좋은 특징이 있다.
③ 합판의 종류에는 섬유판, 조각판, 적층판 및 강화적층재 등이 있다.
④ 합판의 특징은 동일한 원재로부터 많은 정목판과 나무결 무늬판이 제조되며, 팽창 수축 등에 의한 결점이 없고 방향에 따른 강도 차이가 없다.

해설 ③ 합판의 종류에는 용도에 따라 내수합판, 방화합판, 방충합판, 방부합판 등이 있다.

60 다음 중 농약의 보조제가 아닌 것은?

① 증량제
② 협력제
③ 유인제
④ 유화제

해설 농약보조제로는 증량제(희석제), 협력제, 유화제, 전착제 등이 있다.

2022년 제1회 | 과년도 기출복원문제

01 고대 로마의 정원 배치는 3개의 중정으로 구성되어 있었다. 그 중 사적인 기능을 가진 제2중정에 속하는 곳은?

① 아트리움
② 지스터스
③ 페리스틸리움
④ 아고라

[해설] **고대 로마의 주택정원** : 2개의 중정과 1개의 후원으로 구성된 내향적인 양식으로, 제1중정인 아트리움은 손님 접대나 사무를 위한 공적 공간이고, 제2중정인 페리스틸리움은 가족을 위한 사적 공간이며, 지스터스는 뒤뜰에 위치한 후원이다.

02 일본의 정원양식 중 다음 설명에 해당하는 것은?

- 5세기 후반에 바다의 경치를 나타내기 위해 사용하였다.
- 정원 소재로 왕모래와 몇 개의 바위만으로 정원을 꾸미고, 식물은 일체 쓰지 않았다.

① 다정양식
② 축산고산수양식
③ 평정고산수양식
④ 침전조정원양식

[해설] ③ 고산수식 정원은 물을 전혀 사용하지 않고 바위, 왕모래, 나무만을 사용한 축산고산수식에서 나무조차 사용하지 않는 평정고산수식으로 발달하였다.
고산수식 정원
- 축산고산수식 정원 : 바위(섬·반도·폭포)를 중심으로 왕모래(물)와 다듬은 수목(산)을 사용해 꾸민 추상적인 정원
- 평정고산수식 정원 : 수목도 사용하지 않고 바위와 왕모래만으로 꾸민 정원

03 조선시대 중엽 이후 풍수설에 따라 주택조경에서 새로이 중요한 부분으로 강조된 것은?

① 앞뜰(前庭)
② 가운데뜰(中庭)
③ 뒤뜰(後庭)
④ 안뜰(主庭)

[해설] ③ 조선시대 중엽 이후 풍수지리설에 따른 지형적인 제약으로 인해 안채의 뒤쪽에 정원을 조성하는 후원이 발달하였다.

정답 1 ③ 2 ③ 3 ③

04 부귀나 영화를 등지고 자연과 벗하며 농사를 경영하고 살기 위해 세운 주거를 별서(別墅)정원이라 한다. 우리나라에 현존하는 대표적인 것은?

① 윤선도의 부용동 원림
② 강릉의 선교장
③ 이덕유의 평천산장
④ 구례의 운조루

해설
① 보길도 부용동 정원은 논에 물을 대듯 개울물을 막아 세연지(洗然池)라는 연못을 만들고, 그 연못 가운데에 섬을 또 만들어 지은 정원이다.
② 조선 시대 사대부의 살림집
③ 당나라의 민간정원
④ 조선 중기의 양반 가옥

05 다음 중 무어족의 옥외공간 처리 솜씨를 엿볼 수 있는 대표적인 것은?

① Melbourne Hall
② Villa d'Este
③ Alhambra Palace
④ Belvedere Garden

해설 알람브라궁(Alhambra Palace)은 스페인에 현존하는 이슬람 정원의 형태로 무어 양식(Moorish)의 극치라고 평가받는다.

06 감법혼색으로 옐로(Y)와 사이안(C)을 조합하여 혼색한 결과로 옳은 것은?

① 흰색(W)
② 초록(G)
③ 빨강(R)
④ 파랑(B)

해설 감법혼색
- 마젠타(M) + 옐로(Y) = 빨강(R)
- 옐로(Y) + 사이안(C) = 초록(G)
- 사이안(C) + 마젠타(M) = 파랑(B)
- 마젠타(M) + 옐로(Y) + 사이안(C) = 검정(B)

07 미선나무(*Abeliophyllum distichum* Nakai)의 설명으로 틀린 것은?

① 1속1종
② 낙엽활엽관목
③ 잎은 어긋나기
④ 물푸레나무과(科)

해설 ③ 미선나무의 잎은 마주나기

08 다음과 같은 특성을 지닌 정원수는?

- 형상수로 많이 이용되고, 가을에 열매가 붉게 된다.
- 내음성이 강하며, 비옥지에서 잘 자란다.

① 쥐똥나무 ② 주 목
③ 화살나무 ④ 산수유

해설 주 목
- 9~10월 붉은색의 열매가 열린다.
- 수피가 적갈색으로 관상가치가 높다.
- 맹아력이 강하며, 음수이나 양지에서 생육이 가능하다.

09 항공사진 측량 시 낙엽수와 침엽수, 토양의 습윤도 등의 판독에 쓰이는 요소는?

① 질 감 ② 음 영
③ 색 조 ④ 모 양

해설 항공사진 판독의 요소에는 크기와 형태, 색조, 모양, 질감, 음영, 과고감 등이 있다.

10 조감도는 소점이 몇 개 인가?

① 1개 ② 2개
③ 3개 ④ 4개

해설
- 1소점

- 2소점
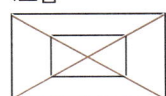
- 3소점
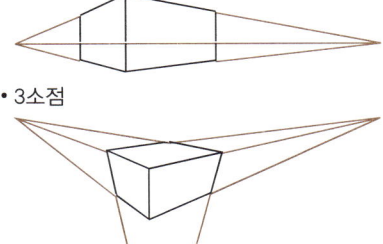

정답 8 ② 9 ③ 10 ③

11 1982년 유네스코가 지정한 국제 생물권보전지역으로 옳은 것은?

① 한라산 생물권보전지역
② 설악산 생물권보전지역
③ 지리산 생물권보전지역
④ 내장산 생물권보전지역

해설 **우리나라 생물권보전지역**
- 설악산 생물권보전지역(1982년)
- 제주도 생물권보전지역(2002년)
- 신안 다도해 생물권보전지역(2009년)
- 광릉숲 생물권보전지역(2010년)
- 고창 생물권보전지역(2013년)
- 순천 생물권보전지역(2018년)
- 강원생태평화 생물권보전지역(2019년)
- 연천 임진강 생물권보전지역(2019년)
- 완도 생물권보전지역(2021년)
- 강진·해남·영암 생물권보전지역(2023년)

12 조경 제도 용품 중 곡선자라고 하여 각종 반지름의 원호를 그릴 때 사용하기 가장 적합한 재료는?

① 운형자　　　　　② 원호자
③ 삼각자　　　　　④ T자

해설 ① 운형자 : 여러 가지 곡선 모양을 본떠 만든 것으로 컴퍼스로 그리기 어려운 곡선을 그리는 데 사용한다.
③ 삼각자 : 45°의 사선과 30°, 60°의 사선을 그을 수 있는 두 종류가 한 세트로 되어 있다.
④ T자 : 주로 평행선을 긋거나, 삼각자와 조합하여 수직선과 사선을 그을 때 사용한다.

13 40m²의 면적에 팬지를 20cm×20cm 간격으로 심고자 한다. 팬지 묘의 필요 본수로 가장 적당한 것은?

① 100　　　　　② 250
③ 500　　　　　④ 1,000

해설 1m에 심을 팬지 수는 $\frac{100cm}{20cm}=5$이므로 1m²에는 25본, 25본 × 40m² = 1,000본이 적당하다.

정답 11 ②　12 ②　13 ④

14 가죽나무(가중나무)와 물푸레나무에 대한 설명으로 옳은 것은?

① 가중나무와 물푸레나무 모두 물푸레나무과(科)이다.
② 잎 특성은 가중나무는 복엽이고, 물푸레나무는 단엽이다.
③ 열매 특성은 가중나무와 물푸레나무 모두 날개 모양의 시과이다.
④ 꽃 특성은 가중나무와 물푸레나무 모두 한 꽃에 암술과 수술이 함께 있는 양성화이다.

해설 가죽나무와 물푸레나무

구 분	가죽나무	물푸레나무
과(科)	소태나무과	물푸레나무과
잎 특성	호생, 기수1회 우상복엽	대생, 기수1회 우상복엽
꽃 특성	자웅이가화	자웅이주, 양성화

15 화단에 초화류를 식재하는 방법으로 옳지 않은 것은?

① 식재할 곳에 1m²당 퇴비 1~2kg, 복합비료 80~120g을 밑거름으로 뿌리고 20~30cm 깊이로 갈아 준다.
② 큰 면적의 화단은 바깥쪽부터 시작하여 중앙부위로 심어 나가는 것이 좋다.
③ 식재하는 줄이 바뀔 때마다 서로 어긋나게 심는 것이 보기에 좋고 생장에 유리하다.
④ 심기 한나절 전에 관수해 주면 캐낼 때 뿌리에 흙이 많이 붙어 활착에 좋다.

16 다른 지방에서 자생하는 식물을 도입한 것을 무엇이라 하는가?

① 재배식물
② 귀화식물
③ 외국식물
④ 외래식물

해설
① 재배식물 : 이용할 목적을 가지고 인위적으로 재배하는 식물
② 귀화식물 : 본래 생육하지 않은 지역에 자연적·인위적 원인에 의하여 2차적으로 도래·침입한 후 야생화가 되어 기존 식물과 어느 정도 안정된 상태를 이루는 식물
③ 외국식물 : 국내가 아닌 국외에서 자생하는 식물

정답 14 ③ 15 ② 16 ④

17 다음 중 그 해 자란 1년생 신초지(新梢枝)에서 꽃눈이 분화하여 그 해에 개화하는 화목류는?

① 무궁화　　② 개나리
③ 목 련　　④ 수 국

해설　① 초여름부터 가을에 걸쳐 꽃이 피는 나무는 개화하는 그 해에 자란 가지에서 꽃눈이 분화하여 그 해 안에 꽃을 피우는데 능소화, 무궁화, 배롱나무, 장미, 찔레나무 등이 이에 속한다.
　　※ 그 해에 자란 가지에 꽃눈이 분화하여 월동 후 봄에 개화하는 형태의 수종 : 개나리, 기리시마철쭉, 단풍철쭉, 동백, 수수꽃다리, 왕벚, 목련, 철쭉 등이 있다.

18 다음 관용색명 중 색상의 속성이 다른 것은?

① 이끼색　　② 라벤더색
③ 솔잎색　　④ 풀 색

해설　①・③・④ 녹색계통, ② 보라색계통
관용색명 : 사물의 이름을 빗대어서 붙인 색깔의 이름으로, 동식물이나 광물, 음식, 지명(地名), 인명(人名) 등에서 유래한 이름이 많다.
※ 이끼색, 솔잎색, 어린풀색은 표준에서 제외된 관용색명이다.

19 지주세우기에서 일반적으로 대형 나무에 적용하며, 경관적 가치가 요구되는 곳에 설치하는 지주 형태는?

① 이각형　　② 삼발이형
③ 삼각 및 사각지주형　　④ 당김줄형

해설　① 이각형 : 수고 2m 이하의 교목, 삼각, 사각지주 사용이 곤란한 좁은 장소일 경우
② 삼발이형 : 2m 이상의 나무에 적용, 사람의 통행이 많지 않고 경관상 주요 지점이 아닌 곳
③ 삼각 및 사각지주 : 중대형 수목에 적용

20 다음 중 산울타리 수종으로 적합하지 않은 것은?

① 측백나무　　② 향나무
③ 단풍나무　　④ 무궁화

해설　③ 단풍나무는 주로 경관장식용으로 쓰인다.
산울타리용 수목 : 측백나무, 화백, 편백, 사철나무, 개나리, 명자나무, 피라칸타, 무궁화, 회양목, 탱자나무, 꽝꽝나무, 향나무, 호랑가시나무, 쥐똥나무 등

21 수목의 규격을 표시하는 방법 중 옳은 것은?
① 흉고직경(R) : 지표면 줄기의 굵기
② 근원직경(B) : 가슴 높이 정도의 줄기의 지름
③ 수고(W) : 지표면으로부터 수관의 하단부까지의 수직높이
④ 지하고(BH) : 지표면에서 수관의 맨 아랫가지까지의 수직높이

해설 조경수목의 규격 표시기준
- 수고(H) : 나무의 높이, 표시단위 m
- 수관(W) : 나무의 폭, 표시단위 m
- 근원지름(R) : 나무 밑동 제일 아랫부분의 지름, 표시단위 cm
- 흉고지름(B) : 가슴높이의 줄기지름, 단위 cm
- 지하고(BH) : 바닥에서 가지가 있는 곳까지의 높이, 표시단위 m

22 조경 분야의 기능별 대상 구분 중 위락·관광시설로 가장 적합한 것은?
① 오피스빌딩정원
② 어린이공원
③ 골프장
④ 군립공원

해설 ③ 위락·관광시설, ① 정원, ②·④ 공원
※ 위락·관광시설 : 골프장, 야영장, 경마장, 스키장, 해수욕장, 낚시터, 관광농원, 유원지, 휴양지, 삼림욕장 등

23 큰 나무이거나 장거리에 운반할 나무를 운반 시 고려할 사항으로 바르지 못한 것은?
① 운반할 나무는 줄기에 새끼나 거적으로 감싸주어 운반 도중 물리적인 상처로부터 보호한다.
② 밖으로 넓게 퍼진 가지는 가지런히 여미어 새끼줄로 묶어 줌으로써 운반 도중의 손상을 막는다.
③ 장거리 운반이나 큰 나무인 경우에는 뿌리분을 거적으로 다시 감싸 주고 새끼줄 또는 고무줄로 묶어준다.
④ 나무를 싣는 방향은 반드시 뿌리분이 차의 뒤쪽으로 오게 하여 싣고, 내릴 때 편리하게 한다.

해설 수목의 지엽 부분은 뒤쪽으로 가도록 하고, 불필요한 가지는 제거하며 가마니로 수피를 보호, 수관부는 밧줄 등으로 묶어 운반 시 손상을 방지한다.

정답 21 ④ 22 ③ 23 ④

24 다음에서 설명하고 있는 수종은?

- 17세기 체코 선교사를 기념하는데서 유래되었다.
- 상록활엽수 교목으로 수형은 구형이다.
- 꽃은 한 개씩 정생 또는 액생, 꽃받침과 꽃잎은 5~7개이다.
- 열매는 삭과, 둥글며 3개로 갈라지고, 지름 3~4cm 정도이다.
- 짙은 녹색의 잎과 겨울철 붉은색 꽃이 아름다우며, 음수로서 반음지나 음지에 식재, 전정에 잘 견딘다.

① 생강나무 ② 동백나무
③ 노각나무 ④ 후박나무

25 다음 중 콘크리트의 공사에 있어서 거푸집에 작용하는 콘크리트 측압의 증가요인이 아닌 것은?

① 타설속도가 빠를수록
② 슬럼프가 클수록
③ 다짐이 많을수록
④ 빈배합일 경우

해설 거푸집에 작용하는 콘크리트 측압에 영향을 주는 요인
- 증가요인
  - 콘크리트 타설속도가 빠를수록
  - 반죽이 묽은 콘크리트일수록
  - 콘크리트 비중이 클수록
  - 다짐이 많을수록
  - 대기습도가 높을수록
  - 거푸집 단면이 클수록
  - 부배합일수록
  - 수평부재보다는 수직부재일수록
- 감소요인
  - 응결시간이 빠를수록
  - 철골 또는 철근의 양이 많을수록
  - 온도가 높을수록(경화가 빠를수록)

26 다음 중 잔디밭에 많이 발생하는 클로버 방제에 가장 적합한 약제는?

① 이사-디 액제(이사디아민염)
② 패러쾃디크로라이드 액제(그라목손)
③ 디코폴 수화제(켈센)
④ 글리포세이트 액제(근사미)

27 대추나무에 발생하는 전신병으로 마름무늬매미충에 의해 전염되는 병은?

① 갈반병
② 잎마름병
③ 혹 병
④ 빗자루병

해설 빗자루병
- 벚나무, 오동나무, 대추나무 등에 감염된다.
- 가지의 일부에 잔가지가 많이 생겨 빗자루 모양으로 변형된다.
- 7~9월에 파라티온수화제, 메타유제 1,000배액을 2주 간격으로 살포한다.
※ 곤충에 의한 전반 : 참나무 시들음병(광릉긴나무좀), 오동나무 빗자루병(담배장님노린재), 대추나무 빗자루병·뽕나무오갈병(마름무늬매미충)

28 유실수 중에서 밤나무의 종실(種實)을 가해하는 해충은?

① 밤나무혹벌
② 밤나무재주나방
③ 밤나무왕진딧물
④ 복숭아명나방

29 가을에 그윽한 향기를 가진 등황색 꽃이 피는 수종은?

① 금목서
② 남 천
③ 팔손이나무
④ 생강나무

해설 ② 6~7월 흰색, ③ 11월 흰색, ④ 3월 노란색

30 생울타리를 전지·전정하려고 한다. 태양의 광선을 가장 골고루 받지 못하는 생울타리 단면의 모양은?

① 원주형
② 원뿔형
③ 역삼각형
④ 달걀형

정답 27 ④ 28 ④ 29 ① 30 ③

31 일반적으로 수목의 단풍은 적색과 황색계열로 구분하는데, 황색 단풍이 아름다운 수종으로만 짝지어진 것은?

① 은행나무, 붉나무
② 백합나무, 고로쇠나무
③ 담쟁이덩굴, 감나무
④ 검양옻나무, 매자나무

해설 노란색 단풍이 드는 수종은 갈참나무, 고로쇠, 낙우송, 느티나무, 메타, 백합, 은행, 일본잎갈, 칠엽수 등이다.

32 다음 조경시설 소재 중 도로 절·성토면의 녹화공사, 해안매립 및 호안공사, 하천제방 및 급류부위의 법면보호공사 등에 사용되는 코코넛 열매를 원료로 한 천연섬유 재료는?

① 코이어메시 ② 우드칩
③ 테라소브   ④ 그린블록

해설
② 우드칩 : 목재펄프의 원료
③ 테라소브 : 강력흡수제로, 비가 올 때 빠르게 수분을 흡수하여 간직하고 있다가 수분이 부족할 때 뿌리에 수분을 공급하여 식물의 잔뿌리를 발달시키는 데 도움을 준다.
④ 그린블록 : 차량 및 보행자의 하중을 지지하여 잔디를 보호하며, 개방식 열주구조로 포복형 잔디 생육에도 유리하다.

33 잔디에 관한 설명으로 틀린 것은?

① 잔디는 생육온도에 따라 난지형 잔디와 한지형 잔디로 구분된다.
② 잔디의 번식방법에는 종자파종과 영양번식 등이 있다.
③ 종자파종은 뗏장심기에 비하여 균일하고 치밀한 잔디면을 만들 수 있다.
④ 한국잔디는 일반적으로 종자번식이 잘 되기 때문에 건설현장에서 종자파종으로 잔디밭을 조성한다.

해설 한국잔디의 경우 종자로 번식되는 경우보다는 땅속줄기와 지표면을 덮듯이 신장하는 포복경으로 번식한다. 서양잔디는 종자파종에 의하여 쉽게 잔디밭이 조성되며 여름 고온기를 제외하고는 언제라도 파종할 수 있는 이점이 있다.

34 터파기 공사를 할 경우 평균부피가 굴착 전 보다 가장 많이 증가하는 것은?

① 모 래
② 보통흙
③ 자 갈
④ 암 석

해설 흐트러진 상태의 부피 : 공극의 양에 따라 암석 > 자갈 > 보통흙 > 모래

35 다음 중 고광나무(*Philadelphus schrenkii*)의 꽃 색깔은?

① 적 색
② 자주색
③ 백 색
④ 황 색

해설 고광나무는 4~5월에 개화하며, 지름 3.0~3.5mm의 은은한 꽃이 피어 향기로운 백색의 꽃잎과 노란색 수술이 아름다운 조화를 이룬다.

36 주로 수량의 다소에 따라서 반죽이 되고 진 정도를 나타내는 굳지 않은 콘크리트의 성질은?

① Workability(시공성)
② Plasticity(성형성)
③ Consistency(반죽질기)
④ Finishability(마감성)

해설
① Workability(시공성) : 콘크리트를 혼합한 후 운반, 타설, 다지기 및 마무리할 때까지 굳지 않은 콘크리트의 성질로, 콘크리트 시공 시 작업 난이도 및 재료분리에 저항하는 정도를 나타낸다.
② Plasticity(성형성) : 거푸집 등의 형상에 순응하여 채우기 쉽고, 분리가 일어나지 않는 굳지 않은 콘크리트의 성질
④ Finishability(마감성) : 굵은골재의 최대 치수, 잔골재율, 잔골재의 입도, 반죽질기 등에 따른 마무리하기 쉬운 정도를 말하는 굳지 않은 콘크리트의 성질

37 공기 중에 환원력이 커서 산화가 쉽고, 이온화 경향이 가장 큰 금속은?

① Pb
② Fe
③ Cu
④ Al

해설 금속의 이온화 경향
K > Ca > Na > Mg > Al > Zn > Fe > Ni > Sn > Pb > (H$^+$) > Cu > Hg > Ag > Pt > Au

정답 34 ④ 35 ③ 36 ③ 37 ④

38 흙을 굴착하는 데 사용하는 것으로 기계가 서 있는 위치보다 높은 곳의 굴삭을 하는 데 효과적인 토공기계는?

① 모터그레이더
② 파워셔블
③ 드래그라인
④ 클램셸

해설 ② 파워셔블(Power Shovel) : 기체의 위치보다 위쪽의 흙을 퍼 올려 선회하여 덤프트럭 등에 싣는 굴착용 기계로 동력삽이라고도 하는데, 하부 구동체와 360°회전이 가능한 상부 회전체로 이루어진 본체에 작업장치가 연결되어 있다. 흙·모래·자갈 등을 파서 싣는 굴착기로 파기와 싣기가 모두 가능하다.
① 모터그레이더(Motor Grader) : 정지작업에 주로 사용되는 장비로 정지장치를 가진 자주식의 것을 말하며 작업범위는 땅 고르기, 배수파기, 파이프 묻기, 경사면 절삭, 제설작업 등 여러 작업에 사용된다.
③ 클램셸(Clam Shell) : 조개껍질처럼 양쪽으로 열리는 버킷을 흙을 집는 것처럼 굴착하는 기계
④ 드래그라인(Drag Line) : 기계가 서 있는 위치보다 낮은 곳의 굴착에 좋다.

39 다음 중 방위각 150°를 방위로 표시하면 어느 것인가?

① N 30°E
② S 30°E
③ S 30°W
④ N 30°W

해설 방위각은 북쪽(0°)에서 시계 방향으로 측정된 각도를 말하고, 방위는 기준점[N(북) 또는 S(남)]과 회전방향[E(동) 또는 W(서)]로 나타낸다. 따라서 방위각 150°는 남쪽(180°)에서 30° 북동쪽으로 이동한 위치, 즉 S 30°E가 된다.

방위각과 방위

방위각	방위
0~90°	N 방위각 E
90~180°	S 180° - 방위각 E
180~270°	S 방위각 - 180°W
270~360°	N 360° - 방위각 W

40 다음 중 등고선의 성질에 대한 설명으로 맞는 것은?

① 지표의 경사가 급할수록 등고선 간격이 넓어진다.
② 같은 등고선 위의 모든 점은 높이가 서로 다르다.
③ 등고선은 지표의 최대 경사선의 방향과 직교하지 않는다.
④ 높이가 다른 두 등고선은 동굴이나 절벽의 지형이 아닌 곳에서는 교차하지 않는다.

해설 등고선의 성질
- 등고선상의 모든 점은 같은 높이이다.
- 등고선은 도면 안팎에서 반드시 만나며, 사라지지 않는다.
- 등고선이 도면 안에서 만나는 지점은 산꼭대기나 요지(凹地)이다.
- 높이가 다른 등고선은 절벽이나 동굴을 제외하고는 교차하거나 만나지 않는다.
- 급경사지는 간격이 좁고, 완경사지는 간격이 넓다.
- 경사가 같으면 간격도 같다.

41 지표면이 높은 곳의 꼭대기 점을 연결한 선으로, 빗물이 이것을 경계로 좌우로 흐르게 되는 선을 무엇이라 하는가?

① 능 선
② 계곡선
③ 경사변환점
④ 방향변환점

해설
② 계곡선 : 고도 0m에서부터 다섯 번째 선마다 굵게 표시한 등고선
③ 경사변환점 : 하곡 종단면이나 산지 사면의 경사가 급히 변하는 지점

42 흙을 이용하여 3m 높이로 마운딩하려 할 때, 더돋기를 고려해 실제 쌓아야 하는 높이로 가장 적합한 것은?

① 2m
② 2m 20cm
③ 3m
④ 3m 30cm

해설 더돋기(여성토) : 흙쌓기 시 압축과 침하에 의해 성토높이가 계획높이보다 줄어들 것을 예상하여 이를 방지하고자 미리 더 쌓는 흙을 여성토라 하고, 이러한 작업을 더돋기라 한다. 토질, 성토높이, 시공방법 등에 따라 다르지만 일반적으로 계획높이의 10~15% 미만으로 쌓아 올린다.

정답 40 ④ 41 ① 42 ④

43 우리나라에서 사용하는 표준형 벽돌의 규격은?(단, 단위는 mm로 한다)

① 300×300×60
② 190×90×57
③ 210×100×60
④ 390×190×190

해설 벽돌의 규격(단위 : mm)
• 기존형 210×100×60
• 표준형 190×90×57

44 석재의 가공방법 중 혹두기작업의 바로 다음 후속작업으로 작업면을 비교적 고르고 곱게 처리할 수 있는 작업은?

① 물갈기
② 잔다듬
③ 정다듬
④ 도드락다듬

해설 석재가공순서 : 혹두기 → 정다듬 → 도드락다듬 → 잔다듬 → 물갈기

45 골재의 함수상태에 관한 설명 중 틀린 것은?

① 골재를 110℃ 정도의 온도에서 24시간 이상 건조시킨 상태를 절대건조상태 또는 노건조상태(Oven Dry Condition)라 한다.
② 골재를 실내에 방치할 경우, 골재입자의 표면과 내부의 일부가 건조된 상태를 공기 중 건조상태라 한다.
③ 골재입자의 표면에 물은 없으나 내부의 공극에는 물이 꽉 차있는 상태를 표면건조포화상태라 한다.
④ 절대건조상태에서 표면건조상태가 될 때까지 흡수되는 수량을 표면수량(Surface Moisture)이라 한다.

해설 ④ 절대건조상태에서 표면건조상태가 될 때까지 흡수되는 수량은 흡수량이다.
골재의 함수상태
• 절건상태(Oven-dry Condition) : 105±5℃ 정도의 온도에서 24시간 이상 골재를 건조시켜 표면 및 골재 내부에 포함되어 있는 수분이 완전히 제거된 상태
• 기건상태(Air-dry Condition) : 골재를 공기 중에 오래 건조하여 골재 내 온습도와 대기의 온습도가 평형을 이룬 상태
• 표건상태(Saturated Surface-dry Condition) : 골재 내부는 포화상태이고, 골재 표면은 건조한 상태
• 습윤상태(Damp or Wet Condition) : 골재 내부는 이미 포화상태이고, 표면에도 수분이 드러난 상태

정답 43 ② 44 ③ 45 ④

46 물 200L를 가지고 제초제 1,000배액을 만들 경우 필요한 약량은 몇 mL인가?

① 10
② 100
③ 200
④ 500

해설 살포액의 희석
필요 약량 = 물의 양 ÷ 희석배수
= 200L ÷ 1,000 = 0.2L = 200mL
※ 1L = 1,000mL

47 시멘트 500포대를 저장할 수 있는 가설창고의 최소 필요 면적은?(단, 쌓기 단수는 최대 13단으로 한다)

① $15.4m^2$
② $16.5m^2$
③ $18.5m^2$
④ $20.4m^2$

해설 500 ÷ 13 × 0.4 ≒ $15.4m^2$

48 다음 중 콘크리트 내구성에 영향을 주는 다음 화학반응식의 현상은?

$$Ca(OH)_2 + CO_2 \rightarrow CaCO_3 + H_2O \uparrow$$

① 콘크리트 염해
② 동결융해현상
③ 알칼리 골재반응
④ 콘크리트 중성화

해설 중성화의 화학반응식
$Ca(OH)_2 + CO_2 \rightarrow CaCO_3 + H_2O \uparrow$
※ 수화작용 : $CaO + H_2O \rightarrow Ca(OH)_2$

49 다음 중 건설공사에서 마지막으로 행하는 작업은?

① 터닦기
② 식재공사
③ 콘크리트공사
④ 급배수 및 호안공

해설 건설공사의 시공순서 : 터파기 → 토사기초 → 뒤채움 및 다짐 → 포장 → 시설물공 → 식재공

정답 46 ③ 47 ① 48 ④ 49 ②

50 다음 중 대나무에 대한 설명으로 틀린 것은?

① 외관이 아름답다.
② 탄력이 있다.
③ 잘 썩지 않는다.
④ 벌레의 피해를 쉽게 받는다.

해설 대나무의 특징
- 외관이 아름답고 탄력이 있다.
- 잘 쪼개지고 썩기 쉬우며 병충해에 약하다.

51 데발시험기(Deval Abrasion Tester)란?

① 석재의 휨강도 시험기
② 석재의 인장강도 시험기
③ 석재의 압축강도 시험기
④ 석재의 마모에 대한 저항성 측정 시험기

해설 데발시험기는 골재의 마모율(%)을 측정하기 위한 장치로서, 한 번에 여러 종류의 시험을 동시에 할 수 있으며 자동정지 장치가 부착되어 있다.

52 공원의 종류 중 여러 가지 폐품이나 재료등을 제공해 주어 어린이들이 직접 자르고, 맞추고, 조립하는 놀이를 통해 창의력을 가지도록 하는 공원은?

① 모험공원　　　　　　② 교통공원
③ 조각공원　　　　　　④ 운동공원

53 목재의 심재와 비교한 변재의 일반적인 특징 설명으로 틀린 것은?

① 재질이 단단하다.
② 흡수성이 크다.
③ 수축변형이 크다.
④ 내구성이 작다.

해설 심재의 재질은 변재보다 단단하고 변형이 적으며 내구성이 있어 이용상의 가치가 크고, 변재보다 신축이 작다.

54 벽 뒤로부터의 토압에 의한 붕괴를 막기 위한 공사는?

① 옹벽쌓기
② 기슭막이
③ 견치석쌓기
④ 호안공

해설
② 기슭막이 : 황폐한 계천에서 유수에 의한 계안의 횡침식 방지 및 산각의 안정을 도모하기 위하여 계류흐름 방향에 따라서 구축하는 계천사방공종
③ 견치석쌓기 : 돌로 축대를 만드는 것
④ 호안공 : 물이 흐르는 계곡의 기슭이 침식되는 것을 막기 위해 돌이나 콘크리트를 이용하여 계곡의 기슭을 막는 공작물

55 합성수지 중에서 열경화성 수지로만 짝지어진 것은?

① 아세탈수지, 아라미드
② 나일론, 아크릴수지
③ 멜라민수지, 불소수지
④ 페놀수지, 에폭시수지

해설 합성수지
- 열가소성 수지 : 성형 후 열이나 용제를 가하면 소성변형하고, 냉각하면 고결하는 고체상의 고분자 물질로 구성된 수지
  예 폴리에틸렌수지, 폴리프로필렌수지, 폴리스타이렌수지, 폴리염화비닐수지, 아크릴수지, 불소수지, 폴리아미드수지(나일론, 아라미드), 폴리에스테르수지, 아세탈수지 등
- 열경화성 수지 : 성형 후 열이나 용제를 가해도 형태가 변하지 않는, 비교적 저분자 물질로 구성된 수지
  예 페놀수지, 멜라민수지, 불포화폴리에스테르수지, 에폭시수지, 우레아(요소)수지, 실리콘수지, 푸란수지 등

정답 53 ① 54 ① 55 ④

56 공사원가에 의한 공사비 구성 중 안전관리비가 해당되는 것은?
① 간접재료비
② 간접노무비
③ 경 비
④ 일반관리비

해설 경비 : 공사의 시공을 위하여 소요되는 공사원가 중 재료비와 노무비를 제외한 비용
예) 전력비, 수도광열비, 운반비, 기계경비, 특허권사용료, 기술료, 연구개발비, 품질관리비, 보험료, 보관비, 외주가공비, 산업안전보건관리비, 폐기물처리비, 도서인쇄비, 안전관리비 등

57 노외주차장의 구조·설비기준으로 틀린 것은?(단, 주차장법 시행규칙을 적용한다)
① 노외주차장의 출구와 입구에서 자동차의 회전을 쉽게 하기 위하여 필요한 경우에는 차로와 도로가 접하는 부분을 곡선형으로 하여야 한다.
② 노외주차장의 출구 부근의 구조는 해당 출구로부터 2m를 후퇴한 노외주차장의 차로의 중심선상 1.0m의 높이에서 도로의 중심선에 직각으로 향한 왼쪽·오른쪽 각각 45°의 범위에서 해당 도로를 통행하는 자를 확인할 수 있도록 하여야 한다.
③ 노외주차장의 출입구 너비는 3.5m 이상으로 하여야 하며, 주차대수 규모가 50대 이상인 경우에는 출구와 입구를 분리하거나 너비 5.5m 이상의 출입구를 설치하여 소통이 원활하도록 하여야 한다.
④ 노외주차장에서 주차에 사용되는 부분의 높이는 주차바닥면으로부터 2.1m 이상으로 하여야 한다.

해설 노외주차장의 구조·설비기준(주차장법 시행규칙 제6조 제1항 제2호)
노외주차장의 출구 부근의 구조는 해당 출구로부터 2m(이륜자동차전용 출구의 경우에는 1.3m)를 후퇴한 노외주차장의 차로의 중심선상 1.4m의 높이에서 도로의 중심선에 직각으로 향한 왼쪽·오른쪽 각각 60°의 범위에서 해당 도로를 통행하는 자를 확인할 수 있도록 하여야 한다.

58 도시 내부와 외부의 관련이 매우 좋으며, 재난 시 시민들의 빠른 대피에 큰 효과를 발휘하는 녹지 형태는?
① 분산식
② 방사식
③ 환상식
④ 평행식

해설 그린벨트 녹지계통의 형식
- 방사식 : 도시 중심에서 외부로 내뻗는 형태로 배치
- 분산식 : 여기저기에 여러 형태로 배치
- 환상식 : 도시를 중심으로 한 둥근 띠 모양의 형태로 도시 확대를 방지하는 데 효과적
- 방사분산식 : 분산식 녹지대를 방사 형태로 질서 있게 배치
- 방사환상식 : 방사식과 환상식을 결합한 형태로 가장 이상적인 도시녹지 형태
- 위성식 : 주로 대도시에만 적용되는 형태로 녹지대 안에 시가지 조성
- 평행식 : 도시 형태가 띠 모양일 때 도시를 따라 평행하게 배치

정답 56 ③ 57 ② 58 ②

59 벽돌쌓기법에서 한 켜는 마구리쌓기, 다음 켜는 길이쌓기로 하고 모서리 벽 끝에 이오토막을 사용하는 벽돌쌓기 방법인 것은?

① 미국식쌓기　　　　　　　　　② 영국식쌓기
③ 프랑스식쌓기　　　　　　　　④ 네덜란드식 쌓기

해설 ② 영국식 쌓기 : 길이쌓기 켜와 마구리쌓기 켜를 반복하여 쌓고, 모서리의 벽 끝에는 이오토막을 쓰는 방법으로, 매우 견고하다.
① 미국식 쌓기 : 5켜까지 길이쌓기로 하고, 그 위 1켜는 마구리쌓기로 하는 방법이다.
③ 프랑스식 쌓기 : 켜마다 길이와 마구리가 번갈아 나오는 방법으로, 영국식 쌓기보다 아름다우나 견고성은 떨어진다.
④ 네덜란드식 쌓기 : 벽돌쌓기 방식 중 시공이 편리하고 쌓을 때 모서리 끝에 칠오토막을 써서 안정감을 주며, 우리나라에서 대부분 사용하는 방식이다.

60 다음 중 잔디밭의 넓이가 50평 이상으로 잔디의 품질이 아주 좋지 않아도 되는 골프장의 러프(Rough)지역, 공원의 수목지역 등에 많이 사용하는 잔디 깎는 기계는?

① 핸드모어(Hand Mower)
② 그린모어(Green Mower)
③ 로터리모어(Rotary Mower)
④ 갱모어(Gang Mower)

해설 ③ 로터리모어 : 프로펠러 날이 수평으로 돌아서 잔디가 깎이며 깎이는 면이 거칠게 되므로 보통 50평 이상의 골프장의 러프(Rough), 공원의 수목지역 등 잔디의 품질이 거칠어도 되는 곳에 사용한다.
① 핸드모어 : 인력으로 바퀴가 돌아가면서 잔디깎는 날이 돌아서 깎도록 한 것으로 50평 미만의 잔디밭 관리에 사용한다.
② 그린모어 : 골프장의 그린, 테니스코트 등 잔디면이 섬세한 곳을 깎는다.
④ 갱모어 : 골프장, 운동장, 경기장 등 5,000평 이상의 대면적의 잔디를 깎는 기계로 트럭, 짚차나 기타 견인차에 달아 사용하며 경사지나 잔디면이 평탄치 않은 곳도 균일하게 잔디를 깎을 수 있고 잔디도 양호하게 깎여진다.

2022년 제3회 과년도 기출복원문제

01 영국 튜더(Tudor) 왕조에서 유행했던 화단으로, 낮게 깎은 회양목 등으로 화단을 여러 가지 기하학적 문양으로 구획짓는 것은?

① 기식화단
② 경재화단
③ 카펫화단
④ 매듭화단

해설
① 기식화단 : 작은 면적의 잔디밭 가운데나 원로 주위의 공간에 만들어지는 화단으로서, 가운데에는 키가 큰 화초를 심고, 가장자리는 갈수록 키가 작은 화초를 심어 입체적으로 바라볼 수 있는 화단
② 경재화단 : 건물, 담장, 울타리를 배경으로 그 앞쪽에 장방형으로 길게 만들어진 화단
③ 카펫화단(모던화단, 양탄자화단) : 키가 작은 초화류를 이용하여 양탄자 무늬처럼 기하학적으로 도안해서 만든 화단

02 16세기 이탈리아의 대표적인 정원인 빌라 에스테(villa d'Este)의 특징 설명으로 바르지 못한 것은?

① 사이프러스의 열식
② 감탕나무 총림
③ 물풍금
④ 용의 분수

해설 빌라 에스테(Villa d'Este)
최저 노단 내 연못들 뒤 감탕나무 총림이 위치하고 물을 다양하게 사용하여 100개의 분수로 물풍금, 용의 분수 등을 조성했다.

03 독일 쾰른(Köln)에서 보여주는 녹지계통은?

① 방사식
② 환상식
③ 방사환상식
④ 평행식

해설
③ 방사환상식 : 방사식과 환상식을 결합한 형태로 가장 이상적인 도시녹지 형태
① 방사식 : 도시 중심에서 외부로 내뻗는 형태로 배치
② 환상식 : 도시를 중심으로 한 둥근 띠 모양의 형태로 도시 확대를 방지하는 데 효과적
④ 평행식 : 도시 형태가 띠 모양일 때 도시를 따라 평행하게 배치

1 ④ 2 ① 3 ③ **정답**

04 다음 중 사대부나 양반계급에 속했던 사람이 자연 속에 묻혀 야인으로서의 생활을 즐기던 별서 정원이 아닌 것은?

① 소쇄원
② 방화수류정
③ 부용동정원
④ 다산정원

해설 방화수류정 : 수원성곽을 축조할 때 세운 누각 중 하나로, 성의 동북쪽 모서리에 위치하고 있어 동북각루(東北角樓)라 하였으며, 경관이 매우 뛰어나 방화수류정이라는 당호(堂號)가 붙었다.

05 조선시대 왕릉의 공간구성 순서를 바르게 나열한 것은?

① 진입공간 - 제향공간 - 전이공간 - 능침공간
② 진입공간 - 제향공간 - 능침공간 - 전이공간
③ 진입공간 - 능침공간 - 전이공간 - 제향공간
④ 진입공간 - 전이공간 - 능침공간 - 제향공간

해설 조선왕릉의 공간구성
진입공간은 왕릉의 시작 공간으로, 관리자(참봉 또는 영)가 머물면서 왕릉을 관리하고 제향을 준비하는 재실(齋室)에서부터 시작된다. 제향공간은 제례의식이 이루어지는 공간으로 산 자(왕)와 죽은 자(능에 계신 왕이나 왕비)의 만남의 공간이다. 능침공간은 봉분이 있는 왕릉의 핵심 공간으로 평상시에는 누구도 접근할 수 없는 공간이다.

06 다음은 조경계획 과정을 나열한 것이다. 가장 바른 순서로 된 것은?

① 기초조사 - 식재계획 - 동선계획 - 터가르기
② 기초조사 - 터가르기 - 동선계획 - 식재계획
③ 기초조사 - 동선계획 - 식재계획 - 터가르기
④ 기초조사 - 동선계획 - 터가르기 - 식재계획

해설 조경계획 과정 : 기초조사 - 터가르기 - 동선계획 - 식재계획

07 우리나라 최초의 국립공원은?

① 설악산
② 한라산
③ 지리산
④ 내장산

해설
- 한국 최초로 지정된 국립공원은 지리산이고, 세계 최초로 지정된 국립공원은 옐로스톤(Yellowstone)이다.
- 국립공원은 자연경치가 뛰어난 지역의 자연과 문화적 가치를 보호하기 위하여 국가에서 지정하여 관리하는 공원이다.

08 일본 조경양식의 발달 순서로 옳은 것은?

① 임천식 – 축산고산수식 – 평정고산수식 – 다정식
② 임천식 – 평정고산수식 – 축산고산수식 – 다정식
③ 임천식 – 다정식 – 축산고산수식 – 평정고산수식
④ 임천식 – 다정식 – 평정고산수식 – 축산고산수식

[해설] 일본 정원양식의 변천과정
임천식(헤이안시대) → 회유임천식(가마쿠라시대) → 축산고산수식(14세기) → 평정고산수식(15세기 후반) → 다정식(모모야마시대) → 지천임천식(에도시대 초기) → 축경식(에도시대 후기)

09 고려시대에 궁궐 내의 조경을 담당하던 관청은?

① 내원서
② 상림원
③ 장원서
④ 화림원

[해설] 고려시대 정원을 맡아보던 관서는 내원서(內園署)이며 고려 25대 충렬왕 34년(1308)에 모든 궁궐의 원화(園花)를 맡아보던 관서로서 사원서 관할하에 만들어졌다.

10 미국에서 하워드의 전원 도시의 영향을 받아 도시 교외에 개발된 주택지로서 보행자와 자동차를 완전히 분리하고자 한 것은?

① 웰린(Welwyn)
② 요세미티
③ 레치워어드(Letch Worth)
④ 래드번(Rad Burn)

11 지형도에서 U자(字) 모양으로 그 바닥이 낮은 높이의 등고선을 향하면 이것은 무엇을 의미하는가?

① 계 곡
② 현 애
③ 능 선
④ 동 굴

[해설] 등고선의 형태(계곡에서 볼 때)
- U자형 : 능선을 횡(橫)으로 그어진 등고선 형태로 U자가 종(縱)으로 나열된 형태가 능선이다. 이 능선들은 밑으로 갈수록 여러 갈래로 나누어지다가 산기슭에 가서는 대등한 위치에 나열된다(정상이나 봉우리에서 볼 때 ∩형).
- V자형 : 계곡(하천)의 형태로 능선(U자형)과 반대 방향으로 나열된 형태이다. 중첩된 V자의 뾰족한 부분을 따라가면 산정(山頂)이 나온다(정상이나 봉우리에서 볼 때 V자형).
- M자형 : 계곡과 계곡이 합류되는 지역, 즉 계곡의 교차점을 횡단하는 등고선이다(정상이나 봉우리에서 볼 때 W형).

정답 8 ① 9 ① 10 ④ 11 ③

12 4배색을 하면서 동일 색상에서 톤의 명도 차이를 주어 사용하는 배색 방법은?

① 토널 배색
② 톤 온 톤 배색
③ 톤 인 톤 배색
④ 도미넌트 배색

해설
② 톤 온 톤(Tone on tone) 배색 : 동일한 색상의 톤을 조절하여 배치하는 방법으로, 그러데이션 배색이라고도 한다.
① 토널(Tonal) 배색 : 도미넌트 톤 배색이나 톤 인 톤 배색과 같은 종류의 배색 방법으로, 기본 톤으로 중명도, 중채도 인 탁한 톤을 사용한 배색 방법으로 전체적으로 안정되며 편안한 느낌을 준다.
③ 톤 인 톤(Tone in Tone) 배색 : 서로 다른 색상들을 동일한 톤으로 배치하는 방법을 말한다.
④ 도미넌트(Dominant) 배색 : 색상을 통일하고 톤의 변화를 주거나, 톤을 동일하게 하고 색상에 변화는 주는 등 색을 통제하여 통일감을 주는 배색을 의미한다.

13 채도대비에 의해 주황색 글씨를 보다 선명하게 보이도록 하려면 바탕색으로 어떤 색이 가장 적합한가?

① 빨간색
② 노란색
③ 파란색
④ 회색

해설 채도대비 : 색상, 명도와 함께 색의 주요 속성이며, 색이 선명할수록 채도가 높고, 무채색(흰색, 회색, 검정색)일수록 채도가 낮다. 채도 차가 큰 두 색을 인접하여 배치하면 채도가 높은 색은 더욱 선명하게 보이고, 채도가 낮은 색은 더욱 탁해 보이는데, 이를 채도대비라고 한다.

14 다음 중 정신집중을 요구하는 사무공간에 어울리는 색은?

① 빨강
② 노랑
③ 난색
④ 한색

해설 온도감에 따른 색의 분류
• 한색 : 차가운 느낌을 주는 파란색 계통의 색으로 수축성과 후퇴성을 가지며 심리적으로 긴장감을 느끼게 한다.
• 난색 : 따뜻한 느낌을 주는 주황색 계통의 색으로 팽창성과 진출성을 가지며, 심리적으로 느슨함을 느끼게 한다.
• 중성색 : 녹색이나 보라색 계통의 색으로, 한색과 난색의 중간적인 성격을 가진다.

정답 12 ② 13 ④ 14 ④

15 다음 중 오픈스페이스의 효용성과 가장 관련이 먼 것은?

① 도시개발 형태의 조절
② 도시 내 자연을 도입
③ 도시 내 레크레이션을 위한 장소를 제공
④ 도시 기능 간 완충효과의 감소

해설 오픈스페이스의 효용성
• 도시개발 형태의 조절 : 도시개발의 촉진, 도시의 확산의 방지
• 도시환경의 질 개설 : 도시생태의 기반조성, 환경조절(화재와 공해방지, 미기후 조절 등)
• 시민생활의 질 개선 : 창조적 생활의 기틀 제공, 도시경관의 질 고양

16 오른손잡이의 선긋기 연습에서 고려해야 할 사항이 아닌 것은?

① 수평선 긋기 방향은 왼쪽에서 오른쪽으로 긋는다.
② 수직선 긋기 방향은 위쪽에서 아래쪽으로 내려 긋는다.
③ 선은 처음부터 끝나는 부분까지 일정한 힘으로 한 번에 긋는다.
④ 선의 연결과 교차부분이 정확하게 되도록 한다.

해설 제도용구를 이용한 선 그리기
• 선을 처음 긋기 시작할 때는 긋고자 하는 선의 길이를 생각하고 긋는다.
• 선은 일관성과 통일성을 유지하며, 같은 목적으로 사용되는 선의 굵기와 진하기는 같아야 한다.
• 선을 긋는 방향은 왼쪽에서 오른쪽으로, 아래쪽에서 위쪽으로 한다.
• 선의 연결 부분과 교차 부분을 정확하게 작도한다.

17 옥상정원의 환경조건에 대한 설명으로 적합하지 않은 것은?

① 토양 수분의 용량이 적다.
② 토양 온도의 변동 폭이 크다.
③ 양분의 유실속도가 늦다.
④ 바람의 피해를 받기 쉽다.

해설 옥상은 계절에 따라 햇빛이 강할 때에는 복사열에 의하여 온도가 쉽게 올라가고 겨울에는 토양을 단단히 얼게 하여 수분의 부족을 가져오므로 양분의 유실속도가 빠르다.

18 계단의 축상(蹴上)높이가 12cm일 때 답면(踏面)의 너비는 다음 중 어느 것이 가장 적합한가?

① 20~25cm
② 26~31cm
③ 31~36cm
④ 36~41cm

해설 계단설계 시 축상(h)과 답면(b)의 관계는 $2h + b$ = 60~65cm이다.
$(2 \times 12) + x$ = 60~65cm
x = (60 − 24)~(65 − 24) = 36~41cm

19 A2 도면의 크기 치수로 옳은 것은?(단, 단위는 mm이다)

① 841×1,189
② 549×841
③ 420×594
④ 210×297

해설 도면의 치수(단위 : mm)
- A0 : 841×1,189
- A1 : 594×841
- A2 : 420×594
- A3 : 297×420
- A4 : 210×297

20 공사의 설계 및 시공을 의뢰하는 사람을 뜻하는 용어는?

① 설계자
② 발주자
③ 시공자
④ 감독자

해설
① 설계자 : 발주자와 계약을 체결한 후 충분한 자료를 수집하여 계획하고, 지식과 경험을 바탕으로 설계도면과 시방서 등을 작성하는 사람
③ 시공자 : 직영공사의 경우 시공주 자체가 시공자가 되지만 도급공사의 경우 시공주와 도급계약을 체결하여 공사를 위임받은 자 또는 회사가 시공자(도급자)가 된다.
④ 감독자 : 시공현장에서 일상적인 업무를 수행하고 단기일정을 관리하는 사람

21 흰말채나무의 설명으로 옳지 않은 것은?

① 수피가 여름에는 녹색이나 가을, 겨울철의 붉은 줄기가 아름답다.
② 잎은 대생하며, 타원형 또는 난상 타원형이고, 표면에 작은 털, 뒷면은 흰색의 특징을 갖는다.
③ 층층나무과로 낙엽활엽관목이다.
④ 노란색의 열매가 특징적이다.

해설 ④ 흰말채나무의 열매는 흰색이다.

정답 18 ④ 19 ③ 20 ② 21 ④

22 여름의 연보라 꽃과 초록의 잎 그리고 가을에 검은 열매를 감상하기 위한 지피식물은?

① 영산홍　　　　　　　　② 꽃잔디
③ 맥문동　　　　　　　　④ 칡

해설　맥문동은 상록성 지피식물로 뿌리가 보리(麥)와 닮았고, 겨울에도 얼어죽지 않는다고 하여 '맥문동(麥門冬)'이란 이름이 붙었다.

23 주목(*Taxus Cuspidata* S. et Z.)에 관한 설명으로 부적합한 것은?

① 9월경 붉은 색의 열매가 열린다.
② 큰 줄기가 적갈색으로 관상가치가 높다.
③ 맹아력이 강하며, 음수이나 양지에서도 생육이 가능하다.
④ 생장속도가 매우 빠르다.

해설　④ 주목은 생장속도가 매우 느려 10년 동안 1m 남짓 자란다.

24 다음 조경식물 중 생장속도가 가장 느린 것은?

① 배롱나무　　　　　　　② 쉬나무
③ 눈주목　　　　　　　　④ 층층나무

해설　③ 눈주목은 일본 원산으로 주목보다 생장속도가 느리고, 너비가 높이의 2배 정도로 퍼져 자란다.
　　　① 배롱나무의 새순은 세력이 좋아 도장하려는 경향이 있으므로, 일찍 아래로 구부려 생장을 억제한다.
　　　② 쉬나무는 수형이 아름답고, 대기오염에 강하며, 생장속도가 빠른 속성수이다.
　　　④ 층층나무는 그늘진 곳에서도 잘 자라고, 생장속도가 빠르며, 병충해・공해・추위에 강하다.

25 다음 중 연못가나 습지 등에서 가장 잘 견디는 수목은?

① 오리나무　　　　　　　② 향나무
③ 신갈나무　　　　　　　④ 자작나무

해설　오리나무는 메마른 땅에도 잘 견디나, 습한 땅을 좋아하는 나무이다.

26 소철(*Cycas revoluta* Thunb.)과 은행나무(*Ginkgo biloba* L.)의 공통점으로 옳은 것은?

① 속씨식물
② 자웅이주
③ 낙엽침엽교목
④ 우리나라 자생식물

해설

구 분	소 철	은행나무
번식방법	겉씨식물	겉씨식물
성 상	상록침엽관목·소교목	낙엽침엽교목
원산지	동아시아, 일본, 중국, 대만	중국 동부

27 경관의 유형 중 일시적 경관에 해당하지 않는 것은?

① 기상변화에 따른 변화
② 물 위에 투영된 영상(影像)
③ 동물의 출현
④ 산중 호수

해설 산림경관의 유형
- 전경관(Panoramic Landscape) : 넓은 초원과 같이 시야가 가리지 않고 멀리 퍼져 보임
- 지형경관(Feature Landscape) : 지형의 특징이 나타나고 있어 관찰자가 강한 인상을 받게 되는 경관
- 위요경관(Enclosed Landscape) : 평탄한 중심공간이 있고 그 주위는 숲이나 산들로 둘러싸여 있는 경관, 숲 속의 호수 등
- 초점경관(Focal Landscape) : 시설이 한곳으로 집중되는 경관
- 관개경관(Canopied Landscape) : 노폭 좁은 지역의 가로수, 터널경관, 밀림 속의 도로, 나뭇잎 사이의 햇빛과 그늘의 대비로 인한 신비 등
- 세부경관(Detail Landscape) : 관찰자가 가까이 접근하여 감상하는 경관
- 일시적 경관(Ephemeral Landscape) : 대기권의 상황변화에 따라 도습이 달라지는 경관(눈으로 덮여 있는 설경, 동물의 일시적 출현, 안개, 수면에 투영된 영상 등)

정답 26 ② 27 ④

28. 그림과 같은 축도기호가 나타내고 있는 것으로 옳은 것은?

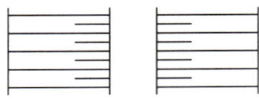

① 등고선　　② 성 토
③ 절 토　　④ 과수원

해설 축도기호

성 토	절 토

29. 수목 이식 후에 수간보호용 자재로 부피가 가장 작고 운반이 용이하며 도시 미관 조성에 가장 적합한 재료는?

① 짚　　② 새 끼
③ 거 적　　④ 녹화마대

해설 녹화마대 : 나무에 붕대를 감은 듯한 마대로 수목 굴취시 뿌리분을 감는 데 사용하며, 포트(Pot) 역할을 하여 잔뿌리 형성에 도움을 주는 환경친화적인 재료이다.

30. 목재의 방부제로 쓰이는 CCA 방부제는 어떤 성분을 주로 배합하여 만든 것인가?

① 크롬, 칼슘, 비소
② 구리, 비소, 크롬
③ 칼륨, 구리, 크롬
④ 칼슘, 칼륨, 구리

해설 방부제 이름인 CCA는 크롬(Chrome)과 구리(Copper), 비소(Arsenic)의 머리글자를 딴 것이다.

31. 우리나라 골프장 그린에 가장 많이 이용되는 잔디는?

① 블루그래스　　② 벤트그래스
③ 라이그래스　　④ 버뮤다그래스

해설 벤트그래스
잔디의 종류 중에서 가장 품질이 좋아 골프장의 그린에 많이 사용한다. 특히 그늘에서 잘 자라지 못하고 건조에도 약하여 관수를 자주 해주어야 한다. 잔디의 종류 중에서 병해충에 가장 약하며, 여름철 방제에 힘써야 한다.

32 다음 도료 중 건조가 가장 빠른 것은?

① 오일페인트 ② 바니시
③ 래 커 ④ 레이크

해설 래 커
- 자연 건조방법에 의해 상온(常溫)에서 경화된다.
- 도막의 건조시간이 빨라 백화를 일으키기 쉽다.
- 도막은 단단하고 불점착성이다.
- 내마모·내수성·내유성 등이 우수하다.
- 셀룰로스도료라고도 한다.

33 도료의 성분에 의한 분류로 틀린 것은?

① 수성페인트 : 합성수지 + 용제 + 안료
② 유성바니시 : 수지 + 건성유 + 희석제
③ 합성수지도료(용제형) : 합성수지 + 용제 + 안료
④ 생칠 : 옻나무에서 채취한 그대로의 것

해설 수성페인트는 안료를 물과 아라비아고무에 녹여 용제와 건조제 등을 고루 섞은 도료이다.

34 일반적인 금속재료의 장점이라고 볼 수 없는 것은?

① 여러 가지 하중에 대한 강도가 크다.
② 재질이 균일하고 불연재이다.
③ 각기 고유의 광택이 있다.
④ 가열에 강하고 질감이 따뜻하다.

해설 금속 재료의 장단점

장 점	• 다양한 형상의 제품을 만들 수 있고, 대규모의 공업 생산품을 공급할 수 있다. • 각기 고유한 광택이 있고, 하중에 대한 강도가 크며 재질이 균일하고 불에 타지 않는 등 물리적 성질이 우수하다.
단 점	• 가열하면 역학적 성질이 저하된다. • 녹이 슬고 부식이 되는 등 화학적 결함이 있다. • 색채와 질감이 차가운 느낌을 주며 비중이 크다.

정답 32 ③ 33 ① 34 ④

35 석회암이 변화되어 결정화한 것으로 석질이 치밀하고 견고할 뿐 아니라 외관이 미려하여 실내장식재 또는 조각재로 사용되는 것은?

① 응회암 ② 사문암
③ 대리석 ④ 점판암

해설
① 응회암은 화산재가 쌓여 생성된 암석이다.
② 사문암은 감람석이 변질된 것이다.
④ 점판암은 셰일이 변성되어 생성된 암석이다.

36 옥외조경공사 지역의 배수관 설치에 관한 설명으로 잘못된 것은?

① 관에 소켓이 있을 때는 소켓이 관의 상류쪽으로 향하도록 한다.
② 관의 이음부는 관 종류에 따른 적합한 방법으로 시공하며, 이음부의 관 내부는 매끄럽게 마감한다.
③ 경사는 관의 지름이 작은 것일수록 급하게 한다.
④ 배수관의 깊이는 동결심도 바로 위쪽에 설치한다.

해설 옥외배관은 동결심도(Freezing Depth) 이하의 깊이로 한다. 설계도면에서 특별히 정한 바가 없는 경우에는 옹벽 찰쌓기를 할 때 배수구는 PVC관(경질염화 비닐관)을 $3m^3$당 1개가 적당하다.

37 다음 중 유자격자는 모두 입찰에 참여할 수 있으며, 균등한 기회를 제공하고, 공사비 등을 절감할 수 있으나 부적격자에게 낙찰될 우려가 있는 입찰방식은?

① 특명입찰 ② 일반경쟁입찰
③ 지명경쟁입찰 ④ 수의계약

해설
① 특명입찰 : 건축주가 해당 공사에 가장 적격한 단일 도급업자를 지명하여 입찰시키는 방식
③ 지명경쟁입찰 : 건축주가 공사에 적격하다고 인정되는 3~7곳의 시공회사를 선정하여 입찰시키는 방식
④ 수의계약 : 경쟁이나 입찰에 따르지 아니하고, 일방적으로 상대편을 골라서 맺는 계약
※ 일괄입찰 : 설계와 시공을 함께 하는 입찰방식

38 표준품셈에서 조경용 초화류 및 잔디의 할증률은 몇 %인가?

① 1% ② 3%
③ 5% ④ 10%

해설 조경용 수목, 조경용 잔디의 할증률은 10%이다.

35 ③ 36 ④ 37 ② 38 ④

39 잔디의 잎에 갈색 병반이 동그랗게 생기고, 특히 6~9월경에 벤트그래스에 주로 나타나는 병해는?

① 녹 병
② 황화병
③ 브라운 패치
④ 설부병

해설 브라운패치(Brown Patch)는 서양잔디의 대표적인 병으로, 6월 하순부터 7월 사이에 기온이 20℃ 이상 다습할 때 발생하며, 한국잔디에는 거의 나타나지 않는다.

40 자연상태의 흙을 파내면 공극으로 인하여 그 부피가 늘어나게 되는데 가장 크게 부피가 늘어나는 것은?

① 모 래
② 진 흙
③ 보통흙
④ 암 석

41 소나무류의 순지르기에 알맞은 적기는?

① 1~2월
② 3~4월
③ 5~6월
④ 7~8월

해설 소나무 순따기는 해마다 5~6월경 새순이 6~9cm 자라난 무렵에 실시한다.

42 흙은 같은 양이라 하더라도 자연상태(N)와 흐트러진 상태(S), 인공적으로 다져진 상태(H)에 따라 각각 그 부피가 달라진다. 자연상태의 흙의 부피(N)를 1.0으로 할 경우 부피가 많은 순서로 적당한 것은?

① S > N > H
② S > H > N
③ N > S > H
④ N > H > S

정답 39 ③ 40 ④ 41 ③ 42 ①

43 조경수목에 사용되는 농약과 관련된 내용으로 부적합한 것은?

① 농약은 다른 용기에 옮겨 보관하지 않는다.
② 살포작업은 아침·저녁 서늘한 때를 피하여 한낮 뜨거운 때 살포한다.
③ 살포작업 중에는 음식을 먹거나 담배를 피우면 안된다.
④ 농약 살포작업은 한 사람이 2시간 이상 계속하지 않는다.

해설 ② 살포작업은 비가 오지 않고 바람이 불지 않는 맑은 날, 한 낮의 뜨거운 때를 피해 아침이나 저녁 등 서늘하고 바람이 적을 때 실시한다.

44 다음 중 잔디깎기의 설명이 잘못된 것은?

① 잘려진 잎은 한곳에 모아서 버린다.
② 가뭄이 계속될 때는 짧게 깎아준다.
③ 일정한 주기로 깎아준다.
④ 일반적으로 난지형 잔디는 고온기에 잘 자라므로 여름에 자주 깎아야 한다.

해설 **잔디깎기 작업**
- 지나치게 길게 자라도록 방치하지 않는다.
- 잘려진 잎은 작업이 끝나는 대로 갈퀴로 긁어모아 걷어낸다. 다만, 가뭄이 심할 때에는 그대로 방치하여 건조방지에 도움이 되게 한 후 걷어낸다.
- 깎은 뒤에는 거름을 준다.
- 잔디깎는 높이와 빈도는 규칙적이어야 하며, 불규칙한 잔디깎기는 오히려 해롭다.
- 잔디깎는 기계의 방향이 계획적이고 규칙적이어야 하며, 날이 잘 안들어 잎이 찢어지는 일이 없도록 해야 한다.

45 지반검사를 통해 알 수 있는 정보가 아닌 것은?

① 토 질
② 지층 N값
③ 지하수위
④ 기상상태

해설 **지반조사** : 지반을 구성하는 지층 및 토층의 형성, 지하수의 상태, 각 층의 토질 등을 알아내 구조물을 계획, 설계 및 시공하는 데 필요한 기초 자료를 구하는 조사

46 흙쌓기 작업 시 가라앉을 것을 예측하여 더돋기를 하는데, 이때 일반적으로 계획된 높이보다 어느 정도 더 높이 쌓아 올리는가?

① 1~5%   ② 10~15%
③ 20~25%   ④ 30~35%

해설 토질, 성토높이, 시공방법 등에 따라 다르나 대개는 높이 10~15% 미만이다.

47 벽면적 4.8m² 크기에 1.5B 두께로 붉은벽돌을 쌓고자 할 때 벽돌의 소요매수는?(단, 줄눈의 두께는 10mm이고, 할증률을 고려한다)

① 925매   ② 963매
③ 1,109매   ④ 1,245매

해설 1m²당 벽돌의 소요매수는 224장이므로, 224매/m² × 4.8m² = 1,075.2매
할증률은 3%이므로, 1,075.2매 × 1.03 = 1,107.456매 ≒ 1,109매

48 다음 중 시멘트의 응결시간에 가장 영향이 적은 것은?

① 수량(水量)   ② 온 도
③ 분말도   ④ 골재의 입도

해설 ④ 시멘트는 분말도가 클수록, 온도가 높을수록, 단위수량이 적을수록 응결시간이 단축되며, 골재의 입도는 응결시간보다는 콘크리트의 워커빌리티에 미치는 영향이 더 크다.
※ 워커빌리티에 영향을 미치는 요인 : 시멘트의 성질(종류·분말도·풍화도), 단위시멘트량, 단위수량, 물-시멘트비, 골재의 입형·입도, 잔골재율, 공기량, 혼화재료, 비빔시간, 온도 등

49 일반 콘크리트는 타설 뒤 몇 주일 정도 지나야 콘크리트가 지니게 될 강도의 80% 정도에 해당되는가?

① 1주일   ② 2주일
③ 3주일   ④ 4주일

해설 사주 압축 강도(Four Week Age Compressive Strength)는 시멘트·콘크리트의 재령(材齡) 4주일 때의 강도로, 설계상의 기준강도로 되어 있다.

정답 46 ② 47 ③ 48 ④ 49 ④

50 인공폭포, 수목보호판을 만드는 데 가장 많이 이용되는 제품은?

① 유리섬유 강화플라스틱
② 식생호안블록
③ 콘크리트격자블록
④ 유리블록제품

해설 유리섬유 강화플라스틱(FRP ; Fiberglass Reinforced Plastic)
최근 가장 많이 쓰이는 플라스틱재료로, 강도가 약한 플라스틱에 강화제인 유리섬유를 넣어 성질을 개량한 플라스틱이며 벤치, 미끄럼대의 미끄럼판, 인공폭포, 인공암, 화분대, 수목보호판 등에 사용된다.

51 다음 비오톱에 관한 설명 중 잘못된 것은?

① 도시(농촌) 비오톱 지도는 도시(농촌)경관생태계획의 핵심적 기초자료이다.
② 도시 비오톱은 생물 서식 공간을 의미하기도 한다.
③ 도시 비오톱은 도시민에게 중요한 휴양 및 자연체험 공간을 제공해 준다.
④ 벽면 녹화 및 옥상정원 등은 소규모 비오톱공간으로 볼 수 없다.

해설 비오톱(Biotope)
그리스어로 생명을 의미하는 비오스(Bios)와 땅을 의미하는 토포스(Topos)가 결합하여 만들어진 말로, 다양한 생물종의 서식 공간을 제공하기 위하여 인공적으로 조성한 설치물이나 장소를 말한다.

52 다음 설명하는 해충으로 가장 적합한 것은?

- 유충은 적색, 분홍색, 검은색이다.
- 끈끈한 분비물을 분비한다.
- 식물의 어린잎이나 새가지, 꽃봉오리에 붙어 수액을 빨아먹어 생육을 억제한다.
- 점착성 분비물을 배설하여 그을음병을 발생시킨다.

① 응 애   ② 솜벌레
③ 진딧물   ④ 깍지벌레

53 조경설계기준상의 계단설계 기준으로 옳지 않은 것은?

① 계단의 바닥은 미끄러움을 방지할 수 있는 구조로 한다.
② 옥외에 설치하는 계단은 최소 2단 이상을 설치하여야 한다.
③ 계단의 경사는 최대 30~35°가 넘지 않도록 해야 한다.
④ 계단의 높이가 5m 이상이 될 때에만 중간에 계단참을 설치한다.

해설 ④ 높이 2m를 넘는 계단에는 2m 이내마다 해당 계단의 유효폭 이상의 폭으로 너비 120cm 이상인 참을 둔다.

54 표면건조 내부포수상태의 골재에 포함하고 있는 흡수량의 절대건조상태의 골재 중량에 대한 백분율은 다음 중 무엇을 기초로 하는가?

① 골재의 함수율
② 골재의 조립률
③ 골재의 표면수율
④ 골재의 흡수율

해설 골재의 흡수율 = $\dfrac{\text{표면건조포화상태의 무게} - \text{절대건조상태의 무게}}{\text{절대건조상태의 무게}} \times 100$

55 일반적으로 돌쌓기 시공상 유의할 점으로 틀린 것은?

① 밑돌은 가장 큰 돌을 쌓고, 아래 부위에 쌓을수록 비교적 큰 돌을 쌓아 안전도를 높인다.
② 돌끼리 접촉이 좋도록 하고, 굄돌을 사용하여 안정되게 놓는다.
③ 줄눈 두께는 9~12mm로 통줄눈이 되도록 한다.
④ 모르타르 배합비는 보통 1 : 2~1 : 3으로 한다.

해설 돌쌓기의 세로줄눈이 일직선이 되는 통줄눈을 피하고, 막힘줄눈이 되도록 쌓는다.

56 도시공원 및 녹지 등에 관한 법률에 의한 어린이공원의 기준에 관한 설명으로 옳은 것은?

① 유치거리는 500m 이하로 제한한다.
② 1개소 면적은 1,200m² 이상으로 한다.
③ 공원시설 부지면적은 전체 면적의 60% 이하로 한다.
④ 공원구역경계로부터 500m 이내에 거주하는 주민 250명 이상의 요청 시 어린이공원 조성계획의 정비를 요청할 수 있다.

해설
① 유치거리는 250m 이하로 제한한다.
② 1개소 면적은 1,500m² 이상으로 한다.
④ 공원구역경계로부터 250m 이내에 거주하는 주민 500명 이상의 요청 시 어린이공원 조성계획의 정비를 요청할 수 있다.

57 다음 설명하는 특징을 갖는 조명등은?

- 조명등 중 전기효율이 높은 편이다.
- 빛이 먼 거리까지 잘 비쳐 가로등이나 각종 시설조명으로 사용된다.
- 발광색은 노란색이어서 매우 특징적이므로 미적효과를 연출하기 용이하다.
- 곤충들이 모여 들지 않는 특징이 있다.

① 할로겐등　　② 형광등
③ 수은등　　　④ 나트륨등

해설 나트륨등은 안개 속에서도 빛을 잘 투과하여 장애물 발견에 유효하다는 점에서 교량, 고속도로, 일반도로, 터널 내의 조명 등에 사용된다.

58 다음 중 시방서의 기재사항이 아닌 것은?

① 재료의 종류 및 품질
② 건물인도의 시기
③ 재료의 검사에 관한 방법
④ 시공방법의 정도 및 완성에 관한 사항

해설 **시방서**
- 공사의 개요, 도면에 기재할 수 없는 공사내용을 기재한 것이며 시공상의 일반적인 주의사항을 쓴 것으로, 공사시행의 기초가 되며 내역서 작성의 기초 자료가 된다.
- 설계도면에 표시하기 어려운 재료의 종류나 품질, 시공방법, 재료 검사방법 등에 대해 충분히 알 수 있도록 글로 작성하여 설계상의 부족한 부분을 규정하여 보충한 문서이다.

59 다음에 해당하는 벌칙 기준은?

┤보기├
- 규정을 위반하여 도시공원에 입장하는 사람으로부터 입장료를 징수한 자
- 허가를 받지 아니하거나 허가받은 내용을 위반하여 도시공원 또는 녹지에서 시설·건축물 또는 공작물을 설치한 자

① 2년 이하의 징역 또는 3,000만원 이하의 벌금
② 1년 이하의 징역 또는 1,000만원 이하의 벌금
③ 1년 이하의 징역 또는 500만원 이하의 벌금
④ 1년 이하의 징역 또는 3,000만원 이하의 벌금

해설 벌칙(도시공원 및 녹지 등에 관한 법률 제53조)
다음의 어느 하나에 해당하는 자는 1년 이하의 징역 또는 1,000만원 이하의 벌금에 처한다.
1. 위탁 또는 인가를 받지 아니하고 도시공원 또는 공원시설을 설치하거나 관리한 자
2. 허가를 받지 아니하거나 허가받은 내용을 위반하여 도시공원 또는 녹지에서 시설·건축물 또는 공작물을 설치한 자
3. 거짓이나 그 밖의 부정한 방법으로 따른 허가를 받은 자
4. 규정을 위반하여 도시공원에 입장하는 사람으로부터 입장료를 징수한 자

60 어린이 놀이시설 설치에 대한 설명으로 옳지 않은 것은?

① 시소는 출입구에 가까운 곳, 휴게소 근처에 배치하도록 한다.
② 미끄럼대의 미끄럼판의 각도는 일반적으로 30~40° 정도의 범위로 한다.
③ 그네는 통행이 많은 곳을 피하여 동서방향으로 설치한다.
④ 모래터는 하루 4~5시간의 햇볕이 쬐고 통풍이 잘 되는 곳에 위치한다.

해설 ③ 그네는 햇빛을 마주하지 않도록 북향 또는 동향으로 배치한다.

정답 59 ② 60 ③

2023년 제 1 회 | 과년도 기출복원문제

01 조선시대 창덕궁의 후원(비원, 秘苑)을 가리키던 용어로 가장 거리가 먼 것은?
① 북원(北苑)
② 후원(後園)
③ 금원(禁苑)
④ 유원(留園)

해설 창덕궁 후원의 명칭 변화
후원(後園, 태종실록) → 후원(後苑, 세종실록, 동국여지승람, 애연정기) → 북원(北苑, 세종실록) → 금원(禁苑, 영조실록) → 비원(秘苑, 순종실록)

02 다음 자연식 조경 중 물을 전혀 사용하지 않고 나무, 바위와 왕모래 등으로 상징적인 정원을 만드는 양식은?
① 전원풍경식
② 회유임천식
③ 고산수식
④ 중정식

해설 일본의 고산수식(枯山水式) 정원
• 일본의 고산수식 정원은 잦은 전란으로 재정적 여유가 없어져 축소 지향적인 일본의 민족성과 극도의 상징성이 반영된 정원양식이다.
• 대선원은 초기의 고산수식 정원이며 그 표현 내용은 정토세계, 신선사상이었다.
• 선(禪)사상이 정원축조의 의도에 강한 영향을 미쳐 경관의 상징화 내지는 추상화의 경향이 나타났다.

03 '사자(死者)의 정원'이라는 이름의 묘지정원을 조성한 고대 정원은?
① 그리스 정원
② 바빌로니아 정원
③ 페르시아 정원
④ 이집트 정원

해설 고대 이집트 조경에는 주택정원, 신전정원, 묘지정원(사자의 정원) 등이 있다.
※ 사자(死者)의 정원 : 이집트에서 죽은 자를 위해서 무덤 앞에 소정원을 꾸몄다.

정답 1 ④ 2 ③ 3 ④

04 스페인 정원양식과 관련이 없는 것은?

① 비스타
② 분수
③ 색채타일
④ 대리석과 벽돌

해설 ① 비스타는 통경선이라고도 하며, 좌우로의 시선을 제한하여 전방의 일정 지점으로 시선을 집중시키는 경관으로, 강한축과 대칭성에 중점을 둔 프랑스의 평면기하학식 정원에 많이 쓰였다.
스페인정원의 특징
- 중정 구성이 독특하고 물과 분수를 풍부하게 이용
- 대리석과 벽돌을 이용한 기하학적 형태
- 다채로운 색채를 도입한 섬세한 장식
- 스페인의 남부지방인 안달루시아에서 번영

05 각 국가별로 중요 조경유적의 연결이 바른 것은?

① 고구려 – 궁남지(宮南池)
② 신라 – 임류각(臨流閣)
③ 고려 – 동지(東池)
④ 백제 – 감은사(感恩寺)

해설
① 백제 무왕 : 궁남지(宮南池)
② 백제 동성왕 : 임류각(臨流閣)
④ 신라 문무왕 : 감은사(感恩寺)

06 19세기 미국에서 식민지 시대의 사유지 중심의 정원에서 공공적인 성격을 지닌 조경으로 전환되는 전기를 마련한 것은?

① 버컨헤드파크
② 센트럴파크
③ 프랭클린파크
④ 프로스펙트파크

해설 센트럴파크는 프레드릭 로 옴스테드(Frederick Law Olmsted)와 캘버트 보(Calvert Vaux)가 설계한 공원으로, 미국에서 재정적으로 성공하였으며 도시공원의 효시로 국립공원운동의 계기를 마련한 공원이다.

07 원야(園冶)는 누구의 저술서인가?

① 주돈이
② 구영수
③ 계성
④ 문진향

해설 계성의 원야(園冶, 1634) : 중국 정원에 대한 기록물로 3권 10항목으로 구성되어 있다.

정답 4 ① 5 ③ 6 ② 7 ③

08 실선의 굵기에 따른 종류(굵은선, 중간선, 가는선)와 용도가 바르게 연결되어 있는 것은?

① 굵은선 – 도면의 윤곽선
② 중간선 – 치수선
③ 가는선 – 단면선
④ 가는선 – 파선

해설 굵기에 따른 선의 종류
- 굵은선 : 도면의 윤곽선, 건물의 외곽선, 단면선 등
- 중간선 : 작은 규모의 단면선, 물체의 외곽선, 경계선, 파선 등
- 가는선 : 문자 보조선, 질감, 치수선, 지시선, 해칭선, 인출선 등

09 설계안이 완공되었을 경우를 가정하여 설계 내용을 실제 눈에 보이는 대로 절단한 면에서 먼 곳에 있는 것은 작게, 가까이 있는 것은 크고 깊이가 있게 하나의 화면에 그리는 것은?

① 평면도
② 조감도
③ 투시도
④ 상세도

해설
① 평면도 : 조경설계의 가장 기본적인 도면으로 물체를 위에서 바라 본 것을 가정하고 작도하는 설계도
② 조감도 : 설계 대상지 전체를 내려다 볼 수 있을 정도의 높은 곳에서 보이는 모습을 투시도 작도법으로 그린 그림
④ 상세도 : 일반 평면도나 단면도에서 잘 나타나지 않는 세부 사항을 시공이 가능하도록 표현한 도면

10 KS규격에서 정하는 설계 도면상 표현되는 대상물의 치수를 보여주는 기본단위는 무엇인가?

① 밀리미터(mm)
② 센티미터(cm)
③ 미터(m)
④ 인치(inch)

11 다음 중 어린이들의 물놀이를 위해서 만든 얕은 물놀이터는?

① 도섭지
② 포석지
③ 폭포지
④ 천수지

해설 도섭지 : 발물놀이터라고도 하며, 여름철 어린이들의 물놀이를 위해 만든 얕은 연못이나 수로 형태의 수경시설물이다.

12 채도대비에 의해 주황색 글씨를 보다 선명하게 보이도록 하려면 바탕색으로 어떤 색이 가장 적합한가?

① 빨간색   ② 노란색
③ 파란색   ④ 회 색

해설 채도대비 : 색상, 명도와 함께 색의 주요 속성이며, 색이 선명할수록 채도가 높고, 무채색(흰색, 회색, 검정색)일수록 채도가 낮다. 채도 차가 큰 두 색을 인접하여 배치하면 채도가 높은 색은 더욱 선명하게 보이고, 채도가 낮은 색은 더욱 탁해 보이는데, 이를 채도대비라고 한다.

13 독도는 광활한 바다에 우뚝 솟은 바위섬이다. 독도의 전망대에서 바라보는 경관의 유형으로 가장 적합한 것은?

① 파노라마 경관   ② 지형경관
③ 위요경관   ④ 초점경관

해설 파노라마 경관 : 시야를 제한받지 않고 멀리까지 트인 경관으로 전 경관이라고도 한다.

14 주로 장독대, 쓰레기통, 빨래건조대 등을 설치하는 주택정원의 적합 공간은?

① 안 뜰   ② 앞 뜰
③ 작업뜰   ④ 뒤 뜰

해설 주택정원
- 주정(안뜰) : 거실과 인접한 공간으로 주택내에서 가장 중요한 공간이다. 가족의 휴식이 이루어지는 장소로써 테라스, 연못, 화단, 산책길, 수영장 등 가장 특색있게 꾸며야 한다.
- 전정(앞뜰) : 대문과 현관 사이에 끼어있는 공간으로 대문, 진입로, 주차장, 차고 등으로 구성되며 수목이나 초화류, 분수 등으로 과장되게 처리하지 말고 단순하고 경쾌하게 치장하는 것이 좋다.
- 작업정 : 주방, 세탁실, 다용도실 등과 연결되어 장독대, 건조장, 쓰레기장 등으로 사용되므로 전정이나 주정과는 시각적으로 차단되면서 동선의 연결이 필요하다.
- 후정 : 침실에 인접한 공간으로써 정숙한 분위기를 갖는 공간이다. 외국의 경우 일광욕실 등 폐쇄된 외딴 장소로 이용하는 경우가 흔히 있다.

15 주택단지의 대지를 이용형태에 따라 분류한 것으로 틀린 것은?

① 건축용   ② 교통용
③ 녹지용   ④ 도보용

해설 주택단지의 대지는 이용형태에 따라 건축용, 교통용, 녹지용으로 나뉜다.

정답 12 ④   13 ①   14 ③   15 ④

16 다음 중 몰(Mall)에 대한 설명으로 옳지 않은 것은?

① 도시환경을 개선하는 한 방법이다.
② 차량은 전혀 들어갈 수 없게 만들어진다.
③ 보행자 위주의 도로이다.
④ 원래의 뜻은 나무그늘이 있는 산책길이란 뜻이다.

해설 몰(Mall)은 '나무그늘이 있는 산책로'란 뜻이며, 최근에는 단순히 통행을 위한 도로만이 아니라 광장, 벤치, 분수 등 가로장치물을 배치하여 휴식, 놀이, 모임 등의 기능을 부여한 것을 가리킨다. 최근에는 상점가 등에 설치되어 있는 보행자 전용의 쇼핑몰(Pedestrian Mall)을 말할 때가 많다. 또한 일반의 자동차교통을 배제하고 버스, 노면전차 등 공공교통수단을 배치하여 보행자의 안전과 교통수단을 모두 확보한 것을 트랜짓몰(Transit Mall)이라 한다.

17 조경계획과정에서 자연환경분석의 요인이 아닌 것은?

① 기 후　　　② 지 형
③ 식 물　　　④ 역사성

해설 환경분석대상
- 자연환경분석 : 지형, 토양, 수문, 식생, 야생동물, 기후, 경관 등
- 인문환경분석 : 인구, 토지이용, 교통, 시설물, 역사적 유물, 인간행태, 공간의 수요량 등

18 평판을 정치(세우기)하는 데 오차에 가장 큰 영향을 주는 항목은?

① 수평맞추기(정준)　　　② 중심맞추기(구심)
③ 방향맞추기(표정)　　　④ 모두 같다.

해설 방향맞추기 오차는 평판측량에서 평판을 정치하는 데 생기는 오차 중 측량결과에 가장 큰 영향을 주므로 특히 주의해야 한다.
※ 평판측량 시 표정(標定)조건
- 정치 : 수평을 맞춤
- 정위 : 방위를 맞춤
- 치심 : 수직을 맞춤

정답　16 ②　17 ④　18 ③

19 골프장 코스를 구성하는 요소 중 페어웨이와 그린 주변에 모래 웅덩이를 조성해 놓은 곳은?

① 티
② 벙커
③ 헤저드
④ 러프

해설
② 벙커(Bunker) : 모래를 깔아 놓은 요지(凹地)로서 골프장 코스 내에 있는 장애물의 일종으로, 그린 근처에 있는 그린 벙커(Green Bunker)와 페어웨이 중간에 있는 크로스 벙커(Cross Bunker)로 구분함
① 티(Tee) : 출발점 지역
③ 헤저드(Hazard) : 코스 내에 설치된 개천이나 연못이나 벙커 등의 장애물
④ 러프(Rough) : 그린이나 페어웨이 등의 주변의 잔디풀이 길게 자라고 있는 곳

20 조경의 기본계획에서 일반적으로 토지이용 분류, 적지분석, 종합배분의 순서로 이루어지는 계획은?

① 동선계획
② 시설물 배치계획
③ 토지이용계획
④ 식재계획

해설
기본계획
- 토지이용계획 : 토지이용 분류, 적지분석, 종합배분
- 교통동선계획 : 교통동선의 계획과정, 교통동선체계
- 시설물 배치계획 : 시설물 평면계획, 시설물의 배치(시설물의 형태·재료·색채)
- 식재계획 : 수종 선택, 배식, 녹지체계
- 하부구조계획 : 가능한 한 지하로 매설하여 경관을 살리며, 안전성을 높이고 보수가 용이하도록 한다.
- 집행계획 : 투자계획, 법규검토, 유지관리계획

21 여러해살이 화초에 해당되는 것은?

① 베고니아
② 금어초
③ 맨드라미
④ 금잔화

해설
여러해살이 화초 : 넝쿨장미, 튤립, 초롱꽃, 베고니아, 수선화, 아네모네, 제라늄, 히아신스, 국화, 부용, 꽃창포, 도라지꽃 등

22 일반적으로 제재된 목재의 기건상태는 함수율이 몇 %일 때인가?

① 약 5%
② 약 15%
③ 약 30%
④ 약 50%

해설 대기 중에서의 목재의 평균 함수율은 약 15%이다.

23 다음 중 기준점 및 규준틀에 관한 설명으로 틀린 것은?

① 규준틀은 공사가 완료된 후에 설치한다.
② 규준틀은 토공의 높이, 너비 등의 기준을 표시한 것이다.
③ 기준점은 이동의 염려가 없는 곳에 설치한다.
④ 기준점은 최소 2개소 이상의 여러 곳에 설치한다.

해설 규준틀은 공사 착수에 있어서 대지에 건축물의 위치를 결정하기 위해 설치한다.

24 가죽나무가 해당되는 과(科)는?

① 운향과
② 멀구슬나무과
③ 소태나무과
④ 콩 과

25 이팝나무와 조팝나무에 대한 설명으로 옳지 않은 것은?

① 이팝나무의 열매는 타원형의 핵과이다.
② 환경이 같다면 이팝나무가 조팝나무보다 꽃이 먼저 핀다.
③ 과명은 이팝나무는 물푸레나무과(科)이고, 조팝나무는 장미과(科)이다
④ 성상은 이팝나무는 낙엽활엽교목이고, 조팝나무는 낙엽활엽관목이다.

해설 ② 조팝나무가 4~5월에 개화를 하므로 5월경에 개화를 하는 이팝나무에 비하여 약간 이르게 피는 셈이다.

26 줄기가 아래로 늘어지는 생김새의 수간을 가진 나무의 모양을 무엇이라 하는가?

① 쌍 간
② 다 간
③ 직 간
④ 현 애

해설 ④ 현애 : 고산지대의 높은 벼랑에 늘어져 생장하고 있는 형태를 묘사한 것으로, 묘목 때부터 밑 부분의 가지에 곡을 주어 아래로 늘어지게 만든 수형이다.
① 쌍간 : 같은 뿌리 밑부터 두 갈래로 균형감 있고 안정적으로 갈라져 자라는 수형으로, 두 가지 중 한 가지는 크고 굵어야 하며, 같은 방향으로 윗가지도 같이 자라게 한다.
② 다간 : 한 뿌리에서 3개 이상의 줄기가 나와 자라난 형태의 수형으로, 줄기 수는 반드시 홀수여야 하며, 줄기가 10개를 넘으면 줄기 수에 상관없고, 굵은 줄기를 주간으로 전체 수형이 삼각형을 이루듯 심는다.
③ 직간 : 하나의 곧은 줄기가 위로 솟은 나무로, 하부에서 상부로 올라가면서 자연스럽게 가늘어지고, 가지도 순서 있게 좌우전후로 엇갈려 뻗은 모양의 수형이다.

27 땅속 줄기가 옆으로 뻗으면서 죽순이 나와서 높이 2~20m, 지름 2~5cm 정도로 자라며 속이 비어 있다. 줄기가 첫해에는 녹색이고, 2년째부터 검은 자색이 짙어져 간다. 잎은 바소 모양이고 잔톱니가 있으며 어깨털은 5개 내외로 곧 떨어지는 반죽이라고 불리는 수종은?

① 왕 대
② 조릿대
③ 오 죽
④ 맹종죽

28 다음 [보기]에서 설명하는 수종은?

> [보기]
> - 낙엽활엽교목으로 부채꼴형 수형이다.
> - 야합수(夜合樹)라 불리기도 한다.
> - 여름에 피는 꽃은 분홍색으로 화려하다.
> - 천근성 수종으로 이식에 어려움이 있다.

① 자귀나무
② 치자나무
③ 은목서
④ 서 향

29 소나무 이식 후 줄기에 새끼를 감고 진흙을 바르는 가장 주된 목적은?

① 건조로 말라 죽는 것을 막기 위하여
② 줄기가 햇빛에 타는 것을 막기 위하여
③ 추위에 얼어 죽는 것을 막기 위하여
④ 소나무좀의 피해를 예방하기 위하여

해설 소나무 이식 후 줄기에 새끼를 감고 진흙을 바르는 가장 주된 목적은 소나무좀의 피해를 방지하기 위함이다.

30 다음 수종들 중 단풍이 붉은색이 아닌 것은?

① 신나무
② 복자기
③ 화살나무
④ 고로쇠나무

해설 **단 풍**
- 붉은색(안토시안 색소) : 감나무, 옻나무, 단풍나무류, 담쟁이덩굴, 붉나무, 화살나무, 산딸나무, 산벚나무 등
- 노란색(카로티노이드 색소) : 갈참나무, 고로쇠나무, 낙우송, 느티나무, 백합나무, 은행나무, 일본잎갈나무, 칠엽수 등

정답 27 ③ 28 ① 29 ④ 30 ④

31 자연석의 설명으로 틀린 것은 어느 것인가?

① 산석 및 강석은 50~100cm 정도의 돌로 주로 경관석, 석가산용으로 쓰인다.
② 호박돌은 수로의 사면보호, 연못바닥, 원로의 포장 등에 주로 쓰인다.
③ 자연잡석은 지름 30~50cm 정도의 돌로 주로 견치석 쌓기에 쓰인다.
④ 자갈은 지름 2~3cm 정도이며, 콘크리트의 골재, 석축의 메움돌 등으로 주로 쓰인다.

[해설] ③ 자연잡석은 지름 20~30cm 정도의 돌로 주로 기초용 및 뒤채움용으로 많이 사용한다.

32 다음 골재의 입도(粒度)에 대한 설명 중 옳지 않은 것은?

① 입도시험을 위한 골재는 4분법이나 시료분취기에 의하여 필요한 양을 채취한다.
② 입도란 크고 작은 골재립(粒)이 혼합되어있는 정도를 말하며 체가름시험에 의하여 구할 수 있다.
③ 입도가 좋은 골재를 사용한 콘크리트는 공극이 커지기 때문에 강도가 저하한다.
④ 입도곡선이란 골재의 체가름시험 결과를 곡선으로 표시한 것이며 입도곡선이 표준입도곡선 내에 들어가야 한다.

[해설] ③ 입도가 좋은 골재를 사용한 콘크리트는 공극이 작아져 강도가 증가한다.

33 접착제로 사용되는 다음 수지 중 접착력이 제일 우수한 것은?

① 요소수지
② 에폭시수지
③ 멜라민수지
④ 페놀수지

[해설] 에폭시수지는 금속의 접착성이 크고, 내약품성이 양호하며 내열성이 우수하다.

34 시멘트의 강열감량(Ignition Loss)에 대한 설명으로 틀린 것은?

① 시멘트 중에 함유된 H_2O와 CO_2의 양이다.
② 클링커와 혼합하는 석고의 결정수량과 거의 같은 양이다.
③ 시멘트에 약 1,000℃의 강한 열을 가했을 때의 시멘트 감량이다.
④ 시멘트가 풍화하면 강열감량이 적어지므로 풍화의 정도를 파악하는 데 사용된다.

[해설] **강열감량(Ignition Loss)** : 시료를 어떤 일정한 온도로 강열한 경우 감소되는 질량을 원래의 질량에 대한 백분율로 나타낸 값으로, 시멘트의 풍화도를 확인하는 척도로 쓰이며, KS규격에서는 3%로 규정하고 있다.

정답 31 ③ 32 ③ 33 ② 34 ④

35 단위용적중량이 1,700kgf/m³, 비중이 2.6인 골재의 공극률은 약 얼마인가?

① 34.6% ② 52.94%
③ 3.42% ④ 5.53%

해설 공극률 = $\frac{(2.6-1.7)}{2.6} \times 100 = 34.6\%$

※ 단위중량 단위 : 1g/cm³ = 1ton/m³ = 9.81kN/m³ = 0.0361lbf/in³
(∵ 1ton = 1,000kgf)

36 다음 중 여성토의 정의로 가장 알맞은 것은?

① 가라앉을 것을 예측하여 흙을 계획높이보다 더 쌓는 것
② 중앙분리대에서 흙을 볼록하게 쌓아 올리는 것
③ 옹벽 앞에 계단처럼 콘크리트를 쳐서 옹벽을 보강하는 것
④ 잔디밭에서 잔디에 주기적으로 뿌려 뿌리가 노출되지 않도록 준비하는 토양

해설 더돋기(여성토) : 토적의 축소에 대하여 충분한 높이와 용적을 가지게 하기 위하여 미리 흙을 더 쌓는 작업

37 주차장법 시행규칙상 주차장의 주차단위 구획기준은?(단, 평행주차형식 외의 장애인 전용방식이다)

① 2.0m 이상×4.5m 이상
② 3.0m 이상×5.0m 이상
③ 2.3m 이상×4.5m 이상
④ 3.3m 이상×5.0m 이상

해설 주차장의 주차구획 - 평행주차형식 외의 경우

구 분	너 비	길 이
경 형	2.0m 이상	3.6m 이상
일반형	2.5m 이상	5.0m 이상
확장형	2.6m 이상	5.2m 이상
장애인 전용	3.3m 이상	5.0m 이상
이륜자동차 전용	1.0m 이상	2.3m 이상

※ 일반형 : 중형 및 중형SUV, 확장형 : 대형·대형SUV·승합차·소형트럭

정답 35 ① 36 ① 37 ④

38 돌쌓기의 종류 가운데 돌만을 맞대어 쌓고 뒷채움은 잡석, 자갈 등으로 하는 방식은?

① 찰쌓기 ② 메쌓기
③ 골쌓기 ④ 켜쌓기

해설
① 찰쌓기 : 뒤채움에 콘크리트를 사용하고, 줄눈에 모르타르를 사용하여 쌓는다.
③ 골쌓기 : 막돌, 깬돌, 깬잡석을 사용하여 줄눈을 파상 또는 골을 지어 가며 쌓는 방법이다.
④ 켜쌓기 : 마름돌을 사용하여 돌 한 켠의 가로줄눈이 수평적 직선이 되도록 쌓는다.

39 도시공원 및 녹지 등에 관한 법률에서 규정한 편익시설로만 구성된 공원시설들은?

① 주차장, 매점 ② 박물관, 휴게소
③ 야외음악당, 식물원 ④ 그네, 미끄럼틀

해설 공원시설 중 편익시설
- 우체통, 공중전화실, 휴게음식점, 일반음식점, 약국, 수화물 예치소, 전망대, 시계탑, 음수장, 제과점 및 사진관, 그 밖에 이와 유사한 시설로서 공원이용객에게 편리함을 제공하는 시설
- 유스호스텔
- 선수 전용 숙소, 운동시설 관련 사무실, 대형마트 및 쇼핑센터

40 조경공사의 시공자 선정방법 중 일반 공개경쟁입찰방식에 관한 설명으로 옳은 것은?

① 예정가격을 비공개로 하고 견적서를 제출하여 경쟁입찰에 단독으로 참가하는 방식
② 계약의 목적, 성질 등에 따라 참가자의 자격을 제한하는 방식
③ 신문, 게시 등의 방법을 통하여 다수의 희망자가 경쟁에 참가하여 가장 유리한 조건을 제시한 자를 선정하는 방식
④ 공사 설계서와 시공도서를 작성하여 입찰서와 함께 제출하여 입찰하는 방식

해설 ① 수의계약, ② 제한경쟁입찰, ④ 일괄입찰

41 다음 [보기]가 설명하는 특징의 건설장비는?

> 보기
> - 기동성이 뛰어나고, 대형목의 이식과 자연석의 운반, 놓기, 쌓기 등에 가장 많이 사용된다.
> - 기계가 서 있는 지반보다 낮은 곳의 굴착에 좋다.
> - 파는 힘이 강력하고 비교적 경질지반도 적응한다.
> - Drag Shovel이라고도 한다.

① 로더(Loader)
② 백호(Back Hoe)
③ 불도저(Bull Dozer)
④ 덤프트럭(Dump Truck)

해설
① 상차용 기계
③ 배토정지용 기계
④ 운반용 기계

42 줄기감기를 하는 목적이 아닌 것은?

① 수분 증발을 활성화시키고자
② 병해충의 침입을 막고자
③ 강한 태양광선으로부터 피해를 방지하고자
④ 물리적 힘으로부터 수피의 손상을 방지하고자

해설 줄기감기(줄기싸기, 수피감기) : 줄기로부터의 수분 증산을 억제하고, 해충의 침입을 방지하며, 강한 햇빛과 추위로부터 수피를 보호하기 위하여 새끼나 마대로 줄기를 감아 주는 것을 줄기감기라고 하는데, 감은 줄기나 마대 위에 진흙을 발라 주기도 한다.

43 생울타리처럼 수목이 대상으로 군식 되었을 때 거름 주는 방법으로 가장 적당한 것은?

① 전면 거름주기
② 방사상 거름주기
③ 천공 거름주기
④ 선상 거름주기

해설
① 전면 거름주기 : 한 그루씩 거름을 줄 경우, 뿌리가 확장되어 있는 부분을 뿌리가 나오는 곳까지 전면으로 땅을 파고 거름을 주는 방법이다.
② 방사상 거름주기 : 파는 도랑의 깊이는 바깥쪽일수록 깊고 넓게 파야 하며, 선을 중심으로 하여 길이는 수관폭의 1/3 정도로 한다.
③ 천공 거름주기 : 수관선상에 깊이 20cm 정도의 구멍을 군데군데 뚫고 거름을 주는 방법으로, 액비를 비탈면에 줄 때 적용한다.

정답 41 ② 42 ① 43 ④

44 배롱나무, 장미 등과 같은 내한성이 약한 나무의 지상부를 보호하기 위하여 쓰이는 월동 방법으로 가장 적합한 것은?

① 흙묻기　　② 새끼감기
③ 연기씌우기　　④ 짚싸기

해설　내한성이 약한 수목은 지제부와 수간을 볏짚이나 새끼끈으로 싸주고, 상열을 막기 위해 유지나 녹화마대로 수간 전체를 감싸는 것이 바람직하다.

45 다음 중 순공사원가를 가장 바르게 표시한 것은?

① 재료비 + 노무비 + 경비
② 재료비 + 노무비 + 일반관리비
③ 재료비 + 일반관리비 + 이윤
④ 재료비 + 노무비 + 경비 + 일반관리비 + 이윤

46 잔디밭에서 많이 발생하는 잡초인 클로버(토끼풀)를 제초하는 데 가장 효율적인 것은?

① 베노밀 수화제　　② 캡탄 수화제
③ 디코폴 수화제　　④ 디캄바 액제

해설　잔디밭의 클로버를 효과적으로 방제하는 제초제에는 디캄바 액제(반벨), 메코프로프 액제(영일엠시피피), 메코프로프-피 액제(초병)가 있으며, 트리클로피르티이에이 액제(뉴갈론)도 살초력이 높은 편이다.

47 진딧물의 방제를 위하여 보호하여야 하는 천적으로 볼 수 없는 것은?

① 무당벌레류　　② 꽃등에류
③ 솔잎벌류　　④ 풀잠자리류

해설　진딧물의 천적 : 무당벌레, 풀잠자리, 콜레마니 진디벌, 진디혹파리, 꽃등에 등

정답　44 ④　45 ①　46 ④　47 ③

48 다져진 잔디밭에 공기 유통이 잘되도록 구멍을 뚫는 기계는?

① 론 스파이크(Lawn Spike)
② 론 모어(Lawn Mower)
③ 소드 바운드(Sod Bound)
④ 레이크(Rake)

49 다음 중 한국잔디류에 가장 많이 발생하는 병은?

① 탄저병　　　　　　　　② 녹 병
③ 브라운 패치　　　　　　④ 설부병

해설 녹병은 한국잔디에 가장 많이 발병하고, 잎에 적갈색 반점과 가루가 나타나며, 5~6월 또는 9~10월 정도의 기온에서 습윤 시 다발하고 영양불량, 시비의 불균형, 과도한 답압 및 배수불량 등의 원인으로도 발생하기 쉽다.

50 식물이 이용 가능한 토양의 유효수분 pF값 범위로 가장 적합한 것은?

① 0~1.4　　　　　　　　② 1.5~2.5
③ 2.7~4.2　　　　　　　④ 4.5~7.0

해설 유효수분(pF)
토양수분이 토양 입자와의 결합력을 나타내는 방법으로, 식물에 유효한 유효수의 범위는 pF 2.7~4.2이다.

51 세포분열을 촉진하여 식물체의 각 기관들의 수를 증가, 특히 꽃과 열매를 많이 달리게 하고, 뿌리의 발육, 녹말 생산, 엽록소의 기능을 높이는 데 관여하는 영양소는?

① N　　　　　　　　　　② P
③ K　　　　　　　　　　④ Ca

해설 비료의 4대 원소
- 질소(N) : 광합성작용 촉진으로 잎이나 줄기 등 수목의 생장에 도움을 준다.
- 인(P) : 세포분열을 촉진하여 식물체의 각 기관들의 수를 증가, 특히 꽃과 열매를 많이 달리게 하고, 뿌리의 발육, 녹말 생산, 엽록소의 기능을 높이는 데 관여한다.
- 칼륨(K) : 식물의 광합성작용에 영향을 미치며 뿌리를 튼튼하게 하고, 병해·서리·한발에 대한 저항성 향상, 꽃과 열매의 향기 색깔조절 등에 영향을 준다.
- 칼슘(Ca) : 식물체 유기산 중화, 단백질 합성, 뿌리혹박테리아의 질소고정 등을 돕는다.

정답 48 ①　49 ②　50 ③　51 ②

52 병해충 방제를 목적으로 쓰이는 농약의 포장지 표기 형식 중 색깔이 분홍색을 나타내는 것은 어떤 종류의 농약을 가리키는가?

① 살균제 ② 살충제
③ 제초제 ④ 살비제

해설 농약 포장지 색깔
- 살균제 : 분홍색(머규롬 - 황분홍)
- 살충제 : 녹색(나무를 살린다)
- 제초제 : 황색(반만 죽인다)
- 비선택형 제초제 : 적색(싹 죽인다)
- 생장조절제 : 청색(푸른 신호등)

53 제초제 1,000ppm은 몇 %인가?

① 0.01% ② 0.1%
③ 1% ④ 10%

해설 1% : 10,000ppm = x% : 1,000ppm
∴ $x = 0.1$%
※ 1% = 10,000ppm

54 주로 종자에 의하여 번식되는 잡초는?

① 올미 ② 가래
③ 피 ④ 너도방동사니

해설 잡초번식법에 따른 분류
- 종자번식잡초 : 피, 뚝새풀, 바랭이, 마디꽃
- 영양번식잡초 : 가래, 올방개, 미나리
- 종자영양번식잡초 : 너도방동사니, 산딸기
- 괴경 및 종자번식 : 올미

정답 52 ① 53 ② 54 ③

55 배수공사 중 지하층 배수와 관련된 설명으로 옳지 않은 것은?

① 지하층 배수는 속도랑을 설치해 줌으로써 가능하다.
② 암거배수의 배치형태는 어골형, 평행형, 빗살형, 부채살형, 자유형 등이 있다.
③ 속도랑의 깊이는 심근성보다 천근성 수종을 식재할 때 더 깊게 한다.
④ 큰 공원에서는 자연 지형에 따라 배치하는 자연형 배수방법이 많이 이용된다.

해설 ③ 심근성 수종을 식재할 때 뿌리의 영향을 받지 않도록 속도랑을 더 깊게 설계해야 한다.

56 다음 중 수목에서 잘라야 할 가지가 아닌 것은?

① 수관 안으로 향한 가지
② 한 부위에서 평행하게 나오는 가지
③ 아래로 향한 가지
④ 수목의 주지

해설 전정 시 반드시 잘라 버려야 할 가지
- 웃자란 가지(도장지) : 수형, 통풍, 수광에 나쁜 영향을 준다.
- 안으로 향한 가지 : 통풍을 막고 모양을 나쁘게 한다.
- 아래로 향한 가지 : 나무 모양을 나쁘게 하고 가지를 혼잡하게 한다.
- 말라죽은 가지와 병충해를 입은 가지
- 줄기에 움돋은 가지
- 교차한 가지와 얽힌 가지 : 주가 되는 굵은 가지와 서로 교차되는 가지는 잘라 버린다.
- 평행한 가지 : 같은 장소에서 같은 방향으로 평행하게 나 있는 가지는 둘 중 하나를 잘라 버려야 생리활동에 경쟁이 안된다.
- 밑에서 움돋은 가지
- 위로 자란 가지

57 다음 중 시설물의 관리를 위한 방법으로 적합하지 못한 것은?

① 콘크리트 포장의 갈라진 부분은 파손된 재료 및 이물질을 완전히 제거한 후 조치한다.
② 배수시설은 정기적인 점검을 실시하고, 배수구의 잡물을 제거한다.
③ 벽돌 및 자연석 등의 원로포장 파손 시 많은 부분을 철저히 조사한다.
④ 유희시설물 점검은 용접부분 및 움직임이 많은 부분을 철저히 조사한다.

해설 ③ 벽돌 및 자연석 등의 원로포장 파손 시 파손된 부분을 보수한다.

정답 55 ③ 56 ④ 57 ③

58 표준품셈에서 수목 굴취 시 야생일 경우 굴취품의 몇 %를 가산하는가?

① 15%   ② 20%
③ 5%   ④ 10%

해설 표준품셈 – 수목이식공사
굴취 시 야생일 경우에는 굴취품의 20%를 가산하고, 분이 없는 경우에는 굴취품의 20%를 감한다.

59 하수도시설기준에 따라 오수관거의 최소관경은 몇 mm를 표준으로 하는가?

① 100mm   ② 150mm
③ 200mm   ④ 250mm

해설
- 분류식 오수관 : 200mm 이상
- 우수관이나 합류식 오수관 : 250mm 이상

60 시방서의 설명으로 옳은 것은?

① 설계도면에 필요한 예산계획서이다.
② 공사계약서이다.
③ 평면도, 입면도, 투시도 등을 볼 수 있도록 그려 놓은 것이다.
④ 공사개요, 시공방법, 특수재료 및 공법에 관한 사항 등을 명기한 것이다.

해설 시방서
- 공사의 개요, 도면에 기재할 수 없는 공사내용을 기재한 것이며 시공상의 일반적인 주의사항을 쓴 것으로, 공사시행의 기초가 되며 내역서 작성의 기초 자료가 된다.
- 설계도면에 표시하기 어려운 재료의 종류나 품질, 시공방법, 재료 검사방법 등에 대해 충분히 알 수 있도록 글로 작성하여 설계상의 부족한 부분을 규정하여 보충한 문서이다.

정답 58 ② 59 ③ 60 ④

2023년 제3회 | 과년도 기출복원문제

01 백제시대에 정원의 점경물로 만들어졌고, 물을 담아 연꽃을 심고 부들, 개구리밥, 마름 등의 부엽식물을 곁들이며 물고기도 넣어 키웠던 것은?

① 석연지 ② 석조전
③ 안압지 ④ 포석정

해설 석연지 : 돌로 만든 작은 연못으로, 물을 담아 연꽃을 띄워두던 조경석

02 16세기 무굴제국의 인도정원과 가장 관련이 있는 것은?

① 타지마할 ② 지구라트
③ 지스터스 ④ 알람브라 궁원

해설 무굴제국의 5대 황제 샤 자한은 건축광이었다. 델리의 붉은 성, 자마 마스지드 등을 건축하였고, 아그라성을 궁전으로 시작, 22년만에 완공한 것이 타지마할이다. 타지마할은 무덤, 사원, 정원, 출입문, 연못 등을 포함한 종합 건축물이다.

03 고대 그리스조경에 관한 설명 중 틀린 것은?

① 구릉이 많은 지형에 영향을 받았다.
② 짐나지움(Gymnasium)과 같은 공공적인 정원이 발달하였다.
③ 히포다무스에 의해 도시계획에서 격자형이 채택되었다.
④ 서민들의 정원은 발달을 보지 못했으나 왕이나 귀족의 저택은 대규모이며 사치스러운 정원을 가졌다.

04 비교적 좁은 지역에서 대축척으로 세부 측량을 할 경우 효율적이며, 지역 내에 장애물이 없는 경우 유리한 평판측량 방법은?

① 전진법 ② 전방교회법
③ 방사법 ④ 후방교회법

정답 1 ① 2 ① 3 ④ 4 ③

05 영국의 스토우(Stowe)원을 설계했으며, 정원 내에 하하(Ha-ha)의 기교를 생각해 낸 조경가는?

① 윌리엄 켄트 ② 브릿지맨
③ 험프리 렙턴 ④ 이안 맥하그

해설 브릿지맨(Charles Bridgeman)
- 영국의 풍경식 정원가로 버킹검의 스토우 가든을 설계하고, 담장 대신 정원부지의 경계선에 도랑을 파서 외부로부터의 침입을 막은 Ha-ha 수법을 실현하게 하였다.
- 작품으로는 치즈윅 하우스, 루스햄, 스투어헤드를 설계하였다.

06 원명원 이궁과 만수산 이궁은 어느 시대의 대표적 정원인가?

① 명나라 ② 당나라
③ 송나라 ④ 청나라

해설 청나라 대표 정원 : 자금성 금원, 원명원 이궁, 만수산 이궁(이화원)

07 조경 제도 용품 중 곡선자라고 하여 각종 반지름의 원호를 그릴 때 사용하기 가장 적합한 재료는?

① 운형자 ② 원호자
③ 삼각자 ④ T자

해설
① 운형자 : 여러 가지 곡선 모양을 본떠 만든 것으로 컴퍼스로 그리기 어려운 곡선을 그리는 데 사용한다.
③ 삼각자 : 45°의 사선과 30°, 60°의 사선을 그을 수 있는 두 종류가 한 세트로 되어 있다.
④ T자 : 주로 평행선을 긋거나, 삼각자와 조합하여 수직선과 사선을 그을 때 사용한다.

08 다음 그림에서 A점과 B점의 차는 얼마인가?(단, 등고선 간격은 5m이다)

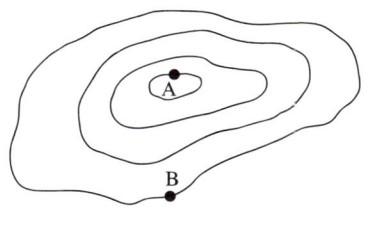

① 10m ② 15m
③ 20m ④ 25m

09 다음 중국식 정원의 설명으로 틀린 것은?
① 차경수법을 도입하였다.
② 사실주의보다는 상징적 축조가 주를 이루는 사의주의에 입각하였다.
③ 유럽의 정원과 같은 건축식 조경수법으로 발달하였다.
④ 대비에 중점을 두고 있으며, 이것이 중국정원의 특색을 이루고 있다.

해설 ③ 중국정원은 풍경식 조경수법으로 발달하였다.
중국정원의 특징
• 지역마다 재료를 달리한 정원양식이 생겼다.
• 건물과 정원이 한 덩어리가 되는 형태로 발달했다.
• 기하학적인 무늬가 그려져 있는 원로가 있다.
• 대비에 중점을 둔 조경수법이다.
• 묘석들이 공통적으로 사용된다.
• 정원 주변에는 화려한 꽃나무들을 많이 심는 것이 특징이다.

10 치수선 및 치수에 대한 기본적인 설명으로 부적합한 것은?
① 단위는 mm로하고, 단위표시를 반드시 기입한다.
② 치수를 표시할 때에는 치수선과 치수보조선을 사용한다.
③ 치수선은 치수보조선에 직각이 되도록 긋는다.
④ 치수의 기입은 치수선에 따라 도변에 평행하게 기입한다.

해설 ① mm 단위로 하되 단위는 제외하고 숫자만 기입한다.

정답 8 ② 9 ③ 10 ①

11 다수의 대상이 존재할 때 어느 색이 보다 쉽게 지각되는지 또는 쉽게 눈에 띄는지의 정도를 나타내는 용어는?

① 유목성 ② 시인성
③ 식별성 ④ 가독성

[해설] 유목성 : 사람들의 주의를 끌거나 시선을 끄는 특성

12 다음 보기의 ( )안에 들어갈 디자인 요소는?

> 형태, 색채와 더불어 ( )은(는) 디자인의 필수 요소로서 물체의 조성 성질을 말하며, 이는 우리의 감각을 통해 형태에 대한 지식을 제공한다.

① 질 감 ② 광 선
③ 공 간 ④ 입 체

[해설] 질감이란 물체의 표면을 보거나 만짐으로써 느껴지는 감각을 말한다.

13 작은 색견본을 보고 색을 선택한 다음 아파트 외벽에 칠했더니 명도와 채도가 높아져보였다. 이러한 현상을 무엇이라고 하는가?

① 색상대비 ② 한난대비
③ 면적대비 ④ 보색대비

[해설] 면적대비 : 색이 차지하고 있는 면적에 따라 색이 다르게 보이는 현상

14 짐을 운반하여야 한다. 다음 중 같은 크기의 짐을 어느 색으로 포장했을 때 가장 덜 무겁게 느껴지는가?

① 청 색 ② 노란색
③ 녹 색 ④ 빨간색

[해설] ② 색의 중량감은 고명도일수록 가볍게 느껴지고, 저명도일수록 무겁게 느껴진다.

정답 11 ① 12 ① 13 ③ 14 ②

15 다음 중 색의 3속성이 아닌 것은?
① 색 상　　　　　　　② 명 도
③ 채 도　　　　　　　④ 대 비

해설 색의 3속성 : 색상(Hue), 명도(Value), 채도(Chroma)

16 다음 중 골프장 용지로서 부적당한 곳은?
① 기복이 있어 지형에 변화가 있는 곳
② 모래참흙인 곳
③ 부지가 동서로 길게 잡은 곳
④ 클럽하우스의 대지가 부지의 북쪽에 자리 잡은 곳

해설 ③ 코스는 남북방향, 방위는 잔디의 생육을 위해 남사면 또는 남동사면일 것

17 다음 중 인공지반을 만들려고 할 때 사용되는 경량토로 부적합한 것은?
① 버미큘라이트　　　　② 모 래
③ 펄라이트　　　　　　④ 부엽토

해설 경량재로는 버미큘라이트, 펄라이트, 피트모스, 화산재 등이 있다.

18 조경분야 프로젝트 수행단계의 순서가 올바른 것은?
① 계획 – 시공 – 설계 – 관리
② 계획 – 관리 – 시공 – 설계
③ 계획 – 관리 – 설계 – 시공
④ 계획 – 설계 – 시공 – 관리

해설 조경분야 프로젝트 수행단계의 순서 : 계획 – 설계 – 시공 – 관리

정답 15 ④　16 ③　17 ②　18 ④

19 정형식 배식 방법에 대한 설명이 옳지 않은 것은?

① 단식 : 생김새가 우수하고, 중량감을 갖춘 정형수를 단독으로 식재
② 대식 : 시선축의 좌우에 같은 형태, 같은 종류의 나무를 대칭 식재
③ 열식 : 같은 형태와 종류의 나무를 일정한 간격으로 직선상에 식재
④ 교호식재 : 서로 마주보게 배치하는 식재

해설 ④ 교호식재 : 같은 간격으로 서로 어긋나게 식재

20 수목의 규격을 수고와 근원직경으로 표시하는 수종은 어느 것인가?

① 목 련
② 은행나무
③ 잣나무
④ 전나무

해설 수고와 근원직경에 의한 품 : 흉고직경 측정이 곤란한 수종, 소나무, 감나무, 꽃사과나무, 낙우송, 느티나무, 대추나무, 모과나무, 배롱나무, 목련나무, 산수유, 자귀나무, 단풍나무 등 대부분의 교목
②는 수고와 흉고직경으로, ③·④는 수고와 수관 폭으로 표시한다.

21 다음 중 물푸레나무과에 해당되지 않는 것은?

① 미선나무
② 광나무
③ 이팝나무
④ 식나무

해설 ④ 식나무는 층층나무과이다.

22 다음 중 일반적인 토양의 상태에 따른 뿌리발달의 특징 설명으로 옳지 않은 것은?

① 비옥한 토양에서는 뿌리목 가까이에서 많은 뿌리가 갈라져 나가고 길게 뻗지 않는다.
② 척박지에서는 뿌리의 갈라짐이 적고 길게 뻗어 나간다.
③ 건조한 토양에서는 뿌리가 짧고 좁게 퍼진다.
④ 습한 토양에서는 호흡을 위하여 땅 표면 가까운 곳에 뿌리가 퍼진다.

23 조경 수목 중 아황산가스에 대해 강한 수종은?

① 양버즘나무 ② 단풍나무
③ 전나무 ④ 삼나무

해설 아황산가스(이산화황)에 강한 수종 : 편백, 화백, 가이즈까향나무, 가시나무, 굴거리나무, 사철나무, 벽오동, 능수버들, 플라타너스(양버즘나무), 은행나무, 쥐똥나무 등

24 다음 설명에 적합한 수목은?

- 감탕나무과 식물이다.
- 상록활엽소교목으로 열매가 적색이다.
- 잎은 호생으로 타원상의 6각형이며 가장자리에 바늘 같은 각점(角點)이 있다.
- 자웅이주이다.
- 열매는 구형으로서 지름 8~10cm이며, 적색으로 익는다.

① 감탕나무 ② 낙상홍
③ 먼나무 ④ 호랑가시나무

해설 ① 감탕나무 : 상록활엽소교목으로, 잎은 양끝이 좁은 장타원형이고 가장자리는 거의 밋밋하다.
② 낙상홍 : 낙엽활엽관목으로, 잎 끝이 뾰족하고 가장자리에 잔 톱니가 있다.
③ 먼나무 : 상록활엽교목으로, 잎은 타원형 또는 긴 타원형이고 가장자리는 밋밋하다.

25 다음 중 9월 중순~10월 중순에 성숙된 열매색이 흑색인 것은?

① 마가목 ② 생강나무
③ 남 천 ④ 살구나무

해설 ① 마가목 : 적색
③ 남천 : 적색
④ 살구나무 : 황색

정답 23 ① 24 ④ 25 ②

26 다른 지방에서 자생하는 식물을 도입한 것을 무엇이라 하는가?

① 재배식물
② 귀화식물
③ 외국식물
④ 외래식물

해설 ① 재배식물 : 이용할 목적을 가지고 인위적으로 재배하는 식물
② 귀화식물 : 본래 생육하지 않은 지역에 자연적·인위적 원인에 의하여 2차적으로 도래·침입한 후 야생화가 되어 기존 식물과 어느 정도 안정된 상태를 이루는 식물
③ 외국식물 : 국내가 아닌 국외에서 자생하는 식물

27 고로쇠나무와 복자기에 대한 설명으로 옳지 않은 것은?

① 복자기의 잎은 복엽이다.
② 두 수종의 열매는 모두 시과이다.
③ 두 수종은 모두 단풍색이 붉은색이다.
④ 두 수종은 모두 과명이 단풍나무과이다.

해설 ③ 고로쇠나무의 단풍은 황색이고, 복자기의 단풍은 붉은색이다.

28 골담초(*Caragana sinica* Rehder)에 대한 설명으로 틀린 것은?

① 콩과(科) 식물이다.
② 꽃은 5월에 피고 단생한다.
③ 생장이 느리고 덩이뿌리로 위로 자란다.
④ 비옥한 사질양토에서 잘 자라나 토박지에서도 잘 자란다.

해설 ③ 잔뿌리가 길게 자라며, 위를 향한 가지는 사방으로 늘어져 자란다.

29 스테인리스강이라고 하면 최소 몇 % 이상의 크롬이 함유된 것을 말하는가?

① 4.5%
② 6.5%
③ 8.5%
④ 10.5%

해설 스테인리스강(Stainless Steel)은 10.5% 이상의 크롬을 첨가하여 녹이 잘 슬지 않게 만든 합금강이다.

26 ④　27 ③　28 ③　29 ④　**정답**

30 스프레이건(Spray Gun)을 쓰는 것이 가장 적합한 도료는?

① 래 커
② 유성페인트
③ 수성페인트
④ 에나멜

해설 래 커
- 자연건조방법에 의해 상온(常溫)에서 경화된다.
- 도막의 건조시간이 빨라 백화현상을 일으키기 쉽다.
- 도막은 단단하고, 불점착성이다.
- 내마모성·내수성·내유성 등이 우수하다.
- 나이트로셀룰로스도료라고도 한다.

※ 스프레이건(Spray Gun) : 도료를 압축공기에 의해 분무상으로 뿜어붙이는 도장용 기구

31 마그마가 지하 10km 정도의 깊이에서 서서히 굳은 화강암의 주요 구성광물이 아닌 것은?

① 장 석
② 석 영
③ 석 회
④ 운 모

해설 화강암은 석영·장석·운모를 주요 구성광물로 하며 통기성·보수성이 양호하다.

32 다음 중 석탄을 235~315℃에서 고온건조하여 얻은 타르제품으로서 독성이 적고 자극적인 냄새가 있는 유성 목재방부제는?

① 콜타르
② 크레오소트유
③ 플루오르화나트륨
④ 펜타클로로페놀(PCP)

해설 크레오소트유는 방부력이 우수한 흑갈색 용액으로 외부의 기둥, 토대 등에 사용되지만 가격이 비싼 것이 단점이다.

33 진비중이 2.6이고 가비중이 1.2인 토양의 공극률은 얼마인가?

① 34.2%
② 46.5%
③ 53.8%
④ 66.4%

해설 공극률 = [1 − (가비중/진비중)] × 100
= [1 − (1.2/2.6)] × 100
≒ 53.84%

정답 30 ① 31 ③ 32 ② 33 ③

34 골재의 표면수는 없고, 골재 내부에 빈틈이 없도록 물로 차 있는 상태는?

① 절대건조상태 ② 기건상태
③ 습윤상태 ④ 표면건조포화상태

해설 ① 절건상태 : 105±5℃ 정도의 온도에서 24시간 이상 골재를 건조시켜 표면 및 골재 내부에 포함되어 있는 수분이 완전히 제거된 상태
② 기건상태 : 골재를 공기 중에 오래 건조하여 골재 내 온습도와 대기의 온습도가 평형을 이룬 상태
③ 습윤상태 : 골재 내부는 이미 포화상태이고, 표면에도 수분이 드러난 상태

35 다음 콘크리트와 관련된 설명 중 옳은 것은?

① 콘크리트의 굵은 골재 최대치수는 20mm이다.
② 물-결합재비는 원칙적으로 60% 이하 이어야 한다.
③ 콘크리트는 원칙적으로 공기연행제를 사용하지 않는다.
④ 강도는 일반적으로 표준양생을 실시한 콘크리트 공시체의 재령 30일 일 때 시험값을 기준으로 한다.

36 다음 중 열경화성 수지인 것은?

① 폴리에틸렌수지 ② 폴리염화비닐수지
③ 아크릴수지 ④ 멜라민수지

해설 **합성수지의 종류**
• 주요 열가소성 수지 : 염화비닐수지, 아크릴, 폴리에틸렌, 폴리스티렌 등이 있으며, 열을 가하면 연화 또는 용융하여 가소성 또는 점성이 발생한다.
• 주요 열경화성 수지 : 요소수지, 멜라민수지, 폴리에스테르수지, 실리콘, 우레탄, 푸란 등 3차원적인 축합반응에 의해 생성되는 수지류를 말한다. 열을 가해도 유동성이 없다는 특성이 있다.

정답 34 ④ 35 ② 36 ④

37 다음 중 (가), (나) 안에 들어갈 말로 옳게 나열된 것은?

> 콘크리트가 단단히 굳어지는 것은 시멘트와 물의 화학반응에 의한 것인데, 시멘트와 물이 혼합된 것을 (가)라 하고, 시멘트와 모래 그리고 물이 혼합된 것을 (나)라 한다.

① (가) 콘크리트, (나) 모르타르
② (가) 모르타르, (나) 콘크리트
③ (가) 시멘트 페이스트, (나) 모르타르
④ (가) 모르타르, (나) 시멘트 페이스트

해설
- 시멘트 페이스트(Cement Paste, 시멘트풀) : 시멘트에 물을 넣어 혼합한 것
- 모르타르(Mortar) : 시멘트와 모래를 섞어서 물로 반죽한 것

38 벽돌쌓기 방법 중 가장 견고하고 튼튼한 것은?
① 영국식 쌓기
② 미국식 쌓기
③ 네덜란드식 쌓기
④ 프랑스식 쌓기

해설 영국식 쌓기 : 길이쌓기 켜와 마구리쌓기 켜를 반복하여 쌓고, 모서리의 벽 끝에는 이오토막을 쓰는 방법으로, 매우 견고하다.

39 데발시험기(Deval Abrasion Tester)란?
① 석재의 휨강도 시험기
② 석재의 인장강도 시험기
③ 석재의 압축강도 시험기
④ 석재의 마모에 대한 저항성 측정 시험기

해설 데발시험기는 골재의 마모율(%)을 측정하기 위한 장치로서, 한 번에 여러 종류의 시험을 동시에 할 수 있으며 자동정지 장치가 부착되어 있다.

정답 37 ③ 38 ① 39 ④

40 석재의 가공방법 중 혹두기작업의 바로 다음 후속작업으로 작업면을 비교적 고르고 곱게 처리할 수 있는 작업은?

① 물갈기
② 잔다듬
③ 정다듬
④ 도드락다듬

해설 석재가공순서 : 혹두기 → 정다듬 → 도드락다듬 → 잔다듬 → 물갈기

41 토공작업 시 지반면보다 낮은 면의 굴착에 사용하는 기계로 깊이 6m 정도의 굴착에 적당하며, 백호(Back Hoe)라고도 불리는 기계는?

① 클램셸
② 드래그셔블
③ 파워셔블
④ 드래그라인

해설
① 클램셸(Clam Shell) : 조개껍질처럼 양쪽으로 열리는 버킷을 흙을 집는 것처럼 굴착하는 기계
③ 파워셔블(Power Shovel) : 기계를 장치한 위치보다 높은 데를 굴삭하는 데 적합하고, 비교적 단단한 토질을 굴삭할 수 있으며, 파기와 싣기 모두 가능하다.
④ 드래그라인(Drag Line) : 기계가 서 있는 위치보다 낮은 곳의 굴착에 좋다.

42 다음 중 시비시기와 관련된 설명 중 틀린 것은?

① 온대지방에서는 수종에 관계없이 가장 왕성한 생장을 하는 시기가 봄이며, 이 시기에 맞게 비료를 주는 것이 가장 바람직하다.
② 시비효과가 봄에 나타나게 하려면 겨울눈이 트기 4~6주 전인 늦은 겨울이나 이른 봄에 토양에 시비한다.
③ 질소비료를 제외한 다른 대량원소는 연중 필요할 때 시비하면 되고, 미량원소를 토양에 시비할 때는 가을에 실시한다.
④ 우리나라의 경우 고정생장을 하는 소나무, 전나무, 가문비나무 등은 9~10월보다는 2월에 시비가 적절하다.

해설 ④ 소나무나 전나무, 가문비나무, 참나무 등의 경우 고정생장을 하므로 2월보다는 9~10월에 시비하는 것이 적절하다.

정답 40 ③ 41 ② 42 ④

43 오늘날 세계 3대 수목병에 속하지 않는 것은?

① 소나무류 리지나뿌리썩음병
② 잣나무 털녹병
③ 느릅나무 시들음병
④ 밤나무 줄기마름병

해설 세계 3대 수목병 : 잣나무 털녹병, 느릅나무 시들음병, 밤나무 줄기마름병

44 다음 [보기]의 잔디종자 파종작업들을 순서대로 바르게 나열한 것은?

┤보기├
㉠ 기비 살포   ㉡ 정지작업
㉢ 파 종   ㉣ 멀 칭
㉤ 전 압   ㉥ 복 토
㉦ 경 운

① ㉡ → ㉢ → ㉤ → ㉥ → ㉠ → ㉣ → ㉦
② ㉠ → ㉢ → ㉡ → ㉥ → ㉣ → ㉤ → ㉦
③ ㉦ → ㉠ → ㉡ → ㉢ → ㉥ → ㉤ → ㉣
④ ㉢ → ㉠ → ㉡ → ㉥ → ㉤ → ㉦ → ㉣

해설 잔디종자 파종작업의 순서
경운 → 기비 살포 → 정지작업 → 파종 → 복토 → 전압 → 멀칭

45 생물분류학적으로 거미강에 속하며 덥고, 건조한 환경을 좋아하고 뾰족한 입으로 즙을 빨아먹는 해충은?

① 진딧물   ② 나무좀
③ 응 애   ④ 가루이

해설 응애류 : 흡즙성 해충으로 초봄부터 한여름까지 고온 건조기에 소나무, 감나무, 사철나무 등에서 많이 발생하며 가지가 말라서 죽거나 잎이 변색되어 떨어진다.

정답 43 ① 44 ③ 45 ③

46 페니트로티온 45% 유제 원액 100cc를 0.05%로 희석 살포액을 만들려고 할 때 필요한 물의 양은 얼마인가?(단, 유제의 비중은 1.0이다)

① 69,900cc ② 79,900cc
③ 89,900cc ④ 99,900cc

해설 **살포액의 희석**

필요 수량 = 약량 × ($\frac{원액\ 농도}{희석\ 농도}$ − 1) × 원액 비중

= 100cc × ($\frac{45\%}{0.05\%}$ − 1) × 1.0 = 89,900cc

47 수목의 동해 발생에 관한 설명 중 틀린 것은?

① 큰나무보다는 어린 나무에서 많이 발생한다.
② 건조한 토양에서보다 과습한 토양에서 많이 발생한다.
③ 늦은 가을과 이른 봄에 많이 발생한다.
④ 일교차가 심한 북쪽 경사면보다 일교차가 심한 남쪽 경사면에서 피해가 많이 발생한다.

해설 **동해의 원인**
- 오목한 지형에 있는 수목에서 동해가 더 많이 발생한다.
- 북쪽 경사면보다는 일교차가 심한 남쪽 경사면에서 더 많이 발생한다.
- 맑고 바람 없는 날 발생하기 쉽다.
- 성목보다는 나이 어린 유목에 많이 발생한다.
- 건조한 토양보다는 과습한 토양에서 더 많이 발생한다.
- 늦가을과 이른 봄, 몹시 추운 겨울에 많이 발생한다.
- 찬 바람의 해는 9부능선이나 들판 가운데 고립된 임야에서 발생된다.
- 북서쪽이 터진 곳이나 북서쪽이 경사면 높은 지역, 토양이 어는 응달지역으로 강우나 강설이 적고 북서계절풍이 심한 엄동기에 수형에 관계없이 발생한다.

48 다음 중 식엽성 해충으로만 짝지어진 것은?

① 흰불나방, 소나무좀 ② 솔나방, 흰불나방
③ 진딧물, 깍지벌레 ④ 솔잎혹파리, 밤나무혹벌

해설 **가해 습성에 따른 해충의 분류**
- 식엽성 해충 : 흰불나방, 솔나방, 집시나방, 회양목명나방, 잎벌류, 풍뎅이류 등
- 흡즙성 해충 : 응애, 진딧물, 깍지벌레, 방패벌레 등
- 천공성 해충 : 소나무좀, 노랑무늬솔바구미, 하늘소, 박쥐나방 등
- 충영형성 해충 : 솔잎혹파리, 밤나무혹벌, 혹응애, 혹진딧물 등
- 종실 해충 : 밤바구미, 복숭아명나방 등

49 생울타리를 전지·전정하려고 한다. 태양의 광선을 가장 골고루 받지 못하는 생울타리 단면의 모양은?

① 원주형
② 원뿔형
③ 역삼각형
④ 달걀형

50 다음 중 잔디밭의 넓이가 50평 이상으로 잔디의 품질이 아주 좋지 않아도 되는 골프장의 러프(Rough)지역, 공원의 수목지역 등에 많이 사용하는 잔디 깎는 기계는?

① 핸드모어(Hand Mower)
② 그린모어(Green Mower)
③ 로터리모어(Rotary Mower)
④ 갱모어(Gang Mower)

해설
③ 로터리모어 : 프로펠러 날이 수평으로 돌아서 잔디가 깎이며 깎이는 면이 거칠게 되므로 보통 50평 이상의 골프장의 러프(Rough), 공원의 수목지역 등 잔디의 품질이 거칠어도 되는 곳에 사용한다.
① 핸드모어 : 인력으로 바퀴가 돌아가면서 잔디깎는 날이 돌아서 깎도록 한 것으로 50평 미만의 잔디밭 관리에 사용한다.
② 그린모어 : 골프장의 그린, 테니스코트 등 잔디면이 섬세한 곳을 깎는다.
④ 갱모어 : 골프장, 운동장, 경기장 등 5,000평 이상의 대면적의 잔디를 깎는 기계로 트럭, 짚차나 기타 견인차에 달아 사용하며 경사지나 잔디면이 평탄치 않은 곳도 균일하게 잔디를 깎을 수 있고 잔디도 양호하게 깎여진다.

51 장미의 한 가지에 많은 봉우리가 있을 때 솎아 낸다든지, 열매를 따버리는 작업의 목적은?

① 생장조장을 돕는 가지 다듬기
② 세력을 갱신하는 가지 다듬기
③ 착화 촉진을 위한 가지 다듬기
④ 생장을 억제하는 가지 다듬기

해설 전정의 종류
• 생장을 돕기 위한 전정 : 묘목이 빨리 자라도록 곁가지를 자르거나 병충해 피해지, 고사지, 꺾어진 가지 등을 제거하여 생장을 돕는 전정법이다.
• 생장을 억제하기 위한 전정 : 회양목, 옥향, 산울타리 다듬기, 소나무의 새순치기, 상록활엽수의 잎사귀 따기, 녹음수와 가로수 전정 등의 작업이 있다.
• 개화 결실을 많게 하기 위한 전정 : 감나무와 각종 과수나무, 장미의 여름전정 등이 있다.
• 생리조절을 위한 전정 : 이식 시 지하부와 지상부의 생리적 균형 유지를 위해 실시하며 수목의 맹아력을 고려해야 한다.
• 갱신을 위한 전정 : 늙은 과일나무, 장미, 배롱나무, 팔손이 등의 밑동을 자르면 새로운 줄기가 나와 새로운 형태의 나무를 만들 수 있다.

정답 49 ③ 50 ③ 51 ③

52 재래종 잔디의 특성이 아닌 것은?

① 양지를 좋아한다.
② 병해에 강하다.
③ 뗏장으로 번식한다.
④ 자주 깎아 주어야 한다.

해설 한국잔디
- 난지형 잔디로, 기는줄기와 땅속줄기에 의해 옆으로 퍼진다.
- 5~9월 사이에 잎이 푸른 상태로 있어 녹색 기간이 짧고 그늘에서 잘 자라지 못한다.
- 잔디밭 조성에 많은 시간이 소요되고 손상을 받은 후 회복속도가 느린 단점이 있으나, 포복성으로 밟힘에 강하고 병해충과 공해에도 강한 장점이 있다.
- 잔디의 종류에 따라 차이가 있으나 대체적으로 알맞은 토양은 참흙이며, 토양 산도는 pH 5.5~7.0이 알맞다.

53 수간과 줄기 표면의 상처에 침투성 약액을 발라 조직 내로 약효성분이 흡수되게 하는 농약사용법은?

① 도포법　　　　　　② 관주법
③ 도말법　　　　　　④ 분무법

해설
② 관주법 : 땅속에서 서식하고 있는 병해충을 방제하기 위하여 땅속에 약액을 주입하는 방법
③ 도말법 : 종자 소독을 위해 분제나 수화제를 건조한 종자에 입혀 살균·살충하는 방법
④ 분무법 : 분무기를 이용하여 다량의 액제를 살포하는 방법

54 합성수지 놀이시설의 관리요령으로 가장 적합한 것은?

① 자체가 무거워 균열 발생 전에 보수한다.
② 정기적인 보수와 도료 등을 칠해 주어야 한다.
③ 회전하는 축에는 정기적으로 그리스를 주입한다.
④ 겨울철 저온기 때 충격에 의한 파손을 주의한다.

해설 합성수지 시설에서 점검해야 할 사항
- 합성수지재는 강한 힘이나 열 등의 영향을 받으면 변형, 파손되는데 떨어지거나 갈라진 부분은 접착제로 붙여 주고 사포로 문질러 표면을 매끄럽게 한다.
- 색이 탈색된 부위에는 합성수지 페인트를 칠한다.
- 금이 생기고 보수가 어려울 정도로 파손된 것은 교체한다.
- 겨울철 낮은 온도에서는 충격에 의한 파손을 주의한다.

55 지하층의 배수를 위한 시스템 중 넓고 평탄한 지역에 주로 사용되는 것은?

① 어골형, 평행형
② 즐치형, 선형
③ 자연형
④ 차단법

해설 심토층 배수설계
- 어골형 : 평탄한 지역에서 전지역의 배수가 균일하게 요구되는 곳에 주로 이용되는 심토층 배수방법
- 빗살형 : 비교적 좁은 면적의 전 지역에 균일하게 배수할 때 이용
- 자연형 : 전면 배수가 요구되지 않는 지역
- 차단법 : 경사면 위나 자체의 유수를 막기 위해 사용

56 다음 [보기]에서 입찰의 순서로 옳은 것은?

보기
ⓐ 입찰공고   ⓑ 입 찰
ⓒ 낙 찰   ⓓ 계 약
ⓔ 현장설명   ⓕ 개 찰

① ㉠ → ㉡ → ㉢ → ㉣ → ㉤ → ㉥
② ㉠ → ㉤ → ㉡ → ㉥ → ㉢ → ㉣
③ ㉠ → ㉡ → ㉥ → ㉢ → ㉣ → ㉤
④ ㉤ → ㉥ → ㉠ → ㉡ → ㉢ → ㉣

해설 입찰의 순서
입찰공고 → 현장설명 → 입찰 → 개찰 → 낙찰 → 계약

57 건설재료의 할증률이 틀린 것은?

① 붉은 벽돌 : 3%
② 이형철근 : 5%
③ 조경용 수목 : 10%
④ 석재판붙임용재(정형돌) : 10%

해설 ② 이형철근 : 3%

정답 55 ① 56 ② 57 ②

58 도급받은 건설공사의 전부 또는 일부를 도급하기 위해 수급인이 제3자와 체결하는 계약은?

① 도 급 ② 발 주
③ 재도급 ④ 하도급

해설 정의(건설산업기본법 제2조)
10. 발주자란 건설공사를 건설사업자에게 도급하는 자를 말한다. 다만, 수급인으로서 도급받은 건설공사를 하도급하는 자는 제외한다.
11. 도급이란 원도급, 하도급, 위탁 등 명칭과 관계없이 건설공사를 완성할 것을 약정하고, 상대방이 그 공사의 결과에 대하여 대가를 지급할 것을 약정하는 계약을 말한다.
12. 하도급이란 도급받은 건설공사의 전부 또는 일부를 다시 도급하기 위하여 수급인이 제3자와 체결하는 계약을 말한다.
13. 수급인이란 발주자로부터 건설공사를 도급받은 건설사업자를 말하고, 하도급의 경우 하도급하는 건설사업자를 포함한다.

59 설계도서 중 일위대가표를 작성할 때 일위대가표의 금액란의 금액 단위 표준은?

① 0.1원 ② 1원
③ 10원   ④ 100원

해설 금액의 단위
- 설계서의 총계 : 단위(원), 지위(1,000), 이하 버림(단, 만원 이하일 때 100원까지)
- 설계서의 금액 : 단위(원), 지위(1), 미만 버림
- 일위대가표의 총계 : 단위(원), 지위(1), 미만 버림
- 일위대가표의 금액 : 단위(원), 지위(0.1), 미만 버림

60 사람, 동물 또는 기계가 어떠한 일을 하는 데 있어서 단위당 필요한 노력과 물질이 얼마가 되는지를 수량으로 작성해 놓은 것을 무엇이라 하는가?

① 투 자 ② 적 산
③ 품 셈 ④ 견 적

해설 품셈 : 단위물량당 소요인력 및 장비의 소요량을 수량으로 표시한 것

2024년 제1회 최근 기출복원문제

01 우리나라 고려시대 궁궐 정원을 맡아보던 곳은?
① 내원서
② 상림원
③ 장원서
④ 원야

해설 정원관리서의 변천 : 궁원(고구려) → 내원서(고려) → 상림원(조선 태조) → 장원서(조선 세조)

02 조선시대 왕릉의 공간구성 순서를 바르게 나열한 것은?
① 진입공간 - 제향공간 - 전이공간 - 능침공간
② 진입공간 - 제향공간 - 능침공간 - 전이공간
③ 진입공간 - 능침공간 - 전이공간 - 제향공간
④ 진입공간 - 전이공간 - 능침공간 - 제향공간

해설 조선왕릉의 공간구성
진입공간은 왕릉의 시작 공간으로, 관리자(참봉 또는 영)가 머물면서 왕릉을 관리하고 제향을 준비하는 재실(齋室)에서부터 시작된다. 제향공간은 제례의식이 이루어지는 공간으로 산 자(왕)와 죽은 자(능에 계신 왕이나 왕비)의 만남의 공간이다. 능침공간은 봉분이 있는 왕릉의 핵심 공간으로 평상시에는 누구도 접근할 수 없는 공간이다.

03 16세기 이탈리아의 대표적인 정원인 빌라 에스테(Villa d'Este)의 특징 설명으로 바르지 못한 것은?
① 방지연못
② 미로
③ 자수화단
④ 사이프러스 열식

해설 빌라 에스테(Villa d'Este)
최저 노단 내 연못들 뒤 감탕나무 총림이 위치하고 물을 다양하게 사용하여 100개의 분수로 물풍금, 용의 분수 등을 조성했다.

정답 1① 2① 3④

04 그리스시대 공공건물과 주랑으로 둘러싸인 다목적 열린공간으로 무덤의 전실을 가리키기도 했던 곳은?

① 포 럼
② 빌 라
③ 테라스
④ 커 낼

해설 포럼 : 고대 로마의 도시에서 공공건물과 주랑으로 둘러싸인 구역의 한복판에 있는 다목적의 열린 공간, 공공집회 장소로 쓰인 포럼은 그리스의 아고라와 아크로폴리스를 질서정연한 공간으로 바꾼 것이다. 12표법에서 포럼은 무덤의 전실(前室)을 가리키는 낱말로 쓰였고, 로마 군대에서는 진영의 정문 옆에 있는 개활지를 가리켰다. 따라서 이 용어는 원래 공공건물이나 입구 앞에 있는 공간에 널리 적용되었다.

05 동양정원에서 연못을 파고 그 가운데 섬을 만드는 수법에 가장 큰 영향을 준 것은?

① 자연지형
② 기상요인
③ 신선사상
④ 생활양식

해설 신선사상의 배경 : 지중(池中)이나 섬에 괴석배치, 정원과 담, 굴뚝에 십장생

06 조선시대 마을숲에 대한 설명으로 옳지 않은 것은?

① 마을숲 내에 솟대, 돌탑, 장승 등을 설치하였다.
② 기능적인 이유만으로 수구막이를 만들었다.
③ 소나무, 느티나무 등을 식재하였다.
④ 조선시대 마을숲은 600여 개가 있었다.

해설 ② 마을숲은 마을의 풍수형국을 완성하기 위한 수단으로 '마을 앞부분의 흘러나가는 물줄기를 가로막는다'고하여 수구막이라고 부르기도 한다.

07 다음 중 중국 정원의 특징에 해당하는 것은?

① 정형식
② 태호석
③ 침전조정원
④ 직선미

해설 중국 정원의 특징
- 지역마다 재료를 달리한 정원양식이 생겼다.
- 건물과 정원이 한덩어리가 되는 형태로 발달했다.
- 기하학적인 무늬가 그려져 있는 원로가 있다.
- 조경수법이 대비에 중점을 두고 있다.
- 경수법을 도입하였다.
- 사실주의보다는 상징적 축조가 주를 이루는 사의주의(寫意主義)에 입각하였다.

정답 4 ① 5 ③ 6 ② 7 ②

08 중국 청조(淸朝)의 원림 중 3산5원에 해당하지 않는 것은?

① 만수산 소원(小園)
② 옥천산 정명원(靜明園)
③ 만수산 창춘원(暢春園)
④ 만수산 원명원(圓明園)

해설 중국 청조(淸朝)의 원림 중 3산5원
• 만수산 이화원, 원명원, 장춘원
• 옥천산 정명원
• 향산 정의원

09 미적인 형 그 자체로는 균형을 이루지 못하지만 시각적인 힘의 통합에 의해 균형을 이룬 것처럼 느끼게 하여, 동적인 감각과 변화 있는 개성적 감정을 불러 일으키며, 세련미와 성숙미 그리고 운동감과 유연성을 주는 미적 원리는?

① 비 례
② 비대칭
③ 집 중
④ 대 비

10 미국에서 하워드의 전원 도시의 영향을 받아 도시 교외에 개발된 주택지로서 보행자와 자동차를 완전히 분리하고자 한 것은?

① 웰린(Welwyn)
② 요세미티
③ 레치워어드(Letch Worth)
④ 래드번(Rad Burn)

11 다음 선의 종류와 선긋기의 내용이 잘못 짝지어진 것은?

① 가는 실선 : 수목인출선
② 파선 : 단면
③ 1점쇄선 : 경계선
④ 2점쇄선 : 중심선

해설 ④ 2점쇄선 : 가상선, 경계선
③ 1점쇄선 : 중심선, 경계선, 절단선

12 비탈면 경사의 표시에서 1 : 2.5에서 2.5는 무엇을 뜻하는가?

① 수직고
② 수평거리
③ 경사면의 길이
④ 안식각

해설 경사도의 표현
- 할 : (수직높이 ÷ 수평거리) × 10
- 백분율(%) : (수직높이 ÷ 수평거리) × 100
- 각도(°) : tan-1(수직높이 ÷ 수평거리)
- 비례식 : 수직높이 : 수평거리

13 평판측량의 3요소에 해당하지 않는 것은?

① 정 준
② 구 심
③ 수 준
④ 표 정

해설 평판측량의 3조건(요소)
- 정준 : 수준기를 이용해 평판을 수평으로 하는 것
- 구심 : 도판상의 측점과 지상의 측점을 일치시키는 것, 즉 제도용지의 도상점과 땅 위의 측점을 동일하게 맞추는 것
- 표정 : 도판상의 측선 방향과 지상의 측선 방향을 일치시키는 것

14 4배색을 하면서 동일 색상에서 톤의 명도 차이를 주어 사용하는 배색 방법은?

① 토널 배색
② 톤 온 톤 배색
③ 톤 인 톤 배색
④ 도미넌트 배색

해설 ② 톤 온 톤(Tone on tone) 배색 : 동일한 색상의 톤을 조절하여 배치하는 방법으로, 그러데이션 배색이라고도 한다.
① 토널(Tonal) 배색 : 도미넌트 톤 배색이나 톤 인 톤 배색과 같은 종류의 배색 방법으로, 기본 톤으로 중명도, 중채도인 탁한 톤을 사용한 배색 방법으로 전체적으로 안정되며 편안한 느낌을 준다.
③ 톤 인 톤(Tone in Tone) 배색 : 서로 다른 색상들을 동일한 톤으로 배치하는 방법을 말한다.
④ 도미넌트(Dominant) 배색 : 색상을 통일하고 톤의 변화를 주거나, 톤을 동일하게 하고 색상에 변화는 주는 등 색을 통제하여 통일감을 주는 배색을 의미한다.

15 식물의 생육에 가장 알맞은 토양의 용적 비율(%)은?(단, 광물질 : 수분 : 공기 : 유기질의 순서로 나타낸다)

① 50 : 20 : 20 : 10
② 45 : 30 : 20 : 5
③ 40 : 30 : 15 : 15
④ 40 : 30 : 20 : 10

해설
- 식물생육에 이상적인 흙의 용적 비율은 광물질 45%, 수분 30%, 공기 20%, 유기질 5%이다.
- 영구위조점은 포화습도 공기 중에서 회복되지 않는 수분량(15bar)으로 토성에 따라 다르다(사토 2~4%, 식질토 20%, 이탄토 100%).

16 야생동물의 조사와 관련된 설명 중 틀린 것은?

① 식생도면은 야생동물의 서식처에 관한 기초자료이다.
② 상대적으로 중요한 희귀종을 조사한다.
③ 주민의 안전을 위험하는 위험종을 조사한다.
④ 야생동물이 만나는 곳을 에코톤(Ecotone)이라 한다.

해설 ④ 에코톤 : 성질이 다른 두 환경이 인접하고 그 사이에 환경 제반조건이나 식물군락, 동물군집의 이동이 보이는 부분

17 CAD의 효과로 바르지 않은 것은?

① 설계 변경이 쉽다.
② 설계의 표준화로 설계시간을 단축할 수 있다.
③ 도면의 수정과 재활용이 용이하다.
④ 오류의 발견이 어렵다.

해설 ④ CAD 사용 시 오류의 발견이 쉬운 장점이 있다.

18 조경계획의 과정을 나열한 것 중 가장 바른 순서로 된 것은?

① 기초조사 → 식재계획 → 동선계획 → 터가르기
② 기초조사 → 터가르기 → 동선계획 → 식재계획
③ 기초조사 → 동선계획 → 식재계획 → 터가르기
④ 기초조사 → 동선계획 → 터가르기 → 식재계획

해설 조경계획의 과정 : 기초조사 → 터가르기 → 동선계획 → 식재계획

정답 15 ② 16 ④ 17 ④ 18 ②

19 경관의 유형 중 일시적 경관에 해당하지 않는 것은?

① 숲속의 호수
② 무리지어 날아가는 철새
③ 동물의 일시적 출현
④ 눈으로 덮여 있는 설경

해설 ① 숲속의 호수는 위요경관에 해당한다.
일시적 경관(Ephemeral Landscape) : 대기권의 상황변화에 따라 모습이 달라지는 경관

20 조경 프로젝트의 수행단계 중 주로 공학적인 지식을 바탕으로 다른 분야와는 달리 생물을 다룬 다는 특수한 기술이 필요한 단계로 가장 적합한 것은?

① 조경계획
② 조경설계
③ 조경관리
④ 조경시공

해설 조경분야 프로젝트 수행단계의 순서
- 계획 : 자료의 수집, 분석, 종합
- 설계 : 자료를 활용하여 기능적 · 미적인 3차원 공간을 창조
- 시공 : 공학적 지식과 생물을 다룬다는 점에서 특수한 기술 요구
- 관리 : 식생과 시설물의 이용관리

21 도급받은 건설공사의 전부 또는 일부를 도급하기 위하여 수급인이 제3자와 체결하는 계약

① 도 급
② 재하도급
③ 발 주
④ 하도급

해설 '하도급'이란 도급받은 건설공사의 전부 또는 일부를 다시 도급하기 위하여 수급인이 제3자와 체결하는 계약을 말한다(건설산업기본법 제2조 제12호).

22 소철(*Cycas revoluta* Thunb.)과 은행나무(*Ginkgo biloba* L.)의 공통점으로 옳은 것은?

① 속씨식물
② 자웅이주
③ 낙엽침엽교목
④ 우리나라 자생식물

해설

구 분	소 철	은행나무
번식방법	겉씨식물	겉씨식물
성 상	상록침엽관목 · 소교목	낙엽침엽교목
원산지	동아시아, 일본, 중국, 대만	중국 동부

정답 19 ① 20 ④ 21 ④ 22 ②

23 다음 중 열매가 붉은색으로만 짝지어진 것은?

① 쥐똥나무, 팥배나무
② 주목, 칠엽수
③ 피라칸다, 낙상홍
④ 매실나무, 무화과나무

해설
① 쥐똥나무 열매 : 흑색
② 칠엽수 열매 : 황색
④ 매실나무 열매 : 녹색

24 다음 중 가로수로 적당하지 않은 나무는?

① 플라타너스
② 느티나무
③ 은행나무
④ 반송

해설
④ 반송은 소나무의 한 품종으로, 정원수로 많이 심는다.
가로수용 수목 : 벚나무, 은행나무, 느티나무, 가중나무, 회화나무, 은단풍, 칠엽수, 메타세쿼이아, 플라타너스 등

25 다음에서 설명하고 있는 수종으로 가장 적합한 것은?

- 꽃은 지난해에 형성되었다가 3월에 잎보다 먼저 총상꽃차례로 달린다.
- 물푸레나무과로 원산지는 한국이며, 세계적으로 1속 1종뿐이다.
- 열매의 모양이 둥근 부채를 닮았다.

① 미선나무
② 조록나무
③ 비파나무
④ 명자나무

해설 열매 모양이 둥근 부채와 닮아서 미선나무라는 이름이 붙었다.

26 이식할 수목의 가식장소와 그 방법의 설명으로 틀린 것은?

① 공사의 지장이 없는 곳에 감독관의 지시에 따라 가식장소를 정한다.
② 그늘지고 점토질 성분이 풍부한 토양을 선택한다.
③ 나무가 쓰러지지 않도록 세우고 뿌리분에 흙을 덮는다.
④ 필요한 경우 관수시설 및 수목 보양시설을 갖춘다.

해설 그늘지고 점토질 성분이 풍부한 토양은 배수가 잘되지 않아 뿌리의 부패를 유발할 수 있으며, 통기성이 부족해 수목의 생육에 부적합하다. 가식장소는 배수가 잘되고 통기성이 좋은 토양을 선택해야 하며, 햇빛이 적당히 드는 장소를 선택해야 한다.

정답 23 ③ 24 ④ 25 ① 26 ②

27 벽돌쌓기의 내용이 옳지 않은 것은?
① 가능한한 막힌 줄눈으로 쌓는다.
② 하루에 쌓는 높이는 2.0m 이하로 한다.
③ 벽돌은 어느 부분이든 균일한 높이로 쌓아 올라간다.
④ 치장줄눈은 되도록 빠르게 한다.

해설 ② 하루에 1.5m 이하로 쌓는 데 보통 1.2m 정도가 좋다.

28 잔디 뗏장 붙이는 방법 중 조기에 잔디경관을 조성해야 할 곳에 쓰이며 뗏장이 가장 많이 소요되는 방법은?
① 줄떼 붙이기
② 전면 붙이기
③ 어긋나게 붙이기
④ 이음매 붙이기

해설 잔디 붙이기에 따른 뗏장 소요량
- 이음매 붙이기 : 4cm 간격을 잡을 때 잔디밭 면적의 70%에 해당하는 양이다.
- 전면 붙이기 : 잔디밭 면적만큼의 뗏장 수이다.
- 줄 붙이기 : 뗏장 너비와 같은 너비로 떼어 붙일 때는 피복면적의 50%, 반너비를 뗄 때는 75%에 해당하는 양이다.

29 옥상녹화 방수소재에 요구되는 성능 중 가장 거리가 먼 것은?
① 식물의 뿌리에 견디는 내근성
② 시비, 방제 등에 대비한 내약품성
③ 박테리아에 의한 부식에 견디는 성능
④ 색상이 미려하고 미관상 보기 좋은 것

해설 옥상녹화 방수소재의 조건
- 식물의 뿌리에 견디는 내근성
- 시비, 방제 등에 대비한 내약품성
- 박테리아에 의한 부식에 견디는 내식성
- 수분에 의해 용해되지 않는 내수성
- 상부자중 및 시공하중에 견디는 내압성
- 이음부, 모서리부 등의 접착성
- 보수가 용이한 공법으로 시공

30 다음 흙의 성질 중 점토와 사질토의 비교 설명으로 틀린 것은?

① 투수계수는 사질토가 점토보다 크다.
② 압밀속도는 사질토가 점토보다 빠르다.
③ 내부마찰각은 점토가 사질토보다 크다.
④ 동결피해는 점토가 사질토보다 크다.

해설 ③ 내부마찰각은 점토층보다 사질층 면이 크다. 또 점토질은 사질층 지반에 비해서 침하시간이 길 뿐 아니라 침하량도 크다.

31 재료가 외력을 받아서 변형을 일으킨 뒤 외력을 제거하면 다시 원형으로 돌아가는 성질은?

① 소 성
② 연 성
③ 탄 성
④ 강 성

해설 ① 소성 : 재료에 외력이 작용하면 변형이 생기며 외력 제거시에도 변형된 상태로 남는 성질
② 연성 : 탄성한계 이상의 외력을 받아도 파괴되지 않고 가늘고 길게 늘어나는 성질
④ 강성 : 재료가 외력을 받아도 잘 변형되지 않는 성질

32 기존의 퇴적암 또는 화성암이 지열, 지각의 변동에 의한 압력작용 및 화학작용 등에 의해 조직이 변화한 암석은?

① 화성암
② 퇴적암
③ 변성암
④ 석회질암

해설 석재의 성인(成因)에 의한 분류
• 화성암 : 화강암, 안산암, 현무암, 섬록암 등
• 퇴적암 : 응회암, 사암, 점판암, 혈암, 석회암 등
• 변성암 : 편마암, 대리암, 사문암, 결절편암 등

33 다음 중 목재의 방화제(防火劑)로 사용될 수 없는 것은?

① 염화암모늄
② 황산암모늄
③ 제2인산암모늄
④ 질산암모늄

해설 암모늄염으로는 제2인산암모늄, 제1인산암모늄, 브롬화암모늄, 붕산암모늄, 염화암모늄, 설파민암모늄, 황산암모늄 등이 있고 목재의 방화제로 사용한다.

정답 30 ③ 31 ③ 32 ③ 33 ④

34 시멘트의 성질 및 특성에 대한 설명으로 틀린 것은?

① 분말도는 일반적으로 비표면적으로 표시한다.
② 강도시험은 시멘트 페이스트 강도시험으로 측정한다.
③ 응결이란 시멘트 풀이 유동성과 점성을 상실하고 고화하는 현상을 말한다.
④ 풍화란 시멘트가 공기 중의 수분 및 이산화탄소와 반응하여 가벼운 수화반응을 일으키는 것을 말한다.

해설 ② 강도시험은 휨시험과 압축시험으로 측정하며, 주로 재령 28일 압축강도를 기준으로 3일, 7일, 28일 시험을 행한다.

35 플라스틱 제품 제작 시 첨가하는 재료가 아닌 것은?

① 가소제
② 안정제
③ 충진제
④ AE제

해설 플라스틱이란 합성수지에 가소제, 충진제(채움제), 착색제, 안정제 등을 넣어서 성형한 고분자 물질이다.

36 건설표준품셈에서 시멘트 벽돌의 할증률은 얼마까지 적용할 수 있는가?

① 3%
② 5%
③ 10%
④ 15%

해설 시멘트 벽돌의 할증률은 5%이고, 붉은 벽돌의 할증률은 3%이다.

37 다음 중 시멘트가 풍화작용과 탄산화작용을 받은 정도를 나타내는 척도로 고온으로 가열하여 시멘트 중량의 감소율을 나타내는 것은?

① 경 화
② 위응결
③ 강열감량
④ 수화반응

해설 강열감량(Ignition Loss) : 시료를 어떤 일정한 온도로 강열한 경우 감소되는 질량을 원래의 질량에 대한 백분율로 나타낸 값으로, 시멘트의 풍화도를 확인하는 척도로 쓰이며, KS규격에서는 3%로 규정하고 있다.

38
살충제 50% 유제 100cc를 0.05%로 희석하려 할 때 요구되는 물의 양은?(단, 비중은 1이다)

① 29,900cc
② 39,900cc
③ 49,900cc
④ 99,900cc

해설 살포액의 희석

필요 수량 = 원액 약량 × $\left(\dfrac{\text{원액 농도}}{\text{희석 농도}} - 1\right)$ × 원액 비중

$= 100cc × \left(\dfrac{50\%}{0.05\%} - 1\right) × 1.0$

$= 99,900cc$

39
다음 중 차나무과 수종이 아닌 것은?

① 후박나무
② 동백나무
③ 노각나무
④ 사스레피나무

해설 차나무과(Theaceae)
노각나무, 후피향나무, 차나무, 동백나무, 섬쥐똥나무, 비쭈기나무, 사스레피나무 등

40
다음 목재의 구조부 중 수축변형이 큰 순서대로 바르게 나열된 것은?

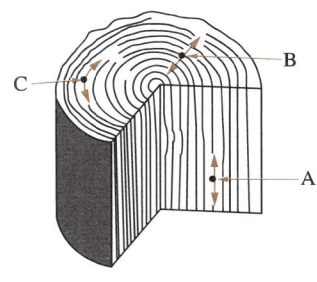

① A-B-C
② A-C-B
③ C-A-B
④ C-B-A

해설 목재 수축률 정도

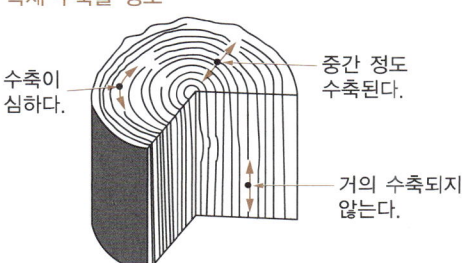

- 변재(C) > 심재(B) > 수직 방향(A)
- 변재가 심재보다 수축이 크다.

정답 38 ④ 39 ① 40 ④

41 다음 중 흡즙성 해충으로만 짝지어진 것은?

① 소나무좀, 하늘소류
② 진딧물, 응애류
③ 잎벌, 풍뎅이류
④ 밤바구미, 나방류

해설 가해방법에 따른 해충의 분류
- 흡즙성 해충 : 진딧물, 깍지벌레, 방패벌레, 응애류
- 갉아먹는 해충 : 나방류, 황금충
- 구멍을 뚫는 해충 : 소나무좀, 박쥐나방, 하늘소류

42 파이토플라스마에 의한 수목병이 아닌 것은?

① 벚나무 빗자루병
② 붉나무 빗자루병
③ 오동나무 빗자루병
④ 대추나무 빗자루병

해설 ① 벚나무 빗자루병은 병원성 곰팡이인 *Taphrina wiesneri*에 의해 발병한다.

43 다음 중 오리나무 갈색무늬병균의 전반에 대한 설명으로 옳은 것은?

① 곤충 및 소동물에 의해서 전반된다.
② 물에 의해서 전반된다.
③ 종자의 표면에 부착해서 전반된다.
④ 바람에 의해서 전반된다.

해설 ③ 오리나무 갈색무늬병균은 종피에 붙어 전반된다.

44 다음식에서 A에 해당하는 것은?

$$용적률 = A/대지면적$$

① 건축면적
② 연면적
③ 1호당 면적
④ 평균층수

해설 용적률은 대지면적에 대한 연면적(대지에 건축물이 둘 이상 있는 경우에는 이들 연면적의 합계)의 비율(건축법 제56조)

정답 41 ② 42 ① 43 ③ 44 ②

45 도시공원 및 녹지 등에 관한 법규에 의한 어린이공원의 설계기준으로 부적합한 것은?
① 유치거리는 250m 이하
② 녹지면적은 60% 이상
③ 공원시설 부지면적은 60% 이하
④ 규모는 1,500m² 이상

해설 ② 녹지면적은 40% 이상

46 다음 중 줄기감기를 하는 목적이 아닌 것은?
① 잡초 방제
② 수분증발 억제
③ 피소방지
④ 동해방지

해설 **줄기감기**
이식한 나무의 줄기로부터 수분의 증산을 억제하거나 해충의 침입을 방지하기 위하여 새끼나 마대로 줄기를 감아주며, 그 위에 진흙을 발라주기도 한다.

47 콘크리트 공사 시의 슬럼프시험은 무엇을 측정하기 위한 것인가?
① 반죽질기
② 피니셔빌리티
③ 성형성
④ 블리딩

해설 슬럼프시험(Slump Test)은 굳지 않은 콘크리트의 반죽질기를 시험하는 방법으로 콘크리트 타설 시 시공성을 측정하는 방법이다.

48 다음 중 인공적 수형을 만드는 데 적당한 수종이 아닌 것은?
① 꽝꽝나무
② 아왜나무
③ 주 목
④ 벚나무

해설 벚나무는 맹아력이 약해 형상수에 적합하지 않다.

정답 45 ② 46 ① 47 ① 48 ④

49 다음 중 한 가지에 많은 봉우리가 생긴 경우 솎아 낸다든지, 열매를 따버리는 등의 작업 목적으로 가장 적당한 것은?

① 생장조장을 돕는 가지 다듬기
② 세력을 갱신하는 가지 다듬기
③ 착화 및 착과 촉진을 위한 가지 다듬기
④ 생장을 억제하는 가지 다듬기

해설 개화 결실을 많게 하기 위한 전정 : 감나무와 각종 과수나무, 장미의 여름전정 등

50 다음 중 콘크리트 내구성에 영향을 주는 아래 화학반응식의 현상은?

$$Ca(OH)_2 + CO_2 \rightarrow CaCO_3 + H_2O \uparrow$$

① 콘크리트 염해
② 동결융해현상
③ 알칼리 골재반응
④ 콘크리트 중성화

해설 중성화의 화학반응식
$Ca(OH)_2 + CO_2 \rightarrow CaCO_3 + H_2O \uparrow$
※ 수화작용 : $CaO + H_2O \rightarrow Ca(OH)_2$

51 강의 열처리란 금속재료에 필요한 성질을 주기 위하여 가열 또는 냉각하는 조작을 말하는데 다음 중 강의 열처리 방법에 해당하지 않는 것은?

① 뜨임질
② 불 림
③ 풀 림
④ 늘 림

해설 강의 일반 열처리에는 담금질, 뜨임, 풀림, 불림 등이 있다.

52 우리나라 정원에서 홍예문의 성격을 띤 구조물이라 할 수 있는 것은?

① 정 자
② 테라스
③ 트렐리스
④ 아 치

해설 홍예문(虹霓門) : 인천광역시 소재 유형문화재로 1908년에 화강암으로 일본이 축조한 아치형 터널이다.

정답 49 ③ 50 ④ 51 ④ 52 ④

53 조경수목의 연간관리 작업계획표를 작성하려고 한다. 작업 내용의 분류상 성격이 다른 하나는?
① 병해충 방제
② 시 비
③ 뗏밥주기
④ 수관 손질

해설 뗏밥주기는 잔디 연간관리 작업계획에 속한다.

54 다음 중 시설물의 관리를 위한 방법으로 적합하지 못한 것은?
① 콘크리트 포장의 갈라진 부분은 파손된 재료 및 이물질을 완전히 제거한 후 조치한다.
② 배수시설은 정기적인 점검을 실시하고, 배수구의 잡물을 제거한다.
③ 벽돌 및 자연석 등의 원로포장 파손 시 많은 부분을 철저히 조사한다.
④ 유희시설 점검은 용접부분 및 움직임이 많은 부분을 철저히 조사한다.

해설 ③ 벽돌 및 자연석 등의 원로포장 파손 시 파손된 부분을 보수한다.

55 다음 측구들 중 산책로나 보도에서 자연경관과 가장 잘 어울리는 것은?
① 콘크리트 측구
② U형 측구
③ 호박돌 측구
④ L형 측구

56 잔디재배 관리방법 중 칼로 토양을 베어 주는 작업으로, 잔디의 포복경 및 지하경도 잘라 주는 효과가 있으며 레노베이어, 론에어 등의 장비가 사용되는 작업은?
① 스파이킹
② 롤 링
③ 버티컬 모잉
④ 슬라이싱

해설 슬라이싱 : 칼로 토양을 베어 주는 작업으로 잔디의 포복경과 지하경을 잘라 주는 효과가 있으며, 통기작업과 유사하나 그 정도가 약하여 피해가 적다.

정답 53 ③ 54 ③ 55 ③ 56 ④

57 기계가 서 있는 위치보다 낮은 곳의 굴착을 하는 데 효과적인 토공기계는?

① 모터그레이더 ② 파워셔블
③ 드래그라인 ④ 클램셸

해설 드래그라인(Drag Line) : 굴착할 장소가 기계를 장치한 지반보다 낮을 때, 굴착해야 할 흙이 고결되어 있지 않을 때나 수중 굴착 시 적당하다.

58 농약 취급 시 주의할 사항으로 부적합한 것은?

① 농약을 살포할 때는 방독면과 방호용 옷을 착용하여야 한다.
② 쓰고 남은 농약은 변질될 수 있으므로 즉시 주변에 버리거나, 다른 용기에 담아둔다.
③ 피로하거나 건강이 나쁠 때는 작업하지 않는다.
④ 작업 중에 식사 또는 흡연을 금한다.

해설 사용하고 남은 희석한 농약은 미련 없이 버린다. 음료수병에 보관하는 것은 절대금지이며, 사용 후 남은 원액은 그대로 밀봉하여 어린이의 손이 닿지 않는 장소에 보관한다.

59 골프장의 잔디밭에 뗏밥넣기의 두께로 가장 적당한 것은?

① 0.3~0.7cm ② 1.6~2.5cm
③ 1.0~1.5cm ④ 0.1~0.2cm

해설 뗏밥의 두께는 가정(일반으로 사용)은 0.5~1.0cm, 골프장은 0.3~0.7cm가 적당하다.

60 다음 중 정원의 관리 요령이 잘못된 것은?

① 분수나 폭포에 대한 급수관이 노출되어 있을 때는 짚이나 거적으로 싸준다.
② 다듬기 작업은 적어도 늦봄과 초가을에 두 번 실시하되, 겨울에도 한 번은 해야 좋다.
③ 지나치게 우거지지 않도록 1년에 두 번은 가지솎기를 해준다.
④ 디딤돌의 보수는 앞뒤에 놓인 디딤돌의 높이를 최대한 고려한다.

해설 ② 겨울에는 다듬기 작업을 하지 않는다.

정답 57 ③ 58 ② 59 ① 60 ②

2024년 제3회 최근 기출복원문제

01 다음 중 사대부나 양반계급에 속했던 사람이 자연 속에 묻혀 야인으로서의 생활을 즐기던 별서정원이 아닌 것은?

① 소쇄원
② 방화수류정
③ 부용동정원
④ 다산정원

해설 방화수류정 : 수원성곽을 축조할 때 세운 누각 중 하나로, 성의 동북쪽 모서리에 위치하고 있어 동북각루(東北角樓)라 하였으며, 경관이 매우 뛰어나 방화수류정이라는 당호(堂號)가 붙었다.

02 중국정원의 가장 중요한 특색이라 할 수 있는 것은?

① 조화
② 대비
③ 반복
④ 대칭

해설 중국정원의 특징
- 지역마다 재료를 달리한 정원양식이 생겼다.
- 건물과 정원이 한덩어리가 되는 형태로 발달했다.
- 기하학적인 무늬가 그려져 있는 원로가 있다.
- 조경수법이 대비에 중점을 두고 있다.
- 경수법을 도입하였다.
- 사실주의보다는 상징적 축조가 주를 이루는 사의주의(寫意主義)에 입각하였다.

03 발해의 상류저택에 대규모로 심겨졌던 식물로 옳은 것은?

① 석류
② 매화
③ 모란
④ 앵두

해설 「발해국지」에 '저택에 원지와 수백 주의 모란꽃 화원이 있었다'는 기록이 있다.

정답 1 ② 2 ② 3 ③

04 다음 이슬람정원 중 알람브라궁전에 없는 것은?

① 알베르카 중정
② 사자 중정
③ 사이프러스 중정
④ 헤네랄리페 중정

해설 헤네랄리페(Generalife) 이궁
- 그라나다 왕의 피소를 위한 은둔처로서 경사지의 계단식 처리와 기하학적인 구성으로 되어 있다.
- 수로가 있는 중정으로, 연꽃 모양의 수반과 회양목으로 구성하여 3면은 건물이고, 한쪽은 아케이드로 둘러싸여 있다.
- 건물 입구까지 길 양쪽의 분수가 아치 모양을 이루고, 좌우에 꽃과 수목이 식재되었다.

05 다음 중 여러 단을 만들어 그 곳에 물을 흘러내리게 하는 이탈리아 정원에서 많이 사용되었던 조경기법은?

① 캐스케이드
② 토피어리
③ 록가든
④ 커 낼

해설 르네상스 시대 이탈리아 정원의 특징
- 높이가 다른 여러 개의 노단을 잘 조화시켜 좋은 전망을 살렸다.
- 강한 축을 중심으로 정형적 대칭을 이루도록 꾸몄다.
- 원로의 교차점이나 종점에는 조각, 분천, 연못, 캐스케이드 벽천, 장식화분 등이 배치되었다.

06 덕수궁 석조전 앞 분수와 연못을 중심으로 한 정원과 가장 가까운 양식으로 옳은 것은?

① 영국의 절충식
② 프랑스의 정형식
③ 독일의 풍경식
④ 이탈리아의 노단건축식

해설 석조전 앞 분수와 연못을 중심으로 조성된 정원인 침상원(침상경원)은 우리나라 최초의 유럽식(프랑스 정형식) 정원이다.

07 다음 제시된 색 중 같은 면적에 적용했을 경우 가장 좁아 보이는 색은?

① 옅은 하늘색
② 선명한 분홍색
③ 밝은 노란 회색
④ 진한 파랑

해설 색의 팽창과 수축
밝고 따뜻한 색은 팽창해 보이고 어둡고 차가운 색은 수축해 보인다. 같은 면적에 적용했을 때 흰색, 노랑, 주황, 빨강, 녹색, 보라, 파랑 순으로 크기가 커 보인다.

08 다음 중 가장 채도가 높은 것은?

① 빨강(5R)
② 파랑(5B)
③ 초록(5G)
④ 주황(5YR)

해설 가장 채도가 높은 색은 노랑, 빨강의 순색으로 채도는 14단계까지 이른다.

09 GPS에서 수신 시 필요한 최소한의 위성 수는?

① 1개
② 2개
③ 3개
④ 5개

해설 GPS 측량 시 위도와 경도를 확인하기 위하여 최소 3개의 위성이 필요하고, 4개 이상이면 위도, 경도, 고도를 알 수 있다.

10 황금비는 단변이 1일 때 장변은 얼마인가?

① 1.681
② 1.618
③ 1.186
④ 1.861

해설 황금비는 보통 소수점 세번째 자리까지인 1.618을 사용한다.

정답 7 ④ 8 ① 9 ③ 10 ②

11 시공 후 전체적인 모습을 알아보기 쉽도록 그린 다음 같은 형태의 그림은?

① 평면도 ② 입면도
③ 조감도 ④ 상세도

해설 　조감도 : 설계 대상지의 완성 후의 모습을 공중에서 내려다 본 그림

12 다음 중 등고선의 성질에 대한 설명으로 맞는 것은?
① 지표의 경사가 급할수록 등고선 간격이 넓어진다.
② 같은 등고선 위의 모든 점은 높이가 서로 다르다.
③ 등고선은 지표의 최대 경사선의 방향과 직교하지 않는다.
④ 높이가 다른 두 등고선은 동굴이나 절벽의 지형이 아닌 곳에서는 교차하지 않는다.

해설 　등고선의 성질
- 등고선상의 모든 점은 같은 높이이다.
- 등고선은 도면 안팎에서 반드시 만나며, 사라지지 않는다.
- 등고선이 도면 안에서 만나는 지점은 산꼭대기나 요지(凹地)이다.
- 높이가 다른 등고선은 절벽이나 동굴을 제외하고는 교차하거나 만나지 않는다.
- 급경사지는 간격이 좁고, 완경사지는 간격이 넓다.
- 경사가 같으면 간격도 같다.

13 다음 중 배식설계에 있어서 정형식 배식설계가 아닌 것은?
① 열 식 ② 임의식재
③ 대 식 ④ 교호식재

해설 　배식기법
- 정형식(整形式) : 단식, 대식, 열식, 교호식재(지그재그식재), 집단식재
- 자연식(自然式) : 부등변삼각형 식재, 임의식재, 무리심기, 배경식재
- 절충식

14 다음 중 인공지반을 만들기 위해 사용되는 경량재가 아닌 것은?

① 부엽토
② 화산재
③ 펄라이트
④ 버미큘라이트

해설 경량재로는 버미큘라이트, 펄라이트, 피트모스, 화산재 등이 있다.

15 조경의 내용 범위에 포함하기 어려운 것은?

① 공원의 조성
② 자연보호
③ 경관보존
④ 도시지역의 확대

해설 조경은 크게 나누어 인위적인 경관의 조성과 자연경관의 이용 및 관리로 구분할 수 있는데, 인위적인 조경은 어떤 일정한 목적을 가지고 유용성과 미(美)를 고려하여 인간의 힘으로 창조한 경관을 말하며, 정원이나 공원, 기타 인공시설물 등이 포함될 수 있다.

16 다음 중 E. Hall이 설명한 공적인 거리로 옳은 것은?

① 80cm
② 100cm
③ 360cm
④ 720cm

해설
- 친밀한 거리 : 0~45cm, 가족이나 연인사이의 거리
- 개인적 거리 : 45~120cm, 친구 등 가까운 사이에서 일상적인 대화를 할 때 거리
- 사회적 거리) : 120~360cm, 업무상 대화 등을 할 때 유지하는 거리
- 공적인 거리 : 360cm 이상, 연설·강연이나 공연 등 개인과 청중 사이의 거리

17 건물의 외벽도색을 위한 색채계획을 할 때 사용하는 컬러샘플(Color Sample)은 실제의 색보다 명도나 채도를 낮추어 사용하는 것이 좋다. 이는 색채의 어떤 현상 때문인가?

① 착시효과
② 동화현상
③ 대비효과
④ 면적효과

해설 면적대비 : 면적이 크고 작음에 따라 색이 다르게 보이는 현상
- 면적이 커지면 명도와 채도가 높아진 것처럼 느껴져 색은 밝고 선명해 보이지만, 반대로 면적이 작아지면 색은 어둡고 탁해 보인다.
- 작은 견본으로는 정확한 색상 선택이 어려우므로 벽면과 같이 큰 면적의 색을 고를 때는 원하는 색상보다 약간 어둡고 탁한 색을 고르는 것이 좋다.

정답 14 ① 15 ④ 16 ③ 17 ④

18 다음 중 순공사원가를 가장 바르게 표시한 것은?
① 재료비 + 노무비 + 경비
② 재료비 + 노무비 + 일반관리비
③ 재료비 + 일반관리비 + 이윤
④ 재료비 + 노무비 + 경비 + 일반관리비 + 이윤

19 시공계획의 4대 목표를 구성하는 요소가 아닌 것은?
① 원 가
② 안 전
③ 관 리
④ 공 정

해설 공사관리의 기본에는 공정관리, 품질관리, 원가관리, 안전관리 등이 있다.

20 기존의 레크리에이션 기회에 참여 또는 소비하고 있는 수요(需要)를 무엇이라 하는가?
① 표출수요
② 잠재수요
③ 유효수요
④ 유도수요

해설 레크리에이션 수요(Demand)의 종류
• 유도수요 : 광고, 선전, 교육 등을 통해 이용을 유도시킬 수 있는 수요
• 잠재수요 : 사람들에게 내재되어 있는 수요로 적당한 시설, 접근수단, 정보가 제공되면 참여가 기대되는 수요
• 표출수요 : 기존의 레크리에이션 기회에 참여 또는 소비하고 있는 수요
• 유효수요 : 재화에 대한 욕구가 실제로 그 재화를 구입할 만큼 구매력의 뒷받침이 있을 경우의 수요

21 생태복원을 목적으로 사용하는 재료로서 가장 거리가 먼것은?
① 색생매트
② 잔디블록
③ 녹화마대
④ 식생자루

해설 녹화마대 : 나무에 붕대를 감은 듯한 마대로 수목 굴취시 뿌리분을 감는 데 사용하며, 포트(Pot) 역할을 하여 잔뿌리 형성에 도움을 주는 환경친화적인 재료이다.

22 다음 입찰계약 순서 중 옳은 것은?

① 입찰공고 → 낙찰 → 계약 → 개찰 → 입찰 → 현장설명
② 입찰공고 → 현장설명 → 입찰 → 계약 → 낙찰 → 개찰
③ 입찰공고 → 현장설명 → 입찰 → 개찰 → 낙찰 → 계약
④ 입찰공고 → 계약 → 낙찰 → 개찰 → 입찰 → 현장설명

23 화강암 중 회백색 계열을 띠고 있는 돌은?

① 진안석
② 포천석
③ 문경석
④ 철원석

해설 화강암의 색채
- 회백색 계열 : 포천석, 신북석, 일동석, 거창석 등
- 담홍색 계열 : 진안석, 운천석, 문경석, 철원석 등

24 다음 [보기]에서 설명하는 수종은?

|보기|
- 원산지는 중국이다.
- 줄기 색채가 녹색이고, 6월경에 개화하며 꽃색은 황색이다.
- 성상이 낙엽활엽교목으로 열매는 5개의 분과로 익기 전에 벌어져서 완두콩 같은 종자가 보이고 10월에 익는다.

① 태산목
② 황매화
③ 벽오동
④ 노각나무

해설 벽오동은 수고가 15~20m에 달하고, 수피가 푸른색을 나타낸다.

25 흰말채나무의 특징을 설명한 것으로 틀린 것은?

① 노란색의 열매가 특징적이다.
② 층층나무과로 낙엽활엽관목이다.
③ 수피가 여름에는 녹색이나 가을, 겨울철의 붉은 줄기가 아름답다.
④ 잎은 대생하며 타원형 또는 난상타원형이고, 표면에 작은 털이 있으며 뒷면은 흰색의 특징을 갖는다.

해설 ① 열매가 하얗게 익어서 흰말채나무라고 한다.

정답 22 ③ 23 ② 24 ③ 25 ①

26 여러해살이 화초에 해당되는 것은?

① 베고니아
② 금어초
③ 맨드라미
④ 금잔화

해설 여러해살이 화초 : 넝쿨장미, 튤립, 초롱꽃, 베고니아, 수선화, 아네모네, 제라늄, 히아신스, 국화, 부용, 꽃창포, 도라지꽃 등

27 다음에서 설명하는 벽돌쌓기 방법은?

> 길이쌓기 켜와 마구리쌓기 켜가 번갈아 반복되게 쌓는 방법으로 모서리나 벽이 끝나는 곳에는 반적이나 이오토막이 쓰인다.

① 영국식 쌓기
② 프랑스식 쌓기
③ 영롱쌓기
④ 미국식 쌓기

해설
② 프랑스식 쌓기 : 켜마다 길이와 마구리가 번갈아 나오는 방법으로, 영국식 쌓기보다 아름다우나 견고성은 떨어진다.
③ 영롱쌓기 : 벽돌담에 구멍을 내어 장식성을 높인 것
④ 미국식 쌓기 : 5켜까지 길이쌓기로 하고, 그 위 1켜는 마구리쌓기로 하는 방법이다.

28 목재가공 작업과정 중 소지조정, 눈막이(눈메꿈), 샌딩실러 등은 무엇을 하기 위한 것인가?

① 접 착
② 연 마
③ 도 장
④ 오버레이

해설 목재도장의 공정과정 : 소지공정 → 표백 → 착색 → 눈메꿈도장 → 하도도장 → 중도도장 → 상도도장

29 다음 중 석재의 비중을 구하는 식은?

> • A : 공시체의 건조무게(g)
> • B : 공시체의 침수 후 표면 건조포화 상태의 공시체의 무게(g)
> • C : 공시체의 수중무게(g)

① $\dfrac{A}{B+C}$
② $\dfrac{A}{B-C}$
③ $\dfrac{C}{A-B}$
④ $\dfrac{B}{A+C}$

해설 표면 건조포화 상태의 비중 = $\dfrac{B}{A+C}$

정답 26 ① 27 ① 28 ③ 29 ②

30 콘크리트 제작방법에 의해서 행하는 시험비빔(Trial Mixing) 시 검토해야 할 항목이 아닌 것은?

① 인장강도
② 비빔온도
③ 공기량
④ 워커빌리티

해설 콘크리트 제작방법에 의해서 행하는 시험비빔 시 검토해야 할 항목(KS F 4009 규정)은 레미콘규격, 슬럼프시험, 공기량시험, 비빔온도, 압축강도 등이 있다.

31 다음 중 시설물의 사용연수로 가장 부적합한 것은?

① 철재 시소 : 10년
② 목재 벤치 : 7년
③ 철재 퍼걸러 : 40년
④ 원로의 모래자갈 포장 : 10년

해설 ③ 철재 퍼걸러 : 20년

32 다음 중 임해공업단지에 공장조경을 하려 할 때 가장 적합한 수종은?

① 광나무
② 히말라야시다
③ 감나무
④ 왕벚나무

해설 내염성이 큰 수종 : 해송, 노간주나무, 눈향나무, 광나무, 비자나무, 사철나무, 동백나무, 해당화, 찔레나무, 회양목, 유카 등

33 혼화재의 설명 중 옳은 것은?

① 혼화재는 혼화제와 같은 것이다.
② 종류로는 포졸란, AE제 등이 있다.
③ 종류로는 슬래그, 감수제 등이 있다
④ 혼화재는 그 사용량이 비교적 많아서 그 자체의 부피가 콘크리트의 배합계산에 관계된다.

해설 혼화재와 혼화제
- 혼화재 : 시멘트의 성질을 개량할 목적으로 사용하는 재료로서, 시멘트량의 5% 이상을 첨가하므로 그 부피가 배합계산에 포함되는 것
  예 고로슬래그, 천연포졸란, 플라이애시 등
- 혼화제 : 혼화재와 같이 시멘트의 성질 개량을 목적으로 사용하지만, 시멘트량의 1% 이하만 첨가하므로 그 부피가 배합계산에 포함되지 않는 것
  예 AE제, 감수제, 급결제, 지연제, 방수제 등

정답 30 ① 31 ③ 32 ① 33 ④

34 벤치, 인공폭포, 인공암, 수목보호판 등으로 이용하기에 가장 적합한 것은?

① 경질염화비닐판
② 유리섬유 강화플라스틱
③ 폴리스티렌수지
④ 염화비닐수지

해설 인공폭포의 외장재료는 일반적으로 자연석, 유리섬유 강화플라스틱(FRP), 기와, 토관(土管), 인조목 등이 주로 사용되며, 물에 변색되지 않고 수압에 강한 재료로서 폭포가 설치될 장소의 주위경관과 조화될 수 있는 재료를 선택하여야 한다.

35 물체의 전면에 작용하는 하중의 분포 상태가 하중 적용 방향으로 일정한 하중은?

① 집중하중
② 등분포하중
③ 경사분포하중
④ 모멘트하중

36 다음 중 건설재료의 할증률로 맞는 것은?

① 이형철근 : 5%
② 경계블록 : 3%
③ 붉은 벽돌 : 5%
④ 수장용 합판 : 10%

해설 ①・③ 이형철근, 붉은 벽돌 : 3%
④ 수장용 합판 : 5%

37 굵은골재의 절대건조상태의 질량이 1,000g, 표면건조포화상태의 질량이 1,100g, 수중질량이 650g일 때 흡수율은 몇 %인가?(단, 시험온도에서의 물의 밀도는 $1g/cm^3$이다)

① 10.0%
② 28.6%
③ 31.4%
④ 35.0%

해설
$$흡수율(\%) = \frac{표면건조포화상태의\ 질량 - 절대건조상태의\ 질량}{절대건조상태의\ 질량}$$
$$= \frac{1,100 - 1,000}{1,000} \times 100 = 10$$

정답 34 ② 35 ② 36 ② 37 ①

38 식물의 아래 잎에서 황화현상이 일어나고 심하면 잎 전면에 나타나며, 잎이 작지만 잎수가 감소하며 초본류의 초장이 작아지고 조기 낙엽이 비료결핍의 원인이라면 어느 비료 요소와 관련된 설명인가?

① P
② N
③ Mg
④ K

해설 **비료의 역할**
- 질소(N) : 광합성작용을 촉진하여 수목의 잎이나 줄기 등의 생장에 도움을 주는데, 부족하면 생장이 위축되고 성숙이 빨라진다.
- 인(P) : 세포분열을 촉진하거나 꽃·열매·뿌리의 발육에 관여하는데, 부족하면 성숙이 빨라져 수확량이 감소한다.
- 칼륨(K) : 꽃과 열매의 향기나 색깔을 조절하는데, 부족하면 황화현상이 나타나고 잎이 고사한다.
- 칼슘(Ca) : 단백질을 합성하고 식물체 유기산을 중화하는데, 부족하면 생장점이 파괴되어 갈변한다.
- 마그네슘(Mg) : 엽록소의 구성성분이며 각종 효소를 활성화하는데, 부족하면 잎이 얇아지고 황백화현상이 나타난다.

39 가을에 그윽한 향기를 가진 등황색 꽃이 피는 수종은?

① 금목서
② 남 천
③ 팔손이나무
④ 생강나무

해설 ② 6~7월 흰색
③ 11월 흰색
④ 3월 노란색

40 다음 중 성형, 가공이 용이하지만 온도변화에 약한 재질은?

① 목 재
② 금 속
③ 플라스틱
④ 콘크리트

해설 **플라스틱제품의 특성**
- 가벼우며, 강도와 탄력성이 크다.
- 소성, 가공성이 좋아 복잡한 모양의 제품으로 성형이 가능하다.
- 내산성, 내알칼리성이 크고 녹슬지 않는다.
- 착색, 광택이 좋고, 접착력이 크다.
- 내화성, 내열성, 내후성, 내광성이 부족하다.
- 전기와 열의 절연성이 있다.

정답 38 ② 39 ① 40 ③

41 다음 제초제 중 잡초와 작물 모두를 사멸시키는 비선택성 제초제는?

① 디캄바 액제
② 글리포세이트 액제
③ 펜티온 유제
④ 에테폰 액제

해설 ①·③·④ 선택성 제초제

42 병해충 방제를 목적으로 쓰이는 농약의 포장지 표기 형식 중 색깔이 분홍색을 나타내는 것은 어떤 종류의 농약을 가리키는가?

① 살균제
② 살충제
③ 제초제
④ 살비제

해설 농약제의 포장지 색깔
- 살균제 : 분홍색
- 살충제 : 초록색
- 살균·살충제 : 위쪽 – 분홍색, 아래쪽 – 초록색
- 제초제 : 노란색
- 비선택성 제초제 : 빨간색
- 생장조절제 : 파란색

43 다음 조경 식물의 주요 해충 중 천공성 해충은?

① 매미나방
② 박쥐나방
③ 흰불나방
④ 솔잎혹파리

해설 천공성 해충 : 소나무좀, 측백하늘소, 박쥐나방, 버들바구미 등
①·③ 매미나방, 흰불나방 : 식엽성 해충
④ 솔잎혹파리 : 충영형성 해충

44 다음 중 봄에 꽃이 피는 진달래 등의 꽃나무류를 전정하는 시기로 가장 적당한 것은?

① 꽃이 진 직후
② 여름에 도장지가 무성할 때
③ 늦가을
④ 장마 이후

해설 꽃나무류는 꽃이 진 후 바로 하되, 화아분화 시기와 분화한 후 꽃피는 습성에 따라 전정시기가 다르게 된다.

45 식물에 발생하는 동해(凍害)에 대한 설명으로 옳은 것은?

① 봄철 식물의 발육시작 후 갑자기 0℃ 이하로 떨어지면서 받는 피해를 말한다.
② 0℃ 이하의 기온에서 받는 피해이다.
③ 0℃ 근처에서 받는 생리적 영향으로 인한 피해를 말한다.
④ 초가을에 계절에 맞지 않게 추운 날씨가 계속되어 받는 피해이다.

해설 ① 만상(晩霜, Spring Frost)
③ 냉해(冷害)
④ 조상(早霜, Autumn Frost)

46 밤나무의 종실을 가해하여 피해를 주는 해충은?

① 버들바구미
② 어스렝이나방
③ 복숭아명나방
④ 참나무재주나방

해설 종실 해충 : 밤바구미, 복숭아명나방 등

47 다음 중 산울타리의 다듬기 방법으로 옳은 것은?

① 전정하는 횟수는 생장이 완만한 수종의 경우 1년에 5~6회이다.
② 생장이 빠르고 맹아력이 강한 수종은 1년에 8~10회 실시한다.
③ 일반 수종은 장마 때와 가을 등 2회 정도 전정한다.
④ 화목류는 꽃이 피기 바로 전에 실시하고, 덩굴식물의 경우는 여름에 전정한다.

해설 ③ 산울타리 등 관목류는 5~6월과 9월에 전정하는 것이 좋다.

48 40m²의 면적에 팬지를 20cm×20cm 간격으로 심고자 한다. 팬지 묘의 필요 본수로 가장 적당한 것은?

① 100
② 250
③ 500
④ 1,000

해설 1m에 심을 팬지 수는 100cm/20cm = 5이므로 1m²에는 25본, 25본 × 40m² = 1,000본이 적당하다.

정답 45 ② 46 ③ 47 ③ 48 ④

49 다음 중 충영을 형성하는 해충은?

① 응 애
② 깍지벌레
③ 솔나방
④ 혹진딧물

해설 충영형성 해충 : 솔잎혹파리, 밤나무혹벌, 혹응애, 혹진딧물 등

50 40%(비중 = 1)의 어떤 유제가 있다. 이 유제를 1,000배로 희석하여 10a당 9L를 살포하고자 할 때, 유제의 소요량은 몇 mL인가?

① 7
② 8
③ 9
④ 10

해설 살포액의 희석
- 사용 농도 = 원액 농도 ÷ 희석배수
  = 40% ÷ 1,000 = 0.04%
- ha당 필요 약량 = 사용 농도 × $\dfrac{살포량}{원액 농도}$

  = $0.04\% \times \dfrac{9L}{40\%}$

  = 0.009L = 9mL (∵ 1L = 1,000mL)

51 진딧물의 방제를 위하여 보호하여야 하는 천적으로 볼 수 없는 것은?

① 무당벌레류
② 꽃등에류
③ 솔잎벌류
④ 풀잠자리류

해설 진딧물의 천적 : 무당벌레, 풀잠자리, 콜레마니진디벌, 진디혹파리, 꽃등에 등

52 다음 중 조경수목에 거름을 줄 때의 방법에 대한 설명으로 틀린 것은?

① 윤상 거름주기 : 수관폭을 형성하는 가지 끝 아래의 수관선을 기준으로 환상으로 깊이 20~25cm, 너비 20~30cm로 둥글게 판다.
② 방사상 거름주기 : 파는 도랑의 깊이는 바깥쪽일수록 깊고 넓게 파야 하며, 선을 중심으로하여 길이는 수관폭의 1/3 정도로 한다.
③ 선상 거름주기 : 수관선상에 깊이 20cm 정도의 구멍을 군데군데 뚫고 거름을 주는 방법으로, 액비를 비탈면에 줄 때 적용한다.
④ 전면 거름주기 : 한 그루씩 거름을 줄 경우, 뿌리가 확장되어 있는 부분을 뿌리가 나오는 곳까지 전면으로 땅을 파고 거름을 주는 방법이다.

해설 ③은 천공거름주기이다.

53 자연상태(N), 흐트러진 상태(S), 다져진 상태(H)의 부피를 비교한 것으로 올바른 것은?

① H > N > S
② N > H > S
③ S > N > H
④ S > H > N

해설 ③ 자연상태의 흙을 기준으로 할 경우 부피는 흐트러진 상태 > 자연상태 > 다져진 상태 순이다.

54 다음 중 관리하자에 의한 사고에 해당되지 않는 것은?

① 시설의 구조자체의 결함에 의한 것
② 시설의 노후·파손에 의한 것
③ 위험장소에 대한 안전대책 미비에 의한 것
④ 위험물 방치에 의한 것

해설 ①은 설치하자에 의한 사고이다.

55 관리업무의 수행 중 도급방식의 대상으로 옳은 것은?

① 긴급한 대응이 필요한 업무
② 금액이 적고 간편한 업무
③ 연속해서 행할 수 없는 업무
④ 규모가 크고, 노력·재료 등을 포함하는 업무

해설 도급방식의 대상업무
• 장기에 걸쳐 단순작업을 행하는 업무
• 전문지식, 기능, 자격을 요하는 업무
• 규모가 크고, 노력·재료 등을 포함하는 업무
• 관리주체가 보유한 설비로는 불가능한 업무
• 직업의 관리인원으로는 부족한 업무

56 조경시설물 유지관리 연간 작업계획에 포함되지 않는 작업내용은?

① 수선, 교체
② 개량, 신설
③ 복구, 방제
④ 제초, 전정

해설 ④ 제초나 전정은 식물관리 작업계획에 포함되는 사항이다.

57 호박돌 쌓기에 이용되는 쌓기법으로 가장 적합한 것은?

① 十자 줄눈 쌓기
② 줄눈 어긋나게 쌓기
③ 이음매 경사지게 쌓기
④ 평석 쌓기

해설 ② 호박돌을 쌓을 때는 불규칙하게 쌓는 것보다 규칙적인 모양을 갖도록 쌓는 것이 보기에 좋고 안전성이 있으며, 돌을 서로 어긋나게 놓아 十자 줄눈이 생기지 않도록 한다.

정답 55 ④ 56 ④ 57 ②

58 조경수목의 관리계획에는 정기 관리작업, 부정기 관리작업, 임시 관리작업으로 분류할 수 있다. 그 중 정기 관리작업에 속하는 것은?

① 고사목 제거
② 토양 개량
③ 세 척
④ 거름주기

해설 **조경수목의 관리계획**
- 정기 관리작업 : 청소, 점검, 식물의 손질(수목의 전정, 병충해 방제), 거름주기, 페인트칠 등
- 부정기 관리작업 : 고사목 제거, 보식, 시설물 보수 등
- 임시 관리작업 : 태풍에 휩쓸려 오거나 사람들이 버린 오물을 제거하는 청소작업

59 조경수목의 하자로 판단되는 기준은?

① 수관부의 가지가 약 1/2 이상 고사 시
② 수관부의 가지가 약 2/3 이상 고사 시
③ 수관부의 가지가 약 3/4 이상 고사 시
④ 수관부의 가지가 약 3/5 이상 고사 시

해설 조경공사표준시방서의 기준 상 수목은 수관부 가지의 약 2/3 이상이 고사하는 경우에 고사목으로 판정하고 지피·초본류는 해당 공사의 목적에 부합되는가를 기준으로 감독자의 육안검사 결과에 따라 고사여부를 판정한다.

60 토양환경을 개선하기 위해 유공관을 지면과 수직으로 뿌리 주변에 세워 토양 내 공기를 공급하여 뿌리호흡을 유도하는데, 유공관의 깊이는 수종, 규격, 식재지역의 토양상태에 따라 다르게 할 수 있으나, 평균깊이는 몇 m 이내로 하는 것이 바람직한가?

① 1m
② 1.5m
③ 2m
④ 3m

해설 ① 유공관의 설치깊이는 평균적으로 1m 이내로 하는 것이 바람직하다.

정답 58 ④ 59 ② 60 ①

교육이란 사람이 학교에서 배운 것을 잊어버린 후에 남은 것을 말한다.

— 알버트 아인슈타인 —

04 최근 기출복원문제

2025년 1, 3회

조경기능사 필기 기출문제해설

2025년 제1회 최근 기출복원문제

01 백제시대에 정원의 점경물로 만들어졌고, 물을 담아 연꽃을 심고 부들, 개구리밥, 마름 등의 부엽식물을 곁들이며 물고기도 넣어 키웠던 것은?

① 석연지
② 석조전
③ 안압지
④ 포석정

해설 석연지 : 돌로 만든 작은 연못으로, 물을 담아 연꽃을 띄워두던 조경석

02 다음 중 중국 4대 명원(四大名園)에 포함되지 않는 것은?

① 작 원
② 사자림
③ 졸정원
④ 창랑정

해설 소주의 4대 명원 : 졸정원, 사자림, 유원, 창랑정

03 레드북(Red Book)에 정원 개조 전후의 모습을 스케치하여 의뢰인에게 보여 줌으로써 비교와 이해를 쉽게 한 조경가는 누구인가?

① 윌리엄 켄트
② 브릿지맨
③ 험프리 렙턴
④ 윌리엄 챔버

해설 험프리 렙턴(Humphrey Repton)
풍경식 정원을 완성한 사람으로 정원의 개조 전후의 모습을 스케치한 '레드북'을 의뢰인에게 보여주었다.

04 중세 유럽의 조경 형태로 볼 수 없는 것은?

① 과수원
② 약초원
③ 공중정원
④ 회랑식 정원

해설 공중정원(Tel-Amran-Ibn-Ali, 추장 알리의 언덕)
- 기원전 600년 무렵 신바빌로니아의 네부카드네자르 2세가 왕비 아미티스를 위해 조성한 정원으로 세계 7대 불가사의 중 하나이다.
- 성벽의 높은 노단 위에 수목과 덩굴식물을 식재하여 만든 최초의 옥상정원이다.
- 지구라트형의 피라미드가 계단층을 이루고 각 노단의 외부를 화랑으로 둘렀다.
- 화랑 주변에 크고 작은 방과 욕실을 배치했다.
- 각 노단마다 꽃과 나무를 식재하고, 강물을 끌어다 저수지에 저장·관수하였다.

정답 1 ① 2 ① 3 ③ 4 ③

05 조선시대 왕릉의 공간구성 순서를 바르게 나열한 것은?

① 진입공간 - 제향공간 - 전이공간 - 능침공간
② 진입공간 - 제향공간 - 능침공간 - 전이공간
③ 진입공간 - 능침공간 - 전이공간 - 제향공간
④ 진입공간 - 전이공간 - 능침공간 - 제향공간

해설 **조선왕릉의 공간구성**
진입공간은 왕릉의 시작 공간으로, 관리자(참봉 또는 영)가 머물면서 왕릉을 관리하고 제향을 준비하는 재실(齋室)에서부터 시작된다. 제향공간은 제례의식이 이루어지는 공간으로 산 자(왕)와 죽은 자(능에 계신 왕이나 왕비)의 만남의 공간이다. 능침공간은 봉분이 있는 왕릉의 핵심 공간으로 평상시에는 누구도 접근할 수 없는 공간이다.

06 설계도의 종류 중에서 3차원의 느낌이 가장 실제의 모습과 가깝게 나타나는 것은?

① 입면도　　　　　　　　② 평면도
③ 투시도　　　　　　　　④ 상세도

해설 ③ 투시도는 설계안이 완성되었을 경우를 가정하여 설계내용을 실제 눈에 보이는 대로 입체적인 그림으로 나타낸 것이다.

07 오방색 중 황(黃)의 오행과 방위가 바르게 짝지어진 것은?

① 금(金) - 서쪽
② 목(木) - 동쪽
③ 토(土) - 중앙
④ 수(水) - 북쪽

해설 **오방정색(五方正色)**
- 황(黃) : 토(土), 중앙을 상징하며 황제의 옷이나 중요한 의례에 사용되었다.
- 청(靑) : 목(木), 동쪽을 상징하며 만물이 생성하는 봄, 창조와 생명, 복을 기원하는 색으로 사용되었다.
- 적(赤): 불(火), 남쪽을 상징하며 강한 양기와 생명을 상징하고, 나쁜 기운을 물리치는 벽사(辟邪)의 의미가 있어 혼례식 등에 사용되었다.
- 백(白): 금(金), 서쪽을 상징하며 순수, 결백, 진실을 뜻한다.
- 흑(黑, 검정) : 물(水), 북쪽을 상징하고 인간의 지혜를 나타내는 색으로 여겨졌다.

08 '사자(死者)의 정원'이라는 이름의 묘지정원을 조성한 고대 정원은?
① 그리스 정원
② 바빌로니아 정원
③ 페르시아 정원
④ 이집트 정원

해설 고대 이집트 조경에는 주택정원, 신전정원, 묘지정원(사자의 정원) 등이 있다.
※ 사자(死者)의 정원 : 이집트에서 죽은 자를 위해서 무덤 앞에 소정원을 꾸몄다.

09 좌우로 시선이 제한되어 일정한 지점으로 시선이 모이도록 구성하는 경관요소는?
① 전 망
② 통경선(Vista)
③ 랜드마크
④ 질 감

해설 통경선 : 비스타라고도 하며, 좌우로의 시선을 제한하여 전방의 일정 지점으로 시선을 집중시키는 경관이다.

10 회색의 시멘트 블록들 가운데에 놓인 붉은 벽돌은 실제의 색보다 더 선명해 보인다. 이러한 현상을 무엇이라고 하는가?
① 색상대비
② 명도대비
③ 채도대비
④ 보색대비

해설 채도대비 : 색상, 명도와 함께 색의 주요 속성이며, 색이 선명할수록 채도가 높고, 무채색(흰색, 회색, 검정색)일수록 채도가 낮다. 채도 차가 큰 두 색을 인접하여 배치하면 채도가 높은 색은 더욱 선명하게 보이고, 채도가 낮은 색은 더욱 탁해 보이는데, 이를 채도대비라고 한다.

11 다음 중 방풍용 수종에 관한 설명으로 가장 거리가 먼 것은?
① 심근성이면서 줄기나 가지가 강인한 것
② 주로 녹나무, 삼나무, 편백, 후박나무 등을 사용
③ 실생보다는 삽목으로 번식한 수종일 것
④ 바람을 막기 위해 식재되는 수목은 잎이 치밀할 것

해설 종자파종(실생)으로 가꾸어낸 나무는 일반적으로 수명이 길고 뿌리가 제대로 자라기 때문에 바람에 견디는 힘이 강하므로 방풍을 위해 심어지는 나무나 가로수는 종자파종(씨뿌림, 실생)으로 가꾸어낸 나무를 심도록 하는 것이 좋다.

정답 8 ④ 9 ② 10 ③ 11 ③

12 다음 그림에서 A점과 B점의 차는 얼마인가?(단, 등고선 간격은 5m이다)

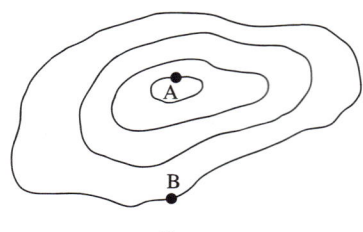

① 10m ② 15m
③ 20m ④ 25m

13 다음 기구 중 수목의 흉고직경을 측정할 때 사용하는 것은?
① 경 척 ② 덴드로미터
③ 와이제측고기 ④ 윤 척

해설 나무의 직경을 측정하는 기구는 윤척(Caliper), 직경테이프 등이 있다.

14 우리나라에서 사용하는 표준형 벽돌의 규격은?(단, 단위는 mm로 한다)
① 300×300×60
② 190×90×57
③ 210×100×60
④ 390×190×190

해설 벽돌의 규격(단위 : mm)
• 기존형 210×100×60
• 표준형 190×90×57

15 위험을 알리는 표시에 가장 적합한 배색은?
① 흰색-노랑 ② 노랑-검정
③ 빨강-파랑 ④ 파랑-검정

해설 명시성
두 가지 이상의 색·선·모양을 대비시켰을 때 금방 눈에 뜨이는 성질을 말하며, 명도나 채도의 차이가 클수록 명시성은 강해진다. 특히, 노랑과 검정은 명시성이 강해 교통표지판 등에 주로 쓰인다.

16 다음 중 9월 중순~10월 중순에 성숙된 열매색이 흑색인 것은?

① 마가목　　　　　② 살구나무
③ 남 천　　　　　④ 생강나무

해설　① 마가목 : 적색
② 살구나무 : 황색
③ 남천 : 적색

17 다음 중 연못가나 습지 등에서 가장 잘 견디는 수목은?

① 향나무　　　　　② 신갈나무
③ 자작나무　　　　④ 오리나무

해설　오리나무는 메마른 땅에도 잘 견디나, 습한 땅을 좋아하는 나무이다.

18 조경 제도 용품 중 곡선자라고 하여 각종 반지름의 원호를 그릴 때 사용하기 가장 적합한 재료는?

① 운형자　　　　　② 원호자
③ 삼각자　　　　　④ T자

해설　① 운형자 : 여러 가지 곡선 모양을 본떠 만든 것으로 컴퍼스로 그리기 어려운 곡선을 그리는 데 사용한다.
③ 삼각자 : 45°의 사선과 30°, 60°의 사선을 그을 수 있는 두 종류가 한 세트로 되어 있다.
④ T자 : 주로 평행선을 긋거나, 삼각자와 조합하여 수직선과 사선을 그을 때 사용한다.

19 건설재료의 할증률이 틀린 것은?

① 붉은 벽돌 : 3%
② 이형철근 : 5%
③ 조경용 수목 : 10%
④ 석재판붙임용재(정형돌) : 10%

해설　② 이형철근 : 3%

정답　16 ④　17 ④　18 ①　19 ②

20 사람, 동물 또는 기계가 어떠한 일을 하는 데 있어서 단위당 필요한 노력과 물질이 얼마가 되는지를 수량으로 작성해 놓은 것을 무엇이라 하는가?

① 투 자
② 적 산
③ 품 셈
④ 견 적

해설 품셈 : 단위물량당 소요인력 및 장비의 소요량을 수량으로 표시한 것

21 수목의 규격을 수고와 근원직경으로 표시하는 수종은 어느 것인가?

① 목 련
② 은행나무
③ 잣나무
④ 전나무

해설 수고와 근원직경에 의한 품 : 흉고직경 측정이 곤란한 수종, 소나무, 감나무, 꽃사과나무, 낙우송, 느티나무, 대추나무, 모과나무, 배롱나무, 목련나무, 산수유, 자귀나무, 단풍나무 등 대부분의 교목
②는 수고와 흉고직경으로, ③·④는 수고와 수관 폭으로 표시한다.

22 골담초(*Caragana sinica* Rehder)에 대한 설명으로 틀린 것은?

① 콩과(科) 식물이다.
② 꽃은 5월에 피고 단생한다.
③ 생장이 느리고 덩이뿌리로 위로 자란다.
④ 비옥한 사질양토에서 잘 자라나 토박지에서도 잘 자란다.

해설 ③ 잔뿌리가 길게 자라며, 위를 향한 가지는 사방으로 늘어져 자란다.

23 생물재료의 특성으로 맞는 것은?

① 균일성
② 불변성
③ 자연성
④ 가공성

해설 생물재료의 특성 : 자연성, 연속성, 조화성, 비규격성

24 거실이나 응접실 또는 식당 앞에 건물과 잇대어서 만든 시설물은?
① 정 자
② 테라스
③ 모래터
④ 트렐리스

해설 테라스(Terrace)
건물에서 실내 공간과 연결된 외부 공간을 말한다. 주로 1층에 위치하며 지붕이 없고 실내 바닥보다 낮은 형태로 조성된다.

25 토공사에서 흐트러진 상태의 토량변환율이 1.1일 때 터파기량이 10m³, 되메우기량이 7m³이라면 잔토처리량은?
① $3m^3$
② $3.3m^3$
③ $7m^3$
④ $17m^3$

해설 되메우기 후 잔토처리량 = (터파기량 − 되메우기량) × 흐트러진 상태의 토량변화율
= (10 − 7) × 1.1 = 3.3m³

26 관상하기 편리하도록 땅을 1~2m 파내려가 그 바닥에 꾸민 화단은?
① 살피화단
② 모둠화단
③ 기식화단
④ 침상화단

해설 침상화단(Sunken Garden)
보도나 지면보다 낮게 위치하도록 하고 기하학적 무늬의 화단을 설치하여 한눈에 볼 수 있도록 조성한 화단으로서 시각적 중심부에는 분수나 조각물 등을 배치한다.

27 다음 중 인공지반을 만들려고 할 때 사용되는 경량토로 부적합한 것은?
① 버미큘라이트
② 모 래
③ 펄라이트
④ 부엽토

해설 경량재로는 버미큘라이트, 펄라이트, 피트모스, 화산재 등이 있다.

정답 24 ② 25 ② 26 ④ 27 ②

28 돌쌓기의 종류 가운데 돌만을 맞대어 쌓고 뒷채움은 잡석, 자갈 등으로 하는 방식은?

① 찰쌓기   ② 메쌓기
③ 골쌓기   ④ 켜쌓기

해설 ① 찰쌓기 : 뒤채움에 콘크리트를 사용하고, 줄눈에 모르타르를 사용하여 쌓는다.
③ 골쌓기 : 막돌, 깬돌, 깬잡석을 사용하여 줄눈을 파상 또는 골을 지어 가며 쌓는 방법이다.
④ 켜쌓기 : 마름돌을 사용하여 돌 한 켠의 가로줄눈이 수평적 직선이 되도록 쌓는다.

29 다음 중 산성토양에서 잘 견디는 수종은?

① 해 송
② 단풍나무
③ 물푸레나무
④ 조팝나무

해설 산성 토양에 강한 수종 : 진달래, 소나무류, 밤나무, 잣나무, 가문비나무, 전나무, 아까시나무

30 진비중이 2.6이고 가비중이 1.2인 토양의 실적률(%)은 얼마인가?

① 34.2%   ② 46.2%
③ 53.8%   ④ 66.4%

해설 실적률(%) = (가비중/진비중) × 100
※ 실적률 = 100 − 공극률

31 암거는 지하수위가 높은 곳, 배수 불량 지반에 설치한다. 암거의 종류 중 중앙에 큰 암거를 설치하고, 좌우에 작은 암거를 연결시키는 형태로 넓이에 관계없이 경기장이나 어린이놀이터와 같은 소규모의 평탄한 지역에 설치할 수 있는 것은?

① 어골형   ② 빗살형
③ 부채살형   ④ 자연형

해설 암거 배수망의 배치
• 어골형 : 경기장 같은 평탄한 지역에 적합
• 빗살형(즐치형) : 비교적 좁은 면적의 전 지역에 균일하게 배수할 때 이용
• 자연형(자유형) : 전면 배수가 요구되지 않는 지역
• 차단법 : 경사면 위나 자체의 유수를 막기 위해 사용

28 ② 29 ① 30 ② 31 ①

32 다음 벽돌의 줄눈 종류 중 우리나라의 전통 담장의 사고석 시공에서 흔히 볼 수 있는 줄눈의 형태는?

① 오목줄눈
② 둥근줄눈
③ 빗줄눈
④ 내민줄눈

해설 사고석(四顧石) 담장은 네모나게 다듬은 돌을 쌓아 만드는 방식으로, 전통 담장이나 석축 등에서 많이 사용된다. 이때 줄눈은 오목줄눈으로 마감하여 돌의 입체감을 살리고 안정감을 준다.

33 다음 중 열가소성 수지에 해당되는 것은?

① 페놀수지
② 멜라민수지
③ 에폭시수지
④ 폴리염화비닐수지

해설 합성수지의 분류
- 열가소성 수지 : 성형 후 열이나 용제를 가하면 소성변형하고, 냉각하면 고결하는 고체상의 고분자 물질로 구성된 수지
  예 폴리에틸렌수지, 폴리프로필렌수지, 폴리스타이렌수지, 폴리염화비닐수지, 아크릴수지, 불소수지, 폴리아미드수지(나일론, 아라미드), 폴리에스테르수지, 아세탈수지 등
- 열경화성 수지 : 성형 후 열이나 용제를 가해도 형태가 변하지 않는, 비교적 저분자 물질로 구성된 수지
  예 페놀수지, 멜라민수지, 불포화폴리에스테르수지, 에폭시수지, 우레아(요소)수지, 실리콘수지, 푸란수지 등

34 플라스틱의 장점에 해당하지 않는 것은?

① 가공이 우수하다.
② 경량 및 착색이 용이하다.
③ 내수 및 내식성이 강하다.
④ 전기 절연성이 없다.

해설 플라스틱제품의 특성
- 가벼우며, 강도와 탄력성이 크다.
- 소성, 가공성이 좋아 복잡한 모양의 제품으로 성형이 가능하다.
- 내산성, 내알칼리성이 크고 녹슬지 않는다.
- 착색, 광택이 좋고, 접착력이 크다.
- 내화성, 내열성, 내후성, 내광성이 부족하다.
- 전기와 열의 절연성이 있다.

정답 32 ① 33 ④ 34 ④

35 다음 중 시멘트가 풍화작용과 탄산화작용을 받은 정도를 나타내는 척도로 고온으로 가열하여 시멘트 중량의 감소율을 나타내는 것은?

① 경 화　　　　　　　② 위응결
③ 강열감량　　　　　　④ 수화반응

[해설] 강열감량(Ignition Loss)
시료를 어떤 일정한 온도로 강열한 경우 감소되는 질량을 원래의 질량에 대한 백분율로 나타낸 값으로, 시멘트의 풍화도를 확인하는 척도로 쓰이며, KS규격에서는 3%로 규정하고 있다.

36 마그마가 지하 10km 정도의 깊이에서 서서히 굳은 화강암의 주요 구성광물이 아닌 것은?

① 장 석　　　　　　　② 석 영
③ 석 회　　　　　　　④ 운 모

[해설] 화강암은 석영·장석·운모를 주요 구성광물로 하며 통기성·보수성이 양호하다.

37 어떤 목재의 함수율이 50%일 때 목재중량이 3,000g이라면 전건중량은 얼마인가?

① 1,000g　　　　　　② 2,000g
③ 4,000g　　　　　　④ 5,000g

[해설] 목재의 함수율 = $\dfrac{\text{목재중량} - \text{전건중량}}{\text{전건중량}} \times 100$

$50\% = \dfrac{(3{,}000 - x)}{x} \times 100$

∴ $x = 2{,}000\text{g}$

38 주택정원에 설치하는 시설물 중 수경시설에 해당하는 것은?

① 퍼걸러　　　　　　② 미끄럼틀
③ 정원등　　　　　　④ 벽 천

[해설] ① 휴게시설, ② 유희시설, ③ 조명시설

39 친환경적 생태하천에 호안을 복구하고자 할 때 생물의 종다양성과 자연성 향상을 위해 이용되는 소재로 가장 부적합한 것은?

① 섶 단 ② 소형 고압블록
③ 돌망태 ④ 야자롤

해설 ② 소형 고압블록은 보·차도용 콘크리트제품으로, 일정한 크기의 골재와 시멘트를 배합하여 높은 열과 압력으로 처리한 블록제품이다.

40 강의 열처리란 금속재료에 필요한 성질을 주기 위하여 가열 또는 냉각하는 조작을 말하는데 다음 중 강의 열처리 방법에 해당하지 않는 것은?

① 뜨임질 ② 불 림
③ 풀 림 ④ 늘 림

해설 강의 일반 열처리에는 담금질, 뜨임, 풀림, 불림 등이 있다.

41 굳지 않은 콘크리트의 성질을 표시하는 용어 중 거푸집 등의 형상에 순응하여 채우기 쉽고, 분리가 일어나지 않는 성질을 가리키는 것은?

① 워커빌리티(Workability)
② 컨시스턴시(Consistency)
③ 플라스티시티(Plasticity)
④ 펌퍼빌리티(Pumpability)

해설 플라스티시티(Plasticity, 성형성)
거푸집이나 기타 형상에 콘크리트가 잘 채워지고, 다져 넣었을 때 분리되지 않으면서도 형태를 유지하는 성질을 의미한다.

42 석재의 가공방법 중 혹두기작업의 바로 다음 후속작업으로 작업면을 비교적 고르고 곱게 처리할 수 있는 작업은?

① 물갈기 ② 잔다듬
③ 정다듬 ④ 도드락다듬

해설 석재가공순서 : 혹두기 → 정다듬 → 도드락다듬 → 잔다듬 → 물갈기

정답 39 ② 40 ④ 41 ③ 42 ③

43 스테인리스강이라고 하면 최소 몇 % 이상의 크롬이 함유된 것을 말하는가?

① 4.5% ② 6.5%
③ 8.5% ④ 10.5%

해설 스테인리스강(Stainless Steel)은 10.5% 이상의 크롬을 첨가하여 녹이 잘 슬지 않게 만든 합금강이다.

44 다음 잘라야 할 가지들 중 얽힌 가지는?

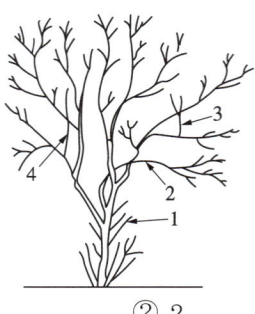

① 1 ② 2
③ 3 ④ 4

해설
① 맹아지 : 줄기에 움돋은 가지와 지제부에서 움이 돋는 새싹
③ 교차한 가지 : 주가 되는 굵은 가지와 서로 교차되는 가지
④ 평행지 : 같은 방향으로 평행한 가지

45 세포분열을 촉진하여 식물체의 각 기관들의 수를 증가, 특히 꽃과 열매를 많이 달리게 하고, 뿌리의 발육, 녹말 생산, 엽록소의 기능을 높이는 데 관여하는 영양소는?

① N ② P
③ K ④ Ca

해설 비료의 4대 원소
• 질소(N) : 광합성작용 촉진으로 잎이나 줄기 등 수목의 생장에 도움을 준다.
• 인(P) : 세포분열을 촉진하여 식물체의 각 기관들의 수를 증가, 특히 꽃과 열매를 많이 달리게 하고, 뿌리의 발육, 녹말 생산, 엽록소의 기능을 높이는 데 관여한다.
• 칼륨(K) : 식물의 광합성작용에 영향을 미치며 뿌리를 튼튼하게 하고, 병해·서리·한발에 대한 저항성 향상, 꽃과 열매의 향기 색깔조절 등에 영향을 준다.
• 칼슘(Ca) : 식물체 유기산 중화, 단백질 합성, 뿌리혹박테리아의 질소고정 등을 돕는다.

46 다음 중 과일나무가 늙어서 꽃맺음이 나빠지는 경우에 실시하는 전정은 어느 것인가?

① 생리를 조절하는 전정
② 생장을 돕기 위한 전정
③ 생장을 억제하는 전정
④ 세력을 갱신하는 전정

해설 세력을 갱신하는 전정
- 맹아력이 강한 나무가 늙어서 생기를 잃거나 꽃맺음이 나빠지는 겨울에 줄기나 가지를 잘라 내어 새 줄기나 가지로 갱신하는 것을 말한다.
- 늙은 과일나무, 장미, 배롱나무, 팔손이나무 등의 밑동을 자르면 새로운 줄기가 나와 새로운 형태의 나무를 만들 수 있다.

47 수목 식재에 가장 적합한 토양의 구성비는?(단, 구성은 토양 : 수분 : 공기의 순서임)

① 50% : 25% : 25%
② 50% : 10% : 40%
③ 40% : 40% : 20%
④ 30% : 40% : 30%

해설 일반적으로 토양 50%, 수분 25%, 공기 25%일 때 수목의 뿌리가 호흡하고 양분을 흡수하는 데 최적의 환경을 제공한다. 하지만 수종마다 각 토양에 대한 선호도가 다르고, 생육 단계 및 계절에 따라 필요로 하는 수분량이 다르며, 토양의 종류에 따라 물리적 성질이 다르므로 이 비율이 절대적인 것은 아니다.

48 수간과 줄기 표면의 상처에 침투성 약액을 발라 조직 내로 약효성분이 흡수되게 하는 농약사용법은?

① 도포법
② 관주법
③ 도말법
④ 분무법

해설
② 관주법 : 땅속에서 서식하고 있는 병해충을 방제하기 위하여 땅속에 약액을 주입하는 방법
③ 도말법 : 종자 소독을 위해 분제나 수화제를 건조한 종자에 입혀 살균·살충하는 방법
④ 분무법 : 분무기를 이용하여 다량의 액제를 살포하는 방법

정답 46 ④ 47 ① 48 ①

49 흙을 굴착하는 데 사용하는 것으로 기계가 서 있는 위치보다 높은 곳의 굴삭을 하는 데 효과적인 토공기계는?

① 모터그레이더　　② 파워셔블
③ 드래그라인　　　④ 클램셸

해설 ② 파워셔블(Power Shovel) : 기체의 위치보다 위쪽의 흙을 퍼 올려 선회하여 덤프트럭 등에 싣는 굴착용 기계로 동력 삽이라고도 하는데, 하부 구동체와 360°회전이 가능한 상부 회전체로 이루어진 본체에 작업장치가 연결되어 있다. 흙·모래·자갈 등을 파서 싣는 굴착기로 파기와 싣기가 모두 가능하다.
① 모터그레이더(Motor Grader) : 정지작업에 주로 사용되는 장비로 정지장치를 가진 자주식의 것을 말하며 작업범위는 땅 고르기, 배수파기, 파이프 묻기, 경사면 절삭, 제설작업 등 여러 작업에 사용된다.
③ 클램셸(Clam Shell) : 조개껍질처럼 양쪽으로 열리는 버킷으로 흙을 집는 것처럼 굴착하는 기계
④ 드래그라인(Drag Line) : 기계가 서 있는 위치보다 낮은 곳의 굴착에 좋다.

50 도시공원 및 녹지 등에 관한 법규에 의한 어린이공원의 설계기준으로 부적합한 것은?

① 유치거리는 250m 이하
② 녹지면적은 60% 이상
③ 공원시설 부지면적은 60% 이하
④ 규모는 1,500m² 이상

해설 ② 녹지면적은 40% 이상

51 목재의 심재와 비교한 변재의 일반적인 특징 설명으로 틀린 것은?

① 재질이 단단하다.
② 흡수성이 크다.
③ 수축변형이 크다.
④ 내구성이 작다.

해설 심재의 재질은 변재보다 단단하고 변형이 적으며 내구성이 있어 이용상의 가치가 크고, 변재보다 신축이 작다.

52 병의 발생에 필요한 3가지 요인을 정량화하여 삼각형의 각 변으로 표시하고, 이들 상호관계에 의한 삼각형의 면적을 발병량으로 나타내는 것을 병삼각형이라 한다. 여기에 포함되지 않는 것은?

① 병원체　　② 환 경
③ 기 주　　④ 저항성

해설 식물병의 발병에 관여하는 3대 요인 : 병원체(주인), 환경(유인), 기주(소인)

정답 49 ② 50 ② 51 ① 52 ④

53 장미 검은무늬병은 주로 식물체 어느 부위에 발생하는가?

① 꽃　　　　　　　　② 잎
③ 뿌리　　　　　　　④ 식물 전체

해설 **장미 검은무늬병**
처음에는 잎에 갈색 내지 자색의 작은 반점이 생기고, 점차 진전되면 흑색 병반에 중앙은 회색을 띠며, 병반 주위는 황색으로 변한다.

54 오늘날 세계 3대 수목병에 속하지 않는 것은?

① 소나무류 리지나뿌리썩음병
② 잣나무 털녹병
③ 느릅나무 시들음병
④ 밤나무 줄기마름병

해설 **세계 3대 수목병** : 잣나무 털녹병, 느릅나무 시들음병, 밤나무 줄기마름병

55 해충 중에서 잎에 주사바늘과 같은 침으로 식물체 내에 있는 즙액을 빨아먹는 종류가 아닌 것은?

① 응애　　　　　　　② 깍지벌레
③ 측백하늘소　　　　④ 매미

해설 측백하늘소는 천공성 해충이다.

56 합성수지 놀이시설의 관리요령으로 가장 적합한 것은?

① 자체가 무거워 균열 발생 전에 보수한다.
② 정기적인 보수와 도료 등을 칠해 주어야 한다.
③ 회전하는 축에는 정기적으로 그리스를 주입한다.
④ 겨울철 저온기 때 충격에 의한 파손을 주의한다.

해설 **합성수지 시설에서 점검해야 할 사항**
- 합성수지재는 강한 힘이나 열 등의 영향을 받으면 변형, 파손되는데 떨어지거나 갈라진 부분은 접착제로 붙여 주고 사포로 문질러 표면을 매끄럽게 한다.
- 색이 탈색된 부위에는 합성수지 페인트를 칠한다.
- 금이 생기고 보수가 어려울 정도로 파손된 것은 교체한다.
- 겨울철 낮은 온도에서는 충격에 의한 파손을 주의한다.

정답 53 ②　54 ①　55 ③　56 ④

57 목재의 방부제로 쓰이는 CCA 방부제는 어떤 성분을 주로 배합하여 만든 것인가?

① 크롬, 칼슘, 비소
② 구리, 비소, 크롬
③ 칼륨, 구리, 크롬
④ 칼슘, 칼륨, 구리

해설 방부제 이름인 CCA는 크롬(Chrome)과 구리(Copper), 비소(Arsenic)의 머리글자를 딴 것이다.

58 조경관리의 범위에 포함되지 않는 것은?

① 주택정원
② 도시공원
③ 학교정원
④ 화훼단지

해설 **조경관리의 범위**
- 일반 주택정원부터 대규모 국립자연공원까지 조경공간에 형성되는 모든 조경시설물과 자연물이 대상이 된다.
- 개인정원, 학교정원, 자연공원, 도시공원, 공공건물뿐만 아니라 도로, 철도, 공업단지의 시설 내 조경공간도 대상이 될 수 있다.
- 화훼단지는 조경관리의 대상공간에 포함되지 않는다.

59 콘크리트 공사 시의 슬럼프시험은 무엇을 측정하기 위한 것인가?

① 반죽질기
② 피니셔빌리티
③ 성형성
④ 블리딩

해설 슬럼프시험(Slump Test)은 굳지 않은 콘크리트의 반죽질기를 시험하는 방법으로 콘크리트 타설 시 시공성을 측정하는 방법이다.

60 아스팔트량의 과잉, 골재의 입도불량 등 아스팔트 침입도가 부적합한 역청재료 사용 시 도로에서 나타나는 파손현상은?

① 균 열
② 국부침하
③ 표면연화
④ 박 리

해설 ③ 표면연화에 대한 설명으로, 표면연화 발생 시 발생 지역에 석분이나 모래를 균등하게 살포하여 전압해야 한다.

정답 57 ② 58 ④ 59 ① 60 ③

2025년 제3회 최근 기출복원문제

01 조선시대 사대부나 양반계급에 속했던 사람들이 시골 별서에 꾸민 정원이 아닌 것은?

① 양산보의 소쇄원
② 윤선도의 부용동정원
③ 정약용의 다산초당
④ 이규보의 사륜정

[해설] 사륜정(四輪亭)은 고려시대 문인 이규보의 「동국이상국집」에 등장하는 바퀴 달린 이동식 정자이다.

02 미국 식민지 개척을 통한 유럽 각국의 다양한 사유지 중심의 정원양식이 공공적인 성격으로 전환되는 계기에 영향을 끼친 것은?

① 스토우정원
② 보르비콩트정원
③ 스투어헤드정원
④ 버컨헤드공원

[해설] **버컨헤드공원(Birkenhead Park)**
조셉 팩스턴이 설계하고 시민의 힘으로 설립된 최초의 공원으로, 사적 주택단지와 공적 위락단지로 나눠 택지를 분양한 자금으로 시공하여 재정적·사회적으로 성공한 공원이며, 센트럴파크의 공원개념 형성에 큰 영향을 주었다.

03 중국 청조(淸朝)의 원림 중 3산5원에 해당하지 않는 것은?

① 만수산 소원(小園)
② 옥천산 정명원(靜明園)
③ 만수산 창춘원(暢春園)
④ 만수산 원명원(圓明園)

[해설] **중국 청조(淸朝)의 원림 중 3산5원**
- 만수산 이화원, 원명원, 장춘원
- 옥천산 정명원
- 향산 정의원

정답 1 ④ 2 ④ 3 ①

04 회교문화의 영향을 입어 독특한 정원양식을 보이는 곳은?

① 이탈리아 정원
② 프랑스 정원
③ 영국 정원
④ 스페인 정원

해설 ④ 스페인의 경우 이슬람(회교) 문화를 흡수하면서 독특한 양식의 정원이 발달하였다.

05 아미산 후원 교태전의 굴뚝에 장식된 문양이 아닌 것은?

① 반 송
② 매 화
③ 호랑이
④ 해 태

해설 아미산 후원 교태전의 굴뚝에 장식된 문양에는 반송(반원의 형태로 가지가 여러 개 있는 형태)의 형태가 아닌 우리나라 전통 고유 수종인 적송(줄기가 휘어진 형태)의 그림이 있다.

06 정형식 조경 중에서 르네상스시대의 프랑스 정원이 속하는 형식은 무엇인가?

① 평면기하학식
② 노단식
③ 중정식
④ 전원풍경식

07 감법혼색으로 옐로(Y)와 사이안(C)을 조합하여 혼색한 결과로 옳은 것은?

① 흰색(W)
② 초록(G)
③ 빨강(R)
④ 파랑(B)

해설 **감법혼색**
• 마젠타(M) + 옐로(Y) = 빨강(R)
• 옐로(Y) + 사이안(C) = 초록(G)
• 사이안(C) + 마젠타(M) = 파랑(B)
• 마젠타(M) + 옐로(Y) + 사이안(C) = 검정(B)

정답 4 ④ 5 ① 6 ① 7 ②

08 지형도상에서 2점 간의 수평거리가 200m이고, 높이 차가 5m라 하면 경사도는 얼마인가?

① 2.5% ② 5.0%
③ 10.0% ④ 50.0%

해설 경사도(%) = (수직높이 ÷ 수평거리) × 100
= (5 ÷ 200) × 100
= 2.5%

경사도의 표현
- 할 : (수직높이 ÷ 수평거리) × 10
- 백분율(%) : (수직높이 ÷ 수평거리) × 100
- 각도(°) : $\tan^{-1}$(수직높이 ÷ 수평거리)
- 비례식 : 수직높이 : 수평거리

09 조선시대 선비들이 즐겨 심고 가꾸었던 사절우(四節友)에 해당하는 식물이 아닌 것은?

① 난 초 ② 대나무
③ 국 화 ④ 매화나무

해설
- 사군자(四君子) : 매화나무, 난초, 국화, 대나무
- 사절우(四節友) : 매화나무, 소나무, 국화, 대나무

10 다음 중 색의 3속성이 아닌 것은?

① 색 상 ② 명 도
③ 채 도 ④ 대 비

해설 색의 3속성 : 색상(Hue), 명도(Value), 채도(Chroma)

11 평판측량에서 도면상에 없는 미지점에 평판을 세워 그 점(미지점)의 위치를 결정하는 측량방법은?

① 원형교선법 ② 후방교선법
③ 측방교선법 ④ 복전진법

해설 **교선법(교회법)** : 측량 구역 내외에 적당한 기준점(기지점)을 취하고 기준점들로부터 미지점을 지나는 방향선을 도면 위에서 교차시킴으로써 도상에 미지점의 위치를 결정하는 방법
- 전방교회법 : 기지점에서 미지점의 위치를 도면상에 결정하는 방법
- 측방교회법 : 기지의 두 점 중 한 점에 접근하기 곤란한 경우에 기지의 두 점을 이용하여, 미지의 한 점을 구하는 방법
- 후방교회법 : 도면상에 그 위치가 알려져 있는 두 개 이상의 기지점들을 시준하여 현재 도면상에 기재되어 있지 않은 평판이 세워져 있는 미지점의 위치를 방향선의 교차에 의하여 도면상에서 구하는 방법

정답 8 ① 9 ① 10 ④ 11 ②

12 다음 그림과 같은 형태를 보이는 수목은?

① 일본목련 ② 복자기
③ 팔손이 ④ 물푸레나무

해설 **복자기**
높이 20m 내외로 자라며, 수피는 회백색 또는 회갈색으로 세로로 얇게 벗겨져 너덜너덜해진다. 마주달리는 잎은 3출엽이고, 측면부의 작은 잎은 넓은 피침형으로 가장자리 끝부분에 2~4개의 큰 톱니가 있다. 가운데 끝의 작은 잎은 표면과 가장자리에 털이 있고 뒷면에 뚜렷한 엽맥이 있다.

13 다음 중 그 해 자란 1년생 신초지(新梢枝)에서 꽃눈이 분화하여 그 해에 개화하는 화목류는?
① 무궁화 ② 개나리
③ 목 련 ④ 수 국

해설 ① 초여름부터 가을에 걸쳐 꽃이 피는 나무는 개화하는 그 해에 자란 가지에서 꽃눈이 분화하여 그 해 안에 꽃을 피우는데 능소화, 무궁화, 배롱나무, 장미, 찔레나무 등이 이에 속한다.
※ 그 해에 자란 가지에 꽃눈이 분화하여 월동 후 봄에 개화하는 형태의 수종 : 개나리, 기리시마철쭉, 단풍철쭉, 동백, 수수꽃다리, 왕벚, 목련, 철쭉 등이 있다.

14 프로젝트의 수행단계 중 주로 자료의 수집, 분석 종합에 초점을 맞추는 단계는?
① 조경설계 ② 조경시공
③ 조경계획 ④ 조경관리

해설 **조경분야 프로젝트 수행단계의 순서**
• 계획 : 자료의 수집, 분석, 종합
• 설계 : 자료를 활용하여 기능적·미적인 3차원 공간을 창조
• 시공 : 공학적 지식과 생물을 다룬다는 점에서 특수한 기술 요구
• 관리 : 식생과 시설물의 이용관리

15 다음 중 주택정원에 식재하여 여름에 꽃을 관상할 수 있는 수종은?

① 식나무
② 능소화
③ 진달래
④ 수수꽃다리

해설 능소화 : 금등화(金藤花)라고도 하며 중국이 원산지이다. 옛날에는 능소화를 양반집 마당에만 심을 수 있었다는 이야기가 있어 양반꽃이라고 부르기도 하고, 꽃은 7~8월에 피며, 주로 관상용으로 식재한다.

16 다음 평판측량 방법과 관계가 없는 것은?

① 방사법
② 전진법
③ 좌표법
④ 교회법

해설 평판측량 방법
- 전진법 : 단전진법, 복전진법
- 교회법 : 전방 교회법, 측방 교회법, 후방 교회법, 방사법

17 CAD의 효과로 바르지 않은 것은?

① 설계 변경이 쉽다.
② 설계의 표준화로 설계시간을 단축할 수 있다.
③ 도면의 수정과 재활용이 용이하다.
④ 오류의 발견이 어렵다.

해설 ④ CAD 사용 시 오류의 발견이 쉬운 장점이 있다.

18 다른 지방에서 자생하는 식물을 도입한 것을 무엇이라 하는가?

① 재배식물
② 귀화식물
③ 외국식물
④ 외래식물

해설
① 재배식물 : 이용할 목적을 가지고 인위적으로 재배하는 식물
② 귀화식물 : 본래 생육하지 않은 지역에 자연적·인위적 원인에 의하여 2차적으로 도래·침입한 후 야생화가 되어 기존 식물과 어느 정도 안정된 상태를 이루는 식물
③ 외국식물 : 국내가 아닌 국외에서 자생하는 식물

정답 15 ② 16 ③ 17 ④ 18 ④

19 비탈면에 교목과 관목을 식재하기에 적합한 비탈면 경사로 모두 옳은 것은?

① 교목 1 : 2 이하, 관목 1 : 3 이하
② 교목 1 : 3 이하, 관목 1 : 2 이하
③ 교목 1 : 2 이상, 관목 1 : 3 이상
④ 교목 1 : 3 이상, 관목 1 : 2 이상

해설 비탈면에 교목을 식재하려면 1 : 3보다 완만해야 하고, 관목을 식재하려면 1 : 2보다 완만해야 한다.

20 도급받은 건설공사의 전부 또는 일부를 도급하기 위해 수급인이 제3자와 체결하는 계약은?

① 도 급
② 발 주
③ 재도급
④ 하도급

해설 '하도급'이란 도급받은 건설공사의 전부 또는 일부를 다시 도급하기 위하여 수급인이 제3자와 체결하는 계약을 말한다(건설산업기본법 제2조 제12호).

21 정형식 배식 방법에 대한 설명이 옳지 않은 것은?

① 단식 : 생김새가 우수하고, 중량감을 갖춘 정형수를 단독으로 식재
② 대식 : 시선축의 좌우에 같은 형태, 같은 종류의 나무를 대칭 식재
③ 열식 : 같은 형태와 종류의 나무를 일정한 간격으로 직선상에 식재
④ 교호식재 : 서로 마주보게 배치하는 식재

해설 ④ 교호식재 : 같은 간격으로 서로 어긋나게 식재

22 다음 수목 중 일반적으로 생장속도가 가장 느린 것은?

① 네군도단풍
② 층층나무
③ 개나리
④ 비자나무

해설 생장속도가 매우 느린 나무 : 비자나무, 주목

23 차폐용 수목의 구비조건이 아닌 것은?

① 맹아력이 커야 한다.
② 가지와 잎이 치밀해야 한다.
③ 수관이 크고, 지하고가 높아야 한다.
④ 아래가지가 오랫동안 말라죽지 않아야 한다.

해설 차폐용 수목은 전정에 강하고, 비엽이 밀실하며, 수관이 크고 지하고가 낮아야 시설의 차폐가 용이하다.

24 다음 설명의 ( ) 안에 들어갈 시설물은?

> 시설지역 내부의 포장지역에도 (　　) 을/를 이용하여 낙엽성 교목을 식재하면 여름에도 그늘을 만들 수 있다.

① 볼라드(Bollard)　　　　② 펜스(Fence)
③ 벤치(Bench)　　　　　④ 수목보호대(Grating)

해설
④ 수목보호대(Grating) : 도로와 보도를 경계하고, 도시미관을 미려하게 유지하며, 보도에 식재되어 있는 수목을 보호하기 위해 설치한다.
① 볼라드(Bollard) : 차량과 보행인들의 통행을 조절하거나 차량공간과 보행공간을 분리시키기 위하여 설치하는 시설로, 30~70cm 정도 높이의 기둥 모양 가로장치물
② 펜스(Fence) : 울타리라는 뜻으로, 구역을 나누기는 하나 안팎을 훤히 들여다볼 수 있으며, 공간을 배타적으로 구별하지 않는다.
③ 벤치(Bench) : 많은 사람들이 모여 있는 장소나 오고 가는 곳에 편하게 앉아서 쉴 수 있도록 하는 편의를 제공하기 위한 의자를 말한다.

25 우리나라 최초의 국립공원은?

① 설악산　　　　　　　② 한라산
③ 지리산　　　　　　　④ 내장산

해설
• 한국 최초로 지정된 국립공원은 지리산이고, 세계 최초로 지정된 국립공원은 옐로스톤(Yellowstone)이다.
• 국립공원은 자연경치가 뛰어난 지역의 자연과 문화적 가치를 보호하기 위하여 국가에서 지정하여 관리하는 공원이다.

정답 23 ③　24 ④　25 ③

26 토피어리(Topiary)란?

① 분수의 일종
② 형상수(形狀樹)
③ 조각된 정원석
④ 휴게용 그늘막

해설 토피어리(Topiary, 형상수) : 자연 그대로의 식물을 여러 가지 모양으로 자르고 다듬어 보기 좋게 만드는 기술 또는 작품

27 다음 그림과 같은 돌쌓기에 가장 적합한 재료는?

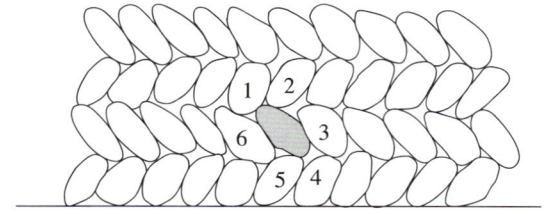

① 견치석
② 마름돌
③ 잡 석
④ 호박돌

해설 호박돌은 자연석이고, ①·②·③은 규격재이다.

28 조적공사 중 중간에 공간을 두고 앞뒤에 면이 보이게 옆 세워 놓고 다음은 마구리 1장을 옆 세워 가로 걸쳐대어 쌓는 방법은?

① 공간벽쌓기
② 세워쌓기
③ 옆세워쌓기
④ 장식쌓기

해설 옆세워쌓기

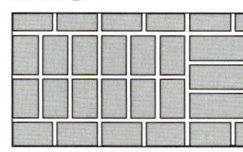

29 다음 중 인공적 수형을 만드는 데 적당한 수종이 아닌 것은?

① 꽝꽝나무   ② 아왜나무
③ 주 목   ④ 벚나무

해설 벚나무는 맹아력이 약해 형상수에 적합하지 않다.

30 다음 중 줄기감기를 하는 목적이 아닌 것은?

① 잡초 방제   ② 수분증발 억제
③ 피소방지   ④ 동해방지

해설 줄기감기
이식한 나무의 줄기로부터 수분의 증산을 억제하거나 해충의 침입을 방지하기 위하여 새끼나 마대로 줄기를 감아주며, 그 위에 진흙을 발라주기도 한다.

31 다음 목재의 구조부 중 수축변형이 큰 순서대로 바르게 나열된 것은?

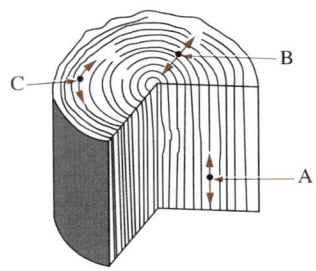

① A-B-C   ② A-C-B
③ C-A-B   ④ C-B-A

해설 목재 수축률 정도

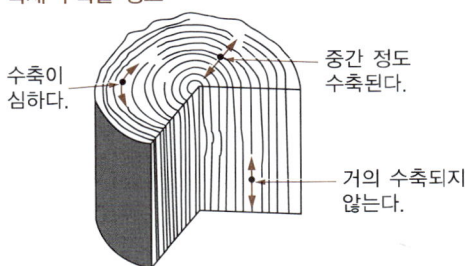

- 변재(C) > 심재(B) > 수직 방향(A)
- 변재가 심재보다 수축이 크다.

32 경관의 유형 중 일시적 경관에 해당하지 않는 것은?

① 숲속의 호수
② 무리지어 날아가는 철새
③ 동물의 일시적 출현
④ 눈으로 덮여 있는 설경

해설 ① 숲속의 호수는 위요경관에 해당한다.
일시적 경관(Ephemeral Landscape) : 대기권의 상황변화에 따라 모습이 달라지는 경관

33 다음에서 설명하는 특징을 갖는 조명등은?

- 조명등 중 전기효율이 높은 편이다.
- 빛이 먼 거리까지 잘 비쳐 가로등이나 각종 시설조명으로 사용된다.
- 발광색은 노란색이어서 매우 특징적이므로 미적효과를 연출하기 용이하다.
- 곤충들이 모여 들지 않는 특징이 있다.

① 할로겐등
② 형광등
③ 수은등
④ 나트륨등

해설 나트륨등은 안개 속에서도 빛을 잘 투과하여 장애물 발견에 유효하다는 점에서 교량, 고속도로, 일반도로, 터널 내의 조명 등에 사용된다.

34 농약 취급 시 주의할 사항으로 부적합한 것은?

① 농약을 살포할 때는 방독면과 방호용 옷을 착용하여야 한다.
② 쓰고 남은 농약은 변질될 수 있으므로 즉시 주변에 버리거나, 다른 용기에 담아둔다.
③ 피로하거나 건강이 나쁠 때는 작업하지 않는다.
④ 작업 중에 식사 또는 흡연을 금한다.

해설 사용하고 남은 희석한 농약은 미련 없이 버린다. 음료수병에 보관하는 것은 절대금지이며, 사용 후 남은 원액은 그대로 밀봉하여 어린이의 손이 닿지 않는 장소에 보관한다.

35 다음식에서 A에 해당하는 것은?

> 용적률 = A/대지면적

① 건축면적   ② 연면적
③ 1호당 면적   ④ 평균층수

해설 용적률은 대지면적에 대한 연면적(대지에 건축물이 둘 이상 있는 경우에는 이들 연면적의 합계)의 비율(건축법 제56조)

36 재료가 외력을 받았을 때 작은 변형만 나타내도 파괴되는 현상을 무엇이라 하는가?

① 취 성   ② 강 성
③ 인 성   ④ 전 성

해설 ② 강성 : 재료가 외력을 받아도 변형되지 않고 파괴되지도 않는 성질
③ 인성 : 재료가 외력을 받으면 크게 변형되지만 파괴되지는 않는 성질
④ 전성 : 재료에 외력을 가하면 파괴되지 않고 얇게 펴지며 영구변형되는 성질

37 금속을 활용한 제품으로서 철금속제품에 해당하지 않는 것은?

① 철근, 강판
② 형강, 강관
③ 볼트, 너트
④ 도관, 가도관

해설 ④ 점토제품에는 벽돌, 도관, 타일, 도자기, 기와 등이 있다.

38 다음 중 단위용적중량이 1.4t/m³이고 굵은골재의 비중이 2.8일 때, 이 골재의 공극률(A)과 실적률(B)은 얼마인가?

① A : 50%, B : 50%   ② A : 52%, B : 48%
③ A : 54%, B : 46%   ④ A : 57%, B : 43%

해설
• 공극률 : $\left(1 - \dfrac{1.4}{2.8}\right) \times 100 = 50\%$

• 실적률 : 100 − 공극률 = 50%

정답 35 ②   36 ①   37 ④   38 ①

39 인공폭포, 수목보호판을 만드는 데 가장 많이 이용되는 제품은?
① ILP
② FRP
③ MDF
④ OSB

해설 **유리섬유 강화플라스틱(FRP ; Fiberglass Reinforced Plastic)**
최근 가장 많이 쓰이는 플라스틱재료로, 강도가 약한 플라스틱에 강화제인 유리섬유를 넣어 성질을 개량한 플라스틱이며 벤치, 미끄럼대의 미끄럼판, 인공폭포, 인공암, 화분대, 수목보호판 등에 사용된다.

40 92~96%의 철을 함유하고 나머지는 크롬, 규소, 망간, 유황, 인 등으로 구성되어 있으며, 창호, 철물, 자물쇠, 맨홀 뚜껑 등의 재료로 사용되는 것은?
① 선 철
② 강 철
③ 주 철
④ 순 철

해설 **철의 종류**
- 순철 : 탄소함유량이 0.035% 이하인 철로, 800~1,000℃ 내외에서 가단성(可鍛性)이 강한 연질이다.
- 선철 : 주철이라고도 하는 탄소함유량이 1.7% 이상인 철로, 주조성이 강한 경질이며 취성이 크다.
- 강철(탄소강) : 탄소함유량이 0.03~1.7% 정도인 철로, 가단성과 함께 주조성도 강하기 때문에 자동차, 건축, 기계 등 다양한 분야에서 가장 많이 쓰인다.
※ 특수강(합금강) : 탄소강에 특수한 원소를 첨가하여 성질을 개선시킨 것으로, 대표적인 특수강에는 니켈강, 니켈크롬강(스테인리스강) 등이 있다.

41 운반 거리가 먼 레미콘이나 무더운 여름철 콘크리트의 시공에 사용하는 혼화제는 어느 것인가?
① 지연제
② 감수제
③ 방수제
④ 경화촉진제

해설 **지연제**
혼화제의 일종으로 시멘트의 응결시간을 늦추기 위하여 사용하는 재료이며, 지연형 감수제 및 무기질의 규불화물 등이 있다. 지연제를 사용하면 서중 콘크리트의 시공이나 레디믹스트 콘크리트의 장시간 운반이 용이하여 콜드조인트를 방지할 수 있다.

42 골프장 코스를 구성하는 요소 중 페어웨이와 그린 주변에 모래 웅덩이를 조성해 놓은 곳은?
① 티
② 벙 커
③ 헤저드
④ 러 프

해설 **벙커(Bunker)**
모래를 깔아 놓은 요지(凹地)로서 골프장 코스 내에 있는 장애물의 일종이다. 그린 근처에 있는 그린벙커(Green Bunker)와 페어웨이 중간에 있는 크로스벙커(Cross Bunker)로 나뉜다.

43 다음 중 콘크리트 측압에 영향을 미치는 요인에 대한 설명으로 옳지 않은 것은?

① 콘크리트의 타설 높이가 높으면 측압은 커지게 된다.
② 콘크리트의 타설 속도가 빠르면 측압은 커지게 된다.
③ 콘크리트의 슬럼프가 커질수록 측압은 커지게 된다.
④ 콘크리트의 온도가 높을수록 측압은 커지게 된다.

해설 타설 높이가 높을수록, 타설 속도가 빠를수록, 슬럼프가 클수록, 온도가 낮을수록 측압이 커진다.

44 염분 피해가 많은 임해공업지대에 가장 생육이 양호한 수종은?

① 노간주나무   ② 단풍나무
③ 목 련   ④ 개나리

해설 임해공업단지에는 내염성이 크고 공해에 대한 저항성이 강한 수종인 해송, 노간주나무, 광나무, 비자나무, 사철나무 등이 적합하다.

45 개화를 촉진하는 정원수 관리에 관한 설명으로 옳지 않은 것은?

① 햇빛을 충분히 받도록 해준다.
② 전정할 때에는 꽃이 진 직후 시든 꽃을 즉시 제거해 준다.
③ 깻묵, 닭똥, 요소, 두엄 등을 15일 간격으로 시비한다.
④ 너무 많은 꽃봉오리는 솎아낸다.

해설 ③ 너무 잦은 간격으로 시비하면 오히려 영양생장이 과도해져 꽃눈의 형성을 방해하고 개화가 지연되거나 꽃이 적게 필 수 있다.

46 다음 중 골프장 용지로서 부적당한 곳은?

① 기복이 있어 지형에 변화가 있는 곳
② 모래참흙인 곳
③ 부지가 동서로 길게 잡은 곳
④ 클럽하우스의 대지가 부지의 북쪽에 자리 잡은 곳

해설 ③ 코스는 남북방향, 방위는 잔디의 생육을 위해 남사면 또는 남동사견일 것

정답 43 ④ 44 ① 45 ③ 46 ③

47 다수의 대상이 존재할 때 어느 색이 보다 쉽게 지각되는지 또는 쉽게 눈에 띄는지의 정도를 나타내는 용어는?

① 유목성 ② 시인성
③ 식별성 ④ 가독성

해설 유목성 : 사람들의 주의를 끌거나 시선을 끄는 특성

48 다음 중 수목에서 잘라야 할 가지가 아닌 것은?

① 수관 안으로 향한 가지
② 한 부위에서 평행하게 나오는 가지
③ 아래로 향한 가지
④ 수목의 주지

해설 전정 시 반드시 잘라 버려야 할 가지
- 웃자란 가지(도장지) : 수형, 통풍, 수광에 나쁜 영향을 준다.
- 안으로 향한 가지 : 통풍을 막고 모양을 나쁘게 한다.
- 아래로 향한 가지 : 나무 모양을 나쁘게 하고 가지를 혼잡하게 한다.
- 말라죽은 가지와 병충해를 입은 가지
- 줄기에 움돋은 가지
- 교차한 가지와 얽힌 가지 : 주가 되는 굵은 가지와 서로 교차되는 가지는 잘라 버린다.
- 평행한 가지 : 같은 장소에서 같은 방향으로 평행하게 나 있는 가지는 둘 중 하나를 잘라 버려야 생리활동에 경쟁이 안 된다.
- 밑에서 움돋은 가지
- 위로 자란 가지

49 주로 종자에 의하여 번식되는 잡초는?

① 올미 ② 가래
③ 피   ④ 너도방동사니

해설 잡초번식법에 따른 분류
- 종자번식잡초 : 피, 뚝새풀, 바랭이, 마디꽃
- 영양번식잡초 : 가래, 올방개, 미나리
- 종자영양번식잡초 : 너도방동사니, 산딸기
- 괴경 및 종자번식 : 올미

47 ① 48 ④ 49 ③

50 콘크리트가 굳은 후 거푸집 판을 콘크리트 면에서 잘 떨어지게 하기 위해 거푸집 판에 처리하는 것은?

① 박리제　　② 동바리
③ 프라이머　④ 쉘락

해설
① 박리제 : 콘크리트의 해체를 용이하게 하기 위하여 거푸집 표면에 박리제를 도포하고 시공을 한다.
② 동바리(받침기둥) : 거푸집의 일부로서, 콘크리트가 소정의 형상 ㅊ 수가 되도록 거푸집을 고정 또는 지지하기 위한 지주이다. 간주, 사주, 이음재 등으로 되어 있다.
③ 프라이머 : 칠하고자 하는 소재와 페인트 층간 밀착을 높여주는 것을 목적으로 사용하는 도료이다.
④ 쉘락 : 기타의 표면도장을 최대한 얇게 할 수 있는 도료이다.

51 생물분류학적으로 거미강에 속하며 덥고, 건조한 환경을 좋아하고 뾰족한 입으로 즙을 빨아먹는 해충은?

① 진딧물　　② 나무좀
③ 응애　　　④ 가루이

해설 응애류 : 흡즙성 해충으로 초봄부터 한여름까지 고온 건조기에 소나무, 감나무, 사철나무 등에서 많이 발생하며 가지가 말라서 죽거나 잎이 변색되어 떨어진다.

52 다음 중 시설물의 관리를 위한 방법으로 적합하지 못한 것은?

① 콘크리트 포장의 갈라진 부분은 파손된 재료 및 이물질을 완전히 제거한 후 조치한다.
② 배수시설은 정기적인 점검을 실시하고, 배수구의 잡물을 제거한다.
③ 벽돌 및 자연석 등의 원로포장 파손 시 많은 부분을 철저히 조사한다.
④ 유희시설물 점검은 용접부분 및 움직임이 많은 부분을 철저히 조사한다.

해설 ③ 벽돌 및 자연석 등의 원로포장 파손 시 파손된 부분을 보수한다.

53 지반검사를 통해 알 수 있는 정보가 아닌 것은?

① 토질　　　② 지층 N값
③ 지하수위　④ 기상상태

해설 지반조사 : 지반을 구성하는 지층 및 토층의 형성, 지하수의 상태, 각 층의 토질 등을 알아내 구조물을 계획, 설계 및 시공하는 데 필요한 기초 자료를 구하는 조사

정답 50 ①　51 ③　52 ③　53 ④

54
20L 들이 분무기 한통에 1,000배액의 농약 용액을 만들고자 할 때 필요한 농약의 약량은?

① 10mL
② 20mL
③ 30mL
④ 50mL

해설 ha당 원액 소요량 = $\dfrac{\text{총소요량}}{\text{희석배수}}$ = $\dfrac{20}{1,000}$ = 0.02L = 20mL

55
다음에서 설명하는 해충은?

- 가해 수종으로는 향나무, 편백, 삼나무 등이 있다.
- 똥을 줄기 밖으로 배출하지 않기 때문에 발견하기 어렵다.
- 기생성 천적인 좀벌류, 맵시벌류, 기생파리류로 생물학적 방제를 한다.

① 박쥐나방
② 측백나무하늘소
③ 미끈이하늘소
④ 장수하늘소

해설 **측백나무하늘소**
- 천공성해충으로 향나무, 편백, 삼나무 등을 가해하며 똥을 줄기 밖으로 배출하지 않기 때문에 발견하기 어렵다.
- 측백나무하늘소를 방제 시기는 봄이 가장 적합하다.
- 기생성 천적인 좀벌류, 맵시벌류, 기생파리류로 생물학적 방제를 한다.

56
곤충이 빛에 반응하여 일정한 방향으로 이동하려는 행동습성은?

① 주광성(Phototaxis)
② 주촉성(Thigmotaxis)
③ 주화성(Chemotaxis)
④ 주지성(Geotaxis)

해설 ② 주촉성 : 곤충이 고형물에 접촉하려고 하는 성질
③ 주화성 : 곤충의 매질 속에 존재하는 화학물질의 농도 차가 자극이 되어 특정 행동을 하는 성질
④ 주지성 : 생물이 중력에 의해 특정 행동을 하는 성질

57 다음 중 석탄을 235~315℃에서 고온건조하여 얻은 타르제품으로서 독성이 적고 자극적인 냄새가 있는 유성 목재방부제는?

① 콜타르
② 크레오소트유
③ 플루오린화나트륨
④ 펜타클로로페놀(PCP)

해설 크레오소트유는 방부력이 우수한 흑갈색 용액으로 외부의 기둥, 토대 등에 사용되지만 가격이 비싼 것이 단점이다.

58 다음 중 흡즙성 해충이 아닌 것은?

① 진딧물
② 깍지벌레
③ 거품벌레
④ 풍뎅이

해설 풍뎅이는 주로 잎이나 꽃잎 등을 갉아먹는 저작성(씹어먹는) 해충이다.

59 다음 중 정원의 관리 요령이 잘못된 것은?

① 분수나 폭포에 대한 급수관이 노출되어 있을 때는 짚이나 거적으로 싸준다.
② 다듬기 작업은 적어도 늦봄과 초가을에 두 번 실시하되, 겨울에도 한 번은 해야 좋다.
③ 지나치게 우거지지 않도록 1년에 두 번은 가지솎기를 해준다.
④ 디딤돌의 보수는 앞뒤에 놓인 디딤돌의 높이를 최대한 고려한다.

해설 ② 겨울에는 다듬기 작업을 하지 않는다.

60 다음 조경시설 중 보수사이클이 가장 짧은 것은?

① 분수의 전기, 기계 등의 조정·점검
② 벤치의 도장
③ 시계탑의 분해점검
④ 분수의 물 교체, 청소, 낙엽 등의 제거

해설 ①·②·③은 단기계획이고, ④는 수시계획으로 보수사이클이 가장 짧다.

정답 57 ② 58 ④ 59 ② 60 ④

합격의 공식 시대에듀

얼마나 많은 사람들이 책 한권을 읽음으로써

인생에 새로운 전기를 맞이했던가.

– 헨리 데이비드 소로 –

조경기능사 필기 기출문제집

개정21판1쇄 발행	2026년 01월 05일 (인쇄 2025년 08월 07일)
초 판 발 행	2008년 01월 03일 (인쇄 2007년 12월 04일)
발 행 인	박영일
책 임 편 집	이해욱
편 저	최광희
편 집 진 행	윤진영 · 장윤경
표지디자인	권은경 · 길전홍선
편집디자인	정경일 · 이현진
발 행 처	(주)시대고시기획
출 판 등 록	제10-1521호
주 소	서울시 마포구 큰우물로 75 [도화동 538 성지 B/D] 9F
전 화	1600-3600
팩 스	02-701-8823
홈 페 이 지	www.sdedu.co.kr
I S B N	979-11-383-9780-3(13520)
정 가	27,000원

※ 저자와의 협의에 의해 인지를 생략합니다.
※ 이 책은 저작권법의 보호를 받는 저작물이므로 동영상 제작 및 무단전재와 배포를 금합니다.
※ 잘못된 책은 구입하신 서점에서 바꾸어 드립니다.

산림·조경·농업 국가자격 시리즈

합격을 위한 바른 선택!

산림기사·산업기사 필기 한권으로 끝내기	4×6배판 / 45,000원
산림기사 필기 기출문제해설	4×6배판 / 24,000원
산림기사·산업기사 실기 한권으로 끝내기	4×6배판 / 25,000원
산림기능사 필기 한권으로 끝내기	4×6배판 / 28,000원
산림기능사 필기 기출문제해설	4×6배판 / 25,000원
조경기사·산업기사 필기 한권으로 합격하기	4×6배판 / 42,000원
조경기사 필기 기출문제해설	4×6배판 / 37,000원
조경기사·산업기사 실기 한권으로 끝내기	국배판 / 41,000원
조경기능사 필기 한권으로 끝내기	4×6배판 / 29,000원
조경기능사 필기 기출문제집	4×6배판 / 27,000원
조경기능사 실기 [조경작업]	8절 / 27,000원
식물보호기사·산업기사 필기 한권으로 끝내기	4×6배판 / 37,000원
식물보호기사·산업기사 실기 한권으로 끝내기	4×6배판 / 20,000원
농산물품질관리사 1차 한권으로 끝내기	4×6배판 / 40,000원
농산물품질관리사 2차 필답형 실기	4×6배판 / 32,000원
농·축·수산물 경매사 한권으로 끝내기	4×6배판 / 40,000원
축산기사·산업기사 필기 한권으로 끝내기	4×6배판 / 36,000원
축산기사·산업기사 실기 한권으로 끝내기	4×6배판 / 28,000원
Win-Q(윙크) 화훼장식기능사 필기	별판 / 22,000원
Win-Q(윙크) 원예기능사 필기	별판 / 25,000원
Win-Q(윙크) 버섯종균기능사 필기	별판 / 22,000원
Win-Q(윙크) 축산기능사 필기+실기	별판 / 24,000원
무단벌 조경기능사 필기+무료 동영상	별판 / 26,000원
유기농업기능사 필기+실기 가장 빠른 합격	별판 / 32,000원
기출이 답이다 종자기사 필기 [최빈출 기출 1000제 + 최근 기출복원문제 2개년]	별판 / 28,000원

산림 · 조경 국가자격 시리즈

합격을 위한 모든 전략! 시대에듀와 함께 맞춤형 학습으로 빠르게 합격하세요!

산림기능사 필기 한권으로 끝내기
최근 기출복원문제 및 해설 수록

- 빨리보는 간단한 키워드 : 시험 전 필수 핵심 키워드
- 최고의 산림전문가가 되기 위한 필수 핵심이론
- 적중예상문제와 기출복원문제를 자세한 해설과 함께 수록
- 4×6배판 / 620p / 28,000원

산림기사 · 산업기사 필기 한권으로 끝내기
최근 기출복원문제 및 해설 수록

- 핵심이론 + 기출문제 무료 특강 제공
- 〈핵심이론 + 적중예상문제 + 과년도, 최근 기출복원문제〉의 이상적인 구성
- 농업직 · 환경직 · 임업직 공무원 특채 응시자격 및 공채시험 가산점 인정
- 기사 20학점, 산업기사 16학점 인정
- 4×6배판 / 1,232p / 45,000원

식물보호기사 · 산업기사 필기 한권으로 끝내기

- 한권으로 식물보호기사 · 산업기사 필기시험 대비
- 〈핵심이론 + 적중예상문제 + 과년도, 최근 기출복원문제〉의 최적화 구성
- 농업직 · 환경직 · 임업직 공무원 특채 응시자격 및 공채시험 가산점 인정
- 기사 20학점, 산업기사 16학점 인정
- 4×6배판 / 980p / 37,000원

도서구입 및 내용문의 1600-3600

전문 저자진과 **시대에듀**가 제시하는
합격전략 코디네이트

조경기능사 필기 한권으로 끝내기
최근 기출복원문제 및 해설 수록
- 빨리보는 간단한 키워드 : 시험 전 필수 핵심 키워드
- 필수 핵심이론 + 출제 가능성 높은 적중예상문제 수록
- 각 문제별 상세한 해설을 통한 고득점 전략 제시
- 조경의 이해를 돕는 사진과 이미지 수록
- 4×6배판 / 828p / 29,000원

유튜브 무료 특강이 있는
조경기사 · 산업기사 필기 한권으로 합격하기
최근 기출복원문제 및 해설 수록
- 중요 핵심이론 + 적중예상문제 수록
- '기출 Point', '시험에 이렇게 나왔다'로 전략적 학습방향 제시
- 저자 유튜브 채널(홍선생 학교가자) 무료 특강 제공
- 4×6배판 / 1,304p / 42,000원

조경기사 · 산업기사 실기 한권으로 끝내기
도면작업 + 필답형 대비
- 사진과 그림, 예제를 통한 쉬운 설명
- 각종 표현기법과 설계에 필요한 테크닉 수록
- 최근 기출복원도면 + 필답형 기출복원문제 수록
- 저자가 직접 작도한 도면 다수 포함
- 국배판 / 1,020p / 41,000원

※ 도서의 구성 및 가격은 변동될 수 있습니다.